U0883178

电工与电子技术基础教程（第二版）

DIANGONG YU DIANZI JISHU
JICHU JIAOCHENG（DI-ER BAN）

主　编／陆　伟　孙晓艳
副主编／曾文萱

电子科技大学出版社
University of Electronic Science and Technology of China Press
·成都·

图书在版编目（CIP）数据

电工与电子技术基础教程 / 陆伟，孙晓艳主编. —
2 版. — 成都 ：电子科技大学出版社，2020.9（2024.8 重印）
ISBN 978-7-5647-8246-7

Ⅰ. ①电… Ⅱ. ①陆… ②孙… Ⅲ. ①电工技术－高等职业教育－教材②电子技术－高等职业教育－教材
Ⅳ. ①TM②TN

中国版本图书馆 CIP 数据核字(2020)第 166541 号

电工与电子技术基础教程（第二版）
陆　伟　孙晓艳　主编

策划编辑　杨仪玮
责任编辑　魏　彬
责任印制　梁　硕

出版发行　电子科技大学出版社
　　　　　成都市一环路东一段 159 号电子信息产业大厦九楼　邮编 610051
主　　页　www.uestcp.com.cn
服务电话　028-83203399
邮购电话　028-83201495

印　　刷　四川永先数码印刷有限公司
成品尺寸　185mm×260mm
印　　张　24.25
字　　数　590 千字
版　　次　2020 年 9 月第 2 版
印　　次　2024 年 8 月第 4 次印刷
书　　号　ISBN 978-7-5647-8246-7
定　　价　79.00 元

版权所有，侵权必究

前　　言

“电工与电子技术基础”是面向高等职业技术学院非电子类专业的一门专业基础课。根据高等职业教育的培养目标和要求，本书以“必需、够用”为度，在保证教授必要的基本理论、基本知识、基本技能的基础上，贯彻理论与实践相结合，以应用为目的。在编写过程中，力求讲清基本概念，分析正确，减少数学理论推导，做到深入浅出、通俗易懂。

本教材的显著特点是结合了维修电工考级要求，从“双证融通”的需求出发，在每章后面都编写了相应的技能训练的内容，以加强对学生的实际技能的培养。本教材在每章后面都附有一些经过认真筛选的习题，使学生系统地掌握所学的基础理论知识。并在每章后面附有相应的实验，供选用。教材中有些内容是在教学基本要求的基础上加以拓宽的知识，可根据专业需要和学时数的多少选择学习。

本书第一版被评为 2009 年江苏省高等学校精品教材。本书可作为高等职业技术学院、成人高校等电子类专业的专业基础课程的教材，也可作为非电子类专业的公共基础课的教学用书。建议授课课时为 128 学时。

本书中第一章、第二章、第三章由无锡职业技术学院瞿慧琴编写；第四章、第五章、第六章、第十章由无锡职业技术学院陆伟编写；第七章、第八章、第九章由无锡职业技术学院曾文萱编写；第十一章、第十二章由无锡职业技术学院黎雪芬编写；第十三章、第十四章由无锡职业技术学院孙晓艳编写；实验部分由无锡职业技术学院杨云、石华编写。

本书由无锡职业技术学院陆伟、孙晓艳任主编，无锡职业技术学院曾文萱任副主编，全书由无锡职业技术学院郭再泉教授任主审。

本书在编写过程中，得到各级领导和许多教师的大力支持和帮助，在此一并表示衷心的感谢。

限于编者的水平有限和编写时间仓促，教材中难免存在错误和不妥之处，敬请读者批评指正。

编　者

2020 年 6 月

目　　录

第一章 直流电路

【学习目标】

1. 了解电路和电路模型的概念，理解电路的基本物理量之间的关系。

2. 掌握基尔霍夫电流定律、基尔霍夫电压定律等电路的基本定律。

3. 掌握串、并联电路的分析、计算。

4. 理解理想电压源（电流源）、实际电压源（电流源）的特点，掌握两种电源模型等效变换的方法。

5. 掌握复杂电路的基本分析方法。

6. 掌握叠加定理和戴维南定理，并会使用这些定理分析电路。

本章主要在物理学的基础上介绍电路的组成、电路的基本物理量及参考方向、电路的三种工作状态、电路的基本定律及基本分析方法等。参考方向是一个重要概念，本章将结合电路的物理量着重加以介绍。电路的基本分析方法是分析计算复杂电路的重要工具，为便于对比和掌握，本章将这些分析方法放在一起进行介绍。

1.1 基本概念

1.1.1 电路

电路是电流的通路，它是为了某种需要由某些电工设备或元件按一定方式组合起来的。复杂的电路呈网状，又称网络。电路和网络这两个术语在本课程中一般是通用的。

1.1.2 电路的基本组成

电源——电路中提供电能或信号的器件。它是电路中能量的来源，常见的电源如干电池、蓄电池和发电机等。

负载——电路中吸收电能或输出信号的器件。常见的负载如灯泡、电炉和电动机等。

中间环节——在电源和负载之间引导和控制电流的导线、开关等传输控制器件。

因此，电路是通过中间环节将电源和负载连接起来而构成的。

1.1.3 电路的作用

电路的作用主要有以下两个。

一是传输和转换电能。例如，发电厂的发电机产生的电能通过升压变压器、输电线和降压变压器送给用户，最后经过负载将电能转换成其他形式的能量，如图 1-1（a）所示。

二是传递和处理信号。如图 1-1（b）所示，通过电路把所接收的信号经过变换（放大）和传递，再由扬声器输出。

无论电能的传输和转换，或者信号的传递和处理，其中电源或者信号源的电压或电流称为激励，它推动电路工作；由于激励而在电路各部分产生的电压和电流称为响应。电路分析，其实质就是讨论电路的激励与响应之间的关系。

（a）传输和转换电能

（b）传递和处理信号

图 1-1　电路在两种典型场合应用示意图

1.1.4　电路模型

组成实际电路的元器件种类繁多，它们的电磁性质较为复杂，这就增加了电路分析的难度，为此通过建立电路模型来简化研究。

由一些理想电路元件所组成的电路，就是实际电路的模型，它是对实际电路电磁性质的科学抽象和概括。在实际电路中，元件的电磁性质不单一，比如电炉丝，通电后电炉丝要消耗电能（具有电阻性），同时还会产生磁场（具有电感性），但电感微小，可忽略不计，于是可以把电炉丝看成一个电阻元件。这一过程也就是实际元件的理想化（或称为模型化）。

电路模型简称电路。在电路中，各种电路元件用规定的图形符号表示。如图 1-2 所示为手电筒的电路模型，其中电阻元件 R 表示手电筒的电珠；E 表示干电池的电动势；R_0 为干电池的内阻；S 是手电筒的开关。

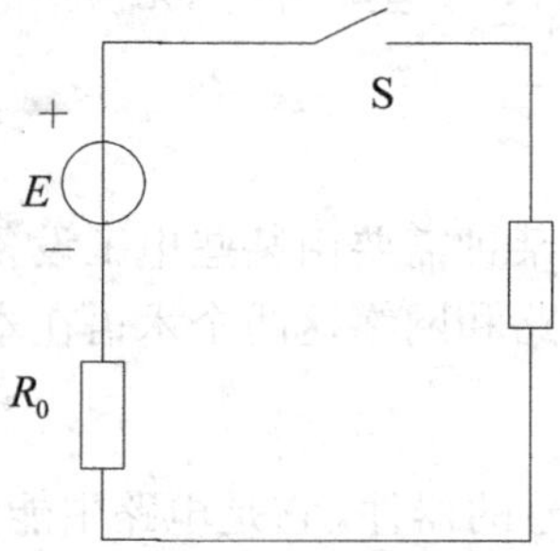

图 1-2　手电筒电路模型

今后我们所画的电路图都是电路模型，应用电路模型进行分析计算，其误差可在工程允许的范围之内。

1.2　电路的基本物理量

1.2.1　电流

带电粒子（电子、离子等）的定向运动形成电流。电流在数值上等于单位时间内通过导体横截面的电荷量，用符号 i 表示，即

$$i = \frac{\mathrm{d}q}{\mathrm{d}t} \tag{1-1}$$

这种电流称为变化电流。当电流的量值和方向都不随时间变化时，$\frac{\mathrm{d}q}{\mathrm{d}t}$ 是定值，此时电

流称为直流电流，用符号 I 表示，即

$$I=\frac{Q}{t} \tag{1-2}$$

在国际单位制（SI）中，当 1s 内通过导体横截面的电荷量为 1C（库仑）时，其电流就为 1A（安培）。

习惯上规定正电荷运动的方向为电流的实际方向。然而当分析较为复杂的电路时，往往很难知道电流的实际方向，尤其是交流电路，由于电流的实际方向随时间变化，所以很难在电路中标注其实际方向。因此，在电路的分析计算中通常采用电流的参考方向。

电流参考方向的选择常常是任意的，当参考方向确定后，电流的实际方向与参考方向一致时，电流值为正，如图 1-3（a）所示；反之，电流值为负，如图 1-3（b）所示。（图中实箭头方向为电流参考方向，虚箭头方向为电流实际方向。）

（a）实际方向与参考方向一致　　　　（b）实际方向与参考方向相反

图 1-3　电流的参考方向（虚线——实际方向　实线——参考方向）

需要说明的是：电流的参考方向是人为假定的，是电路分析计算的一种方法，电流的实际方向与参考方向的选取无关，但在参考方向选定之后，电流值就有了正负之分。即某个电流是正值还是负值是相对于某一个确定的参考方向而言的，在未选定参考方向的情况下说某个电流值是正还是负毫无意义。

1.2.2　电压及电位

电场力把单位正电荷从电场中的 a 点移到 b 点所做的功称为 a、b 两点间的电压。用 u_{ab}（U_{ab}）表示，单位为伏特（V）。

$$u_{ab}=\frac{dW}{dq} \tag{1-3}$$

同电压一样，电位也是用来描述电场力做功的一个物理量。在电路中任选一点 O 作为参考点，则某点的电位就是该点到参考点的电压，即 $V_a=U_{aO}$。

习惯上把电位降低的方向作为电压的实际方向，但电压的实际方向有时难以确定，因此分析电路时也要假定电压的参考方向。电压的参考方向可用+、−号表示，也可用字母的双下标表示，有时也用箭头表示，如图 1-4 所示。当参考方向指定之后，电压就是代数量，当电压的实际方向与参考方向一致时，电压值为正值，反之为负值。

任一电路的电流参考方向和电压参考方向可以分别独立地选取，但为了分析方便，常使同一元件的电流与电压参考方向一致，即关联参考方向，如图 1-5 所示，若电压和电流的参考方向相反，就为非关联参考方向。

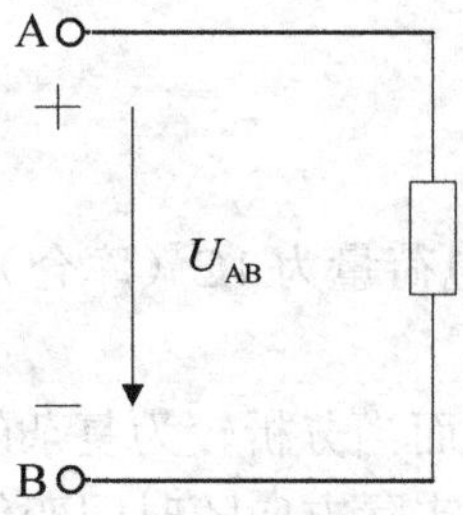

图 1-4　电压的参考方向

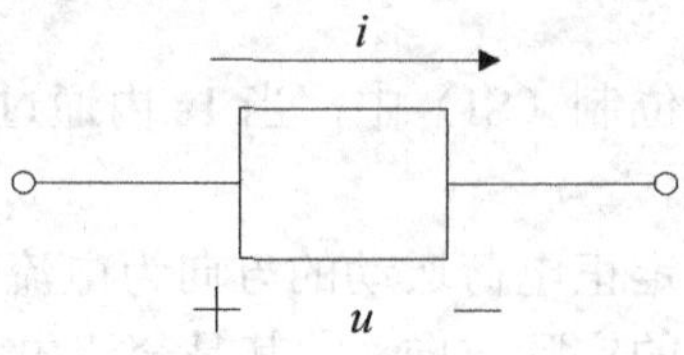

图 1-5　电压和电流的关联参考方向

1.2.3　电功率

传递转换电能的速率叫作电功率，简称功率，用 P 或 p 表示。

因为

$$i=\frac{\mathrm{d}q}{\mathrm{d}t},\quad u=\frac{\mathrm{d}W}{\mathrm{d}q}$$

而

$$p=\frac{\mathrm{d}W}{\mathrm{d}t}=\frac{\mathrm{d}W}{\mathrm{d}q}\frac{\mathrm{d}q}{\mathrm{d}t}$$

所以

$$p=ui$$

图 1-6 中电阻两端电压 U 与流过的电流 I 是关联参考方向，则电阻吸收的功率为 $P=UI$，电阻在 t 时间内所消耗的电能为 $W=Pt$。

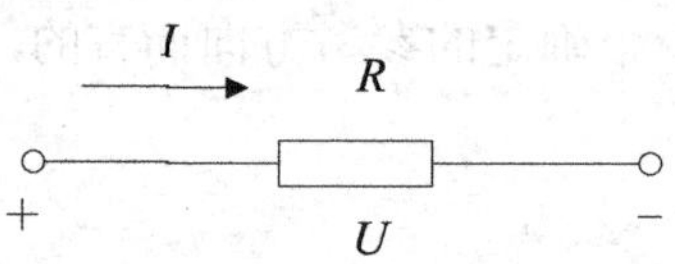

图 1-6　电阻的功率

在 SI 制中，功率的主单位是瓦特（W），电能的主单位是焦耳（J）。我们平时还经常采用千瓦时（kW·h）作为电能的单位，1 千瓦时即 1 度电。

$$1\mathrm{kW\cdot h}=10^3\times3600=3.6\times10^6\,\mathrm{J} \tag{1-4}$$

下面举例说明电路的功率平衡。

【例 1-1】如图 1-7 所示直流电路中，$U_1=12\mathrm{V}$，$U_2=-10\mathrm{V}$，$U_3=15\mathrm{V}$，$I=3\mathrm{A}$，求各元件接收或发出的功率 P_1、P_2 和 P_3，并求整个电路的功率 P。

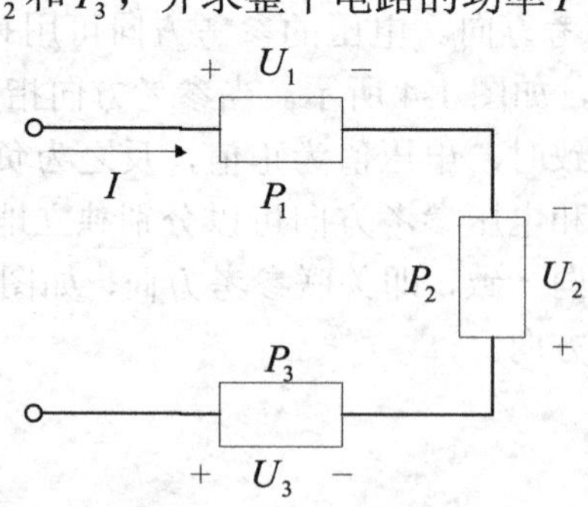

图 1-7　例 1-1 图

解：P_1的电压参考方向与电流参考方向相关联，故$P_1 = U_1 I = 12 \times 3 = 36\text{W} > 0$，该元件接收功率；

P_2和P_3的电压与电流参考方向非关联，则$P_2 = -U_2 I = -(-10) \times 3 = 30\text{W} > 0$，接收功率；$P_3 = -U_3 I = -15 \times 3 = -45\text{W} < 0$，发出功率。

所以，$P = P_1 + P_2 + P_3 = 36 + 30 - 45 = 21\text{W}$。

在一个电路中，每一瞬间接收电能的各元件功率的总和等于发出电能的各元件功率的总和，或者说所有元件接收的功率的总和为零。这个结论叫作“电路的功率平衡”。上例中，电路的总功率P不等于零，可见该电路功率不平衡。

1.3 电路的基本定律

1.3.1 欧姆定律

电路是由元件连接而成的，研究电路时首先要了解各种电路元件的特性，本节首先介绍电阻的特性。

电阻元件是反映电流热效应这一物理现象的理想电路元件，它的电流和电压的方向总是一致的，且大小呈代数关系。我们把电流和电压的大小成正比的电阻元件叫作线性电阻元件。

元件的电流与电压的关系曲线叫作元件的伏安特性曲线。如图 1-8 所示为线性电阻的伏安特性曲线（关联方向），由图可见它是一条通过原点的直线，这个关系称为欧姆定律，表达式为

$$u = iR \tag{1-5}$$

式中R是电阻，为一个正实常数，单位为欧姆（Ω）。如果线性电阻的电流和电压的参考方向非关联，则欧姆定律的表达式为

$$u = -iR \tag{1-6}$$

无论电压、电流的参考方向如何，线性电阻接收的功率为

$$p = \pm ui = Ri^2 = \frac{u^2}{R} \tag{1-7}$$

显然功率p恒为非负值，说明线性电阻元件是耗能元件。

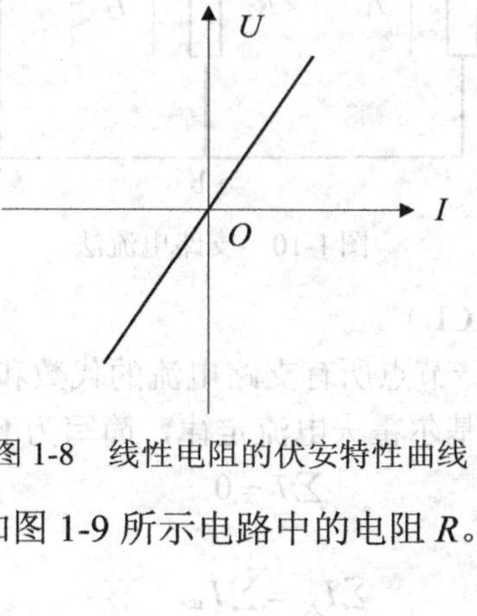

图 1-8 线性电阻的伏安特性曲线

【例 1-2】试用欧姆定律求如图 1-9 所示电路中的电阻R。

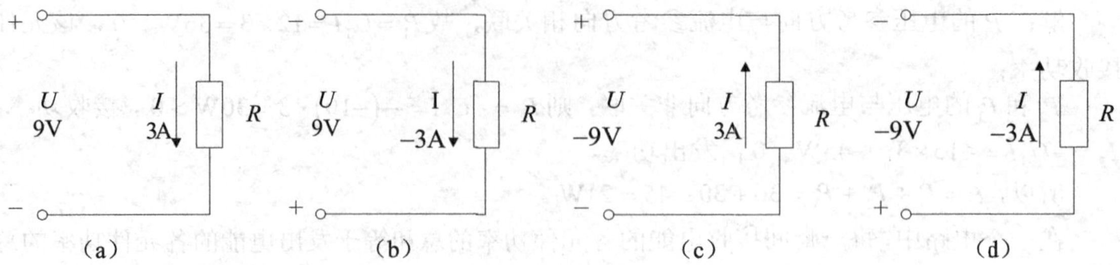

图 1-9　例 1-2 图

解：（a）$R = U / I = 9/3 = 3\Omega$

（b）$R = -U / I = -9/(-3) = 3\Omega$

（c）$R = -U / I = -(-9)/3 = 3\Omega$

（d）$R = U / I = (-9)/(-3) = 3\Omega$

1.3.2　基尔霍夫定律

基尔霍夫定律是德国物理学家 G. R. 基尔霍夫于 1845 年提出的，它是电路分析计算的重要定律。为了便于介绍，首先解释几个电路术语。

支路：电路中的每条分支称为支路，一条支路流过一个电流，称为支路电流。例如，图 1-10 中有三条支路，这三条支路的电流分别是 I_1、I_2、I_3。

节点：三条或者三条以上支路的连接点称为节点。图 1-10 中有两个节点：a、b。

回路：由支路所组成的闭合电路称为回路。图 1-10 中共有三个回路：abca、abda、adbca。

网孔：把电路画在平面上，在回路内部不另含支路的回路称为网孔。图 1-10 中有两个网孔：abca、abda。

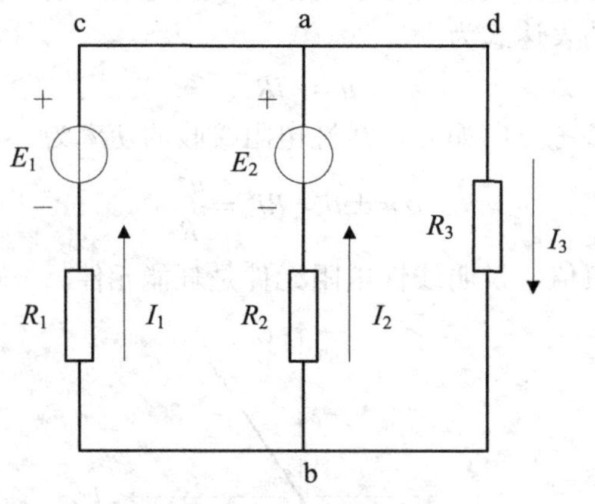

图 1-10　支路电流法

1．基尔霍夫电流定律（KCL）

在电路中，任何时刻对任一节点所有支路电流的代数和等于零，即流进该节点的电流等于流出该节点的电流。这就是基尔霍夫电流定律，简写为 KCL。表达式为

$$\sum I = 0 \tag{1-8}$$

或者

$$\sum I_{\text{入}} = \sum I_{\text{出}} \tag{1-9}$$

对图 1-10 中的节点 a，应用 KCL 可以得到

$$I_1 + I_2 = I_3 \tag{1-10}$$

上式又可写为

$$I_1 + I_2 - I_3 = 0 \tag{1-11}$$

在式（1-11）中，流入节点的电流前取“+”号，流出节点的电流前取“−”号，看电流是流入节点还是流出节点均按电流的参考方向来判定。当然也可以把流入节点的电流前取“−”号，流出节点的电流前取“+”号，结果一样。

基尔霍夫电流定律通常应用于节点，也可以把它推广应用于包围部分电路的任一假设的闭合面。例如，如图 1-11 所示的电路中，已知 $I_{\mathrm{B}} = 10\mathrm{A}$，$I_{\mathrm{C}} = 2\mathrm{A}$，求 I_{A}。

分析：可以作一个封闭面包围三角形电路，然后把封闭面看成一个广义节点，则任一瞬时，流过该闭合面的电流代数和应等于零，即

$$I_{\mathrm{A}} + I_{\mathrm{B}} + I_{\mathrm{C}} = 0 \tag{1-12}$$

所以

$$I_{\mathrm{A}} = -I_{\mathrm{B}} - I_{\mathrm{C}} = -10 - 2 = -12\mathrm{A}$$

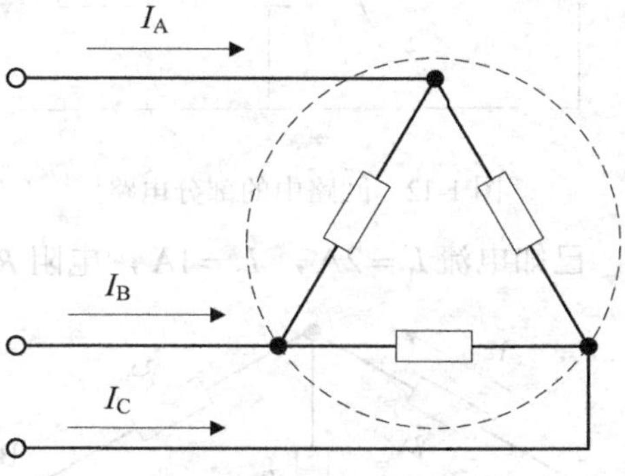

图 1-11　广义节点

2．基尔霍夫电压定律（KVL）

基尔霍夫电压定律简写为 KVL，其内容是：在电路中，任何时刻沿任一个回路绕行一周，所有支路电压的代数和恒等于零，即回路中电阻上电压的代数和等于电源电动势的代数和。表达式为

$$\sum U = 0 \tag{1-13}$$

或者

$$\sum E = \sum (RI) \tag{1-14}$$

在应用式（1-13）列写方程时，首先必须在电路图上标出各电压或电动势的参考方向，并任意选定回路的绕行方向，再按规定列写方程。方程中各电压的正、负号都是由相应的参考方向决定的，凡电压的参考方向与回路绕行方向相同者，则电压前取“+”号，若相反则电压前取“−”号。

在图 1-10 中，对回路 abca 应用式（1-13）可以得到以下方程

$$-E_1 + E_2 - I_2R_2 + I_1R_1 = 0 \tag{1-15}$$

或由式（1-14）可以得到

$$E_1 - E_2 = -I_2R_2 + I_1R_1 \tag{1-16}$$

基尔霍夫电压定律不仅适用于闭合回路，也可推广到回路中的部分电路。

例如图 1-12 中，电路右边并没有构成闭合回路，如果要计算电压 U_{BE}，可以假想一个闭合回路，回路绕向如图所示，则根据 KVL 可列出电压方程为

$$E_2 = I_2R_2 + U_{BE}$$

则

$$U_{BE} = E_2 - I_2R_2$$

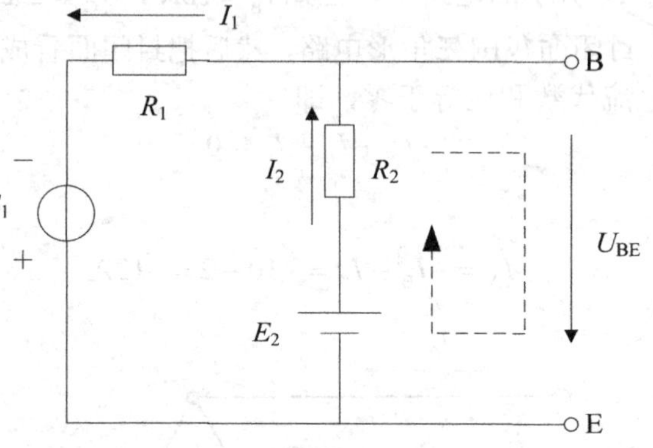

图 1-12　回路中的部分电路

【例 1-3】在图 1-13 中，已知电流 $I_1 = 2A$，$I_2 = 1A$，电阻 $R_6 = 5\Omega$，试求电压 U。

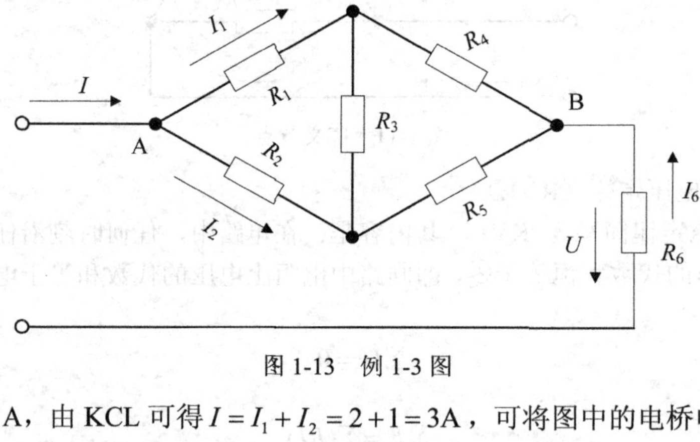

图 1-13　例 1-3 图

解：对节点 A，由 KCL 可得 $I = I_1 + I_2 = 2 + 1 = 3A$，可将图中的电桥电路看成一个广义节点，又由 KCL 得到

$$I + I_6 = 0$$

则

$$I_6 = -I = -3A$$

根据欧姆定律可求得电压为

$$U = -I_6R_6 = -(-3) \times 5 = 15V$$

1.4　电阻的串联、并联与混联

1.4.1　电阻的串联及分压

在电路中，把几个电阻元件依次一个一个首尾连接起来，中间没有分支，在电源的作用下流过各电阻的是同一电流，这种连接方式叫作电阻的串联。

图 1-14（a）表示三个电阻串联，按 KVL 有

$$U = U_1 + U_2 + U_3 = (R_1 + R_2 + R_3)I \tag{1-17}$$

令

$$R = R_1 + R_2 + R_3$$

则

$$U = RI$$

由以上推导可知，在输入电压和电流不变的条件下，图 1-14（a）可由图 1-14（b）来代替，即 R_1、R_2 与 R_3 的串联可用电阻 R 来代替，R 称为串联等效电阻，其阻值为各串联电阻的阻值之和。

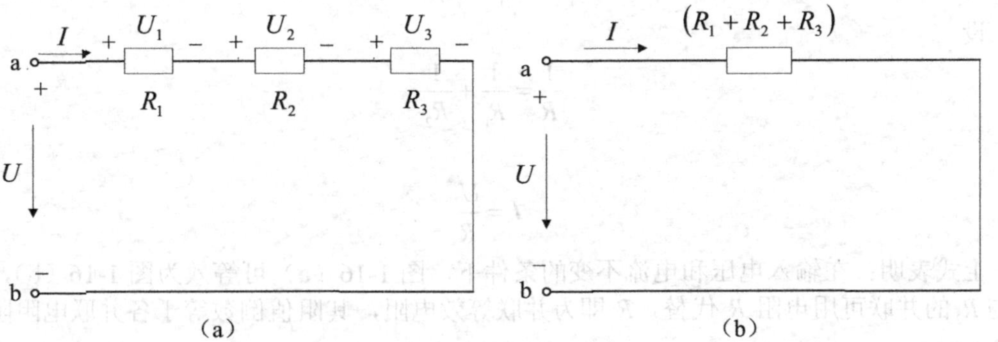

图 1-14　电阻的串联

电阻串联时，各电阻上的电压为

$$\begin{cases} U_1 = R_1 I = \dfrac{R_1}{R_1 + R_2 + R_3} \cdot U \\ U_2 = R_2 I = \dfrac{R_2}{R_1 + R_2 + R_3} \cdot U \\ U_3 = R_3 I = \dfrac{R_3}{R_1 + R_2 + R_3} \cdot U \end{cases} \tag{1-18}$$

由式（1-18）可得

$$U_1 : U_2 : U_3 = R_1 : R_2 : R_3 \tag{1-19}$$

即各串联电阻具有分压作用，电阻阻值越大，则分压值越高。另外，串联的每个电阻的功率也与它们的电阻值成正比，因为 $P_1 : P_2 : P_3 = U_1 I : U_2 I : U_3 I = R_1 : R_2 : R_3$。

如图 1-15 所示为电阻串联用于分压的一个实际电路。

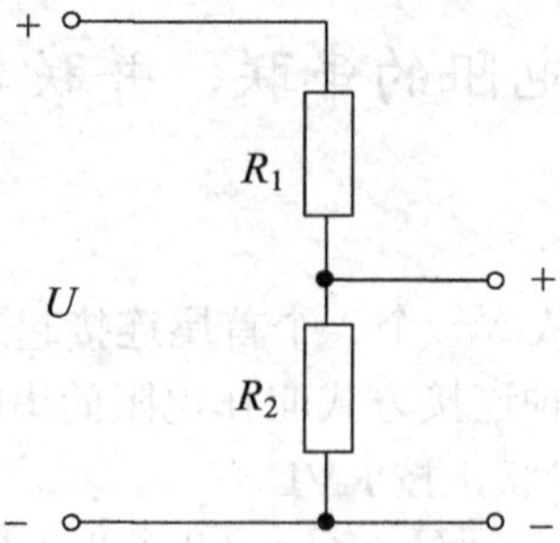

图 1-15　串联分压实际电路

1.4.2　电阻的并联及分流

将两个或更多的电阻并联在两个公共节点上，各电阻承受同一电压，这种连接方式叫作电阻的并联。

如图 1-16（a）所示电路为两个电阻并联，由 KCL 可得

$$I = I_1 + I_2 = \frac{U}{R_1} + \frac{U}{R_2} = U(\frac{1}{R_1} + \frac{1}{R_2}) \tag{1-20}$$

设

$$\frac{1}{R} = \frac{1}{R_1} + \frac{1}{R_2}$$

则

$$I = \frac{U}{R}$$

上式表明：在输入电压和电流不变的条件下，图 1-16（a）可等效为图 1-16（b），电阻 R_1 与 R_2 的并联可用电阻 R 代替，R 即为并联等效电阻，其阻值倒数等于各并联电阻阻值的倒数之和。

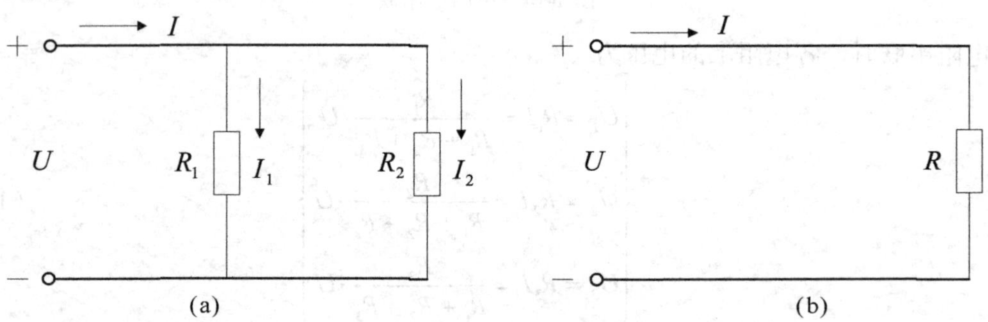

（a）　　　　（b）

图 1-16　电阻的并联

所以图 1-16 中，总电压为

$$U = IR = I \cdot \frac{R_1 R_2}{R_1 + R_2}$$

各电阻的电流分别为

$$\begin{cases} I_1 = \dfrac{U}{R_1} = \dfrac{R_2}{R_1 + R_2} \cdot I \\ I_2 = \dfrac{U}{R_2} = \dfrac{R_1}{R_1 + R_2} \cdot I \end{cases} \tag{1-21}$$

可见电阻并联具有分流作用，并且电阻阻值与其流过的电流成反比，即

$$I_1 : I_2 = R_2 : R_1 \tag{1-22}$$

1.4.3 电阻的混联

电路中既有串联电阻又有并联电阻，这种连接方法称为电阻的混联。

下面举例说明混联电阻的简化。

【例 1-4】如图 1-17 所示，已知 $U = 80\text{V}$，$R_1 = 10\Omega$，$R_2 = 15\Omega$，$R_3 = 10\Omega$，求 I、I_1、I_2。

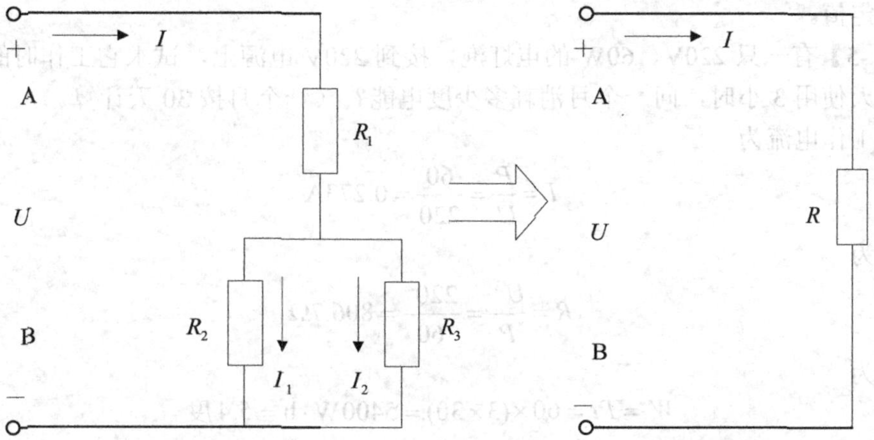

（a）电阻混联　　（b）等效电阻

图 1-17　例 1-4 图

解：由图可知等效电阻 $R = R_1 + (R_2 // R_3) = 10 + \dfrac{15 \times 10}{15 + 10} = 16\Omega$，故电路总电流为

$$I = \frac{U}{R} = \frac{80}{16} = 5\text{A}$$

各分支电流为

$$I_1 = I\frac{R_3}{R_2 + R_3} = 5 \times \frac{10}{15 + 10} = 2\text{A}$$

$$I_2 = I\frac{R_2}{R_2 + R_3} = 5 \times \frac{15}{15 + 10} = 3\text{A}$$

1.4.4 简单电路计算步骤

简单电路：可用串、并联化简的电路。

简单电路的计算步骤如下：

（1）计算总的电阻，算出总电压（或总电流）；

（2）用分压、分流法逐步计算出化简前原电路中各电阻、电流、电压。

1.5　电路的工作状态

1.5.1　额定值和额定工作状态

为了保证电气设备和器件能安全、可靠和经济地工作，制造厂规定的每种设备和器件在工作时所允许的最大电流、最高电压和最大功率，称为电气设备和器件的额定值，常用下标符号 N 表示，如额定电流 I_N，额定电压 U_N 和额定功率 P_N。这些额定值常标注在设备的铭牌上，故又称为铭牌值。如一只灯泡标有电压 220V，功率 60W，这是它的额定值。不能将额定值与实际值等同，例如这只灯泡在使用时接到 220V 的电源上，但电源电压经常波动，这样灯泡的实际功率就不会正好等于 60W。所以，电气设备在使用时，其实际值不一定等于它的额定值。

【例 1-5】有一只 220V、60W 的电灯泡，接到 220V 电源上，试求它工作时的电流和电阻，若每天使用 3 小时，问一个月消耗多少度电能？（一个月按 30 天计算。）

解：工作电流为

$$I = \frac{P}{U} = \frac{60}{220} = 0.273\text{A}$$

电阻为

$$R = \frac{U^2}{P} = \frac{220^2}{60} = 806.7\Omega$$

电能为

$$W = Pt = 60 \times (3 \times 30) = 5400\text{W} \cdot \text{h} = 5.4\text{度}$$

1.5.2　通路状态

电路有空载（开路）、短路、有载（通路）三种状态。下面以一个简单电路为例，分别讨论电路三种不同状态下的特征。

如图 1-18 所示，电路中开关合上，接通电源与负载，这就是通路状态，电路中的电流为

$$I = \frac{E}{R_0 + R} \tag{1-23}$$

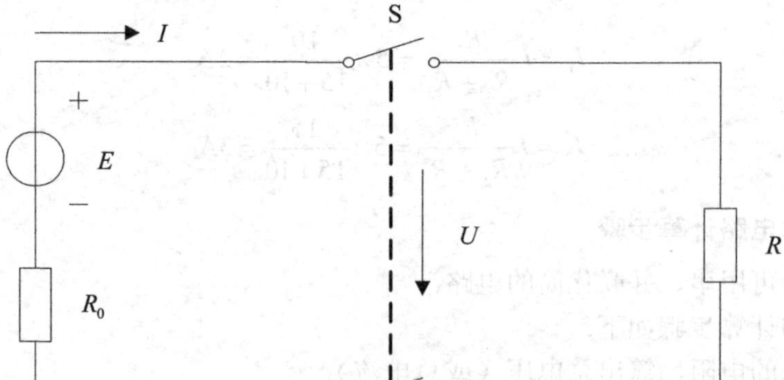

图 1-18　电路的工作状态

式（1-23）表明，当电源（E、R_0）一定时，电路工作电流 I 取决于负载 R，R 减小，I 便增大。电源的端电压为

$$U = E - R_0 I \tag{1-24}$$

式（1-24）称为全电路欧姆定律，它表示通路状态下电源的端电压小于电源电动势，其差值为电源内阻上的压降 IR_0，电流越大，则端电压下降得就越多。

表示电源端电压 U 和输出电流 I 之间的关系的曲线称为电源的外特性曲线，如图 1-19 所示。曲线的斜率与电源内阻有关，当 $R_0 \ll R$ 时，电源的端电压 $U \approx E$，即当负载电流变化时，电源的端电压几乎不变，此时电源的外特性曲线如图 1-19 中虚线所示。

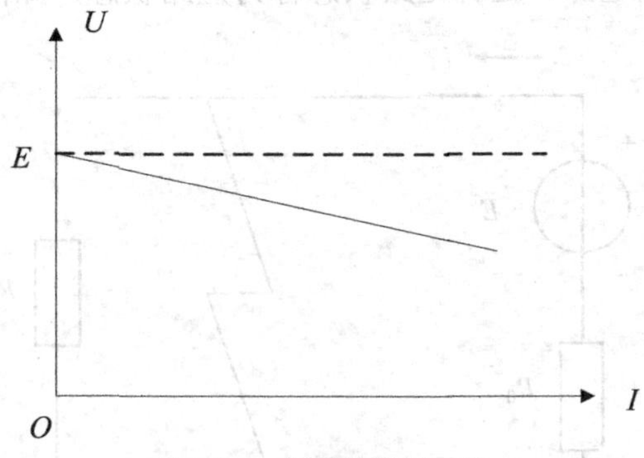

图 1-19　电源外特性曲线

将式（1-24）两边同乘以电流 I，可得电路功率平衡式为

$$UI = EI - R_0 I^2 \tag{1-25}$$

即

$$P = P_E - \Delta P$$

式中，$P_E = EI$，是电源产生的功率；

$\Delta P = R_0 I^2$，是电源内阻损耗的功率；

$P = UI$，是负载取用的功率。

式（1-23）、式（1-24）和式（1-25）分别表示电路有载状态时的电流、电压和功率的特征，同时式（1-25）也表现出电路中的功率平衡关系。

【例 1-6】如图 1-18 所示的电路中，已知电源电动势 E=220V，内阻 $R_0 = 5\Omega$，负载 $R = 50\Omega$，求开关合上时：（1）电路电流；（2）电源端电压 U；（3）负载上的电压降；（4）电源内阻上的电压降。

解：（1）电路电流：$I = \dfrac{E}{R_0 + R} = \dfrac{220}{5 + 50} = 4\text{A}$

（2）电源端电压：$U = E - R_0 I = 220 - 5 \times 4 = 200\text{V}$

（3）由图可知负载上的电压降等于电源端电压 U，为 200V

（4）电源内阻电压降：$R_0 I = E - U = 220 - 200 = 20\text{V}$

1.5.3　开路状态

在如图 1-18 所示电路中，当开关 S 断开，电路中无电流通过，则称电路处于开路状态。开路状态的电源端电压称为开路电压，用 U_0 表示，大小等于电源电动势，此时负载吸收的

功率为零。

开路状态下电路的主要特征为：

电路电流：$I=0$

电源端电压：$U=U_0=E$

负载功率：$P=0$

1.5.4　短路状态

在供电线路中，因绝缘损坏或接线有误使电源两端的导线直接相连时，电路中的电流不再通过负载而走捷径流回电源，这种电路状态称为短路状态，如图 1-20 所示。

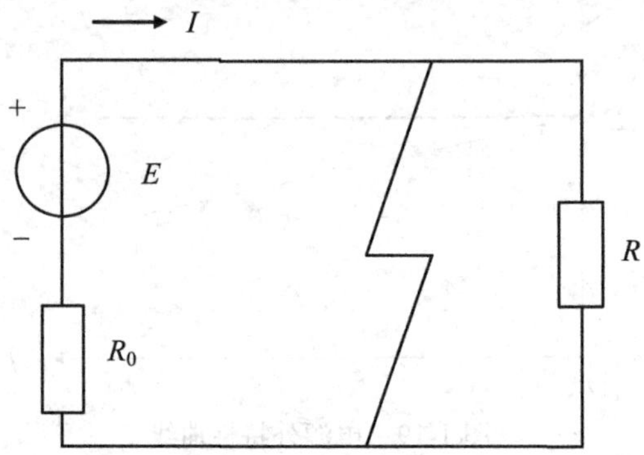

图 1-20　短路状态

电路短路时，外电阻可视为零，电源端电压也为零。因为电路中仅有很小的电源内阻 R_0，所以回路中电流很大，这个电流称为短路电流，用 I_S 表示。

短路通常是应该避免的电路故障。为防止短路时烧坏电源或供电线路，一般在电路中安装熔断器或自动保护装置，一旦发生短路故障，便能迅速切断故障电路，从而防止事故扩大。

短路状态下电路的主要特征为：

电路电流：$I=I_S=\dfrac{E}{R_0}$

电源端电压：$U=0$

负载功率：$P=0$

电源功率：$P_E=I_S^2R_0$

1.6　电压源和电流源

电源是能提供电压或电流的元件，它的电路模型有两种表示形式：一种是电压源；另一种是电流源。

1.6.1　电压源

由电动势 E 和内阻 R_0 串联的电源模型，就是实际的电压源。

如图 1-21（a）所示为一个电压源模型，U 是电源端电压，R_L 为负载，I 是负载电流。

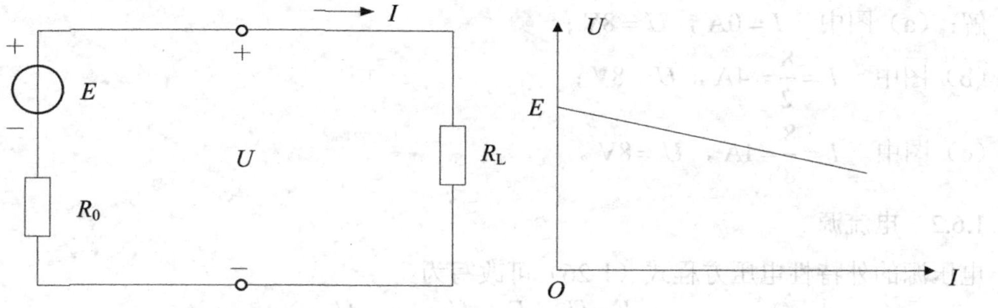

（a）实际电压源模型　　（b）实际电压源外特性

图 1-21　实际电压源模型及外特性

由图 1-21（a）可得

$$U = E - R_0 I \tag{1-26}$$

由电压源的外特性曲线图 1-21（b）可知，电压源输出电压的大小与其内阻 R_0 的大小有关，R_0 越小，外特性越平，当 $R_0 = 0$ 时，$U = E$，电压源输出电压恒定不变，与通过它的电流无关，电压源是恒压源，如图 1-22 所示。

由于电源内阻完全等于零的电源是不存在的，仅是一种理想情况，所以恒压源也称为理想电压源，如果电压源的内阻远小于负载电阻，即 $R_0 \ll R_L$，那么内阻压降就会很小，电压源的端电压基本恒定，此时可把电压源看成恒压源。

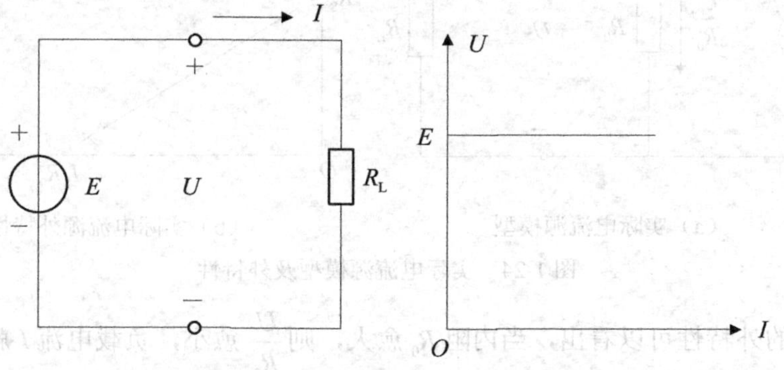

（a）恒压源模型　　（b）恒压源外特性

图 1-22　恒压源模型及外特性

【例 1-7】求如图 1-23 所示电路的电流 I 和电压 U。

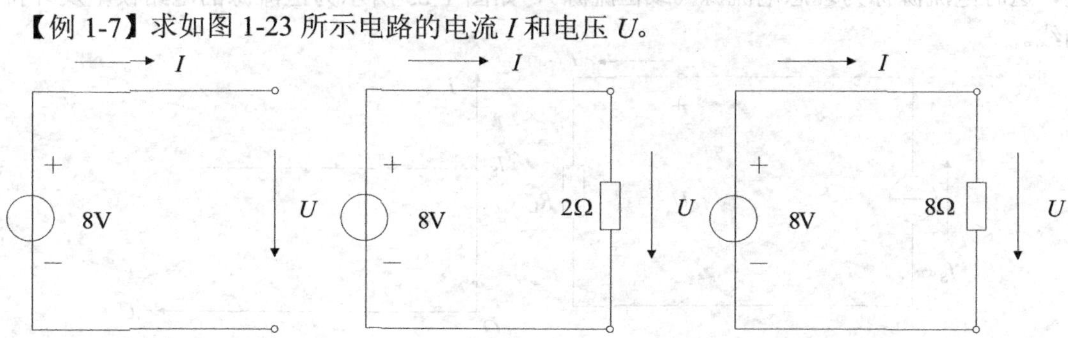

（a）　（b）　（c）

图 1-23　例 1-7 的图

解：（a）图中　$I=0\text{A}$，$U=8\text{V}$；

（b）图中　$I=\dfrac{8}{2}=4\text{A}$，$U=8\text{V}$；

（c）图中　$I=\dfrac{8}{8}=1\text{A}$，$U=8\text{V}$。

1.6.2　电流源

电压源的外特性电压方程式（1-26）可改写为

$$I=\frac{E-U}{R_0}=\frac{E}{R_0}-\frac{U}{R_0}=I_S-\frac{U}{R_0} \tag{1-27}$$

式中：$\dfrac{E}{R_0}=I_S$ 为电源的短路电流；

I 为负载电流；

$\dfrac{U}{R_0}$ 是流经电源内阻的电流。

根据式（1-27）可得实际电流源的模型和外特性曲线如图 1-24 所示。

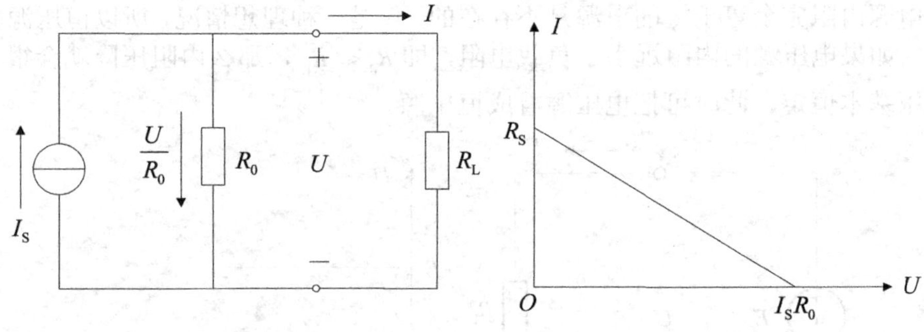

（a）实际电流源模型　　（b）实际电流源外特性

图 1-24　实际电流源模型及外特性

由电流源的外特性可以看出，当内阻 R_0 愈大，则 $\dfrac{U}{R_0}$ 愈小，负载电流 I 就和电流源 I_S 愈接近，电流源外特性愈平。当 $R_0=\infty$ 时，则有 $I=I_S$，端电压 U 由负载 R_L 与电流源电流 I_S 决定，这时电流源称为理想电流源（或恒流源），如图 1-25 所示为恒流源的电路模型及外特性曲线。

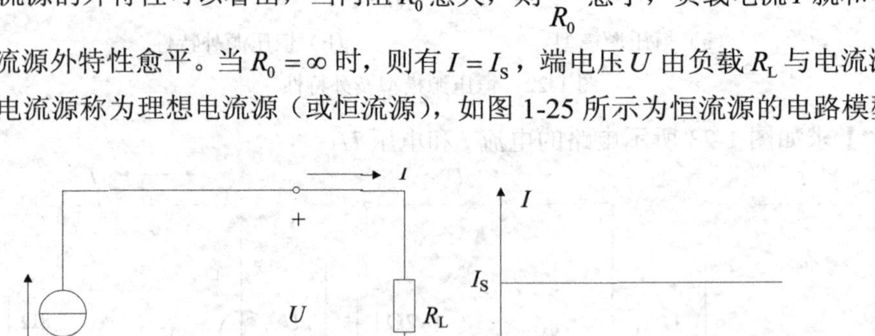

（a）恒流源模型　　（b）恒流源外特性

图 1-25　恒流源模型及外特性

与理想电压源一样，理想电流源实际上也是不存在的，如实际电流源的内阻远大于负载电阻，即 $R_0 \gg R_L$，则 $I \approx I_S$，可以认为是恒流源。

【例 1-8】求如图 1-26 所示电路的电流 I 和电压 U。

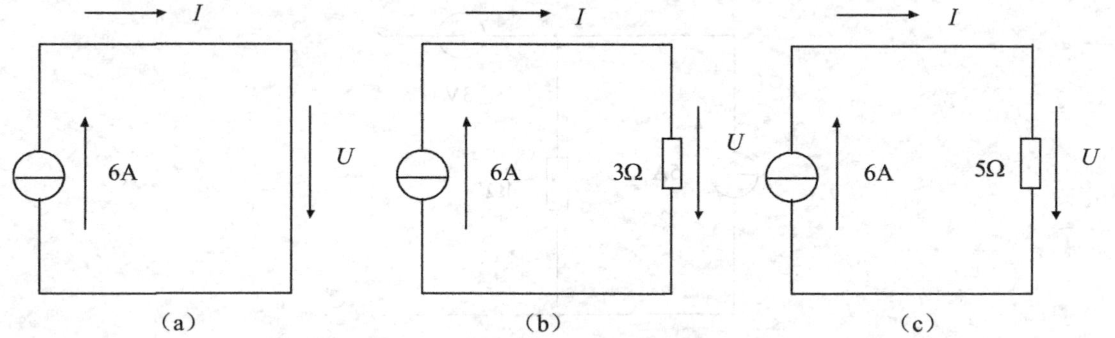

图 1-26　例 1-8 图

解：（a）图中 I=6A，U=0V；

（b）图中 I=6A，U=18V；

（c）图中 I=6A，U=30V。

1.6.3　两种电源模型的等效变换

图 1-21（a）中的电压源和图 1-24（a）中的电流源都可作为同一个实际电源的电路模型，在保持输出电压和电流不变的条件下，相互之间可以进行等效变换。具体的等效变换方法如图 1-27 所示。

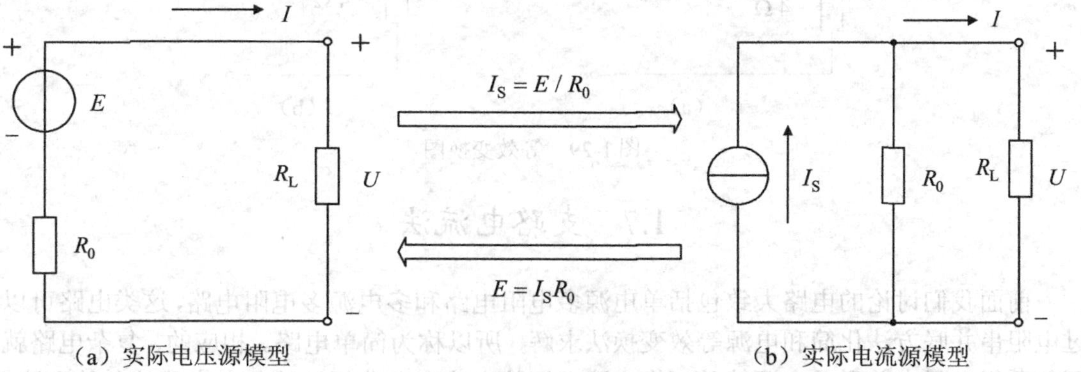

图 1-27　两种电源模型的等效变换

需要注意的是：

①电流源与电压源的等效关系对外电路适用，但对电源内部是不等效的。比如：图 1-27（a）中电压源开路时，$I = 0$，故内阻 R_0 上无损耗，而在图 1-27（b）中若电流源开路，$I = 0$，但内阻 R_0 上仍有损耗（$P_{R_0} = I_S^2 R_0$）。同理，电压源短路时，内阻 R_0 上仍有损耗，而电流源短路时，R_0 上没有损耗。

②理想电压源与理想电流源不能等效变换，因为两者外特性不相等。

③实际电压源和电流源的等效变换，可以推广到理想电压源和电阻 R 的串联电路与理想电流源和电阻 R 的并联电路之间的等效变换。

④注意电源的极性，因为对外输出电流的方向应相同，所以 I_S 的方向与电动势 E 的方向（由低电位端指向高电位端）应一致。

【例 1-9】试简化图 1-28 中的电源电路。

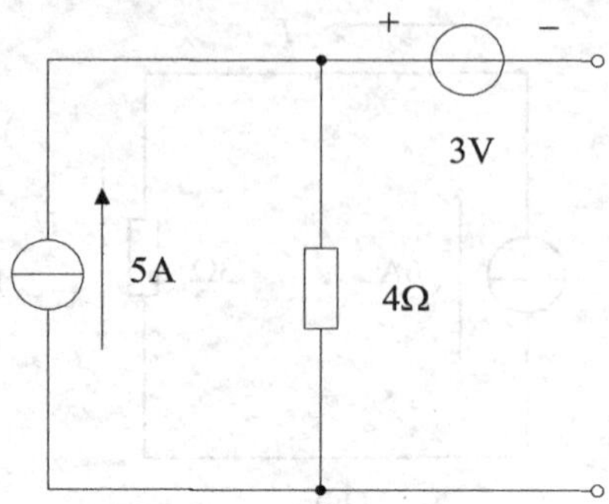

图 1-28　例 1-9 图

解：5A 电流源和 4Ω电阻的并联，可转化为 20V 电压源和 4Ω电阻的串联，如图 1-29（a）所示，然后再对图 1-29（a）进行简化，见图 1-29（b）。

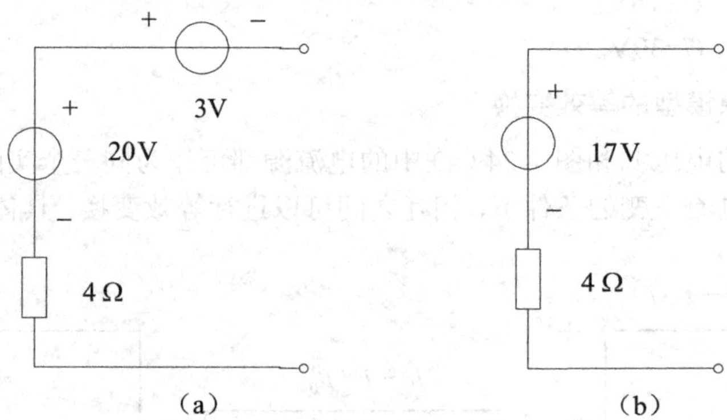

图 1-29　等效变换图

1.7　支路电流法

前面我们讨论的电路大致包括单电源多电阻电路和多电源多电阻电路，这类电路可以通过电阻串并联方法化简和电源等效变换法求解，所以称为简单电路。相应的，复杂电路就是不能采用电阻串并联及电源等效变换方法求解的电路。在分析计算复杂电路的各种方法中，支路电流法是最基本的。

所谓支路电流法就是以支路电流为电路变量，应用 KCL、KVL 列出所需的方程，最后解出各支路电流。

下面以如图 1-30 所示电路为例，介绍支路电流法。

在该电路中，支路数 b=3，节点数 n=2，因为有 3 个支路电流未知数，则需列出 3 个独立方程。

首先对节点 A、B 分别应用 KCL 可得方程

$$I_1 + I_2 = I_3 \tag{1-28}$$

$$I_3 = I_1 + I_2 \tag{1-29}$$

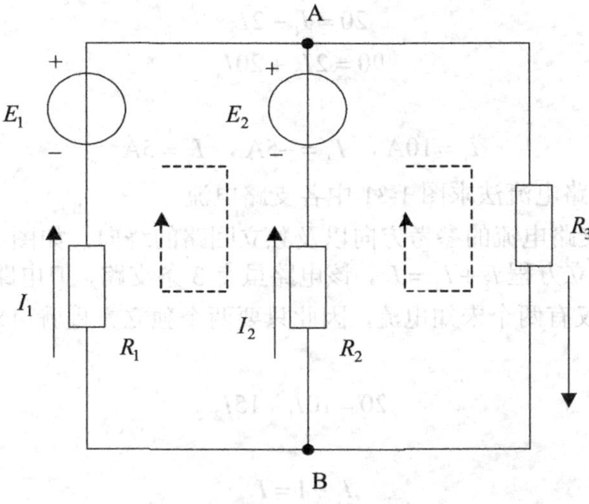

图 1-30　支路电流法

显然，式（1-28）和式（1-29）实质是一个方程，若选式（1-28）为独立方程，则式（1-29）就不是独立方程。可以证明，对于具有 n 个节点的电路应用 KCL 可列出（n–1）个独立方程，至于哪个节点不独立，则是任选的。

其次，选择回路，应用 KVL 列出其余[b–（n–1）]个方程，同样所列的回路电压方程也应是相互独立的，通常可取网孔来写方程。

图 1-30 中有 3 个回路、2 个网孔，若按顺时针方向绕行，对左右两个网孔各列一个 KVL 方程得

$$E_1 - E_2 = I_1R_1 - I_2R_2 \tag{1-30}$$

$$E_2 = I_2R_2 + I_3R_3 \tag{1-31}$$

网孔数目恰好等于[b–（n–1）]=3–（2–1）=2，说明每个网孔都是一个独立回路。应用 KCL 和 KVL 一共可列出（n–1）+[b–（n–1）]=b 个独立方程，可解出 b 个支路电流。

综上所述，支路电流法的解题步骤如下：

（1）判断电路的支路数 b 和节点数 n；

（2）标出各支路电流的参考方向，应用基尔霍夫电流定律列出（n–1）个独立电流方程；

（3）标出电动势的参考方向和回路的绕行方向，按基尔霍夫电压定律，列出[b–（n–1）]（网孔数）个独立电压方程；

（4）解联立方程组，求得各支路电流，整理结果。

【例 1-10】在如图 1-30 所示的电路中，设 $E_1 = 110\text{V}$，$E_2 = 90\text{V}$，$R_1 = 1\Omega$，$R_2 = 2\Omega$，$R_3 = 20\Omega$，试用支路电流法求各支路电流。

解：由前面的分析讨论已得了 3 个独立方程，即

$$I_1 + I_2 = I_3$$
$$E_1 - E_2 = I_1R_1 - I_2R_2$$
$$E_2 = I_2R_2 + I_3R_3$$

代入数据得

$$I_1 + I_2 = I_3$$

$$20 = I_1 - 2I_2$$
$$90 = 2I_2 + 20I_3$$

从而解得

$$I_1 = 10\text{A}，\ I_2 = -5\text{A}，\ I_3 = 5\text{A}$$

【例 1-11】试用支路电流法求图 1-31 中各支路电流。

解：首先标出各支路电流的参考方向以及独立回路的绕向，如图 1-31（b）所示。其次根据 KCL 可得电流独立方程 $I_1 + I_3 = I_2$，该电路虽有 3 条支路，但电路中有一个电流源，则 $I_3 = 1\text{A}$，所以电路中仅有两个未知电流，因此只要两个独立方程就可求解，根据 KVL 对左边网孔列电压方程为

$$20 = 10I_1 + 15I_2$$

联立方程求解

$$I_1 + 1 = I_2$$
$$20 = 10I_1 + 15I_2$$

得

$$I_1 = 0.2\text{A}，\ I_2 = 1.2\text{A}$$

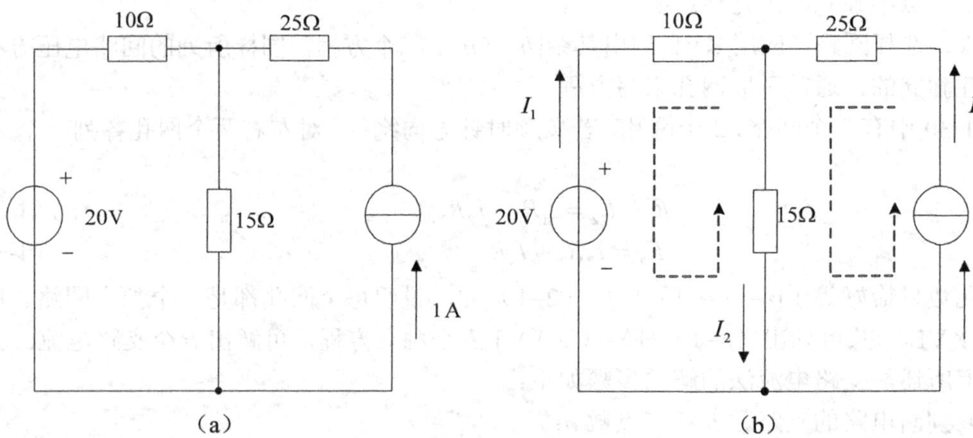

图 1-31　例 1-11 图

1.8　叠 加 原 理

叠加原理是反映线性电路基本性质的一条重要定理。它的内容是：在线性电路中，当有两个或两个以上的独立电源作用时，则任意支路的电流或电压都可以认为是电路中各个电源单独作用而其他电源不作用时，在该支路中产生的各电流分量或电压分量的代数和。

叠加原理的正确性可用任一具体线性电路加以说明。

如图 1-32（a）所示电路，应用支路电流法可列出方程

$$I_1 + I_S = I_2$$
$$E = I_1R_1 + I_2R_2$$

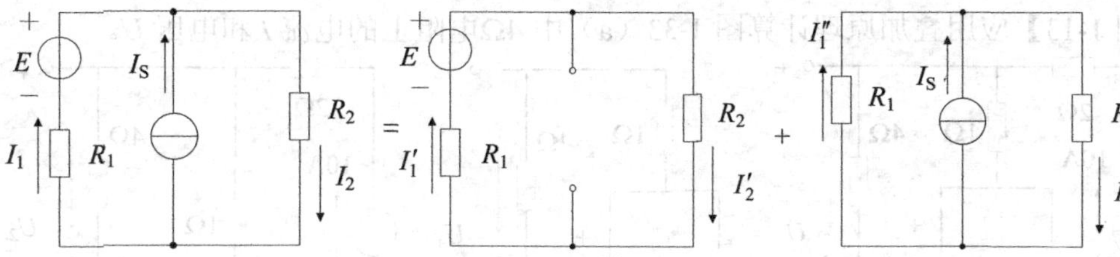

（a）　　（b）　　（c）

图 1-32　叠加原理

解方程得

$$I_1 = \frac{E}{R_1 + R_2} - I_S \frac{R_2}{R_1 + R_2} = I_1' + I_1''$$

上式中

$$I_1' = \frac{E}{R_1 + R_2} \qquad I_1'' = -I_S \frac{R_2}{R_1 + R_2}$$

显然，I_1' 是电压源 E 单独作用时如图 1-32（b）所示在 R_1 支路上产生的电流，I_1'' 是电流源 I_S 单独作用时如图 1-32（c）所示在 R_1 支路上产生的电流。

同理可得

$$I_2 = I_2' + I_2''$$

对于各支路的电压也可应用叠加原理进行计算。

所谓电路中只有一个电源单独作用，就是假设将其余电源均除去（将各个电压源短接，视其电动势为零；将各个电流源开路，视其电流为零），但是它们的内阻要保留。

用叠加原理计算复杂电路，就是把一个多电源共同作用的复杂电路分解为几个简单电路来计算。值得注意的是：叠加原理仅适用于线性电路，不适用于非线性电路。支路中的电流（或电压）可以用叠加原理计算，但功率不能用叠加原理计算，如图 1-32（a）中电阻 R_2 上的功率为

$$P_2 = I_2^2 R_2 = (I_2' + I_2'')^2 R_2 \neq I_2'^2 \cdot R_2 + I_2''^2 \cdot R_2$$

这是因为电流与功率之间不是线性关系。

【例 1-12】图 1-32（a）中，已知电动势 E=60V，电流源电流 I_S=6A，电阻 R_1=2Ω，R_2=1Ω，试用叠加原理计算电流 I_1、I_2。

解：（1）电压源 E 单独作用时，电路如图 1-32（b）所示，可得

$$I_1' = I_2' = \frac{E}{R_1 + R_2} = \frac{60}{2+1} = 20\text{A}$$

（2）电流源 I_S 单独作用时，电路如图 1-32（c）所示，可得

$$I_2'' = \frac{R_1}{R_1 + R_2} I_S = \frac{2}{2+1} \times 6 = 4\text{A}$$

$$I_1'' = I_2'' - I_S = 4 - 6 = -2\text{A}$$

（3）叠加可得

$$I_1 = I_1' + I_1'' = 20 + (-2) = 18\text{A}$$

$$I_2 = I_2' + I_2'' = 20 + 4 = 24\text{A}$$

【例 1-13】应用叠加原理计算图 1-33（a）中 4Ω电阻上的电流 I 和电压 U。

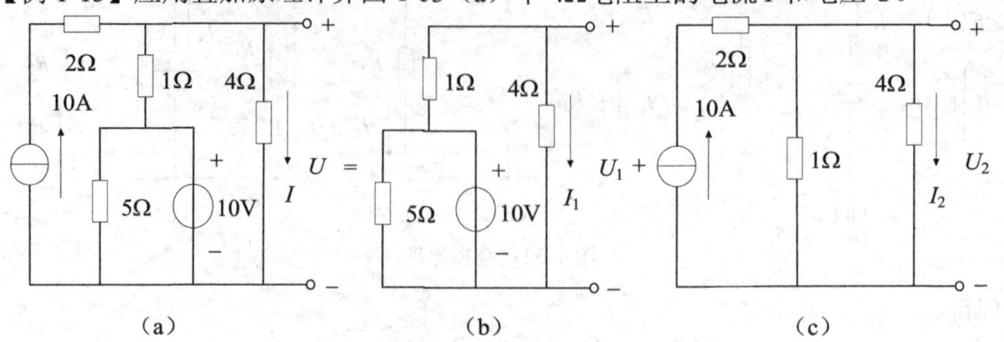

图 1-33 例 1-13 图

解：根据叠加原理，如图 1-33（a）所示电路可分解为如图 1-33（b）和图 1-33（c）两个简单电路。

图 1-33（b）中 1Ω电阻与 4Ω电阻串联后再与 5Ω电阻并联，故

$$I_1 = \frac{10}{1+4} = 2\text{A}，\ U_1 = 2\times 4 = 8\text{V}$$

图 1-33（c）中

$$I_2 = 10\times\frac{1}{1+4} = 2\text{A}，\ U_2 = 2\times 4 = 8\text{V}$$

叠加得

$$I = I_1 + I_2 = 2 + 2 = 4\text{A}，\ U = U_1 + U_2 = 8 + 8 = 16\text{V}$$

1.9 电路中各点电位的计算

在前面的章节中已经介绍过电位的概念，本节重点讲解电位的计算。我们知道电路中任意两点之间的电压就等于这两点间的电位差，但它只能说明一点的电位高、另一点的电位低以及两点的电位相差多少的问题。至于讲电路中某一点的电位是多少，必须相对于参考电位，否则是无意义的。

下面以如图 1-34 所示电路为例讨论电位的计算。

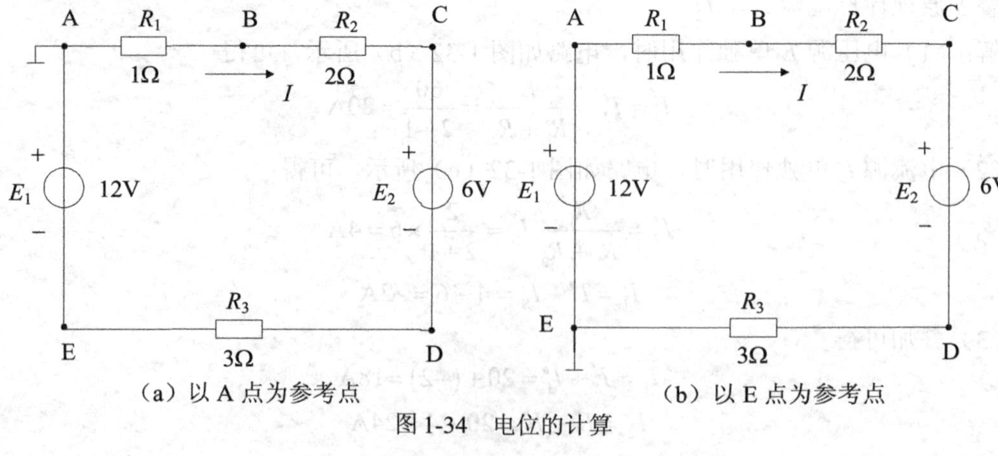

图 1-34 电位的计算

在计算电位时，必须首先选定参考点。电路中的参考点可以任意选定，它的电位即参考电位，通常设参考电位为零，故参考点又叫作零电位点。电路分析中常以多条支路的连接点作为参考点，用符号“⊥”表示。

图 1-34（a）中，以 A 点为参考点，则 $V_A = 0$，电流 I 的参考方向如图所示，则可求出

$$I = \frac{E_1 - E_2}{R_1 + R_2 + R_3} = \frac{12-6}{1+2+3} = 1\text{A}$$

因为 $V_A - V_B = IR_1 = 1\text{V}$

所以 B 点电位为 $V_B = V_A - 1 = -1\text{V}$

同理，C 点电位为 $V_C = V_A - I(R_1 + R_2) = 0 - 3 = -3\text{V}$

D 点电位为 $V_D = V_C - E_2 = -3 - 6 = -9\text{V}$

E 点电位为 $V_E = V_D - IR_3 = -9 - 3 = -12\text{V}$

参考点不同，则各点的电位也随之改变，如图 1-34（b）中选取 E 点为参考点，则电路中各点的电位分别为

$$V_E = 0\text{V}，\ V_A = 12\text{V}，\ V_B = 11\text{V}，\ V_C = 9\text{V}，\ V_D = 3\text{V}$$

【例 1-14】求图 1-35 中开关 S 断开和闭合两种状态下 A 点电位。

解：观察发现无论开关 S 断开还是闭合，10Ω所在支路上都没有电流，故 $V_A = V_B$，要求 A 点电位即求 B 点电位。

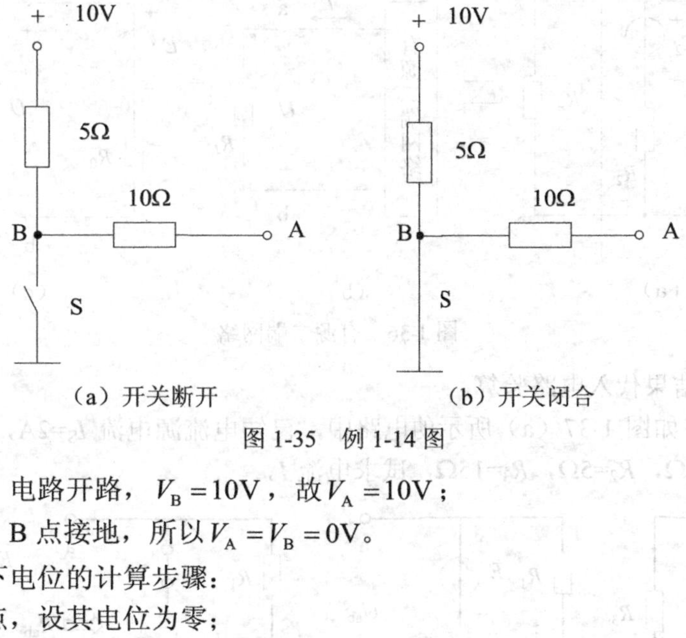

（a）开关断开　　（b）开关闭合

图 1-35　例 1-14 图

开关断开时，电路开路，$V_B = 10\text{V}$，故 $V_A = 10\text{V}$；

开关闭合时，B 点接地，所以 $V_A = V_B = 0\text{V}$。

最后总结一下电位的计算步骤：

（1）选参考点，设其电位为零；

（2）标出各电流参考方向并计算；

（3）计算各点至参考点间的电压即为各点的电位。

注意：① 电位值是相对的，参考点选取不同，电路中各点的电位也将随之改变；

② 电路中两点间的电压值是固定的，不会因参考点的不同而变，即与零电位参考点的选取无关；

③ 当电源的一个极接地时，可省略电源不画，而用没有接地极的电位代替电源。

1.10 戴维南定理

对于一个比较复杂的电路，有些情况下只需要计算某一条支路的电流，如果应用支路电流法来计算的话，会引出一些不需要的电流来。为了使计算简便些，常会用到戴维南定理。

戴维南定理：任何一个线性有源二端网络都可以用一个电压源等效代替，等效电压源的电动势 E 等于该有源二端网络的开路电压；等效电压源的内阻 R_0 等于将该有源二端网络中的电源除去（即将各理想电压源短路，各理想电流源开路）后的无源二端网络的端口间的等效电阻。

所谓有源二端网络就是含有电源和两个引出端的电路。有源二端网络可以是简单的或任意复杂的电路，如图 1-36（b）所示的有源二端网络是含有两个理想电压源 E_1、E_2 和两个电阻 R_1、R_2 的电路，其引出端为 a、b 两个点。

戴维南定理可用图 1-36（b）和图 1-36（c）加以说明，应用戴维南定理解题的关键在于正确计算出等效电源的电动势和内阻，解题步骤归纳如下：

（1）将待求支路断开，求开路电压；

（2）除源，将有源二端网络变为无源二端网络后求其端口的等效电阻 R_0；

（3）画出戴维南等效电路求出待求量；

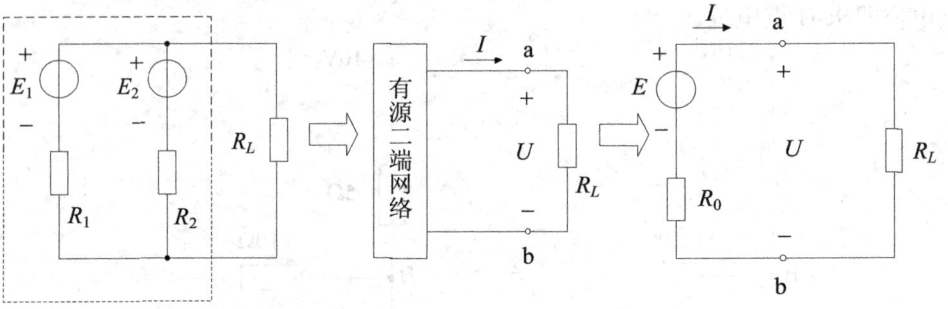

图 1-36 有源二端网络

（4）把所求结果代入电路验算。

【例 1-15】在如图 1-37（a）所示的电路中，已知电流源电流 I_S=2A，电压源电动势 E=10V，电阻 R_1=10Ω，R_2=5Ω，R_3=15Ω，试求电流 I。

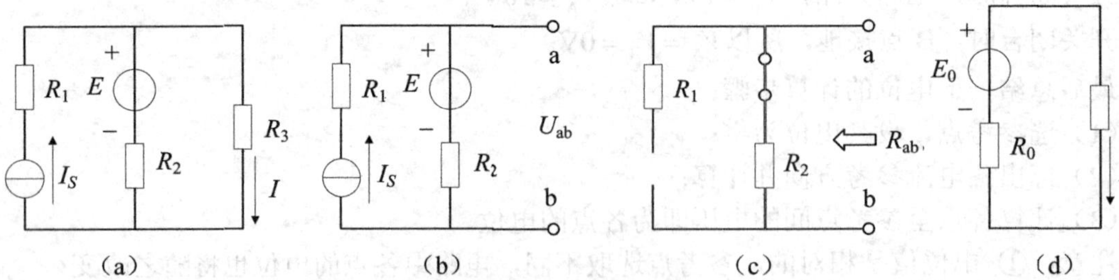

图 1-37 例 1-15 图

解：（1）断开待求支路（如图 1-37（b）所示），求开路电压 U_{ab}，即

$$U_{ab} = E + I_S R_2 = 10 + 2 \times 5 = 20\text{V}$$

（2）对有源二端网络除源（如图 1-37（c）所示），求端口等效电阻 R_{ab}，即

$$R_{ab}=R_2=5\Omega$$

（3）画出戴维南等效电路图 1-37（d），再求电流 I。

图中 $E_0=U_{ab}=20V$，$R_0=R_{ab}=5\Omega$，故

$$I=\frac{E_0}{R_0+R_3}=\frac{20}{5+15}=1A$$

【例 1-16】求如图 1-38（a）所示电路的戴维南等效电路。

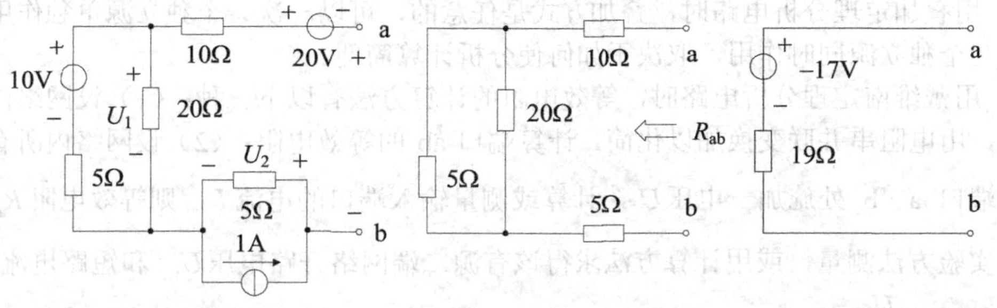

（a）有源二端网络　　（b）无源二端网络　　（c）戴维南等效电路

图 1-38　例 1-16 图

解：（1）根据图 1-38（a）求开路电压 U_{ab}，即

20Ω电阻上电压为 $$U_1=20\times\frac{10}{20+5}=8V$$

5Ω电阻上电压为 $$U_2=5\times1=5V$$

10Ω电阻上电压为 0V

故 $$U_{ab}=-20+8-5=-17V$$

（2）根据图 1-38（b）求等效电阻 R_{ab}，即

$$R_{ab}=5//20+10+5=19\Omega$$

（3）得出戴维南等效电路如图 1-38（c）所示。

本 章 小 结

1．理想电路元件是一种理想化的模型，简称为电路元件。电阻元件是一种只表示消耗电能的元件；电感元件是表示其周围空间存在着磁场而可以储存磁场能量的元件；电容元件是表示其周围空间存在着电场而可以储存电场能量的元件。实际电路可以用一个或若干个理想电路元件经理想导体连接起来模拟，这便构成了电路模型。

2．分析电路时，首先应该规定电流电压的参考方向。若电压（电流）的参考方向与实际方向一致，电压（电流）为正；若电压（电流）的参考方向与实际方向相反，电压（电流）为负。

3．如果电流、电压选用关联参考方向，则所得的 P 应看成支路接受的功率，计算所得功率为负值时，表示支路实际发出功率。如果电流、电压选择非关联参考方向，P 应看成支路发出的功率，即计算所得功率为正值时，表示支路实际发出功率，计算所得功率为负值时，表示支路接收功率。

4．电路中电位参考点可任意选择，参考点一经选定，电路中各点的电位值就是唯一的；当选择不同的电位参考点时，电路中各点电位值将改变，但任意两点间电压保持不变。

5．基尔霍夫定律是集中参数电路的基本定律，它包括电流定律和电压定律。不论元件是线性的还是非线性的，电流、电压是直流的还是交流的，只要是集中参数电路，KCL 和 KVL 总是成立的。

6．实际电压源不允许短路。因其内阻小，若短路，电流很大，可能烧毁电源。实际电流源不允许开路。因其内阻大，若开路，电压很高，可能烧毁电源。

7．用叠加定理分析电路时，叠加方式是任意的，可以一次一个独立源单独作用，也可以一次几个独立源同时作用，取决于如何使分析计算简便。

8．用戴维南定理分析电路时，等效电阻的计算方法有以下三种：（1）设网络内所有电源为零，用电阻串并联变换加以化简，计算端口 ab 的等效电阻；（2）设网络内所有电源为零，在端口 a、b 处施加一电压U，计算或测量输入端口的电流I，则等效电阻$R_{ab}=\dfrac{U}{I}$；（3）用实验方法测量，或用计算方法求得该有源二端网络开路电压U_{OC}和短路电流I_{SC}，则等效电阻$R_{ab}=\dfrac{U_{OC}}{I_{SC}}$。

习　题　一

1.1　单选题

1．与参考点选择有关的物理量是（　　）。

A．电流　　B．电压　　C．电动势　　D．电位

2．电压U_{ab}的含义为（　　）。

A．电场力将正电荷从 a 点移到 b 点时所做的功

B．电场力将负电荷从 a 点移到 b 点时所做的功

C．电场力将单位正电荷从 a 点移到 b 点时所做的功

3．电路中有三点 A、B、C，已知电压U_{AB}=8V，U_{BC}=7V，则电压U_{AC}为（　　）。

A．1V　　B．2V　　C．–1V　　D．15V

4．电路中有三点 A、B、C，已知电压U_{AB}=8V，U_{AC}=7V，则电压U_{BC}为（　　）。

A．1V　　B．2V　　C．–1V　　D．15V

5．两个电阻串联，R_1∶R_2=1∶2，总电压为 60V，则U_1大小为（　　）。

A．10V　　B．20V　　C．30V

6．两个电阻并联，R_1∶R_2=1∶2，总电流为 60A，则I_1大小为（　　）。

A．10A　　B．20A　　C．30A

7．一电阻元件，其电流减为原来的一半时，其功率为原来的（　　）。

A．1/2　　B．2　　C．1/4

8．节点 A 连接三条支路，其电流分别为I_1、I_2、I_3，参考方向均指向 A，I_1=10A，I_2=5A，则I_3为（　　）。

A．–5A　　B．–10A　　C．–15A

[1.2] 将两阻值和功率分别为 484Ω、100 W 和 242Ω、200 W 的灯泡并联，接在 220 V 的电源上。试求：流过每个灯泡的电流和它们所消耗的功率。如不慎将两灯泡串联接在 220 V 电源上，问每个灯泡的电压和它们所消耗的功率各是多少，说明会出现什么现象？

[1.3] 在如图 1-39 所示电路中，g 点接地（选为参考点），则 b 点的电位为多少？

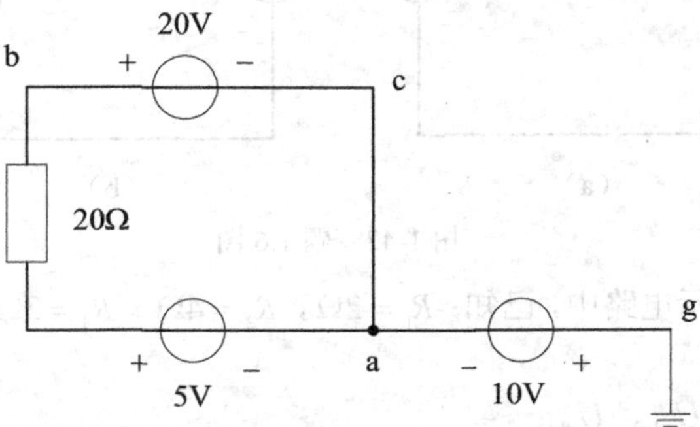

图 1-39 题 1.3 图

[1.4] 求如图 1-40 所示各电路的等效电阻 R_{ab}，其中 $R_1 = R_2 = 1\Omega$，$R_3 = R_4 = 2\Omega$，$R_5 = 4\Omega$。

[1.5] 试求图 1-41 中各电路的电压。

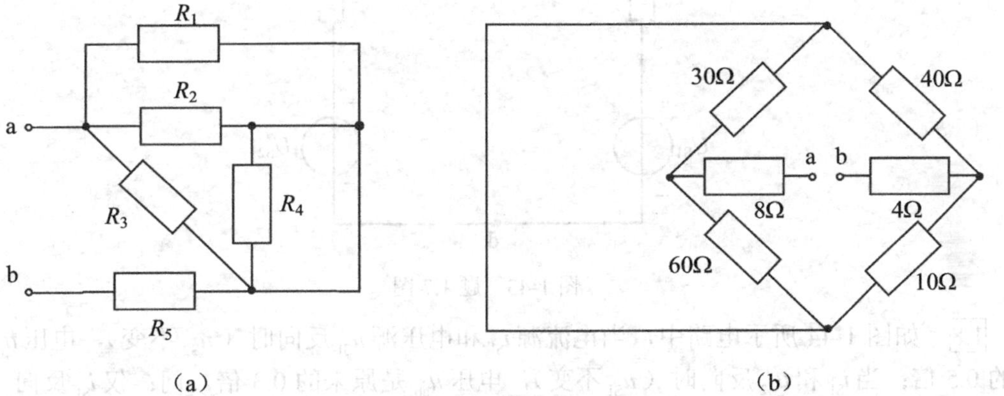

图 1-40 题 1.4 图

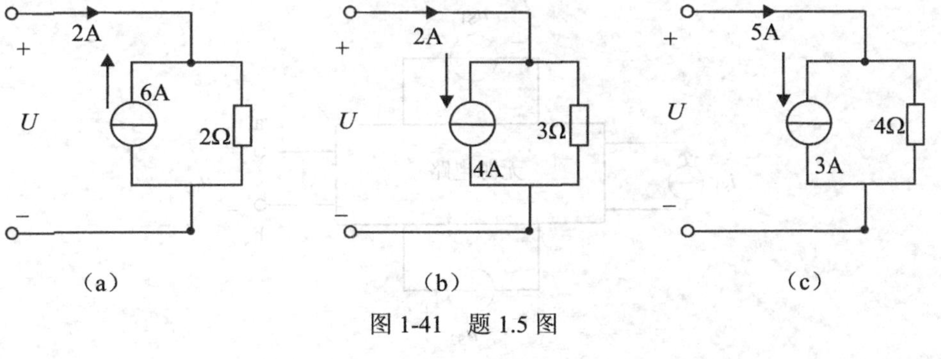

图 1-41 题 1.5 图

1.6 求如图 1-42 所示电路每个元件的功率。

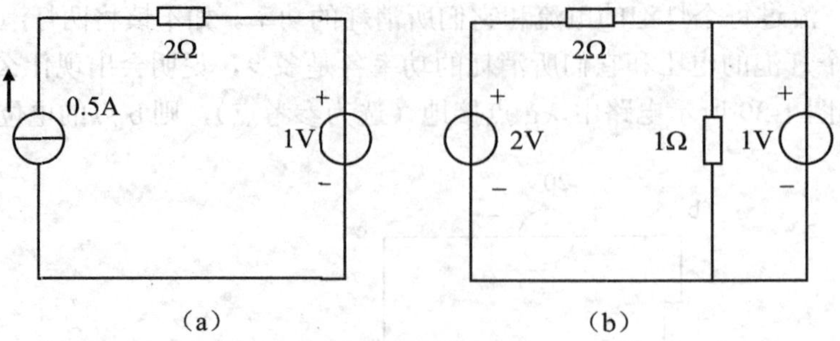

图 1-42 题 1.6 图

1.7 如图 1-43 所示电路中，已知：$R_1 = 2\Omega$，$R_2 = 4\Omega$，$R_3 = 3\Omega$，$U_{S1} = 9V$，$U_{S2} = 36V$，求：

（1）电流 I，电压 U_{ad}、U_{db}；

（2）理想电压源 U_{S1} 和 U_{S2} 的功率，并判断是吸收还是发出功率。

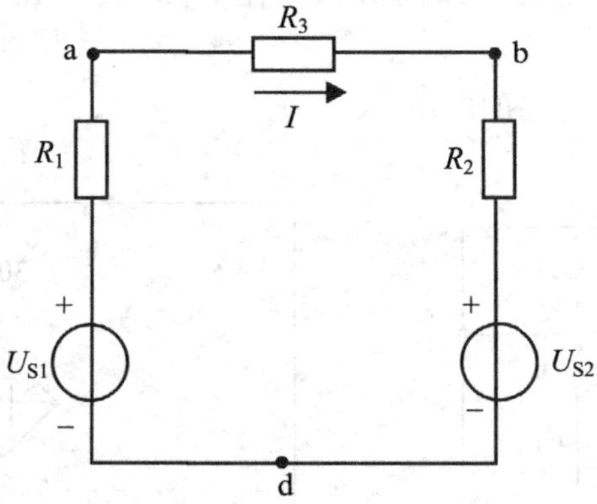

图 1-43 题 1.7 图

1.8 如图 1-44 所示电路中，当电流源 i_{S1} 和电压源 u_{S1} 反向时（u_{S2} 不变），电压 u_{ab} 是原来的 0.5 倍；当 i_{S1} 和 u_{S2} 反向时（u_{S1} 不变），电压 u_{ab} 是原来的 0.3 倍。问：仅 i_{S1} 反向（u_{S1}、u_{S2} 均不变），电压应为原来的几倍？

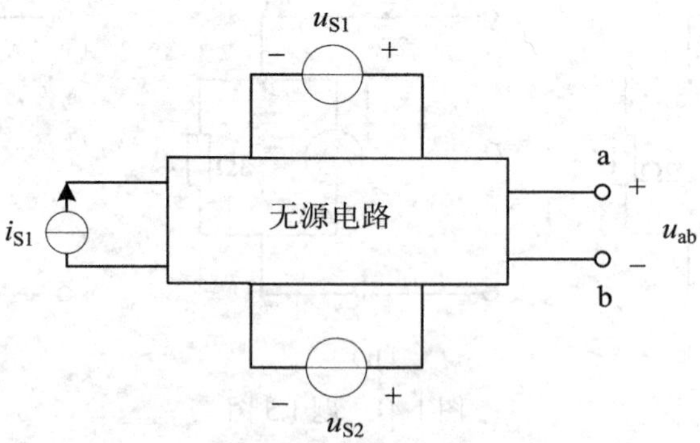

图 1-44 题 1.8 图

[1.9] 将图 1-45 中各图对 ab 端化为最简单形式的等效电压源形式和等效电流源形式。

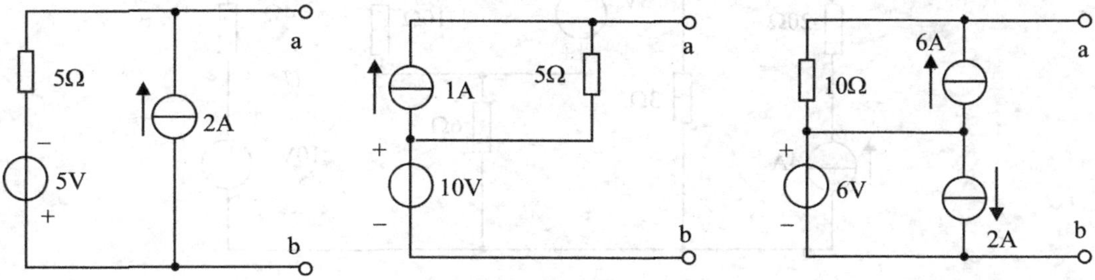

（a）　　（b）　　（c）

图 1-45　题 1.9 图

[1.10] 利用电源等效变换，求图 1-46 中通过电阻 R 的电流 I 。

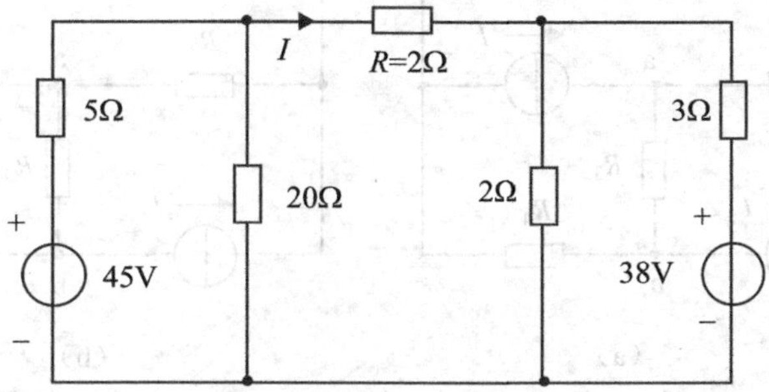

图 1-46　题 1.10 图

[1.11] 求如图 1-47 所示电路中的各支路电流。

[1.12] 如图 1-48 所示电路中，求支路电流 I_1、I_2、I_3 。

[1.13] 如图 1-49 所示电路，用叠加原理求电压 U 。

[1.14] 如图 1-50 所示电路中，$E=12\text{V}$，$R_1=R_2=R_3=R_4$，$U_{ab}=10\text{V}$ 。若将理想电压源除去，试问这时 U_{ab} 等于多少？

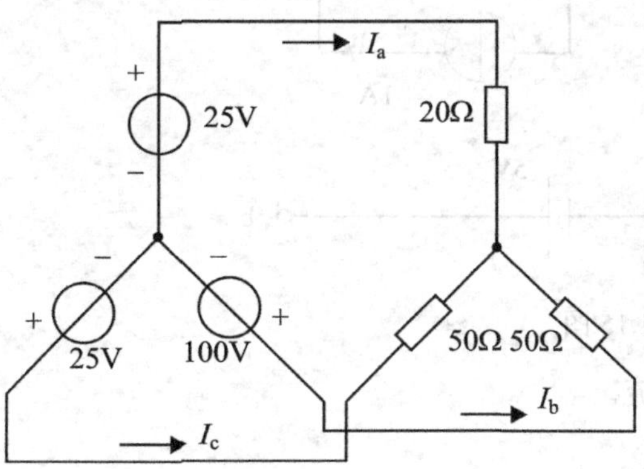

图 1-47　题 1.11 图

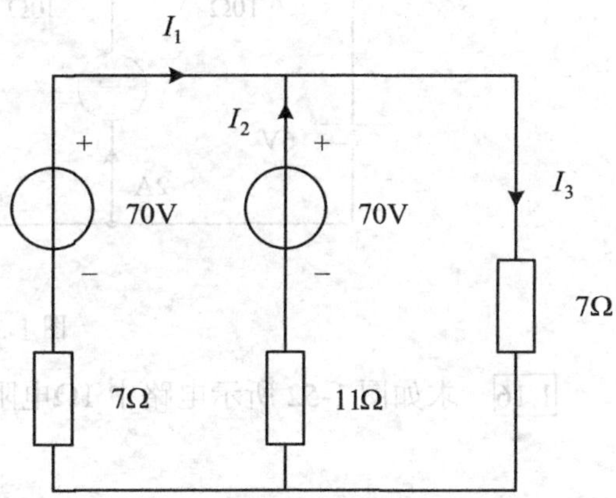

图 1-48　题 1.12 图

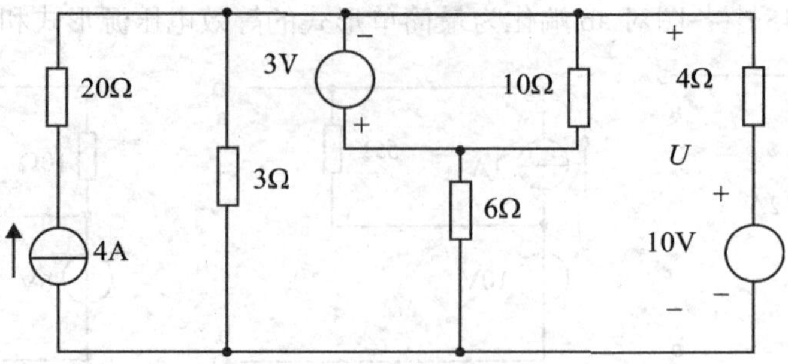

图 1-49　题 1.13 图

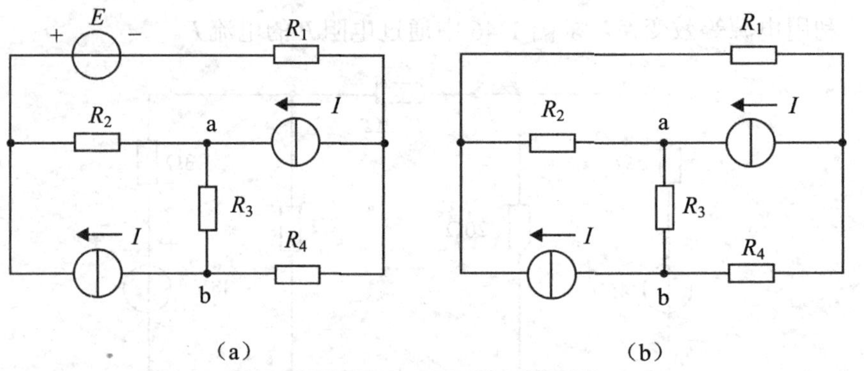

图 1-50　题 1.14 图

1.15　求如图 1-51 所示电路的戴维南等效电路。

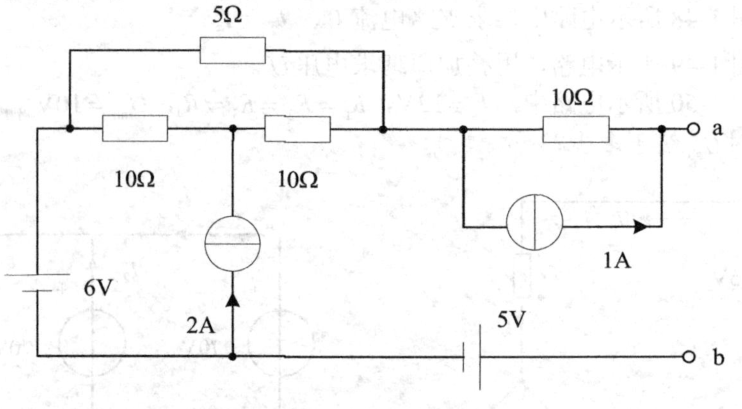

图 1-51　题 1.15 图

1.16　求如图 1-52 所示电路中 1Ω电阻的电流。

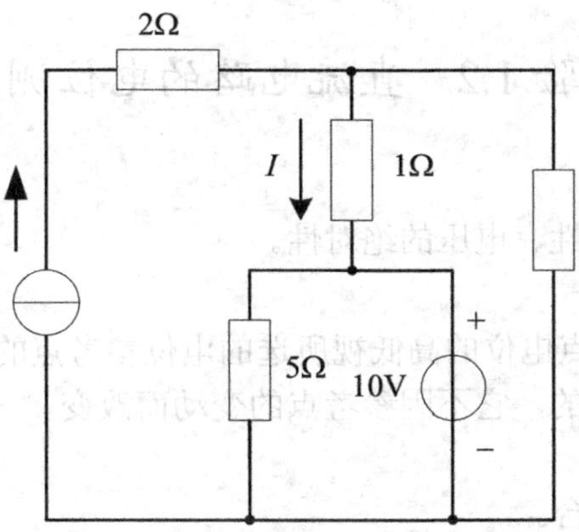

图 1-52　题 1.16 图

实验 1.1　认 识 实 验

一、实验目的

1．熟悉实验室电源配置。

2．学会交、直流电压的测量。

二、实验仪器设备

1．TS-B 通用电工实验台。

2．YJ-56 直流稳压电源。

三、实验内容

1．打开三相漏电保护开关及三相开关，用交流电压表分别测量电源线电压和相电压，记入表 1-1。

表 1-1

电压表	被测量					
	线电压			相电压		
	U_{UV}	U_{VW}	U_{WU}	U_{UN}	U_{VN}	U_{WN}
读数						

2．打开直流稳压电源，用直流电压表测量其输出电压，记入表 1-2。

表 1-2

直流稳压电源输出	1V 以下	1～10V	10 V 以上
电压表读数			

四、分析讨论

使用直流电压表测量直流电压应注意哪些事项？

实验 1.2　直流电路的电位测量

一、实验目的

验证电路中电位的相对性、电压的绝对性。

二、原理说明

在一个闭合电路中，各点电位的高低视所选的电位参考点的不同而变，但任意两点间的电位差（即电压）则是绝对的，它不因参考点的变动而改变。

三、实验设备

1．TS-B 通用电工实验台。

2．YJ-56 直流稳压电源。

四、实验内容

1．按图 1-53 接线，分别将两路直流稳压电源接入电路，令 $U_1 = 6\text{V}$ ，$U_1 = 12\text{V}$ 。（先调准输出电压值，再接入实验线路中。）

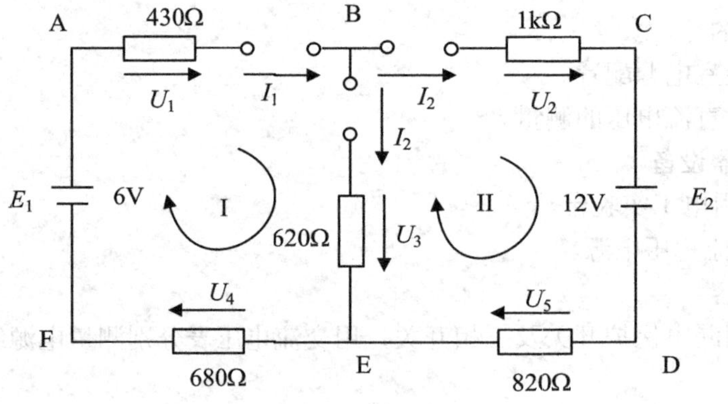

图 1-53　实验 1.2 图

2．以图 1-53 中的 B 点作为电位的参考点，分别测量 A、C、D、E、F 各点的电位值 Φ 及相邻两点之间的电压值 U_{AB}、U_{BC}、U_{CD}、U_{DE}、U_{EF} 及 U_{FA}，数据列于表 1-3 中。

3．以 E 点作为参考点，重复实验内容 2 的测量，测得数据列于表 1-3 中。

表 1-3

电位参考点	Φ 与 U	Φ_A	Φ_B	Φ_C	Φ_D	Φ_E	Φ_F	U_{AB}	U_{BC}	U_{CD}	U_{DE}	U_{EF}	U_{FA}
B	计算值												
	测量值												
	相对误差												
E	计算值												
	测量值												
	相对误差												

五、分析讨论

若以 F 点为参考电位点，实验测得各点的电位值；现令 E 点作为参考电位点，试问此时各点的电位值应有何变化？

实验 1.3　基尔霍夫定律验证

一、实验目的

1．掌握基尔霍夫电流定律和电压定律。

2．学会直流电流表的使用和直流电流的测量。

3．进一步熟悉直流电压表的使用。

二、实验仪器设备

1．TS-B 通用电工实验台。

2．YJ-56 直流稳压电源。

三、实验内容

基尔霍夫定律验证电路如图 1-54 所示。

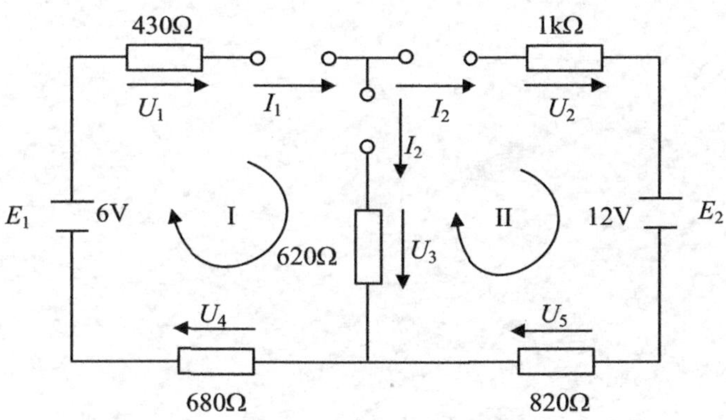

图 1-54　实验 1.3 图

验证基尔霍夫电流定律（KCL）：

电压源 E_1 、E_2 共同作用于电路，用直流电流表分别测量电流 I_1 、I_2 和 I_3 ，注意电流的参考方向，将测量结果记入表 1-4，并计算各电流之和 $\sum I$。

表 1-4

电压源： $E_1=6V$ $E_2=12V$	I_1	I_2	I_3	$\sum I$
测量值（A）				

验证基尔霍夫电压定律（KVL）：

用直流电压表分别测量各电阻电压 U_1 、U_2 、U_3 、U_4 及 U_5 ，注意电压的参考方向，将测量结果记入表 1-5，并计算各电压之和 $\sum U_{\text{I}}$ 及 $\sum U_{\text{II}}$。

表 1-5

电压源： $E_1 = 6V$ $E_2 = 12V$	U_1	U_2	U_3	U_4	U_5	$\sum U_{\mathrm{I}}$	$\sum U_{\mathrm{II}}$
测量值（V）							

四、分析讨论

1．$\sum I$ 是否为零？为什么？

2．$\sum U_{\mathrm{I}}$ 及 $\sum U_{\mathrm{II}}$ 是否为零？为什么？

第二章　正弦交流电路

【学习目标】

1. 理解正弦量的三要素的含义，掌握相位差的分析。
2. 掌握正弦量的相量表示法。
3. 掌握正弦交流电路中电阻、电感、电容元件上电压（电流）及功率的计算。
4. 掌握 R、L、C 串、并联电路的分析计算。
5. 了解提高功率因数的方法。

前面已经介绍了直流电路，在直流电路中电流的大小和方向都不随时间变化，但实际的生产生活中更广泛地使用着交流电。所谓正弦交流电路，是指含有正弦电源而且电路各部分所产生的电压和电流均按正弦规律变化的电路。

分析正弦交流电路与直流电路有所不同，正弦交流电路的分析与计算主要是确定不同参数和不同结构的各种正弦交流电路中电压与电流之间的关系和功率，本章就着重介绍正弦电路的基本概念和分析计算方法。

2.1　正弦交流电路的基本物理量

如图 2-1（a）所示为直流电压或电流的波形，与直流量不同的是，正弦电压和电流是按照正弦规律周期性变化的，它的波形如图 2-1（b）所示。正弦交流电压和电流常统称为正弦电量，简称正弦量。

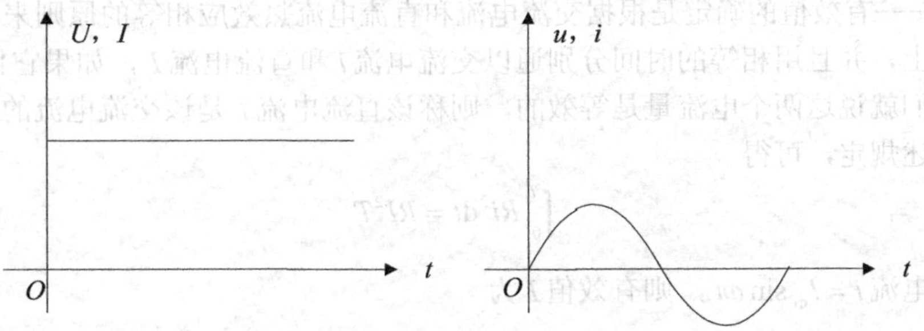

（a）直流量　　（b）正弦量图

图 2-1　波形图

由于正弦电压和电流的方向是周期性变化的，在分析交流电路时，首先用箭头标出 u、i 的参考方向，当正弦量的实际方向与参考方向一致时，其值为正，相应的波形画在横轴上方；若实际方向与参考方向相反，其值为负，相应的波形画在横轴下方。

正弦量的特征表现在变化的快慢、大小及初始值三个方面，它们分别用频率（或周期）、幅值（或有效值）和初始相位来确定，故我们把频率、幅值和初始相位称为正弦量的三要素。

2.1.1 正弦量的周期、频率和角频率

一个正弦量变化的快慢可以用三种方法表示，它们是周期 T、频率 f 和角频率 ω。

周期 T——正弦量变化一次所需的时间称为周期 T，单位是秒（s）。

频率 f——频率是周期的倒数，即 $f=\dfrac{1}{T}$，单位是赫兹（Hz）。

我国和大多数国家都采用 50Hz 作为电力标准频率，有的国家（如日本、美国等）采用 60Hz。在不同的应用场合也使用着不同的频率，如音频是 20Hz～20kHz，航空工业用的交流电是 400Hz，无线电广播的中波段频率是 535～1650kHz 等。

角频率 ω——表示正弦量在 1 秒内所变化的电角度，单位是弧度/秒（rad/s）。

因为一周期内正弦量经过了 2π 弧度，所以角频率为

$$\omega=\frac{2\pi}{T}=2\pi f$$

【例 2-1】已知 f=50Hz，试求 T 和 ω 。

解：

$$T=\frac{1}{f}=\frac{1}{50}=0.02\text{s}$$

$$\omega=2\pi f=2\times3.14\times50=314\text{rad/s}$$

2.1.2 正弦量的瞬时值、最大值和有效值

正弦量的大小可用瞬时值、最大值和有效值来表示。

瞬时值——正弦量在任一瞬间的值称为瞬时值，用小写字母表示，如电流 i 、电压 u 和电动势 e 。

最大值——正弦量在交变过程中的最大瞬时值称为最大值（或幅值），用带下标“ m ”的大写字母来表示，如电压幅值 U_m、电流幅值 I_m 等。

有效值——有效值的确定是根据交流电流和直流电流热效应相等的原则来规定的，假定在同一电阻上，并且用相等的时间分别通以交流电流 i 和直流电流 I ，如果它们产生的总热量相等，我们就说这两个电流量是等效的，则称该直流电流 I 是该交流电流的有效值。

根据上述规定，可得

$$\int_0^T Ri^2\text{d}t=RI^2T \tag{2-1}$$

设正弦电流 $i=I_\text{m}\sin\omega t$ ，则有效值 I 为

$$I=\sqrt{\frac{1}{T}\int_0^T I_\text{m}^2\sin^2\omega t\text{d}t}=\frac{I_\text{m}}{\sqrt{2}}=0.707I_\text{m} \tag{2-2}$$

同理可得

$$U=\frac{U_\text{m}}{\sqrt{2}}=0.707U_\text{m} \tag{2-3}$$

$$E=\frac{E_\text{m}}{\sqrt{2}}=0.707E_\text{m} \tag{2-4}$$

有效值都用大写字母表示，和表示直流的字母一样。

一般所讲的正弦电压或电流的大小，如交流电压 380V，都是指它的有效值。在交流电

路中，用交流电压表、电流表测得的数据均为有效值。

【例 2-2】已知正弦电流 $i=10\sin(314t-60°)$，求此电流的有效值。

解：因为电流 i 的最大值为 $I_m=10A$，所以有效值为

$$I=\frac{I_m}{\sqrt{2}}=7.07A$$

2.1.3 正弦量的相位与相位差

由如图 2-2 所示波形可以看出，电流波形起始于横坐标 ϕ 处，则对应的波形函数为

$$i=I_m\sin(\omega t+\phi) \tag{2-5}$$

上式中，$(\omega t+\phi)$ 称为正弦量的相位；ϕ 称为正弦量的初相位（简称初相）。

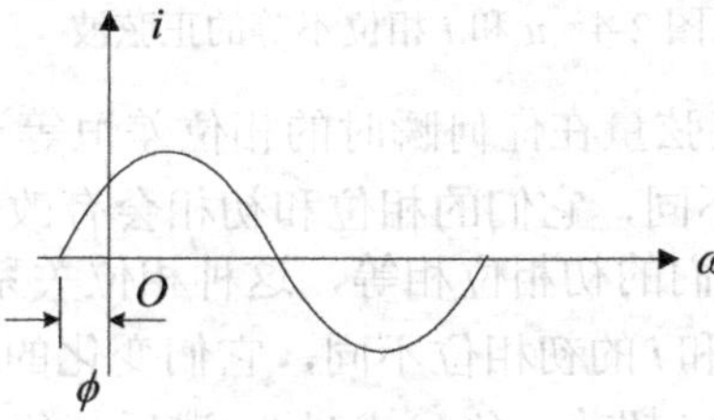

图 2-2 初相不为零的正弦波

相位反映了正弦量在交变过程中瞬时值的变化过程，初相则是确定正弦量初始值的一个特征量，当所取计时起点不同时，初相也会不同，下面分三种情况加以说明，如图 2-3 所示。

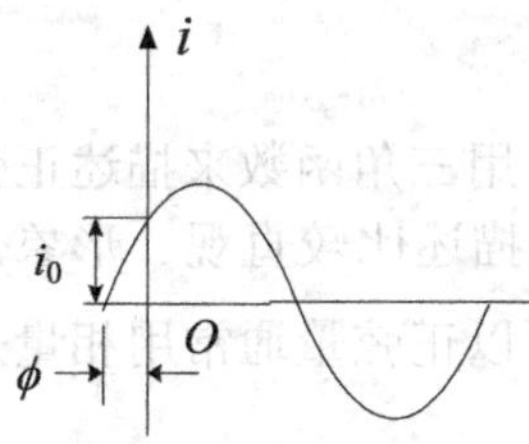

（a）$i_0>0$

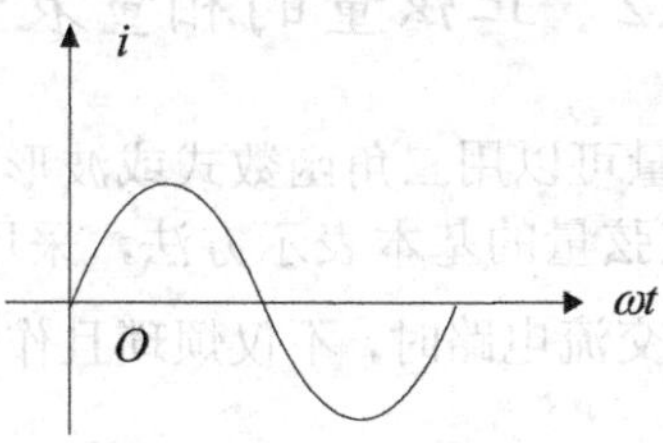

（b）$i_0=0$

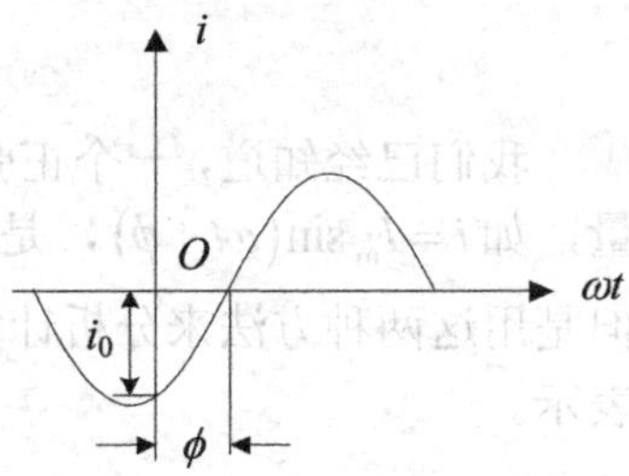

（c）$i_0<0$

图 2-3 正弦量的初相位

图 2-3（a）中，$t=0$ 时，正弦量初始值 $i_0>0$，此时初相 $\phi>0$；

图 2-3（b）中，$t=0$ 时，正弦量初始值 $i_0=0$，此时初相 $\phi=0$；

图 2-3（c）中，$t=0$ 时，正弦量初始值 $i_0<0$，此时初相 $\phi<0$。

在一个正弦交流电路中，电压 u 和电流 i 的频率是相同的，但初相位不一定相同，例如，如图 2-4 所示的 u 和 i 可分别表示为

$$u=U_m\sin(\omega t+\phi_1) \tag{2-6}$$

$$i=I_m\sin(\omega t+\phi_2) \tag{2-7}$$

两个同频率正弦量的相位之差，称为相位差，用 φ 表示。图 2-4 中 u 和 i 的相位差为

$$\varphi=(\omega t+\phi_1)-(\omega t+\phi_2)=\phi_1-\phi_2 \tag{2-8}$$

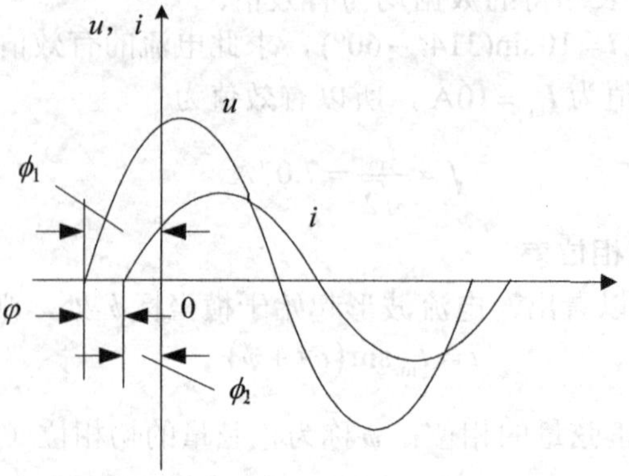

图 2-4 *u* 和 *i* 相位不等的正弦波

上式说明，两个同频率的正弦量在任何瞬时的相位差恒等于其初相之差，并且对于两个同频率正弦量，随计时起点的不同，它们的相位和初相会有改变，但相位差仍保持不变。

如果相位差 $\varphi=0$，说明它们的初相位相等，这种相位关系称为同相；

如果相位差 $\varphi\neq0$，说明 u 和 i 的初相位不同，它们变化的步调是不一致的，若 u 比 i 先到达正的幅值，则在相位上 u 比 i 超前 φ 角，或 i 比 u 滞后 φ 角；

如果相位差 $\varphi=180°$，即一个正弦量到达正的最大值时，另一个正弦量恰好到达负的最大值，这种相位关系称为反相。

2.2 正弦量的相量表示法

我们已经知道，一个正弦量可以用三角函数式或波形图来表示。用三角函数来描述正弦量，如 $i=I_{\mathrm{m}}\sin(\omega t+\phi)$，是正弦量的基本表示方法，采用波形图来描述比较直观、形象，但是用这两种方法来分析计算交流电路时，不仅烦琐且作图不便，所以正弦量通常用相量来表示。

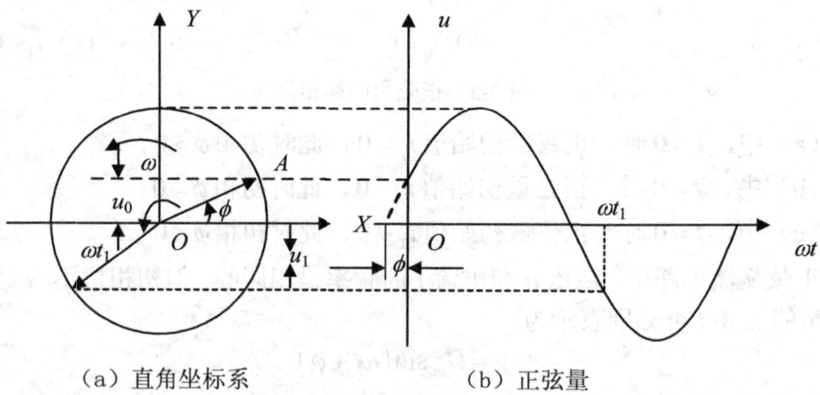

（a）直角坐标系　　（b）正弦量

图 2-5 用正弦波形和旋转有向线段来表示正弦量

所谓相量表示，就是用复数来表示同频率的正弦量。设一正弦量 $u=U_{\mathrm{m}}\sin(\omega t+\phi)$，波形如图 2-5（b）所示，如图 2-5（a）是以直角坐标系的 O 为原点，取有向线段 OA 的长度等于正弦量的最大值U_m，它的初始位置与X轴正方向的夹角等于正弦量的初相ϕ，并且以角频率ω作逆时针方向旋转。由于这一旋转的有向线段OA具有正弦量的三要素，故可用来表示正弦量。可以看出，有向线段OA每一瞬间在纵轴上的投影即表示相应时刻该正弦量的瞬时值。例如：当$t=0$时，$u_0=U_m\sin\phi$；当$t=t_1$时，$u_1=U_m\sin(\omega t_1+\phi)$。

正弦量可用有向线段表示，而有向线段又可以用复数表示，所以正弦量可用复数表示，如图 2-6 所示，是把图 2-5 中$t=0$时的正弦量的有向线段OA移至由实数轴与虚数轴所组成的复平面里。

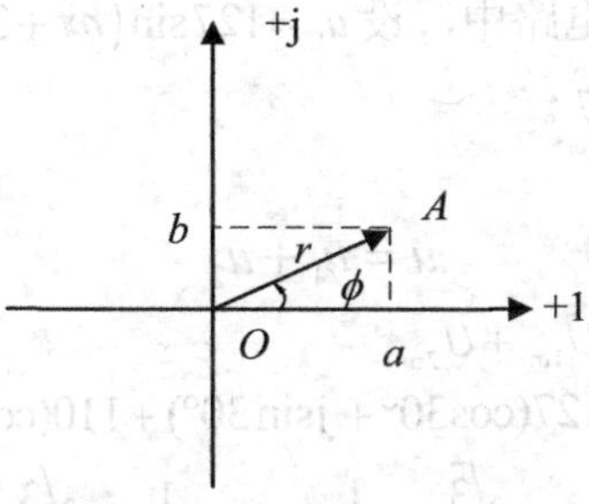

图 2-6　有向线段的复数表示

由图可见，有向线段OA可表示为复数形式，即

$$A=a+\mathrm{j}b \tag{2-9}$$

有向线段的大小即为复数的模r，$r=\sqrt{a^2+b^2}$；

有向线段的方向即为复数的辐角ϕ，$\phi=\arctan\dfrac{b}{a}$。

则
$$a=r\cos\phi,\quad b=r\sin\phi$$

$$A=a+\mathrm{j}b=r\cos\phi+\mathrm{j}r\sin\phi=r(\cos\phi+\mathrm{j}\sin\phi) \tag{2-10}$$

式（2-10）称为复数的代数形式和三角函数式。

根据欧拉公式可知

$$(\cos\phi+\mathrm{j}\sin\phi)=\mathrm{e}^{\mathrm{j}\phi}$$

所以式（2-10）又可写成指数形式，即

$$A=r\mathrm{e}^{\mathrm{j}\phi} \tag{2-11}$$

或简写成极坐标形式，即

$$A=r\angle\phi \tag{2-12}$$

上述复数的四种形式，可以互相转换。

用来表示正弦量的复数叫作相量，为了与一般的复数相区别，规定相量用上方加“·”的大写字母表示。如正弦电压$u=U_m\sin(\omega t+\phi)$，它的幅值相量为

$$\dot{U}_m=U_m(\cos\phi+\mathrm{j}\sin\phi)=U_m\mathrm{e}^{\mathrm{j}\phi}=U_m\angle\phi$$

也可用有效值相量来表示为

$$\dot{U}=U(\cos\phi+\mathrm{j}\sin\phi)=U\mathrm{e}^{\mathrm{j}\phi}=U\angle\phi$$

【例 2-3】已知正弦电流$i=20\sqrt{2}\sin(\omega t-30^\circ)$（A），试分别用代数式、指数式和极坐标式来表示电流。

解：极坐标式 $\dot{I}=20\angle-30°$（A）

代数式 $\dot{I}=20[\cos(-30°)+\mathrm{j}\sin(-30°)]=(10\sqrt{3}-\mathrm{j}10)$（A）

指数式 $\dot{I}=20\mathrm{e}^{-\mathrm{j}30°}$（A）

要说明的是，相量只是表示正弦量，而不是等于正弦量，只有正弦周期量才能用相量表示，也只有同频率的正弦量才能画在同一相量图上。

相量的计算与复数的计算一样，相量的加减运算可用代数形式，乘除运算可用指数式或极坐标式，下面举例说明。

【例 2-4】在如图 2-7 所示电路中，设 $u_1=127\sin\left(\omega t+30°\right)$（V），$u_2=110\sin\left(\omega t-60°\right)$（V）。试求总电压 u 及其有效值 U。

（1）用相量式求解。

总电压为
$$u=u_1+u_2$$

用相量式表示为
$$\begin{aligned}\dot{U}_{\mathrm{m}}&=\dot{U}_{1\mathrm{m}}+\dot{U}_{2\mathrm{m}}\\&=127(\cos30°+\mathrm{j}\sin30°)+110(\cos60°-\mathrm{j}\sin60°)\\&=127(\frac{\sqrt{3}}{2}+\mathrm{j}\frac{1}{2})+110(\frac{1}{2}-\mathrm{j}\frac{\sqrt{3}}{2})\\&=(110+\mathrm{j}63.5)+(55-\mathrm{j}95.3)\\&=165-\mathrm{j}31.8=168\angle-10.9°\end{aligned}$$

所以
$$u=u_1+u_2=168\sin(\omega t-10.9°)\text{（V）}$$

有效值为
$$U=\frac{U_{\mathrm{m}}}{\sqrt{2}}=\frac{168}{\sqrt{2}}=119\text{（V）}$$

（2）用相量图求解。

相量图如图 2-8 所示，根据平行四边形法，对角线即为总电压 u 的幅值相量 $\dot{U}_{\mathrm{m}}$，ϕ 角即为合成电压相量的初相位，由图分析可知

$$U_{\mathrm{m}}=\sqrt{U^2_{1\mathrm{m}}+U^2_{2\mathrm{m}}}=\sqrt{127^2+110^2}=168\text{（V）}$$

$$\varphi=\arctan\frac{U_{2\mathrm{m}}}{U_{1\mathrm{m}}}=\arctan\frac{110}{127}=40.9°$$

$$\phi'=\varphi-30°=10.9°$$

所以
$$u=U_{\mathrm{m}}\sin(\omega t+\phi)=168\sin(\omega t-10.9°)\text{（V）}$$

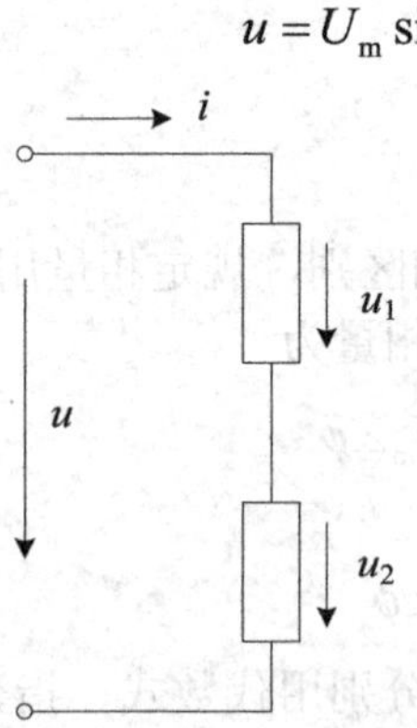

图 2-7　例 2-4 图

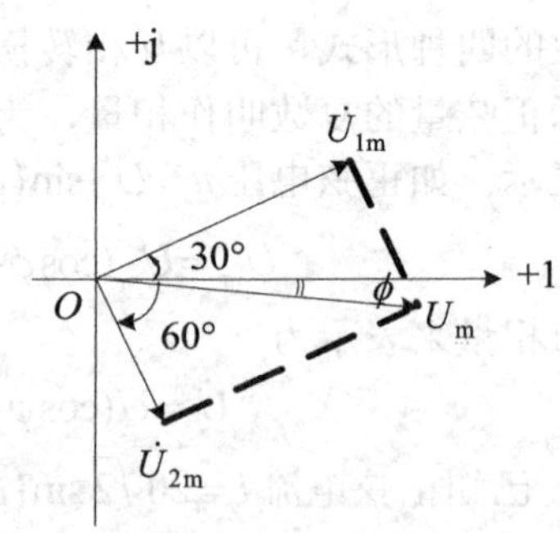

图 2-8　例 2-4 用相量图求解

由此可见，当两个同频率正弦量求和时，用相量式或相量图求解，所得结果是一致的，两种方法各有所长，可根据题意采用不同方法解题。

2.3 单一参数元件的交流电路

电阻元件、电感元件及电容元件是交流电路的基本元件，在电路中表现出不同的物理特性。日常生活中的交流电路都是由这三个元件组合起来的，为了分析这种交流电路，我们先来分析单个元件上电压与电流的关系、能量的转换及储存。

2.3.1 纯电阻电路

在交流电路中，如果负载只起电阻的作用，则称它为电阻元件。如图 2-9 所示为一个线性电阻元件的交流电路。

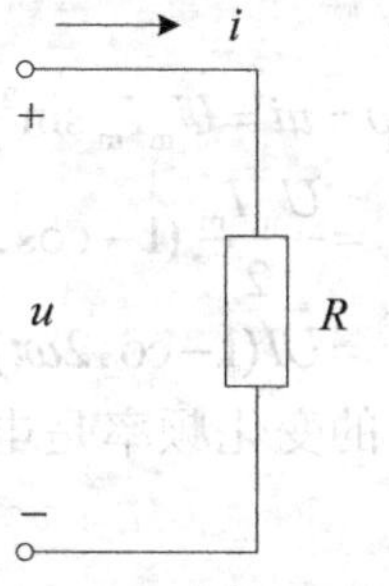

图 2-9 电阻元件

1. 电压电流关系

根据欧姆定律，电阻上电压、电流的关系为

$$u = Ri \tag{2-13}$$

设电流为参考正弦量，即

$$i = I_{\mathrm{m}} \sin \omega t$$

则电压为

$$u = RI_{\mathrm{m}} \sin \omega t = U_{\mathrm{m}} \sin \omega t$$

由以上两式可知，u 和 i 是同频率的正弦量，它们之间的相位差为 0，可画出 u 和 i 的波形图和相量图如图 2-10 所示。

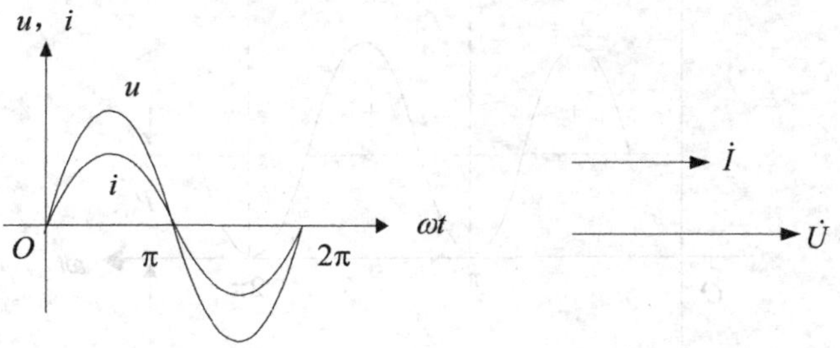

（a）u、i 波形图　　（b）u、i 相量图

图 2-10 电阻元件的 u、i 波形图和相量图

比较电压和电流的关系式还可得出

$$U_m = RI_m \tag{2-14}$$

或

$$U = RI \tag{2-15}$$

所以在纯电阻电路中，电压的幅值（或有效值）与电流的幅值（或有效值）之比值，就是电阻R。

如果正弦量用相量来表示，则电压与电流的相量为$\dot{U} = Ue^{j0^0}$，$\dot{I} = Ie^{j0^0}$，则欧姆定律的相量表示式为

$$\dot{U} = \dot{I}R \tag{2-16}$$

式（2-16）既表明了u、i的相位关系（同相），也表明了u、i的有效值关系（$U = RI$）。

2．功率

在任意瞬间，电压瞬时值u与电流瞬时值i的乘积，称为瞬时功率，用p表示。在正弦交流电路中，电阻元件的瞬时功率为

$$\begin{aligned} p &= ui = U_m I_m \sin^2 \omega t \\ &= \frac{U_m I_m}{2}(1 - \cos 2\omega t) \\ &= UI(1 - \cos 2\omega t) \end{aligned} \tag{2-17}$$

由式（2-17）可见，瞬时功率p的变化频率是电源频率的两倍，变化的波形如图 2-11 所示。

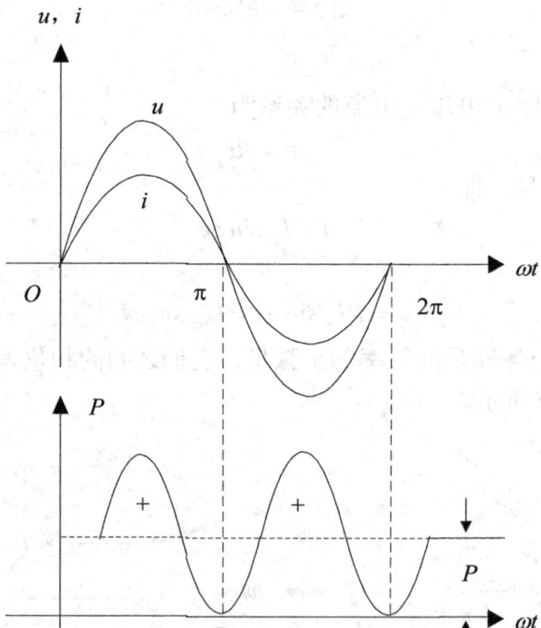

图 2-11　电阻元件的功率

由于瞬时功率只说明功率随时间变化的情况，用它表示和计量元件的功率很不方便，为

此工程上都是计算平均功率，用大写字母P表示，其值等于瞬时功率p在一周期内的平均值，即

$$P=\frac{1}{T}\int_0^T p\mathrm{d}t \tag{2-18}$$

正弦交流电路中，电阻元件的平均功率为

$$P=\frac{1}{T}\int_0^T UI(1-\cos 2\omega t)\,\mathrm{d}t=UI=RI^2=\frac{U^2}{R} \tag{2-19}$$

所以电阻元件的平均功率等于电压、电流有效值的乘积，平均功率是电路中实际消耗的功率，又称为有功功率，通常简称为功率。例如60W的灯泡、1000W的电炉等都是指平均功率。

2.3.2 纯电感电路

1. 电感元件

电感元件是反映电流周围存在磁场、储存磁场能量这一物理现象的理想电路元件，相当于一个电阻为零的线圈。

在如图2-12所示的电路中，根据电磁感应定律，电流i流过电感L时，将在线圈周围产生磁场。当电流i变化时，磁场也随之变化，并在线圈中产生自感电动势e_L。图2-12中线圈的自感电动势由下式决定

$$e_L=-L\frac{\mathrm{d}i}{\mathrm{d}t} \tag{2-20}$$

式（2-20）表明：e_L的大小与电流变化率$\frac{\mathrm{d}i}{\mathrm{d}t}$成正比，式中的负号表示$e_L$的实际方向总是企图阻止线圈本身电流的变化，这是符合楞次定律的。同时，式（2-20）中比例常数L称为电感，是表征电感元件特性的参数，单位是亨利（H）。

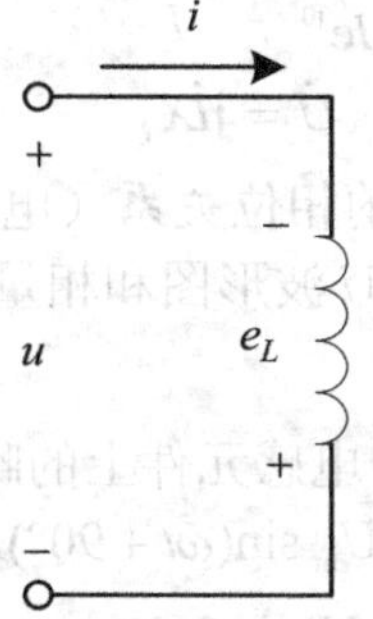

图2-12 电感元件

根据基尔霍夫电压定律，对如图2-12所示电路列电压方程有

$$u=-e_L=L\frac{\mathrm{d}i}{\mathrm{d}t} \tag{2-21}$$

可见，u与e_L大小相等，方向相反，这是因为自感电动势e_L具有阻止电流变化的性质，因此电源电压u必须去平衡它。

当电感元件的电压u与电流i参考方向一致时，电感元件的功率为

$$p = ui = Li\frac{\mathrm{d}i}{\mathrm{d}t} \tag{2-22}$$

在 t 时刻电感元件中储存的磁场能量为

$$W_L = \int_0^t ui\mathrm{d}t = \int_0^t L\frac{\mathrm{d}i}{\mathrm{d}t}i\mathrm{d}t = \int_0^i Li\mathrm{d}i = \frac{1}{2}Li^2 \tag{2-23}$$

式（2-23）表明：电感元件在某时刻贮存的磁场能量与该时刻流过元件的电流的平方成正比。

2．电感元件的交流电路

1）电压电流关系

在正弦交流电路中，若设电流 i 为参考正弦量，即 $i = I_\mathrm{m}\sin\omega t$。

根据式（2-21）可得电压

$$u = L\frac{\mathrm{d}i}{\mathrm{d}t} = \omega LI_\mathrm{m}\cos\omega t = U_\mathrm{m}\sin(\omega t + 90°) \tag{2-24}$$

式（2-24）中 $U_\mathrm{m} = \omega LI_\mathrm{m}$ 为电压幅值，也可以表示为

$$\frac{U_\mathrm{m}}{I_\mathrm{m}} = \frac{U}{I} = \omega L \tag{2-25}$$

式（2-25）中 ωL 的单位是欧姆（Ω），当电压 U 一定时，ωL 愈大，则电流 I 愈小，可见它对电流起阻碍作用，因而称为感抗，用 X_L 表示。

$$X_L = \omega L = 2\pi fL \tag{2-26}$$

感抗 X_L 与电感 L、频率 f 成正比。因此，电感元件对直流不起阻碍作用（$X_L = 0$），对高频电流的阻碍作用很大。

若用相量表示正弦量，则电压、电流的相量为 $\dot{I} = I\mathrm{e}^{\mathrm{j}0°}$，$\dot{U} = U\mathrm{e}^{\mathrm{j}90°}$，则

$$\frac{\dot{U}}{\dot{I}} = \frac{U\mathrm{e}^{\mathrm{j}90°}}{I\mathrm{e}^{\mathrm{j}0°}} = \frac{U}{I}\mathrm{e}^{\mathrm{j}90°} = \mathrm{j}X_L$$

$$\dot{U} = \mathrm{j}\dot{I}X_L \tag{2-27}$$

式（2-27）既表明了电感上 u、i 的相位关系（电压超前电流 $90°$），也表明了它们的有效值关系（$U = X_L I$）。电感元件的 u 和 i 波形图和相量图如图 2-13 所示。

2）功率

在电压和电流取关联参考方向时，电感元件上的瞬时功率为

$$\begin{aligned} p_L &= ui = U_\mathrm{m}\sin(\omega t + 90°)I_\mathrm{m}\sin\omega t \\ &= UI\sin 2\omega t \end{aligned} \tag{2-28}$$

式（2-28）表明，电感元件的瞬时功率也是随时间按正弦规律变化的，幅值为 UI，变化的频率是电流频率的两倍，波形如图 2-13 所示。

电感元件的平均功率为

$$P = \frac{1}{T}\int_0^T p\mathrm{d}t = \frac{1}{T}\int_0^T UI\sin 2\omega t\mathrm{d}t = 0 \tag{2-29}$$

所以电感元件在交流电路中不消耗能量，只与电源发生能量的交换。为了衡量电感与电源之间能量交换规模的大小，把电感元件瞬时功率的最大值称为无功功率，用符号 Q 表示。

$$Q = UI = I^2 X_L = \frac{U^2}{X_L} \tag{2-30}$$

无功功率的单位是乏（var）或千乏（kvar）。

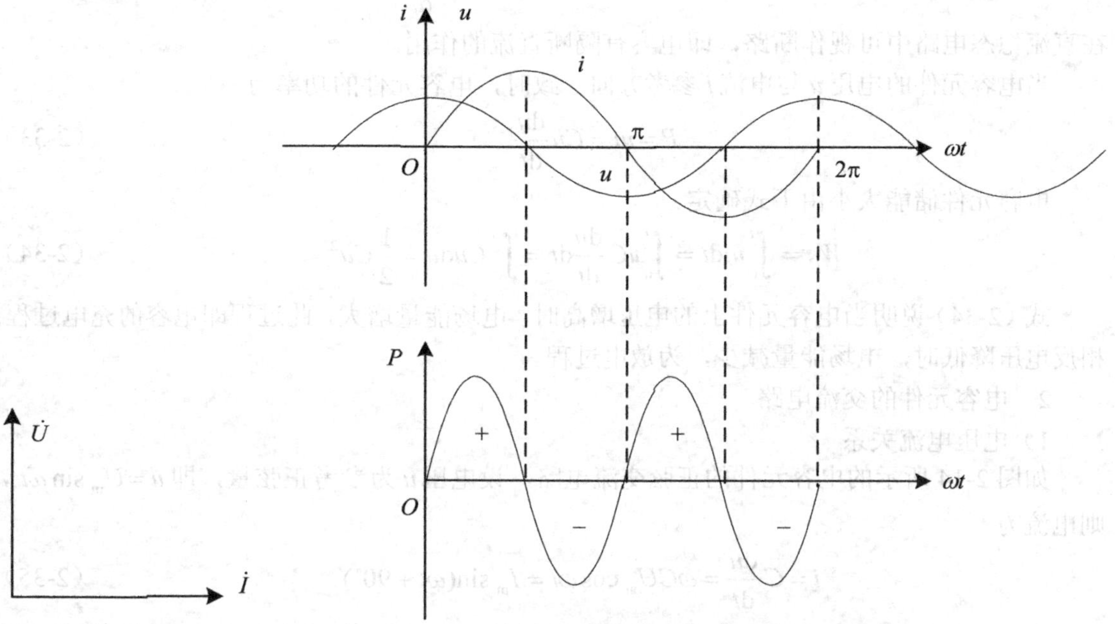

（a）u、i 相量图　　（b）电压、电流及功率的波形图

图 2-13　电感元件的交流电路

【例 2-5】一只 L=20mH 的电感线圈，通以 $i = 5\sqrt{2}\sin(314t - 30°)$（A）的电流，试求：（1）感抗 X_L；（2）线圈两端电压 u；（3）有功功率 P 和无功功率 Q。

解：（1）　$X_L = \omega L = 314 \times 20 \times 10^{-3} = 6.28\Omega$

（2）电流有效值相量为　$\dot{I} = 5\angle -30°$（A）

电压有效值相量为　$\dot{U} = \mathrm{j}\dot{I}X_L = \mathrm{j}5\angle -30° \times 6.28 = 31.4\angle 60°$（V）

故线圈两端电压为　$u = 31.4\sqrt{2}\sin(314t + 60°)$（V）

（3）有功功率为　$P = 0$

无功功率为　$Q = UI = 31.4 \times 5 = 157$（var）

2.3.3　纯电容电路

1．电容元件

电容元件是反映存贮电荷产生电场、储存电场能量这一物理现象的理想电路元件。如图 2-14 所示为一电容器，电容器极板上所储存的电荷量 q 与其上电压 u 成正比，即

$$\frac{q}{u} = C \tag{2-31}$$

式（2-31）中 C 称为电容，是表征电容元件特性的参数，单位法[拉]（F）。

电容器的电磁特性是：当电容元件极板间的电压 u 变化时，极板上的电荷也随之变化，在电路中就要引起电流。当电压和电流的参考方向一致时，有

$$i = \frac{\mathrm{d}q}{\mathrm{d}t} = C\frac{\mathrm{d}u}{\mathrm{d}t} \tag{2-32}$$

分析式（2-32）可知，当电容两端加恒定电压时，$\frac{\mathrm{d}u}{\mathrm{d}t} = 0$，故电流 $i = 0$，因此电容元件在直流稳态电路中可视作断路，即电容有隔断直流的作用。

当电容元件的电压 u 与电流 i 参考方向一致时，电容元件的功率为

$$P = ui = Cu\frac{\mathrm{d}u}{\mathrm{d}t} \tag{2-33}$$

电容元件储能大小由下式确定

$$W_C = \int_0^t ui\mathrm{d}t = \int_0^t uC\frac{\mathrm{d}u}{\mathrm{d}t}\mathrm{d}t = \int_0^u Cu\mathrm{d}u = \frac{1}{2}Cu^2 \tag{2-34}$$

式（2-34）说明当电容元件上的电压增高时，电场能量增大，此过程即电容的充电过程；相反电压降低时，电场能量减少，为放电过程。

2．电容元件的交流电路

1）电压电流关系

如图 2-14 所示的电容元件的正弦交流电路，设电压 u 为参考正弦量，即 $u = U_{\mathrm{m}}\sin\omega t$，则电流为

$$i = C\frac{\mathrm{d}u}{\mathrm{d}t} = \omega CU_{\mathrm{m}}\cos\omega t = I_{\mathrm{m}}\sin(\omega t + 90^\circ) \tag{2-35}$$

由式（2-35）可知电容电流是与电压同频率的正弦量，并且在相位上电流 i 超前电压 u 90°。图 2-15 为电容上电压电流的相量图。

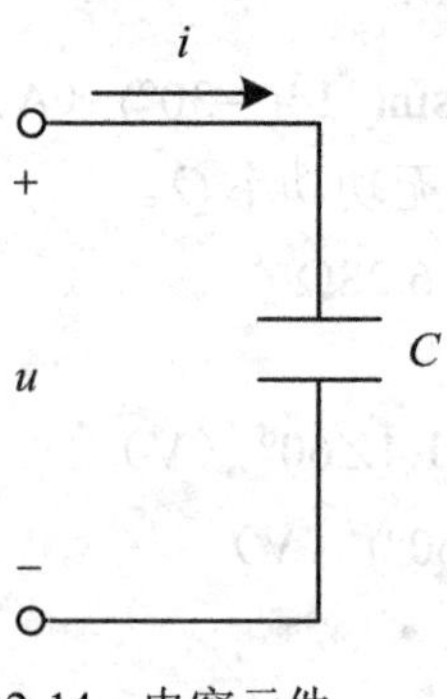

图 2-14　电容元件

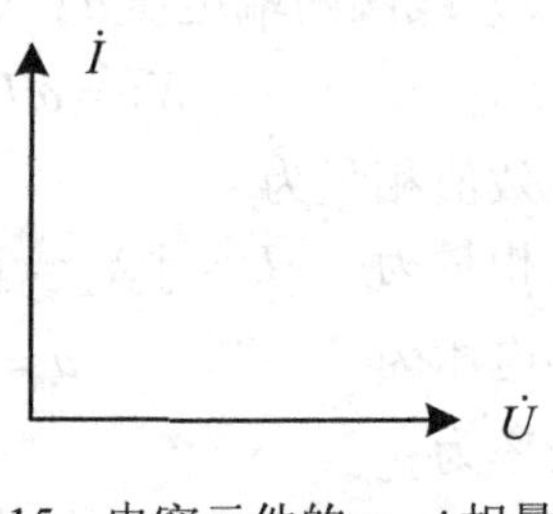

图 2-15　电容元件的 u、i 相量图

式（2-35）中 $I_{\mathrm{m}} = \omega CU_{\mathrm{m}}$，可表示为

$$\frac{U_{\mathrm{m}}}{I_{\mathrm{m}}} = \frac{U}{I} = \frac{1}{\omega C} \tag{2-36}$$

式（2-36）中 $\frac{1}{\omega C}$ 称为容抗，符号为 X_C，单位为欧姆（Ω）。

$$X_C = \frac{1}{\omega C} = \frac{1}{2\pi fc} \tag{2-37}$$

式（2-37）表明，同一个电容器（C 为定值），对不同频率的正弦电流表现出不同的容抗，频率越高，容抗越小，所以电容器对高频电流有较大的传导作用。

当正弦量用相量表示时，则电容元件的电压、电流的相量为$\dot{U}=U\mathrm{e}^{\mathrm{j}0^\circ}$ 、$\dot{I}=I\mathrm{e}^{\mathrm{j}90^\circ}$，则

$$\frac{\dot{U}}{\dot{I}}=\frac{U\mathrm{e}^{\mathrm{j}0^\circ}}{I\mathrm{e}^{\mathrm{j}90^\circ}}=\frac{U}{I}\mathrm{e}^{-\mathrm{j}90^\circ}=-\mathrm{j}X_C$$

$$\dot{U}=-\mathrm{j}\dot{I}X_C \tag{2-38}$$

式（2-38）既表明了电容上u、i的相位关系（电压滞后电流 90°），也表明了它们的有效值关系（$U=X_C I$）。

2）功率

在电压和电流取关联参考方向时，电容元件上的瞬时功率为

$$p_C=ui=U_\mathrm{m}\sin\omega t I_\mathrm{m}\sin(\omega t+90^\circ)$$

$$=UI\sin 2\omega t \tag{2-39}$$

式（2-39）表明，电容元件的瞬时功率也是随时间按正弦规律变化的，幅值为UI，变化的频率是电流的两倍。

电容元件的平均功率为

$$P=\frac{1}{T}\int_0^T p\mathrm{d}t=\frac{1}{T}\int_0^T UI\sin 2\omega t\mathrm{d}t=0 \tag{2-40}$$

所以电容是储能元件，不消耗能量，在电源和电容之间只发生能量的交换。与电感元件相同，把电容瞬时功率的最大值称为无功功率。

$$Q=UI=I^2X_C=\frac{U^2}{X_C} \tag{2-41}$$

在R、L、C正弦交流电路功率分析中，常规定电感的无功功率为正，即$Q_L=I^2X_L>0$，而电容的无功功率为负，即$Q_C=-I^2X_C<0$。

2.3.4 总结

单一参数元件交流电路特征比较如表 2-1 所示。

表 2-1 单一参数元件交流电路特征比较

电路	电压和电流的大小关系	相位关系	阻抗	功率	相量关系
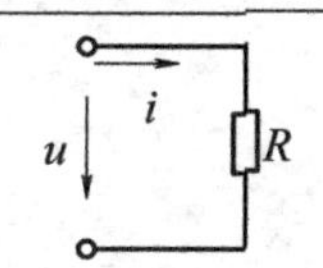	$U=RI$ $I=\dfrac{U}{R}$	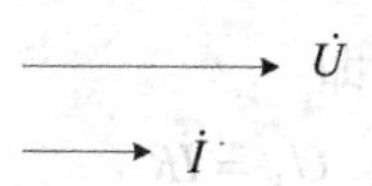	电阻 R	$P=UI$ $=I^2R$ $=\dfrac{U^2}{R}$	$\dot{U}=\dot{I}R$
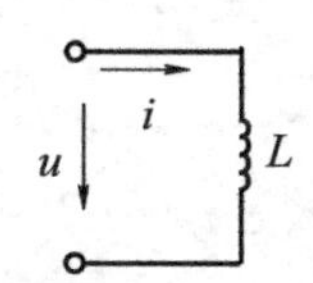	$U=I\omega L=IX_L$ $I=\dfrac{U}{\omega L}=\dfrac{U}{X_L}$	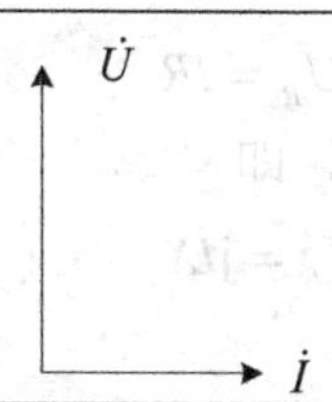	感抗 $X_L=\omega L$	$P=0$ $Q_L=I^2X_L$ $=\dfrac{U^2}{X_L}$	$\dot{U}=\mathrm{j}\dot{I}X_L$

（续表）

电路	电压和电流的大小关系	相位关系	阻抗	功率	相量关系
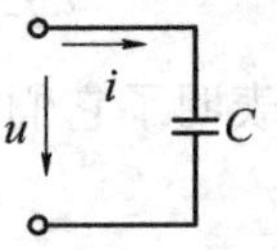	$U=I\frac{1}{\omega C}=IX_C$ $I=U\omega C=\frac{U}{X_C}$	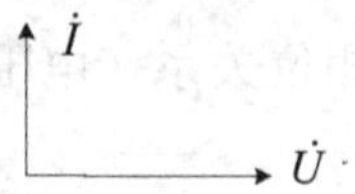	容抗 $X_C=\frac{1}{\omega C}$	$P=0$ $Q_C=-I^2X_C$ $=\frac{U^2}{X_C}$	$\dot{U}=-\mathrm{j}\dot{I}X_C$

2.4 交流电路的分析与计算

2.3 节讨论了单一参数电路元件的正弦交流电路，但实际器件的电路模型往往是几种理想元件的组合，本节要讨论的就是 R、L、C 串、并联电路的分析计算。

2.4.1 *RLC* 串联的交流电路

1．电压和电流的关系

如图 2-16（a）所示的 *RLC* 串联电路，电路中流过各元件的是同一个电流 i，故取电流 i 为参考正弦量，设 $i=I_\mathrm{m}\sin\omega t$，其相量形式为 $\dot{I}=I\angle 0^\circ$。

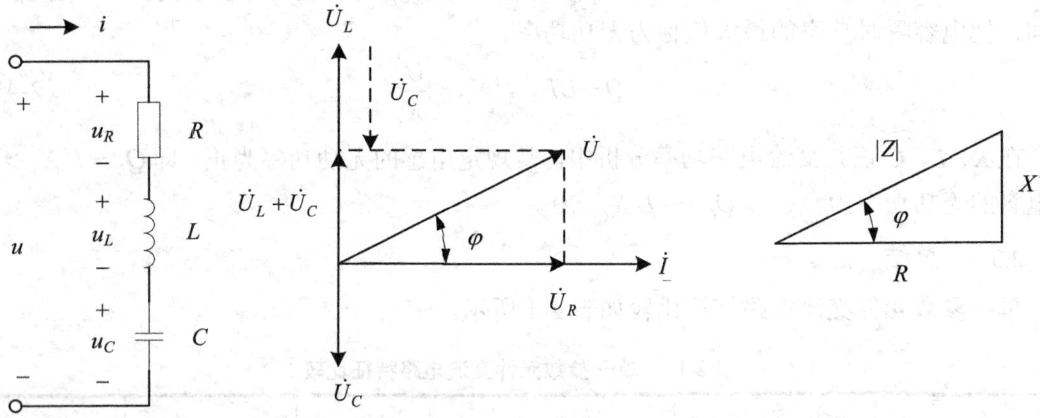

（a）电路图　　（b）相量图和电压三角形　　（c）阻抗三角形

图 2-16　RLC 串联电路

电阻元件上的电压 u_R 与电流同相，即

$$\dot{U}_R=\dot{I}R$$

有效值关系为

$$U_R=IR$$

电感元件上的电压 u_L 比电流超前 90°，即

$$\dot{U}_L=\mathrm{j}\dot{I}X_L$$

有效值关系为

$$U_L=IX_L$$

电容元件上的电压 u_C 比电流滞后 90°，即

$$\dot{U}_C = -\mathrm{j}\dot{I}X_C$$

有效值关系为

$$U_C = IX_C$$

由基尔霍夫电压定律有

$$\dot{U} = \dot{U}_R + \dot{U}_L + \dot{U}_C = \dot{I}R + \mathrm{j}\dot{I}X_L - \mathrm{j}\dot{I}X_C = \dot{I}[R + \mathrm{j}(X_L - X_C)] \tag{2-42}$$

令 $Z = R + \mathrm{j}(X_L - X_C)$，则

$$\dot{U} = \dot{I}Z \quad 或 \quad Z = \frac{\dot{U}}{\dot{I}} \tag{2-43}$$

由式（2-43）可知，Z 是电压、电流的有效值相量之比，它对电流起阻碍作用，称为电路的复阻抗，单位也是Ω。复阻抗不同于正弦量的复数表示，它不是一个相量，而是一个复数计算量。

复阻抗 Z 的实部 R 为电阻，虚部 $(X_L - X_C)$ 称为电抗，用符号 X 表示，即

$$X = X_L - X_C \tag{2-44}$$

复阻抗 Z 的大小称为阻抗模，用 $|Z|$ 表示

$$|Z| = \sqrt{R^2 + (X_L - X_C)^2} = \sqrt{R^2 + X^2} \tag{2-45}$$

根据式（2-45），$|Z|$、R、$(X_L - X_C)$ 三者的关系可用一个直角三角形，即阻抗三角形来表示，如图 2-16（c）所示。电源电压 u 与电流 i 之间的相位差即复阻抗 Z 的阻抗角 φ 也可从阻抗三角形得出，即

$$\varphi = \arctan\frac{X_L - X_C}{R} = \arctan\frac{X}{R} \tag{2-46}$$

因此，复阻抗 Z 可以表示为以下几种形式

$$Z = R + \mathrm{j}X = |Z|\mathrm{e}^{\mathrm{j}\varphi} = |Z|\angle\varphi \tag{2-47}$$

根据式（2-46），φ 角的大小仅与电路参数有关，电路参数不同，φ 角也不同，电路的性质也会发生改变。

1）电感性电路

若 $X_L > X_C$，则 $X > 0$，$\varphi > 0$，此时电压超前电流 φ 角，电路呈感性。

当 $\varphi = 90°$ 时，电路可视为纯电感负载。

2）电容性电路

若 $X_L < X_C$，则 $X < 0$，$\varphi < 0$，此时电压滞后电流 φ 角，电路呈容性。

当 $\varphi = -90°$ 时，电路可视为纯电容负载。

3）电阻性电路

若 $X_L = X_C$，则 $X = 0$，$\varphi = 0$，此时电压和电流同相位，电路呈阻性。

以上是用相量式来分析电压和电流的关系，如果用相量图表示将会更加直观。根据式（2-42），可分别做出 $\dot{I}$、$\dot{U}_R$、$\dot{U}_L$、$\dot{U}_C$ 的相量图（如图 2-16（b）所示），然后用相量求和的法则，作出电压相量 $\dot{U}$。从相量图上可以看出，$\dot{U}$、$\dot{U}_R$、$(\dot{U}_L + \dot{U}_C)$ 三个相量也构成了直角三角形，称为电压三角形。由电压三角形可得

$$U = \sqrt{U_R^2 + (U_L - U_C)^2} = \sqrt{(IR)^2 + (IX_L - IX_C)^2}$$

$$= I\sqrt{R^2 + (X_L - X_C)^2} = I|Z| \tag{2-48}$$

相位差为

$$\varphi = \arctan\frac{X_L - X_C}{R} = \arctan\frac{X}{R}$$

根据阻抗三角形和电压三角形求得的相位差φ是相同的，说明电压三角形和阻抗三角形是相似形，经常利用这两个三角形来分析正弦交流电路。

2．功率

在 *RLC* 串联电路中，根据电压 u 与电流 i 的变化规律及相互关系，可求出电路中的瞬时功率 p 为

$$\begin{aligned} p = ui &= U_{\mathrm{m}}\sin(\omega t + \varphi)I_{\mathrm{m}}\sin\omega t \\ &= U_{\mathrm{m}}I_{\mathrm{m}}\frac{1}{2}[\cos\varphi - \cos(2\omega t + \varphi)] \\ &= UI\cos\varphi - UI\cos(2\omega t + \varphi) \end{aligned} \tag{2-49}$$

由于电阻元件上要消耗电能，相应的平均功率（有功功率）为

$$P = \frac{1}{T}\int_0^T p\mathrm{d}t = \frac{1}{T}\int_0^T [UI\cos\varphi - UI\cos(2\omega t + \varphi)]\mathrm{d}t = UI\cos\varphi \tag{2-50}$$

式（2-50）中$\cos\varphi$称为功率因数。

从图 2-16（b）中的电压三角形可以看出$U_R = U\cos\varphi = IR$，故

$$P = UI\cos\varphi = U_R I = I^2 R \tag{2-51}$$

在电路中，有功功率只是瞬时功率的一部分，另一部分是 L、C 元件与电源之间进行能量交换的功率，即无功功率 Q。

$$Q = U_L I - U_C I = (U_L - U_C)I \tag{2-52}$$

由图 2-16（b）中的电压三角形可知$(U_L - U_C) = U\sin\varphi$，故

$$Q = (U_L - U_C)I = UI\sin\varphi = I^2(X_L - X_C) \tag{2-53}$$

交流电路中的平均功率一般不等于电压与电流有效值的乘积，把电压与电流有效值的乘积称为视在功率，用符号 S 表示，单位是伏安（V·A）。

$$S = UI = I^2|Z| \tag{2-54}$$

经常用交流电气设备的额定电压U_{N}与额定电流I_{N}的乘积来表示其容量，称为额定视在功率S_{N}。

$$S_{\mathrm{N}} = U_{\mathrm{N}}I_{\mathrm{N}} \tag{2-55}$$

综上所述，有功功率、无功功率及视在功率之间有一定的关系，即

$$S = \sqrt{P^2 + Q^2} \tag{2-56}$$

式（2-56）中$P = S\cos\varphi$，$Q = S\sin\varphi$。显然，P、Q、S 恰好构成一个直角三角形，称为功率三角形，它与电压、阻抗三角形都是相似形，如图 2-17 所示。

【例 2-6】有一 *RLC* 串联电路，其中 R=40Ω，L=124mH，C=120μF，外加电压 $u = 220\sqrt{2}\sin(314t + 60°)$（V），试求：

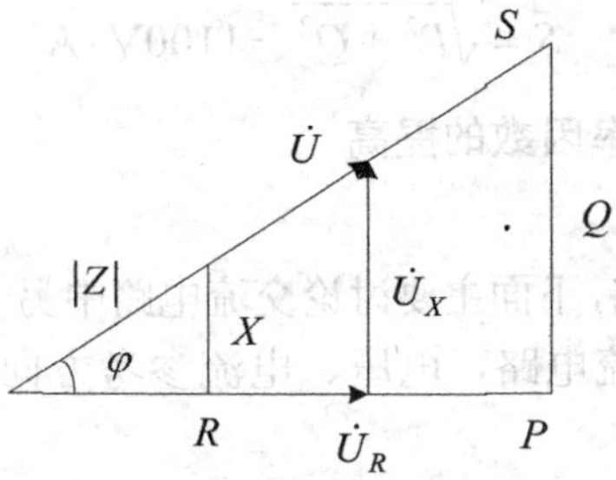

图 2-17　阻抗、电压、功率三角形

（1）复阻抗 Z，并确定电路的性质；

（2）$\dot{I}$、$\dot{U}_R$、$\dot{U}_L$、$\dot{U}_C$；

（3）绘出相量图。

解：（1）
$$X_L = \omega L = 314 \times 124 \times 10^{-3} = 39\Omega$$

$$X_C = \frac{1}{\omega C} = \frac{1}{314 \times 120 \times 10^{-6}} = 27\Omega$$

$$Z = R + \mathrm{j}(X_L - X_C) = 40 + \mathrm{j}(39 - 27) = 40 + \mathrm{j}12 = 42\angle 16.7^\circ \text{（Ω）}$$

$\varphi = 16.7^\circ > 0$，所以此电路为感性电路。

（2）
$$\dot{I} = \frac{\dot{U}}{Z} = \frac{220\angle 60^\circ}{42\angle 16.7^\circ} = 5.24\angle 43.3^\circ \text{（A）}$$

$$\dot{U}_R = \dot{I}R = 5.24\angle 43.3^\circ \times 40 = 209.6\angle 43.3^\circ \text{（V）}$$

$$\dot{U}_L = \mathrm{j}\dot{I}X_L = \mathrm{j}5.24\angle 43.3^\circ \times 39 = 204.36\angle 133.3^\circ \text{（V）}$$

$$\dot{U}_C = -\mathrm{j}\dot{I}X_C = -\mathrm{j}5.24\angle 43.3^\circ \times 27 = 141.48\angle -46.7^\circ \text{（V）}$$

（3）相量图如图 2-18 所示。

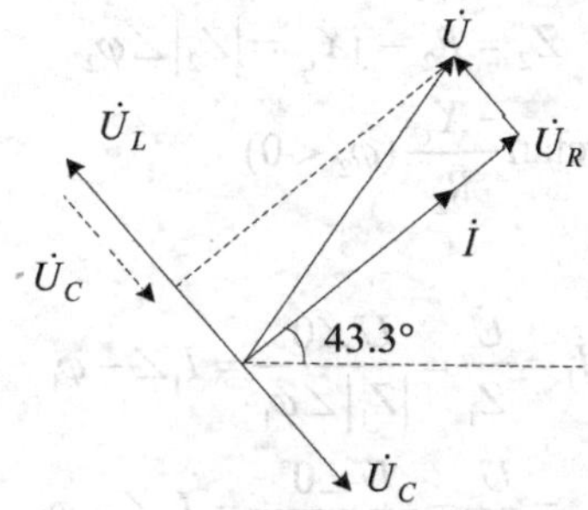

图 2-18　例 2-6 的相量图

【例 2-7】已知一阻抗 Z 上的电压、电流分别为 $\dot{U} = 220\angle 30^\circ$（V），$\dot{I} = 5\angle -30^\circ$（A）（电压和电流为关联参考方向），求 Z、$\cos\varphi$、P、Q、S。

解：
$$Z = \frac{\dot{U}}{\dot{I}} = \frac{220\angle 30^\circ}{5\angle -30^\circ} = 44\angle 60^\circ\Omega$$

$$\cos\varphi = \cos 60^\circ = 0.5$$

$$P = UI\cos\varphi = 220 \times 5 \times 0.5 = 550\mathrm{W}$$

$$Q = UI\sin\varphi = 220 \times 5 \times \frac{\sqrt{3}}{2} = 550\sqrt{3}\ \mathrm{var}$$

$$S = \sqrt{P^2 + Q^2} = 1100\text{V} \cdot \text{A}$$

2.4.2 并联交流电路及功率因数的提高

1．并联交流电路分析

前面介绍的是阻抗串联电路，下面主要讨论交流电路中另一种基本连接形式——并联电路。

如图 2-19 所示为并联交流电路，电压、电流参考方向如图所示，根据 KCL，总电流 $i = i_1 + i_2$。

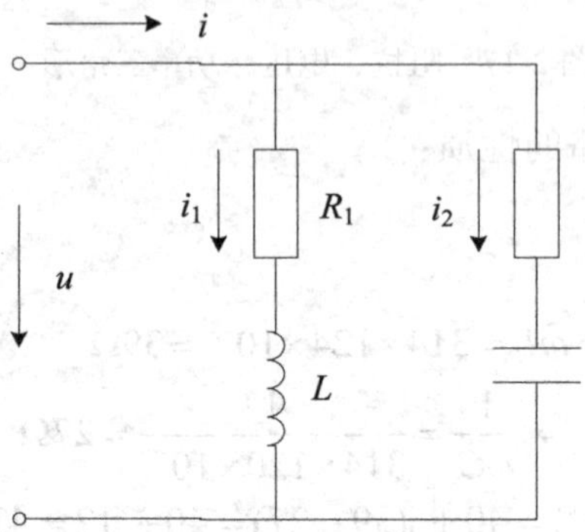

图 2-19　并联交流电路

下面用相量法来分析电路，取电压 u 为参考正弦量，则其有效值相量为 $\dot{U} = U\angle 0^\circ$，$RL$ 支路的复阻抗 Z_1 为

$$Z_1 = R_1 + \text{j}X_L = |Z_1|\angle\varphi_1$$

式中：$|Z_1| = \sqrt{{R_1}^2 + {X_L}^2}$，$\varphi_1 = \arctan\dfrac{X_L}{R_1}(\varphi_1 > 0)$。

RC 支路的复阻抗 Z_2 为

$$Z_2 = R_2 - \text{j}X_C = |Z_2|\angle\varphi_2$$

式中：$|Z_2| = \sqrt{{R_2}^2 + {X_C}^2}$，$\varphi_2 = \arctan\dfrac{-X_C}{R_2}(\varphi_2 < 0)$。

则支路电流为

$$\dot{I}_1 = \frac{\dot{U}}{Z_1} = \frac{U\angle 0^\circ}{|Z_1|\angle\varphi_1} = I_1\angle -\varphi_1$$

$$\dot{I}_2 = \frac{\dot{U}}{Z_2} = \frac{U\angle 0^\circ}{|Z_2|\angle\varphi_2} = I_2\angle -\varphi_2$$

总电流为

$$\dot{I} = \dot{I}_1 + \dot{I}_2 = \frac{\dot{U}}{Z_1} + \frac{\dot{U}}{Z_2} = \dot{U}(\frac{1}{Z_1} + \frac{1}{Z_2})$$

两个并联的阻抗也可用一个等效阻抗 Z 来代替，故

$$\dot{I} = \frac{\dot{U}}{Z}$$

比较上列两式，可得

$$\frac{1}{Z}=\frac{1}{Z_1}+\frac{1}{Z_2} \quad 或 \quad Z=\frac{Z_1Z_2}{Z_1+Z_2} \tag{2-57}$$

2．功率因数的提高

1）提高功率因数的意义

在交流电路中，由于电压和电流之间存在相位差φ，所以有功功率P不等于电压与电流有效值的乘积，为$P=UI\cos\varphi$，式中$\cos\varphi$是电路的功率因数。对于纯电阻负载电路，电压与电流同相，$\cos\varphi=1$；但在交流电路中，一般负载多为感性负载，功率因数介于 0～1 之间，例如交流感应电动机在额定负载时，功率因数约为 0.8～0.85，轻负载时只有 0.4～0.5，空负载时更低，仅为 0.2～0.3。

功率因数过低会引起下述不良后果：

（1）电源设备的容量不能得到充分利用。发电设备在保证其输出的电压和电流不超过额定值的情况下，$\cos\varphi$愈低，发电设备输出的有功功率就愈小，则设备容量利用不充分。

（2）增加了线路上的功率损耗和电压降。根据电流$I=\dfrac{P}{U\cos\varphi}$，当电路的有功功率$P$和电压$U$一定时，$\cos\varphi$越小，线路中电流就越大，这就增加了线路和设备上的功率损耗。

2）提高功率因数的方法

功率因数不高的根本原因是由于感性负载的存在，为了提高$\cos\varphi$，通常在感性负载两端并联电容器，利用电容的无功功率来补偿电感的无功功率。如图 2-20 所示为感性负载并联电容时的电路图和相量图。

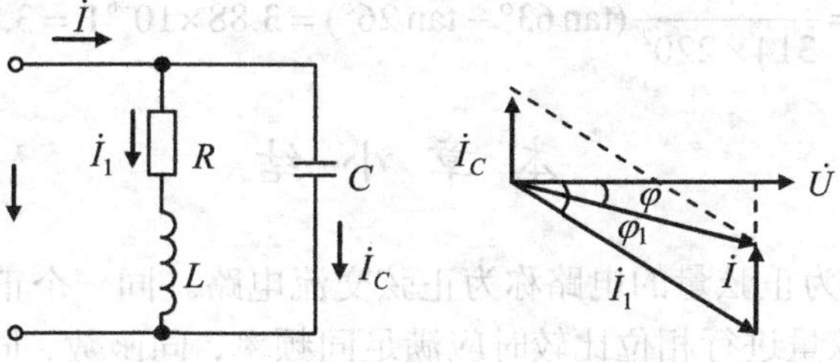

（a）电路图　　（b）相量图

图 2-20　功率因数的提高

由图 2-20 可见，未并联电容之前，总电流$\dot{I}$就是RL支路的电流$\dot{I}_1$，功率因数为$\cos\varphi_1$。并联电容后，由于端电压$\dot{U}$不变，则负载电流$\dot{I}_1$也没有变化，但电容支路的电流$\dot{I}_C$相位超前电压 90°，使电路的总电流$\dot{I}$发生了变化，此时$\dot{I}=\dot{I}_1+\dot{I}_C$，且$I<I_1$，即总电流在数值上减小了，同时总电流$\dot{I}$与电压$\dot{U}$的相位角也从$\varphi_1$减小到$\varphi$，从而使总电路的功率因数得到了提高。应注意的是：感性负载在并联电容前后，端电压不变，其工作状态不受影响，负载本身的电流、有功功率均无变化。

并联电容前　　$P=UI_1\cos\varphi_1$，$I_1=\dfrac{P}{U\cos\varphi_1}$

并联电容后　　$P=UI\cos\varphi$，$I=\dfrac{P}{U\cos\varphi}$

由如图 2-20（b）所示相量图可得

$$I_C = I_1\sin\varphi_1 - I\sin\varphi = \frac{P\sin\varphi_1}{U\cos\varphi_1} - \frac{P\sin\varphi}{U\cos\varphi} = \frac{P}{U}(\tan\varphi_1 - \tan\varphi)$$

又因为

$$I_C = \frac{U}{X_C} = \omega CU$$

所以

$$\omega CU = \frac{P}{U}(\tan\varphi_1 - \tan\varphi)$$

$$C = \frac{P}{\omega U^2}(\tan\varphi_1 - \tan\varphi) \tag{2-58}$$

通过式（2-58）可以求出把功率因数从$\cos\varphi_1$提高到$\cos\varphi$所需的电容值。

【例 2-8】一电感性负载，其功率 P=40W，接在电压 U=220V 的电源上，已知电流 I=0.4A，频率 f=50Hz。求：（1）此感性负载的功率因数；（2）若要将功率因数提高到 0.9，试问并联电容器的电容值为多少？

解：（1）因为$P = UI\cos\varphi_1$，所以有

$$\cos\varphi_1 = \frac{P}{UI} = \frac{40}{220\times 0.4} = 0.455$$

（2）$\cos\varphi_1 = 0.455$，即$\varphi_1 = 63°$；$\cos\varphi = 0.9$，即$\varphi = 26°$。

由式（2-58）可得

$$C = \frac{40}{314\times 220^2}(\tan 63° - \tan 26°) = 3.88\times 10^{-6}\text{F} = 3.88\mu\text{F}$$

本 章 小 结

1．输入和输出均为正弦量的电路称为正弦交流电路。同一个正弦量，计时起点不同，初相位不同。两个正弦量进行相位比较时应满足同频率、同函数、同符号，且在主值范围比较，其中主值范围为$-180° \leqslant \varphi \leqslant 180°$。

2．工程上说的正弦电压、电流一般指有效值，如设备铭牌额定值、电网的电压等级等；但绝缘水平、耐压值指的是最大值。因此，在考虑电器设备的耐压水平时应按最大值考虑。测量中，电磁式交流电压、电流表读数均为有效值。

3．只要做出正弦电流电路的相量模型，便可将电阻电路的分析方法推广应用于正弦稳态的相量分析中。

4．正弦交流电路的平均功率实际上是电阻消耗的功率，亦称为有功功率，表示电路实际消耗的功率，它不仅与电压、电流的有效值有关，而且与 $\cos\varphi$ 有关，这是交流和直流的很大区别，主要由于电压、电流存在相位差。正弦交流电路的无功功率表示交换功率的最大值，Q 的大小反映网络与外电路交换功率的大小。$Q>0$，表示网络吸收无功功率；$Q<0$，表示网络发出无功功率。正弦交流电路的视在功率反映电气设备的容量。

5．由于相量形式的基尔霍夫定律和欧姆定律与电阻电路中同一定律的形式完全相同，分析线性电阻电路的一些公式和方法完全可以用到正弦稳态电路的分析中来。其差别仅仅在于电压、电流用相应的相量替换，电阻和电导用阻抗和导纳替换。

习 题 二

2.1 单选题。

1．50Hz 的工频电流，其周期 T 和角频率分别为（　　）。

A．0.02s、3.14rad/min　　B．0.02s、314rad/min　　C．0.01s、3.14rad/min

2．正弦电压 u_{ab} 和 u_{ba} 的相位关系为（　　）。

A．同相　　B．反相　　C．u_{ab} 超前于 u_{ba} 90°

3．$u_1 = 10\sqrt{2}\sin(\omega t + 45°)$V 和 $u_2 = 10\sqrt{2}\cos(\omega t + 45°)$V 的相位关系为（　　）。

A．同相　　B．反相　　C．u_1 滞后于 u_2 90°

4．i_1 超前 i_2 60°，i_2 超前 i_3 150°，则 i_1 和 i_3 的相位关系是（　　）。

A．i_1 超前 i_3 110°　　B．i_1 滞后 i_3 150°　　C．i_1 超前 i_3 150°

5．电流 $i = -100\sin(\omega t - 270°)$A，则此电流的初相角为（　　）。

A．90°　　B．270°　　C．−270°

6．$L = 0.1$H 的电感元件，在工频下的感抗 X_L 为（　　）。

A．31.4Ω　　B．0.5Ω　　C．10Ω

7．正弦电路中的电容元件（　　）。

A．频率越高，容抗越大　　B．频率越高，容抗越小　　C．容抗与频率无关

8．RL 串联电路，已知 $R = 30\Omega$，$X_L = 40\Omega$，则复阻抗 Z、复阻抗 $|Z|$ 和复阻抗角 ϕ 分别为：（　　）。

A．(30+j40)Ω,70Ω,53°　　B．(30+j40)Ω,50Ω,37°　　C．(30+j40)Ω,50Ω,53°

2.2 一工频正弦电压的最大值为 310V，初始值为−155V，试求它的解析式。

2.3 三个正弦电流 i_1、i_2 和 i_3 的最大值分别为 1A、2A、3A，已知 i_2 的初相为 30°，i_1 较 i_2 超前 60°，较 i_3 滞后 150°，试分别写出三个电流的解析式。

2.4 已知 $u_1 = 220\sqrt{2}\sin(\omega t + 60°)$ V，$u_2 = 220\sqrt{2}\cos(\omega t + 30°)$ V，试作 u_1 和 u_2 的相量图，并求：$u_1 + u_2$、$u_1 - u_2$。

2.5 （1）若已知电压的瞬时值为 $u = 10\sin(314t + 30°)$V，则该电压有效值 U 是多少？频率 f 是多少？初相位 ϕ 又是多少？

（2）已知 2Ω 电阻的电压 $\dot{U}_R = 10\angle 60°$V，在关联参考方向下，电阻上电流 $\dot{I}_R$ 是多少？若 $X_L = 20\Omega$ 的电感元件的电流为 $\dot{I}_L = (-1 + \mathrm{j})$A，关联参考方向下，则电感元件两端电压 $\dot{U}_L$ 为多少？

2.6 把某线圈接到电压为 10V 的直流电源上，测得流过线圈的电流为 0.25A，现把它接到 $u = 220\sqrt{2}\sin 314t$ V 的电源上，测得流过线圈的电流为 4.4A，试求线圈的电阻及电感。

2.7 如图 2-21 所示电路中，已知 $u = 10\cos(2\pi t - 90°)$V，$i = 2\cos(2\pi t)$A，则图中所示元件是什么元件（电阻、电感或电容）？元件参数值是多少？一周期内元件的平均功率是多少？

2.8 如图 2-22 所示电路，已知电流表 A_1、A_2 的读数均为 20A，求电路中电流表 A 的读数。

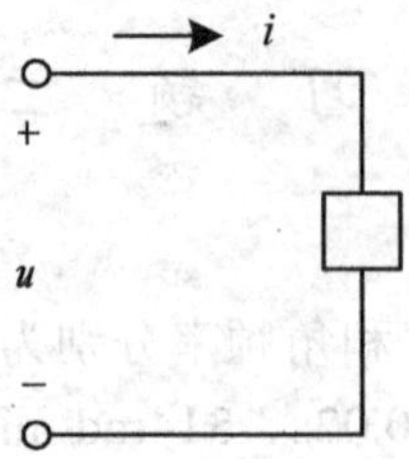

图 2-21　题 2.7 图

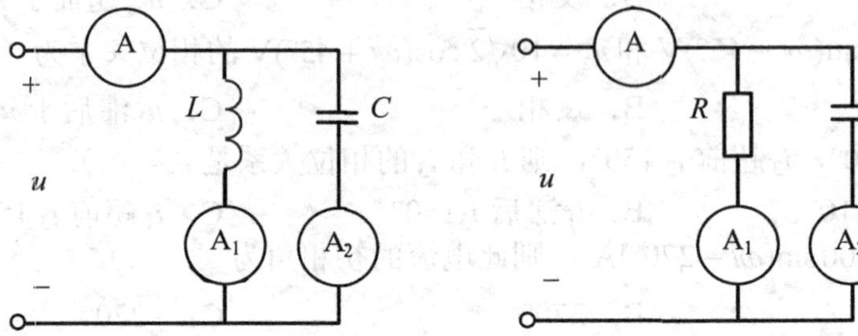

图 2-22　题 2.8 图

2.9　一个 $R=30\Omega$，$L=20\text{H}$ 的线圈与一个 $C=6\mu\text{F}$ 的电容器串联，然后接在 $U=220\text{V}$、$f=50\text{Hz}$ 的交流电源上。（1）绘出电路图；（2）求感抗、容抗、阻抗；（3）求电路中的电流；（4）求各个元件上的电压。

2.10　如图 2-23 所示电路中，$\dot{U}=100\angle-30°V$，$R=4\Omega$，$X_L=5\Omega$，$X_C=15\Omega$，试求电流 $\dot{I}_1$、$\dot{I}_2$ 和 $\dot{I}$ 并绘相量图。

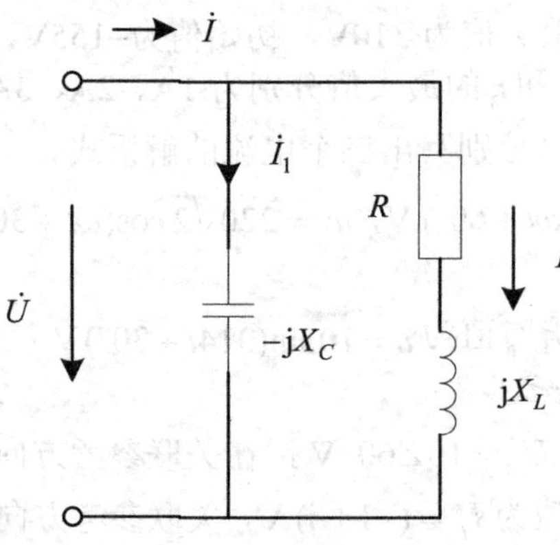

图 2-23　题 2.10 图

2.11　如图 2-24 所示电路中，已知 $R_1=40\Omega$，$R_2=30\Omega$，$X_C=40\Omega$，要使 $\dot{U}$ 超前 $\dot{U}_C$ 90°，求 X_L。

2.12　RLC 串联电路中，$R=10\Omega$，$X_L=5\Omega$，$X_C=15\Omega$，端电压为 $u=200\sin(\omega t+30°)\text{V}$，求：

（1）电路复阻抗 Z，并判断电路性质；

（2）总电流 $\dot{I}$ 和各元件端电压 $\dot{U}_R$、$\dot{U}_L$、$\dot{U}_C$；

（3）电路总有功功率 P、无功功率 Q、视在功率 S。

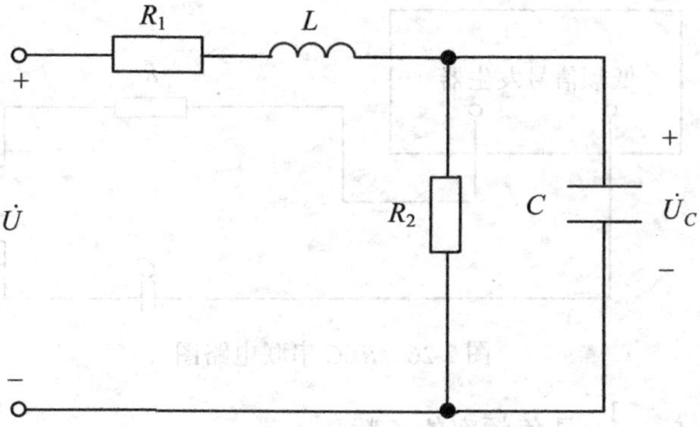

图 2-24　题 2.11 图

2.13　求图 2-25 中的电压 $\dot{U}$，并画出电路的相量图。

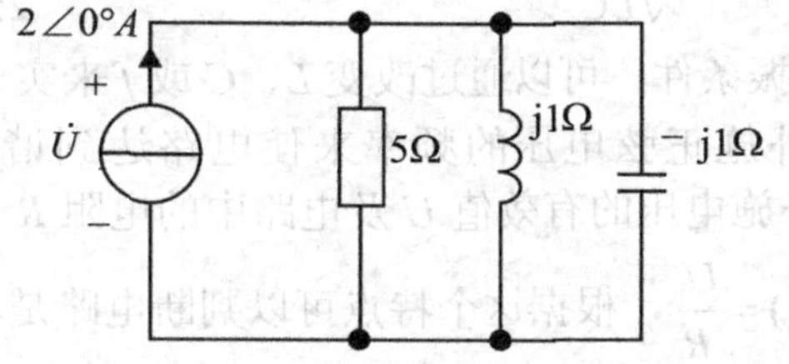

图 2-25　题 2.13 图

2.14　在 R、L 并联的电路中，已知 $R=40\Omega$，$X_L=30\Omega$，电路的无功功率 $Q=480\,\text{var}$，求该电路的视在功率 S。

2.15　已知某一无源网络的等效阻抗 $Z=10\angle 60°\Omega$，外加电压 $\dot{U}=220\angle 15°\,\text{V}$，求该网络的功率 P、Q、S 及功率因数 $\cos\varphi$。

2.16　在一个电压为 380V、频率为 50Hz 的电源上，接有一感性负载，$P=300\text{kW}$，$\cos\varphi=0.65$，现需将功率因数提高到 0.9，试问应并联多大的电容？

实训 2.1　*RLC* 串联电路的谐振

一、实训目的

1．学习测定 *RLC* 串联谐振电路频率特性的方法。

2．观察谐振现象，了解 *RLC* 串联谐振电路的特点。

3．熟悉低频信号发生器和数字多用表的使用。

二、实训原理

在如图 2-26 所示的 *RLC* 串联电路上，施加一正弦电压，电路中电流的有效值为

$$I(\omega)=\frac{U}{\sqrt{R^2+(\omega L-\dfrac{1}{\omega C})^2}}$$

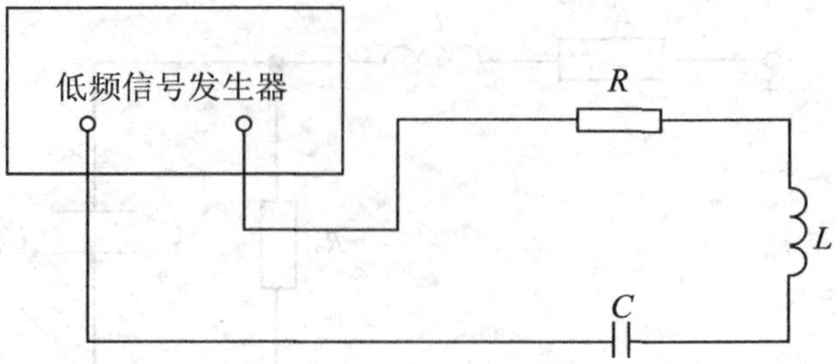

图 2-26 *RLC* 串联电路图

其中，电抗 $X(\omega)=\omega L-\frac{1}{\omega C}$ 是角频率的函数。

当外施电压的角频率 $\omega=\omega_0$ 时，$X(\omega_0)=0$。这时电路的工作状态称为串联谐振。

ω_0 称为谐振角频率，$\omega_0=\frac{1}{\sqrt{LC}}$，对应的谐振频率为 $f_0=\frac{1}{2\pi\sqrt{LC}}$。

可见要使电路满足谐振条件，可以通过改变 *L*、*C* 或 *f* 来实现。

本实训是采用改变外施正弦电压的频率来使电路达到谐振。谐振时，电路的阻抗 $Z(\omega_0)=R$ 为最小值。若外施电压的有效值 *U* 及电路中的电阻 *R* 为定值，则谐振时电路中电流的有效值达到最大 $I(\omega_0)=\frac{U}{R}$，根据这个特点可以判断电路是否发生了谐振。

保持外施电压的有效值 *U* 及电路参数 *R*、*L*、*C* 不变，改变信号源的频率 *f*，试画出电流的谐振曲线，并分析该曲线特征，讨论品质因数高低与谐振电路的选择性的关系。

三、实训设备

实训设备如表 2-2 所示。

表 2-2 实训设备

低频信号发生器	XD7	1 台
十进制电阻箱	111110 Ω	1 只
十进制电容箱		1 只
电感线圈	0.253H	1 只
数字多用表		1 只

（一）低频信号发生器

低频信号发生器用来产生频率为 20Hz～200kHz 的正弦信号。除具有电压输出外，有的还有功率输出。所以用途十分广泛，可用于测试或检修各种电子仪器设备中的低频放大器的频率特性、增益、通频带，也可用做高频信号发生器的外调制信号源。

低频信号发生器的主要性能指标与要求如下。

1．频率范围

频率范围是指各项指标都能得到保证时的输出频率范围，或称为有效频率范围。一般为 20Hz～200kHz。

2．频率准确度

频率准确度是表明实际频率值与其标称频率值的相对偏离程度。一般为±3%。

3．频率稳定度

频率稳定度是表明在一定时间间隔内频率准确度的变化，所以实际上频率是不稳定的或漂移的。频率稳定度一般应比频率准确度高 1～2 个数量级，一般应为 0.1%～0.4%/小时。

4．非线性失真

振荡波形应尽可能接近正弦波，这项特性用非线性失真系数表示，希望失真系数不超过 1%～3%，有时要求低至 0.1%。

5．输出电压

输出电压须能连续或步进调节，幅度应在 0～10V 范围内连续可调。

6．测试应用

（1）熟悉低频信号发生器面板装置的名称、位置和作用。

（2）观察信号发生器输出信号。

低频信号发生器输出已知频率和已知电压的信号。

f_1=10kHz、u_1=2V，f_2=1kHz、u_2=5V。用电子电压表测量输出电压值。用示波器观察输出信号波形，并测量、计算电压（峰-峰值、有效值）、周期、频率。

（二）十进制电阻箱

常见的电阻箱有四位（四个旋钮）、五位（五个旋钮）和六位（六个旋钮）几种，它们的原理结构基本相同。以六位电阻箱为例，它的每一位都是由 1 个一刀十掷开关和 9 个相同阻值的电阻组成。相邻位电阻的阻值之比正好为 10，每一位都构成十进制中的一位。这样六位电阻箱最大的串联电阻值为 99999.9Ω，五位电阻箱的最大电阻值为 9999.9Ω，其他依此类推。读数时应从左上角的最大位开始，循序向右到下一位，最后到右下角的最小位。

电阻箱的使用应注意：（1）使用前应先旋转一下各组旋钮，使之接触稳定可靠；（2）电阻箱属于标准仪器，只能作为标准仪器使用，不得作其他用途；（3）电阻箱使用时，要注意使电流不超过电阻箱所能允许通过的电流额定值；（4）使用完毕必须擦干净，存放在周围空气不含腐蚀性气体、环境温度和湿度符合要求的地方。

（三）数字多用表

数字多用表由于具有准确度高、测量范围宽、测量速度快、体积小、抗干扰能力强、使用方便等特点而广泛应用于国防、科研、工厂、学校、计量测试等技术领域。选择数字多用表一般从以下几个方面来考虑。

1．功能

现在的数字多用表除了具有测量交、直流电压，交、直流电流，电阻五种功能外，还有数字计算、自检、读数保持、误差读出、二极管检测、字长选择、IEEE-488 接口或 RS-232 接口等功能，使用时要根据具体要求选用。

2．范围和量程

数字多用表有很多量程，但其基本量程准确度最高。

3．准确度

数字多用表允许的最大误差不仅要看它的可变项误差，还要看它的固定项误差。选择的时候还要看稳定误差和线性误差的要求是多少，分辨力是否符合要求。一般数字多用表如要求 0.0005～0.002 级，至少应有 61 位数字显示；0.005～0.01 级，至少应有 51 位数字显示；0.02～0.05 级，至少应有 41 位数字显示；0.1 级以下，至少应有 31 位数字显示。

4．输入电阻和零电流

数字多用表的输入电阻过低和零电流过高都会引起测量误差，关键要看测量装置所允许的极限值是多少，即要看信号源的内阻大小。信号源阻抗高时应选择高输入阻抗、低零电流的仪器，使其影响可以忽略。

5．串模抑制比和共模抑制比

在存在各种干扰如电场、磁场和各种高频噪声或进行远距离测量时，容易混进干扰信号，造成读数不准，因此应根据使用环境选择串、共模抑制比高的仪器，尤其是进行高精度测量时，应选择带保护端 G 的数字多用表，能很好地抑制共模干扰。

6．响应时间、测量速度、频率范围

响应时间越短越好，但有一些表的响应时间比较长，要等一段时间后读数才能稳定下来。测量速度应根据是否与系统测试联用进行选择，如联用时，速度就很重要，而且速度越快越好。频率范围，则根据需要适当选择。

7．交流电压转换形式

交流电压测量分平均值转换、峰值转换和有效值转换。当波形失真较大时，平均值转换和峰值转换不准确，而有效值转换可不受波形的影响，使测量结果更加准确。总之，选择时不一定要具备以上所有条件，应根据使用的具体要求来选择最适当的数字多用表。

四、实训步骤

1．按图 2-26 连接实训线路，$R = 10\Omega$，$L = 30\text{mH}$，$C = 0.033\mu\text{F}$。

2．寻找谐振频率，验证谐振电路的特点。利用数字多用表测量电阻 R 上的电压 U_R，保持低频信号发生器的输出电压为 6V，调节输出电压的频率，使 U_R 为最大，即电路达到谐振频率，测量电压 U_R、U_C、U_L，并读取谐振频率 f_0，记录数据。

3．测定谐振曲线。使信号发生器的输出电压为 6V，以谐振频率 f_0 为基点频率，增大及减少 5kHz，将相应的电流测量值记录在 I-f 坐标系中，画出电流的谐振曲线。

五、注意事项

1．在谐振频率附近，应多取几个数据。

2．在每次改变频率时，都要用数字多用表测量低频信号发生器的输出电压，使它保持在 6V 不变。

六、实训报告

1．*RLC* 串联电路在谐振时，电阻箱两端的电压会与电源电压相等吗？为什么？

2．*RLC* 串联电路在谐振时，电容器两端的电压会大于电源电压吗？为什么？

实验 2.2　日光灯电路及功率因数的提高

一、实验目的

1．学会装接日光灯，并了解起辉器、镇流器的作用及日光灯的工作原理。

2．通过实验了解功率因数提高的意义和方法。

二、实验仪器设备

TS-B 通用电工实验台。

三、实验内容

实验电路如图 2-27 所示。

按图 2-27 连接线路（电容 C 不接）。

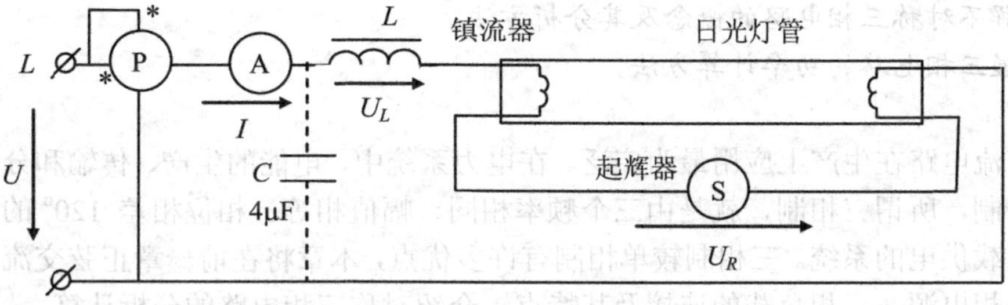

图 2-27　日光灯电路接线图

分别测量电流 I 以及电源电压 U、镇流器电压 U_L、灯管电压 U_R 和有功功率 P，计算功率因数 $\cos\varphi$，并将所得数据记入表 2-3 中。

表 2-3

电容值	被测量					
	电流	电源电压	镇流器电压	灯管电压	有功功率	功率因数
	I（A）	U（V）	U_L（V）	U_R（V）	P（W）	$\cos\varphi$
C 开路						

在如图 2-27 所示电路中，接入一个 4μF/400V 的电容器，打开电源，观察各电压和电流的变化，计算功率因数 $\cos\varphi$，并将所得数据记入表 2-4 中。

表 2-4

电容值	被测量					
	电流	电源电压	镇流器电压	灯管电压	有功功率	功率因数
	I（A）	U（V）	U_L（V）	U_R（V）	P（W）	$\cos\varphi$
C=4μF						

四、分析讨论

1．电源电压 U 是否为镇流器电压 U_L 和灯管电压 U_R 之和？为什么？

2．电路中并入电容后电流 I 有什么变化？有何实际意义？

第三章　三相交流电路

【学习目标】

1. 理解三相电路的基本概念。
2. 掌握对称三相电路的分析。
3. 理解不对称三相电路的概念及其分析方法。
4. 掌握三相电路的功率计算方法。

三相交流电路在生产上应用最为广泛。在电力系统中，电能的生产、传输和分配几乎都采用了三相制，所谓三相制，就是由三个频率相同、幅值相等、相位相差 120° 的电动势作为电源向负载供电的系统。三相制较单相制有许多优点，本章将在前一章正弦交流电路的基础上分析三相电源、三相负载的连接及其特点，介绍对称三相电路的分析计算。

3.1　三 相 电 源

3.1.1　三相电源的产生

三相正弦电压是由三相发电机产生的。图 3-1 是三相交流发电机的原理图，发电机的转动部分称为转子，在转子的励磁绕组中通以直流电流，产生恒定的磁场，图中虚线表示磁力线，选择合适的极面形状和励磁绕组的布置情况，可使空气隙中的磁感应强度按正弦规律分布。发电机的固定部分称为定子，定子铁心的内表面冲有槽，可以放置定子绕组，每个绕组的匝数相同，但在空间位置上彼此相差120°电角度。三相绕组一般用 AX、BY、CZ（或 U_1U_2、V_1V_2、W_1W_2）表示，A、B、C（或 U_1、V_1、W_1）称为绕组的始端，X、Y、Z（或 U_2、V_2、W_2）称为末端。

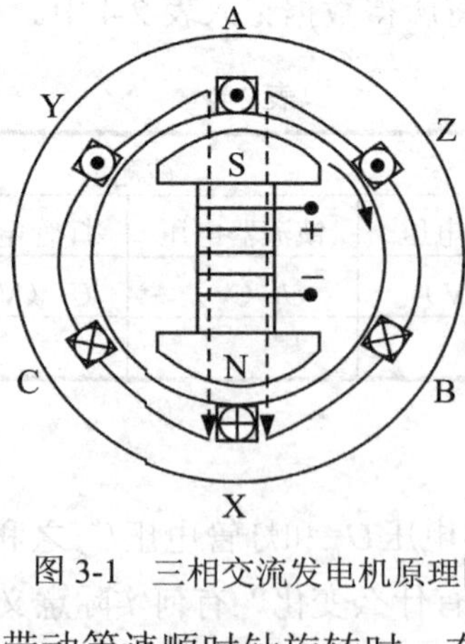

图 3-1　三相交流发电机原理图

当发电机的转子由电动机带动等速顺时针旋转时，在三个绕组的两端分别产生幅值相等、频率相同、相位依次相差 120°的正弦交流电动势，这一组电动势称为三相对称电动势。假定每相绕组中感应电动势的参考方向都由末端指向始端，且以 A 相绕组中的感应电动势

为参考正弦量，则可得出

$$\left.\begin{cases} e_{\mathrm{A}} = E_{\mathrm{m}}\sin\omega t \\ e_{\mathrm{B}} = E_{\mathrm{m}}\sin(\omega t - 120^\circ) \\ e_{\mathrm{C}} = E_{\mathrm{m}}\sin(\omega t - 240^\circ) = E_{\mathrm{m}}\sin(\omega t + 120^\circ) \end{cases}\right\} \tag{3-1}$$

相量形式为

$$\dot{E}_{\mathrm{A}} = E\angle 0^\circ \quad \dot{E}_{\mathrm{B}} = E\angle -120^\circ \quad \dot{E}_{\mathrm{C}} = E\angle 120^\circ \tag{3-2}$$

如用相量图和波形图来表示，则如图 3-2 所示。

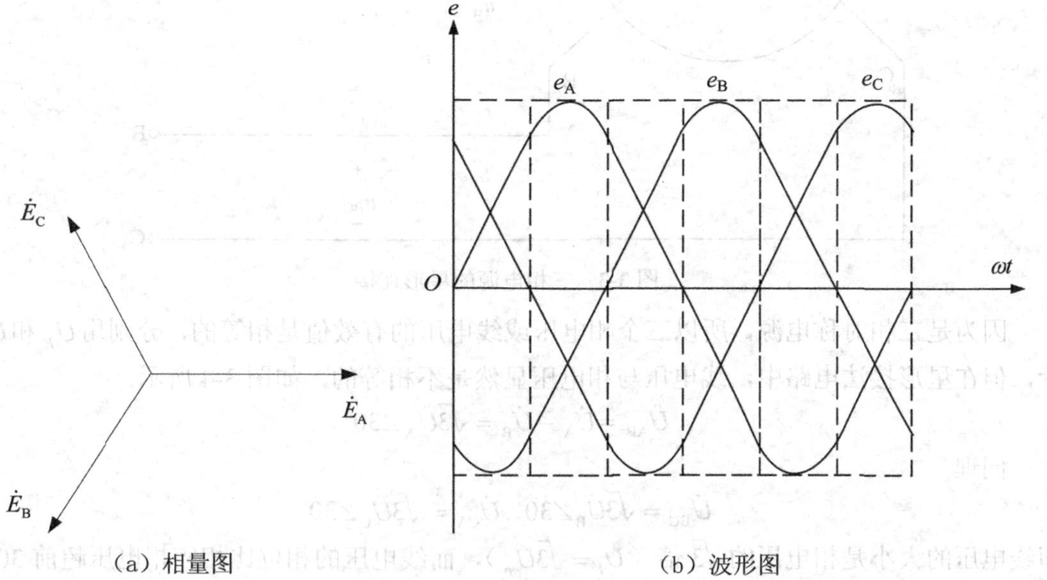

(a) 相量图　　(b) 波形图

图 3-2　三相对称电动势

因为 e_{A}、e_{B}、e_{C} 为三相对称电动势，所以它们的瞬时值或相量之和为零，即

$$e_{\mathrm{A}} + e_{\mathrm{B}} + e_{\mathrm{C}} = 0$$
$$\dot{E}_{\mathrm{A}} + \dot{E}_{\mathrm{B}} + \dot{E}_{\mathrm{C}} = 0 \tag{3-3}$$

三相交流电出现正最大值的顺序称为相序，本例中三相电动势的相序是 A→B→C，称为正序；反之，A→C→B，称为逆序。在实际的三相供电系统中，都采用正序。

3.1.2　三相电源的连接

在实际使用三相电源时，是把发电机的三相绕组按适当方法连接起来，使它们构成一个整体向负载供电。常用的连接方法有两种：星形接法和三角形接法。本节着重介绍星形连接法。

将三个绕组的末端 X、Y、Z 连接在一起，而从绕组的三个始端 A、B、C 引出三根导线与外电路相连的三相电路称为三相电源的星形连接，如图 3-3 所示。从始端引出的导线称为端线，俗称火线。三个末端连接的那一点称为中点或零点，用 N 表示。从中点引出的导线称为中线。引出中线的三相供电线路称为三相四线制，如果没有中线，则称为三相三线制。

为了正确使用三相电源，必须了解四根输电线之间的电压关系。在星形电路中，端线与中线间的电压称为相电压，用 u_{A}、u_{B}、u_{C} 表示，参考方向是从端线指向中线的方向。两端线间的电压称为线电压，用 u_{AB}、u_{BC}、u_{CA} 表示，下标注明的顺序就代表线电压的参考方向。

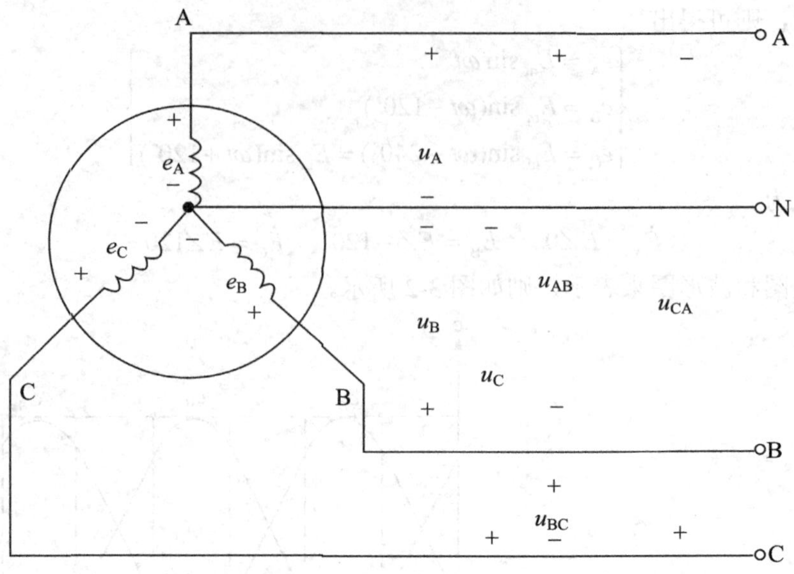

图 3-3 三相电源的星形连接

因为是三相对称电源，所以三个相电压或线电压的有效值是相等的，分别用U_p和U_l表示，但在星形接法电路中，线电压与相电压显然是不相等的，如图 3-4 所示。

$$\dot{U}_{AB}=\dot{U}_A-\dot{U}_B=\sqrt{3}\dot{U}_A\angle 30^\circ$$

同理

$$\dot{U}_{BC}=\sqrt{3}\dot{U}_B\angle 30^\circ,\dot{U}_{CA}=\sqrt{3}\dot{U}_C\angle 30^\circ$$

即线电压的大小是相电压的$\sqrt{3}$倍（$U_l=\sqrt{3}U_p$），而线电压的相位比相应相电压超前 30°。

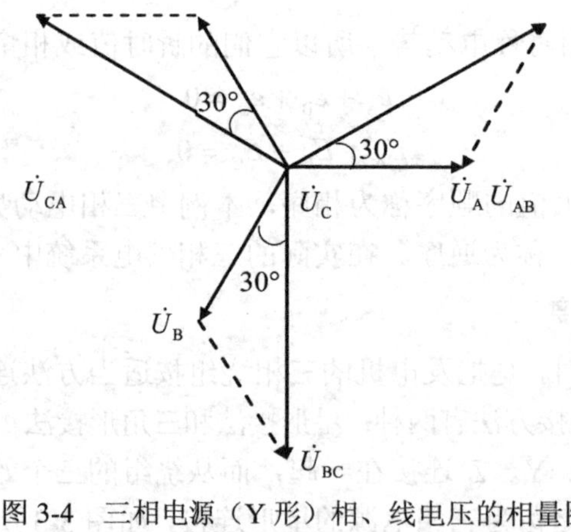

图 3-4 三相电源（Y 形）相、线电压的相量图

在三相四线制电路中，可以按需要提供两组不同的对称三相电压（如相电压 220V，线电压 380V），这种供电方式适用于动力及照明负载混合用户，而三相三线制只能提供一组对称的线电压。

3.2 三 相 负 载

负载有单相负载和三相负载之分。电灯、电扇等都是单相负载，而三相交流电动机、三相电阻炉等用电设备，其内部都由三个相同的部分组成，其中每一部分就是一相负载，因此这些用电设备都是三相负载。

三相负载的连接方法也有两种：星形连接和三角形连接，采用何种连接方式取决于三相电源的电压值和每相负载的额定电压。

3.2.1 三相负载星形（Y）连接及中线的作用

如图 3-5 所示是三相负载的星形连接电路，就是把三相负载的一端连接到一个公共端点，负载的另一端分别与电源的三个端线相连。三相负载的公共端点称为负载的中点，用N′示。将电源中点 N 与负载中点 N′用导线连接起来，就构成三相四线制供电线路。

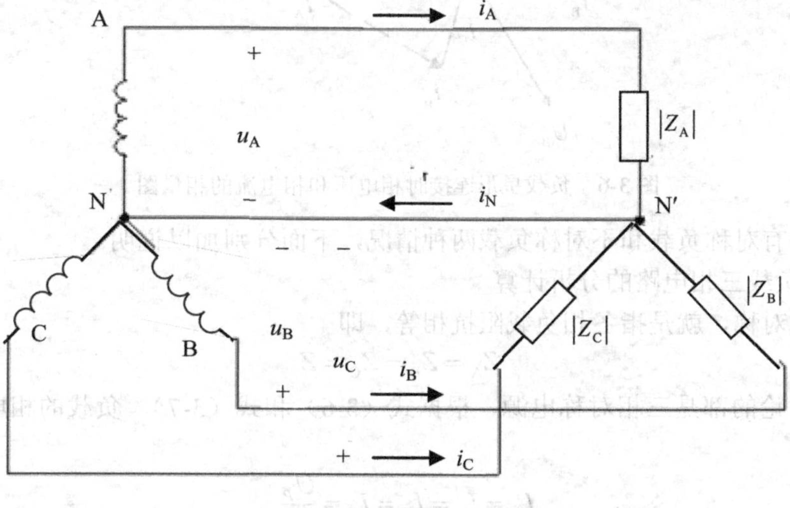

图 3-5 负载星形连接的三相四线制电路

三相电路中，每相负载的阻抗模分别为$|Z_A|$、$|Z_B|$和$|Z_C|$，电压和电流的参考方向已在图 3-5 中标出。同电路中的电压有相电压和线电压之分一样，电流也有相电流和线电流之分，相电流是指每相负载中的电流I_P，线电流是指每根端线中的电流I_l。由于每相电路没有分支，线电流就等于相电流，即

$$I_l = I_P \tag{3-4}$$

每相负载中的电流可分别求出

$$\dot{I}_A = \frac{\dot{U}_A}{Z_A} \quad \dot{I}_B = \frac{\dot{U}_B}{Z_B} \quad \dot{I}_C = \frac{\dot{U}_C}{Z_C} \tag{3-5}$$

每相电流的有效值分别为

$$I_A = \frac{U_A}{|Z_A|} \quad I_B = \frac{U_B}{|Z_B|} \quad I_C = \frac{U_C}{|Z_C|} \tag{3-6}$$

每相负载的电压与电流之间的相位差分别为

$$\varphi_A = \arctan\frac{X_A}{R_A} \qquad \varphi_B = \arctan\frac{X_B}{R_B} \qquad \varphi_C = \arctan\frac{X_C}{R_C} \tag{3-7}$$

中线上的电流称为中线电流，用 $\dot{I}_N$ 表示，由图 3-5 可得

$$\dot{I}_N = \dot{I}_A + \dot{I}_B + \dot{I}_C \tag{3-8}$$

相电压和相电流的相量图如图 3-6 所示。

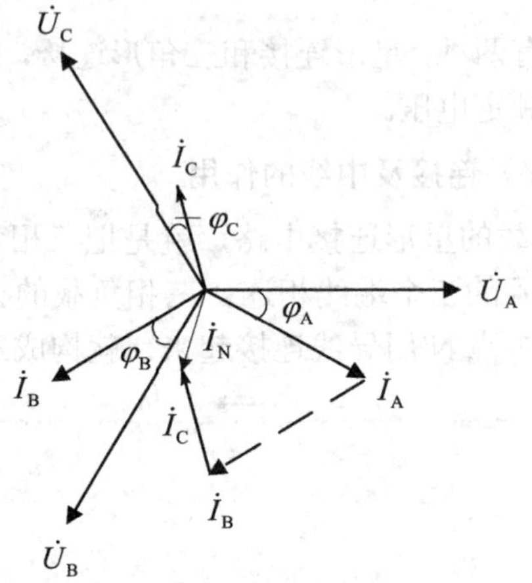

图 3-6　负载星形连接时相电压和相电流的相量图

三相电路有对称负载和不对称负载两种情况，下面分别加以说明。

1．对称负载三相电路的分析计算

所谓负载对称，就是指各相负载阻抗相等，即

$$Z_A = Z_B = Z_C = Z$$

本书所讨论的都是三相对称电源，根据式（3-6）和式（3-7），负载的相电流也是对称的，即

$$I_A = I_B = I_C = I_P = \frac{U_P}{|Z|} \tag{3-9}$$

$$\varphi_A = \varphi_B = \varphi_C = \varphi = \arctan\frac{X}{R} \tag{3-10}$$

设三相对称电压为

$$\dot{U}_A = U_P\angle 0^\circ \qquad \dot{U}_B = U_P\angle -120^\circ \qquad \dot{U}_C = U_P\angle 120^\circ$$

根据对称关系，计算三相电流时，只需计算一相，其余两相可直接写出

$$\dot{I}_A = \frac{\dot{U}_A}{Z_A} \qquad \dot{I}_B = \dot{I}_A\angle -120^\circ \qquad \dot{I}_C = \dot{I}_A\angle 120^\circ \tag{3-11}$$

因为三相电流对称，中线电流 $\dot{I}_N = \dot{I}_A + \dot{I}_B + \dot{I}_C = 0$。

中线上没有电流，就可以把中线省掉，构成三相三线制供电线路，如图 3-7 所示，图 3-8 为其电压和电流的相量图。

【例 3-1】有一星形连接的三相对称负载，每相的电阻 R=30Ω，感抗 X_L=40Ω，电源线电压对称，$u_{AB} = 380\sqrt{2}\sin(\omega t + 30^\circ)\text{V}$。试求各相电流。

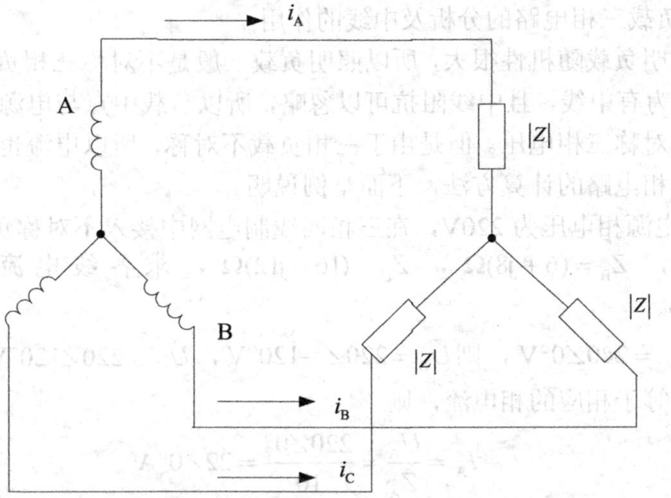

图 3-7　对称负载星形连接时的三相三线制电路

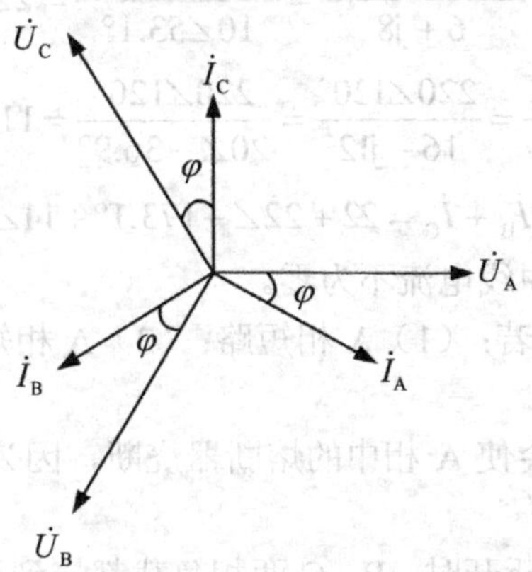

图 3-8　对称负载时电压和电流的相量图

解：因为$\dot{U}_{AB}=380\angle30°\text{V}$，根据星形连接的三相对称电路的相、线电压关系可得

$$\dot{U}_A=220\angle0°\text{V}$$

所以

$$\dot{I}_A=\frac{\dot{U}_A}{Z_A}=\frac{220\angle0°}{30+\text{j}40}=4.4\angle-53°\text{A}$$

根据对称关系，计算三相电流时，只需计算一相，其余两相可直接写出

$$\dot{I}_B=\dot{I}_A\angle-120°=4.4\angle-173°\text{A}$$

$$\dot{I}_c=\dot{I}_A\angle120°=4.4\angle67°\text{A}$$

三相电流的正弦函数式为

$$i_A=4.4\sqrt{2}\sin(\omega t-53°)$$

$$i_B=4.4\sqrt{2}\sin(\omega t-173°)$$

$$i_C=4.4\sqrt{2}\sin(\omega t+67°)$$

2．不对称负载三相电路的分析及中线的作用

由于三相照明负载随机性很大，所以照明负载一般是不对称三相负载，应采用三相四线制供电线路。因为有中线，且中线阻抗可以忽略，所以负载中点与电源中点的电位相等，负载的相电压仍为对称三相电压。但是由于三相负载不对称，所以电流也不对称，在计算每相电流时，仍按单相电路的计算方法，下面举例说明。

【例 3-2】电源相电压为 220V，在三相四线制电网中接入不对称负载，如图 3-5 所示，已知 $Z_A = 10\Omega$，$Z_B = (6 + j8)\Omega$，$Z_C = (16 - j12)\Omega$，求各线电流及中线电流（设 $\dot{U}_A = 220\angle 0°V$）。

解：因为 $\dot{U}_A = 220\angle 0°V$，则 $\dot{U}_B = 220\angle -120°V$，$\dot{U}_C = 220\angle 120°V$。

因为线电流等于相应的相电流，则

$$\dot{I}_A = \frac{\dot{U}_A}{Z_A} = \frac{220\angle 0°}{10} = 22\angle 0°A$$

$$\dot{I}_B = \frac{\dot{U}_B}{Z_B} = \frac{220\angle -120°}{6 + j8} = \frac{220\angle -120°}{10\angle 53.1°} = 22\angle -173.1°A$$

$$\dot{I}_C = \frac{\dot{U}_C}{Z_C} = \frac{220\angle 120°}{16 - j12} = \frac{220\angle 120°}{20\angle -36.9°} = 11\angle 156.9°A$$

中线电流为 $\dot{I}_N = \dot{I}_A + \dot{I}_B + \dot{I}_C = 22 + 22\angle -173.1° + 11\angle 156.9° = 10.1\angle 170.4°A$

可见，负载不对称时，中线电流不为零。

【例 3-3】在例 3-2 中，若：（1）A 相短路；（2）A 相短路且中线又断开时，试求各相负载上的电压。

解：（1）A 相短路，将会使 A 相中的熔断器烧断，因为有中线存在，所以 B 相、C 相不受影响，故 $U_B = U_C = 220V$。

（2）A 相短路且中线又断开时，B、C 两相负载都接到了火线之间，它们所承受的电压不再是相电压而是线电压，故 $U_B = U_C = 380V$。

在这种情况下，B、C 两相负载上的电压有可能超过负载的额定电压，这是不允许的。

通过例 3-3 可以看出：（1）负载不对称时中线又断开，将会造成负载的相电压不对称。有的负载端电压过高，超出额定电压，有的负载端电压过低，低于额定电压，这将使三相负载不能正常工作。

（2）中线的作用是使星形连接的不对称负载的相电压对称。因此，为保证负载相电压对称，中线不能断开，也不能在中线上安装开关和熔断器。

3.2.2　三相负载三角形（△）连接

当负载的额定电压和电源的线电压相等时，一般采用三角形接法。如图 3-9 所示的负载三角形连接电路，不计线路阻抗时，电源的线电压直接加于各相负载，负载的相电压等于电源的线电压。通常电源的线电压总是对称的，所以在三角形连接电路中，不论负载是否对称，负载的相电压总是对称的。

图 3-9 中各相负载的电流分别为

$$\dot{I}_{AB} = \frac{\dot{U}_{AB}}{Z_{AB}} \quad \dot{I}_{BC} = \frac{\dot{U}_{BC}}{Z_{BC}} \quad \dot{I}_{CA} = \frac{\dot{U}_{CA}}{Z_{CA}} \tag{3-12}$$

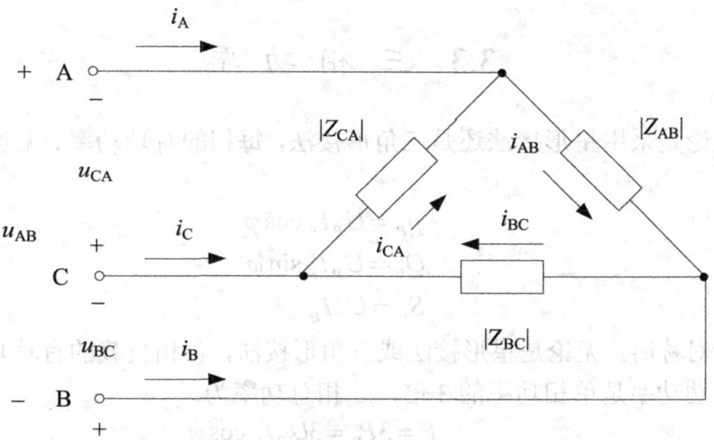

图 3-9　负载三角形连接电路

各线电流可根据 KCL 求出

$$\dot{I}_A=\dot{I}_{AB}-\dot{I}_{CA}\quad \dot{I}_B=\dot{I}_{BC}-\dot{I}_{AB}\quad \dot{I}_C=\dot{I}_{CA}-\dot{I}_{BC} \tag{3-13}$$

若三相负载对称，因为电源线电压是对称的，则三相电流也对称，如图 3-10 所示是线电流与相电流之间的大小和相位关系。

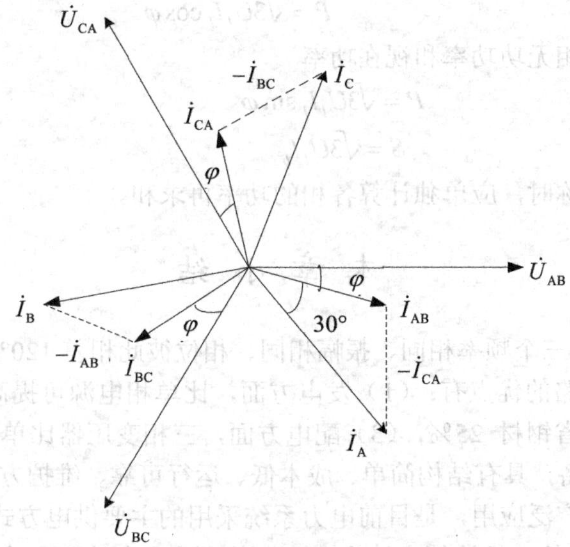

图 3-10　对称负载三角形连接时电压与电流的相量图

从如图 3-10 所示相量图可以看出线电流也是对称的，在相位上滞后相应的相电流 30°，用相量表示相线电流的关系是

$$\dot{I}_A=\sqrt{3}\dot{I}_{AB}\angle-30^\circ\quad \dot{I}_B=\sqrt{3}\dot{I}_{BC}\angle-30^\circ\quad \dot{I}_C=\sqrt{3}\dot{I}_{CA}\angle-30^\circ \tag{3-14}$$

所以对称负载三角形连接时线电流的有效值是相电流的 $\sqrt{3}$ 倍，即

$$I_l=\sqrt{3}I_P \tag{3-15}$$

3.3 三相功率

三相负载不论是采用星形接法还是三角形接法，每相的有功功率、无功功率和视在功率都可按下式计算

$$\begin{aligned} p_P &= U_P I_P \cos\varphi \\ Q_P &= U_P I_P \sin\varphi \\ S_P &= U_P I_P \end{aligned} \tag{3-16}$$

当三相负载对称时，无论是星形接法或三角形接法，各相负载的有功功率必定相等，因此三相电路的有功功率是单相功率的 3 倍，三相总功率为

$$P = 3P_P = 3U_P I_P \cos\varphi \tag{3-17}$$

当对称负载是星形连接时

$$U_l = \sqrt{3}U_P, \quad I_l = I_P$$

当对称负载是三角形连接时

$$U_l = U_P, \quad I_l = \sqrt{3}I_P$$

把上述关系式代入式（3-17），所以三相有功功率可以写成

$$P = \sqrt{3}U_l I_l \cos\varphi \tag{3-18}$$

同理，可得出三相无功功率和视在功率

$$P = \sqrt{3}U_l I_l \sin\varphi \tag{3-19}$$

$$S = \sqrt{3}U_l I_l \tag{3-20}$$

当三相负载不对称时，应单独计算各相的功率再求和。

本章小结

1．三相电路是由三个频率相同、振幅相同、相位彼此相差 120°的正弦电动势作为供电电源的电路。三相电路的优点有：（1）发电方面，比单相电源可提高功率 50%；（2）输电方面，比单相输电节省钢材 25%；（3）配电方面，三相变压器比单相变压器经济且便于接入负载；（4）运电设备，具有结构简单、成本低、运行可靠、维护方便等特点。所以三相电路在动力方面获得了广泛应用，是目前电力系统采用的主要供电方式。

2．对称三相电路的一般计算方法为：（1）将所有三相电源、负载都化为等值 Y-Y 接电路；（2）连接各负载和电源中点，中线上若有阻抗不计；（3）画出单相计算电路，求出一相的电压、电流，即一相电路中的电压为 Y 接时的相电压，一相电路中的电流为线电流；（4）根据△接、Y 接时线、相之间的关系，求出原电路的电流电压；（5）由对称性，得出其他两相的电压、电流。

3．不对称三相电路有以下几个注意点：（1）负载不对称，电源中性点和负载中性点不等位，中线中有电流，各相电压、电流不再存在对称关系；（2）中线不装保险，并且中线较粗，一是减少损耗，二是加强强度（中线一旦断了，负载不能正常工作）；（3）要消除或减少中点的位移，要尽量减少中线阻抗，然而从经济的观点来看，中线不可能做得很粗，应适

当调整负载，使其接近对称情况。

4．三相电路有功功率的计算式 $p_P = U_P I_P \cos\varphi$ 中：（1）φ 为相电压与相电流的相位差（阻抗角），不要误以为是线电压与线电流的相位差；（2）$\cos\varphi$ 为每相的功率因数，在对称三相制中三相功率因数为：$\cos\varphi_{\mathrm{A}} = \cos\varphi_{\mathrm{B}} = \cos\varphi_{\mathrm{C}}$。

习　题　三

3.1 单选题。

1．三相对称正弦电源，在任何瞬间总有 $U_{\mathrm{A}} + U_{\mathrm{B}} + U_{\mathrm{C}}$ 等于（　　）。

A．0　　B．与电源电压有关

C．与频率有关　　D．与时间有关

2．为保证三相电路正常工作，防止事故发生，在三相四线制中，规定（　　）上不允许安装熔断器或开关。

A．端线　　B．中线　　C．端点　　D．中点

3．对称三相正弦电源接 Δ 形对称负载，$\dot{U}_{\mathrm{AB}} = 380\angle 0°\mathrm{V}$，$\dot{I}_{\mathrm{A}} = 10\angle 0°\mathrm{A}$，则三相视在功率为（　　）。

A．3800VA　　B．6600VA　　C．11 400VA

4．对称三相电源接 Y 形对称负载，若线电压有效值为 380V，三相视在功率为 6600VA，则相电流有效值为（　　）。

A．10A　　B．20A　　C．17.32A　　D．30A

5．三相正弦对称电源，Y 接线，不慎将 B 相极性接反，则此时（　　）。

A．$U_{\mathrm{AB}} = U_{\mathrm{A}}$　　B．$U_{\mathrm{AB}} = \sqrt{3}U_{\mathrm{A}}$　　C．$U_{\mathrm{AC}} = U_{\mathrm{A}}$

3.2 什么叫作三相对称电动势及其相序？三相负载的星形连接和三角形连接是如何连接的？

3.3 三相正序对称的三角形连接电源，若 A 相绕组的首、末端接反了，则三个相电压的相量和为多少？若每个绕组的电阻及感抗很小，则在三个绕组形成的回路中会出现什么现象？是否影响电源的正常工作？

3.4 （1）三相对称电源星形连接，若 $\dot{U}_{\mathrm{B}} = 220\angle -120°\mathrm{V}$，电源的相电压 $\dot{U}_{\mathrm{A}} =$ ______，$\dot{U}_{\mathrm{C}} =$ __________，线电压 $\dot{U}_{\mathrm{AB}} =$ _________，$\dot{U}_{\mathrm{BC}} =$ _________，$\dot{U}_{\mathrm{CA}} =$ __________。

（2）三相对称负载三角形连接时，$I_{线} =$ ____ $I_{相}$，且______电流滞后于对应的______电流 30°。

3.5 有三个单相负载，其电阻分别为 $R_{\mathrm{A}} = 10\Omega$，$R_{\mathrm{B}} = 20\Omega$，$R_{\mathrm{C}} = 40\Omega$，接于三相四线制电路，电源线电压为 380V，试求各相电流及中线电流。

3.6 有一星形连接的三相负载，每相负载的电阻都等于 12Ω，电抗等于 16Ω，三相电源电压对称，线电压为 380V，试求负载的线电流。

3.7 有一个三相对称负载，每相负载的电阻是 80Ω，电抗是 60Ω，在下列两种情况下，求负载上通过的电流、端线上的电流和电路消耗的功率。（1）负载连接成星形，接于线电压 380V 的三相电源上。（2）负载连接成三角形，接于线电压 380V 的三相电源上。

3.8 在如图 3-11 所示线电压为380V电路中，三相都接有220V灯泡，功率为40W，若A相灯泡的灯丝断裂，试计算此时三相负载电压$U_{A'N'}$、$U_{B'N'}$、$U_{C'N'}$。

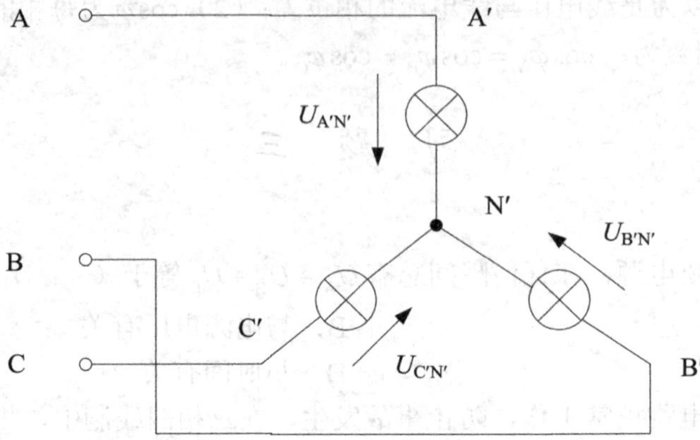

图 3-11 题 3.8 图

3.9 如图 3-12 所示三相四线制电路中，对称电源线电压为$U_L = 380\,\text{V}$，三相对称负载阻抗为$Z=(6+\text{j}8)\Omega$，输电线阻抗为$Z_L=(1+\text{j})\Omega$。求：（1）负载各相电流；（2）负载各相电压。

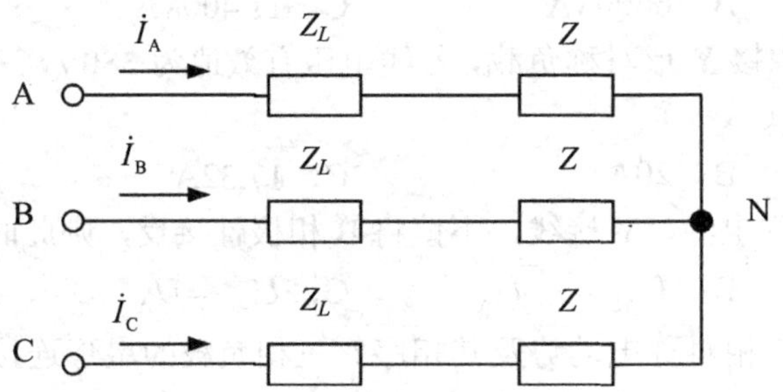

图 3-12 题 3.9 图

3.10 对称三相电路如图 3-13 所示，$\dot{U}_{AB}=380\angle0°\text{V}$，$Z=200\angle30°\Omega$，$Z_L=200\angle-30°\Omega$，$Z_N=(20+\text{j}20)\Omega$，试求A、B、C各相负载的相电流、线电流、相电压、线电压以及三相负载的平均功率P。

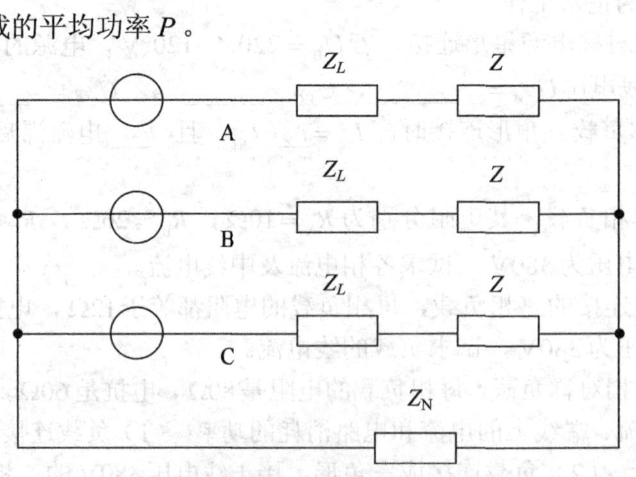

图 3-13 题 3.10 图

3.11 三相对称电路如图 3-14 所示，$Z_1=(3+j4)\Omega$，$Z_2=(10+j10)\Omega$，$Z_L=(2+j2)\Omega$，对称电源星形连接，相电压为127V。求输电线上的三相电流、两组负载的相电流、Z_2负载的相电压、负载侧的线电压、三相电路的功率 P。

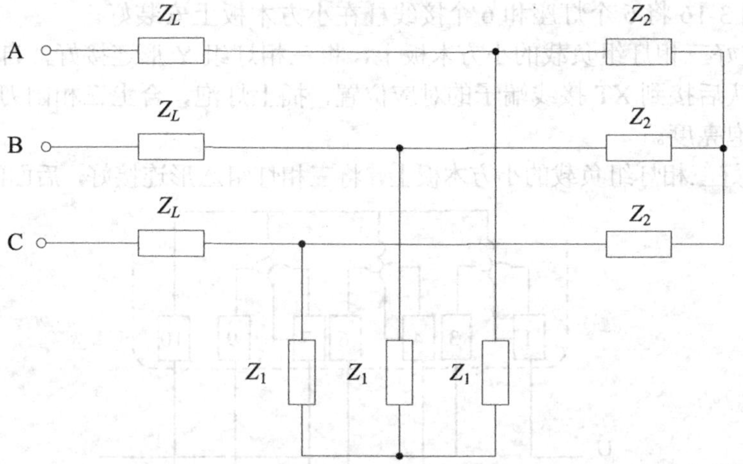

图 3-14 题 3.11 图

实训 3.1 三相四线有功电度表的装接

一、实训目的

1．了解三相电度表的工作原理。

2．正确连接三相电度表的线路。

3．掌握三相灯组负载 Y 形和△形连接方法。

二、实训原理

在电力系统中，电能计量使用最多的是三相电度表，它可以直接从标度盘上读出三相交流电路总电能的数值。三相四线电子式交流有功电度表适用于计量供电的交流电网中的电能量。其特点是：（1）体积小、重量轻、精度高、功耗低；（2）具有双向计量功能；（3）采用光耦输出检测信号，发光二极管指示用电。光耦输出的脉冲随用电量成比例输出，对于校验过程中的不同电流点，可在 1～16 个范围内选取。

三、实训设备

实训设备如表 3-1 所示。

表 3-1 实训设备

设备	数量	设备	数量
三相电度表 DT862-4 型 3×380V/220V，3×5（20）A	1	灯泡 220V/25W	6
三相闸刀开关 380V/15A	1	万用表	1
接线柱（三红三黑）	6	方木板（45×60）cm、（20×25）cm	2
接线端 3（XT）	5 挡	灯座（插口）	6

四、实训步骤

1．将三相电度表、三相闸刀开关以及接线端子排 XT5 挡固定在大方木板上。打开三相电度表盒盖，参照图 3-15 开始接线，连接好后自我检查一遍。

2．按照图 3-16 将 6 个灯座和 6 个接线柱在小方木板上安装好。

3．在安装好三相灯组负载的小方木板上，将三相灯组 Y 形连接好，自我检查一遍，再经老师检查确认后接到 XT 接线端子的对应位置，插上灯泡，合上三相闸刀开关，接通三相电源，观察灯泡亮度。

4．在安装好三相灯组负载的小方木板上，将三相灯组△形连接好，后面的操作同第 3 步。

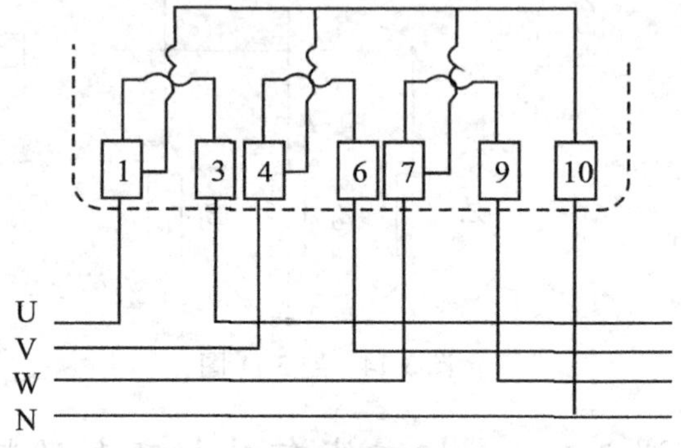

图 3-15　三相四线直接接入式电度表接线图

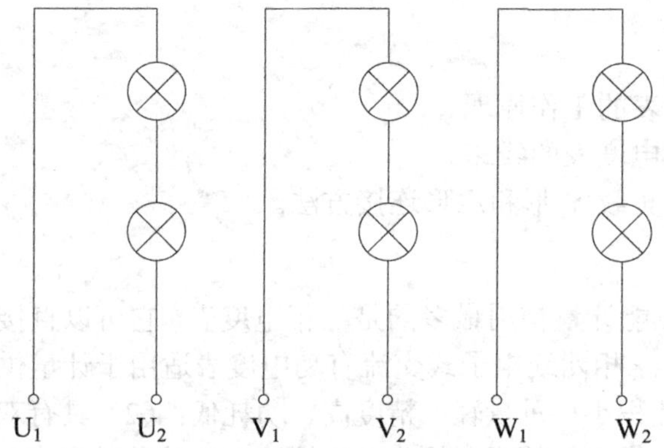

图 3-16　三相灯组负载

实验 3.2　三相负载的星形连接

一、实验目的

1．进一步理解对称星形电路中线电压和相电压、线电流和相电流的关系。

2．观察不对称星形电路中的中点移位现象，了解中线的作用。

二、实验仪器设备

TS-B 通用电工实验台。

三、实验内容

实验电路如图 3-17 所示。

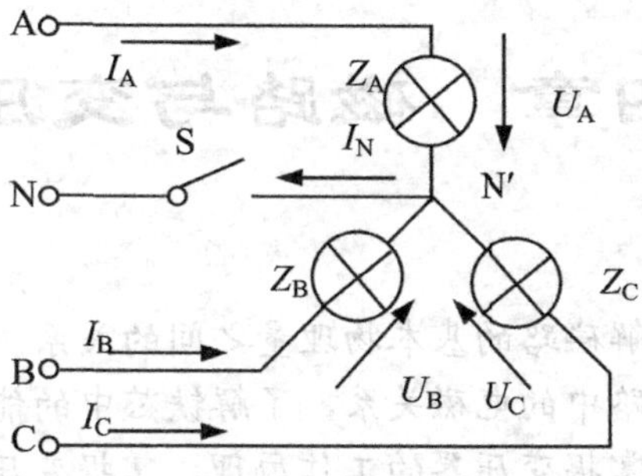

图 3-17　三相负载的星形连接

1．将三只相同规格的电灯按图 3-17 连接。合上开关 S，测量对称星形负载在三相四线制电路（有中线）中的线电压、负载相电压、各线（相）电流和中线电流，记入表 3-2 中。

表 3-2

分类		测量项目										
		线电压（V）			负载相电压（V）			线（相）电流（A）			中线电流	中点移位电压
		U_{AB}	U_{BC}	U_{CA}	U_A	U_B	U_C	I_A	I_B	I_C	I_N	$U_{N'N}$
对称负载	有中线											
	无中线											
不对称负载	有中线											
	无中线											

2．打开开关 S，测量对称星形负载在三相三线制电路（无中线）中的线电压、负载相电压、各线（相）电流和中点移位电压，记入表 3-2 中。

3．用一只不同规格的灯泡换下上述实验电路中的 A 相灯泡。合上开关 S，测量不对称星形负载在三相四线制电路（有中线）中的线电压、负载相电压、各线（相）电流和中线电流，记入表 3-2 中。

4．打开开关 S，测量不对称星形负载在三相三线制电路（无中线）中的线电压、负载相电压、各线（相）电流和中点移位电压，记入表 3-2 中。

四、分析讨论

1．根据实验数据，分析说明中线在各种负载情况下的作用。

2．通过实验分析，说明中线上是否能装保险丝或开关。

第四章　磁路与变压器

【学习目标】

1. 了解磁路的概念，理解磁路的基本物理量之间的关系。

2. 掌握交流铁芯线圈电路中的电磁关系，了解铁芯中的能量损耗。

3. 熟悉变压器的结构，掌握变压器的工作原理，掌握变压器的电压变换、电流变换、阻抗变换，熟悉变压器的使用。

4. 熟悉几种特殊变压器的特点及应用。

前面三章对电路的基本规律和分析方法做了详细的讨论。但是很多电工设备如电机、变压器、电磁铁、电工测量仪表等，它们内部存在着电与磁的相互作用和相互转换，因此不仅有电路的问题，还存在着磁路的问题。本章主要学习磁路的基本概念、变压器的工作原理和特征。通过对变压器空载运行和负载运行的基本分析，阐述变压器的电压变换、电流变换和阻抗变换作用，最后介绍几种特殊变压器。

4.1　磁路的基本概念

4.1.1　磁场的基本物理量

磁场的特性可用下列几个基本物理量来表示。

1．磁感应强度 $\boldsymbol{B}$

磁感应强度 $\boldsymbol{B}$ 是表示磁场内某点的磁场强弱和方向的物理量。它是一个矢量，它与电流（电流产生磁场）之间的方向关系可用右手螺旋定则来确定。

如果磁场内各点的磁感应强度的大小相等，方向相同，这样的磁场称为均匀磁场。

在国际单位制中，$\boldsymbol{B}$ 的单位为韦/米 ^{2}（$\mathrm{Wb/m^2}$），称为特斯拉（T），简称特。在实际使用中，$\boldsymbol{B}$ 的单位还常用高斯（G）。两者之间的关系是

$$1\mathrm{T} = 10^4\,\mathrm{G}$$

2．磁通 $\boldsymbol{\Phi}$

在均匀磁场中，磁感应强度 $\boldsymbol{B}$ 的大小与垂直于磁场方向的面积 $\boldsymbol{S}$ 的乘积，称为通过该面积的磁通 $\boldsymbol{\Phi}$，即

$$\boldsymbol{\Phi} = \boldsymbol{BS}\;;\quad B = \frac{\boldsymbol{\Phi}}{\boldsymbol{S}} \tag{4-1}$$

由上式可见，磁感应强度在数值上可以看成与磁场方向相垂直的单位面积所通过的磁通，故又称为磁通密度。

3．磁场强度 $\boldsymbol{H}$

磁场强度 $\boldsymbol{H}$ 是计算磁场时所引用的另一个物理量，它也是一个矢量。它的方向就是该点磁感应强度的方向，它的大小仅与产生该磁场的电流有关，而与磁场内的介质无关。磁场强度 $\boldsymbol{H}$ 与磁感应强度 $\boldsymbol{B}$ 的关系是

$$H = \frac{B}{\mu}; \quad B = \mu H \tag{4-2}$$

在国际单位制中，磁场强度的单位为安 / 米（A / m）。

4．磁导率 μ

磁导率 μ 是用来衡量物质导磁能力的物理量。在国际单位制中，μ 的单位为亨/米（H/m）。实验测得真空中的磁导率 μ_0 为一常数，即

$$\mu_0 = 4\pi \times 10^{-7}\ \mathrm{H/m}$$

为了便于比较各种物质的导磁能力，通常将某种材料的磁导率 μ 与真空的磁导率 μ_0 的比值称为该物质的相对磁导率 μ_r，即

$$\mu_r = \frac{\mu}{\mu_0} \tag{4-3}$$

对非磁物质而言，$\mu \approx \mu_0$，$\mu_r \approx 1$，差不多不具有磁化的特性，而且每一种非磁材料的磁导率都是常数。而磁性物质的磁导率很高，且不是常数。

4.1.2　铁磁性材料的磁性能

磁性材料主要是指铁、镍、钴及其合金而言，它们具有下列磁性能。

1．高导磁性

磁性材料的磁导率很高，$\mu_r \gg 1$，可达数百、数千，乃至数万之值，这就使它们具有被强烈磁化（呈现磁性）的特性。

为什么磁性物质具有被磁化的特性呢？因为磁性物质不同于其他物质，有其内部特殊性。我们知道电流产生磁场，在物质的分子中由于电子环绕原子核运动和本身自转运动而形成分子电流，分子电流也要产生磁场，每个分子相当于一个基本小磁铁。同时，在磁性物质内部还分成许多小区域；由于磁性物质的分子间有一种特殊的作用力而使每一区城内的分子磁铁都排列整齐，显示磁性。这些小区域称为磁畴。在没有外磁场的作用时，各个磁畴排列混乱，磁场互相抵消，对外显示不出磁性来，如图 4-1（a）所示。在外磁场作用下（例如在铁芯线圈中的励磁电流所产生的磁场的作用下），其中的磁畴就顺外磁场方向转向，显示出磁性来。随着外磁场的增强（或励磁电流的增大），磁畴就逐渐转到与外磁场相同的方向上，如图 4-1（b）所示。这样，便产生了一个很强的与外磁场同方向的磁化磁场，从而使磁性物质内的磁感应强度大大增加。这就是说磁性物质被强烈地磁化了。

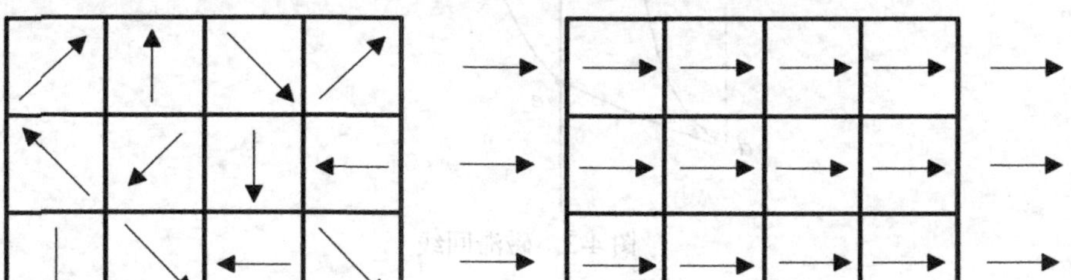

（a）　　　　　　　　　（b）

图 4-1　磁性物质的磁化

磁性物质的这一磁性能被广泛地应用于电工设备中，例如电机、变压器及各种铁磁元件的线圈中都放有铁芯。在这种具有铁芯的线圈中通入不大的励磁电流，便可产生足够大的磁

通和磁感应强度。这就解决了既要磁通大，又要励磁电流小的矛盾。利用优质的磁性材料可使同一容量的电机的重量和体积大大减轻和减小。

非磁性材料没有磁畴的结构，所以不具有磁化的待性。

2．磁饱和性

磁饱和性表现在铁磁材料的磁感应强度 $\boldsymbol{B}$ 不会随着外磁场（或励磁电流）的增加而无限地增加。铁磁材料的这一特点充分反映在它的磁化曲线（***B-H*** 曲线）上，如图 4-2（a）所示。由曲线可知，铁磁材料的磁化曲线不是一条直线，它大致可分为三段：*oa* 段，***B*** 随 ***H*** 的增大迅速增大；*ab* 段，***B*** 的增加变得缓慢下来；*b* 以后一段，随着 ***H*** 的增加，***B*** 增加得很少，此即磁饱和现象。由于 $\boldsymbol{B}=\mu\boldsymbol{H}$，根据 ***B-H*** 曲线可知铁磁材料的 μ 不是常数，它随外磁场变化的 μ-***H*** 曲线如图 4-2（b）所示。

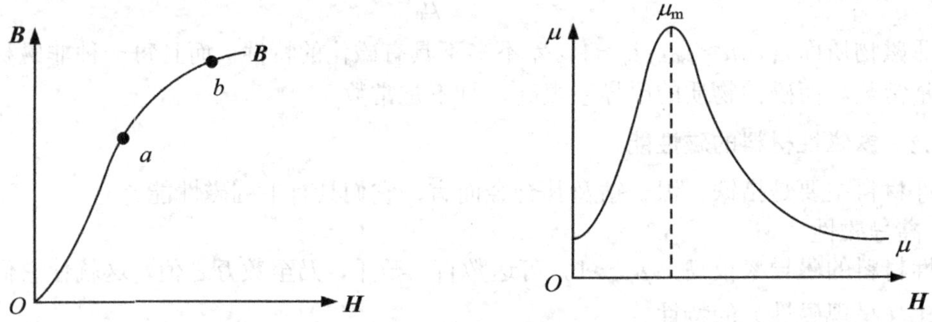

（a）***B-H*** 曲线　　（b）μ-***H*** 曲线

图 4-2　磁化曲线与 μ-***H*** 曲线

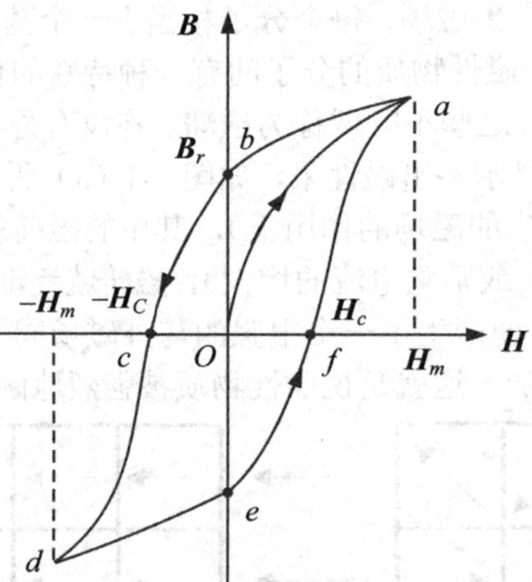

图 4-3　磁滞回线

3．磁滞性

磁滞性表现在当铁磁材料放入交变磁场中反复磁化时，磁感应强度的变化总是落后于磁场强度的变化。如图 4-3 所示为磁滞回线，从图可见，当磁场强度 ***H*** 由 0 开始增加，对铁芯进行初始磁化时，***B*** 沿 *Oa* 曲线由 *O* 增加到 *a* 点，但当 ***H*** 逐渐减小时，***B*** 并不沿原来上升的那条曲线返回，而是沿着位于其上部的另一条曲线 *ab* 下降。在 ***H*** 减小到 0 时，***B*** 并不回到 0，而保留了一定量的剩磁 $\boldsymbol{B}_r$ 。永久磁铁的磁性就是由剩磁产生的。如果要使铁芯的剩磁消失，通常改变线圈中励磁电流的方向，即改变磁场强度 $\boldsymbol{H}$ 的方向来进行反向磁化。使 $\boldsymbol{B}=0$ 的 $\boldsymbol{H}$ 值称为矫顽磁力 $\boldsymbol{H}_c$ 。

4.1.3 磁路的基本定律

1. 磁路的组成

为了使较小的励磁电流产生足够大的磁通（或磁感应强度），在电机、变压器及各种铁磁元件中常用磁性材料做成一定形状的铁芯。铁芯的磁导率比周围空气或其他物质的磁导率高得多，因此磁通的绝大部分经过铁芯而形成一个闭合通路。这种人为造成的磁通的路径，称为磁路，它由铁芯和气隙组成。如图 4-4 所示分别表示变压器、四极直流电机和交流接触器的磁路。当励磁绕组通过励磁电流时，便有磁场产生，其磁力线的绝大部分经过铁芯而形成一个闭合回路，这部分磁通称为主磁通 Φ。此外，还有很少的一部分磁通经过铁芯外的空气而闭合，称为漏磁通 Φ_σ，在工程上常把它忽略。

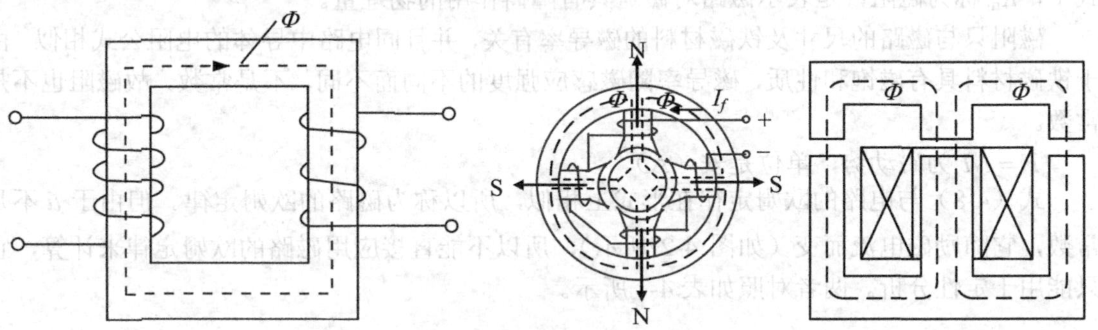

（a）变压器　（b）四级直流电机　（c）交流接触器

图 4-4　几种电气设备的磁路

2. 磁路的基本定律

磁路的分析计算如同电路的分析计算一样，要用到一些基本定律，其中最基本的定律之一是磁路欧姆定律。磁路欧姆定律是用来表示磁通与磁动势之间关系的，它可以由全电流定律推导得出。

全电流定律（又称为安培环路定律）指出：磁场强度在磁路中的线积分等于穿过该闭合回路所包围面积的电流的代数和。其数学表达式为

$$\oint \boldsymbol{H}\mathrm{d}\boldsymbol{l}=\sum I \tag{4-4}$$

其中电流的正负是这样确定的：凡电流方向与闭合回路的绕行方向符合右手螺旋定则时，电流取正号，反之取负号。当沿闭合路径上各点的磁场强度 $\boldsymbol{H}$ 均相等，且方向与路径上各相应点的切线方向相同时，则式（4-4）可以简化为

$$\boldsymbol{Hl}=\sum I \tag{4-5}$$

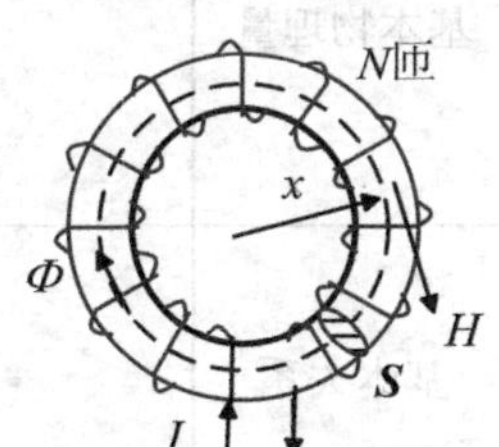

图 4-5　环形磁路

如图 4-5 所示为一环形铁芯，它由单一磁性材料构成，其横截面积为 $\boldsymbol{S}$，磁路的平均长度为 l，设励磁电流为 I，线圈的匝数为 N。应用全电流定律，取磁路中心线 l 为闭合回路，则中心线上各点的

磁场强度大小相同，方向都与 l 的方向一致。根据式（4-5）可得

$$\boldsymbol{H}\boldsymbol{l}=\sum I=NI \tag{4-6}$$

因

$$\boldsymbol{B}=\mu\boldsymbol{H}, \qquad \Phi=\boldsymbol{B}\boldsymbol{S}$$

故

$$NI=\boldsymbol{H}\boldsymbol{l}=\frac{\boldsymbol{B}}{\mu}\boldsymbol{l}=\frac{\Phi}{\mu\boldsymbol{S}}\boldsymbol{l}$$

则

$$\Phi=\frac{NI}{\dfrac{\boldsymbol{l}}{\mu\boldsymbol{S}}} \tag{4-7}$$

令

$$F=NI, \qquad R_{\mathrm{m}}=\frac{\boldsymbol{l}}{\mu\boldsymbol{S}}$$

则有

$$\Phi=\frac{F}{R_{\mathrm{m}}} \tag{4-8}$$

式中，R_{m} 称为磁阻，是表示磁路对磁通具有障碍作用的物理量。

磁阻只与磁路的尺寸及铁磁材料的磁导率有关，并且同电路中导体的电阻公式相似。由于铁磁材料具有磁饱和性质，磁导率随磁感应强度的不同而不同，不是常数，故磁阻也不是常数。

$F=NI$ 为磁动势，单位是安（A）。

式（4-8）与电路的欧姆定律在形式上相似，所以称为磁路的欧姆定律。但由于 μ 不是常数，它随励磁电流而变（如图 4-2 所示），所以不能直接应用磁路的欧姆定律来计算，它只能用于定性分析。两者对照如表 4-1 所示。

表 4-1　磁路和电路的比较

项　目	电　　路	磁　　路
典型结构	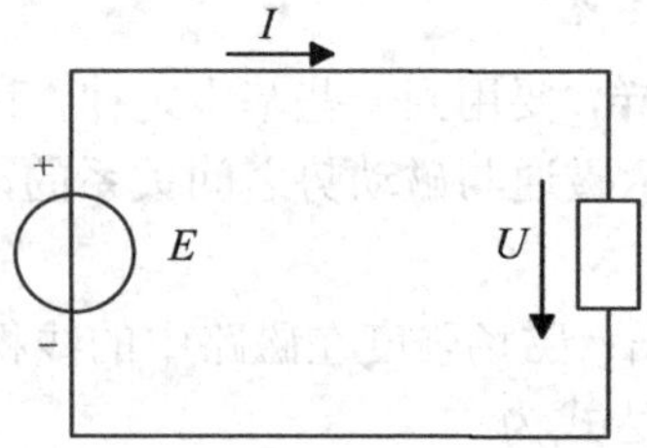	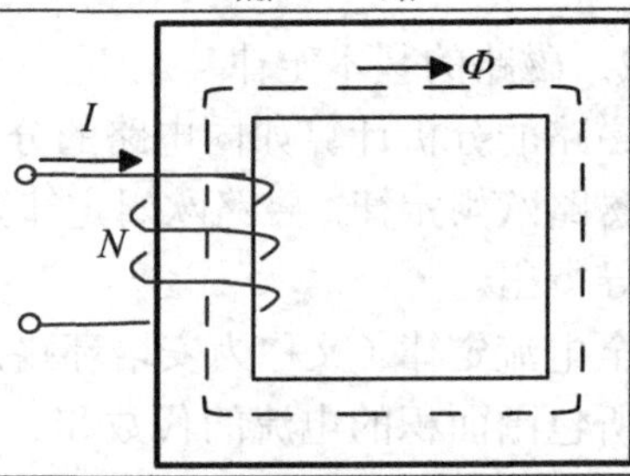
基本物理量	电动势 E 电流 I 电流密度 J 电阻 R 电导率 γ	磁动势 F 磁通 Φ 磁通密度 $\boldsymbol{B}$ 磁阻 R_{m} 磁导率 μ
基本关系	电阻 $R=\dfrac{\boldsymbol{l}}{\gamma\boldsymbol{S}}$ 电路的欧姆定律 $I=\dfrac{E}{R}$	磁阻 $R_{\mathrm{m}}=\dfrac{\boldsymbol{l}}{\mu\boldsymbol{S}}$ 磁路的欧姆定律 $\Phi=\dfrac{F}{R_{\mathrm{m}}}$

磁路和电路有很多相似之处，如磁路中的磁通由磁动势产生，而电路中的电流由电动势产生；磁路中有磁阻，对磁通起阻碍作用，电路中有电阻，对电流起阻碍作用等。但在分析与处理磁路比电路难得多，如：处理电路时一般不涉及电场问题，而在处理磁路时离不开磁场的概念；在处理电路时一般可以不考虑漏电流（因为导体的电导率比周围介质的电导率大得多），但在处理磁路时一般都要考虑漏磁通（因为磁路材料的磁导率比周围介质的磁导率大得不太多）；在电路中，当$E=0$时，$I=0$；但在磁路中，由于有剩磁，当$F=0$时，$\Phi\neq 0$。

4.2 交流铁芯线圈电路

4.2.1 各物理量之间的关系

在许多电气设备中，铁芯线圈可以通入直流电来励磁，也可以通入交流电来励磁，如图4-6所示是交流铁芯线圈电路。设线圈的匝数为N，当在线圈两端加上交流电压u时，产生的交流励磁电流通过励磁线圈时产生交变的磁通，其中绝大部分是主磁通Φ，小部分是漏磁通Φ_σ。这两个磁通在线圈中产生两个感应电动势：主磁电动势e和漏磁电动势e_σ。

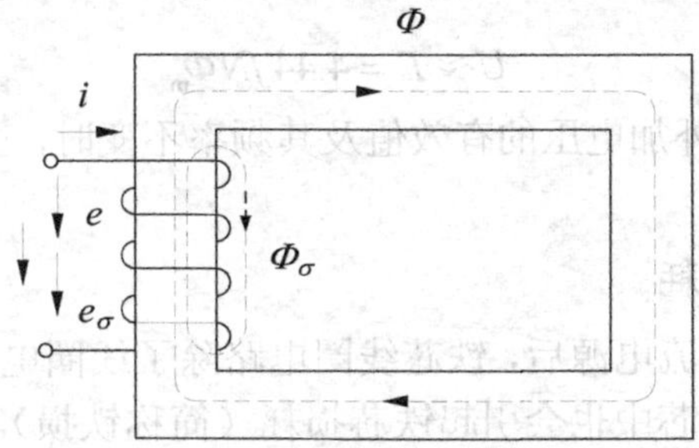

图4-6 铁芯线圈的交流电路

此外，线圈本身还有电阻R产生电压降iR。对如图4-6所示交流铁芯线圈电路的电压和电流之间的关系可由基尔霍夫定律得出，即

$$u=-e-e_\sigma+iR \tag{4-9}$$

当u为正弦量时，上式可用相量表示成

$$\dot{U}=-\dot{E}-\dot{E}_\sigma+\dot{I}R \tag{4-10}$$

由于漏磁通经过空气而闭合，其磁导率为一常数，Φ_σ与i成正比。因此，励磁线圈与磁通对应的电感

$$L_\sigma=\frac{N\Phi_\sigma}{i} \tag{4-11}$$

为一常数，称为线圈的漏电感。e_σ的有效值可以用式

$$E_\sigma=X_\sigma I \tag{4-12}$$

来表示，式中的

$$X_\sigma=\omega L_\sigma=2\pi f L_\sigma \tag{4-13}$$

称为励磁线圈的漏感抗，e_σ在相位上比i滞后90°，写成相量表示式为

$$\dot{E}_\sigma=-\mathrm{j}X_\sigma\dot{I} \tag{4-14}$$

由于铁芯线圈中的电流i和主磁通Φ不是线性关系，不能用一个不变的自感系数L去表

示它们之间的关系，主磁通 Φ 在铁芯线圈中产生的感应电动势可按下述方法计算。

设主磁通 $\Phi=\Phi_{\mathrm{m}}\sin\omega t$，则

$$\begin{aligned}e&=-N\frac{\mathrm{d}\Phi}{\mathrm{d}t}=-N\frac{\mathrm{d}(\Phi_{\mathrm{m}}\sin\omega t)}{\mathrm{d}t}=-N\omega\Phi_{\mathrm{m}}\cos\omega t\\&=2\pi fN\Phi_{\mathrm{m}}\sin(\omega t-\frac{\pi}{2})=E_{\mathrm{m}}\sin(\omega t-\frac{\pi}{2})\end{aligned}\tag{4-15}$$

式中感应电动势的最大值 $E_{\mathrm{m}}=2\pi fN\Phi_{\mathrm{m}}$ 是主磁通电动势 e 的幅值，而其有效值为

$$E=\frac{E_{\mathrm{m}}}{\sqrt{2}}=\frac{2\pi fN\Phi_{\mathrm{m}}}{\sqrt{2}}=4.44fN\Phi_{\mathrm{m}}\tag{4-16}$$

用相量表示，即

$$\dot{E}=-\mathrm{j}4.44fN\Phi_{\mathrm{m}}\tag{4-17}$$

一般来说，由于主磁通 Φ 比漏磁通 Φ_σ 大得多，所以 e 也比 e_σ 大得多，同时励磁线圈电阻上的电压降 iR 很小，如果将 e_σ 和 iR 忽略不计，于是式（4-10）可简化为

$$\dot{U}=-\dot{E}\tag{4-18}$$

其有效值为

$$U\approx E=4.44fN\Phi_{\mathrm{m}}\tag{4-19}$$

公式（4-19）说明，当外加电压的有效值及其频率不变时，主磁通的最大值几乎是不变的。

4.2.2 铁芯中的能量损耗

当交流铁芯线圈接通交流电源后，铁芯线圈电路除了线圈电阻引起的功率损耗 I^2R（简称铜损）外，交变磁通在铁芯中也会引起铁芯损耗（简称铁损）。铁损是由涡流和磁滞产生的。

1．磁滞损耗

由于铁磁材料反复磁化时存在磁滞现象，由此而引起的功率损耗称为磁滞损耗。可以证明，交变磁化一周在铁芯的单位体积内所产生的磁滞损耗能量与磁滞回线所包围的面积成正比。

磁滞损耗要引起铁芯发热。为了减小磁滞损耗，通常选用磁滞回线面积小的软磁材料作为铁芯。变压器和交流电机中广泛使用的铁芯材料硅铜片，就是磁滞损耗较小的软磁材料。

2．涡流损耗

根据电磁感应定律，交流铁芯线圈中的交变磁通不仅会在线圈中产生感应电动势，也会在铁芯中产生感应电动势（因为铁芯也是导体），并形成旋涡状的感应电流，如图 4-7 所示。这种电流称为涡流。由涡流产生的能量损耗称为涡流损耗。

涡流损耗不仅消耗了电能，而且引起铁芯发热，温度升高，严重时还会影响电气设备的正常运行。为了减小涡流损耗，变压器、交流电机等电气设备的铁芯不是采用整块材料，而是用互相绝缘的硅钢片叠成。铁芯分片将使涡流只能在较小的面积内流通，而铁芯中含少量的硅使其电阻率增大，这也可以使涡流减小。

涡流有有害的一面，但在另外一些场合下也有有利的一面。对其有害的一面应尽可能地加以限制，而对其有利的一面则应充分加以利用。例如，用来冶炼金属的中频感应炉，便是

利用了涡流的热效应。又如利用涡流和磁场相互作用而产生电磁力的原理来制造感应式仪器、滑差电机及涡流测矩器等。

涡流损耗的大小是与铁芯中磁感应强度的最大值 B_m 的平方成正比的，故 B_m 不宜选得过大。

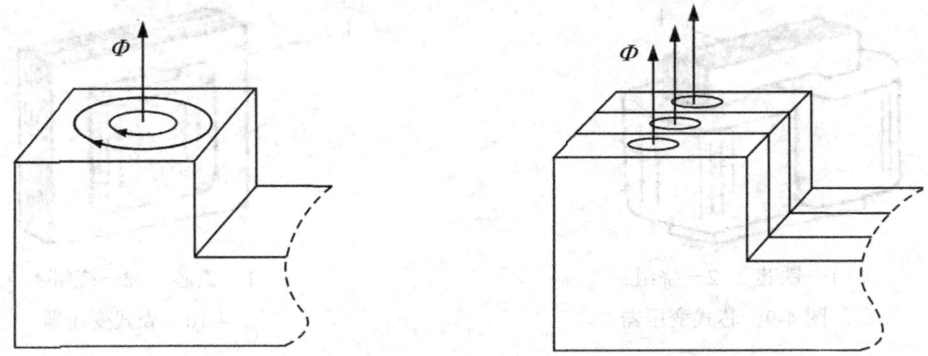

（a）　　　　（b）

图 4-7　铁芯中的涡流

4.3　变　压　器

变压器是具有变换电压、变换电流和变换阻抗作用的电气设备，在电力系统及电子线路中应用非常广泛。

变压器的类型很多，按照电压的升降，可分为升压变压器和降压变压器；按照交流电的相数，可分为单相变压器和三相变压器；按照用途可分为用于远距离输配电的电力变压器、用于局部照明和控制的控制变压器、用于调节电压的自耦变压器、用于传递信号用的耦合变压器、用于测量的仪用互感器和用于电加工的电焊变压器。变压器虽然用途各异，大小悬殊，但是它们的基本原理和结构是类似的。

4.3.1　变压器的结构

不同类型的变压器，尽管因使用场合、工作要求不同，它们的外形、体积和重量有很大差别，但是它们的基本结构都是由铁芯和绕组组成的。变压器的基本结构和表示符号如图 4-8 所示。

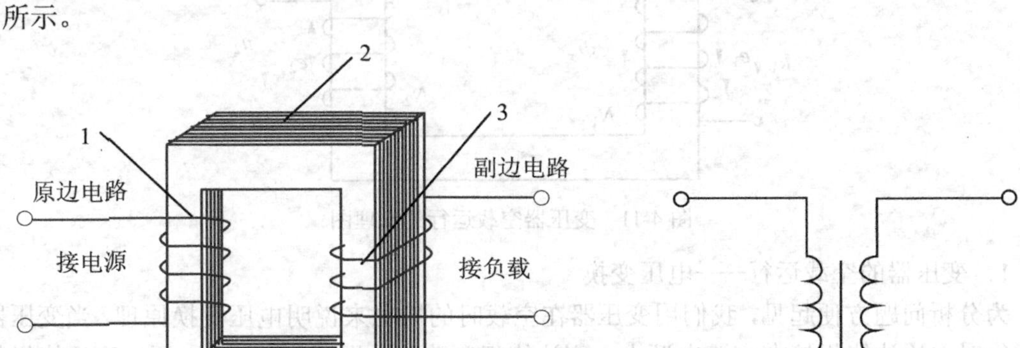

1—原边绕组　2—铁芯　3—副边绕组

图 4-8　变压器的结构和符号

1．铁芯

铁芯的作用：构成磁路，集中磁通，减小漏磁通，减小变压器体积和铁芯损耗。按铁芯结构不同，变压器可分为芯式和壳式两种，如图 4-9 和图 4-10 所示。

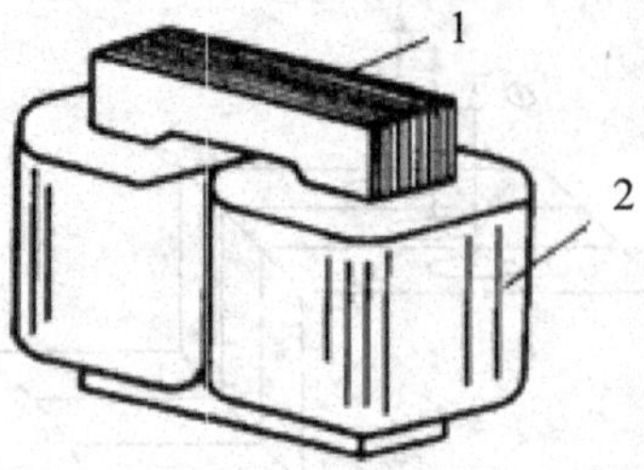

1—铁芯　2—绕组

图 4-9　芯式变压器

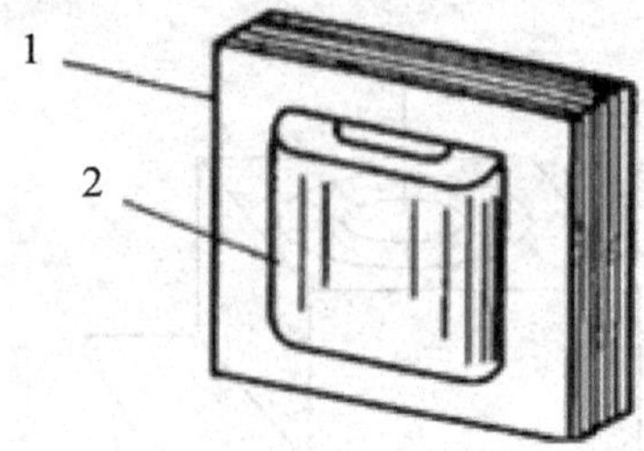

1—铁芯　2—绕组

图 4-10　壳式变压器

2．绕组

变压器中的线圈通常又称为绕组，绕组有原边绕组（也称为原绕组）和副边绕组（也称为副绕组）。原边绕组和电源连接，副边绕组和负载连接。由于变压器的容量和用途不同，绕组的形式也有区别，绕组的基本形式有同芯式和交叠式两种。

3．冷却系统

变压器在工作时，绕组和铁芯都要发热，故要考虑冷却问题。常见的变压器冷却方式有空气自冷式和油浸自冷式两种，也有采用强制风冷的变压器。

4.3.2　变压器的工作原理

变压器是根据电磁感应原理制成的，如图 4-11 所示是变压器空载运行的原理图。

为减少铁损，变压器的铁芯用硅钢片叠装而成。原、副边绕组用绝缘导线绕成。它们在电路上是相互绝缘的，但两者都处于同一铁芯的磁路上，电磁关系把它们联系在一起，变压器中各绕组的电量及其参考方向如图 4-11 所示。

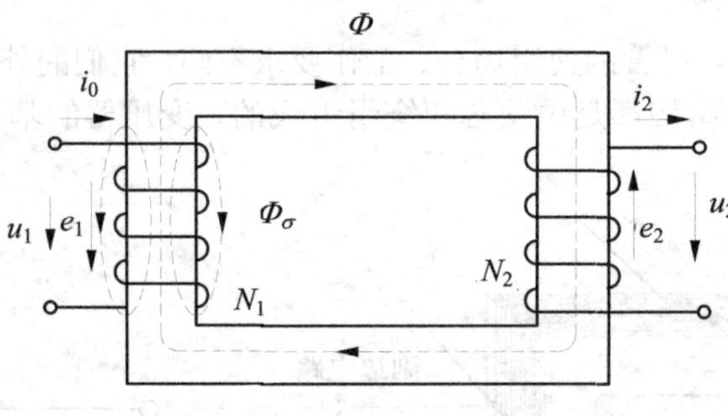

图 4-11　变压器空载运行的原理图

1．变压器的空载运行——电压变换

为分析问题方便起见，我们用变压器在空载时的情况来说明电压变换原理。当变压器空载运行时，原边绕组接在交流电源上，副边绕组开路，如图 4-11 所示。原、副边绕组的匝数分别为 N_1、N_2。当原边绕组加上交流电源后，原边绕组中有电流 i_0 流通，i_0 称为空载电流，其有效值约为原边绕组额定电流的 3%～8%，电流 i_0 通过原边绕组在闭合的铁芯中建立了磁场，磁动势 i_0N_1 在铁芯内部产生一个交变的磁通 $\varPhi$，这个交变磁通大部分沿着铁芯磁路而闭合，并与原、副边绕组相交链，叫作主磁通；另外还有很少部分经过原边绕组附近的空间而闭合的漏磁通，漏磁通很少，可以忽略。由于变压器副边绕组没有接负载，副边电流 $i_2 = 0$，磁动势 $i_2 N_2$ 为零。

当原边绕组外加正弦电压 u_1 时，空载电流 i_0 做正弦变化，从而产生主磁通 $\Phi = \Phi_m \sin\omega t$，主磁通将在原、副边绕组中产生感应电动势 e_1 和 e_2。由式（4-15）得

$$\begin{cases} e_1 = E_{1m}\sin(\omega t - \dfrac{\pi}{2}) \\ e_2 = E_{2m}\sin(\omega t - \dfrac{\pi}{2}) \end{cases} \tag{4-20}$$

根据式（4-16）得电动势 e_1 和 e_2 的有效值为

$$E_1 = 4.44 f N_1 \Phi_m \tag{4-21}$$

$$E_2 = 4.44 f N_2 \Phi_m \tag{4-22}$$

如图 4-11 所示，根据基尔霍夫电压定律可得电压方程

$$u_1 = -e_1 - e_{\sigma 1} + i_1 R_1 \tag{4-23}$$

式中 R_1 为原边绕组的电阻。上式用相量表示为

$$\dot{U}_1 \approx -\dot{E}_1 + jX_{\sigma 1}\dot{I}_1 + \dot{I}_1 R_1 \tag{4-24}$$

由于 R_1 和漏感抗 $X_{\sigma 1}$ 较小，故上式可简化为

$$\dot{U}_1 \approx -\dot{E}_1 \tag{4-25}$$

因为副边绕组没有接负载，所以副边绕组的电流 $i_2 = 0$，副边绕组感应电动势 $e_2 \approx u_{20}$，于是有

$$\dot{U}_{20} \approx \dot{E}_2 \tag{4-26}$$

如果仅考虑它们有效值的关系，则式（4-25）、式（4-26）可写成

$$U_1 = E_1 \tag{4-27}$$

$$U_{20} = E_2 \tag{4-28}$$

因此原、副边绕组的电压有下列关系

$$\frac{U_1}{U_{20}} = \frac{E_1}{E_2} = \frac{4.44 f N_1 \Phi_m}{4.44 f N_2 \Phi_m} = \frac{N_1}{N_2} = K \tag{4-29}$$

式中 K 称为变压器的变比，即原、副边绕组的匝数比。

式（4-29）表明变压器空载运行时，原、副边电压之比等于原、副边绕组的匝数之比。当 N_1 与 N_2 不同时，变压器可将某一交流电压转换成同一频率的另一数值的交流电压。这就是变压器的电压变换作用。

当 $N_1 > N_2$ 时，变压器起降压作用；反之，若 $N_1 < N_2$，变压器起升压作用。

必须指出：变压器的原边绕组和副边绕组之间，在电路上并不相互连接，其电能自原边绕组输入，通过电磁感应的形式传递到副边绕组。

2．变压器的负载运行——电流变换

当变压器原边绕组接上交流电源、副边绕组接上负载后，变压器就在有载情况下运行。这时变压器的原、副边绕组中分别有电流 i_1 和 i_2 流过，如图 4-12 所示。从能量转换的角度看，

副边绕组接上负载后，副边电路出现电流 i_2，副边有能量输出，必然使原边绕组从电源汲取比空载时更多的能量，以满足副边用电设备的需要。这时原边绕组的电流 i_1 比空载电流 i_0 大得多，而副边绕组中的电流 i_2 的大小及相位由负载阻抗决定，下面从电磁方面分析原、副边绕组中电流 i_1 和 i_2 的关系。

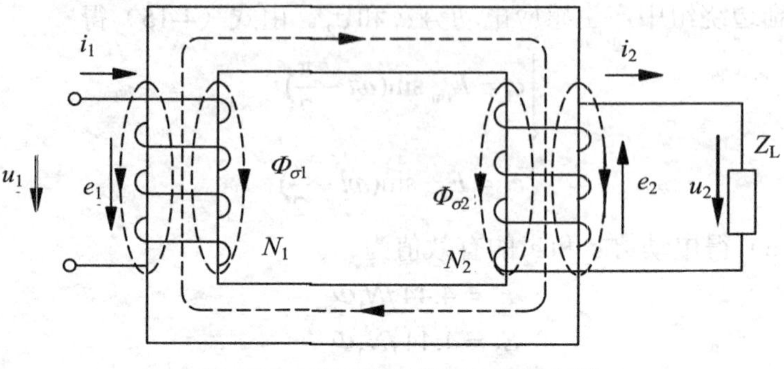

图 4-12　变压器负载运行的原理图

空载运行时主磁通是由原边绕组 N_1 中通入励磁电流 i_0 产生的，磁路中的磁动势为 i_0N_1。而在负载运行时，原边绕组 N_1 和副边绕组 N_2 中分别有电流 i_1 和 i_2 通过，主磁通是由磁动势 i_1N_1 和 i_2N_2 共同产生的。由于变压器在空载和负载时主磁通基本不变，所以各磁动势有下列关系式

$$i_1N_1 + i_2N_2 \approx i_0N_1$$

如用相量表示，则为

$$\dot{I}_1N_1 + \dot{I}_2N_2 \approx \dot{I}_0N_1 \tag{4-30}$$

我们知道，变压器的空载电流是很小的。所以在变压器接近满载的情况下，i_0N_1 远远小于 i_1N_1 和 i_2N_2，因此为 i_0N_1 常可忽略，于是式（4-30）可写成

$$\dot{I}_1N_1 \approx -\dot{I}_2N_2 \tag{4-31}$$

如用有效值表示，则有

$$I_1N_1 \approx I_2N_2$$

$$\frac{I_1}{I_2} \approx \frac{N_2}{N_1} = \frac{1}{K} \tag{4-32}$$

上式表明变压器原、副边绕组的电流 I_1 与 I_2 之比近似等于变压器原、副边绕组匝数比的倒数。应当指出，变压器负载运行时原边绕组电流 I_1 是由副边绕组电流 I_2 的大小来决定的。由此可见，副边绕组电流 I_2 随着负载变化而增大时，原边绕组的电流 I_1 必然成正比例增大。式（4-31）中的负号表示对于如图 4-12 所示电流的参考方向，其电流相量 I_1 和 I_2 在相位上差 180°。

变压器在负载运行时，忽略 $e_{\sigma 2}$ 和 $e_{\sigma 0}$，则副边回路列出的基尔霍夫电压方程为（其中 R_2 为副边绕组电阻）

$$\dot{U}_2 = \dot{E}_2 + \dot{E}_{\sigma 2} - \dot{I}_2R_2 \tag{4-33}$$

可简化为

$$\dot{U}_2 = \dot{E}_2 \tag{4-34}$$

其有效值为

$$U_2 = E_2$$

由式（4-27）得

$$U_1 = E_1$$

所以原、副边电压之比为

$$\frac{U_1}{U_2} = \frac{E_1}{E_2} = \frac{N_1}{N_2} = K \tag{4-35}$$

比较式（4-32）和式（4-35）可知变压器的电压之比与电流之比互为倒数。这是由于变压器输送的功率是符合能量守恒定律的，其高压绕组电流小，低压绕组电流大。

【例 4-1】有一台降压变压器，原边电压为 220V，原边绕组匝数为 1760 匝，若从副边输出 12V 电压，问：（1）副边绕组匝数为多少？（2）若副边绕组电流为 1A，原边绕组电流为多少？

解：（1）因为

$$\frac{U_1}{U_2} = \frac{N_1}{N_2}$$

所以

$$N_2 = \frac{U_2 N_1}{U_1} = \frac{12 \times 1760}{220} = 96\text{匝}$$

（2）因为

$$\frac{I_1}{I_2} = \frac{N_2}{N_1}$$

所以

$$I_1 = \frac{N_2 I_2}{N_1} = \frac{96 \times 1}{1760} \approx 54.5\text{mA}$$

3．变压器的阻抗变换

变压器不仅能起变换电压和变换电流的作用，还具有变换负载阻抗的作用。在电子设备中，为了获得较大的功率输出，常采用变压器来获得所需要的等效阻抗，以实现电路的阻抗匹配。

如前所述，变压器的负载阻抗 Z_L 变化时，I_2 变化，I_1 也随之变化，这里 Z_L 是通过电磁关系来影响 I_1 的，Z_L 对 I_1 的影响可以用一个接于原边的等效阻抗 Z_L' 来代替，如图 4-13 所示。在图 4-13（b）中，负载阻抗 Z_L 接在变压器的副边，而图中的虚线框部分可以用一个等效阻抗 Z_L' 来代替，如图 4-13（a）所示，所谓等效，就是输入电路的电压、电流和功率不变，即直接接在电源上的阻抗 Z_L' 和接在变压器副边的负载阻抗 Z_L 对输入电路是等效的。Z_L' 与 Z_L 的关系推导如下。

根据式（4-32）和式（4-35）可得出

$$\frac{U_1}{I_1} = \frac{\frac{N_1}{N_2} U_2}{\frac{N_2}{N_1} I_2} = \left(\frac{N_1}{N_2}\right)^2 \frac{U_2}{I_2}$$

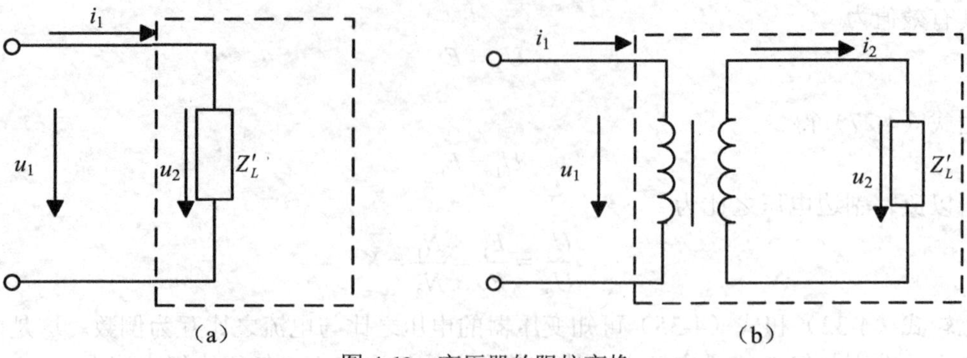

图 4-13　变压器的阻抗变换

由图 4-13 可知

$$\frac{U_1}{I_1}=Z'_L \qquad \frac{U_2}{I_2}=Z'_L$$

代入上式则得

$$Z'_L=(\frac{N_1}{N_2})^2 Z_L = K^2 Z_L \tag{4-36}$$

这说明一个变压器的副边接有负载 Z_L 后，对电源来说，相当于接上阻抗为 K^2Z_L 的负载，我们可以采用不同的匝数把负载阻抗数值变换为所需要的比较合适的数值。

【例 4-2】在图 4-14 中，交流信号源的电动势 $E=10\text{V}$，内阻 $R_0=200\Omega$，负载电阻 $R_L=8\Omega$，$N_1=500$ 匝，$N_2=100$ 匝。试求：（1）负载电阻折合到原边的等效电阻；（2）输送到负载电阻的功率；（3）若不经过变压器，将负载直接与信号源连接时，输送到负载上的功率。

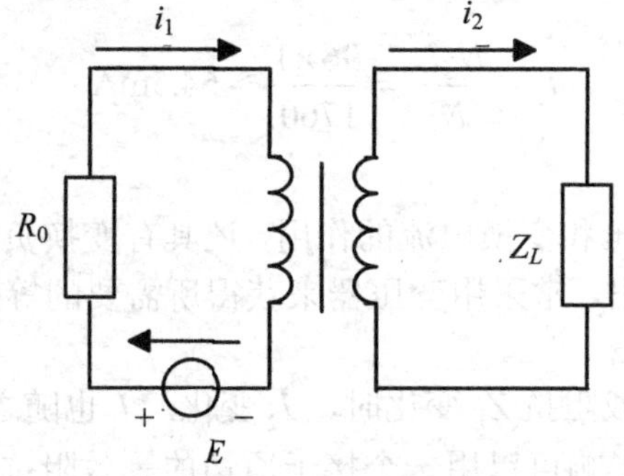

图 4-14　例 4-2 图

解：（1）等效电阻为

$$R'_L=(\frac{N_1}{N_2})^2 R_L=(\frac{500}{100})^2\times 8=200\Omega$$

（2）输送到负载的功率为

$$P=(\frac{E}{R_0+R'_L})^2 R'_L=(\frac{10}{200+200})^2\times 200=125\text{mW}$$

（3）当负载直接与信号源连接时，有

$$P=(\frac{E}{R_0+R_L})^2R_L=(\frac{10}{200+8})^2\times 8\approx 18.5\text{mW}$$

4.3.3 变压器的使用

1．变压器的外特性

变压器一次绕组为额定电压时，$U_2=f(I_2)$的关系曲线称为变压器的外特性，如图4-15所示。图中U_{20}是空载时的二次电压，称为空载电压，其大小等于主磁通在二次绕组中产生的感应电动势E_2；φ_2为U_2和I_2的相位差。当负载为电阻或电感时，二次绕组电压U_2将随电流I_2的增加而降低，这是由于二次绕组的线圈电阻压降和漏磁通感应电动势随着I_2的增加而增大造成的。

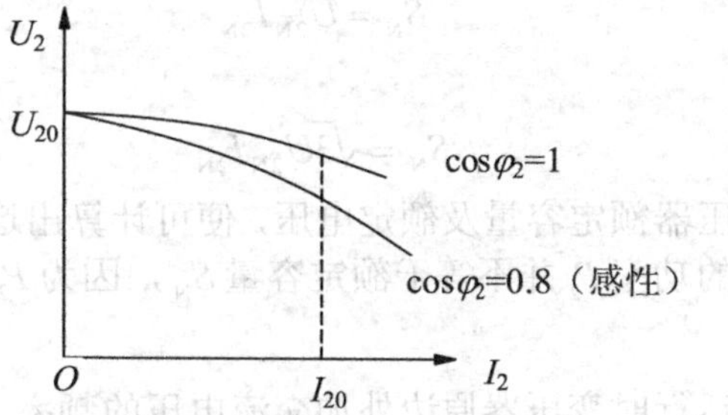

图4-15 变压器的外特性曲线

由于二次绕组压降和漏磁通感应电动势较小，U_2的变化一般不大，其变化的大小常用电压变化率$\Delta U(\%)$表示。变压器的电压变化率为

$$\Delta U(\%)=\frac{U_{20}-U_2}{U_{20}}\times 100\%$$

在一般变压器中，由于其电阻和漏磁感抗均很小，电压变化率ΔU（%）是不大的，约为5%。

2．变压器的损耗与效率

和交流铁芯线圈一样，变压器的功率损耗包括铁芯中的铁损P_{Fe}和绕组上的铜损P_{Cu}两部分。铁损的大小与铁芯内磁感应强度的最大值B_m有关，与负载大小无关，而铜损则与负载大小（正比于电流平方）有关。

变压器的效率常用下式确定

$$\eta=\frac{P_2}{P_1}\times 100\%=\frac{P_2}{P_2+P_{Fe}+P_{Cu}}\times 100\%$$

式中，P_2为变压器的输出功率，P_1为输入功率。

变压器的功率损耗很小，所以效率很高，通常在95%以上，大型电力变压器的效率可达99%以上。当负载为额定负载的50%～75%时，效率达到最大。

3．变压器的铭牌

为了安全起见，正确地使用变压器，必须了解变压器铭牌上规定的额定数据，铭牌上的主要数据有以下几种。

1）额定电压

额定电压是根据变压器的绝缘强度和允许温升而规定的电压值，以伏（V）或千伏（kV）

为单位。原边额定电压U_{1N}是指变压器原边应加的电压值。U_{2N}是副边的额定电压，它指变压器空载时，原边绕组加上额定电压U_{1N}时副边的端电压，在三相变压器中原边和副边额定电压都是指线电压。

2）额定电流

额定电流I_{1N}、I_{2N}是指变压器在正常运行时允许通过的最大电流，它是根据变压器允许温升而规定的电流值，以安（A）或千安（kA）为单位。在三相变压器中额定电流是指线电流。

3）额定容量

指变压器副边输出的额定视在功率，以伏安（VA）或千伏安（kVA）为单位。额定容量S_N和副边额定电压U_{2N}、额定电流I_{2N}的关系，对于单相变压器为

$$S_N = U_{2N} I_{2N}$$

对于三相变压器为

$$S_N = \sqrt{3} U_{2N} I_{2N}$$

所以知道了一台变压器额定容量及额定电压，便可计算出这台变压器的额定电流，必须指出，变压器副边输出的功率P_2并不等于额定容量S_N，因为P_2还与功率因数有关。

4）额定频率

额定频率是指额定运行时变压器原边外加交流电压的频率，我国规定的发电机标准频率（或称为工频）为50Hz，有些国家的频率为60Hz。

5）相数

单相或三相。

6）温升

变压器在额定运行情况下，变压器内部的温度允许超出规定的环境温度（+40℃）的数值。对于使用A级绝缘材料的变压器，允许温升为65℃。

4．变压器绕组的极性

要正确使用变压器，就必须了解绕组的同名端（又称为同极性端）概念。绕组的同名端是绕组与绕组间、绕组与其他电气元件间正确连接的依据，并可用来分析原、副绕组间电压的相位关系。在变压器绕组接线及电子技术放大电路、振荡电路、脉冲输出电路等的接线与分析中，都要用到同名端的概念。

绕组的极性是指绕组在任意瞬时两端产生的感应电动势的瞬时极性，它总是从绕组的相对瞬时电位的低电位端（常用符号“−”来表示）指向高电位端（常用符号“+”来表示）。两个磁耦合作用联系起来的绕组，如变压器的原、副绕组，当某一瞬时原绕组某一端点的瞬时电位相对于原绕组的另一端为正时，副绕组也必有一对应的端点，其瞬时电位相对于副绕组的另一端点也为正。我们把原、副绕组电位瞬时极性相同的端点称为同极性端，也称为同名端，通常用符号“• ”表示。在使用变压器或其他磁耦合的互感线圈时，要注意线圈的正确连接。例如，如图4-16所示，一台变压器有相同的两个绕组，它们的端子分别用1、2和3、4表示。当两绕组串联（2、3端相连）可接于较高电压。当两绕组并联（1、3端相连和2、4端相连）可接于较低电压。如果连接错误，这样，两个绕组的磁通势就互相抵消，铁芯中不产生磁通，绕组中也就没有感应电动势，绕组中将流过很大的电流，把变压器烧毁。

图4-16（a）中的1和3是同名端，当然2和4也是同名端。当电流从两个线圈的同名

端流入（或流出）时，产生的磁通的方向相同；或者当磁通变化（增大或减小）时，在同名端感应电动势的极性也相同。在图中，绕组中的电流正在增大，感应电动势的极性（或方向）如图中所示。

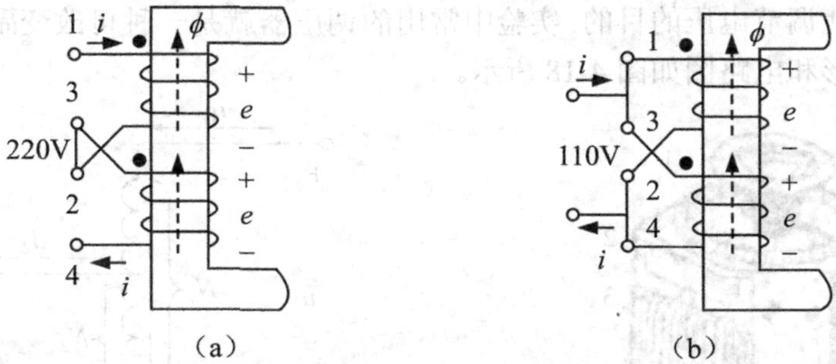

图 4-16　变压器原绕组的串联和并联

在使用变压器或者其他有磁耦合的互感线圈时，要注意线圈的正确连接。例如，一台变压器的原绕组有相同的两个绕组，如图 4-16（a）中的 1-2 和 3-4。当接到 220V 的电源上时，两绕组应串联（假设两个绕组的额定电压都为 110V），如图 4-16（a）所示；接到 110V 的电源上时，两绕组应并联，如图 4-16（b）所示。如果连接错误，串联时将 2 和 4 两端连在一起，将 1 和 3 两端接电源，这样，两个绕组的磁通势就互相抵消，铁芯中不产生磁通，绕组中也就没有感应电动势，绕组中将流过很大的电流，把变压器烧毁。

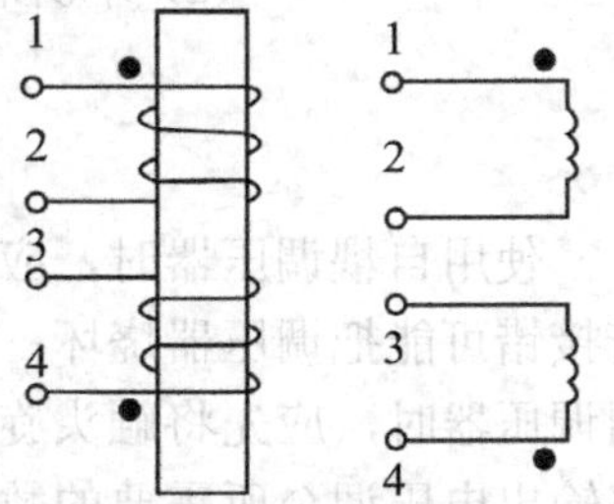

图 4-17　线圈反绕

如果将其中一个线圈反绕，如图 4-17 所示，则 1 和 4 两端应为同名端，串联时应将 2 和 4 两端连在一起。可见，哪两端是同名端，还和线圈绕向有关。只要线圈绕向知道，同名端就不难确定。

4.4　特殊变压器

变压器的种类很多，除上面讨论的双绕组变压器外，还有一些特殊用途的变压器。例如，多绕组变压器，可以得到多种不同的输出电压；又如常用于调节电压的自耦变压器、工业上常用的电焊变压器；测量用的电压互感器和电流互感器等。这些特殊用途的变压器，它们的工作原理同前述的一般变压器类似，但又各有自己的特点。下面简单介绍几种特殊用途的变压器。

4.4.1　自耦变压器

在生产和科学实验中，往往需要平滑地调节交流电压，一个最简单的方法就是用自耦变压器来调压。如图 4-18 所示是单相自耦变压器，其结构特点是副边绕组为原边绕组的一部分，原边、副边绕组之间不仅有磁的耦合，还有电的联系。自耦变压器的工作原理和普通的双绕组变压器工作原理相同。其原、副边电压之比和电流之比是

$$\frac{U_1}{U_2}=\frac{N_1}{N_2}=K$$

$$\frac{I_1}{I_2}=\frac{N_2}{N_1}=\frac{1}{K}$$

低压小容量自耦变压器，其副边绕组的抽头往往做成能沿绕组自由滑动的动触头形式，以达到平滑均匀地调节电压的目的，实验中常用的调压器就是一种可改变副边绕组匝数的自耦变压器，其外形和电路图如图 4-18 所示。

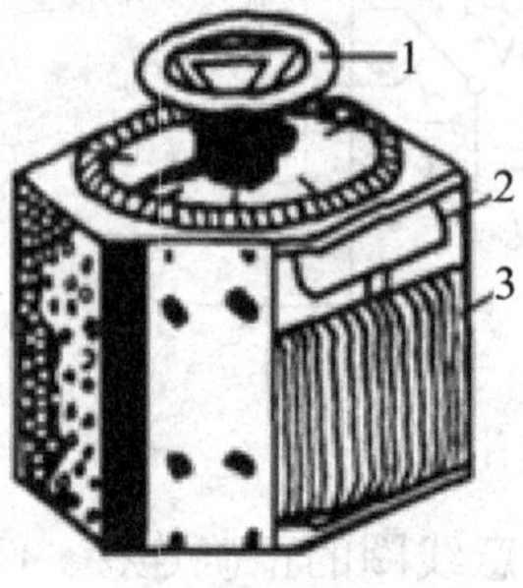

（a）外形图

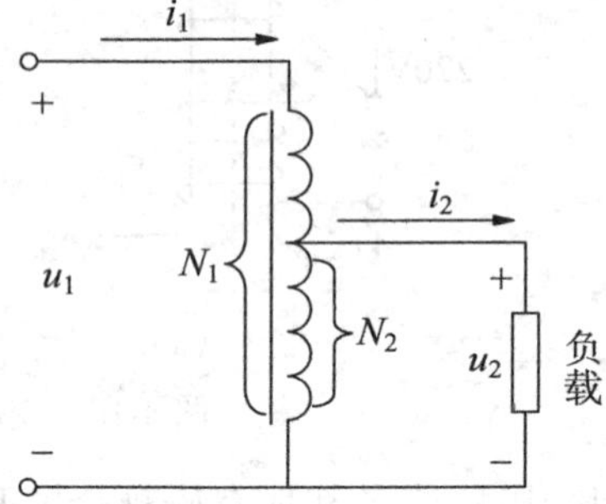

（b）电路图

1—手柄　2—接触臂　3—绕组

图 4-18　调压器的外形和电路

使用自耦调压器时，应注意不要把原、副边搞错，即不能将电源接在副边滑动触头侧，若接错可能把调压器烧坏；电源火线不能接在公共端，公共端必须接地，否则易发生事故；用调压器时，应先将触头旋到零位，然后加上原边电压，原边电源接通后，逐渐转动手柄，将输出电压调至所需要的数值。

自耦变压器分单相和三相两种，三相通常接成星形。

4.4.2　仪用互感器

仪用互感器是供测量、控制及保护用的一种特殊用途变压器。它可以使仪表与高压电路隔离，以保护仪表、设备及工作人员的安全。根据用途的不同，互感器可分为电压互感器和电流互感器两种。

1．电压互感器

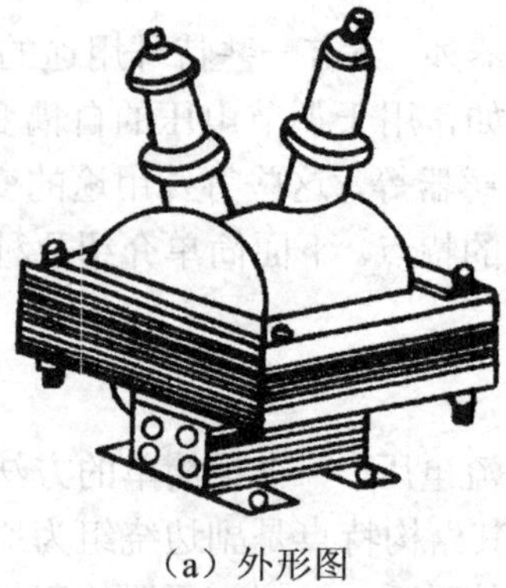
（a）外形图

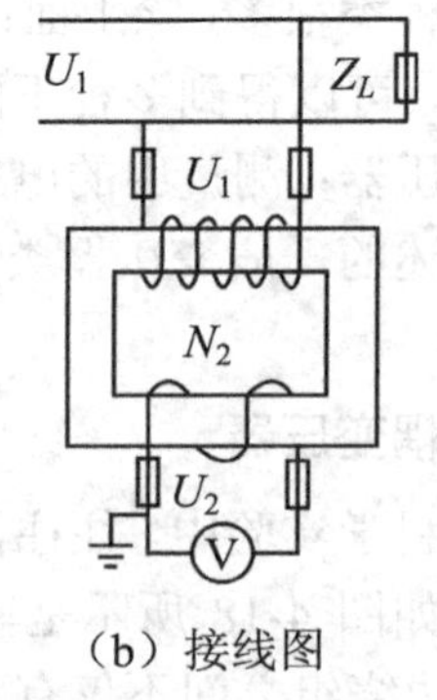

（b）接线图

图 4-19　电压互感器

电压互感器主要用于高压测量，其构造和小型变压器相似，其外形和接线如图 4-19 所示。被测电压 U_1 加在匝数较多的高压绕组两端，而匝数较少的低压绕组与电压表相连。由于电压表的阻抗很大，所以电压互感器的运行情况和变压器空载运行相似，原、副边的电压比等于变比，所以$\frac{U_1}{U_2}=\frac{N_1}{N_2}=K$。由此可见，高压线路的电压等于副边所测得的电压与变比的乘积，通常电压互感器副边的额定电压均设计成标准值 100V，在不同高压电路中所使用的电压互感器的变比是不同的，常用的为 6000/100、10 000/100。

为了工作安全，电压互感器的铁芯、金属外壳及低压绕组的一端都必须接地，如不接地，一旦高、低压绕组之间的绝缘损坏，低压侧将出现高压，这对工作人员是非常危险的。

2．电流互感器

电流互感器是用于大电流测量的专用变压器，其外形和接线如图 4-20 所示。电流互感器的构造特点是原边绕组匝数很少，只有一匝或几匝，它串联在被测电路中；副边绕组的匝数较多，它与电流表或其他仪表的电流线圈串联。此外，使用电流互感器也可以使测量仪表与高压电路断开，以保证人身与设备的安全。根据变压器原理，则有

$$\frac{I_1}{I_2}=\frac{N_2}{N_1}=\frac{1}{K}=K_i$$

或

$$I_1=\frac{N_2}{N_1}I_2=K_iI_2 \tag{4-37}$$

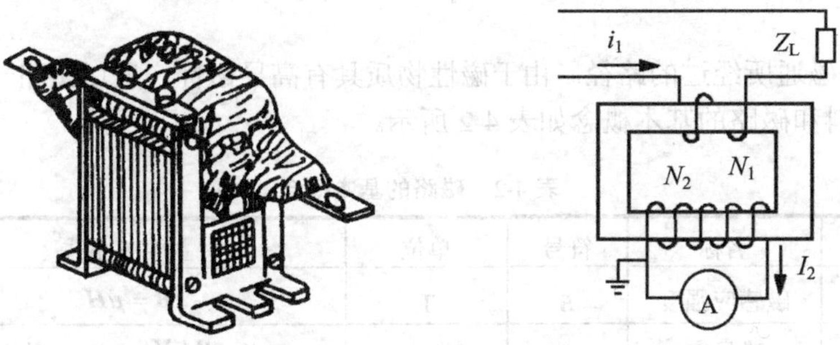

（a）外形图　　（b）接线图

图 4-20　电流互感器

式中 K_i 称为变流比，在将大电流变换为小电流测量时，只要把电流表的读数 I_2 乘上变流比 K_i 就可得被测电流 I_1，通常电流互感器副边绕组的额定电流都规定为 5A（或 1A）。为了安全，电流互感器副边绕组的一端和铁壳必须接地。此外，在使用电流互感器时，副边绕组电路不得开路。因为电流互感器原边绕组中所流过的电流 I_1，仅取决于被测电路负载的大小，而与副边绕组电流 I_2 无关，所以当副边绕组电路断开时，副边绕组的电流和磁动势立即消失。

但 I_1 并不随 I_2 的变化而变化，仍然等于被测电路的电流值。于是电流互感器磁路中的磁动势变为 I_1N_1，造成铁芯内的磁通急剧增加（因为这时副边绕组的磁动势 I_2N_2 为零，不能对原边绕组的磁动势起去磁作用了）。这就使原边绕组两端感应出一个数百甚至上千伏的电压，危及工作人员的安全；同时使铁损大大增加，铁芯剧烈发热，可能使互感器的绝缘烧坏。因此，绝不允许断开正在运行的电流互感器的副边电路。

钳形电流表是电流互感器的一种应用，它是电流互感器和电流表组成的测量仪表。用它测量电流时不必断开被测电路，使用十分方便。图 4-21 是钳形电流表的原理图。测量时，先张开铁芯，把通有被测电流的导线套进钳形铁芯内，然后再把铁芯闭合。这样，载流导线就是原边绕组，原边绕组接在铁芯上并与电流表接通。从电流表上就可直接读出被测电流的大小。

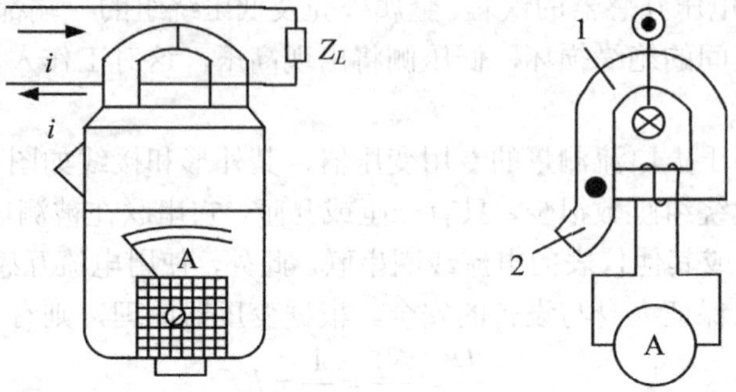

1—可动铁芯　2—扳手

图 4-21　钳形电流表

本 章 小 结

1．磁路是磁通所经过的路径。由于磁性物质具有高导磁性，所以磁路一般由磁性材料制成。铁磁材料和磁路的基本概念如表 4-2 所示。

表 4-2　磁路的基本概念

序号	名称	符号	单位	主要关系式
1	磁感应强度	$\boldsymbol{B}$	T	$\boldsymbol{B}=\mu\boldsymbol{H}$
2	磁导率	μ	H/m	$\mu=\boldsymbol{B}/\boldsymbol{H}$， $\mu_r=\mu/\mu_0$
3	磁场强度	$\boldsymbol{H}$	A/m	$\boldsymbol{H}=\boldsymbol{B}/\mu$
4	磁通	Φ	Wb	$\boldsymbol{\Phi}=\boldsymbol{BS}$
5	磁动势	F	A	$F=NI$ $\Phi=\dfrac{F}{R_m}$

2．交流铁芯线圈和变压器工作的重要依据：$U\approx 4.44fN\Phi_m$。

3．理想变压器具有变换电压、电流、阻抗的作用。

变换电压为
$$\frac{U_1}{U_2}=\frac{N_1}{N_2}=K$$

变换电流为
$$\frac{I_1}{I_2}=\frac{N_2}{N_1}=\frac{1}{K}$$

变换阻抗为
$$Z_L'=(\frac{N_1}{N_2})^2 Z_L=K^2 Z_L$$

4．常用的特殊变压器有自耦变压器、电压互感器、电流互感器，尽管各种变压器的结构和用途不同，但其工作原理相似。

习　题　四

4.1　什么叫作磁路？为什么磁路必须由铁磁材料构成?

4.2　为什么变压器只能变换交流而不能变换直流?

4.3　为什么交流铁芯线圈的铁芯用相互绝缘的硅钢片叠成，而不用整块硅钢？

4.4　变压器在运行中有哪些损耗?哪些属于固定损耗？哪些属于可变损耗？

4.5　电压互感器和电流互感器两者在机构上的主要区别是什么？在使用时应该注意哪些问题？

4.6　自耦变压器有哪些优缺点？

4.7　如果把原边 220V 的电压变为副边 110V 的电压，这个变压器的原边、副边匝数分别为 2200 匝 / 1100 匝，如果把它改为 20 匝 / 10 匝，你同意这种做法吗？

4.8　额定电压为 220 / 110V 的变压器，如果把 110V 的副边绕组误接在 220V 交流电源上，会产生什么后果?

4.9　现有三种规格的灯泡：36V、500W；36V、15W；220V、100W。另有一台额定容量 S_N =300VA、电压为 220/6V 的变压器，问上述三种灯泡中，哪一种可以接在该变压器的副边使用？这台变压器最多能接几个这种规格的灯泡?

4.10　某扩音机的输出变压器，原边绕组 $N_1 = 500$ 匝，副边绕组 $N_2 = 150$ 匝，副边接阻抗为 16Ω 的扬声器，今副边改接阻抗为 8Ω 的扬声器。要求原边的等效阻抗不变，问这时副边绕组匝数 N_2 应为多少?

4.11　有一台 2kVA 的单相自耦变压器，输入电压为 220V。

（1）如果输出电压为 250V 时，求绕组各部分的电流。

（2）如果输出电压为 100V 时，求绕组各部分的电流。

4.12　某单相变压器的额定容量为 10kV·A，额定电压为 3300/220V。若忽略电压变化率和空载电流。试求：

（1）负载是 220V/40W、功率因数为 0.5 的 100 盏日光灯时，变压器原边、副边绕组的电流各为多少?

（2）此时变压器是否已满载？若未满载，还能接入多少盏 220V/60W、功率因数为 1 的白炽灯?

4.13　什么情况下需要用电压互感器和电流互感器？为什么电压互感器副边不能短路？电流互感器副边不能开路?

4.14　有一台三相变压器额定容量为 100kVA，原边额定电压为 6kV，副边额定电压为 0.4kV、Y/△连接，向 $\cos\varphi_2 = 0.85$ 的感性负载供电，满载时副边绕组的线电压为 380V。试求：

（1）原、副边绕组的额定电流。

（2）满载时它输出的有功功率是多少?

4.15　一电流互感器的原边匝数为 2 匝，副边为 50 匝，若原边电流为 125A，试求：

(1）副边电流表的读数；（2）副边用电流表短接时，磁路的总磁动势；（3）副边开路时磁路的总磁动势；（4）从磁动势分析，副边是否允许开路?

实训 4.1 参观中小型变电所

一、实训目的

1．了解变压器室的选址原则。

2．熟悉变电所内的主要设备。

3．熟悉输配电的程序。

二、实训原理

中小型变电所或各单位的局部变电所内部设有变电器柜、电压互感器柜和电流互感器柜、仪表柜，参观变电所能使学生直观地了解整个变电流程及各种电工设备及仪器仪表的正常运行状态及工作环境。在参观的过程中，要重点注意变压器室内的设备及变压器的实际接线及工作原理、电压互感器及电流互感器的接线及工作原理。

三、实训安排

1．本次实训由授课教师负责联系实训基地，以实际正在运行中的变电所作为本次实训的参观基地。

2．聘请变电所的技术人员讲课，讲变压器及仪用互感器等仪器仪表的使用及接线。

3．学生提问，变电所的技术人员解答问题。

4．变电所的技术人员提问，学生解答问题。

四、实训报告

布置学生写一篇参观实训报告。

第五章　交流电动机

【学习目标】

1. 熟悉三相异步电动机的结构，理解三相异步电动机旋转磁场的产生及转动原理。
2. 理解三相异步电动机的电磁转矩和机械特性。
3. 掌握三相异步电动机的使用，如启动、调速、制动的一般方法。
4. 熟悉三相异步电动机的铭牌数据。
5. 熟悉电容分相式单相异步电动机和罩极式单相异步电动机的结构和工作原理。

电动机的作用是将电能转换成机械能。现代各种生产机械都广泛采用电动机来驱动。电动机可分为直流电动机和交流电动机两大类。

交流电动机有同步电动机和异步电动机两种。大多数生产机械都采用异步电动机拖动，尤其是三相异步电动机使用得最为广泛。本章主要讨论三相异步电动机，了解其基本构造、工作原理、机械特性、使用以及应用场合和正确接用；最后对单相异步电动机进行简单介绍。

5.1　三相异步电动机的结构和工作原理

5.1.1　三相异步电动机的结构

三相异步电动机的结构主要由定子（静止部分）和转子 （转动部分）两个基本部分组成。定子与转子之间有一个很小的间隙称为空气隙。鼠笼式异步电动机的结构如图 5-1 所示。

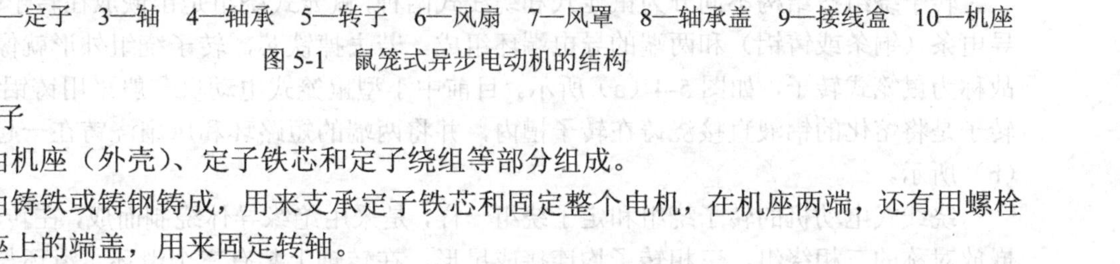

1—端盖　2—定子　3—轴　4—轴承　5—转子　6—风扇　7—风罩　8—轴承盖　9—接线盒　10—机座

图 5-1　鼠笼式异步电动机的结构

1. 定子

定子由机座（外壳）、定子铁芯和定子绕组等部分组成。

机座由铸铁或铸钢铸成，用来支承定子铁芯和固定整个电机，在机座两端，还有用螺栓固定在机座上的端盖，用来固定转轴。

定子铁芯是电动机磁路的一部分。为了减少涡流和磁滞损耗，通常用 0.5mm 的硅钢片叠成圆筒，在硅钢片两面涂以绝缘漆作为片间绝缘。在定子铁芯内圆沿轴向均匀地分布着许多形状相同的槽，如图 5-2 所示，用来嵌放定子绕组。

定子绕组是定子的电路部分，小型异步电动机的定子绕组一般采用高强度漆包圆铝线或圆铜线绕成线圈，它可经槽口分散地嵌入线槽内。每个线圈有两个有效边，分别放在两个槽内，线圈之间按一定规律连接成三组对称的定子绕组，称为三相定子绕组。工作时接三相交流电源。三相绕组的六个首末端分别引到机座接线盒内的接线柱上，每相绕组的首末端用符号 U_1、U_2，V_1、V_2，W_1、W_2 标记，如果 U_1、V_1、W_1 分别为三相绕组的首端，则 U_2、V_2、W_2 为三相绕组的末端。

定子绕组根据电源电压和电动机铭牌上标明的额定电压可以连接成星形（Y）和三角形（△）。图 5-3 是定子绕组的星形连接和三角形连接图及接线盒中接线柱的连接图。

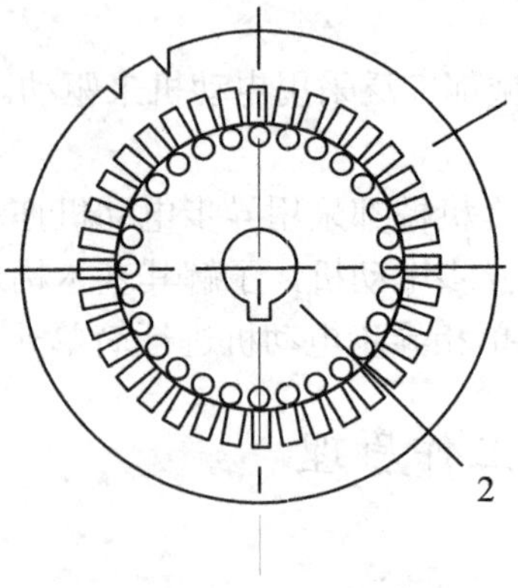

1—定子铁芯　2—转子铁芯

图 5-2　定子和转子铁芯

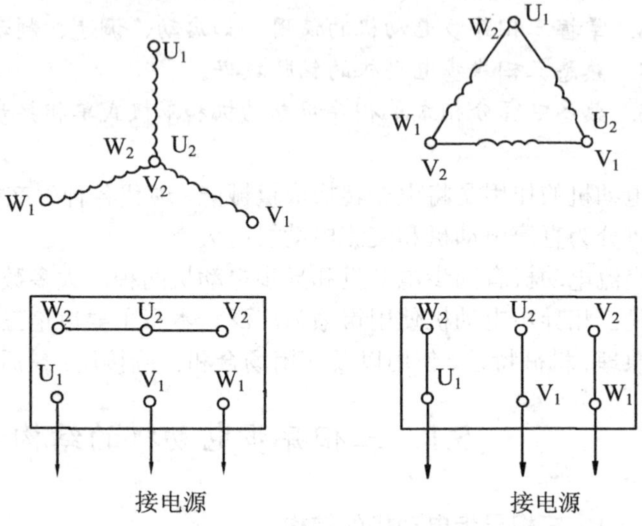

图 5-3　定子绕组的星形连接和三角形连接

2．转子

转子由转轴、转子铁芯、转子绕组和风扇组成。

转轴用来固定转子铁芯和传递功率。

转子铁芯是磁路的一部分，也是用 0.5mm 相互绝缘的硅钢片叠压成圆柱体，并紧固在转轴上。在转子铁芯外表面有均匀分布的槽，用来放置转子绕组。鼠笼式转子一般采用斜槽，以便削弱电磁噪声和改善启动性能。

转子绕组按结构不同分为鼠笼式和绕线式两种，鼠笼式绕组是由嵌放在转子铁芯槽内的导电条（铜条或铸铝）和两端的导电端环组成。若去掉铁芯，转子绕组外形就像一个鼠笼，故称为鼠笼式转子，如图 5-4（a）所示。目前中小型鼠笼式电动机一般采用铸铝绕组，这种转子是将熔化的铝液直接浇铸在转子槽内，并将两端的短路环和风扇浇铸在一起，如图 5-4（b）所示。

绕线式电动机的转子绕组和定子绕组一样，是采用绝缘导体绕制而成，在转子铁芯槽内嵌放对称的三相绕组，三相转子均连接成星形，在转轴上装有三个滑环，滑环与滑环之间、滑环与转轴之间都互相绝缘，三相绕组分别接到三个滑环上，靠滑环与电刷的滑动接触，再与外电路的三相可变电阻器相接，以便改善电动机的启动和调速性能，如图 5-5 所示。

为改善电动机的冷却效果，在转轴的一端装有风扇。

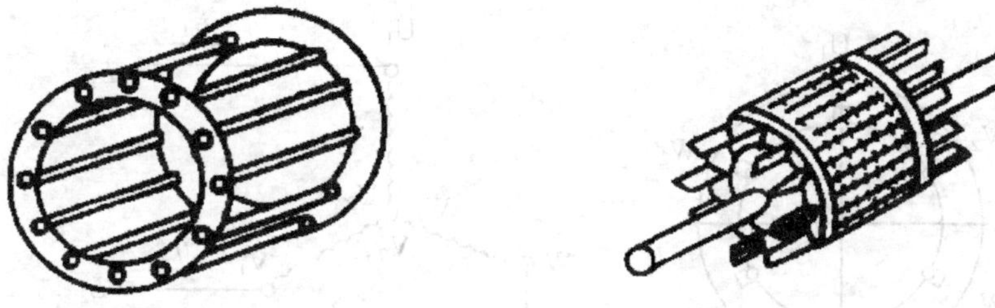

（a）铜的鼠笼式转子　　　　　　　　（b）铸铁的鼠笼式转子

图 5-4　鼠笼式转子

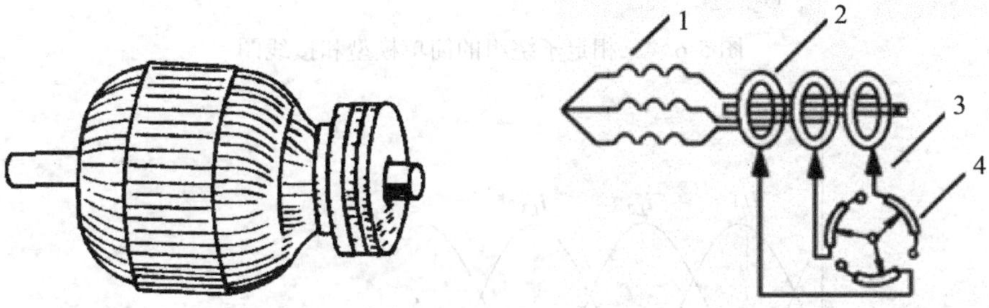

（a）绕线式转子　　　　　　　　　　（b）转子电路

1—转子绕组　2—集电环　3—电刷　4—三相可变电阻

图 5-5　绕线式转子及其电路

5.1.2　旋转磁场

三相异步电动机是利用定子绕组中三相电流所产生的旋转磁场与转子导体内的感应电流相互作用产生电磁力的原理而工作的。要想了解三相异步电动机的转动原理，必须首先讨论旋转磁场的产生及其性质。

1．旋转磁场的产生

图 5-6 为三相异步电动机定子绕组的示意图。设定子铁芯有六个槽，三相定子绕组对称分布在这六个槽内。即三相绕组的首端 U_1、V_1、W_1 或末端 U_2、V_2、W_2 在空间彼此相隔 120°。若将 U_2、V_2、W_2 接于一点（Y 形接法），U_1、V_1、W_1 分别接三相对称电源，便会有三相对称交变电流通入相应的定子绕组，即

$$i_{L1} = I_{\mathrm{m}} \sin \omega t$$

$$i_{L2} = I_{\mathrm{m}} \sin(\omega t - 120^\circ)$$

$$i_{L3} = I_{\mathrm{m}} \sin(\omega t - 240^\circ)$$

其波形如图 5-7 所示，其中 T_1 为电流的周期。由于交流电流在定子绕组中流动的方向经常变化，为了确定某一瞬时电流在绕组中的流向，以便确定产生的磁场方向，我们规定当电流为正时，从首端流进去，从末端流出来；当电流为负时，则从末端流进去，从首端流出来。凡电流流进去的那一端标以“⊕”，电流流出来的那一端标以“⊙”。则在 t_1～t_4 各瞬间三相绕组中的电流产生的合成磁场如图 5-8 所示。对照图 5-7 与图 5-8 分析如下：

在 t_1 时刻，即 $\omega t = 90^\circ$ 时，$i_{L1} = I_{\mathrm{m}}$，$i_{L2} = i_{L3} = -\dfrac{1}{2} I_{\mathrm{m}}$，用右手螺旋法则判定，三相电流产生的合成磁场为两磁极磁场，如图 5-8（a）所示。

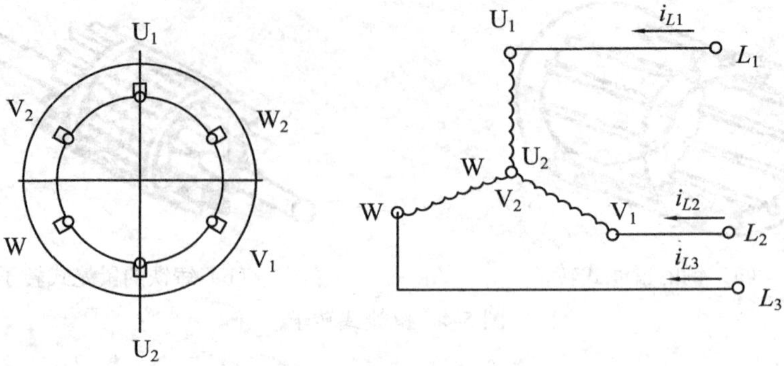

图 5-6　三相定子绕组的简单模型和接线图

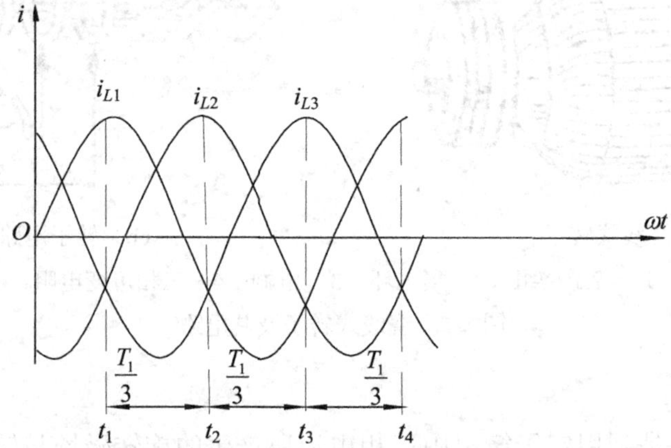

图 5-7　三相电流的波形图

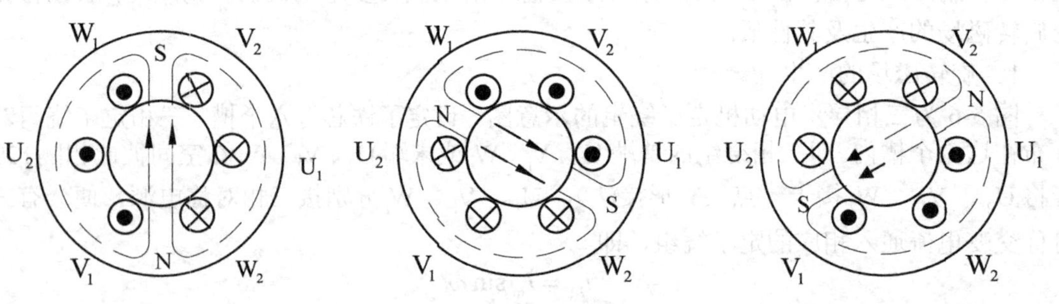

（a）$\omega t = 90°$　　（b）$\omega t = 210°$　　（c）$\omega t = 330°$

图 5-8　一对磁极的旋转磁场

经过$\dfrac{T_1}{3}$的时间，在t_2时刻，即$\omega t = 210°$时，$i_{L2} = I_m$，$i_{L1} = i_{L3} = -\dfrac{1}{2}I_m$，三相电流产生的合成磁场如图 5-8（b）所示。此刻两极磁场在空间的位置较$\omega t = 90°$时沿顺时针方向旋转了120°。

再经过$\dfrac{T_1}{3}$的时间，在t_3时刻，即$\omega t = 330°$时，$i_{L3} = I_m$，$i_{L1} = i_{L2} = -\dfrac{1}{2}I_m$，三相电流产生的合成磁场如图 5-8（c）所示。此刻两极磁场在空间的位置较$\omega t = 210°$时又沿顺时针方向旋转了120°。

再经过$\frac{T_1}{3}$的时间，在t_4时刻，两极磁场由顺时针方向又转到如图 5-8（a）所示的位置。

定子绕组是由三个在空间相隔120°的线圈组成的，通入三相对称电流，便能产生两极合成磁场。当正弦交流电流变360°电角度（即一个周期）时，合成磁场在空间也正好旋转了一周，随着三相对称电流周期性的变化，在定子铁芯所包围的空间便形成了周期变化的旋转磁场。

按上述条件所产生的旋转磁场只有两个磁极，即一对磁极。实际上常用多对磁极的异步电动机，如将绕组每相用两个线圈串联，绕组的始端之间相差60°空间角，则产生的旋转磁场具有两对磁极，即 p=2（如图 5-9 所示）。同理，如果要产生三对磁极（即 p=3 的旋转磁场），则每相绕组必须用空间均匀分布的三个线圈串联，绕组的始端之间相差40°的空间角。

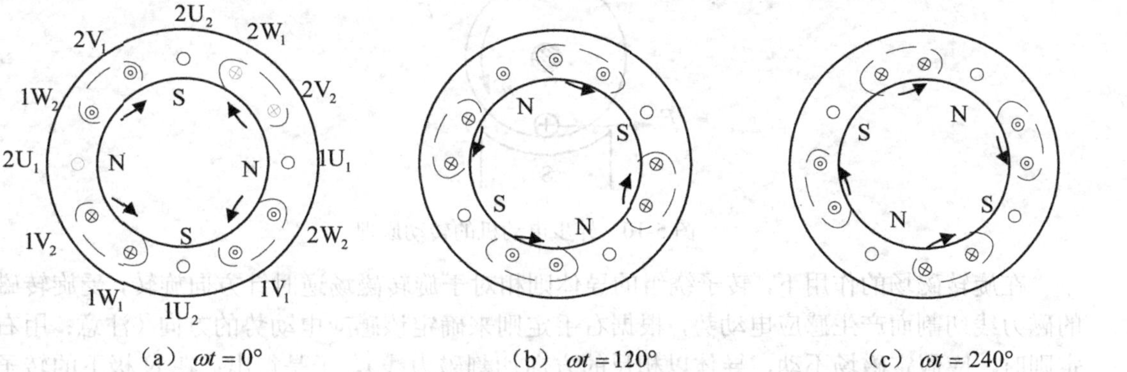

（a）$\omega t=0°$　　（b）$\omega t=120°$　　（c）$\omega t=240°$

图 5-9　两对磁极的旋转磁场

2．旋转磁场的转速和转向

根据以上分析，可以看出旋转磁场的转速与磁极对数、定子电流的频率有关，在磁极对数 $p=1$ 时，电流变化一周，旋转磁场在空间正好转一周；在 $p=2$ 时，电流变化一周，旋转磁场在空间正好转$\frac{1}{2}$周；在磁极对数等于 p 时，电流变化一周，旋转磁场在空间正好转$\frac{1}{p}$周，p 对磁极的旋转磁场，在电流变 f_1 周/秒时，旋转磁场在空间的转速为$\frac{f_1}{p}$转/秒，转速一般以转/分（r/min）为单位来表示，所以旋转磁场转速的一般表达式为

$$n_0=\frac{60f_1}{p} \tag{5-1}$$

式中：n_0 为旋转磁场的转速，也称为同步转速，其单位为 r/min（转/分）；

f_1 为定子电流的频率；

p 为旋转磁场的磁极对数。

当电源的频率一定时，旋转磁场的转速与磁极对数成反比，在我国工频 $f_1=50\text{Hz}$，由式（5-1）可得转速对应于不同磁极对数 p 的旋转磁场转速 n_0（转/分），如表 5-1 所示。

表 5-1　磁极对数和转速的关系

p	1	2	3	4	5	6	7	8
n_0（r/min）	3000	1500	1000	750	600	500	428	375

从图 5-8 中还可以观察到旋转磁场的旋转方向与通入定子三相绕组的电流相序有关。若 i_{L1} 电流从 U 相线圈的 U_1 端通入，i_{L2}、i_{L3} 电流分别从 V_1 和 W_1 端通入，相序的排列顺序为顺时针方向，磁场顺时针方向旋转；反之，磁场逆时针方向旋转。

5.1.3 异步电动机的转动原理

当三相定子绕组通三相交流电流时，便在空气隙中产生旋转磁场，设某瞬间绕组中电流建立的合成磁场用一对旋转磁场 N 和 S 的磁极来代表，其转速为同步转速，转向为顺时针方向，如图 5-10 所示。

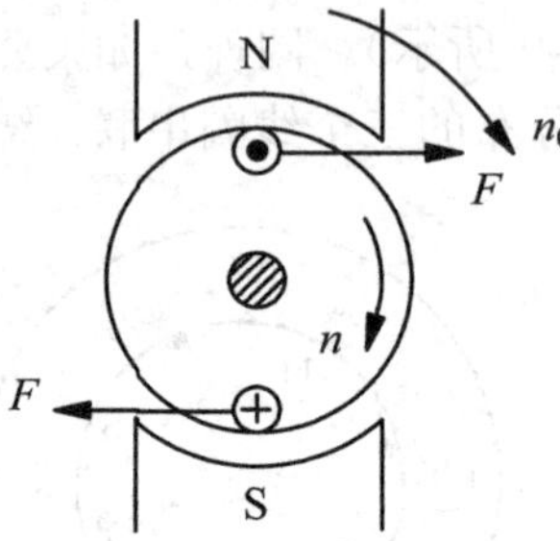

图 5-10 异步电动机的转动原理

在旋转磁场的作用下，转子绕组的导体则相对于旋转磁场逆时针方向旋转，受旋转磁场的磁力线切割而产生感应电动势，根据右手定则来确定该感应电动势的方向（注意：用右手定则时，应假定磁场不动，导体以相反的方向切割磁力线）。于是得出：在 N 极下的转子导体中感应的电动势方向是垂直于纸面向外，而在 S 极下的转子导体中感应的电动势方向是垂直于纸面向里。由于转子绕组是一闭合回路，所以在感应电动势的作用下产生感应电流。忽略转子电路的感抗，则转子电流与转子感应电动势的相位相同，图 5-10 中所标的电动势方向也就是感应电流的方向。

在磁场中的通电导体将受到电磁力的作用，带有感应电流的转子导体在旋转磁场中也将受到电磁力的作用，电磁力的方向按照左手定则来判断，如图 5-10 所示。转子绕组各导体所受的电磁力，对于转轴来说形成了电磁转矩 T，转子便以一定的转速沿着旋转磁场的方向转动起来。显然，转子的转动方向与旋转磁场的方向一致。

综上所述，异步电动机的转动原理就是从电源取得电能给定子绕组，建立旋转磁场，在旋转磁场的作用下，通过电磁感应把电能传递给转子，转子绕组中感应出电动势和电流，转子电流同旋转磁场相互作用产生电磁转矩，使电动机旋转起来。

由此看出，异步电动机能转动起来必须具备两个条件：其一，空气隙中建立旋转磁场；其二，转子导体中产生感应电流。如要满足以上两个条件，三相定子绕组必须对称排列并通以三相对称交流电流；转子绕组必须构成闭合电路。

但是，异步电动机转子的转速 n 必须始终小于旋转磁场的转速 n_0。如果 $n = n_0$，即转子转速与旋转磁场的转速相等，转子导体将不被旋转磁场切割，转子导体中便不会产生感应电动势和电流，也就不会产生电磁转矩使其转动。因此异步电动机的转速不可能等于同步转速，这就是异步电动机名称的由来。

通常，同步转速 n_0 与转子转速 n 之差称为转速差，转速差与同步转速之比称为转差率，转差率用 s 表示，即

$$s=\frac{n_0-n}{n_0} \quad 或 \quad s=\frac{n_0-n}{n_0}\times 100\% \tag{5-2}$$

转差率是分析异步电动机运行特性的一个重要物理量，当电动机刚启动时，$n=0$，$s=1$；当理想空载时，$n=n_0$，$s=0$（实际不可能），所以异步电动机的转差率在 0～1 的范围内变化，即$0<s<1$，通常异步电动机在额定负载时的转差率很小，约为 1%～9%。

5.2 三相异步电动机的电磁转矩与机械特性

5.2.1 电磁转矩

三相异步电动机的电磁转矩是指电动机的转子绕组中各个载流导体在旋转磁场作用下受到的电磁力对转轴所形成的转矩之总和，它是由磁场的每极磁通Φ与转子电流I_2相互作用而产生的。因此，电磁转矩的大小与转子电流I_2和每极磁通Φ成正比。此外，我们在讨论转动原理时曾忽略了转子电路的感抗，认为转子电流与感应电动势同相位，而实际上转子电路中存在着电感抗X_2，因而转子电流在相位上将滞后于转子电动势，即$\cos\varphi_2<1$，而且在不同运行状态时$\cos\varphi_2$是变化的。考虑到电磁转矩对外做机械功，即输出有功功率，所以只有转子电流的有功分量$I_2\cos\varphi_2$与旋转磁场的磁通Φ相互作用才产生电磁转矩。

综上所述，我们得到异步电动机电磁转矩的表达式为

$$T=K_T\Phi I_2\cos\varphi_2 \tag{5-3}$$

式中，K_T是与电动机结构有关的转矩常数，Φ是旋转磁场的每极磁通，Φ的单位是韦伯；I_2是转子电流的有效值，单位是安培；$\cos\varphi_2$是转子电路的功率因数；T是电磁转矩，单位为牛顿·米（N·m）。

若进一步对电磁转矩进行分析，三相异步电动机电磁转矩还有下面的关系式

$$T=K\frac{sR_2U^2}{R_2^2+(sX_{20})^2} \tag{5-4}$$

式中，K是常数；U是电源电压；s 是电动机的转差率；R_2是转子每相绕组的电阻；X_{20}是转子静止时每相绕组的感抗。

由式（5-4）可以看出，电磁转矩T与外加电源电压U的平方成正比。当电源电压变动时，对电动机的转矩及运行将产生很大的影响，因此要求电动机正常运行时的电源电压允许偏移值为额定电压的 15%，在使用中必须引起注意。

5.2.2 机械特性

为了正确地使用电动机，必须了解它的机械特性。在一定的电源电压U和转子电阻R_2下，电动机电磁转矩与转差率的关系$T=f(s)$曲线叫作异步电动机的转矩特性曲线，在实际电力拖动中，电动机的电磁转矩T与转子转速n的关系更具有实际意义。根据转差率定义可知，转差率s与转速n之间有着确定的关系，把$s=(n_0-n)/n_0$代入式（5-4），可得电磁转矩与转速的关系$n=f(T)$曲线，它叫作异步电动机的机械特性曲线，如图 5-11 所示。

机械特性是异步电动机的主要特性，为了正确地使用电动机，必须了解异步电动机运行时的几个重要技术指标。

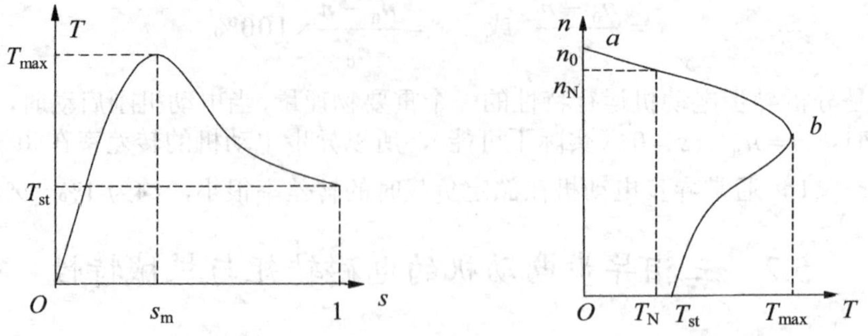

（a）转矩特性曲线　　（b）机械特性曲线

图 5-11　异步电动机的转矩特性及机械特性

1．额定转矩 T_N

异步电动机在额定状态工作时转轴输出的电磁转矩称为额定转矩，用 T_N 表示。异步电动机在等速转动时，电动机的电磁转矩 T 与阻转矩相平衡，阻转矩主要是机械负载转矩 T_2，还包括空载损耗转矩 T_0，由于 T_0 很小，可以忽略，所以有

$$T = T_2 + T_0 \approx T_2$$

在实用中，可按下式计算

$$T = 9550\frac{P_2}{n} \tag{5-5}$$

当电动机在额定状态下运行时，可以从电动机铭牌上查得额定功率 P_{2N} 和额定转速 n_N，用式（5-5）可求得额定转矩，即

$$T_N = 9550\frac{P_{2N}}{n_N} \tag{5-6}$$

以上两式中，P_2 为异步电动机的输出功率，单位为千瓦（kW）；n 为异步电动机的转速，单位为转/分（r / min），T 为异步电动机的输出转矩，单位为牛顿·米（N·m）。

2．最大转矩 T_{max}

在机械特性曲线上的 T_{max} 是电动机输出电磁转矩的最大值，称为最大转矩或临界转矩。如果负载转矩 T_2 大于最大转矩 T_{max}，则电动机将会发生停转（闷车）现象，电动机的电流立即升到额定电流的 6～7 倍，电动机将严重过热以致烧毁。

但是，只要电动机运行在机械特性曲线的稳定工作区（ab）段，负载转矩虽然短时间超过额定转矩但未超过最大转矩而过载运行是允许的。因此，最大转矩反映了电动机过载能力的极限，通常用最大转矩与额定电磁转矩的比值来表示电动机的过载系数或过载能力，用 λ 表示，即

$$\lambda = \frac{T_{max}}{T_N} \tag{5-7}$$

一般异步电动机的λ在 1.8～2.2 之间，特殊用途的电动机 λ 可达到 3 或更大，λ 可从电动机的技术数据中查得。

3．启动转矩 T_{st}

电动机在刚启动 $n = 0$ 或 $s = 1$ 时所产生的电磁转矩称为启动转矩，用 T_{st} 表示。它的大小表示电动机启动性能的好坏，在选用电动机时必须考虑启动转矩这一重要技术指标。

从图 5-11（b）可知，一般电动机的启动转矩都大于额定转矩，用 $s=1$ 代入式（5-4）可得启动转矩

$$T_{st}=K\frac{R_2U^2}{R_2^2+X_{20}^2} \tag{5-8}$$

可见，启动转矩与电源电压 U 的平方成正比，当转子电阻（如绕线式异步电动机转子电路外接变阻器）适当增大时，启动转矩会增大，如图 5-12 所示。当 $R_2=X_{20}$ 时，$T_{st}=T_{max}$，$s_m=1$，继续增大 R_2，T_{st} 反而减小，这一点在生产中具有实际意义。我们选择适当的 R_2 值，使 $T_{st}=T_{max}$，从而获得最大的启动转矩。

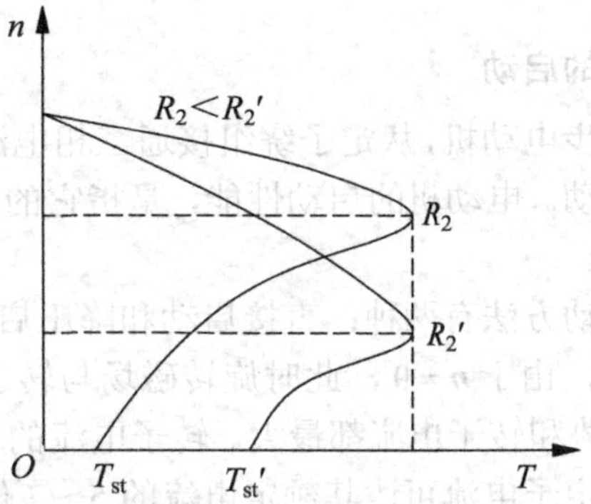

图 5-12　不同的 R_2 的 $n=f(T)$ 曲线（U=常数）

当电源电压 U 降低时，启动转矩会减小，机械特性曲线向左移动，如图 5-13 所示。

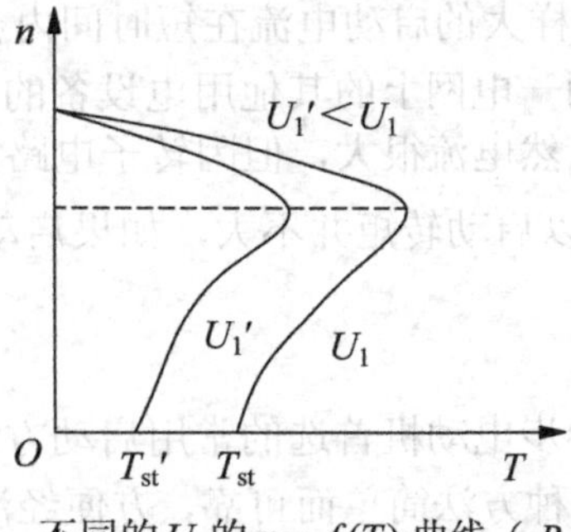

图 5-13　不同的 U 的 $n=f(T)$ 曲线（R_2=常数）

异步电动机的启动转矩与额定转矩的比值称为启动能力，我们用字母 β 来表示，即

$$\beta=\frac{T_{st}}{T_N}$$

它是表示电动机启动性能的一个重要指标，可从电动机的技术数据中查得。国产 Y 系列三相异步电动机的启动能力 $\beta=1.4\sim2.2$，一般电动机为 1.0～2.2。

【例 5-1】有一台三相异步电动机，型号为 Y200L-4 型，额定功率为 30kW，满载时转速为 1470r/min，$T_{max}/T_N=2.2$，$T_{st}/T_N=2.0$，求这台电动机的额定转矩、启动转矩和最大转矩各为多少？

解：由式（5-6）可知，电动机的额定转矩为

$$T_N = 9550\frac{P_{2N}}{n_N} = 9550\frac{30}{1470} = 194.9\text{N}\cdot\text{m}$$

启动转矩为

$$T_{st} = 2.0\times T_N = 2.0\times 194.9 = 389.8\text{N}\cdot\text{m}$$

最大转矩为

$$T_{max} = 2.2\times T_N = 2.2\times 194.9 = 428.8\text{N}\cdot\text{m}$$

5.3 三相异步电动机的使用

5.3.1 三相异步电动机的启动

处于静止状态的三相异步电动机，从定子绕组接通三相电源的瞬间到电动机加速至等速旋转的过程称为电动机的启动。电动机的启动性能，是指它的启动电流、启动转矩、启动时间以及启动的可靠性等问题。

普通鼠笼式电动机的启动方法有两种：直接启动和降压启动。

当异步电动机刚启动时，由于$n=0$，此时旋转磁场与转子绕组之间的相对切割速率最大，故转子电路中感应电动势和转子电流都最大。转子电流的增大引起定子电流增大，对于中小型鼠笼式电动机来说，定子电流可达其额定电流的5～7倍。

由于电动机的启动过程非常短暂（小型电动机只有 1～3s），同时电动机一经启动，转速迅速升高，电流便很快减小，所以只要电动机不是频繁启动，启动电流虽然很大，但不致引起电动机过热而损坏，然而这样大的启动电流在短时间内会造成较大的线路电压降落，引起电网电压的降低，影响接在同一电网上的其他用电设备的正常工作。

异步电动机在刚启动时，虽然电流很大，但因转子电路的功率因数$\cos\varphi_2$很低（因刚启动时转子电路的感抗较大），所以启动转矩并不大，如果启动转矩太小，则电动机的启动时间长，就不允许满载下启动。

1．直接启动

直接启动是中小型鼠笼式异步电动机首选的常用启动方法。这种启动方法就是直接给电动机定子绕组加上额定电压，这种方法简单而可靠，方便经济且启动快；但由于直接启动时的启动电流较大，因而只有在电源容量允许的条件下才可以采用直接启动法。

根据经验，一般规定如下：

（1）电动机连接处为动力专用变压器时，不经常启动的鼠笼式电动机允许直接启动的最大功率为不大于变压器容量的30%；经常启动时，其功率应为不大于变压器容量的20%。

（2）电动机连接处如与照明共用变压器时，允许直接启动的鼠笼式电动机最大容量应以启动时在电网上引起的电压降不超过5%为原则。通常，直接启动引起的电源电压降落不超过15%，不致影响其他用电设备正常工作时，都允许直接启动，30kW以下的三相鼠笼式异步电动机都允许直接启动。

2．降压启动

在不允许直接启动的场合，为限制启动电流，启动时用降低电压的方法来减小启动电流，当启动过程结束后，再加上全电压运行，这种启动方法称为降压启动。显然，由于异步电动机的电磁转矩与电源电压的平方成正比，降压启动必然使启动转矩显著降低。因此，这种启动方法只能用于电动机空载或轻载下启动，常用的降压启动方法有以下两种。

1）星形-三角形（Y-△）换接启动法

如果电动机在正常工作时，其定子绕组是连接成三角形的，则在启动时可将定子绕组连成星形，待电动机转速接近额定值时再换成三角形接法而进入正常运行，这种方法简称为星形-三角形启动。

这样，在启动时定子绕组接成 Y 形，加在定子绕组上的相电压降低为正常工作时线电压的$1/\sqrt{3}$倍，将使相电流、线电流、转矩都有相应的降低。电源的线电压为U_l，电动机每相阻抗为$|Z|$。当定子绕组接成星形，即降压启动时有

$$I_{lY}=I_{pY}=\frac{U_l/\sqrt{3}}{|Z|}$$

当定子绕组接成三角形，即全压运行时有

$$I_{l\triangle}=\sqrt{3}I_{p\triangle}=\sqrt{3}\frac{U_l}{|Z|}$$

比较以上两式，可得

$$\frac{I_{lY}}{I_{l\triangle}}=\frac{1}{3}$$

即降压启动时的电流为直接启动时的 1/3。由于转矩和电压的平方成正比，所以启动转矩也减少到直接启动时的$(1/\sqrt{3})^2=1/3$。

因此，这种方法只适合于空载或轻载时启动。

星形-三角形换接启动常采用手动式星-三角启动器来实现，其接线如图 5-14 所示，启动时先合上开关 Q_1，当开关 Q_2（手柄）向右扳向“Y 启动”位置时，电动机定子绕组接成星形，加在定子绕组的相电压为线电压的$1/\sqrt{3}$倍，当电动机转速接近于额定转速时，再迅速将开关 Q_2 向左扳到“△运行”位置，这时定子绕组换接成三角形，每组绕组承受的是额定电压，启动过程结束，电动机进入正常运行。

这种启动方法所用启动设备结构简单、体积小、重量轻、价格低廉、便于维修，因此使用广泛。

2）自耦变压器启动法

对正常运行时为 Y 形接线及要求启动容量较大的电动机，不能采用 Y-△启动法，常采用自耦变压器启动方法，自耦变压器启动法是利用自耦变压器来实现降压启动的。用来降压启动的三相自耦变压器又称为启动补偿器，其原理如图 5-15 所示。

用自耦变压器降压启动时，先合上电源开关Q_1，再把转换开关Q_2的操作手柄推向“启动”位置，这时电源电压接在三相自耦变压器的全部绕组上（高压侧），而电动机在较低电压下启动，当电动机转速上升到接近于额定转速时，将转换开关Q_2的操作手柄迅速从“启动”位置投向“运行”位置，这时把自耦变压器从电网中切除。

为获得不同的启动转矩，自耦变压器的次级绕组常备有不同的电压抽头，例如次级绕组电压为初级绕组电压的 60%和 80%等，以供具有不同启动转矩的机械使用。

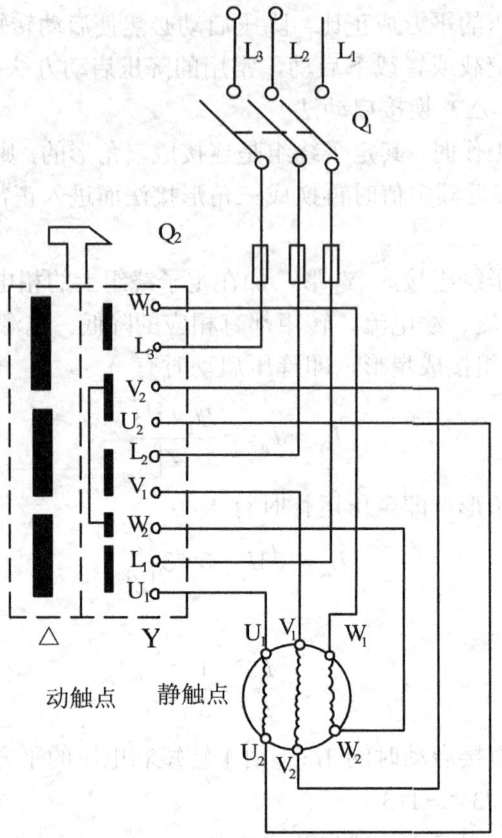

图 5-14　星形-三角形启动

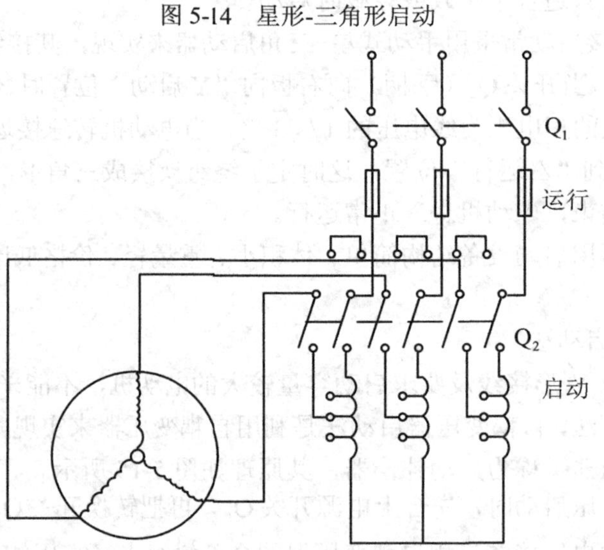

图 5-15　自耦变压器启动

这种启动方法不受电动机定子绕组接线方式的限制，可按照允许的启动电流和所需的启动转矩选择不同的抽头，因此适用于启动容量较大的电动机，其缺点是设备造价较高，不能用在频繁启动的场合。

绕线式异步电动机的启动，是利用在转子电路中外接电阻的启动方法，既可达到减少启动电流的目的，又可提高启动转矩，所以它常用于要求启动电流不大而启动转矩较大的生产机械上，例如卷扬机、起重机等启动过程结束后，将启动电阻逐段切除。

5.3.2 三相异步电动机的调速

调速就是指在电动机的负载不变的情况下用人为的办法来改变电动机的转速。

根据式（5-2）可知，异步电动机的转速为

$$n=(1-s)n_0=(1-s)\frac{60f_1}{p}$$

要调节转速 n，可以采用改变供电电源频率或改变电动机定子绕组的磁极对数或改变转差率的方法来实现。

1．变频调速

当供电电源的频率 f_1 改变时，异步电动机的同步转速 $n_0=\dfrac{60f_1}{p}$ 也随之改变，因而 n 也得到调节，这种调速方法调速范围比较大，而且平滑，是异步电动机具有发展前途的调速方法。

变频器调速的工作原理如图 5-16 所示。整流器先将 50Hz 的三相交流电变成直流电，再由逆变器变换为频率、电压均可调的三相交流电，供电给三相鼠笼式异步电动机，由此得到电动机的无级调速。

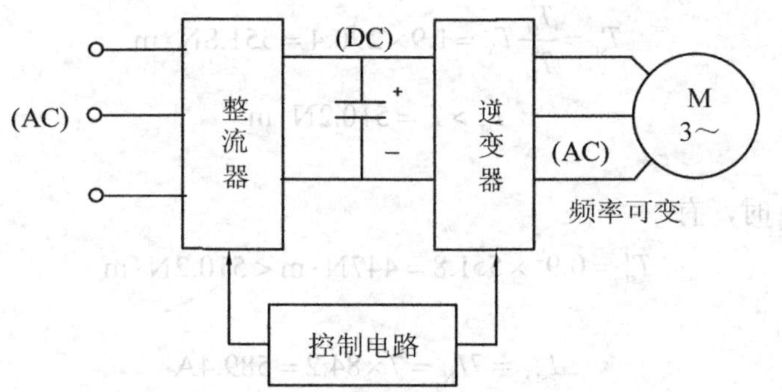

图 5-16 变频调速装置

2．变极调速

由 $n_0=\dfrac{60f_1}{p}$ 可知，在电源频率 f_1 不变的条件下，改变电动机的磁极对数也能改变同步转速，从而使转子转速得到调节，因为磁极对数只能一对一对地改变，故转速也只能一级一级地调节，达不到无级调速的要求，只能得到几种不同的转速。

从异步电动机的结构中知道，三相异步电动机定子的磁极对数决定于定子绕组的布置和连接方法，改变磁极对数的方法有两种：一种是在定子上装两套独立绕组，每套绕组有各自的磁极对数，所以可制成具有双速、三速或四速等不同转速的多速电动机。但这种方法使得电动机的体积增大，用料增多，成本提高。实用中，近年来均采用一套绕组实现变极调速，这种电动机称为单绕组双速电动机，其方法是将每相绕组分成两部分，利用这两部分绕组的串联或并联的方法得到不同的极数，从而得到不同的转速。

3．变转差率调速

在绕线式电动机的转子电路中串联调节电阻（和启动电阻一样接入）来改变调节电阻的大小，便可得到一定范围的平滑调速，也就是改变电阻的大小，使得转差率 s 变化，从而达到调速的目的，这种调速方法的优点是有一定的调速范围、调速平滑、方法简便。缺点是串接电阻要有大量的功率损耗，不经济；在空载或轻载时，调速范围很小，几乎不能调速。因此这种方法主要用在调速范围不大，不会在低速下长期运转的中、小型电动机中，例如桥式起重机、卷扬机等。

【例 5-2】有一 Y225M-4 型三相异步电动机，其数据如下：额定功率为 45kW；额定电流为 84.2A；$I_{st}/I_N=7.0$；$T_{st}/T_N=1.9$；$n_N=1480\mathrm{r/min}$。

（1）如果负载转矩为 510.2N·m，试问在 $U=U_N$ 和 $U'=0.9U_N$ 两种情况下能否启动？

（2）采用 Y-△换接启动时，求启动电流和启动转矩；又当负载转矩为额定转矩 T_N 的 80%和 50%时，电动机能否启动？

（3）若用自耦变压器降压启动，启动时电动机的端电压降到电源电压的 64%，求线路的启动电流和电动机的启动转矩为多少？

解：（1）4～100kW 的电动机通常都是 380V、△连接，在 $U=U_N$ 时，有

$$T_N=9550\frac{P_{2N}}{n_N}=9550\frac{45}{1480}=290.4\mathrm{N\cdot m}$$

$$T_{st}=\frac{T_{st}}{T_N}T_N=1.9\times 290.4=551.8\mathrm{N\cdot m}$$

$$T_{st}>T=510.2\mathrm{N\cdot m}$$

所以能启动。

在 $U'=0.9U_N$ 时，有

$$T'_{st}=0.9^2\times 551.8=447\mathrm{N\cdot m}<510.2\mathrm{N\cdot m}$$

所以不能启动。

（2）

$$I_{st\triangle}=7I_N=7\times 84.2=589.4\mathrm{A}$$

$$I_{stY}=(1/3)I_{st\triangle}=(1/3)\times 589.4=196.5\mathrm{A}$$

$$T_{stY}=(1/3)T_{st\triangle}=(1/3)\times 551.8=183.9\mathrm{N\cdot m}$$

在 80%额定负载时，有

$$\frac{T_{stY}}{T_N\times 80\%}=\frac{183.9}{290.4\times 80\%}=\frac{183.9}{232.3}<1$$

所以不能启动。

在 50%额定负载时，有

$$\frac{T_{stY}}{T_N\times 50\%}=\frac{183.9}{290.4\times 50\%}=\frac{183.9}{145.2}>1$$

所以可以启动。

（3）直接启动时的启动电流为

$$I_{st}=7I_N=7\times 84.2=589.4\mathrm{A}$$

降压启动时电动机中（即变压器次级）的启动电流为 I'_{st}，即

$$\frac{I_{st}'}{I_{st}}=0.64\text{，}\quad I_{st}'=0.64\times 589.4=377.2\text{A}$$

降压启动时的线路（即变压器初级）启动电流为I_{st}''，因为变压器初、次级中电流之比等于电压之比的倒数，所以也等于64%，即

$$\frac{I_{st}''}{I_{st}'}=0.64\text{，}\quad I_{st}'=0.64^2\times 589.4=241.4\text{A}$$

设降压启动时的启动转矩为T_{st}'，则

$$\frac{T_{st}'}{T_{st}}=0.64^2$$

$$T_{st}'=0.64^2\times 551.8=226\text{N}\cdot\text{m}$$

5.3.3　三相异步电动机的制动

当电动机被切断电源后，由于转子的转动惯量比较大，所以转子仍继续转动一段时间才能自己停下来。但从安全生产和提高工作效率的需要出发，许多生产机械要求电动机在切断电源后能及时和准确地停下来，为此，需要对电动机进行制动。所谓制动就是要使电动机产生一个与旋转方向相反的电磁转矩。三相异步电动机常用的制动方法有反接制动、能耗制动和回馈制动，这里主要介绍前两种。

1．反接制动

当要求电动机从远行状态迅速停下来时，先将定子绕组的接线端由正转连接改为反转连接（即调换三相异步电动机定子绕组三个首端中任意两端的位置或改变三相电源中任意两相之间的位置），此时，电动机的旋转磁场将由原来的正转变为反转，转子也将随之由正转向反转过渡，当转子的转速下降到接近于零时，再迅速切断电源，电动机便能迅速停止。异步电动机的反接制动控制线路如图 5-17 所示。反接制动过程中产生制动力矩的原理和方向如图 5-18 所示。

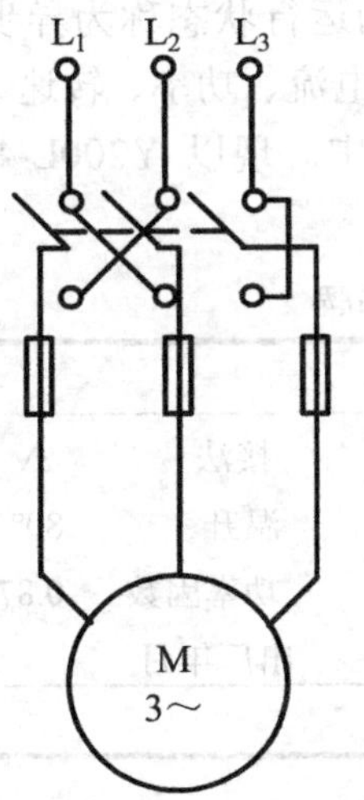

图 5-17　反接制动线路图

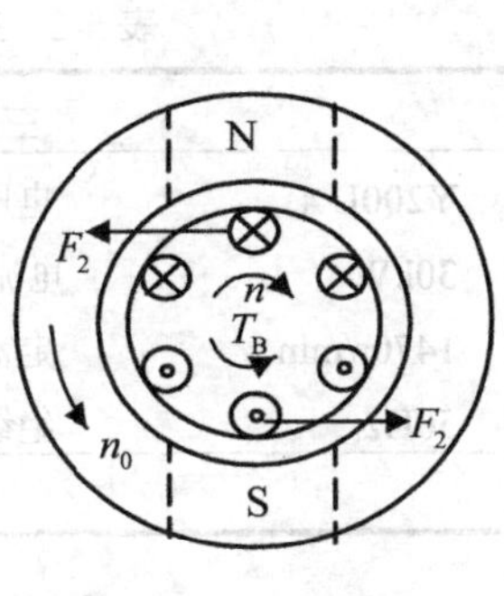

图 5-18　反接制动

2．能耗制动

能耗制动电气控制线路如图 5-19 所示。制动时，在切断电动机的交流电源的同时，将

一直流电源引入任意两相定子绕组中，直流电流在定子绕组中产生一个固定不动的磁场，当转子靠本身的惯性继续旋转时，转子导体切割磁场产生感应电动势和电流，使转子电路成为载流导体，并在磁场的作用下产生一个与转子原来旋转方向相反的制动力矩，使转子迅速停止。这种制动方法利用电动机转子储存的动能转换成电能，消耗在制动电阻上，故称为能耗制动。能耗制动过程中产生制动力矩的原理和方向如图 5-20 所示。

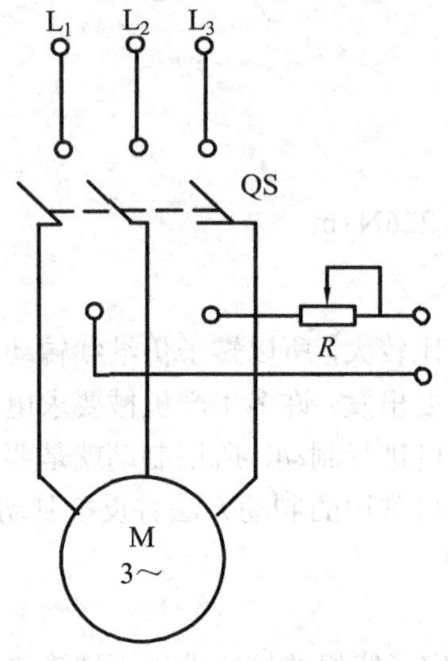

图 5-19　能耗制动的接线图

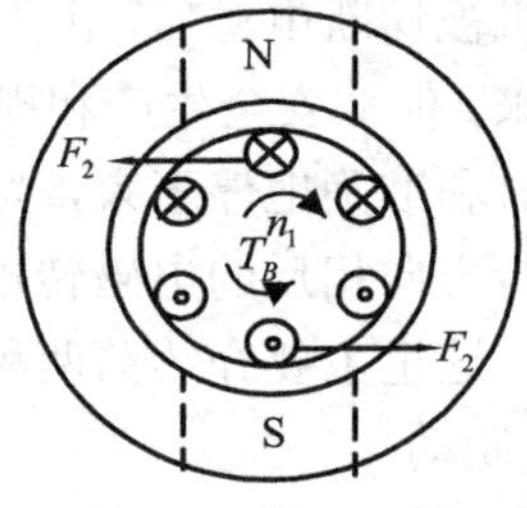

图 5-20　能耗制动

5.4　三相异步电动机的选择

5.4.1　三相异步电动机的铭牌

制造厂按国标而规定的电动机在正常工作条件下的运行状态称为异步电动机的额定运行状态，表示电动机额定运行情况的各种数据如电压、电流、功率、转速等，称为电动机的额定值，额定值一般标记在电动机的铭牌或产品说明书中。现以 Y200L-4 型电动机的铭牌为例进行说明，其铭牌如表 5-2 所示。

表 5-2　三相异步电动机铭牌

三相异步电动机					
型号	Y200L-4	电压	380V	接法	△
功率	30kW	电流	56.8	温升	80°
转速	1470r/min	定额	连续	功率因数	0.87
频率	50Hz	绝缘等级	B	出厂年月	
XX 电机厂					

1．型号

根据用途和工作环境条件不同，制造厂把电动机制成各种系列，每种系列用各种型号表示，以供选用。型号含义如下。

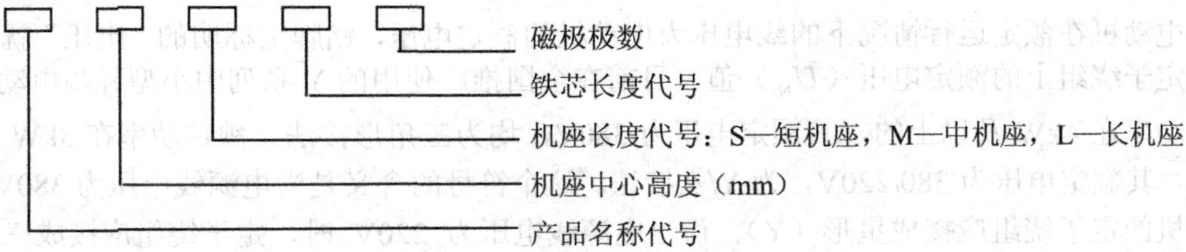

异步电动机的产品名称代号及其汉字意义如表 5-3 所示。

表 5-3　异步电动机的产品名称代号及其汉字意义

产品名称	新代号	汉字意义	老代号
异步电动机	Y	异	J，JO
绕线型异步电动机	YR	异绕	JR
防爆型异步电动机	YB	异爆	JB，JBS
高启动转矩异步电动机	YQ	异启	JQ，JQO

小型 Y、Y-L 系列鼠笼式异步电动机是取代 JO 系列的新产品。Y 系列定子绕组为铜线，Y-L 系列为铝线。电动机功率是 0.55～90kW。同样功率的电动机，Y 系列比 JO 系列体积小、重量轻、效率高、噪声低、启动转矩大、性能好、外观美、功率等级和安装尺寸及防护等级符合国际标准，目前国产 YX 系列电动机是节能效果最好的一种。

2．额定功率与效率

铭牌上所标的功率是指电动机在额定状态下运行时轴上输出的机械功率，是电动机的额定功率 P_{2N}，单位以千瓦（kW）计。输出功率与输入功率不等，它比电动机从电网吸取的输入功率要小，其差值就是电动机本身的损耗功率，包括铁损、铜损和机械损耗等。

从产品目录中查得的效率是指电动机在额定状态下运行时，输出功率与输入功率的比值。因此三相异步电动机的额定输入功率 P_{1N} 可由铭牌所标的额定功率 P_{2N}（或从产品目录中查得）和效率 η_N 求得，即

$$P_{1N}=\frac{P_{2N}}{\eta_N} \tag{5-9}$$

三相异步电动机的额定功率可用下式计算

$$P_{2N}=\frac{\sqrt{3}U_N I_N\cos\varphi_N\eta_N}{1000}\quad(\text{kW}) \tag{5-10}$$

式中：P_{2N}——电动机的额定功率（kW）；

U_N——电动机的额定线电压（V）；

I_N——电动机的额定线电流（A）；

$\cos\varphi_N$——电动机在额定状态运行时，定子电路的功率因数；

η_N——电动机在额定状态运行时的效率。

电动机运行在非额定情况时，式（5-10）也成立，只是各物理量均为非额定值。

Y 系列电动机在额定状态运行时，其效率约为 73%～94%，YX 系列电动机在额定状态运行时，其效率约为 82%～95%。

3．电压与接法

电动机在额定运行情况下的线电压为电动机的额定电压，铭牌上标明的“电压”就是指加在定子绕组上的额定电压（U_N）值。目前在全国推广使用的Y系列中小型异步电动机，额定功率在4kW及以上的，其额定电压为380V，均为三角形接法。额定功率在3kW及以下的，其额定电压为380/220V，为Y/△接法。这个符号的含义是当电源线电压为380V时，电动机的定子绕组应接成星形（Y）；而当电源线电压为220V时，定子绕组应接成三角形（△）。

一般规定电动机的电压不应高于或低于额定值的5%，当电压高于额定值时，磁通将增大（因$U_1 = 4.44 f_1 N_1 \Phi$），会引起励磁电流的增大，使铁损大大增加，造成铁芯过热。当电压低于额定值时，将引起转速下降，定子、转子电流增加，在满载或接近满载时，可能使电流超过额定值，引起绕组过热，在低于额定电压下较长时间运行时，由于转矩与电压的平方成正比，在负载转矩不减小的情况下，可能造成严重过载，这对电动机的运行是十分不利的。

4．电流

电动机在额定运行情况下的定子绕组的线电流为电动机的额定电流（I_N），对于“380V、△接法”的电动机的线电流只有一个，而对于“380V/220V、Y/△接法”的电动机，对应的线电流则有两个。在运行中应特别注意电动机的实际电流，不允许长时间超过额定电流值。

5．转速

电动机在额定运行情况下的转速称为电动机的额定转速（n_N），铭牌上所标的转速就是指的额定转速。

6．温升及绝缘等级

温升是指电动机在长期运行时所允许的最高温度与周围环境的温度之差。我国规定环境温度取40℃，电动机的允许温升与电动机所采用的绝缘材料的耐热性能有关，常用绝缘材料的等级和最高允许温度如表5-4所示。

表5-4　绝缘等级与温升的关系

绝缘等级	A	E	B	F	H
绝缘材料最高允许温度	105℃	120℃	130℃	155℃	180℃
电机的允许温升	60℃	75℃	80℃	100℃	125℃

7．定额（或工作方式）

铭牌上的定额（或工作方式）是指电动机的运行方式。根据发热条件可分为三种基本方式：连续、短时和断续。

连续：指允许在额定运行情况下长期连续工作。

短时：指每次只允许在规定时间内额定运行，待冷却一定时间后再启动工作，其温升达不到稳定值。

断续：指允许以间歇方式重复短时工作，它的发热既达不到稳定值，又冷却不到周围的环境温度。

8．功率因数

铭牌上给定的功率因数指电动机在额定运行情况下的额定功率因数$\cos\varphi_N$。电动机的功率因数不是一个常数，它是随电动机所带负载的大小而变动的。一般电动机在额定负载运行时的功率因数为 0.7～0.9，轻载和空载时更低，空载时只有 0.2～0.3。

由于异步电动机的功率因数比较低，应力求避免在轻载或空载的情况下长期运行。对较大容量的电动机应采取一定措施，使其处于接近满载情况下工作和采取并联电容器来提高线路的功率因数。

5.4.2 三相异步电动机的选择

正确地选择三相异步电动机的功率、种类、形式、转速以及正确地选择它的保护和控制电器，对于电动机的安全运行和经济实用十分重要。

1．功率的选择

电动机的功率（容量），必须根据生产机械所需要的功率来确定。电动机的功率选得过大，设备费用必然增加，不经济；选择得过小，长期在过载状态下运行，可能使电动机很快烧毁。但是由于生产机械的工作情况多种多样，要准确地选择电动机的容量需根据电动机的运行情况，采用不同的选择方式。

1）连续运行的电动机的功率选择

当电动机在恒定负载下连续运行时，其电动机的额定功率等于或稍大于生产机械所需要的功率即可，一般额定功率为

$$P_N \geqslant \frac{KP}{\eta_1\eta_2} \tag{5-11}$$

式中，P 为生产机械的输出功率（kW）；η_1 为传动机械的效率，直接连接时 $\eta_1=1$，皮带传动时 $\eta_1=0.95$；η_2 为生产机械本身的效率；K 为余量系数，一般为 1.05～1.4。

选择时，先根据式（5-11）算出功率值，再查产品目录，选择电动机的额定功率等于或略大于算出的功率值，选取标准容量的电动机。

2）短时运行的电动机的功率选择

短时工作制电动机的铭牌上标有短时额定输出功率和工作连续时间，我国规定的短时工作连续时间有 10min、30min、60min 和 90min 四种。短时工作的电动机，输出功率的计算和连续工作制相同。

2．类型的选择

首先是种类的选择。没有特殊要求，一般均应采用三相交流异步电动机，异步电动机又有鼠笼式和绕线式两种类型，一般功率小于 100kW，而且不要求调速的生产机械都应使用鼠笼式电动机。例如泵类、风机、压缩机等，只有对需要大启动转矩或要求有一定调速范围的情况下，才使用绕线式电动机，例如起重机、卷扬机等。

其次是外形结构的选择。选择电动机的外形结构，主要是根据安装方式：选立式或卧式等；根据工作环境：选开启式、防护式、封闭式和防爆式等。开启式通风散热良好，适用于干燥、无灰尘的场所。防护式电动机的外壳有防护装置，能防止水滴、铁屑和其他杂物以与垂直方向成 45°角以内落入电机内部，但不防尘，适用于干燥、灰土较少的场所。封闭式的内部与外界隔离，能防止潮气和尘土侵入，适用于灰尘多和水土飞扬的场所。防爆式电动机的接线盒和外壳全是封闭的，适用于有爆炸性气体的场所。

我国国家标准 GB1498—79 中规定，按电机外壳防止固体异物进入电机内部及防止人体

触及内部或带电运动部分，分为 0～6 级共七级；按电机外壳防水进入内部的程度，分为 0～8 级共九级。

3．电压和转速的选择

电动机的额定电压应根据其功率的大小和使用地点的电源电压来决定，应选择与供电电压相一致。一般 100kW 以下的，选适合 380V/220V 供电网的低电压电动机；100kW 以上的大功率异步电动机才考虑采用 3000V 或 6000V 的高压电动机。

三相异步电动机的额定转速是根据生产机械的要求决定的。

功率相同的电动机转速愈高，则极对数愈少，体积愈小，价格愈便宜，但高速电动机的转矩小，启动电流大。选择时应使电动机的转速尽可能与生产机械的转速相一致或接近，以简化传动装置。

【例 5-3】Y280-4 型三相异步电动机的技术数据如下：$P_{2N}=75\text{kW}$，$U_N=380\text{V}$，$\cos\varphi_N=0.88$，$n_N=1480\text{r/min}$，$\eta_N=0.927$，$I_{st}/I_N=7.0$，$f=50\text{Hz}$。试求：（1）定子绕组的额定电流；（2）启动电流；（3）额定转矩。

解：（1）根据式（5-10）求得额定电流为

$$I_N=\frac{P_{2N}}{\sqrt{3}U_N\cos\varphi_N\eta_N}=\frac{75\times10^3}{\sqrt{3}\times380\times0.88\times0.927}=139.7\text{A}$$

（2）启动电流为

$$I_{st}=7.0\times I_N=7.0\times139.7=997.9\text{A}$$

（3）额定转矩为

$$T_N=9550\frac{P_{2N}}{n_N}=9550\frac{75}{1480}=484\text{N}\cdot\text{m}$$

【例 5-4】某泵站安装了一台离心式水泵，已知该泵轴上功率为 27kW，转速为 1480r/min，效率为 $\eta_2=0.84$，电机与泵之间由联轴器直接传动，试选一台合适的电动机。

解：（1）根据公式（5-11），取 K=1.1，因电动机与水泵直接传动，故取 $\eta_1=1$，则电动机功率为

$$P_N=\frac{KP}{\eta_1\eta_2}=\frac{1.1\times27}{1\times0.84}=35.4\text{kW}$$

（2）形式选择。因泵站潮湿，有水飞溅，效应选择封闭式鼠笼电动机，Y 系列电动机的防护等级为 IP44，适宜于水土飞溅场所使用，应选用 Y 系列电动机。

（3）根据已决定的电动机类型、泵要求的转速和计算出的电动机功率，查电动机产品目录，选用 Y225-4 型、37kW、380V、50Hz、1480r/min 的电动机。

5.5 单相异步电动机

单相异步电动机的定子绕组由单相电源供电，定子上有一个或两个绕组，而转子大多为笼形的。单相感应电动机的功率一般在 750W 以内，它广泛应用于家用电器和医疗器械上，如洗衣机、电风扇、电冰箱和某些医疗器械。

单相异步电动机的结构与三相异步电动机相似，其转子一般都是鼠笼式的，不同的是单相异步电动机有两个定子绕组：一个为工作绕组，在运行中始终接入电网；另一个为启动绕

组，仅在启动瞬间接入，当电动机转速升至70%～85%的同步转速时，由离心开关将其切除（电容或电阻分相电动机）。

单相异步电动机的工作原理与三相异步电动机相似，其定子绕组通入交流电同样会产生旋转磁场，切割转子导体产生感应电动势和感应电流，从而形成电磁转矩使转子转动。单相异步电动机的特点在于定子绕组通入的是单相交流电，所产生的是一个空间位置固定不变而大小和方向随时间做正弦变化的脉动磁场。脉动磁场不能旋转，但它可以分解为两个大小相等（包括磁感应强度和旋转的角速度）、旋转方向相反的旋转磁场。当转子静止时，这两个旋转方向相反的旋转磁场对转子作用所产生的电磁转矩，同样也是大小相等、方向相反，故电动机不能自行启动；当转子受到外力作用转动后，这两个旋转磁场对转子作用所产生的电磁转矩就不相等，且外力方向的电磁转矩较大，因此外力消失后，电动机仍然可以转动。

为了使单相异步电动机通电后能产生旋转磁场自行启动，必须再产生一个与此脉动磁场频率相同、相位不同、在空间相差一定角度的另一脉动磁场，再与原脉动磁场合成为旋转磁场。常用的方法有电容分相式和罩极式两种。

5.5.1 电容分相式单相异步电动机

电容分相式单相异步电动机定子上有工作绕组 U_1U_2，还有一个启动绕组 Q_1Q_2，工作绕组和启动绕组在空间互差 90°放置，启动绕组与电容 C 串联，经离心开关 S 与工作绕组 U_1U_2 并联到单相电源上，如图 5-21 所示。如果电容选得适当，则可使启动绕组中的电流 i_2 比工作绕组中的电流 i_1 在相位上超前 90°，这就是分相。在空间互差 90°的两个绕组，分别通入在相位上相差 90°的正弦电流，就产生了一个旋转磁场。

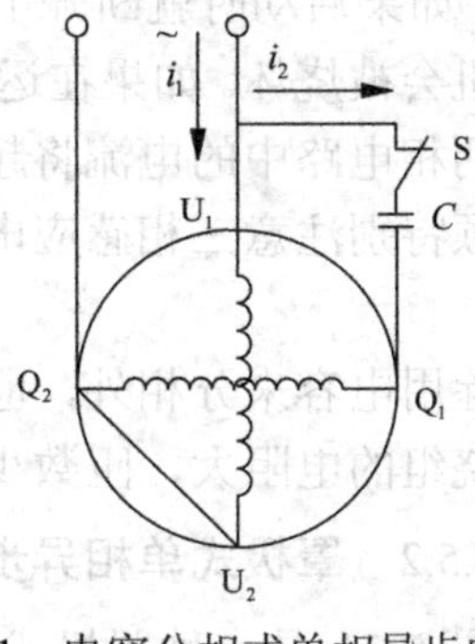

图 5-21 电容分相式单相异步电动机

设两相绕组的电流分别为 $i_1 = I_{1m}\sin\omega t$，$i_2 = I_{2m}\sin(\omega t + 90°)$，它们的波形图如图 5-22（a）所示。这样的两相交流电流产生的两个脉动磁场相合成的磁场，也是一个旋转磁场，其原理如图 5-22（b）所示。两相电流所产生的合成磁场是在空间旋转的，在旋转磁场的作用下，电动机的转子就会转动起来。单相感应电动机在启动后，若把启动绕组去掉，电动机仍能继续旋转，故通常在这种单相感应电动机内装一离心开关，当电动机启动后，待转速接近额定转速时，借助离心力的作用把开关 S 断开，使启动绕组自动切除，于是电动机只靠工作绕组运行。

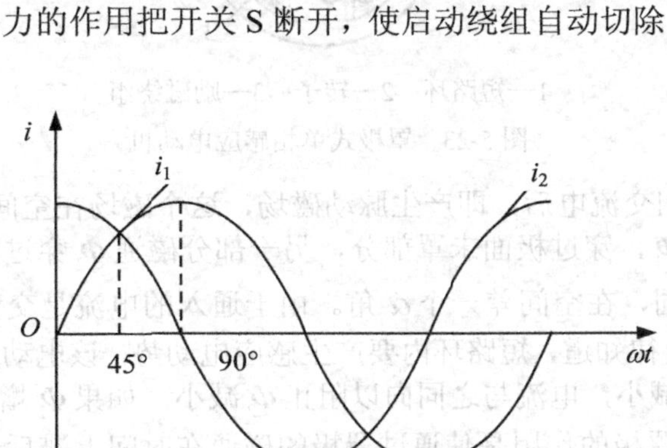

（a）两相电流

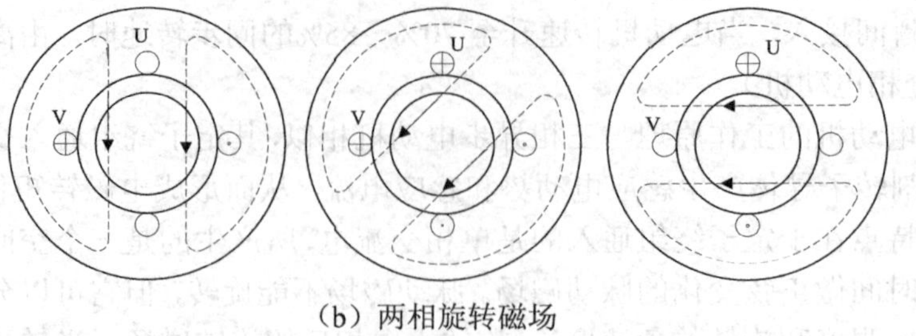

（b）两相旋转磁场

图 5-22　两相电流产生的旋转磁场

除用电容来分相外，也可以与启动绕组串联适当的电阻（或启动绕组本身的电阻比工作绕组大很多），这样，工作绕组中的电流比启动绕组中的电流滞后，也可以产生一个旋转磁场使电动机启动。但启动转矩要比电容分相的启动转矩小些。

三相异步电动机接到电源的三根导线中由于某种原因断开了一根线，就成为单相电动机运行。如果启动时就断开了一根线，则不能启动，只听到嗡嗡声，这时电流很大，时间长了，电动机会被烧坏。如果在运行中断了一根线，则电动机将继续转动，若此时还带动额定负载，其他两相电路中的电流将超过额定电流，时间一长，也会使电动机烧坏。因此，在实际工作中必须特别注意三相感应电动机在运行时有无发生一相熔丝烧断现象，一般要采取自动保护措施。

除用电容来分相外，也可用电感和电阻来分相。工作绕组的电阻少，匝数多（电感大）；启动绕组的电阻大，匝数少（电感小），以达到分相的目的。

5.5.2　罩极式单相异步电动机

图 5-23 是一种罩极式单相异步电动机的结构示意图。它的结构特点是定子铁芯做成凸极式，在它的上面绕有集中绕组，极面上一部分开有小槽，以便嵌进短路铜环，这环罩住约 1/3～1/4 的极面，这部分磁场叫作被罩部分，其余部分叫作未罩部分。

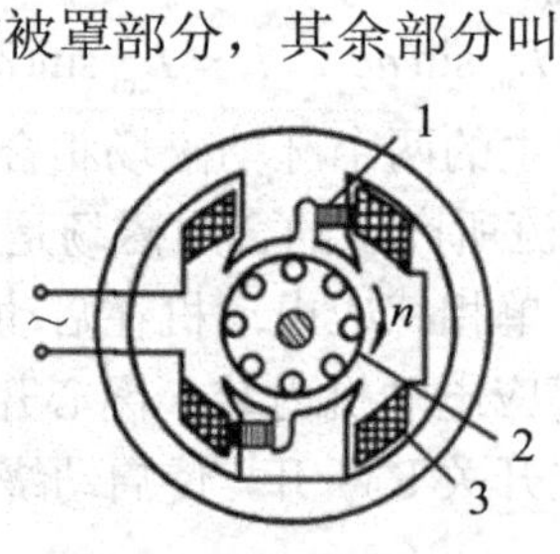

1—短路环　2—转子　3—励磁绕组

图 5-23　罩极式单相感应电动机

定子绕组通入单相交流电后，即产生脉动磁场，这个磁场在空间被短路环分为两部分。其中一部分磁通设为 $\varPhi_1$，穿过极面未罩部分，另一部分磁通 $\varPhi_2$ 穿过短路环被罩部分，这两部分磁通极轴位置不同，在空间差一个 α 角。由于通入的电流是交变的，所以磁通也是交变的。根据电磁感应定律知道，短路环内要产生感应电动势，该电动势产生的电流总是阻碍磁通的变化。如果 $\varPhi_2$ 减小，电流与之同向以阻止 $\varPhi_2$ 减小；如果 $\varPhi_2$ 增加，则电流与之反向，以阻止 $\varPhi_2$ 增加，因此罩极的作用是使通过罩极的磁通在时间上滞后于未罩磁通，以便产生启动转矩，如图 5-24 所示。

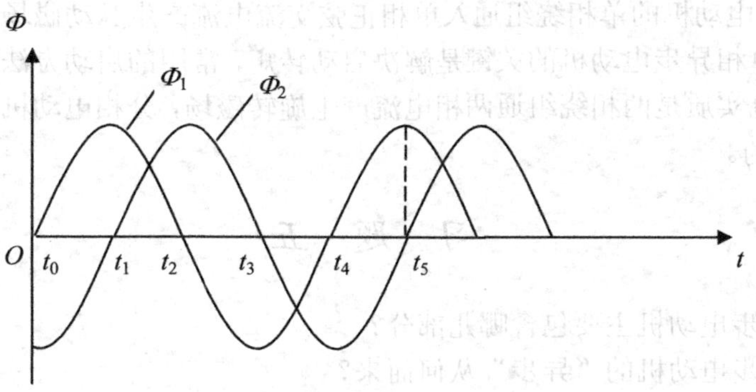

图 5-24　罩极电机磁通

罩极电动机的启动转矩较小，效率较低，但它的结构简单，工作可靠，维护方便，价格低廉，广泛应用于启动转矩要求不高的设备中，如电风扇、电唱机、吹风机以及电子仪器的通风设备中。

单相异步电动机的优点是能够在单相交流电源上使用，但它的效率、功率因数和过载能力都较低，工作电流较大，因此目前只生产额定功率在 1kW 以下的小容量单相异步电动机。

本 章 小 结

1．三相异步电动机又称为感应式电动机，由定子、转子两大部分构成。定、转子铁芯电气隙形成电动机的磁路，定、转子的线圈分别组成定、转子的电路。结构上可分为鼠笼式和绕线式两种。异步电动机铭牌上给出的有型号和额定值，额定电压、电流是指的线量，额定功率是轴上的输出功率。

2．定子三相对称绕组中，通入三相对称交流电流时，产生旋转磁场。转速取决于电源的频率 f 和磁极对数 p，旋转磁场的转速 $n_0 = 60f/p$，n_0 又称为同步转速。旋转磁场的转向由电源的相序决定，任意调换二相电源可改变磁场的旋转方向。三相异步电动机转子的转动原理是：定子绕组中通入的三相对称电流产生的旋转磁场切割转子绕组，并产生感应电势和感应电流，感应电流与磁场的相互作用产生电磁转矩，驱动转子随磁场旋转方向转动。转子转速 n 小于同步转速 n_0，同步转速 n_0 与转子转速 n 之差称为转速差，转速差与同步转速之比称为转差率，转差率用 s 表示，$s = \dfrac{n_0 - n}{n_0}$。

3．三相异步电动机的电磁转矩 $T = K_T \Phi I_2 \cos\varphi_2$，机械特性 $n = f(T)$。机械特性曲线有稳定工作区和非稳定工作区。特性曲线上有额定转矩 T_N、最大转矩 T_{max} 和启动转矩 T_{st}。

4．小功率三相异步电动机可采用直接启动；频繁启动和功率较大的电动机不能直接启动；鼠笼式电动机采用 Y-△降压启动、自耦变压器降压启动；绕线式电动机采用转子串电阻启动。

5．异步电动机的调速方法主要有变频调速，变极调速和转子串电阻变转差率调速。变频调速需一套专用设备，可达到无级调速，是目前电动机调速的理想方法。变极调速为有级调速，通过改变绕组接线达到变极目的。转子串电阻调速用于绕线式电动机。

6．单相异步电动机的单相绕组通入单相正弦交流电流产生脉动磁场，脉动磁场本身没有启动转矩，故单相异步电动机的关键是解决启动转矩，常用的启动方法有分相启动和罩极启动。分相电动机实质是两相绕组通两相电流产生旋转磁场，分相电动机是靠启动回路的阻抗参数进行分相的。

习　题　五

5.1　三相异步电动机主要包含哪几部分？

5.2　三相异步电动机的“异步”从何而来？

5.3　三相异步电动机与直流电动机相比较，有何优点？

5.4　什么叫恒转矩负载？什么叫恒功率负载？

5.5　三相异步电动机的选择时应注意哪些方面？

5.6　一台 8 极 50Hz 的三相异步电动机，其额定转差率 $s_N = 0.043$，求该机的同步转速是多少？转子的额定转速是多少？

5.7　一台 4 极 50Hz 的三相异步电动机，额定转速为 $n = 1460\text{r/min}$。求：（1）它的额定转差率为多少？（2）若有外力拖动使它的转子转速上升到 1500r/min，此时的转差率是多少？

5.8　试画出磁极对数 $p = 1$，定子绕组作星形连接的三相异步电动机，在 $\omega t = 60°$ 和 $\omega t = 150°$ 时定子旋转磁场的图形，设 $i_{L1} = I_m \sin \omega t$ 为参考量，如对调 V_1 和 W_1 两根电源线，则旋转磁场的图形又如何？

5.9　一台 Y132S-4 型三相异步电动机的技术数据如下：$P_{2N} = 5.5kW$，$n_N = 1440\text{r/min}$，$U_N = 380\text{V}$，$I_N = 11.6\text{A}$，$I_{st} / I_N = 7.0$，$T_{st} / T_N = 1.2$，$T_{max} / T_N = 2.2$。求：（1）额定输出转矩；（2）最大电磁转矩；（3）启动电流；（4）启动转矩。

5.10　一台在额定状态下运行的三相异步电动机，由于某种原因电源电压突然降低 10%，此时的负载转矩不变化，试分析下列各量如何变化：（1）旋转磁场的转速 n_0；（2）旋转磁场的每极磁通 Φ；（3）转子电流 I_2；（4）定子电流 I_1；（5）转子转速 n。

5.11　有一台 Y160L-4 型三相异步电动机，频率为 50Hz，额定转速为 1460r / min，额定功率为 15kW，最大转矩为 215.86N·m。求电动机的过载系数为多少？

5.12　三相异步电动机的额定电压为 220V/380V，△/Y 接法，当电源电压为 380V 时，能否用 Y/△降压启动器启动？

5.13　某台 4 极三相异步电动机的额定功率为 30kW，额定电压为 380V，△接法，频率为 50 Hz，在额定负载时，其转差率为 0.02，效率为 0.9，线电流为 57.5A，$T_{st} / T_N = 1.2$，$I_{st} / I_N = 7.0$。求：（1）用 Y-△换接启动时的启动电流和启动转矩；（2）当负载转矩为额定转矩的 60%和 25%时，电动机能否启动？

5.14　有一台 Y200L-4 型三相异步电动机，技术数据如下：$P_{2N} = 30\text{kW}$，$n_N = 1470\text{r/min}$，$I_N = 56.8\text{A}$，$I_{st} / I_N = 7.0$，$T_{st} / T_N = 2.0$，$T_{max} / T_N = 2.2$。试求：（1）电动机直接启动时的启动电流、启动转矩和最大转矩；（2）电源电压降低为额定电压的 80%时的启动电流、启动转矩和最大转矩。

5.15　某三相异步电动机的 $T_{st} / T_N = 1.4$，采用 Y-△换接启动，问电动机在下述情况下能否启动？(1)负载转矩为电动机额定转矩的50%；(2)负载转矩为电动机额定转矩的25%。

5.16 有一台 Y132M-4 型三相异步电动机，其额定数据如下：额定功率 7.5kW；额定转速为 1440r/min，额定电压为 380V，额定效率为 87%，$I_{st}/I_N = 7.0$，$T_{st}/T_N = 2.2$，$T_{max}/T_N = 2.2$，试求：（1）额定转差率 S_N；（2）额定电流 I_N；（3）额定转矩 T_N；（4）最大转矩 T_{max} 和启动转矩 T_{st}；（5）额定输入功率 P_1。

5.17 有一离心式水泵，其数据如下：轴上功率为 10kW，$n = 1460\text{r/min}$，今用一鼠笼式异步电动机拖动作长期运行，水泵效率为 0.8，用联轴器直接传动，试选择电动机的功率。

5.18 一台 6 极三相异步电动机，由电源为 380V、频率为 50Hz 的低压电网供电，电动机的输入功率为 50kW，电流为 87A，转差率为 0.04，轴上输出的转矩为 392N·m。求电动机的额定转速 n_N、额定功率 P_{2N}、功率因数 $\cos\varphi_N$ 和效率 η。

5.19 已知某三相异步电动机的额定电压为 380V/220V，当三相电源的线电压分别为 220V 和 380V 时，问：

（1）电动机定子绕组应接成何种形式？

（2）此时定子绕组的相电压各为多少？

（3）在负载相同的情况下，相电流是否相等？

（4）线电流是否相等？

（5）功率的关系又如何？

实训 5.1 三相异步电动机三相绕组的首尾端判断

一、实训目的

1．了解三相异步电动机的构造。

2．根据实物可接常用电工工具的结构与工作原理。

3．熟悉掌握用万用表判断三相异步电动机三相绕组首尾端的方法。

二、工作原理

确定三相异步电动机三相绕组的首尾，可以采用万用表来判断。首先用万用表电阻挡 $R*100$ 测量出电动机六个接线端哪两个线端为同一组（U、V、W 相绕组任意定，并做好标记）。然后将万用表的直流毫安挡拨到最小一挡，并将测量表棒接到三相绕组的某一相两端，而将一节电池（1.5V）与扳动开关串接好后接到另一相绕组的两个接线端上，如图 5-25 所示。当开关 QS 闭合瞬间，如表针摆向大于零，则说明电池负极所接的线端与万用表正极表棒所接的线端是同级性（均可认为是首端）。以此类推，便可测出另外两相绕组的首和尾。

三、实训设备

三相异步电动机 1 台：JW6314

$$P = 180\text{W},\ U = 380\text{V}/660\text{V},\ I = 0.4\text{A}$$
$$n = 1400\text{r/min}$$

万用表 MF-30 1 只。

拨动开关 1 只。

一号电池（1.5V）1个。

常用电工工具若干。

四、实训步骤

实训判断电路如图 5-25 所示。

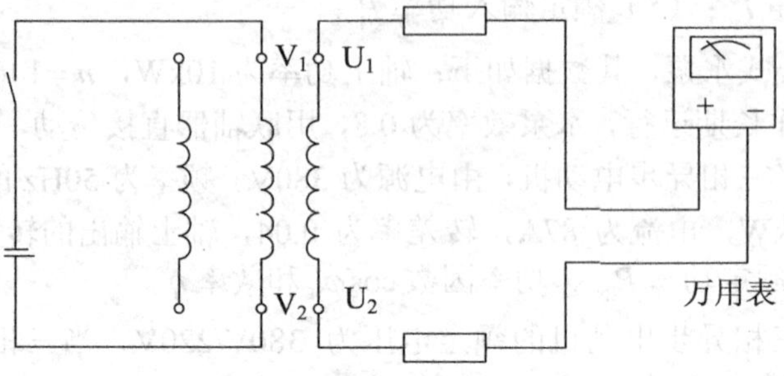

图 5-25 万用表判断三相异步电动机三相绕组首尾端电路图

实训步骤如下：

1．先将三相异步电动机的接线盒拆开，松开六个接线端子。

2．用万用表电阻挡 R*100 测量出电动机六个接线端哪两个线端尾同一相，并做好标记。

3．将任意定的 U 相首端 U_1 接万用表直流毫安挡的“+”端，尾端 U_2 接万用表直流毫安挡上的“−”端。

4．将 V 相绕组的两个线端接到预先串接好的拨动开关与电池的电路中，合上开关 QS 的瞬间，观察直流毫安表的动向，有摆动，则电池负极所接的线端与万用表正极表棒所接的线端是同极性，即为 V_1 端。

5．再将 W 相绕组的两个线端做同样的测试，W_1 端或 W_2 端亦可判断出来。

五、实训报告

小结：判断电动机三相绕组首尾的方法还有哪几种？

实验 5.2　三相鼠笼式异步电动机正反转控制

一、实验目的

1．通过对三相鼠笼式异步电动机正反转控制线路的安装接线，掌握由电气原理图接成实际操作电路的方法。

2．加深对电气控制系统各种保护、自锁、互锁等环节的理解。

二、原理说明

在鼠笼机正反转控制线路中，通过相序的更换来改变电动机的旋转方向，如图 5-28 所示，具有如下特点：电气互锁，为了避免接触器 KM1（正转）、KM2（反转）同时得电吸合造成三相电源短路，在 KM1（KM2）线圈支路中串接有 KM1（KM2）动断触头，它们保证了线路工作时 KM1、KM2 不会同时得电，以达到电气互锁目的。线路具有短路、过载保护等功能。

三、实验设备

1．TS-B 通用电工实验台。

2．三相异步电动机。

四、实验内容

认识各电器的结构、图形符号、接线方法。鼠笼机接成△接法，接触器联锁的正反转控制线路，按图 5-26 接线，经指导教师检查后，方可进行通电操作。

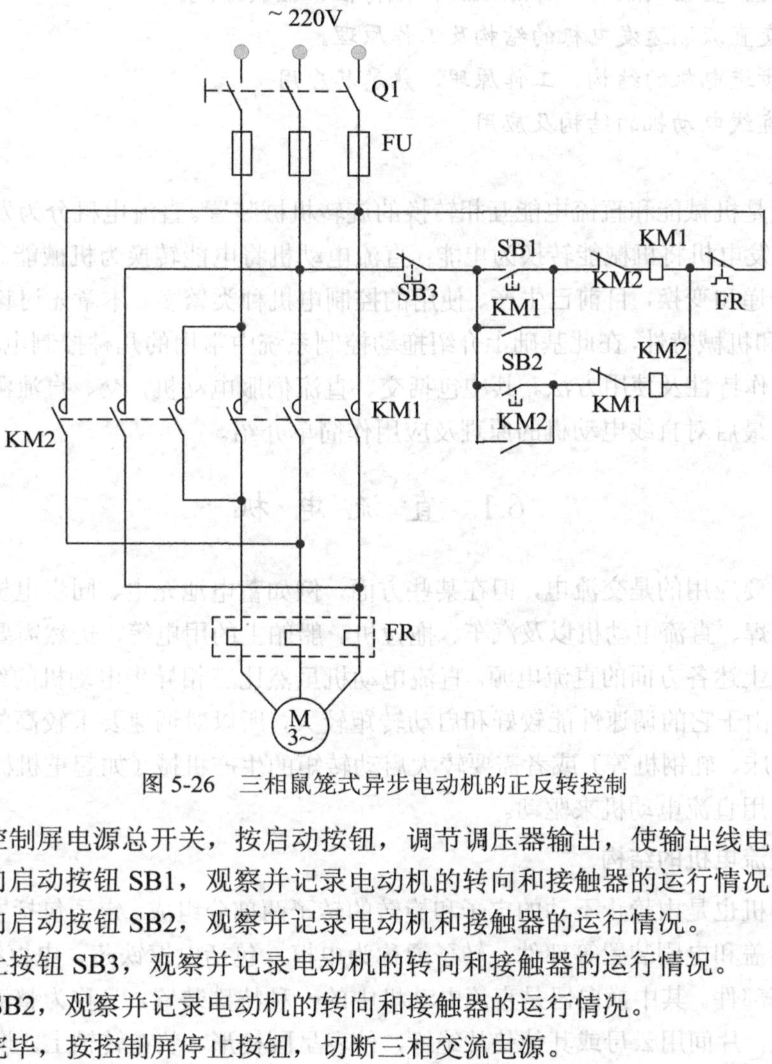

图 5-26　三相鼠笼式异步电动机的正反转控制

1．开启控制屏电源总开关，按启动按钮，调节调压器输出，使输出线电压为 220V。

2．按正向启动按钮 SB1，观察并记录电动机的转向和接触器的运行情况。

3．按反向启动按钮 SB2，观察并记录电动机和接触器的运行情况。

4．按停止按钮 SB3，观察并记录电动机的转向和接触器的运行情况。

5．再按 SB2，观察并记录电动机的转向和接触器的运行情况。

6．实验完毕，按控制屏停止按钮，切断三相交流电源。

五、分析讨论

在电动机正、反转控制线路中，为什么必须保证两个接触器不能同时工作？采用哪些措施可解决此问题？这些方法有何利弊？最佳方案是什么？

第六章　直流电机和控制电机

【学习目标】

1. 了解直流电机的结构，理解直流电机的工作原理、机械特性、调速等。
2. 理解交、直流伺服的工作原理、机械特性、控制方式。
3. 理解交直流测速发电机的结构及工作原理。
4. 掌握步进电机的结构、工作原理，熟悉其应用。
5. 熟悉直线电动机的结构及应用。

直流电机是机械能和直流电能互相转换的旋转机械装置。直流电机分为发电机和电动机两大类，直流发电机将机械能转换为电能；直流电动机将电能转换为机械能。控制电机主要用做信号的传递和变换，目前已生产、使用的控制电机种类繁多。本章先讨论直流电机的结构、工作原理和机械特性，在此基础上介绍拖动控制系统中常用的几种控制电机的基本结构、工作原理、工作特性及使用方法。其中包括交、直流伺服电动机，交、直流测速发电机，步进电动机等，最后对直线电动机的原理及应用作简单介绍。

6.1　直 流 电 机

生产上主要应用的是交流电，但在某些方面，例如蓄电池充电、同步电机励磁、电镀和电解、直流电焊、直流电动机以及汽车、拖拉机、船舶上的用电等，仍然需要直流电。直流发电机可作为上述各方面的直流电源。直流电动机虽然比三相异步电动机的结构复杂，维护也不便，但是由于它的调速性能较好和启动转矩较大，所以对调速要求较高的生产机械（如龙门刨床、镗床、轧钢机等）或者需要较大启动转矩的生产机械（如起重机械、电力牵引设备等）往往采用直流电动机来驱动。

6.1.1　直流电机的结构

直流电动机也是由静止不动的定子和旋转的转子两部分组成。定子包括主磁极、换向磁极、机座、端盖和电刷装置等部件。转子通称为电枢，包括电枢铁芯、电枢绕组、换向器、转轴和风扇等部件。其中换向器是直流电动机中的一种特殊装置，又称为整流子，它由许多楔形铜片组成，片间用云母或其他垫片绝缘，外表呈圆柱形，装在转轴上。换向铜片放置在套筒上用压圈固定，并用螺帽紧固。换向器装在转轴上，换向铜片按一定规律与电枢绕组的线圈连接，在换向器的表面压着电刷，使旋转的电枢绕组与静止的外电路相通，以引入直流电。如图 6-1 所示为直流电动机的组成部分。

1—磁极　2—电枢　3—换向器

图 6-1　直流电机的组成

6.1.2　直流电机的基本工作原理

任何电机的工作原理都是建立在电磁力和电磁感应这个基础上的，对直流电机也是如此。

为了讨论直流电机的工作原理，我们把复杂的直流电机结构简化为如图 6-2 和图 6-3 所示的工作原理图。电机具有一对磁极，电枢绕组只是一个线圈，线圈两端分别连在两个换向片上，换向片上压着电刷 A 和 B。

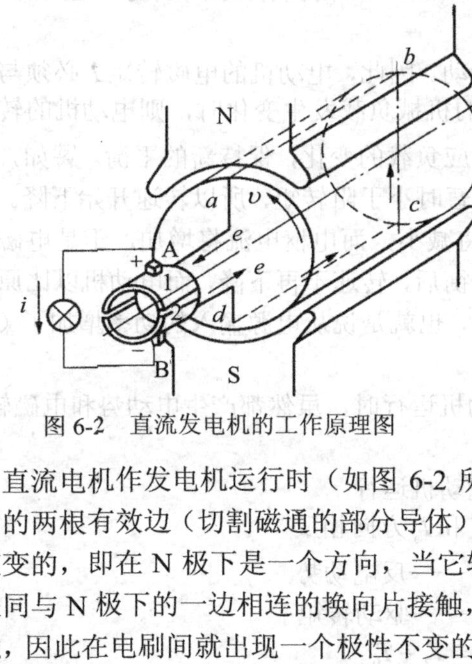

图 6-2　直流发电机的工作原理图

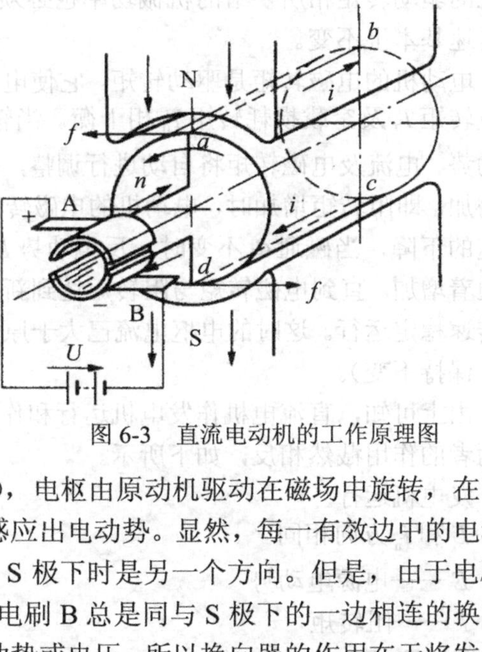

图 6-3　直流电动机的工作原理图

直流电机作发电机运行时（如图 6-2 所示），电枢由原动机驱动在磁场中旋转，在电枢线圈的两根有效边（切割磁通的部分导体）中感应出电动势。显然，每一有效边中的电动势是交变的，即在 N 极下是一个方向，当它转到 S 极下时是另一个方向。但是，由于电刷 A 总是同与 N 极下的一边相连的换向片接触，而电刷 B 总是同与 S 极下的一边相连的换向片接触，因此在电刷间就出现一个极性不变的电动势或电压，所以换向器的作用在于将发电机电枢绕组内的交变电动势换成电刷之间的极性不变的电动势。当电刷之间接有负载时，在电动势的作用下就在电路中产生一定方向的电流。

直流电机电刷间的电动势常用下式表示

$$E = K_E \Phi n \tag{6-1}$$

式中，Φ 是一个磁极的磁通，单位是 Wb；n 是电枢转速，单位是 r/min；K_E 是与电机结构有关的常数，E 的单位是 V。

直流电机作电动机运行时（如图 6-3 所示），将直流电源接在两电刷之间而使电流通入电枢线圈。电流方向应该是这样：N 极下的有效边中的电流总是一个方向，而 S 极下的有效边中的电流总是另一个方向。这样才能使两个边上受到的电磁力的方向一致，电枢因而转动。因此，当线圈的有效边从 N（S）极下转到 S（N）极下时，其中电流的方向必须同时改变，以使电磁力的方向不变。这也必须通过换向器才得以实现。电动机电枢线圈通电后在磁场中受力而转动，另外，当电枢在磁场中转动时，线圈中也要产生感应电动势。这个电动势的方向（由右手定则确定，图 6-3 中用虚线箭头表示）与电流或外加电压的方向总是相反，所以称为反电动势。它与发电机的电动势的作用不同，后者是电源电动势，由此而产生电流。

直流电机电枢绕组中的电流（电枢电流 I_a）与磁通 Φ 相互作用，产生电磁力和电磁转矩。直流电机的电磁转矩常用下式表示

$$T = K_T \Phi I_a \tag{6-2}$$

式中，K_T 是与电机结构有关的常数；Φ 的单位是 Wb；I_a 的单位是 A；T 的单位是 N/m。

直流发电机和直流电动机两者的电磁转矩的作用是不同的。发电机的电磁转矩是阻转矩，它与电枢转动的方向或原动机的驱动转矩的方向相反；在图 6-2 中，应用左手定则就可看出。因此，在等速转动时，原动机的转矩 T_1 必须与发电机的电磁转矩 T 及空载损耗转矩 T_0 相平衡。当发电机的负载（即电枢电流）增加时，电磁转矩和输出功率也随之增加。这时原动机的驱动转矩相所供给的机械功率也必须相应增加，以保持转矩之间及功率之间的平衡，而转速基本上不变。

电动机的电磁转矩是驱动转矩，它使电枢转动。因此，电动机的电磁转矩 T 必须与机械负载转矩 T_2 及空载损耗转矩 T_0 相干衡。当轴上的机械负载发生变化时，则电动机的转速、电动势、电流及电磁转矩将自动进行调整，以适应负载的变化，保持新的平衡。譬如，当负载增加，即阻转矩增加时，电动机的电磁转矩便暂时小于阻转矩，所以转速开始下降。随着转速的下降，当磁通 Φ 不变时，反电动势 E 必将减小，而电枢电流将增加，于是电磁转矩也随着增加。直到电磁转矩与阻转矩达到新的平衡后，转速不再下降，而电动机以比原先低的转速稳定运行。这时的电枢电流已大于原先的，也就是说从电源输入的功率增加了（电源电压保持不变）。

由上可知，直流电机作发电机运行和作电动机运行时，虽然都产生电动势和电磁转矩，但两者的作用截然相反，如下所示。

发电机运行	电动机运行
E 和 I_a 方向相同	E 和 I_a 方向相反
E——电源电动势	E——反电动势
T——阻转矩	T——驱动转矩
$T_1 = T + T_0$	$T = T_2 + T_0$

6.1.3 直流电动机的机械特性

直流电动机按励磁方式分为他励、并励、串励和复励四种。在本书中我们只讨论比较常用的他励电动机和并励电动机两种，它们的接线图如图 6-4 所示。他励电动机的励磁绕组与电枢是分离的，分别由两个直流电源，即励磁电源电压 U_f 和电枢电源电压 U 供电；而在并励电动机中两者是并联的，由同一电压 U 供电。

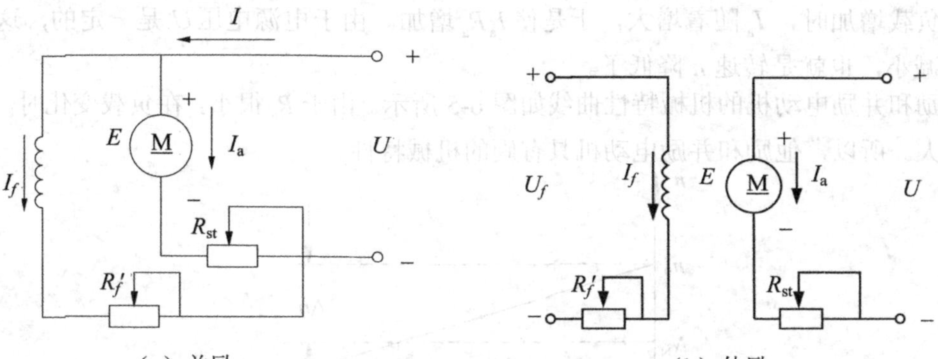

图 6-4　直流电动机的接线图

下面仅以常用的并励电动机为例来分析它的机械特性、启动、反转及调速。他励电动机和并励电动机只是连接上的不同，两者特性是一样的，并励电动机的电压与电流间的关系可用下列各式表示（R_a 为电枢电阻）

$$U = E + I_a R_a, \qquad I_a = \frac{U - E}{R_a} \tag{6-3}$$

$$I_f = \frac{U}{R_f} \tag{6-4}$$

$$I = I_a + I_f \approx I_a \tag{6-5}$$

由式（6-4）可见，当电枢电源电压 U 和励磁电路的电阻 R_f（包括励磁绕组的电阻和励磁调节电阻 R_f'）保持不变时，励磁电流 I_f 以及由它所产生的磁通 Φ 也保持不变，即 Φ=常数。因此，电动机的转矩也就和电枢电流成正比，即

$$T = K_T \Phi I_a = K I_a$$

当电动机的转矩 T 与机械负载转矩 T_2 及空载损耗转矩 T_0 相平衡时，电动机等速转动；当轴上的机械负载发生变化时，将引起电动机的转速、电流及电磁转矩等发生变化。在电源电压 U 和励磁电路的电阻 R_f 为常数的条件下，表示电动机的转速 n 与转矩 T 之间关系的 $n = f(T)$ 曲线，称为机械特性曲线。

由式（6-1）和式（6-3）可得

$$n = \frac{E}{K_E \Phi} = \frac{U - R_a I_a}{K_E \Phi} \tag{6-6}$$

然后根据式（6-2）用 T 替代 I_a，则上式可写成

$$n = \frac{U}{K_E \Phi} - \frac{R_a}{K_E K_T \Phi^2} T = n_0 - \Delta n \tag{6-7}$$

n_0 是 $T=0$ 时的转速，实际上是不存在的，因为即使电动机轴上没有加机械负载，电动机的转矩也不可能为零，它还要平衡空载损耗转矩。所以，通常 n_0 称为理想空载转速。

式中的 $\Delta n = \dfrac{R_a}{K_E K_T \Phi^2} T$ 是转速降。它表示：当负载增加时，电动机的转速会下降。转速降是由电枢电阻 R_a 引起的。

当负载增加时，I_a 随着增大，于是使 I_aR_a 增加。由于电源电压 U 是一定的，这使反电动势 E 减小，也就是转速 n 降低了。

他励和并励电动机的机械特性曲线如图 6-5 所示。由于 R_a 很小，在负载变化时，转速的变化不大。所以，他励和并励电动机具有硬的机械特性。

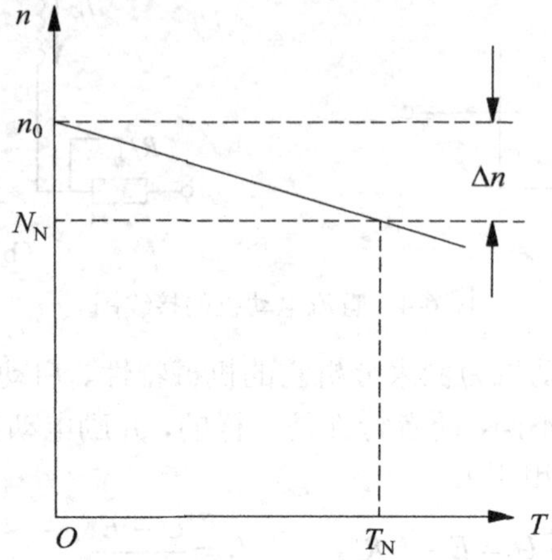

图 6-5　他励和并励电动机的机械特性曲线

6.1.4　并励电动机的启动与反转

当将电动机接到电源启动时，转速从零逐渐上升到稳定值。在该过程中电动机的运行特性和稳定运行时是不同的。

并励电动机在稳定运行时，其电枢电流为

$$I_a = \frac{U-E}{R_a} \tag{6-8}$$

因为电枢电阻 R_a 很小，所以电源电压 U 和反电动势 E 极为接近。

在电动机启动的初始瞬间，$n=0$，这时的电枢电流（即直接启动时的电枢电流）为

$$I_{ast} = \frac{U}{R_a} \tag{6-9}$$

由于 R_a 很小，这时启动电流将达到额定电流的 10～20 倍，这是不允许的。

因为并励电动机的转矩正比于电枢电流，所以它的启动转矩也太大。它会产生机械冲击，使传动机构（例如齿轮）遭受损坏。

因此，必须限制启动电流。限制启动电流的方法就是启动时在电枢电路中串接启动电阻 R_{st}（如图 6-7 所示）。这时电枢中的启动电流初始值为

$$I_{ast} = \frac{U}{R_a + R_{st}} \tag{6-10}$$

而启动电阻则可由上式确定，即

$$R_{st} = \frac{U}{I_{ast}} - R_a \tag{6-11}$$

一般规定启动电流不应超过额定电流的 1.5～2.5 倍。

启动时，将启动电阻放在最大值处，待启动后，随着电动机转速的上升，把它逐段切除。

如果要改变直流电动机的转动方向，必须改变电磁转矩的方向。由左手定则可知：在磁场方向固定的情况下，必须改变电枢电流的方向；如果电枢电流的方向不变，改变励磁电流的方向同样可以达到反转的目的。

6.1.5　并励电动机的调速

电动机的调速就是在同一负载下获得不同的转速，以满足生产要求。

根据他励　（或并励）电动机的转速公式

$$n=\frac{U-R_{a}I_{a}}{K_{E}\Phi}$$

可知，改变转速常用下列两种方法。

1．改变磁通 Φ（调磁）

当保持电源电压 U 为额定值时，调节电阻 U_f'（见图 6-6），改变励磁电流 I_f 以改变磁通。

由式

$$n=\frac{U}{K_{E}\Phi}-\frac{R_{a}}{K_{E}K_{T}\Phi^{2}}T$$

可见，当磁通 Φ 减小时，n_0 升高了，转速降 Δn_0 也增大了；但后者与 Φ^2 成反比，所以磁通愈小，机械特性曲线也就愈陡，但仍具有一定硬度（如图 6-6 所示）。在一定负载下，Φ 愈小，则 n 愈高。由于电动机在额定状态运行时，它的磁路已接近饱和，所以通常只是减小磁通（$\Phi<\Phi_{N}$），将转速往上调（$n>n_{N}$）。

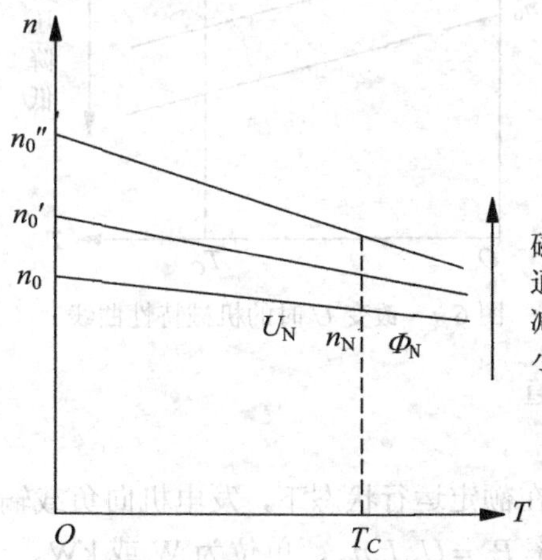

图 6-6　改变 Φ 时的机械特性曲线

调速的过程是这样的：当电源电压 U 保持恒定时，减小磁通 Φ。由于机械惯性，转速不立即发生变化，于是反电动势 $E=K_{E}\Phi n$ 就减小，I_a 随之增加。由于 I_a 增加的影响，超过 Φ 减小的影响，所以转矩 $T=K_{T}\Phi I_{a}$ 也就增加。如果阻转矩 T_C（$T_C=T_2+T_0$）未变，则 $T>T_C$，转速 n 上升。随着 n 的升高，反电动势 E 增大，I_a 和 T 也随着减小，直到 $T=T_C$ 时为止。但这时转速已较原来的升高了。

上述的调速过程是设负载转矩保持不变。结果由于 Φ 的减小而使 I_a 增大。如果在调速前电动机已在额定电流下运行，那么，调速后的电流势必超过额定电流，这是不允许的。从发热的角度考虑，调速后的电流仍应保持额定值，也就是电动机在高速运转时其负载转矩必须减小。因此，这种调速方法仅适用于转矩与转速约成反比而输出功率基本上不变（恒功率调速）的场合，例如用于切削机床中。

2．改变电压 U（调压）

当保持他励电动机的励磁电流 I_f 为额定值时，降低电枢电压 U，则由式（6-7）可见 n_0 变低了，但 Δn 未改变。因此，改变 U 可得出一簇平行的机械特性曲线，如图 6-7 所示。在一定负载下，U 愈低，则 n 愈低。为了保证电动机的绝缘不受损害，通常只是降低电压（$U < U_{\mathrm{N}}$），将转速往下调（$n < n_{\mathrm{N}}$）。

调速的过程是这样的：当磁通 Φ 保持不变时，减小电压 U。由于转速不立即发生变化，反电动势 E 也暂不变化，于是电流 I_{a} 减小了，转矩 T 也减小了。如果阻转矩 T_{C} 未变，则 $T < T_C$，转速 n 下降。随着 n 的降低，反电动势 E 减小。I_{a} 和 T 也随着增大，直到 $T = T_C$ 时为止，但这时转速已较原来的降低了。

由于调速时磁通不变，如在一定的额定电流下调速，则电动机的输出转矩也是一定的（恒转矩调速），例如起重设备中用这种调速方法。

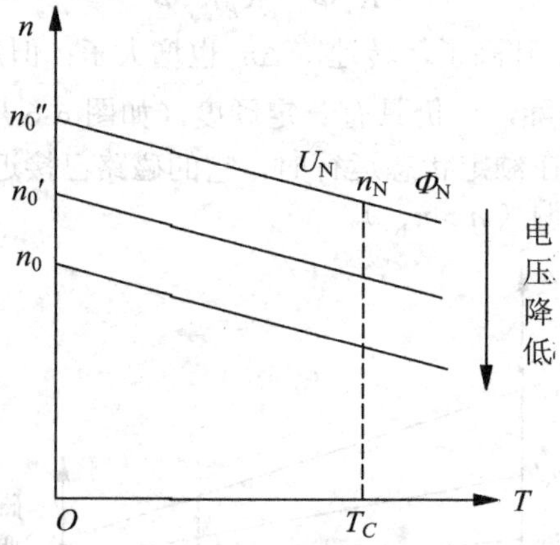

图 6-7　改变 U 时的机械特性曲线

6.1.6　直流电机的额定值

1．电机的额定值

（1）额定功率 P_{N}：它指在额定运行状态下，发电机向负载输出的电功率 $P_{\mathrm{N}} = U_{\mathrm{N}} I_{\mathrm{N}}$，或指电动机轴上输出的机械功率 $P_{\mathrm{N}} = U_{\mathrm{N}} I_{\mathrm{N}} \eta_{\mathrm{N}}$，单位为 W 或 kW。

（2）额定电压 U_{N}：它指在额定运行状态下，发电机允许输出的最高电压或加在电动机电枢两端的电源电压，单位为 V。

（3）额定电流 I_{N}：它指电机按规定的方式运行时，电枢绕组允许流过的最大安全电流，单位为 A。

（4）额定转速 n_{N}：在额定运行状态时电机的转速，单位为 r/min。

（5）额定励磁电压 U_f：在额定情况下，励磁绕组所加的电压，单位为 V。

（6）额定励磁电流 I_f：在额定情况下，通过励磁绕组的电流，单位为 A。

若电机运行时，各物理量都与额定值一样，称为额定运行状态。电机在实际运行时，由于负载的变化和生产工艺需要，经常不在额定状态下运行。电机在接近额定的状态下运行，才是经济的。

2．直流电机的主要系列

直流电机的应用很广泛，型号很多，这里仅介绍部分常用系列产品。

（1）Z2 系列：用于一般用途的中小型直流电机。

（2）Z 和 ZF 系列：用于一般用途的中大型直流电机，其中“Z”为直流电动机系列，“ZF”为直流发电机系列。

（3）ZQ 系列：用于电力机车、工矿电机车和蓄电池供电的电车用的直流牵引电动机。

（4）ZZJ 系列：用于冶金辅助拖动机械用的冶金起重直流电动机，它具有快速启动和较大过载能力的特性。

（5）Z-H 系列：用于船舶上各种辅机用的船用直流电动机。

（6）ZT 系列：用于恒功率且调速范围较宽的宽调速直流电机。

（7）ZA 系列：用于矿井和易爆气体场合的防爆安全型直流电机。

（8）ZU 系列：用于龙门刨床的直流电动机。

（9）ZW 系列：是无槽直流电动机，在快速响应的伺服系统中作执行元件。

还有许多系列，请参阅电机手册。

6.2 伺服电动机

伺服电动机在自动控制系统中作执行元件，它能把输入电压信号变换为转轴的角位移或角速度输出，并带动一定的负载。根据输入的电压信号，不断变化转速和转向。

伺服电动机有直流和交流两大类，直流伺服电动机具有伺服性能好且输出功率较大（一般可达几百瓦）等优点，交流伺服电动机则具有结构简单、维护方便等优点；但其机械待性与调节特性线性度较差，且输出功率也较小（一般为几十瓦）。

6.2.1 直流伺服电动机

直流伺服电动机实质上就是他励式直流电动机，其结构与普通小型直流电动机相同，可分为永磁式和电磁式两种。永磁式直流伺服电动机的磁极是用永久磁铁制成的，电磁式直流伺服电动机的磁极是磁极铁芯套上励磁绕组组成的。

直流伺服电动机的工作原理与普通直流电动机相同。励磁绕组中流过电流所产生的磁通与电枢绕组中通过的电流互相作用时即产生电磁转矩，使伺服电动机旋转，当这两个绕组中有一个断电时，伺服电动机能立即停转。

1．控制方式

由直流电动机的调速方法和正反转方法可知，当改变电枢绕组端电压的大小和极性或改变励磁绕组励磁电流的大小和方向时，电动机的转速和旋转方向也随之改变，所以直流伺服电动机的控制方式也就有电枢控制方式和磁场控制方式两种。

因电枢控制方式的机械特性和调节特性均为线性，电枢回路电感小，响应迅速，所以直流伺服电动机多采用电枢控制方式。下面只介绍电枢控制方式的运行特性。

2．电枢控制方式的运行特性

电枢控制时直流伺服电动机的工作原理如图 6-8 所示。为分析方便，假设电机磁路不饱和，即认为磁化曲线为直线，并且不计电枢反应的影响。

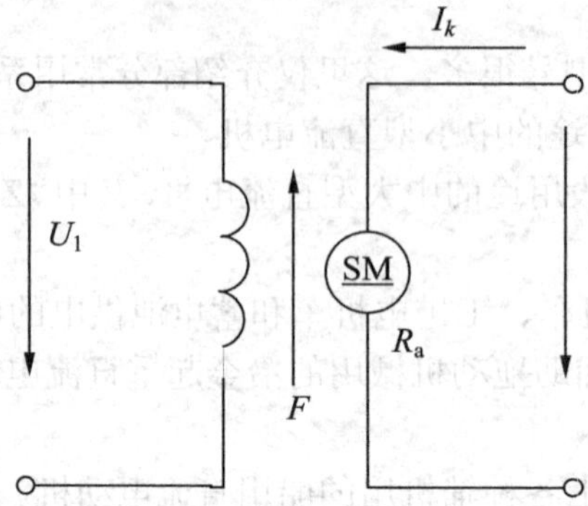

图 6-8　电枢控制时直流伺服电动机的工作原理

由他励式直流电动机机械特性方程可得直流伺服电机的机械特性方程如下

$$n=\frac{U_k}{K_e\Phi}-\frac{R_a}{K_eK_T\Phi^2}T \tag{6-12}$$

式中：R_a——电枢回路总电阻；

K_e——电动势常数；

K_T——转矩常数；

Φ——每极下的主磁通；

U_k——控制电压；

n——电动机转速；

T——电磁转矩。

（1）机械特性。机械特性是指控制电压为常数，即 U_k =常数时，电动机转速与电磁转矩的关系，$n=f(T)$。电枢控制式直流伺服电动机的机械特性如图 6-9 所示。

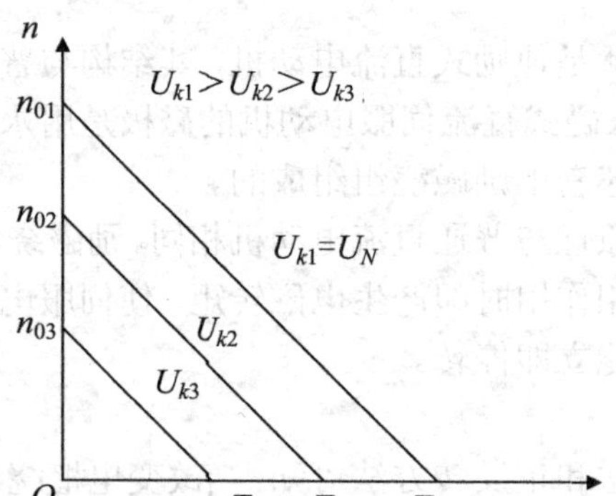

图 6-9　电枢控制时直流伺服电动机的机械特性

从图中可以看出其机械特性为一组平行线，机械特性是线性的。

机械特性曲线与纵轴交点的纵坐标为理想空载转速 n_0，即

$$n_0 = \frac{U_k}{K_e \Phi} \tag{6-13}$$

机械特性曲线与横轴交点的横坐标为堵转转矩 T_k，即

$$T_k = \frac{K_T \Phi}{R_a} U_k \tag{6-14}$$

机械特性曲线的斜率的绝对值为

$$\left|\tan a\right| = \frac{n_0}{T_k} = \frac{U_k}{K_e K_T \Phi^2} \tag{6-15}$$

（2）调节特性。调节特性是指电磁转矩为常数，即 T = 常数时，转速与控制电压的关系，$n = f(U_k)$。由式（6-12）即可画出直流伺服电动机的调节特性曲线，如图 6-10 所示，它们也是一组平行线。

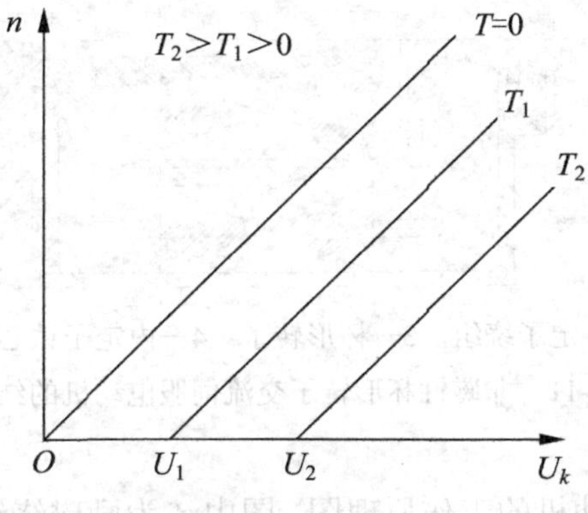

图 6-10　电枢控制时直流伺服电动机的调节持性

从直流伺服电动机的调节特性可以看出，电磁转矩 T 一定时，控制电压 U_k 越高，电动机转速越高，转速与控制电压成正比。

调节特性与横轴交点的横坐标为负载转矩一定时的始动电压，如 $T = T_1$ 时的 U_1，$T = T_2$ 时的 U_2。当负载转矩大于零并为一定值时，电动机的控制电压大于相应的始动电压，则电机的电磁转矩大于负载转矩，电动机才能启动并达到某一转速；反之，控制电压小于相应的始动电压，则电动机的最大电磁转矩小于负载转矩，它就不能启动。我们称调节特性曲线的横坐标从零到始动电压的这一范围为在一定负载转矩时的控制失灵区。如 $T = T_1$ 时，U_k=0～U_1 的死区。显然，失灵区的大小与负载转矩成正比，即负载转矩愈大，始动电压也愈大。

直流伺服电动机的机械持性和调节特性都是一组平行线，线性度好，这是直流伺服电动机的优点。但是，以上所述结论是在理想情况下得到的，实际工作中的直流伺服电动机其机械持性和调节持性都是一条接近于直线的曲线，线性度不是十分理想。

6.2.2　交流伺服电动机

1．基本结构

交流伺服电动机实际上为一两相感应电动机，其定子一相绕组为励磁绕组，运行时接励磁电压 $\dot{U}_f$，另一相绕组作为控制绕组，运行时接控制电压 $\dot{U}_k$，两相绕组在空间相距 90°电角度。

常用的转子结构有两种形式：一种是笼型转子。这种转子的结构与普通笼型感应电动机一样，但是为了减小转子转动惯量，做成了细长形式。为了增大转子电阻，其导条与端环采用高电阻率材料。

另一种是非磁性杯形转子（也有磁性杯形转子），其结构形式如图 6-11 所示。这种杯形转子交流伺服电动机中除了有一般交流电动机一样的定子外，还有一个内定子，由硅钢片叠成的圆柱体，其上不放绕组，只是代替转子铁芯作为磁路的一部分，减小磁路的磁阻。

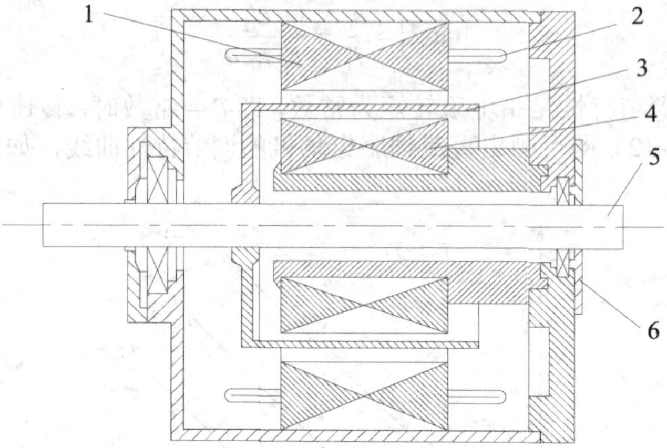

1—外定子铁芯　2—定子绕组　3—杯形转子　4—内定子铁芯　5—转轴　6—轴承

图 6-11　非磁性杯形转子交流伺服电动机的结构图

2．工作原理

图 6-12 是交流伺服电动机的工作原理图。图中 f 为励磁绕组，k 为控制绕组。如图 6-13 所示为交流伺服电动机单相励磁时的机械特性。

当交流伺服电动机控制绕组不加电压时，和单相感应电动机一样，气隙内磁场为励磁绕组电流产生的脉动磁场，电动机无启动转矩，转子不转。也就是说，电动机静止时，没有控制电压信号，电动机不会启动。

当控制绕组加上控制电压，且控制绕组内电流与励磁绕组内电流不同相时，作为两相感应电动机，空间相差 90°电角度的两个绕组，通以不同相的电流，则气隙内建立一定大小的旋转磁场，和单相感应电动机的启动情况一样，产生了启动转矩，转子就旋转起来。

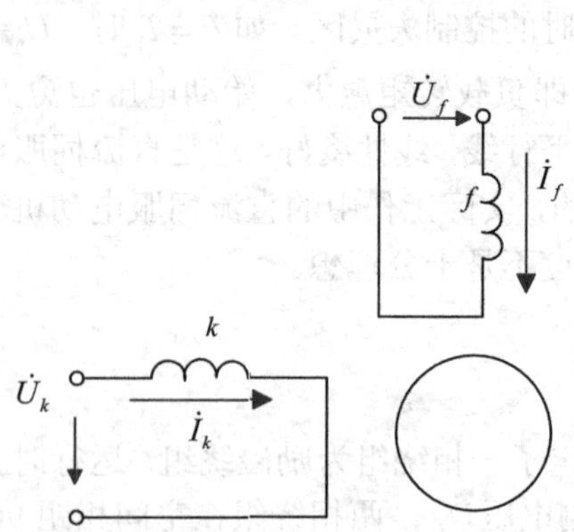

图 6-12　交流伺服电动机的工作原理图

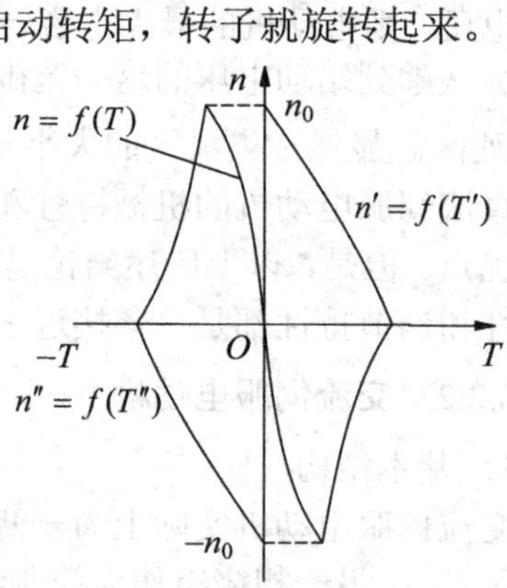

图 6-13　交流伺服电动机单相励磁时的机械特性

若交流伺服电动机的参数和单相感应电动机相似，那么，交流伺服电动机启动旋转以后，即使控制电压消失，它也会和单相感应电动机一样连续旋转而不停止。这就是说，交流伺服电动机失去了控制。交流伺服电动机的这种一经启动，即使在单相励磁情况下，还继续自行旋转的失控现象称为“自转”。为了防止“自转”现象的发生，必须增大转子电阻。

3．控制方式

伺服电动机不仅须具有随施加控制电压和控制电压消失而启动和停止的伺服性，而且须具有转速和转向的可控性。

如果把交流伺服电动机的控制电压$\dot{U}_k$的相位改变 180°，则控制绕组内电流也改变了180°。由旋转磁场理论可知，旋转磁场的旋转方向是由电流超前相的绕组转向滞后相的绕组。若原来控制绕组内电流超前于励磁电流 90°，现在控制绕组内电流改变了 180°，则变为滞后于励滋电流 90°，于是电动机的旋转方向便改变了。如果控制电压$\dot{U}_k$的相位不变而大小改变了，则气隙内旋转磁场的幅值大小也相应改变，电磁转矩也随着改变，所以电动机的转速改变，可见，改变控制电压$\dot{U}_k$的大小和相位，就可以改变电动机的转速和转向。

交流伺服电动机的控制方式有以下三种。

（1）幅值控制。控制电压$\dot{U}_k$与励磁电压$\dot{U}_f$的相位差保持 90°电角度不变，依靠改变控制电压幅值$\dot{U}_k$的大小来控制交流伺服电动机的转速，$\dot{U}_k=0$时，电动机停转。控制的电气原理如图 6-14 所示。

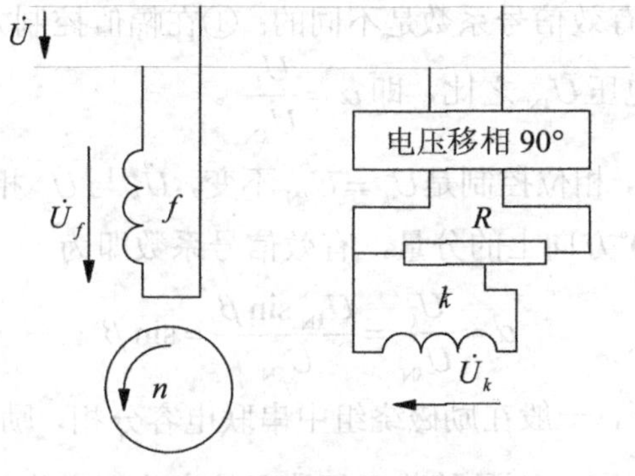

图 6-14　幅值控制原理图

（2）相位控制。控制电压$\dot{U}_k$的幅值不变，即等于额定控制电压U_{kN}，依靠改变$\dot{U}_k$的相位即改变$\dot{U}_k$与$\dot{U}_f$的相位差β来控制电动机转速，$\beta=0$时，电动机停转。控制的电气原理图如图 6-15 所示。

（3）幅-相控制。控制的电气原理如图 6-16 所示。把励磁绕组串联电容C后，接到电源$\dot{U}$上，这时励磁电压$\dot{U}_f=\dot{U}-\dot{U}_C$，$\dot{U}_k$与$\dot{U}$始终同相。当调节$\dot{U}_k$的幅值来调节电动机的转速时，由于控制绕组与励磁绕组的耦合作用，使励磁绕组的电流$\dot{I}_f$也发生变化，也就是说，此时$\dot{U}_k$与$\dot{U}_f$的大小及它们之间的相位差β都随着改变，所以这是一种幅值和相位的复合控制方式。这种控制方式是利用电容分相，所以也称为电容移相式控制，它不需要复杂的移相电路，设备简单，成本低，是常用的一种控制方式。

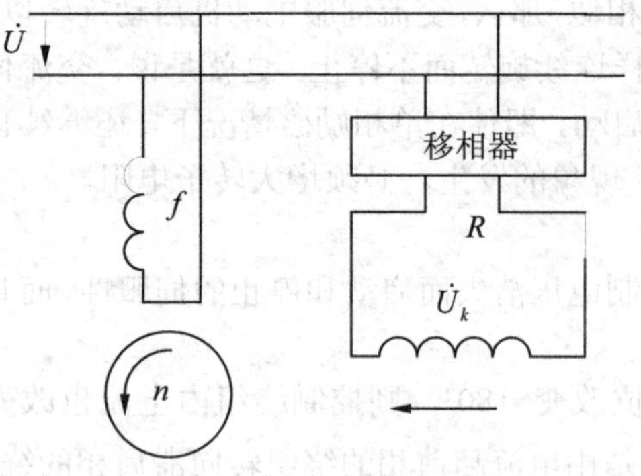

图 6-15　相位控制原理图

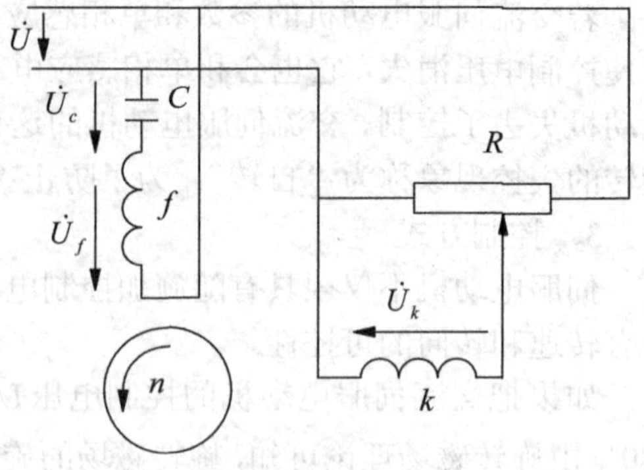

图 6-16　幅-相控制原理图

4．运行待性

（1）机械特性。机械特性是指控制电压$\dot{U}_k$不变时，电磁转矩随转速变化的关系。由于交流伺服电动机一般是在不对称状态下运行，即励磁绕组电流相控制绕组电流产生的合成磁场的磁感应强度矢量的方向随时间变化而形成旋转磁场，而且磁感应强度的大小也随时间而变化，旋转磁场是椭圆形旋转磁场，这种不对称的程度，不仅因控制方式不同而异，而且因控制电压的不同有所不同，所以，机械特性应在一个表征控制电信号的系数为一定值的条件下去获得，这个系数称为有效信号系数α。

不同的控制方式，其有效信号系数是不同的：①在幅值控制方式下，有效信号系数α为控制电压U_k与额定控制电压$U_{k\mathrm{N}}$之比，即$\alpha=\dfrac{U_k}{U_{k\mathrm{N}}}$。

②在相位控制方式下，相位控制是$U_k=U_{k\mathrm{N}}$不变，$\dot{U}_k$与$\dot{U}_f$相位差为β电角度，所以U_k应取U_k在与U_f相位差 90°方向上的分量，有效信号系数即为

$$\alpha=\frac{U_k}{U_{k\mathrm{N}}}=\frac{U_{k\mathrm{N}}\sin\beta}{U_{k\mathrm{N}}}=\sin\beta$$

③在幅-相控制方式下，一般在励磁绕组中串联电容分相，励磁绕组上的电压U_f不等于额定励磁电压（即电源电压），而且随着运行情况的变化而变化。通常要求电动机启动时气隙合成磁场为圆形旋转磁场，按此要求选择电容 C，这就确定了满足此要求时的控制电压值U_{k0}，若令$\alpha_0=\dfrac{U_{k0}}{U_{k\mathrm{N}}}$，则有效信号系数为

$$\alpha=\frac{U_k}{U_{k\mathrm{N}}}=\frac{U_k}{U_{k0}}\frac{U_{k0}}{U_{k\mathrm{N}}}=\frac{U_k}{U_{k0}}\alpha_0$$

三种控制方式的机械特性如图 6-17 所示，图中 m 为输出转矩与启动转矩之比，v 为转速与同步转速之比。

从机械特性可以看出，无论哪种控制方式，有效信号系数愈小（即控制电信号愈小），其机械特性愈下移，理想空载转速愈小。

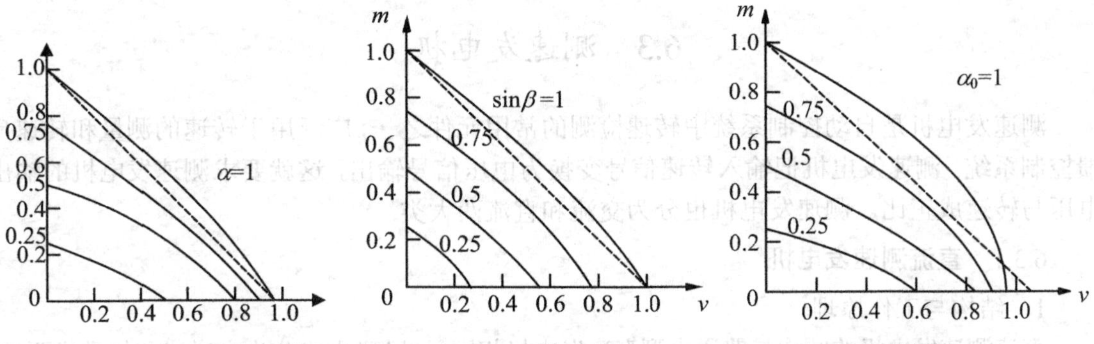

（a）幅值控制　　（b）相位控制　　（c）幅-相控制

图 6-17　机械特性

（2）调节特性。调节特性是指当输出电磁转矩不变时，转速随控制电压的大小变化的关系。

调节特性可由机械特性曲线用作图法求得，即在机械特性上作转矩为某一定值的平行于横轴的转轴线，该转矩线与机械特性曲线有许多交点。找出这些交点对应的转速值和有效信号系数值，并绘成曲线，即为该输出转矩下的调节特性曲线。不同的转矩线就可得出不同的转矩下的调节特性曲线。调节特性曲线如图 6-18 所示。

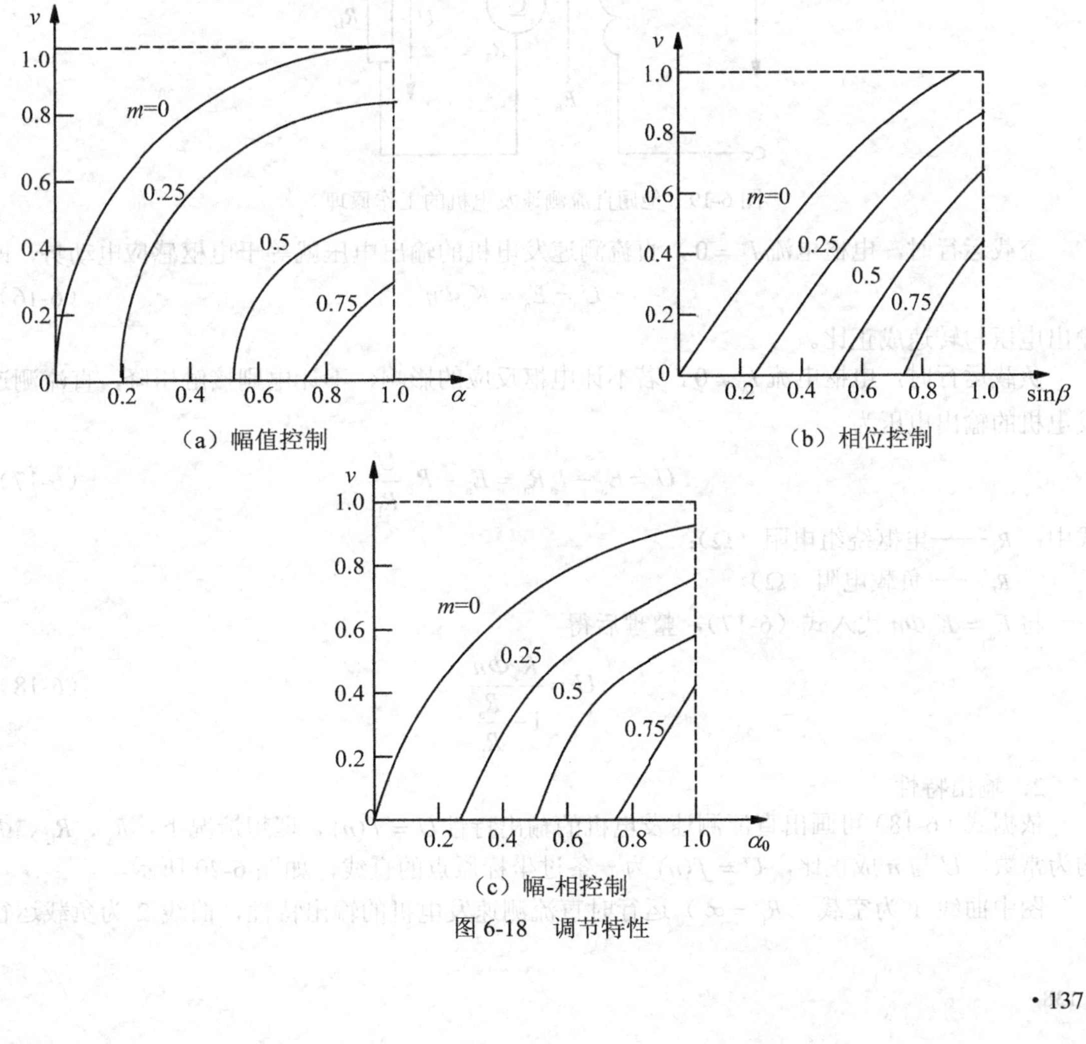

（a）幅值控制　　（b）相位控制

（c）幅-相控制

图 6-18　调节特性

6.3 测速发电机

测速发电机是自动控制系统中转速检测的常用元件之一，广泛用于转速的测量和转速反馈控制系统。测速发电机把输入转速信号变换为电压信号输出，这就要求测速发电机的输出电压与转速成正比。测速发电机也分为交流和直流两大类。

6.3.1 直流测速发电机

1．结构与工作原理

直流测速发电机的结构与普通小型直流发电机相同，按励磁方式分为永磁式和他励式两种。

直流测速发电机的工作原理与普通直流发电机相同。如图 6-19 所示为他励直流测速发电机的工作原理。

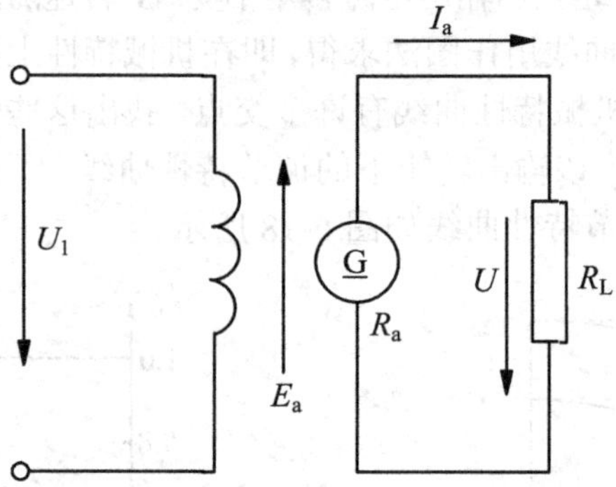

图 6-19 他励直流测速发电机的工作原理

空载运行时，电枢电流 $I_a = 0$，直流测速发电机的输出电压就等于电枢感应电动势，即

$$U = E_a = K_e \Phi n \tag{6-16}$$

输出电压与转速成正比。

负载运行时，电枢电流 $I_a \neq 0$，若不计电枢反应的影响，不计电刷接触压降，直流测速发电机的输出电压为

$$U = E_a - I_a R_a = E_a - R_a \frac{U}{R_L} \tag{6-17}$$

式中：R_a——电枢绕组电阻（Ω）；

R_L——负载电阻（Ω）。

将 $E_a = K_e \Phi n$ 代入式（6-17），整理后得

$$U = \frac{K_e \Phi n}{1 + \dfrac{R_a}{R_L}} \tag{6-18}$$

2．输出特性

依据式（6-18）可画出直流测速发电机的输出特性 $U = f(n)$。理想情况下，R_a、R_L、Φ 均为常数，U 与 n 成正比，$U = f(n)$ 为一条过坐标原点的直线，如图 6-20 所示。

图中曲线 1 为空载（$R_L = \infty$）运行时直流测速发电机的输出特性，曲线 2 为负载运行

时的输出特性。随着 R_L 的减小，输出特性的斜率下降。

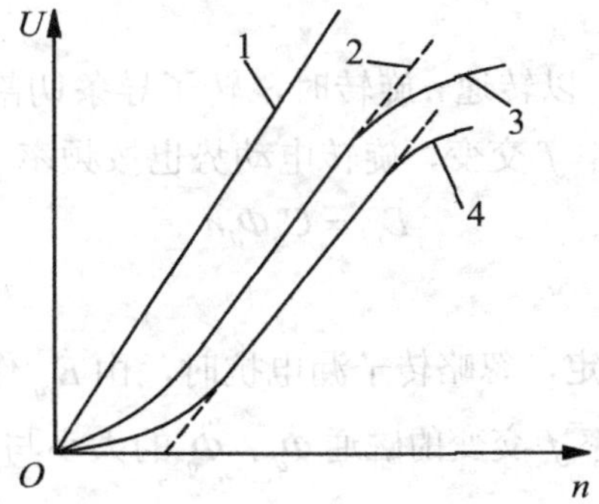

1—空载　2—负载　3—电枢反应影响　4—接触电阻影响

图 6-20　直流测速发电机的输出特性

6.3.2　交流测速发电机

交流测速发电机有同步测速发电机和异步测速发电机两种，异步测速发电机又有空心杯转子式和笼型转子式两种。下面只介绍自动控制系统中应用最为广泛的空心杯转子式异步测速发电机。

空心杯转子式异步测速发电机的结构与杯形转子伺服电动机没有什么区别，转子是一个薄壁的空心杯形转子，用高电阻率的磷青铜（属非磁性材料）制成。定子两相绕组空间位置应严格保持垂直，一个作励磁用，称为励磁绕组；另一个作输出电压用，称为输出绕组。

交流异步测速发电机的工作原理如图 6-21 所示，杯形转子可以看成由无数多的导条并联组成，和笼型转子一样。

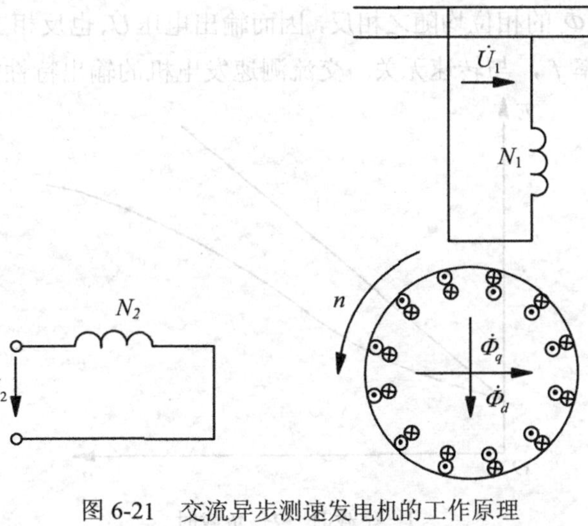

图 6-21　交流异步测速发电机的工作原理

设定子励磁绕组的轴线为直（d）轴，输出绕组曲轴线为交（q）轴。当励磁绕组加频率为 f 的交流电压 $\dot{U}_1$ 时，绕组电流 $\dot{I}_1$ 便产生一个 d 轴方向、频率为 f 的脉动磁通，根据变压器的原理在转子中产生感应电动势，形成转子电流，此电流产生的磁通沿 d 轴与励磁绕组产生的磁通方向相反，与定子磁通合成 d 轴磁通 $\dot{\Phi}_d$，由于输出绕组的轴线 q 轴与励磁绕组

轴线 d 轴垂直，没有耦合关系，输出绕组中并不产生感应电动势，所以在转子不转时输出电压为零。

当转子由被测转轴驱动，以转速 n 旋转时，转子导条切割磁通 Φ_d 产生切割电动势，称为旋转电动势，由于 $\dot{\Phi}_d$ 按频率 f 交变，旋转电动势也按频率 f 交变，其有效值为

$$E_{rq} = C_q \Phi_d n \tag{6-19}$$

式中：C_q ——比例常数。

$\dot{E}_{rq}$ 的方向按右手定则确定，忽略转子漏电抗时，由 $\dot{E}_{rq}$ 作用在转子中产生的电流 $\dot{I}_{rq}$ 与 $\dot{E}_{rq}$ 同相位，该电流产生按频率 f 交变的磁通 $\dot{\Phi}_q$，$\dot{\Phi}_q$ 的大小与 $\dot{I}_{rq}$ 的大小也即与 $\dot{E}_{rq}$ 的大小成正比，即

$$\Phi_q = KE_{rq} \tag{6-20}$$

式中：K ——比例常数。

由于 $\dot{\Phi}_q$ 的轴线与输出绕组的轴线即 q 轴重合，而按频率 f 交变的磁通 $\dot{\Phi}_q$ 作用在 q 轴，所以在定子的输出绕组中感应电动势 $\dot{E}_2$，其频率也为 f，其有效值为

$$E_2 = 4.44 f N_2 \Phi_q \tag{6-21}$$

将式（6-19）、式（6-20）代入式（6-21）得

$$E_2 = 4.44 f N_2 K C_q \Phi_d n = C_1 \Phi_d n \tag{6-22}$$

式中：$C_1 = 4.44 f N_2 K C_q$。

即输出绕组中所感应产生的电动势 E_2 与转速 n 成正比。

由此电动势产生输出电压 $\dot{U}_2$，若转子旋转方向相反，则转子中的旋转电动势 $\dot{E}_{rq}$、电流 $\dot{I}_{rq}$ 及其所产生的磁通 $\dot{\Phi}_q$ 的相位均随之相反，因而输出电压 $\dot{U}_2$ 也反相 180°，而输出电压的频率等于励磁电压的频率 f，与转速无关。交流测速发电机的输出特性如图 6-22 所示。

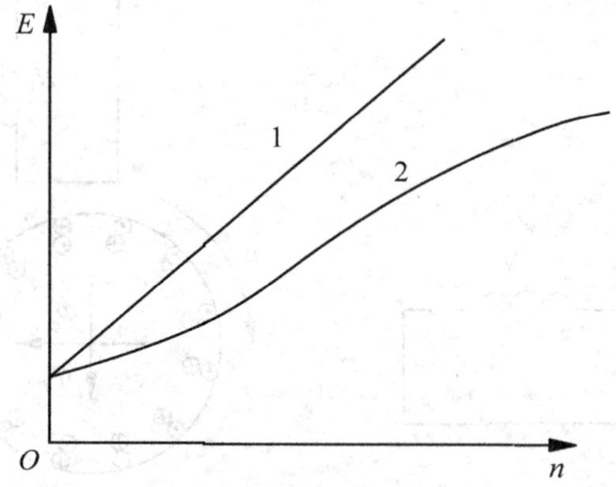

1—空载时　2—负载时

图 6-22　交流测速发电机输出特性

6.3.3　测速发电机的应用

测速发电机的作用是将机械速度转换为电气信号，常用做测速无件、校正元件、解算元件，与伺服电机配合，广泛使用于许多速度控制或位置控制系统中，如在稳速控制系统中，

测速发电机将速度转换为电压信号作为速度反馈信号，可达到较高的稳定性和较高的精度，在计算解答装置中，常作为微分、积分元件。

6.4 步进电动机

步进电动机是指将电脉冲信号变换为角位移或角速度的控制电机，即输入一个电脉冲，步进电动机就转动一个机械角度，其输出角位移与输入脉冲个数成正比，输出转速与脉冲频率成正比，故这种电动机也称为脉冲电动机。

6.4.1 步进电动机的典型结构

步进电动机按励磁方式可分为反应式、永磁式和感应子式三大类，其中反应式步进电动机结构简单，维护方便， 应用最为普遍。三相反应式步进电动机的典型结构如图 6-23 所示。转子铁芯、定子铁芯都是用硅铜片叠成的。定子具有均匀分布的成对的磁极，磁极上绕有一相控制绕组。每两个相对的磁极组成一相，常用的定子相数 m 为 3、4、5、6，定子磁极个数则为 $2m$。如图 6-23 所示电机有三相、6 个磁极，A、B、C 三相控制绕组连接成 Y 形。转子铁芯的外表面为齿槽结构，图示的步进电动机转子铁芯有 4 个齿。

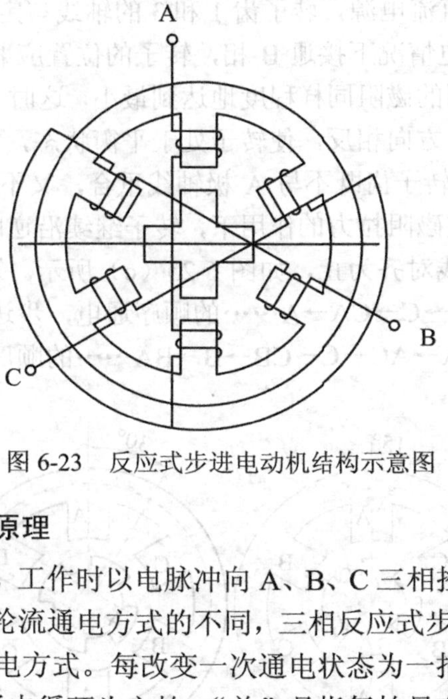

图 6-23 反应式步进电动机结构示意图

6.4.2 通电方式与运行原理

以三相步进电动机为例，工作时以电脉冲向 A、B、C 三相控制绕组轮流通入直流电流，转子就会一步步地转动。因轮流通电方式的不同，三相反应式步进电动机有三相单三拍、三相双三拍、三相六拍三种通电方式。每改变一次通电状态为一拍。“三拍”指一个通电循环为三拍，“六拍”则指一个通电循环为六拍。“单”是指每拍只有一相绕组通电，“双”则指每拍有两相绕组通电。三相六拍是单、双拍方式。

1．三相单三拍运行

首先，设 A 相绕组通电，而 B、C 两相不通电时，由于磁通具有力图走磁阻最小路径的特点，所以转子齿 1 和 3 的轴线与定子 A 极轴线对齐。同样道理，当断开 A 相接通 B 相时，转子便按逆时针方向转过 30°，使转子齿 2 和 4 的轴线与定子 B 极轴线对齐，断开 B 相，接通 C 相，则转子再转过 30°，使转子齿 1 和 3 的轴线与 C 极轴线对齐，如此按 A→B→C→A……

顺序轮流通电，转子就会一步步地按逆时针方向连续转动，如图 6-24 所示。当步进电动机控制绕组通电顺序反过来变为 A→C→B→A……时，转子则反方向转动。

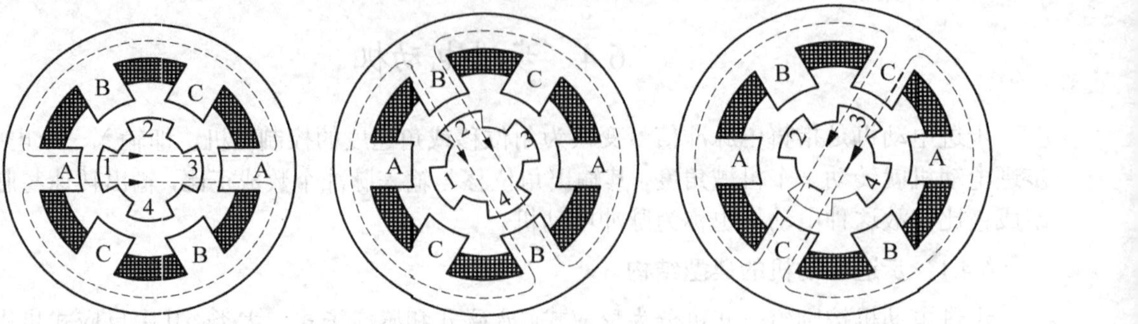

（a）A 相通电　（b）B 相通电　（c）C 相通电

图 6-24　三相单三拍运行

2．三相六拍运行

三相六拍运行的供电方式是：A→AB→B→BC→C→CA→A……一个循环周期换接六次，有六种通电状态，故称三相六拍运行方式。

开始先单独接通 A 相直流电源，转子齿 1 和 3 的轴线与定子 A 极轴线对齐，如图 6-25（a）所示。在 A 相继续通电情况下接通 B 相，转子的位置应兼顾到使 A、B 两对极所形成的两路磁通在气隙中所遇到的磁阻同样程度地达到最小，这时 A、B 两个相邻磁极与转子齿相作用的磁拉力大小相等，方向相反，使转子处于平衡状态，如图 6-25（b）所示。这时转子沿逆时针方向转过 15°，转子齿既不与 A 极轴线重合，又不与 B 极轴线重合。当断开 A 相，使 B 相单独通电时，在磁阻拉力的作用下，转子继续沿逆时针方向转动，直到转子齿 2 和 4 的轴线与定子 B 极轴线对齐为止，如图 6-25（c）所示。这时转子又转过 15°。以此类推，如果下面继续按照 BC→C→CA→A……的顺序通电，步进电动机就不断地按逆时针方向一步步地转动。如果按 A→AC→C→CB→B→BA……的顺序通电，步进电动机则反方向转动（顺时针转动）。

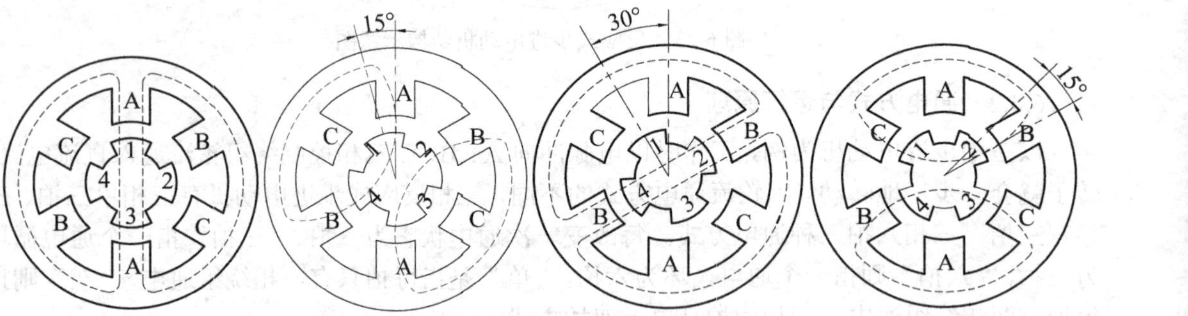

（a）A 相通电　（b）A、B 相通电　（c）B 相通电　（d）B、C 相通电

图 6-25　三相六拍运行

3．三相双三拍

如果每次都是两相控制绕组同时通电，即按 AB→BC→CA→AB……的顺序通电，每一通电状态转子的位置如图 6-25（b）、（d）所示，这时转子每拍转过的角度与单三拍相同，也是 30°。转子相邻两齿间的空间夹角称为齿距角，若转子一周为 Z_r 个齿，则齿距角 θ_r 为

$$\theta_r = \frac{360°}{Z_r} \tag{6-23}$$

从上述分析可知，每个通电循环周期磁场旋转一周，转子转过一个齿距角。

每改变一次通电状态（每拍）转子转过的角度称为步距角，若每个通电循环周期为 N 拍，则每拍转过 N 分之一齿距角，步距角 θ_b 为

$$\theta_b = \frac{360°}{Z_r N} \tag{6-24}$$

如脉冲频率很高，步进电动机控制绕组中送入连续脉冲，各相绕组轮流通电，步进电动机就不是一步一步转动，而是连续不断地转动，由式（6-24）可知，转子每经过 $Z_r N$ 个脉冲旋转一周，则转速为

$$n = \frac{60f}{Z_r N} \tag{6-25}$$

式中：n——转速（r/min）；

f——通电脉冲频率（Hz）。

以上所分析的是一台最简单的三相反应式步进电动机的工作原理。步距角大，控制精度差，目前实际应用的步进电动机转子上均布很多小齿，定子磁极上也有若干小齿，定、转子齿宽和齿距均相等，结构如图 6-26 所示，这样步距角可以很小。

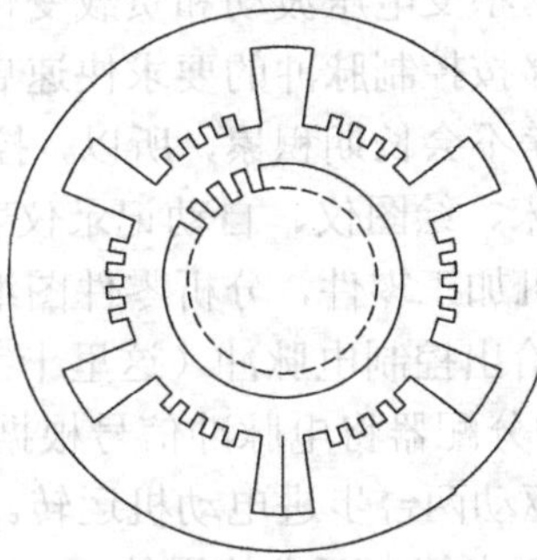

图 6-26　三相反应式步进电动机的结构

【例 6-1】$Z_r = 40$ 的三相反应式步进电动机，求齿距角？求采用单三拍或双三拍运行时的步距角？采用六拍运行时的步距角是多少？

解：齿距角为

$$\theta_r = \frac{360°}{Z_r} = \frac{360°}{40} = 9°$$

采用单三拍或双三拍运行时，即 $N = 3$，步距角为

$$\theta_b = \frac{360°}{Z_r N} = \frac{360°}{40 \times 3} = 3°$$

采用六拍运行时，即 $N = 6$，步距角为

$$\theta_b = \frac{360°}{Z_r N} = \frac{360°}{40 \times 6} = 1.5°$$

可见步进电动机齿数越多，步距角愈小。相数越多，运行拍数越多，步距角越小，但驱动电源越复杂。

6.4.3 驱动电源

步进电动机需要用一个专用的电源来供电，这个电源就是让步进电动机的控制绕组按通电方式以特定的顺序通电。也就是说，这个电源按通电方式输出一系列电脉冲给步进电动机控制绕组，以控制步进电动机动作，这个专用的电源称为驱动电源。驱动电源是电子电路组成的，所以有时也称为驱动电路，它由脉冲发生器、环形分配器、功率放大器及其他控制电路组成，其框图如图 6-27 所示。

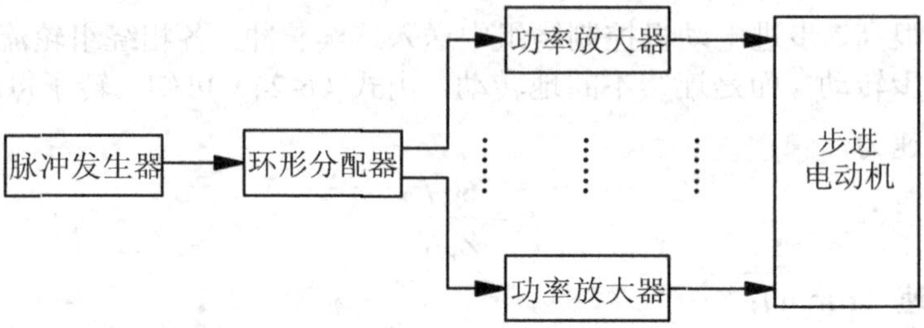

图 6-27 驱动电源框图

6.4.4 应用

步进电动机的步距（或转速）不受电压波动和负载变化的影响，也不受温度、压力、冲击、振动等环境条件的限制，能够按控制脉冲的要求快速启动、停止、反转，有宽广的调速范围。如不丢失脉冲，角位移误差不会长期积累，所以，控制精度高，主要用于高精度的开环控制系统中，如经济型数控机床、绘图仪、自动记录仪表。如图 6-28 所示是步进电机在数控机床中的应用。数控线切割机加工零件，分析零件图纸，编写程序，输入数控装置，数控系统对每一方向的步进电动机给出控制电脉冲（这里十字拖板 *X*、*Y* 方向的两根丝杠分别由两台电动机拖动），然后用脉冲分配器将电脉冲信号根据通电工作方式进行分配，再将电脉冲信号经过脉冲放大器放大，驱动两台步进电动机运转。通过传动装置来拖动十字拖板按加工要求连续移动进行加工，切割出符合要求的零件。

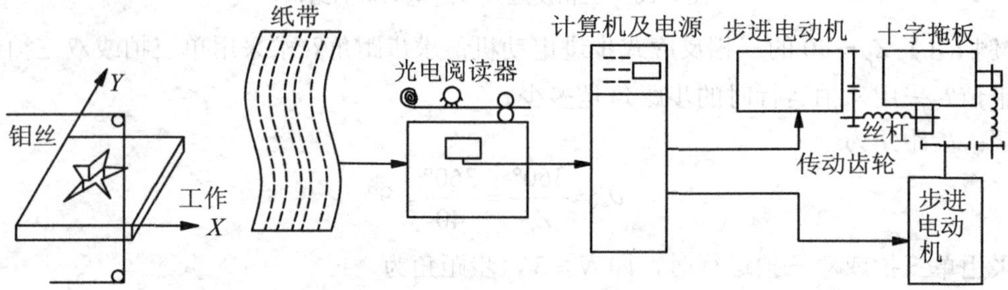

图 6-28 线切割机的工作示意图

6.5 直线电动机

直线电动机是一种将电能直接转换成直线运动机械能的电力传动装置，它可以看成是由旋转电动机演变来的。与旋转电动机相对应，直线电动机可分为直线异步电动机、直线同步电动机、直线直流电动机和其他直线电动机。本节主要讲述直线异步电动机。

6.5.1 直线异步电动机的工作原理

直线异步电动机可看成是将笼型三相感应电动机沿径向展开成平面而成的，如图 6-29 所示。由定子演变来的一侧称为一次侧或初级，由转子演变而来的一侧叫作二次侧或次级。

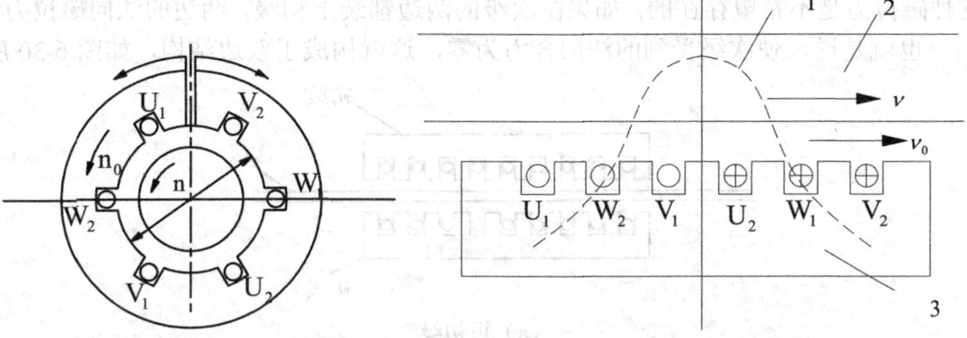

（a）圆形旋转异步电动机　　（b）直线异步电动机

1—行波磁场　2—次级　3—初级

图 6-29　直线异步电动机原理

在直线异步电动机的初级三相绕组中通入三相对称电流，就会在一次、二次侧的气隙中建立起一个以 v_0 速度移动的位移磁场或称为行波磁场。其移行的线速度由旋转电动机旋转磁场的转速 n_0 决定。

$$v_0 = 2\pi\frac{D}{2}\times\frac{n_0}{60} = \frac{D}{2}\times\frac{2\pi}{60}\times\frac{60 f_1}{p} = 2\pi\frac{D}{2p}f_1 = 2\tau f_1$$

式中：$\tau = \dfrac{\pi D}{2p}$；

D——被展开的异步电动机定子内圆周的直径（m）；

τ——电动机的极距（m）；

f_1——初级（一次侧）电源频率（Hz）。

行波磁场切割被展开成平面的次级绕组，在次级绕组中产生感应电动势并形成电流，电流与行波磁场相作用产生电磁力，使其以速度 v 运行，v 与 v_0 同方向，且 $v < v_0$（异步）。原理类似旋转三相感应式电动机，而展开后旋转磁场变成了直线位移磁场，旋转运动变成了直线运动。

6.5.2 直线异步电动机的结构

直线异步电动机的结构由初级（一次侧）和次级（二次侧）两大部分组成。

直线电动机的初级铁芯也由硅钢片叠成，表面开有槽，三相交流绕组嵌在槽内。直线电动机的次级有钢次级，铜、铝（非磁性）次级和复合次级三种。钢次级是用整块钢板制成次级，钢板具有既导磁又导电的功能，但导电性能差，铜、铝（非磁性）次级其导电性能良好，隘路经气隙闭合；复合次级是在钢板上复合一层铜（铝）板，钢板主要用于导磁，铜（铝）板用于导电，当钢板厚度过大时也可以看成非磁性次级。分析时，可以把整块金属板看成是无数的导条并联在一起。

与旋转电动机的不同之处是，旋转电动机定子铁芯和绕组沿圆周是封闭的整体，而直线电动机的初级则是开断的，形成了两个端部边缘，铁芯两端散漏的磁场经空气隙闭合，出现直线电动机的边缘散磁效应，可采用电磁场理论分析研究。

直线电动机从结构形式上，可分为单边型和双边型两种。如图 6-29 所示的直线电动机仅在次级的一边具有初级，称为单边型。它的缺点在于初、次级之间作用着很大的法向磁拉力。这种磁拉力是不希望存在的。如果在次级的两边都装上初级，两边的法向磁拉力可以相互抵消，也就是说，使次级受到的法向合力为零，这就构成了双边结构，如图 6-30 所示。

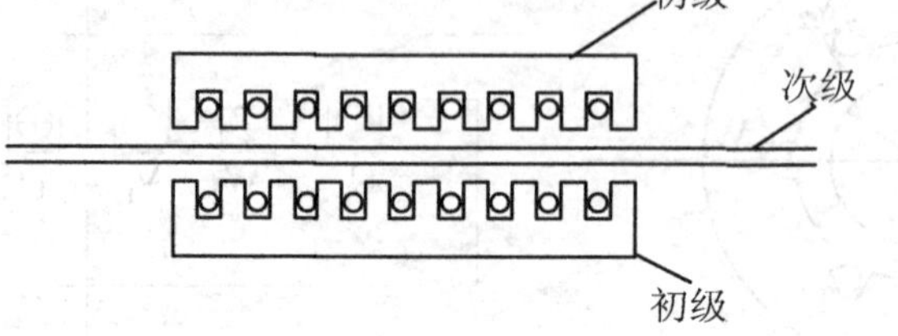

（a）短初级

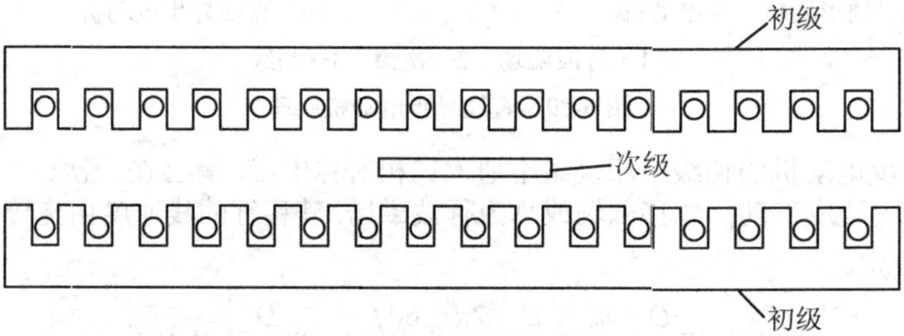

（b）短次级

图 6-30　双边型直线电动机

直线电动机行波移动速度 $v_0 = 2\tau f_1$，可以通过改变元件节距来改变极距 τ 以选择行波磁场速度 v_0；通过变频电源装置调节 f_1，可以调节 v_0，达到调节直线电动机运动部分移行速度 v 的目的。

直线异步电动机从形状上可分为扁平形、管形和圆盘形三种。其中扁平形最具有代表性，应用最为广泛，结构分别如图 6-30 所示。管形结构示意如图 6-31 所示，它表示将四极旋转电动机径向展开，再沿与磁场移行垂直方向卷成圆筒形的演变过程。在工业生产中，许多低速回转装置往往需要一套减速机构，才能把一般的旋转电动机转速降低到所需的低速，这类回转装置通常是直径很大的金属圆盘。在圆盘的外缘部分，平行圆盘转动方向安置直线电动机的初级，钢制圆盘作为次级受电磁力的作用而旋转，从而省去了复杂的减速机构，而且还易于控制。图 6-32 为圆盘形原理示意图。

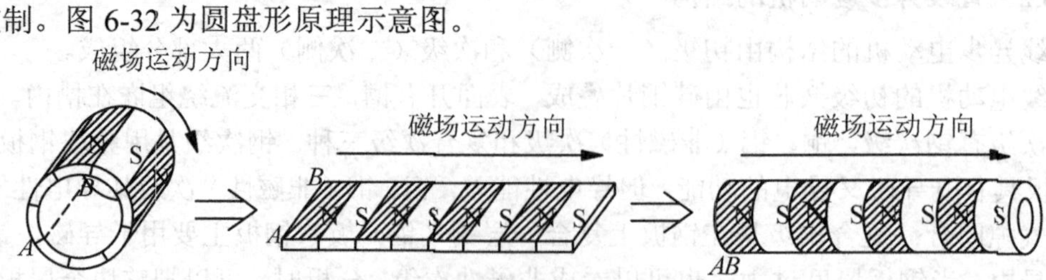

图 6-31　管形直线异步电动机

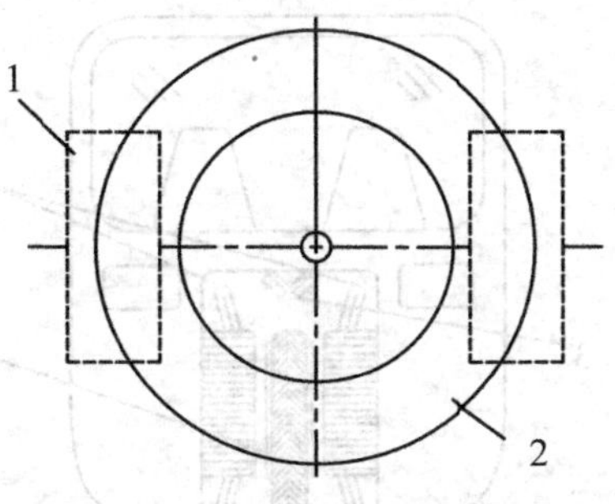

1—初级　2—圆盘（次级）

图 6-32　圆盘形直线异步电动机

6.5.3　直线异步电动机的应用

直线电动机用于物料运输（如图 6-33 所示），金属丝网编织与橡胶复合的传送带为二次侧，受一次侧直线电磁力 F 的驱动，具有输送能力强、稳定度高等优点，消除了导轮传动的打滑现象。

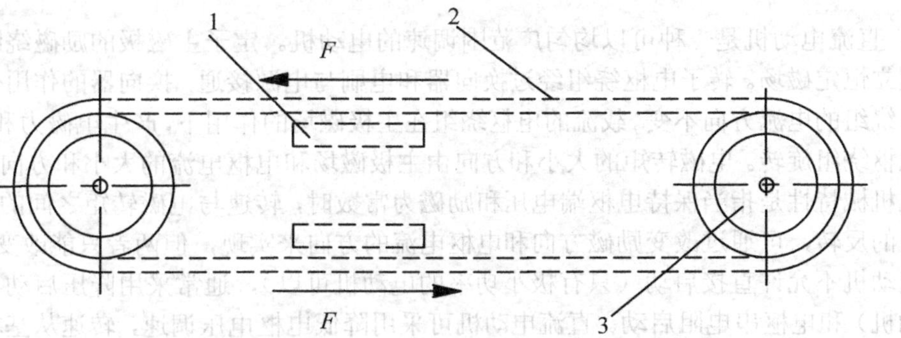

1——次侧　2—金属传送带　3—导轮

图 6-33　直线异步电动机用于传送带传动

直线异步电动机在驱动高速列车方面得到了很好的应用。直线电动机的初级安装在车身上，由车内柴油机带动交流变频发电机对初级（一次侧）供电，次级（二次侧）安置在地面上不能运动，故车体受反向电磁力而运行，车体和轨道间用磁垫分离（简称磁悬式），用此原理制成直线电动机驱动的高速列车，时速可达 500～560km，其原理结构如图 6-34 所示。上述是对扁平形直线电动机的应用。

直线电动机可用于输送流体金属的电磁泵。将管中被输送的液态金属作为直线异步电动机的二次侧。由于液态金属具有很高的温度，电磁泵直线电动机的初级用耐火材料覆盖。现在，液态金属电磁泵除输送液态钠、钾以外，还发展有铝泵及钢水泵等。这是对管型直线电动机的应用。

由于直线电动机具有结构简单、运行可靠、适用性强等优点，除了上述各方面的应用外，直线电动机正在其他许多领域获得推广应用。随着人们对直线电动机研究的逐步深入及科学技术的发展，直线电动机的应用也将越来越广泛。

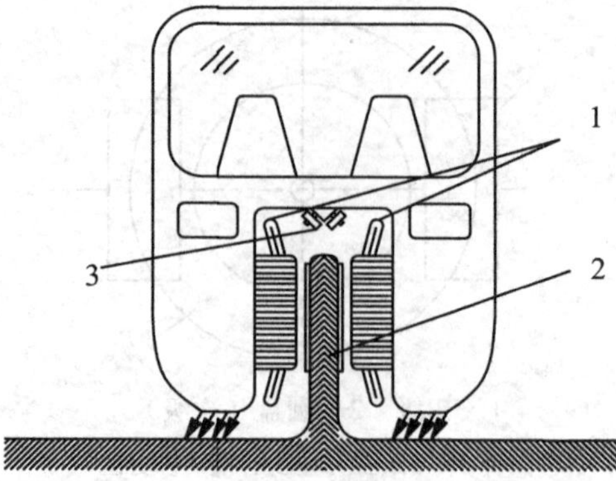

1——一次侧　2—轨道　3—导轮

图 6-34　直线电机驱动高速列车示意图

本 章 小 结

1．直流电动机是一种可以均匀广范围调速的电动机。定子主磁极的励磁绕组通入直流电流建立恒定磁场。转子电枢绕组经过换向器和电刷与电源接通，换向器的作用是保证同一磁极下绕组的电流方向不变。载流的电枢绕组在主极磁场的作用下，产生电磁力和电磁转矩，拖动电枢绕组旋转。电磁转矩的大小和方向由主极磁场和电枢电流的大小和方向决定。直流电动机机械特性是指当保持电枢端电压和励磁为常数时，转速与电磁转矩之间的关系。直流电动机的反转，可通过改变励磁方向和电枢电流的方向来实现，但两者只能改变其中之一。直流电动机不允许直接启动（只有极小功率的电动机可以），通常采用降压启动（适用于他励电动机）和电枢串电阻启动。直流电动机可采用降低电枢电压调速，转速从基本转速向下调节；减小磁通调速，转速从基本转速向上调节。

2．伺服电动机是一种执行元件，按电源种类分有直流和交流两种。交流伺服电动机是两相异步电动机，它的工作原理和单相异步电动机或电容分相启动的情况相似。交流伺服电动机克服了“自转”现象，即控制信号消失，能立即停转。直流伺服电动机就是微型直流他励电动机。与交流伺服电动机相比，它的机械特性硬，启动转矩大，输出功率较大。但是由于有电刷及换向器，结构复杂，电刷与换向器易出故障，它们之间的火花干扰会影响电气系统工作。在调速性能与启动性能要求高的场合采用直流伺服电动机。

3．测速发电机是信号检测元件，要求具有线性度好的输出特性。测速发电机也分为直流和交流两种。直流测速发电机有电刷、换向器，可靠性差，且输出电压极性随转子转向而变。交流异步测速发电机比直流测速发电机结构简单，运行可靠，在自动控制系统中，常用来测量和调速，也可将它的输出电压反馈到电子放大器的输入端以稳定转速。

4．步进电动机是一种把电脉冲信号转换成角位移或直线位移的执行元件。输入一个脉冲信号走一步，其输出的转角与输入的脉冲数严格成正比，转速与脉冲频率严格成正比。步进电动机启动、制动时间短，输出转角定位精度高，它在数字控制系统中被广泛应用。

5．直线电动机是一种将电能直接转换成直线机械能的电力传动装置，可看成是由旋转电动机演变而来的，一般来说，每一种旋转电机都有与之相对应的直线电动机，两者的工作原理也相似。

习 题 六

6.1 有一 Z2-32 型他励电动机，其额定数据如下：$P_2 = 2.2\text{kW}$，$U = U_f = 110\text{V}$，$n = 1500\text{r/min}$，$\eta = 0.8$，并已知 $R_a = 0.4\Omega$，$R_f = 82.7\Omega$。试求：（1）额定电枢电流；（2）额定励磁电流；（3）励磁功率；（4）额定转矩；（5）额定电流时的反电动势。

6.2 一台直流伺服电动机带有一恒转矩负载（即转矩不变），保持励磁电压不变，测得始动电压为4V，当电枢电压 $U_K = 100\text{V}$ 时，其转速为1500r / min，若要求转速达到3000r/min，试求要加多大的控制电压。

6.3 伺服电动机主要包含哪几部分？工作原理如何？

6.4 步进电动机主要包含哪几部分？工作原理如何？

6.5 伺服电动机和普通三相异步电动机相比较，有何优点？

6.6 步进电动机有何优、缺点？

6.7 改变交流伺服电动机的转动方向的方法有哪些？

6.8 什么叫作交流伺服电动机的自转现象？如何消除自转现象？

6.9 简述交流测速发电机的原理，并说明内定子的作用。

6.10 为什么直流测速发电机的转速不能过高？直流测速发电机存在失灵区的原因是什么？

6.11 如何改变步进电动机的转向？步进电动机转速与什么有关？

6.12 步进电动机为何有两个运行步距角？五相步进电动机怎样实现两种步距角的步进？

6.13 步距角为3°/1.5°的反应式三相步进电动机转子齿数是多少？运行频率为1kHz时，步进电动机运行的转速是多少？

6.14 直线异步电动机常见的结构形式有哪些？如何改变电动机的速度和运行方向？

第七章 常用晶体管

【学习目标】

1. 了解 PN 结的单向导电性。
2. 了解晶体二极管、稳压管、晶体三极管和场效应管的特性曲线及主要参数。
3. 掌握常用半导体器件使用时的注意事项。

本章从半导体基础知识入手，首先介绍 PN 结的特性，然后介绍晶体二极管、稳压管、晶体三极管和场效应管这几种常用的半导体器件，重点介绍它们的外特性，以便能合理选择和正确使用这些器件。

7.1 半导体基础知识

7.1.1 半导体的特性

根据导电性能的不同，自然界的物质分为三大类：导体、绝缘体和半导体。具有良好导电性能的物质称为导体，如银、铜、铝等金属材料。导电能力很差的物质称为绝缘体，如橡胶、陶瓷、塑料和玻璃等。导电能力介于导体和绝缘体之间的物质称为半导体，如硅（Si）、锗（Ge）和砷化镓（GaAs）等，常用的半导体材料是硅和锗。

半导体具有如下特性。

1．热敏性

半导体的导电能力随着温度的升高而明显增加。利用半导体的热敏性，可以制成热敏电阻或其他对温度敏感的传感器。

2．光敏性

光照越强，半导体的导电能力越强。利用半导体的光敏性，可以制成光敏电阻、光电池等各种光敏元件。

3．掺杂性

在纯净的半导体晶体中掺入极微量的杂质，就能使其导电性能大幅度地提高。利用半导体的这一特性，可以制成各种不同用途的晶体管。

7.1.2 本征半导体

天然的硅和锗可以提炼成纯净的晶体结构，具有纯净的晶体结构的半导体称为本征半导体。

在纯硅（或锗）的原子结构中，最外层都是四个价电子，相邻两原子的价电子形成共价键结构。当本征半导体受到热或光激发后，价电子获得一定能量，即可摆脱共价键的束缚成为自由电子，同时在共价键中留下一个空位，这个空位称为空穴，这种现象称为本征激发。硅和锗的原子结构及本征激发示意图如图 7-1 所示。

由此可见，本征半导体中存在两种不同的载流子：带负电的自由电子和带正电的空穴，而且它们的数量相等，称为电子-空穴对。自由电子和空穴在运动中相遇时会重新结合而成对消失，这个过程称为复合。在一定的温度下，激发和复合的过程同时进行，电子-空穴对的数目保持相对稳定，达到动态平衡，即载流子的浓度为定值。

常温下，本征半导体的载流子浓度很小，所以导电能力很弱。随着温度的升高和光照的加强，载流子的浓度增大，从而增强了半导体的导电性。通常，为了提高半导体的导电能力，可以在本征半导体中掺入微量杂质元素。

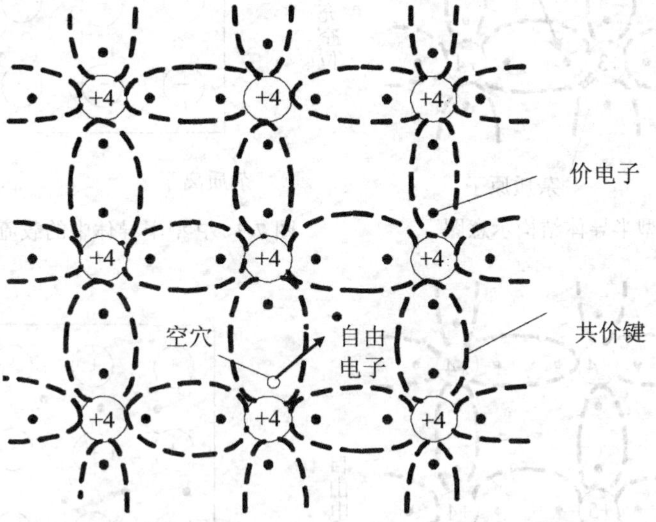

图 7-1　硅和锗的原子结构及本征激发示意图

7.1.3　杂质半导体

掺入微量杂质元素的半导体称为杂质半导体。按掺入杂质的不同分为 P 型半导体和 N 型半导体。

1．P 型半导体

在四价的硅（或锗）晶体中掺入微量三价元素（如硼、铝、镓等）而形成的杂质半导体称为 P 型半导体。杂质原子在与周围的四价元素原子形成共价键时因缺少一个价电子而产生一个空穴，室温下这个空穴极容易被邻近共价键中的价电子所填补，形成新的空穴，如图 7-2 所示。

这种掺杂使空穴的浓度大大增加，除此之外，P 型半导体中还有本征激发产生的电子-空穴对。所以，在 P 型半导体中，空穴为多子，自由电子为少子，杂质原子变成带负电的离子，如图 7-3 所示。⊖表示带负电的离子。

2．N 型半导体

在四价的硅（或锗）晶体中掺入微量五价元素（如磷、砷、锑等）而形成的杂质半导体称为 N 型半导体。杂质原子在与周围的四价元素原子形成共价键时多余一个价电子，成为自由电子，如图 7-4 所示。这使得自由电子的浓度大大增加，杂质原子则变成带正电的离子，用⊕符号表示，如图 7-5 所示。除此之外，N 型半导体中还有本征激发产生的电子-空穴对。所以，在 N 型半导体中，自由电子为多子，空穴为少子。

在杂质半导体中，杂质离子虽然带电荷，但不能移动，所以不是载流子。整个杂质半导体由于正负电荷数目相等，因而保持电中性。多子的浓度主要取决于掺入的杂质浓度，而少子的浓度主要取决于温度。

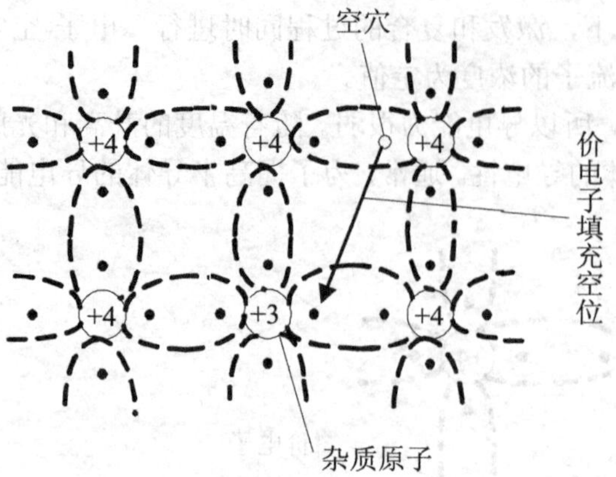

图 7-2　P 型半导体结构示意图

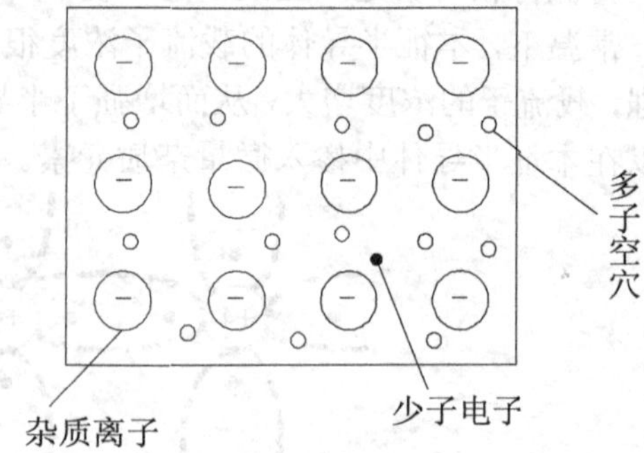

图 7-3　P 型半导体中的载流子和杂质离子示意图

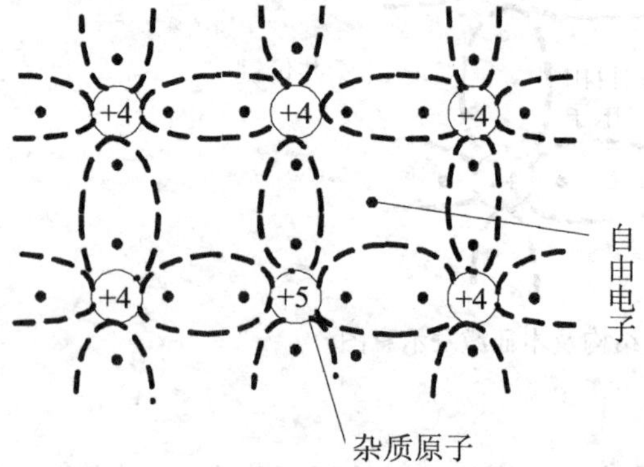

图 7-4　N 型半导体结构示意图

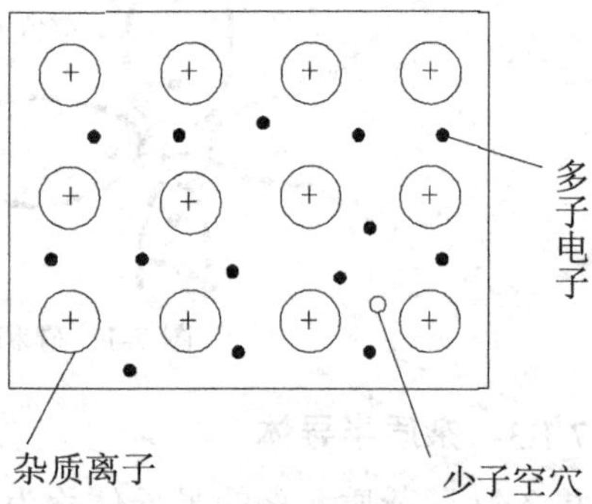

图 7-5　N 型半导体中的载流子和杂质离子示意图

杂质半导体不仅可以大大改善导电性能，而且掺入不同性质、不同浓度的杂质，并使 P 型和 N 型半导体采用不同方式的组合，可以制造出品种繁多、用途各异的半导体器件。

7.1.4　PN 结

1．PN 结的形成

PN 结是构成各种半导体器件的基础。在一块晶体硅（或锗）上，采用掺杂工艺，分别在两边生成 P 型和 N 型半导体，在两者的交界处形成 PN 结。

P 型半导体中的多子是空穴，少子是电子；N 型半导体中的多子是电子，而少子是空穴。在 P 型和 N 型半导体结合后，P 型区的空穴向 N 型区做扩散运动，N 型区的电子则向 P 型区作扩散运动，如图 7-6 所示。

P 型区失去空穴，留下了带负电的杂质离子，N 型区失去了电子，留下了带正电的杂质离子。在交界面两侧形成一个由不能移动的正、负离子组成的空间电荷区，称为 PN 结。这个区域载流子极少，它形成一个内电场，方向由 N 区指向 P 区。内电场一方面阻碍多子的扩散运动，另一方面促使两个区靠近交界面处的少子产生漂移运动，当扩散运动和漂移运动出现动态平衡时，空间电荷区宽度一定，内电场一定，如图 7-7 所示。

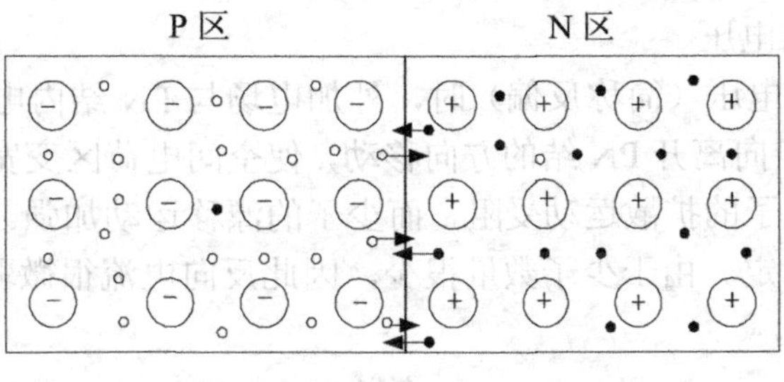

图 7-6　载流子的扩散运动图

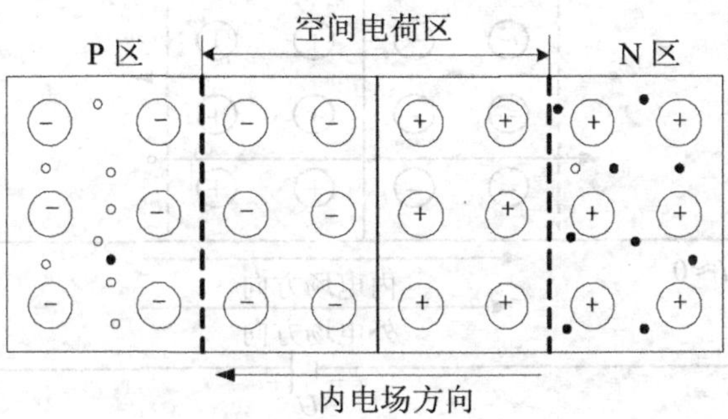

图 7-7　动态平衡时的 PN 结及其内电场

2．PN 结的单向导电性

1）PN 结外加正向电压

当 PN 结外加正向电压（简称正偏），即 PN 结的 P 区电位高于 N 区电位时，外加电场与 PN 结的内电场方向相反，P 区的多子空穴向 PN 结移动，并进入空间电荷区中和部分负离子，同样，N 区的多子电子也向 PN 结移动，中和部分正离子，因此 PN 结变窄，内电场减弱，原来的平衡状态被破坏，扩散运动将大于漂移运动，多子的扩散电流通过回路形成正向电流 I，它包括空穴电流和电子电流两部分，虽然它们是带有不同极性的电荷，但运动方向相反，所以电流方向一致，如图 7-8 所示。

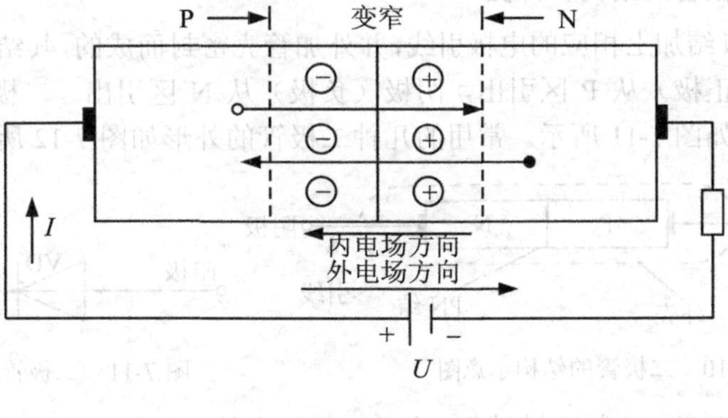

图 7-8　PN 结正偏

多子的扩散电流随电压升高显著增加，少子的漂移电流对总电流的影响可以忽略。由于多子的浓度很大，形成的扩散电流大，所以 PN 结的正向电阻很小，称为导通。

2）PN 结外加反向电压

当 PN 结外加反向电压（简称反偏）时，外加电场与 PN 结内电场方向一致，P 型区内的空穴和 N 型区内电子向离开 PN 结的方向移动，使空间电荷区变宽，内电场增强，原来的平衡状态被破坏，即多子的扩散运动受阻，而少子的漂移运动加强。这时，通过 PN 结的电流由少子的漂移电流决定。由于少子数量很少，因此反向电流很微弱，一般为微安数量级，如图 7-9 所示。

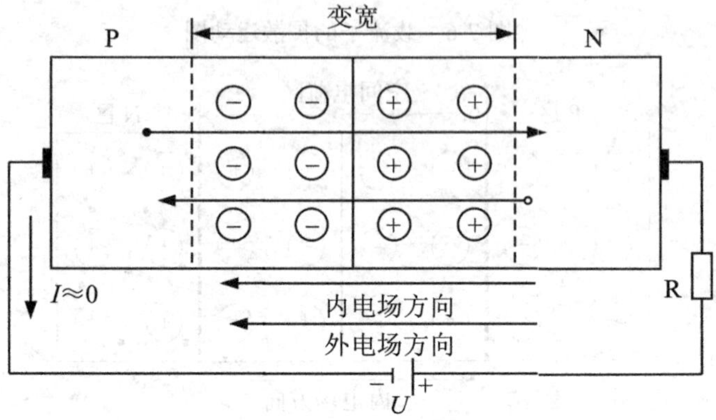

图 7-9　PN 结反偏

在一定的温度条件下，少子的浓度是一定的，反向电流在一定的电压范围内不随外界电压的变化而变化，因此又称为反向饱和电流。此时，PN 结呈现很大的电阻，称为截止。当温度升高时，少子数量增多，反向饱和电流增大。

由此可见，PN 结具有单向导电性。此外，半导体中有自由电子和空穴两种载流子参与导电，分别形成电子电流和空穴电流，这与金属导体的导电机理不同。

7.2　晶体二极管

7.2.1　晶体二极管的结构和种类

二极管是由 PN 结加上相应的电极引线，并外加管壳密封而成的，其结构示意图如图 7-10 所示。其中阳极（正极）从 P 区引出，阴极（负极）从 N 区引出。二极管的文字符号 VD 表示，其图形符号如图 7-11 所示。常用的几种二极管的外形如图 7-12 所示。

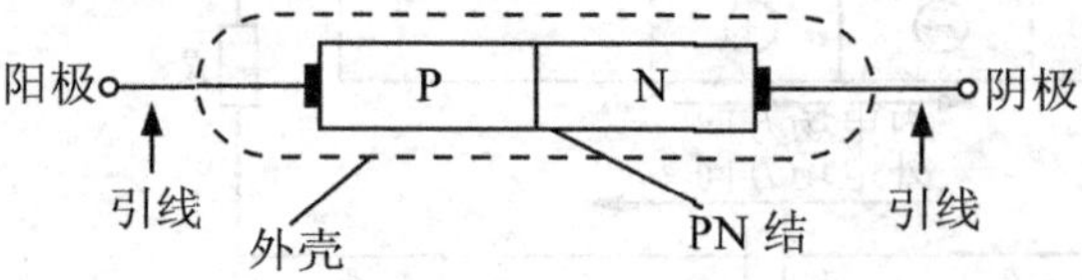

图 7-10　二极管的结构示意图

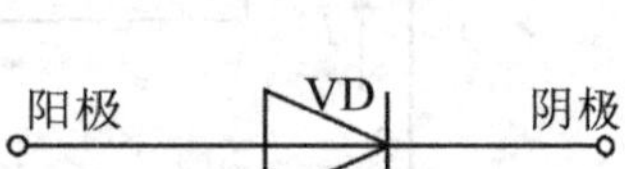

图 7-11　二极管的图形符号

二极管的种类很多，按制造材料分，有硅二极管和锗二极管。按用途分，常用的有整流管、稳压管、开关管等。按结构分，主要有点接触型和面接触型等。点接触型 PN 结面积小，适合在高频、小电流下工作，主要应用于小功率整流、高频检波和开关电路，其结构如图 7-13 所示。面接触型 PN 结面积大，适合在低频、大电流下工作，主要应用于整流，其结构如图 7-14 所示。图 7-15 是硅工艺平面型二极管的结构图，是集成电路中常见的一种形式。

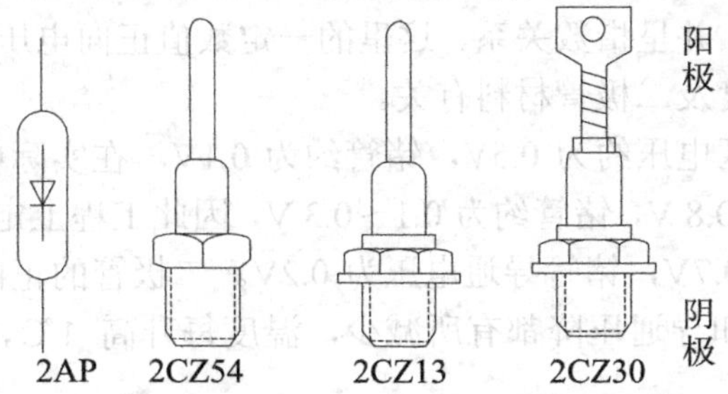

图 7-12　几种常用二极管的外形图

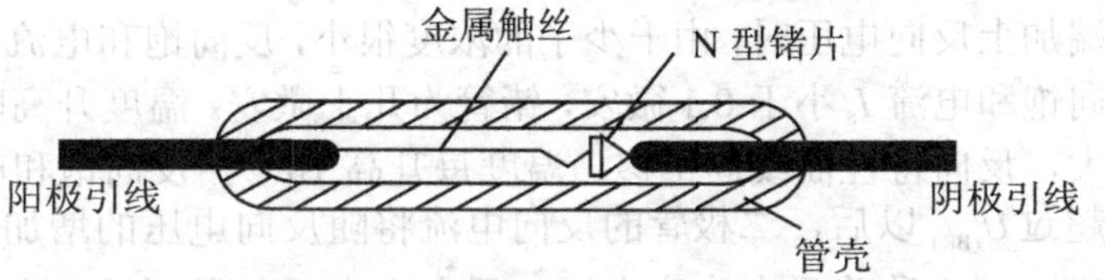

图 7-13　点接触型二极管的结构

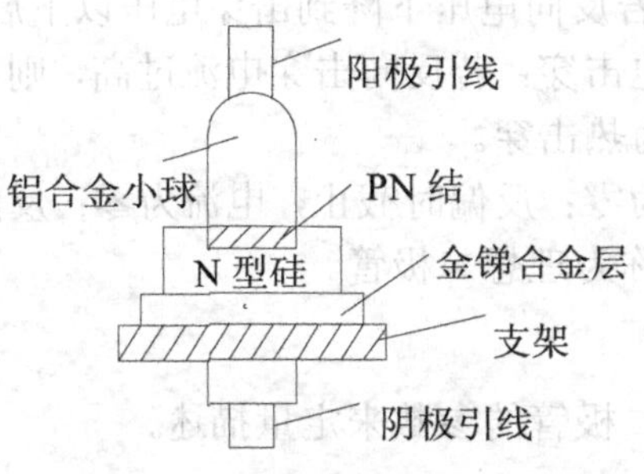

图 7-14　面接触型二极管的结构

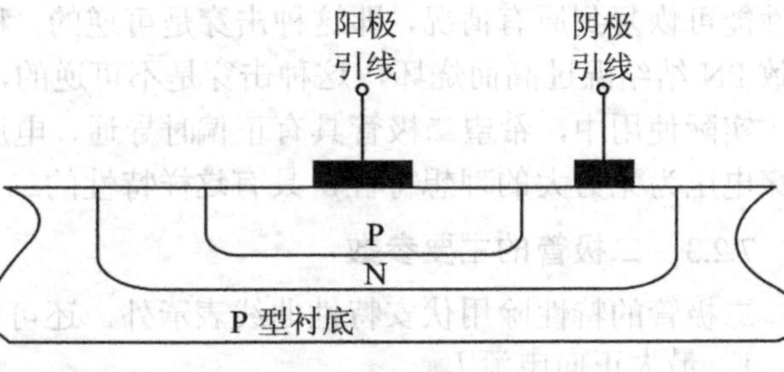

图 7-15　硅工艺平面型二极管的结构

7.2.2　二极管的特性

二极管由一个 PN 结构成，所以具有单向导电性。二极管的特性可用其伏安特性来描述。伏安特性是指加在二极管两端的电压与流过它的电流的关系，如图 7-16 所示。从图中可知，二极管是非线性器件，其特性曲线分为正向特性和反向特性两部分。

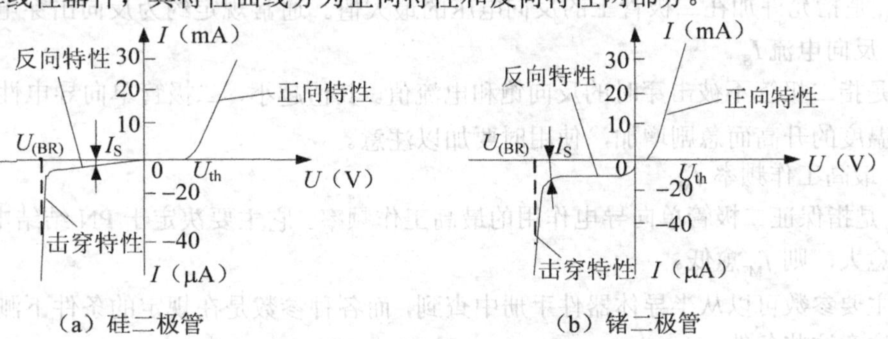

图 7-16　二极管伏安特性曲线

1．正向特性

当正向电压较小时，外电场还不足以克服 PN 结内电场对多子扩散运动的阻力，这时的正向电流几乎为零。

当正向电压超过一定数值后，外电场加强，PN 结内电场大为削弱，二极管的电流随外加电压增加而显著增大，并呈指数关系。这里的一定数值正向电压称为死区电压，用 U_{th} 表示，其值大小与环境温度及二极管材料有关。

在室温下，硅管死区电压约为 0.5V，锗管约为 0.1V。在实际电路中，二极管导通时的正向压降硅管约为 0.6～0.8 V，锗管约为 0.1～0.3 V，因此工程上定义这一电压为导通电压。一般取硅管导通电压为 0.7V，锗管导通电压为 0.2V。二极管的正向特性曲线随温度升高而向纵轴移动，死区电压和导通压降都有所减少，温度每升高 1℃，二极管导通压降约下降 2.5mV。

2．反向特性

当二极管两端加上反向电压时，由于少子的浓度很小，反向饱和电流 I_s 也很小。室温下，小功率硅管的反向饱和电流 I_s 小于 0.1 微安，锗管为几十微安。温度升高时，少子浓度增大，反向饱和电流增大，反向特性曲线向下移，温度每升高 10℃，反向饱和电流增加约 1 倍。

当反向电压超过 $U_{(BR)}$ 以后，二极管的反向电流将随反向电压的增加而急剧增大，这种现象称为反向击穿，$U_{(BR)}$ 称为反向击穿电压。反向击穿后，只要反向电流和反向电压的乘积不超过 PN 结允许的耗散功率，二极管一般不会损坏。若反向电压下降到击穿电压以下后，其性能可恢复到原有情况，即这种击穿是可逆的，称为电击穿；若反向击穿电流过高，则会导致 PN 结结温过高而烧坏，这种击穿是不可逆的，称为热击穿。

实际使用中，希望二极管具有正偏时导通，电压降为零；反偏时截止，电流为零；反向击穿电压为无穷大的理想特性，具有这样特性的二极管称为理想二极管。

7.2.3　二极管的主要参数

二极管的特性除用伏安特性曲线表示外，还可以用二极管的参数来定量描述。

1．最大正向电流 I_{FM}

I_{FM} 是指二极管长期使用时，允许通过它的最大正向平均电流。如果使用中超出此值，将使 PN 结过热，烧坏二极管。其大小决定于 PN 结的面积、材料和散热条件。一般 PN 结的面积越大，I_{FM} 越大。

2．最高反向工作电压 V_{RM}

V_{RM} 是指允许加在二极管上的反向电压的最大值。通常规定约为反向击穿电压的一半。

3．反向电流 I_S

I_S 是指二极管不被击穿时的反向饱和电流值。其值越小，二极管单向导电性能越好。其值会随温度的升高而急剧增加，使用时要加以注意。

4．最高工作频率 f_M

f_M 是指保证二极管单向导电作用的最高工作频率。它主要决定于 PN 结结电容的大小，结电容愈大，则 f_M 愈低。

各主要参数可以从半导体器件手册中查到，而各种参数是在规定的条件下测得的，在使用时要注意这些条件。

7.2.4　二极管的型号及选用原则

1．型号

国产半导体器体的型号是由一组数字和汉语拼音字母构成，共分为五个部分，各部分的含义如下。

第一部分 第二部分 第三部分 第四部分 第五部分
- 第五部分：用汉语拼音字母表示规格号
- 第四部分：用阿拉伯数字表示器件序号
- 第三部分：用汉语拼音字母表示器件的类型
- 第二部分：用汉语拼音字母表示器件的材料和极性
- 第一部分：用阿拉伯数字表示器件的电极数目

例如：二极管型号 2CZ52A

2 C Z 52 A
- A：规格号
- 52：序号
- Z：整流管
- C：N 型硅材料
- 2：二极管

国产半导体器件型号组成部分的符号及其意义列在表 7-1 中。

表 7-1 半导体器件型号组成部分的符号及其意义

第一部分		第二部分		第三部分				第四部分	第五部分
用阿拉伯数字表示器件的电极数目		用汉语拼音字母表示器件的材料和极性		用汉语拼音字母表示器件的类型				用阿拉伯数字表示器件序号	用汉语拼音字母表示规格号
符号	意义	符号	意义	符号	意义	符号	意义		
				P	普通管	D	低频大功率管（f_α<3MHz，P_c≥1W）		
				V	微波管				
				W	稳压管				
				C	参量管	A	高频大功率管（f_α≥3MHz，P_c≥1W）		
		A	N 型，锗材料	Z	整流管				
		B	P 型，锗材料	L	整流堆				
		C	N 型，硅材料	S	隧道管	T	半导体闸流管（可控整流器）		
2	二极管	D	P 型，硅材料	N	阻尼管				
				U	光电器件	Y	体效应器件		
		A	PNP 型，锗材料	K	开关管	B	雪崩管		
		B	NPN 型，锗材料	X	低频小功率管（截止频率 f_α<3MHz，耗散功率 P_c<1W）	J	阶跃恢复管		
3	三极管	C	PNP 型，硅材料			CS	*场效应器件		
		D	NPN 型，硅材料			BT	*半导体特殊器件		
		E	化合物材料						
				G	高频小功率管（f_α≥3MHz，P_c<1W）	FH	*复合管		
						PIN	*PIN 型管		
						JG	*激光器件		

“*”器件型号命名只有第三、四、五部分。

2．二极管的选用原则

二极管的选用原则是：若要求二极管导通后的正向电压降小，工作时平均电流小，而信号频率较高，则应选用点接触型锗管；若要求工作时平均电流大，反向电流小，反向电压高且热稳定性较好，以选用面接触型硅管为宜。然后，根据实际电路的技术要求，估算二极管应具有的参数，并考虑适当的裕量，查手册确定管子的型号。

此外，还应根据不同的技术要求，结合不同材料和结构的管子所具有的特点，选用经济实用的管子。

【例 7-1】图 7-17（a）是利用二极管作为正向限幅器的电路图。所谓限幅器就是限制输出电压的幅度。已知$u_i = U_m \sin \omega t$，且$U_m > U_S$，试分析工作原理，并作出输出电压u_o的波形（VD 为理想元件）。

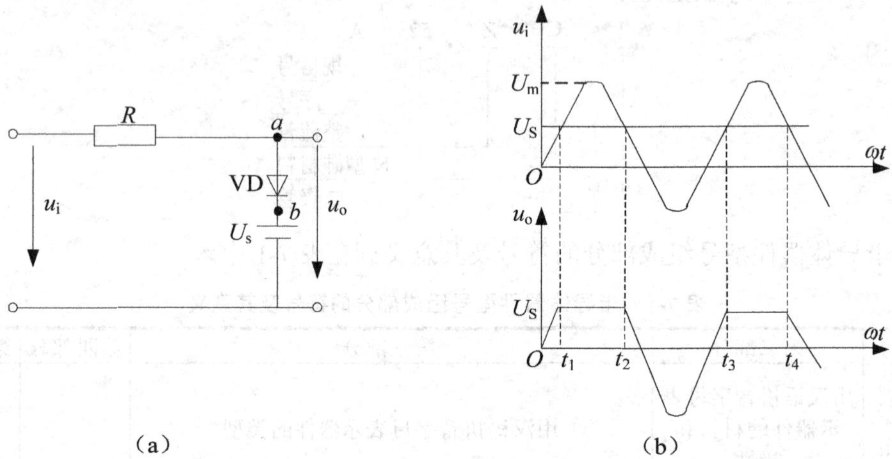

图 7-17　例 7-1 题图

解：（1）当$u_i>U_S$时，二极管导通，VD 为理想元件，导通后，管压降为零，此时$u_o=U_S$。

（2）当$u_i \leqslant U_S$时，二极管 VD 截止，该支路断路，R中无电流，其压降为零，所以$u_o=u_i$。

（3）根据以上分析，可作出u_o波形图，如图 7-17（b）所示。由图可见，输出波形的正向幅度被限制在U_S值。

作图时应注意 u_i 和 u_o 的波形在时间轴上要对应，如图 7-17（b）中，0～t_1期间，$u_i \leqslant U_S$，$u_o=u_i$；t_1～t_2期间，$u_i>U_S$，$u_o=U_S$；t_2～t_3期间，$u_i \leqslant U_S$，$u_o=u_i$……

【例 7-2】分析如图 7-18 所示电路，并求输出电压U_o的值，设二极管的导通电压为 0.7V。

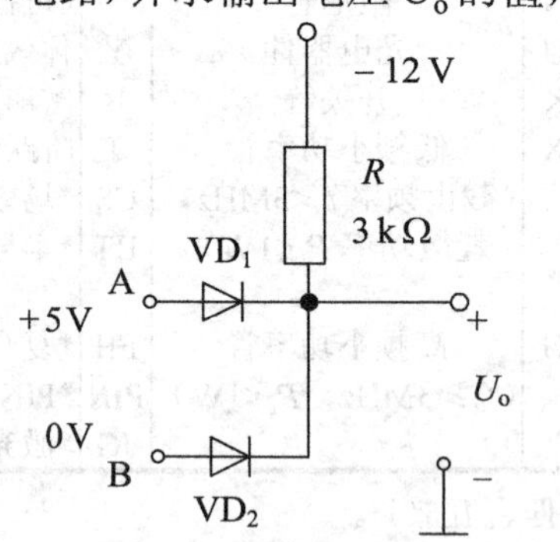

图 7-18　例 7-2 题图

解：输入端 U_A=5V，U_B=0V，故二极管 VD_1 两端的电位差较大而优先导通。它的正向压降为 0.7V，则输出电压 U_o=（5–0.7）V=4.3 V，此时 VD_2 反偏截止。在这里，VD_1 起钳位作用，把 U_o 钳制在 4.3 V；VD_2 起隔离作用，把输入端 B 和输出端隔离开来。

7.2.5 稳压管

1．稳压管的特性

稳压管是一种采用特殊工艺制造的面接触型硅二极管。从外形和内部结构来看，它与普通二极管相似，也有两个电极（阳极和阴极），它的文字符号用 VD_Z 或 VS 表示，如图 7-19（a）所示。

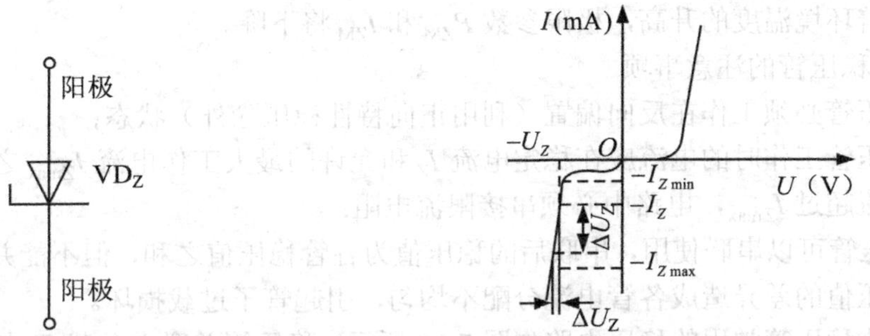

（a）稳压管的图形符号　　（b）稳压管的伏安特性曲线

图 7-19　稳压管的图形符号和伏安特性曲线

如图 7-19（b）所示，稳压管的正向特性曲线与普通二极管相似，而反向特性曲线很陡，稳压管工作在反向击穿区，当反向电压达到击穿电压 U_Z 后，由于特殊的制造工艺，稳压管不会因为击穿而损坏，此时，反向电流剧增且在较大范围内变化，而稳压管两端电压变化很小，因而具有稳压作用，经常被使用在稳压设备和电子电路中。

2．稳压管的主要参数

1）稳定电压 U_Z

稳压电压 U_Z 是当稳压管反向击穿，且流过稳压管中的电流为规定电流时，稳压管两端的电压值，其值决定于稳压管的反向击穿电压值。对于同一种型号的稳压管，U_Z 有一定的分散性，因此一般都给出其范围。例如型号为 2CW14 的稳压管的 U_Z 为 6～7.5V，但对于某一只稳压管，U_Z 为一个确定值。

2）电压温度系数 C_{TV}

电压温度系数 C_{TV} 是指温度每增加 1℃，稳定电压的相对变化量，即

$$C_{TV}=\frac{\Delta U_Z/U_Z}{\Delta T}\times 100\% \tag{7-1}$$

当 U_Z 小于 4V 时，C_{TV} 一般为负，即 U_Z 随温度上升而略有减小；当 U_Z 大于 7V 时，C_{TV} 一般为正，即 U_Z 随温度上升而略有增加；当 U_Z 在 4～7V 之间时，则两种情况都有，但其数值较小。在实际应用中，若对稳压性能要求较高，可选用温度补偿型稳压管。

3）动态电阻 r_Z

动态电阻 r_Z 是指稳压范围内电压变化量与相应的电流变化量之比，即 $r_Z=\Delta U_Z/\Delta I_Z$。值很小，约几欧到几十欧。$r_Z$ 越小，表明在电流变化时，稳定电压变化越小，即反向击穿特性曲线越陡，稳压效果越好。

4）稳定电流 I_Z

稳定电流 I_Z 是指稳压管正常工作时的参考电流值，通常为工作电压等于 U_Z 时所对应的电流值。电流低于此值时，稳压效果略差，若低于 I_{Zmin}，由图 7-19（b）可知，稳压管将失去稳压作用；电流高于此值时，只要不超过额定功耗都可以正常工作，电流愈大，稳压效果愈好，但是管子功耗也要增加，当电流大于 I_{Zmax} 时，管子会因为过热而损坏。

5）最大耗散功率 P_{ZM} 和最大工作电流 I_{ZM}

最大耗散功率 P_{ZM} 和最大工作电流 I_{ZM} 是为了保证管子不被热击穿而规定的极限参数。最大耗散功率 P_{ZM} 是在结温升允许的情况下的最大功率，$P_{ZM}=I_{ZM}U_Z$，一般为几十毫瓦至几百毫瓦。随着环境温度的升高，极限参数 P_{ZM} 和 I_{ZM} 将下降。

3．使用稳压管的注意事项

（1）稳压管必须工作在反向偏置（利用正向特性稳压除外）状态；

（2）稳压管工作时的电流应在稳定电流 I_Z 和允许的最大工作电流 I_{Zmax} 之间，为了不使反向击穿电流超过 I_{Zmax}，电路中必须串接限流电阻；

（3）稳压管可以串联使用，串联后的稳压值为各管稳压值之和，但不能并联使用，以免因稳压管稳压值的差异造成各管电流分配不均匀，引起管子过载损坏。

【例 7-3】稳压管常用的稳压电路如图 7-20 所示，稳压管并联在负载 R_L 的两端，能使输出电压 U_o 在 U_i 与 R_L 变化时基本保持稳定，R 为限流电阻，试分析 U_o 稳定的原理。

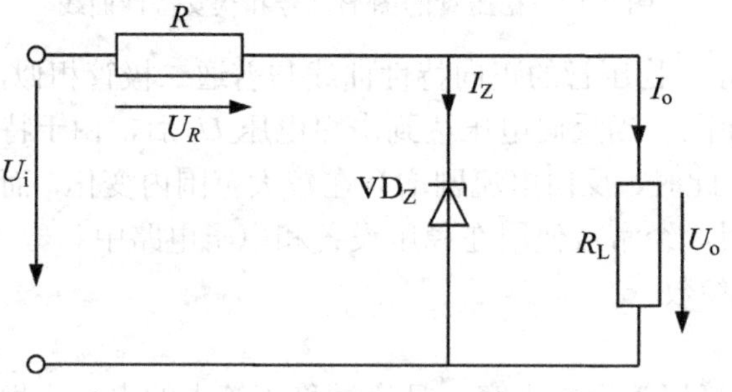

图 7-20　例 7-3 题图

解：（1）当 R_L 不变而 U_i 升高时，引起输出电压 U_o 也升高，并联在负载两端的稳压管电压 U_Z 升高后，导致 I_Z 大大增加，电阻 R 上的压降 $U_R=(I_Z+I_o)R$ 也随之增加，从而使输出电压 U_o 下降。

（2）当 U_i 不变、R_L 变化时，若 R_L 减小，会造成 U_o 有减小趋势，但与此同时 I_Z 随 U_o 减小，电阻 R 上的压降 $U_R=(I_Z+I_o)R$ 也随之减少，使得 U_o 出现增大趋势，最终使得 U_o 趋于稳定。

7.3　晶体三极管

半导体三极管分为双极型和单极型两种类型。晶体三极管是指双极型半导体三极管，因为它有自由电子和空穴两种载流子参与导电，所以称为双极型三极管。它具有电流放大作用，是构成各种电子电路的基本元件。单极型三极管在下一节中介绍。

7.3.1　晶体三极管的种类和结构

1．晶体三极管的种类

晶体三极管的种类很多，按电路中的工作频率分，有高频管和低频管；按功率大小分，有大功率管和小功率管；按所用半导体材料分，有硅管和锗管等；按内部结构的不同，又可分为NPN和PNP两种类型。我国目前生产的硅管多为NPN型，锗管多为PNP型。晶体三极管各型号组成部分的符号及其意义参见表7-1。

如图7-21所示是几种常见三极管的外形，其中3AD6功率管的底壳就是管子集电极。

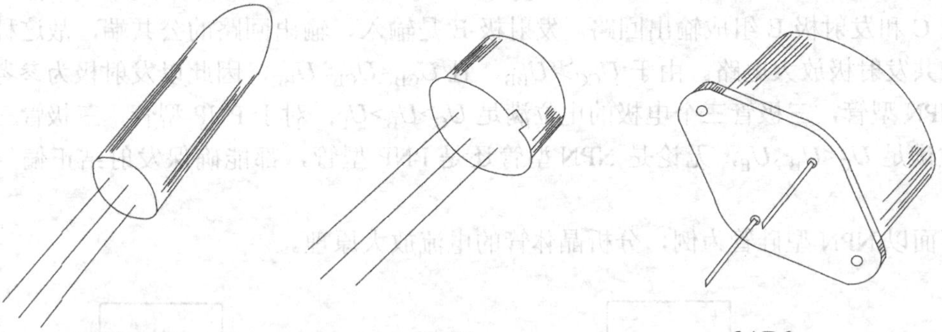

图7-21　几种常见三极管的外形

2．晶体三极管的结构

无论是NPN型管或PNP型管，晶体管的内部均包含三层半导体、三个区、三个极和两个PN结。三个区分别是发射区、基区和集电区；相应的引出三个电极：发射极E、基极B和集电极C；在三个区的两两交界处，形成两个PN结：发射结和集电结。两类三极管的结构示意图及图形符号如图7-22所示，图中发射极的箭头表示发射结正偏时的电流方向。在电子电路中，晶体管用字母V或VT表示。

三极管在内部结构上有其特殊性，即：发射区的掺杂浓度远高于基区的掺杂浓度；发射区和集电区虽为同一性质的掺杂半导体，但发射区的掺杂浓度要高于集电区；基区很微薄，约为几微米。这些结构上的特点是三极管具有电流放大作用的内在依据。

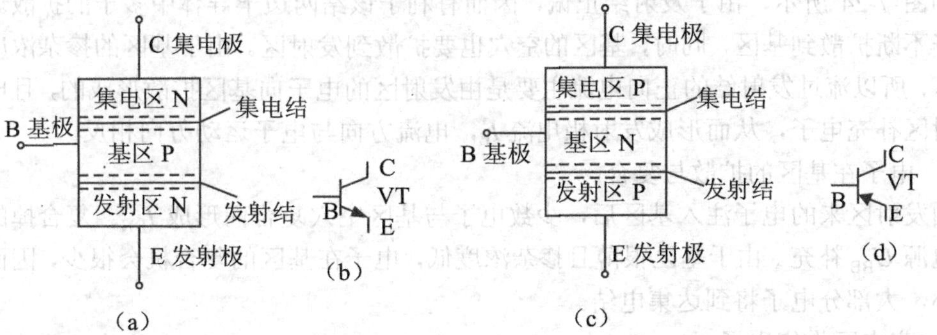

(a) NPN型管结构示意图　(b) NPN型管图形符号　(c) PNP型管结构示意图　(d) PNP型管图形符号

图7-22　两类三极管的结构示意图及图形符号

7.3.2　三极管的电流放大作用

晶体三极管的电流放大作用是指用微小的基极电流的变化，去控制比之大数十乃至数百倍的集电极电流的变化。

为了实现晶体三极管的电流放大作用，三极管的内部结构除了具有上述的特殊性以外，还应保证外加电源的极性应使发射结处于正偏而集电结处于反偏状态。

在图 7-23 中，基极电源 U_{BB} 通过 R_b 给发射结加一个正向电压，U_{BB}、R_b 以及基极 B 和发射极 E 组成输入回路；集电极电源 U_{CC} 通过 R_c 给集电结加一个反向电压，U_{CC}、R_c 以及集电极 C 和发射极 E 组成输出回路。发射极 E 是输入、输出回路的公共端，故这种电路结构称为共发射极放大电路。由于 $U_{CC}>U_{BB}$，且 $U_{CB}=U_{CE}-U_{BE}$，因此以发射极为参考电位，对于 NPN 型管，三极管三个电极的电位满足 $U_C>U_B>U_E$；对于 PNP 型管，三极管三个电极的电位满足 $U_C<U_B<U_E$，无论是 NPN 型管还是 PNP 型管，都能确保发射结正偏，集电结反偏。

下面以 NPN 型硅管为例，分析晶体管的电流放大原理。

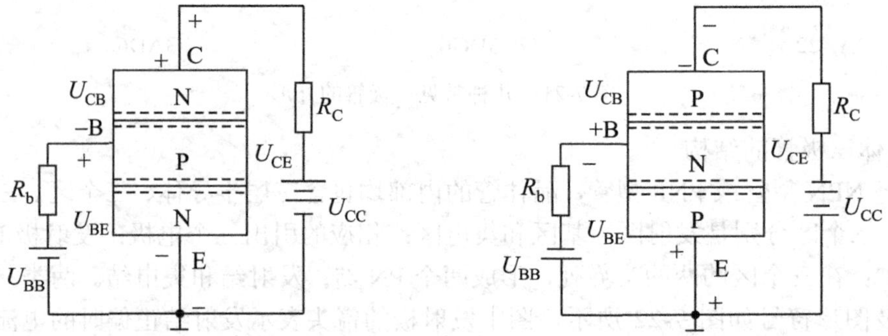

图 7-23　三极管电源接法

1．发射区向基区扩散电子

如图 7-24 所示，由于发射结正偏，因而有利于该结两边半导体中多子的扩散。发射区的电子不断扩散到基区，同时，基区的空穴也要扩散到发射区。由于基区的掺杂浓度远低于发射区，所以流过发射结的正向电流主要是由发射区的电子向基区扩散形成的，且电源不断向发射区补充电子，从而形成发射极电流 I_E，电流方向与电子运动方向相反。

2．电子在基区的扩散与复合

由发射区来的电子注入基区后，少数电子与基区空穴复合而形成 I_{BN}。复合掉的空穴由基极电源 U_{BB} 补充。由于基区很薄且掺杂浓度低，电子在基区的复合机会很少，因而基极电流很小，大部分电子将到达集电结。

3．集电区收集电子

由于集电结反偏，外电场的方向将阻止集电区的电子向基区扩散，而有利于把基区扩散过来的电子收集到集电区而形成集电极电流 I_C 的主要成分 I_{CN}。

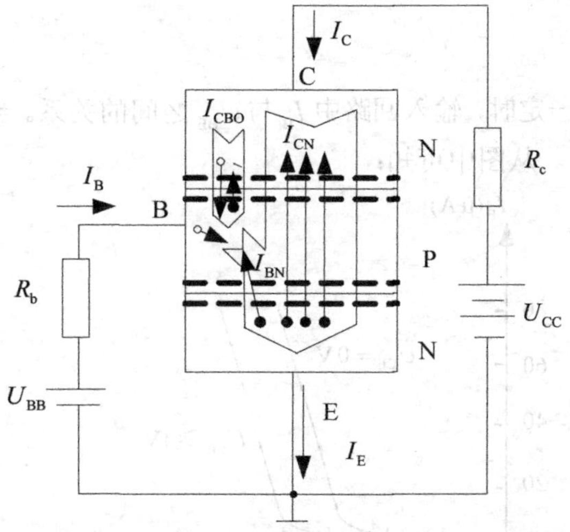

图 7-24　NPN 型管内部载流子的运动和各极电流

此外，由于集电结反偏，基区的少子电子和集电区的少子空穴在电场作用下形成反向漂移电流。这部分电流决定于少子的浓度，称为反向饱和电流 I_{CBO}。它的数值是很小的，多数情况下可忽略不计。而且 I_{CBO} 受温度影响很大，容易使管子工作不稳定，所以 I_{CBO} 值越小越好。三极管各极的电流关系如下

$$I_C=I_{CN}+I_{CBO} \tag{7-2}$$

$$I_B=I_{BN}-I_{CBO} \tag{7-3}$$

$$I_E=I_{CN}+I_{BN}=I_C+I_B \tag{7-4}$$

把 I_{CN} 与 I_{BN} 的比值称为三极管的共发射极直流电流放大系数，用 $\bar{\beta}$ 表示

$$\bar{\beta}=\frac{I_{CN}}{I_{BN}}=\frac{I_C-I_{CBO}}{I_B+I_{CBO}} \tag{7-5}$$

由上式可得

$$I_C=\bar{\beta}I_B+(1+\bar{\beta})I_{CBO}=\bar{\beta}I_B+I_{CEO} \tag{7-6}$$

其中

$$I_{CEO}=(1+\bar{\beta})I_{CBO} \tag{7-7}$$

I_{CEO} 称为穿透电流，当 $I_{CEO} \ll I_C$ 时，忽略 I_{CEO}，则

$$I_C=\bar{\beta}I_B \tag{7-8}$$

即

$$\bar{\beta}=\frac{\Delta I_C}{\Delta I_B} \tag{7-9}$$

经实验发现，当晶体三极管的基极电流 I_B 发生微小变化时，相应的集电极电流将发生较大的变化，通常将它们的变化量之比定义为晶体管的共射交流电流放大系数，用β表示，即

$$\beta=\frac{\Delta I_C}{\Delta I_B} \tag{7-10}$$

7.3.3　三极管的特性曲线

晶体三极管的特性可以用其伏安特性来表示。下面以 NPN 型硅管为例，来讨论三极管

的特性。

1．输入特性

输入特性是指 U_{CE} 一定时，输入回路中 I_B 与 U_{BE} 之间的关系。当改变 U_{CE} 值时可得到一组曲线，如图 7-25 所示。从图中可知：

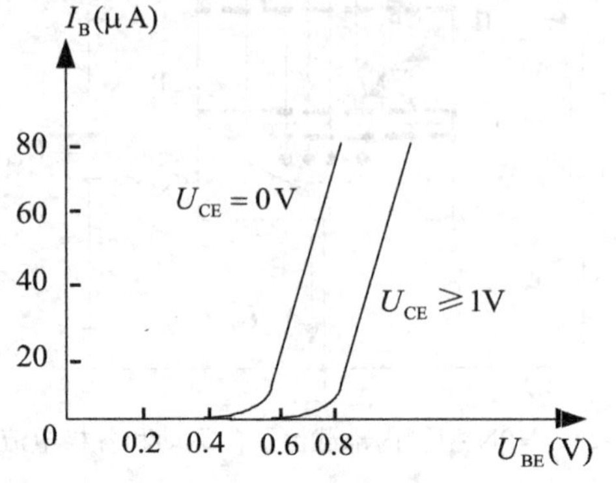

图 7-25　NPN 型硅管共发射极电路输入特性曲线

（1）由于输入回路只有发射结为非线性部件，而其他元件都为线性元件，所以输入特性曲线与二极管伏安特性曲线相似。当 U_{BE} 大于死区电压 0.5V 后，I_B 才随 U_{BE} 的增大迅速增大，实际电路中，硅管压降 U_{BE} 约为 0.6～0.8 V，通常取 0.7 V。锗管压降 U_{BE} 约为 0.1～0.3V，通常取 0.2V。

（2）当 U_{CE}=0V 时，集电结还未反偏，当 U_{CE}=1V 时，集电结已经反偏，集电极收集基区扩散过来的电子。因此，在同一 U_{BE} 值的情况下，流向基极的电流 I_B 减小，在基区要获得相同的 I_B 值，所需的电压 U_{BE} 相应增大，输入特性曲线随 U_{CE} 增大而向右移。当 U_{CE}＞1V 后，各曲线已经很接近了，输入特性几乎与 U_{CE}=1V 时的特性重合，这是因为 U_{CE} >1V 后，集电极已将基区扩散过来的电子几乎全部吸引过来，对基区电子与空穴的复合影响不大，I_B 也就没有明显的改变。在实际使用中，U_{CE} 总是大于 1V 的，通常，只需给出 U_{CE}≥1V 的一条输入特性曲线即可。

2．输出特性

输出特性是指 I_B 一定时，输出回路中 I_C 与 U_{CE} 之间的关系。

如图 7-26 所示，输出特性曲线可分为三个区：放大区、饱和区、截止区，分别对应晶体三极管的三种工作状态。

（1）放大区：特性曲线上平坦的部分，此时，晶体管的发射结正偏，而集电结反偏。当 I_B 等量变化时，I_C 几乎也按一定比例等距平行变化，此时，$I_C=\beta I_B$，I_C 大小只受 I_B 控制，几乎与 U_{CE} 的大小无关，特性曲线反映出恒流源的特点。这是因为 U_{CE} 增大到一定程度后，集电区收集了从基区扩散过来的全部电子，U_{CE} 再增大，扩散来的电子数目也不会增多，即 I_C 值只与 I_B 有关。工作在放大区的晶体管具有电流放大作用。

（2）饱和区：不同 I_B 值的各条特性曲线几乎重叠在一起的特性曲线上升部分称为饱和区，即图中纵坐标附近虚线以左的部分。通常把 $U_{CE}=U_{BE}$（即 U_{CB}=0）的情况称为临界饱和，当 $U_{CE}<U_{BE}$ 时，管子进入饱和区，此时，发射结和集电结均处于正偏，由于集电结正偏，不利于集电区收集电子，造成基极复合电流增大。这样，一方面当 I_B 一定时，I_C 的数值比放大时要小；另一方面，当 U_{CE} 一定而 I_B 增大时，I_C 基本不变。因此，在饱和区，I_C 受 U_{CE}

的影响比较大，而不受 I_B 的控制，三极管无电流放大作用。管子饱和后，三个电极间的电压很小，这时各极电流主要由外电路决定。

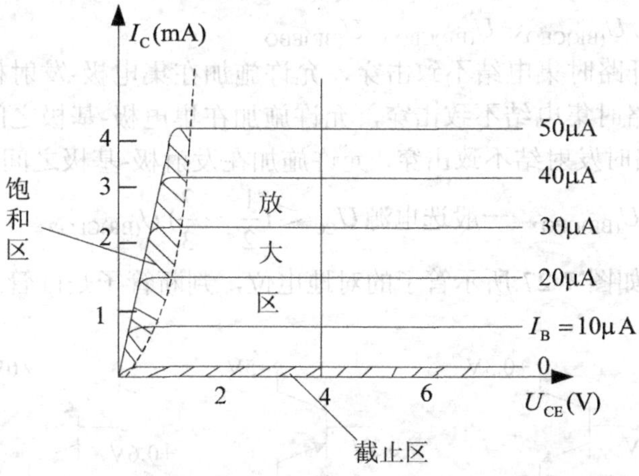

图 7-26　NPN 型硅管共发射极电路输出特性曲线

（3）截止区：在曲线上靠近横轴的部分，即 $I_B \leqslant 0$ 的区域。此时，发射结反偏（也可为零偏），集电结反偏，$I_B \approx 0$，I_C 为一个较小的穿透电流 I_{CEO}，一般认为 $I_C \approx 0$。

特性曲线随温度变化而变化。温度升高时，输入特性曲线向左平移；输出特性曲线平行上移。

7.3.4　三极管的主要参数

晶体管的主要参数是设计电路、选用晶体管的依据，主要包括内容如下。

1．共射电流放大系数 $\bar{\beta}$ 和 β

$\bar{\beta}$ 和 β 是衡量三极管放大能力的重要指标，$\bar{\beta}=\dfrac{I_C}{I_B}$，$\beta=\dfrac{\Delta I_C}{I_B}$。在放大区，由于 $\bar{\beta}$ 和 β 值相差不大，通常只给出 β 值。在一般放大电路中，通常选用 β=30～80 为宜。β 随温度的升高而增大。

2．极间反向电流

I_{CBO} 为发射极开路时，集电极与基极之间的反向饱和电流。I_{CEO} 为基极开路时，集电极与发射极之间的穿透电流，它在输出特性曲线上对应 I_B=0 时的 I_C 值，I_{CEO} 随温度上升会急剧增加。

I_{CBO} 与 I_{CEO} 都影响放大器直流工作状态的稳定性，要求越小越好。通常硅管的反向电流很小，锗管的较大。

3．极限参数

1）集电极最大允许电流 I_{CM}

集电极电流 I_C 过大时，β 将明显下降，I_{CM} 是指 β 值下降到正常值 $\dfrac{2}{3}$ 时的集电极电流。使用中若 $I_C>I_{CM}$，三极管不一定会损坏，但 β 明显下降。

2）集电极最大允许功率损耗 P_{CM}

三极管工作时，U_{CE} 的大部分降在集电结上，它将使集电结温度升高而使三极管发热。

通常，将集电极功耗 $P_C=U_{CE}I_C$ 近似为集电结功耗，P_{CM} 就是由允许的最高集电结温度决定的最大集电极功耗，工作时的 P_C 必须小于 P_{CM}。

3）反向击穿电压 $U_{(BR)CEO}$、$U_{(BR)CBO}$、$U_{(BR)EBO}$

$U_{(BR)CEO}$ 为基极开路时集电结不致击穿，允许施加在集电极-发射极之间的最高电压。$U_{(BR)CBO}$ 为发射极开路时集电结不致击穿，允许施加在集电极-基极之间的最高反向电压。$U_{(BR)EBO}$ 为集电极开路时发射结不致击穿，允许施加在发射极-基极之间的最高反向电压。电路的电源电压要小于 $U_{(BR)CEO}$，一般选电源 $U_{CC} \leqslant (\frac{1}{2} \sim \frac{2}{3}) U_{(BR)CEO}$。

【例 7-4】试根据如图 7-27 所示管子的对地电位，判断管子是硅管还是锗管？处于哪种工作状态？

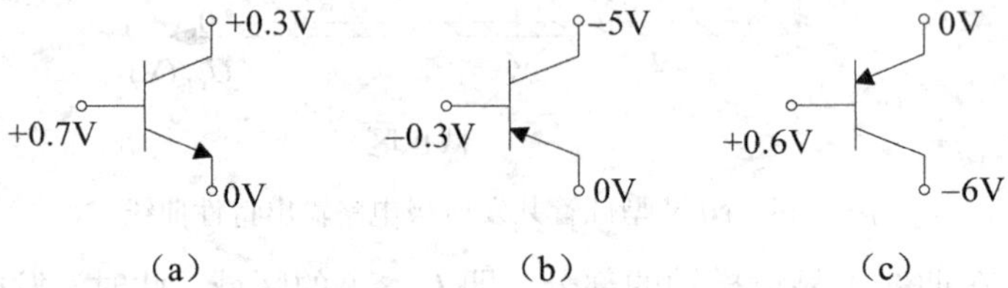

图 7-27　例 7-4 题图

解：(1) 在图 7-27（a）中，晶体管为 NPN 型。由发射结电压 $U_{BE}=0.7V$，处于正偏，且是硅管，但是 $U_B > U_C$（0.7>0.3）V，因此集电结正偏，所以，此 NPN 型硅管处于饱和状态。

(2) 在图 7-27（b）中，晶体管为 PNP 型。发射结电压 $U_{BE}=-0.3V$，为正向偏置，所以该管为锗管，又 $U_B > U_C$，集电结为反向偏置，所以，此 PNP 型锗管工作在放大状态。

(3) 在图 7-27（c）中，晶体管为 PNP 型。发射结电压 $U_{BE}=+0.6V$，处于反向偏置，集电结也是反偏（$U_B > U_C$），因此，管子处于截止状态。此处无法判别其为硅管还是锗管。

7.3.5　三极管使用注意事项

(1) 小功率管不能代替中、大功率管，反向击穿电压低的管子不能代替反向击穿电压高的管子，低频管不能代替高频管，不同类型的三极管不能互换。

(2) 三极管的三个电极引线不能接错，不能互换。

(3) 在高频电路中，有的三极管有四个引脚，除 B、C、E 外，第四个是“接地”，起屏蔽作用。

(4) 中、小功率三极管引脚的线径较细，容易折断，在安装、拆卸时不应过度弯曲。

(5) 安装、拆卸三极管时焊接速度要快，以防时间太长，温度过高，烧坏三极管。

7.4　场效应管

场效应管的外形与晶体三极管相似，但控制特性与晶体管却截然不同，它是一种利用电场效应控制输出电流的半导体，工作时只有一种载流子（多数载流子）参与导电，故又称为单极型三极管。场效应管因其功耗小、体积小、热稳定性好、易于集成化这些优点，而被广泛应用于模拟集成电路和数字集成电路中。

场效应管按其结构不同可分为结型和绝缘栅型场效应管，按所用基片（衬底）材料不同，每类又有 N 沟道和 P 沟道之分。绝缘栅型场效应管又称为 MOS 管，即金属-氧化物-半导体场效应管，按其工作状态可以分为增强型和耗尽型两类。由于 N 沟道和 P 沟道 MOS 管工作原理相似，下面以 N 沟道 MOS 管为例进行分析。

7.4.1　N 沟道增强型 MOS 管

1．N 沟道增强型 MOS 管的结构

如图 7-28（a）所示，N 沟道增强型 MOS 管以一块掺杂浓度低的 P 型硅片为衬底，在衬底引出衬底引线 B（通常与源极 S 连在一起），用扩散法在 P 型硅片上形成两个高掺杂浓度的 N^+区，然后在 P 型硅片表面上生长一层 S_iO_2 绝缘层，再在两个 N^+型区之间的 S_iO_2 表面安置一个铝电极，称为栅极 G，从两个 N^+区表面引出的电极分别称为源极 S 和漏极 D。因为栅极和其他电极之间是绝缘的，所以称为绝缘栅极，因栅极处于绝缘状态，输入电阻可高达 $10^{12}\sim10^{15}\Omega$以上，其图形符号如图 7-28（b）所示。

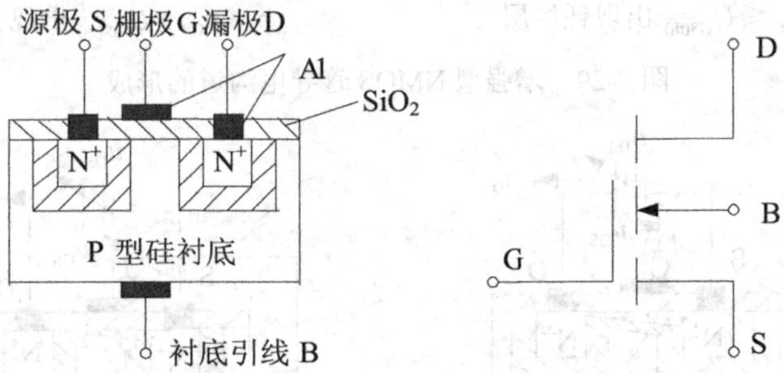

（a）结构示意图　　（b）图形符号

图 7-28　N 沟道增强型 MOS 管的结构示意图及图形符号

2．N 沟道增强型 MOS 管的工作原理

1）$u_{GS}=0$时的情况

从图 7-28（a）中可知，当栅源电压 $u_{GS}=0$时，漏源间为两个背向的 PN 结，不论 u_{DS} 的极性如何，总有一个 PN 结处于反偏状态，中间不存在导电沟道，可以认为漏极电流 $i_D\approx0$ 。在图 7-28（b）中，D、S 之间的虚线表示原来没有导电沟道。增强型 NMOS 管工作时必须在栅极和源极之间加上合适的正向电压。

2）$u_{GS}>0$，$u_{DS}=0$时的情况

栅源间加上正向电压 u_{GS} 后，由于 B 与 S 连在一起，栅极 G 与衬底引线 B 之间相当于一个平板电容器，绝缘层中会产生垂直于 P 型衬底的强电场，该电场吸引 P 型衬底的少子（电子）而排斥多子（空穴）。当 u_{GS} 较小时，首先在 P 型衬底的上表面形成由负离子构成的耗尽层，如图 7-29（a）所示。当 u_{GS} 大于某一临界值即开启电压 $U_{GS(th)}$ 后，这些电子在 P 型衬底靠近栅极的表面形成了一个 N 型导电沟道，此沟道与 P 型衬底之间被耗尽层所绝缘，如图 7-29（b）所示。在如图 7-28（b）所示增强型 NMOS 管的图形符号中，箭头方向就是由 P 型衬底指向 N 沟道。

3）$u_{GS}>U_{GS(th)}$，$u_{DS}\geqslant0$时的情况

$u_{GS}>U_{GS(th)}$后，如果在漏源极之间加上正向电压，就会产生漏极电流 i_D。u_{GS} 再增加时，

沟道将加厚，i_D 增大，实现了 u_{GS} 对 i_D 的控制作用。可见，u_{GS} 控制着导电沟道的形成与宽窄。在导电沟道形成后，漏源间正向电压 u_{GS} 增大，i_D 也增大。由于 u_{GS} 的存在，使沟道上各点与栅极间的电压不再相等，栅、漏极之间的电压 $u_{GD}=u_{GS}-u_{DS}$ 将小于栅源电压 u_{GS}，所以沟道厚度不均匀，靠近源端厚，靠近漏端薄，沟道成为楔形。当 u_{DS} 增大到使 u_{GD} 减小为 $U_{GS(th)}$ 时，沟道在靠近漏极处产生预夹断点。当 u_{DS} 继续增大时，夹断点向源极处延伸形成夹断区，此时电流 i_D 不再随 u_{DS} 的增加而增大，即 i_D 趋于饱和，如图 7-30 所示。

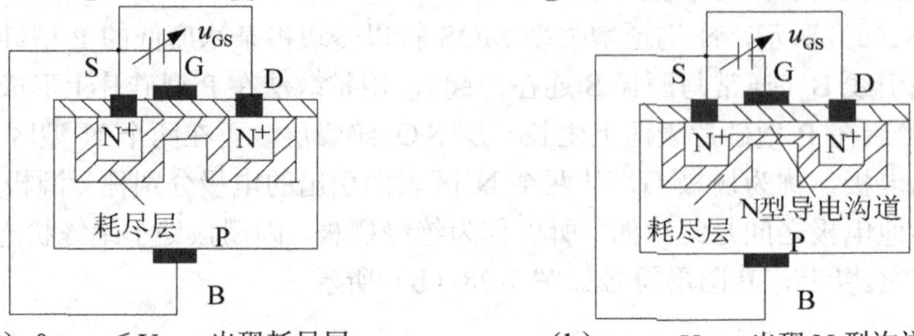

（a） $0<u_{GS}\leqslant U_{GS(th)}$ 出现耗尽层　　（b） $u_{GS}>U_{GS(th)}$ 出现 N 型沟道

图 7-29　增强型 NMOS 管导电沟道的形成

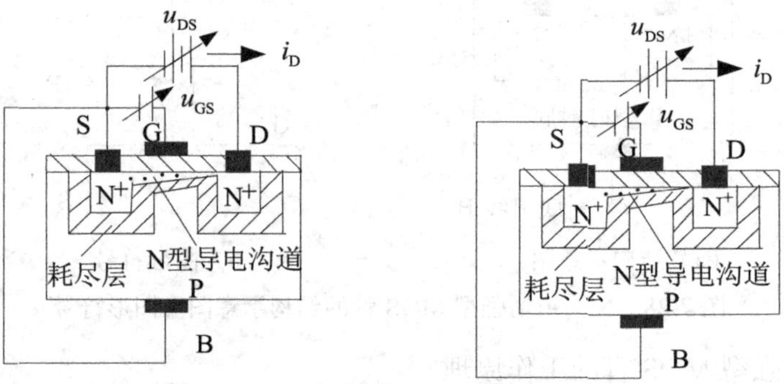

（a） $u_{GS}>U_{GS(th)}$，$0<u_{DS}<u_{GS}-U_{GS(th)}$　　（b） $u_{GS}>U_{GS(th)}$，$u_{DS}\geqslant u_{GS}-U_{GS(th)}$

图 7-30　u_{DS} 对增强型 NMOS 管导电沟道的影响

3．N 沟道增强型 MOS 管的输出特性曲线

N 沟道增强型 MOS 管的输出特性分为可变电阻区、恒流区、截止区和击穿区，如图 7-31 所示。

1）可变电阻区

如前所述，当 $u_{GS}>U_{GS(th)}$ 且 $u_{GS}-U_{GS(th)}>u_{DS}>0$ 时，漏源间已形成导电沟道，若 u_{DS} 较小，沟道厚度基本均匀，当 u_{GS} 为一定值时，i_D 与 u_{DS} 呈线性关系，其相应直线的斜率受 u_{GS} 控制，漏源间相当于一个受 u_{GS} 控制的可变电阻。

2）恒流区

这是 $u_{GS}>U_{GS(th)}$ 且 $u_{DS}\geqslant u_{GS}-U_{GS(th)}$、场效应管夹断后对应的工作区域，其特点是 i_D 仅受 u_{GS} 控制而与 u_{DS} 基本无关，漏源间相当于一个受 u_{GS} 控制的电流源，故称为恒流区。恒流区又叫作饱和区，它是场效应管的放大工作区。

3）截止区

指 $u_{GS}\leqslant U_{GS(th)}$ 的区域，这时没有导电沟道，$i_D\approx 0$，管子处于截止状态。

4）击穿区

指 u_{DS} 增大到一定值时，会造成管子损坏。

4．N 沟道增强型 MOS 管的转移特性曲线

当增强型 NMOS 管工作在恒流区时，i_D 与 u_{GS} 的关系可以用下式近似计算

$$i_D = I_{DO}(\frac{u_{GS}}{U_{GS(th)}} - 1)^2 \qquad (u_{GS} > U_{GS(th)} \text{时}) \tag{7-11}$$

式中，I_{DO} 是 $u_{GS} = 2U_{GS(th)}$ 时的 i_D 值，式（7-11）要求 u_{DS} 为某个常数，且 $u_{DS} > u_{GS} - U_{GS(th)}$。$i_D$ 与 u_{GS} 的关系还可以用转移特性曲线来表示，如图 7-32 所示，图中转移特性曲线的测试条件为 $u_{DS} = 10V$。

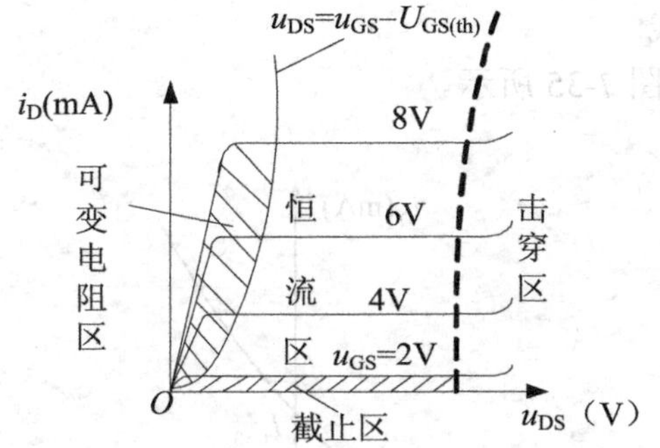

图 7-31　N 沟道增强型 MOS 管的输出特性曲线

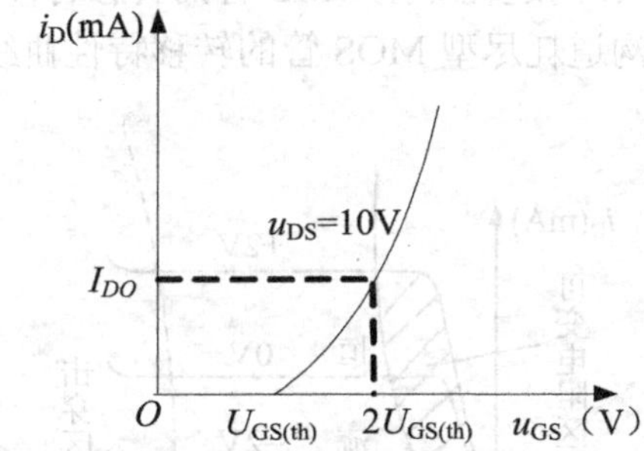

图 7-32　N 沟道增强型 MOS 管的转移特性曲线

7.4.2　N 沟道耗尽型 MOS 管

1．N 沟道耗尽型 MOS 管的结构

N 沟道耗尽型 MOS 管的结构示意图及图形符号如图 7-33 所示。它与增强型 NMOS 管相比，不同之处是制造管子时在二氧化硅绝缘层中掺入了大量的正离子。

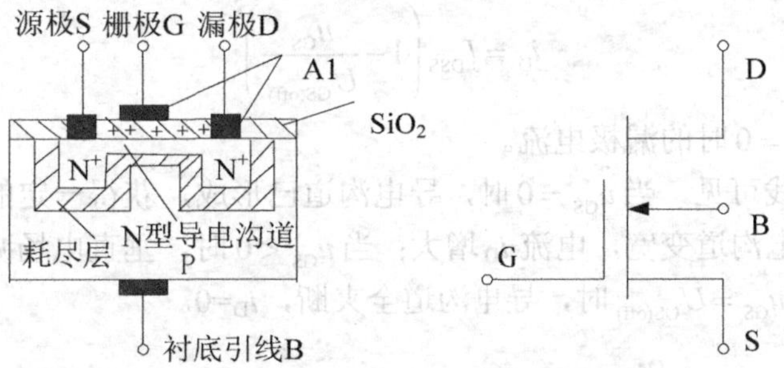

（a）结构示意图　　（b）图形符号

图 7-33　N 沟道耗尽型 MOS 管的结构示意图及图形符号

2．N 沟道耗尽型 MOS 管的工作原理

u_{GS} 对 i_D 有控制作用如下：

（1）u_{GS}=0 时，在正离子产生的电场作用下，漏、源极间的 P 型衬底表面已感应出了很多自由电子，导电沟道已建立好，只要加上正向电压 u_{DS}，就有 i_D 产生；

（2）当 $u_{GS} < 0$ 时，可削弱正离子所产生的电场，使沟道变窄，同一 u_{DS} 作用下 i_D 减小，当负的栅源电压达到一定数值时，它所产生的电场完全抵消了正离子产生的电场，使沟道被

夹断，漏极电流变为零。使 i_D 减少到零时的栅源电压 u_{GS} 称为“夹断电压” $U_{GS(off)}$；

（3）当 $u_{GS}>0$ 时，其感应电荷增多，使沟道变宽，同一 u_{DS} 作用下 i_D 增大。

由此可知，所谓耗尽型是指当 $u_{GS}=0$ 时，导电沟道已存在，当 u_{GS} 由零减小到 $U_{GS(off)}$ 时，导电沟道逐渐变窄而夹断。增强型与耗尽型场效应管的主要区别，就在于 $u_{GS}=0$ 时是否有导电沟道。在图 7-33（b）中，D、S 之间的实线表示原来已有导电沟道。耗尽型 MOS 管的最大特点是在 $u_{GS}<0$、$u_{GS}=0$ 和 $u_{GS}>0$ 的情况下都可以工作，从而应用更广泛。

3．N 沟道耗尽型 MOS 管的输出特性曲线

N 沟道耗尽型 MOS 管的输出特性也分为可变电阻区、恒流区、截止区（夹断区）和击穿区，如图 7-34 所示。

4．N 沟道耗尽型 MOS 管的转移特性曲线

N 沟道耗尽型 MOS 管的转移特性曲线如图 7-35 所示。

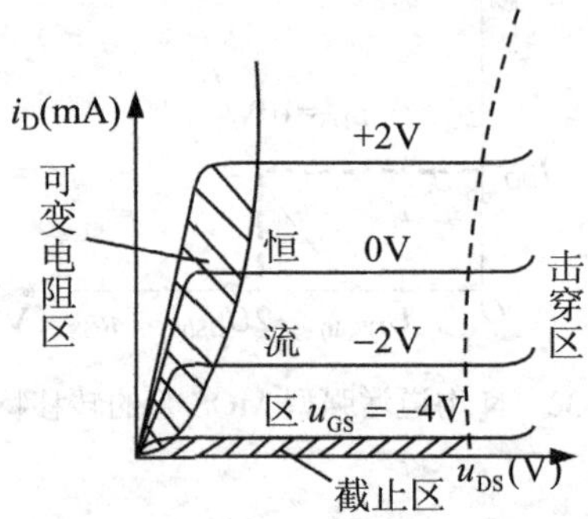

图 7-34 耗尽型 NMOS 管的输出特性曲线

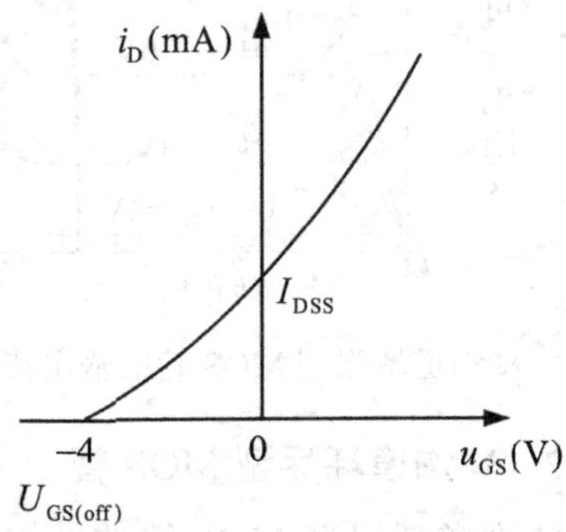

图 7-35 耗尽型 NMOS 管的转移特性曲线

转移方程如下

$$i_D = I_{DSS}\left(1-\frac{u_{GS}}{U_{GS(off)}}\right)^2 \tag{7-12}$$

该式中的 I_{DSS} 是 $u_{GS}=0$ 时的漏极电流。

从转移特性曲线可见，当 $u_{GS}=0$ 时，导电沟道已形成，获得一定的 I_{DSS}；当 $u_{GS}>0$ 时，垂直电场增强，导电沟道变宽，电流 i_D 增大；当 $u_{GS}<0$ 时，垂直电场减弱，导电沟道变窄，电流 i_D 减小，直到 $u_{GS}=U_{GS(off)}$ 时，导电沟道全夹断，$i_D=0$。

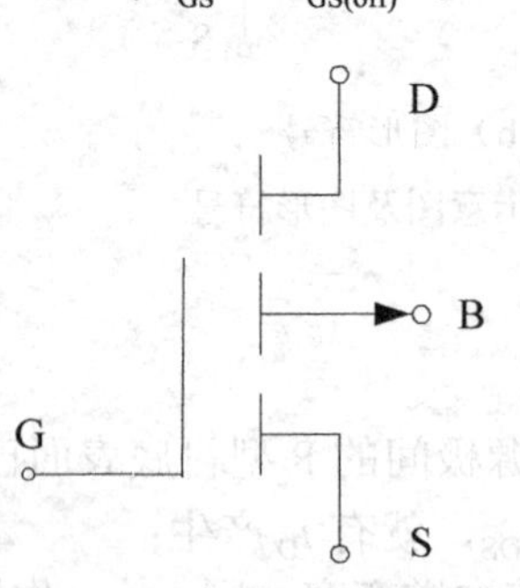

图 7-36 P 沟道增强型 MOS 管的图形符号

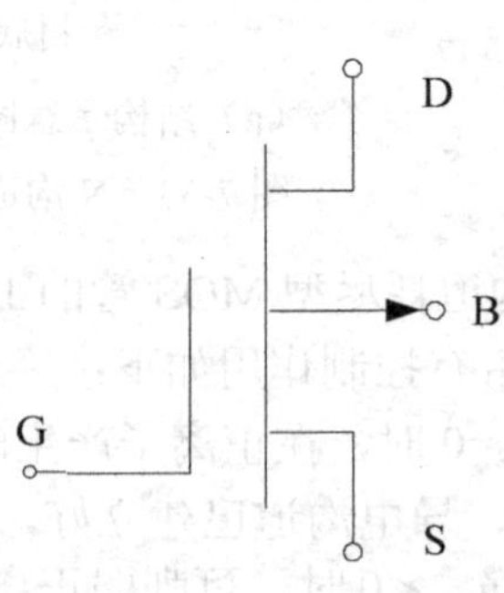

图 7-37 P 沟道耗尽型 MOS 管的图形符号

由于P沟道MOS管的工作原理和N沟道MOS管的工作原理相似，这里不再做具体介绍。P沟道增强型MOS管的图形符号如图7-36所示，箭头方向则由沟道指向N型衬底。P沟道耗尽型MOS管的图形符号如图7-37所示，箭头方向也是由沟道指向N型衬底。

7.4.3 场效应管使用时注意事项

（1）在使用时，各极电源极性应按规定接入。

（2）MOS管的衬底和源极通常连接在一起，若需分开，则衬源间的电压要保证衬源间PN结为反向偏置。

（3）由于MOS管的输入电阻极高，使得栅极的感应电荷不易泄放，而导致在栅极中产生很高的感应电压，造成管子的击穿。为此，应避免栅极悬空及减少外界感应。存放时，应将管子的三个电极短路；当把管子焊到电路上或取下来时，应先用导线将各电极绕在一起；焊接管子所用的烙铁必须接地良好，最好断电利用余热焊接。

（4）结型场效应管可以用万用表检查管子的质量，而MOS管不能用万用表检查，必须用测试仪，而且要在接入测试仪后才能去掉各电极的短路线，取下时则应先将各电极短路，测试仪应有良好的接地。

本章小结

1．PN结是半导体器件的基础，正偏导通，反偏截止，具有单向导电性、反向击穿性和非线性的特点。

2．二极管是一种非线性器件，它具有单向导电性，其特性可用伏安特性来描述。

3．稳压管专用于稳定电压，工作在反向击穿区。

4．晶体三极管是电流控制型器件，输出特性曲线可分为三个区：放大区、截止区、饱和区，三极管工作在放大区必须满足：发射结有正偏电压，集电结有反偏电压。

5．场效应管是电压控制型器件，输入电阻高是场效应管的突出特点。

6．场效应管输出特性曲线分为可变电阻区、恒流区、截止区和击穿区。用于放大时，管子工作在恒流区。

习题七

7.1 单选题。

1．本征激发体现了半导体的（　　）特性。

A．光敏性　　B．热敏性
C．掺杂性　　D．光敏性和热敏性

2．杂质半导体体现了半导体的（　　）性。

A．光敏　　B．热敏　　C．掺杂　　D．导电

3．在杂质半导体中，少数载流子的浓度与（　　）有关。

A．电子　　B．空穴　　C．掺杂浓度　　D．温度

4．当 PN 结外加反向电压时，耗尽层（ ）。

A．变宽　　B．变窄　　C．不变　　D．无法确定

5．当温度升高时，二极管伏安特性曲线的正向部分（ ）。

A．左移　　B．右移　　C．上移　　D．下移

6．二极管两端电压大于（ ）电压时，二极管才导通。

A．击穿电压　　B．死区

C．饱和　　D．0V

7．理想二极管模型相当于（ ）。

A．一个理想开关　　B．一个恒压源

C．一个动态电阻　　D．一条斜线

8．发光二极管正常工作时处于（ ）状态。

A．正偏　　B．反偏

C．反向击穿　　D．任意

9．三极管具有放大作用的外部电压条件是发射结，集电结（ ）。

A．零偏，正偏　　B．正偏，反偏

C．反偏，正偏　　D．反偏，零偏

10．下列有关晶体管的说法中，正确的是（ ）。

A．发射区的掺杂浓度小于集电区

B．基区很薄，掺杂浓度较大

C．基区与集电区的接触面积较大

D．发射极与集电极可以互换

11．用直流电压表测得放大电路中某 BJT 各管脚电位分别是 2V、6V、2.7V，则三个电极分别是（ ），该管是（ ）型。

A．f、b、e；PNP　　B．e、c、b；PNP

C．b、c、e；NPN　　D．e、c、b；NPN

12．当温度升高时，晶体管的 β、ICEO、UBE 的变化情况是（ ）。

A．β 增加、ICEO 和 UBE 减小　　B．β 和 ICEO 增加、UBE 减小

C．β 和 UBE 减小、ICEO 增加　　D．β、ICEO 和 UBE 都增加

7.2　PN 结是怎样形成的？PN 结具有怎样的特性？

温度升高对二极管的特性曲线有何影响？硅管和锗管的反向电流哪一种大？死区电压哪一种大？

7.3　半导体三极管的结构是怎样的？具有怎样的特性？什么是截止区、放大区、饱和区？工作在这些区的特征是什么？半导体三极管的放大作用是怎样体现的？

7.4　分析判断图 7-38 所示各电路中二极管是导通还是截止，并计算电压 U_{ab}，设图中的二极管都是理想的。

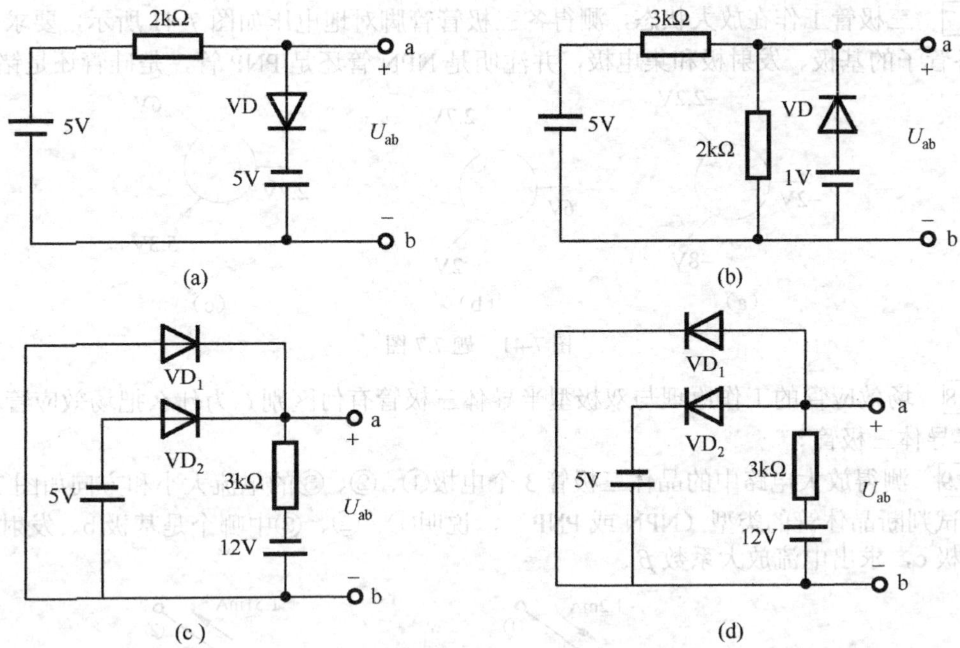

图 7-38　题 7.4 图

7.5　图 7-39 所示电路中的二极管为理想的，试画出输出电压 u_o 的波形。设 $u_i = 6\sin\omega t(\text{V})$。

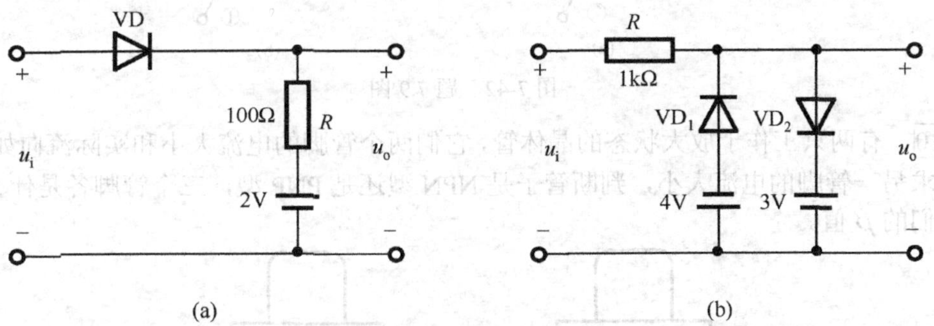

图 7-39　题 7.5 图

7.6　已知稳压管的稳压值 $U_Z = 6\text{V}$，稳定电流的最小值 $I_{Z\min} = 4\text{mA}$。求图 7-40 所示电路中 U_{O1} 和 U_{O2}。

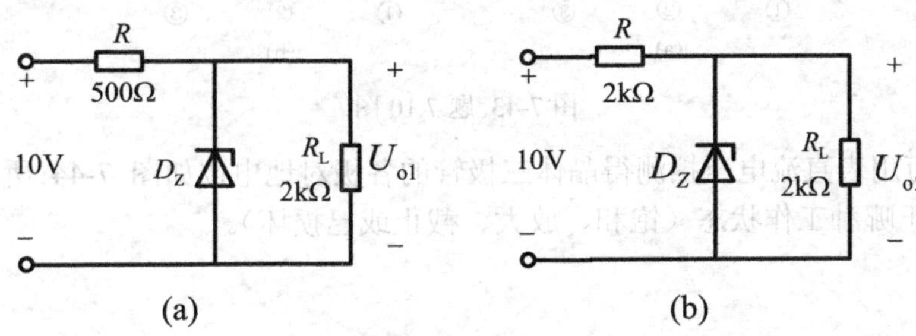

图 7-40　题 7.6 图

7.7 三极管工作在放大状态，测得各三极管管脚对地电压如图 7-41 所示，要求在图中标出各管子的基极、发射极和集电极，并注明是 NPN 管还是 PNP 管，是硅管还是锗管。

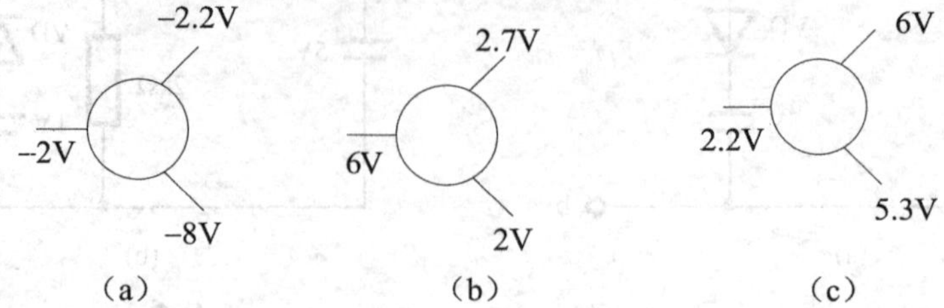

图 7-41 题 7.7 图

7.8 场效应管的工作原理与双极型半导体三极管有何区别？为什么把场效应管称为单极型半导体三极管？

7.9 测得放大电路中的晶体三极管 3 个电极①、②、③的电流大小和方向如图 7-42 所示，试判断晶体管的类型（NPN 或 PNP），说明①、②、③中哪个是基极 b、发射极 e、集电极 c，求出电流放大系数 β。

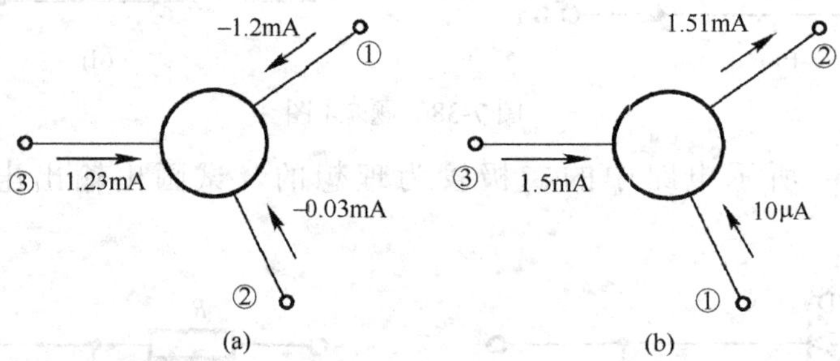

图 7-42 题 7.9 图

7.10 有两只工作于放大状态的晶体管，它们两个管脚的电流大小和实际流向如图 7-43 所示。求另一管脚的电流大小，判断管子是 NPN 型还是 PNP 型，三个管脚各是什么电极；并求它们的 β 值。

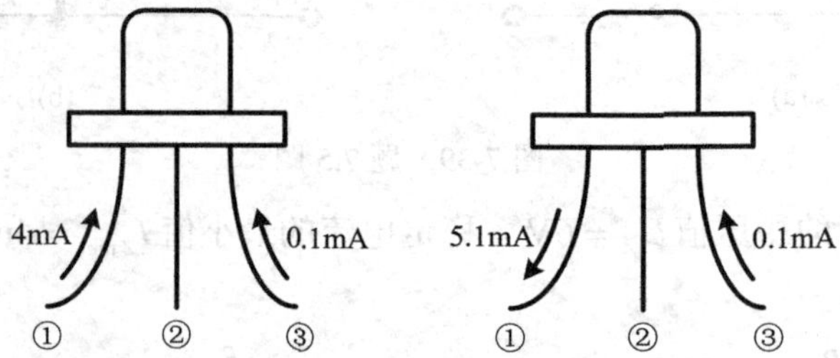

图 7-43 题 7.10 图

7.11 用万用表直流电压挡测得晶体三极管的各极对地电位如图 7-44 所示，判断这些晶体管分别处于哪种工作状态（饱和、放大、截止或已损坏）。

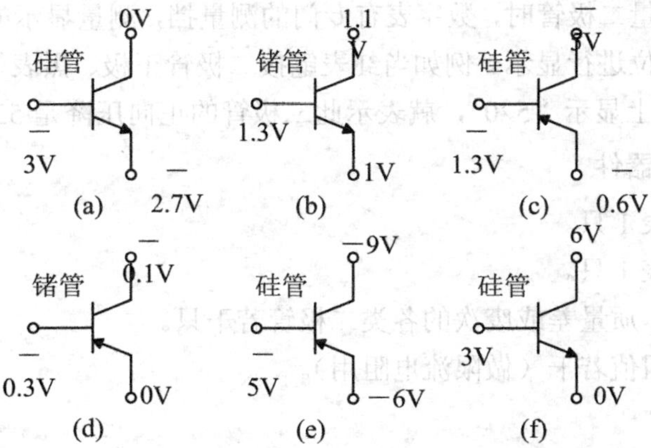

图 7-44　题 7.11 图

实训 7.1　用万用表测量二极管和三极管的电路特性

一、实训目的

1．学会使用万用表测量二极管和三极管在电路中的特性。

2．熟悉普通二极管和发光二极管的导通压降，并充分理解二极管的单向导电性。

3．通过测量，熟悉三极管的三种工作状态。

二、工作原理

当二极管外加正向电压时，二极管导通，呈低电阻；外加反向电压时，二极管截止，呈高电阻。因此可用万用表的欧姆挡鉴别二极管的极性和判别其质量的好坏。

指针式万用表欧姆挡等效电路如图 7-45 所示，图中 E_0 为表内电源，R_s 为万用表的等效电阻，I 为被测回路中的实际电流。当万用表处于欧姆挡时，其面板上的正端（+）即红表笔为内电源的负极，而面板上的负端（−）即黑表笔为内电源的正极。

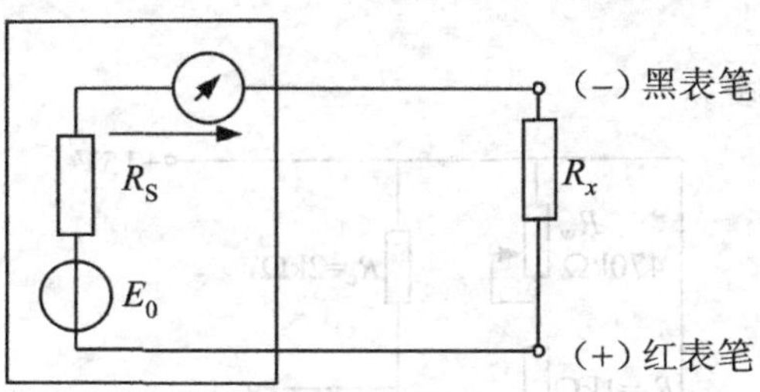

图　7-45

当被测电阻 R_x 趋于∞时，I=0，表针无偏转，该点就标为∞；当 R_x=0 时，I=E_0/R_S，表针偏转到右端满刻度，该点就标为零点。若 R_x=R_S，$I=E_0/(R_x+R_S)=E_0/2R_S$，表针正好指在中间位置，所以正中间位置的阻值即为 R_S 的值，称为中值电阻。

数字式万用表是利用电子电路对元器件进行检测，无论进行什么量的测量，电路都处于工作状态，红表笔始终代表正极，黑表笔始终代表负极。尤其是在测量电阻时，和指针表的极性是不一样的。测量二极管时，数字表有专门的测量挡，测量显示的是二极管导通时的正向压降，以毫伏为单位进行显示。例如当红表笔接二极管正极、黑表笔接二极管负极时，若二极管完好，则屏幕上显示“520”，就表示此二极管的正向压降是 520 毫伏。

三、实训设备和器件

1．指针式万用表 1 只。

2．数字式万用表 1 只。

3．二极管 2 只，质量差或废次的各类二极管若干只。

4．电阻：各种阻值若干（做限流电阻用）。

四、实训内容

1．用指针式万用表测试二极管的正、负极性和正反向电阻。将万用表选在 $R\times1k$ 挡，红黑两表笔分别接到二极管两端，若表的读数在几千欧姆以下，则黑表笔一端为二极管正极，红表笔一端为二极管负极。若表的读数很大（几百千欧），则二极管反向偏置。把测得的正反向电阻填在表中。用万用表 $R\times100$ 挡重测正反向电阻，把测得的结果填在表 7-2 中，比较结果，分析原因。

表 7-2

二极管型号				
万用表电阻挡	$R\times100\Omega$	$R\times1k\Omega$	$R\times100\Omega$	$R\times1k\Omega$
正向电阻				
反向电阻				

2．用指针式万用表测试废次二极管，分析管子质量和损坏情况。若二极管正反向电阻都是无穷大，表明管子已断路；若二极管正反向电阻都是零，表明管子已击穿。

3．用数字式万用表测试二极管的正、负极性和正向导通压降，并将废次二极管的测量结果与之进行比较。

4．按图 7-46 连接电路。

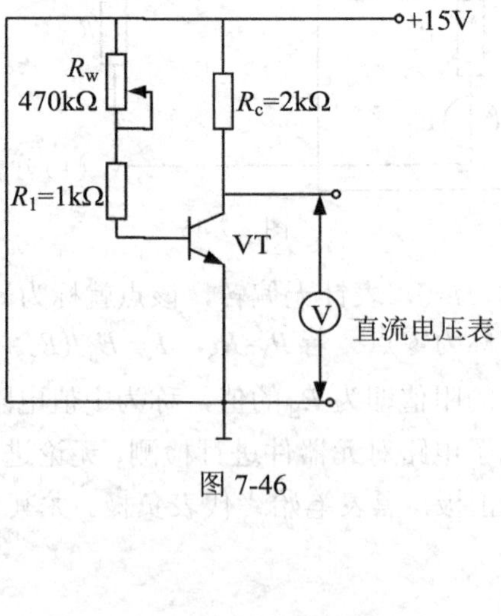

图 7-46

实训步骤：（1）先将 R_w 与电源断开，使三极管无基极电压和基极电流，用直流电压挡测三极管的集电极电压；（2）将 R_w 与电源接通，先将 R_w 值调最大，然后逐渐减小电阻值，观察电压表上读数的变化；（3）当 R_w 调到某一值，直流电压表上的读数不再变化时，记录此时的电压值，并将 R_w 值记录下来。观察三极管的三种工作状态，基极偏压、基极偏流的关系。

五、实训报告

1．总结 PN 结外加正、反向电压时的工作情况。

2．为什么指针式万用表的不同电阻挡测量二极管的正向电阻时，测得的阻值不同？

实验 7.2 常用电子仪器的使用

一、实验目的

1．了解常用电子仪器的用途和主要性能指标。

2．掌握常用电子仪器的使用方法。

二、实验仪器设备

1．AS-101 函数发生器。

2．DA-16 晶体管毫伏表。

3．ST-16 示波器。

4．MF-47 万用表。

5．DT-930G 数字万用表。

三、实验内容

1. 如表 7-3 所示，分别用所列仪器测量不同频率下 AS-101 函数发生器的正弦输出电压。

表 7-3

频率（Hz）	测试仪器		
	晶体管毫伏 DA-16	万用表 MF-47	数字万用表 DT-930G
50			
2k			
150k			
400			

2．用示波器测量如表 7-4 所示各组正弦信号。

表 7-4

<table>
<tr><td rowspan="2">正弦信号</td><td colspan="2">频率（Hz）</td><td>1k</td><td>150</td><td>30k</td><td>800k</td></tr>
<tr><td colspan="2">有效值（V）</td><td>5</td><td>0.1</td><td>3</td><td>1</td></tr>
<tr><td rowspan="8">ST-16测量</td><td rowspan="3">V/div</td><td>挡级</td><td></td><td></td><td></td><td></td></tr>
<tr><td>微调</td><td></td><td></td><td></td><td></td></tr>
<tr><td>格数（V_{P-P}）</td><td></td><td></td><td></td><td></td></tr>
<tr><td rowspan="3">t/div</td><td>挡级</td><td></td><td></td><td></td><td></td></tr>
<tr><td>微调</td><td></td><td></td><td></td><td></td></tr>
<tr><td>格数（V_{P-P}）</td><td></td><td></td><td></td><td></td></tr>
<tr><td rowspan="2">ST-16测量值</td><td>峰-峰值</td><td></td><td></td><td></td><td></td></tr>
<tr><td>频率（Hz）</td><td></td><td></td><td></td><td></td></tr>
</table>

四、分析讨论

下列说法哪一组是正确的？

（1）测量时先夹红鱼夹（正极），后连黑鱼夹（负极），测量后先取下黑鱼夹，后取下红鱼夹。

（2）测量时先夹黑鱼夹（负极），后连红鱼夹（正极），测量后先取下黑鱼夹，后取下红鱼夹。

（3）测量时先夹红鱼夹（正极），后连黑鱼夹（负极），测量后先取下红鱼夹，后取下黑鱼夹。

（4）测量时先夹黑鱼夹（负极），后连红鱼夹（正极），测量后先取下红鱼夹，后取下黑鱼夹。

第八章　放大电路基础

模拟电子电路中的半导体器件通常工作在放大状态，它和电路中的其他元器件构成各种用途的放大电路。本章首先介绍了两种基本放大电路，即共发射极放大电路和射极输出器，并介绍了工作点稳定的分压式偏置放大电路，然后介绍了由基本放大电路组成的多级放大电路。最后介绍了差动放大电路和功率放大电路。差动放大电路可以有效地抑制零漂，常作为多级放大电路中的第一级。功率放大电路的任务是向负载提供符合要求的交流功率，常作为多级放大电路的输出级。

8.1　共发射极放大电路

8.1.1　共发射极放大电路的组成和工作原理

1．共发射极放大电路的组成

由 NPN 型三极管构成的共发射极放大电路如图 8-1 所示，它由信号源、直流电源、三极管、电阻、电容等元件组成，需要放大的输入信号 u_i 接到放大电路的输入端，通过电容 C_1 与放大电路相耦合，放大后的输出信号通过电容 C_2 的耦合，输送到负载电阻 R_L，输出电压为 u_o。图中符号“⊥”表示“地”（实际上这一点并不真正接到大地上），并将该点视为零电位点（参考电位点），这样，电路中的各点电位实际上就是各点对地电压。常为分析方便，所有各点对地电压的假定正方向均标注为对地为正，三极管管脚电流的假定正方向则以其静态电流流向为正方向。

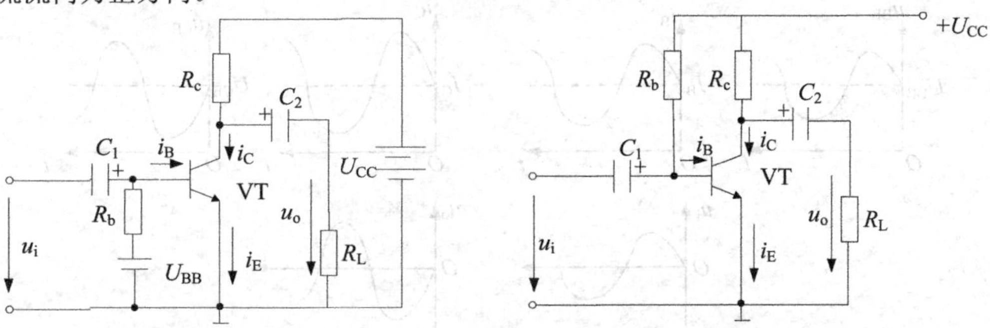

（a）采用两个直流电源 U_{BB}、U_{CC}　　　（b）采用一个直流电源 U_{CC}

图 8-1　NPN 型三极管构成的共发射极放大电路

晶体管 VT 为 NPN 型管，是整个电路的核心，担负着控制与放大的作用，必须工作在放大区。图 8-1（a）中，基极电源 U_{BB} 和基极电阻 R_b 为发射结提供正向偏置电压，并提供适当的基极电流 I_B（常称为偏流），以使放大电路获得合适的静态工作点。R_b 又称为基极偏置电阻，其值一般为几十千欧至几百千欧。R_c 是集电极负载电阻，它的作用是将放大了的集电极电流转化为信号电压输出，使放大电路具有电压放大功能，其值一般为几千欧至几十千欧。u_i 控制 i_B 的变化，从而获得大的 i_C 变化，输出的较大能量来自直流电源 U_{CC}，即能量较小的输入信号通过晶体管的控制作用，去控制电源 U_{CC} 所供给的能量，在输出端获得一个能量较大的信号。一般 U_{CC} 为几伏至几十伏。如图 8-1（b）所示是共发射极放大电路的实用电路，图中用直流电源 U_{CC} 来代替 U_{BB}，U_{CC} 不仅为发射结提供正向偏置电压，还为集电结提供反向偏置电压，也是信号放大的能源。

电容 C_1、C_2 一方面具有隔断直流的作用，使信号源及负载对放大电路直流工作点不产生影响；另一方面又具有交流耦合的作用，保证交流信号顺利通过放大电路。通常，C_1、C_2 容量均取较大值，在低频放大电路中，常采用有极性的电解电容器，一般是几微法至几十微法的电解电容，连接时应注意极性。这样，对于交流信号，C_1、C_2 可视为短路；对直流来说，C_1、C_2 相当于开路。

2．共发射极放大电路的工作原理

在输入电压信号未接入的情况下（也可以将输入端短接），u_i=0，三极管中的电流均为直流电流 I_B、I_C、I_E（i_B、i_C、i_E 中的交流电流为零，只有直流电流），电压 u_{BE}、u_{CE} 亦然，此时电路处于静态。

将待放大的输入电压 u_i 接入电路的输入端，经 C_1 耦合，加在发射结两端，使得 u_{BE} 在直流电压 U_{BE} 的基础上发生变化，这种发射结正偏电压的变化，必然会改变从发射区注入基区载流子的数量，从而引起基极电流 i_B 和集电极电流 i_C 的变化。i_C 的变化使 R_c 上压降变化，而集电极对地电压 $u_{CE}=U_{CC}-i_C R_c$，当 i_C 的瞬时值增大时，u_{CE} 将减小，故 u_{CE} 的变化规律与 i_C 正好相反。u_{CE} 中的交流分量 u_{ce} 经 C_2 传送到输出端成为输出交流电压 u_o。因为 i_C 的变化量比 i_B 大 β 倍，集电极电阻 R_c 在保证三极管集电结反偏的条件下可取较大阻值，使输出电压幅度大于输入电压，从而达到放大的目的。

图 8-2 中画出了电路在输入正弦波信号后的各点波形。由图可知，输出信号的波形与输入信号的波形相似。

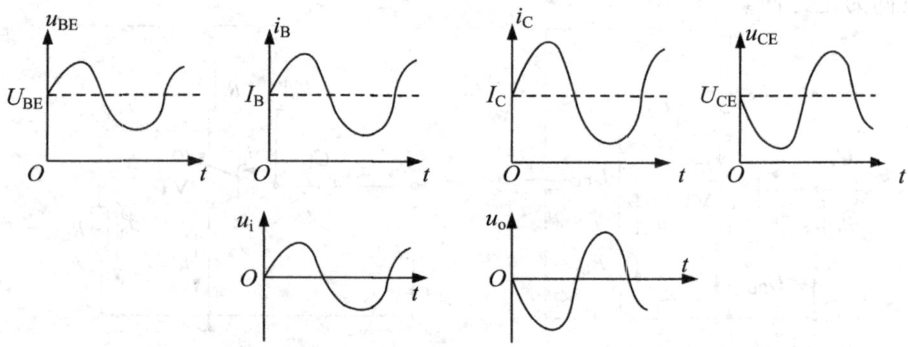

图 8-2　共发射极放大电路动态时各点波形

8.1.2　放大电路的静态分析

静态是指放大电路没有输入信号（$u_i=0$）时的工作状态，此时三极管各极间的电压和电极中的电流都是不变的直流量。对于三极管来说，通过了解 I_B、U_{BE}、I_C、U_{CE} 这四个量的大小，便可以知道三极管的工作状态，这就是对电路进行静态分析（也称直流分析）的目的。

1．静态工作点

静态工作点就是指静态时三极管各极间的直流电压和各极中的直流电流。对于静态工作情况，可以采用近似估算法，也可以采用图解法求解。

2．用近似估算法确定静态值

因为静态值是直流，故可用交流放大电路的直流通路来分析计算。画直流通路时，电容 C_1、C_2 因有隔直作用，可视为开路。图 8-3 是如图 8-1 所示放大电路的直流通路。

在图 8-3（a）中，基极电源采用 U_{BB}，则

$$I_B = \frac{U_{BB} - U_{BE}}{R_b} \tag{8-1}$$

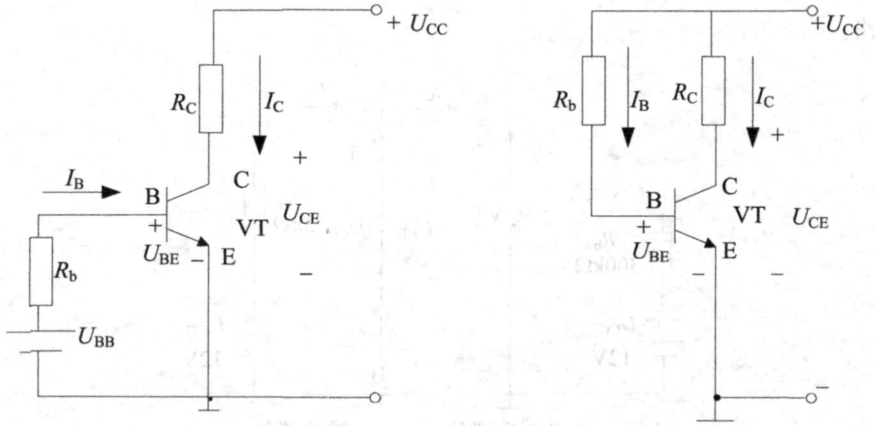

（a）采用两个直流电源 U_{BB}、U_{CC}　　　（b）采用一个直流电源 U_{CC}

图 8-3　共发射极交流放大电路的直流通路

由于硅管的 U_{BE} 约为 0.7V，锗管的 U_{BE} 约为 0.2V，且随 I_B 变化较小，为简化计算，可将 U_{BE} 看成是一个常数，以 0.7V（0.2V）作为典型值代入，即可估算出 I_B 之值。又因为 U_{BE} 比 U_{BB} 小很多，若将 U_{BE} 忽略不计，则可得

$$I_B \approx \frac{U_{BB}}{R_b} \tag{8-2}$$

在图 8-3（b）中，静态基极电流 I_B 从直流电源 U_{CC} 的正端流出，经过基极偏置电阻 R_b 和三极管的发射结，然后流入公共端。由此，可得出静态时的基极电流

$$I_B = \frac{U_{CC} - U_{BE}}{R_b} \tag{8-3}$$

因为 U_{BE} 比 U_{CC} 小很多，将 U_{BE} 忽略不计，则可得

$$I_B \approx \frac{U_{CC}}{R_b} \tag{8-4}$$

由 I_B 可得出静态时的集电极电流

$$I_C = \bar{\beta} I_B + I_{CEO} \approx \bar{\beta} I_B \approx \beta I_B \tag{8-5}$$

静态时，集电极与发射极间的电压为

$$U_{CE} = U_{CC} - I_C R_c \tag{8-6}$$

当电源电压 U_{CC}（或 U_{BB}）和 R_b 确定后，I_B 是“固定”的，所以这种电路称为固定偏置电路，R_b 被称为基极偏置电阻。基极偏置电流 I_B 的大小决定了放大电路的静态工作点的位置，和放大电路的性能有着密切关系。当 U_{CC}（或 U_{BB}）的值确定后，通过改变 R_b 的阻值就可以调整 I_B 的大小，进而控制三极管的集电极电流。

3．用图解法确定静态值

图解法是由半导体器件的伏安特性曲线（非线性）与电路线性部分的等效电压源外特性的交点来确定静态值。

1）将放大电路分成非线性和线性电路两部分

以图 8-3（b）为例，若$U_{CC}=12V$，$R_b=300k\Omega$，$R_c=3k\Omega$，将其分为非线性和线性电路两部分，如图 8-4 所示。非线性电路部分包括三极管 R_b 、U_{CC}，线性电路部分是U_{CC}和 R_c 的串联电路。

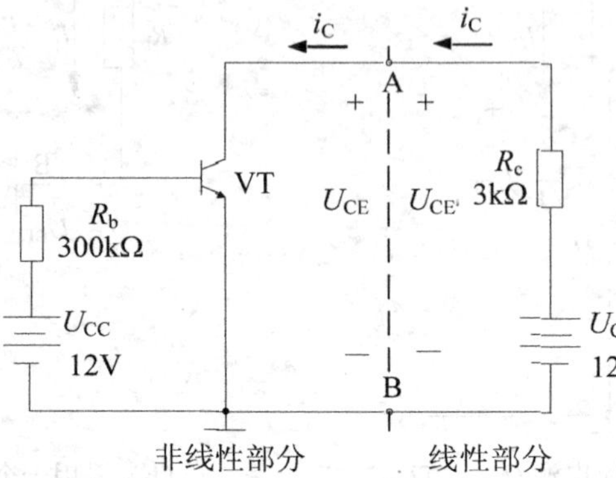

图 8-4　放大电路的非线性和线性两部分

2）作出三极管的输出特性曲线

找出非线性器件的 i_C-u_{CE} 关系曲线，即输出特性曲线，如图 8-5 所示。

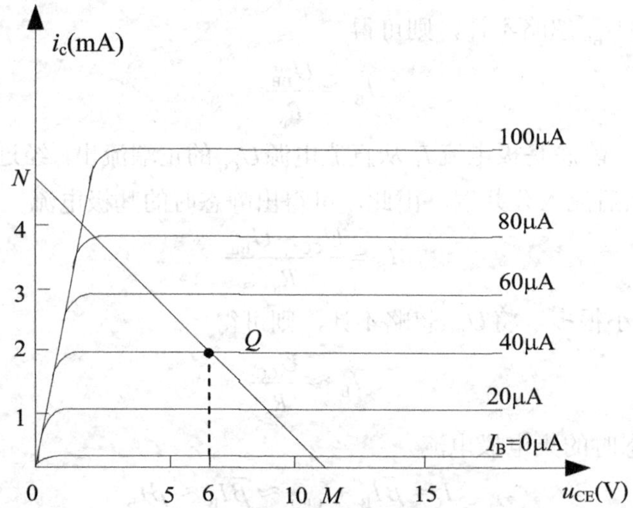

图 8-5　图解分析过程

因为基极电流已由

$$I_B \approx \frac{U_{CC}}{R_b}=\frac{12V}{300k\Omega}=40\mu A$$

确定。所以 I_B=40μA 对应的电流-电压关系就是三极管的 i_C-u_{CE} 关系。

3）作出直流负载线线性部分的伏安特性

如图 8-4 所示，因为电路处于静态，线性电路部分在 A、B 两点之间的电压 $u_{CE}=U_{CE}$，集电极电流 $i_C=I_C$，且满足

$$U_{CE}=U_{CC}-I_C R_c$$

当电流 $I_C=0$ 时，$U_{CE}=U_{CC}$，当 $I_C=U_{CC}/R_c$ 时，$U_{CE}=0$。这是一个直线方程，它的斜率是$-1/R_c$，在横轴和纵轴上的截距分别为U_{CC}（V）和U_{CC}/R_c（mA），因其斜率与 R_c 有关，而 R_c 是集电极的直流负载（集电极的全部直流电流流过 R_c），故将此直线称为三极管的直流负载线。如图 8-5 中的 *M*、*N* 两点连线即为直流负载线。

4）直流负载线与输出特性曲线的交点即为 *Q* 点

在图 8-5 中，直流负载线 *MN* 与 $I_B=40\mu A$ 时输出特性曲线的交点即为 *Q* 点，此点的电压、电流值同时满足非线性和线性两部分的要求，并反映了三极管在静态时电压和电流的大小，故称其为静态工作点。从图 8-5 中可以读出 *Q* 点对应的电压、电流值（*Q* 点的坐标）为：$I_C=2mA$，$U_{CE}=6V$。

为三极管设置一定大小的静态工作点是放大电路工作的基础，确定静态工作点后，便可以对电路进行动态分析了。

8.1.3　放大电路的动态分析

在如图 8-1（a）和（b）所示电路中，若输入端加上正弦信号电压 u_i，由于电容 C_1 在静态时已充有电压 U_{BE}，所以，使得 B、E 之间的总电压为交、直流电压之和，即

$$u_{BE}=U_{BE}+u_i \tag{8-7}$$

当放大电路加上 u_i 后，电路中的电压、电流均在静态值的基础上做相应的变化。动态分析就是计算出加上 u_i 后放大电路的各项主要技术指标，主要包括电压放大倍数 A_u、输入电阻 r_i、输出电阻 r_o 等。下面采用微变等效电路法来进行动态分析。

1．画交流通路

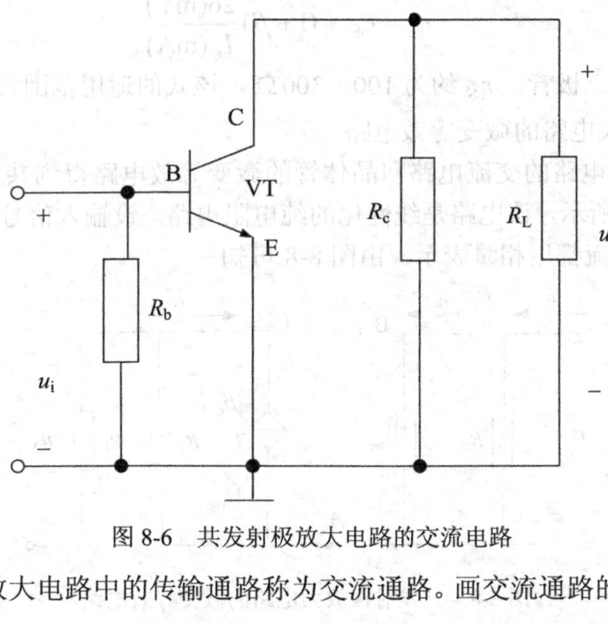

图 8-6　共发射极放大电路的交流电路

交流信号 u_i 在放大电路中的传输通路称为交流通路。画交流通路的原则是：在信号频率

范围内，电路中耦合电容的容抗很小，可视为短路；而直流电源的内阻一般很小，也可忽略，视为短路。按此原则画出图 8-1（a）和图 8-1（b）中的共发射极放大电路的交流电路都如图 8-6 所示。由于输入回路与输出回路的公共端为发射极，故此电路称为共发射极放大电路。

由于晶体管是非线性元件，为了简化放大电路动态性能的分析计算，可以把晶体管等效为一个线性元件，即把晶体管的输入、输出特性线性化。相应的，放大电路就可等效为线性电路。

2．晶体管的微变等效电路

图 8-7（b）是如图 8-7（a）所示晶体管的简化微变等效电路。晶体管的输入回路用管子的输入电阻 r_{be} 等效代替，输出回路等效为一个受控电流源 βi_b，受控电流源体现了基极电流 i_b 对集电极电流 i_c 的控制作用。在这个等效电路中，忽略了 u_{CE} 对 i_c 的影响，也没有考虑 u_{CE} 对输入特性的影响。

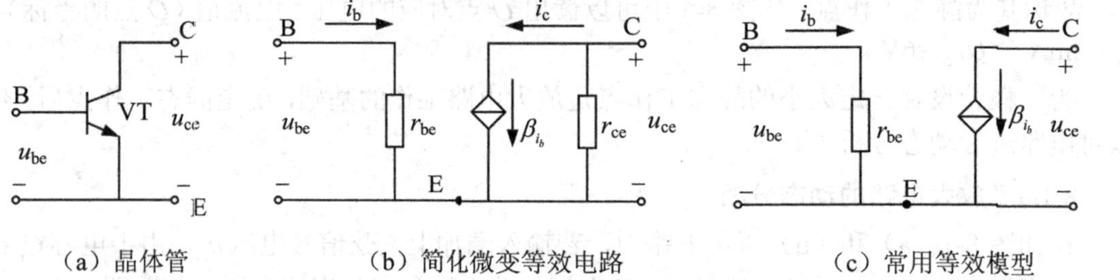

图 8-7　晶体管及其微变等效电路

由于晶体管的输出电阻 r_{ce} 高达几十千欧到几百千欧，分析中常视作开路。通常用如图 8-7（c）所示的等效电路取代晶体管的简化微变等效电路。基极电流 i_b 和受控电流 βi_b 的参考方向必须保持同时指向 E 或都背向 E，即 βi_b 的流向由 i_b 的流向决定。晶体管的输入电阻 r_{be} 在常温下的计算公式为

$$r_{be} = r_{bb'} + (1+\beta)\frac{26(\text{mV})}{I_E(\text{mA})} \tag{8-8}$$

对于低频小功率三极管，$r_{bb'}$ 约为 $100 \sim 300\,\Omega$，该式的适用范围为 $0.1\text{mA} < I_E < 5\text{mA}$。

3．共发射极放大电路的微变等效电路

由共发射极放大电路的交流电路和晶体管的微变等效电路得到共发射极放大电路的微变等效电路如图 8-8 所示，该电路是线性化的纯电阻电路。设输入信号为正弦信号，微变等效电路中的电压和电流都用相量表示，由图 8-8 可知

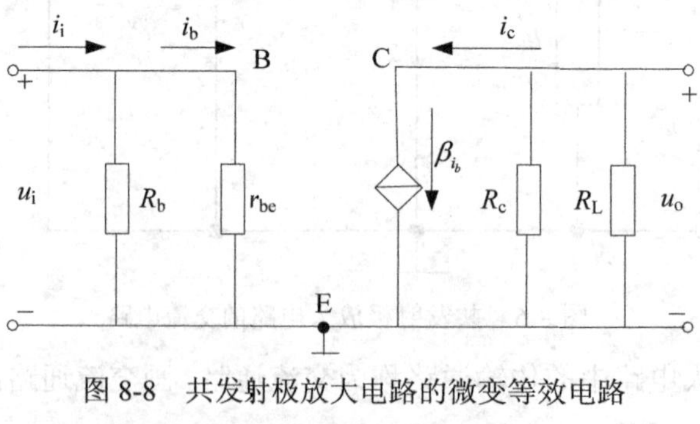

图 8-8　共发射极放大电路的微变等效电路

$$\dot{U}_{\mathrm{i}}=\dot{I}_{\mathrm{b}}r_{\mathrm{be}}$$

$$\dot{U}_{\mathrm{o}}=\dot{I}_{\mathrm{c}}R_{\mathrm{L}}{}'=-\beta\dot{I}_{\mathrm{b}}R_{\mathrm{L}}{}'$$

其中，$R_{\mathrm{L}}'=R_{\mathrm{c}}/\!/R_{\mathrm{L}}$。

放大电路的电压放大倍数为

$$A_{\mathrm{u}}=\frac{u_{\mathrm{o}}}{u_{\mathrm{i}}}=\frac{\dot{U}_{\mathrm{o}}}{\dot{U}_{\mathrm{i}}}=\frac{-\beta\dot{I}_{\mathrm{b}}R_{\mathrm{L}}{}'}{\dot{I}_{\mathrm{b}}r_{\mathrm{be}}}=-\beta\frac{R_{\mathrm{L}}{}'}{r_{\mathrm{be}}} \tag{8-9}$$

电压放大倍数的单位是“倍”。当改用“分贝（dB）”作单位时，电压放大倍数就称为电压增益。电压增益与电压放大倍数的转换关系为

$$A_{\mathrm{u}}(\mathrm{dB})=20\lg(u_{\mathrm{o}}/u_{\mathrm{i}})$$

由电压放大倍数可知，输出电压不仅被放大，而且与输入电压相比是反相的。输入、输出电压波形如图 8-2 所示。

输入电阻为

$$r_{\mathrm{i}}=r_{\mathrm{be}}/\!/R_{\mathrm{b}} \tag{8-10}$$

求输出电阻时，采用“加压求流法”，即在微变等效电路中，令信号源为零值，保留其内阻，并保留受控电流源。输出端开路（除去负载R_{L}），加上电压u_{o}'，产生电流i_{o}'，如图 8-9 所示，由于信号源为零值，所以$u_{\mathrm{i}}=0$，$i_{\mathrm{b}}=0$，此时$\beta i_{\mathrm{b}}=0$，所以输出电阻为

$$r_{\mathrm{o}}=\frac{\dot{U}_{\mathrm{o}}'}{\dot{I}_{\mathrm{o}}'}=R_{\mathrm{c}} \tag{8-11}$$

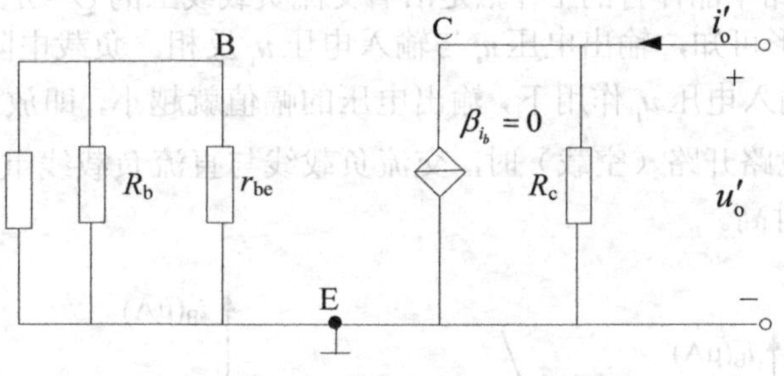

图 8-9 用“加压求流法”求输出电阻

8.1.4 放大电路的非线性失真

1．交流负载线

在用图解法确定静态工作点时，直流负载线的斜率为$\tan\alpha=-1/R_{\mathrm{c}}$。当输入信号加入放大电路时，交流负载线反映了放大电路有信号时i_{C}与u_{CE}的关系，交流负载线的斜率为$\tan\alpha=-1/R_{\mathrm{L}}'$。由于$R_{\mathrm{L}}{}'<R_{\mathrm{c}}$，所以交流负载线要比直流负载线陡。又因为当输入电压u_{i}的交流瞬时值等于零时，相当于放大电路处于静态时的情况，所以，交流负载线必通过Q点。如图 8-10 所示。

在晶体管输入特性的静态工作点Q（I_{B}，U_{BE}）基础上加入交流输入电压，电路中同时存在直流和交流量，即

$$u_{\mathrm{BE}}=U_{\mathrm{BE}}+u_{\mathrm{i}} \tag{8-12}$$

$$i_{\mathrm{B}}=I_{\mathrm{B}}+i_{\mathrm{b}} \tag{8-13}$$

$$i_C = I_C + i_c \tag{8-14}$$

$$u_{CE} = U_{CE} + u_{ce} \tag{8-15}$$

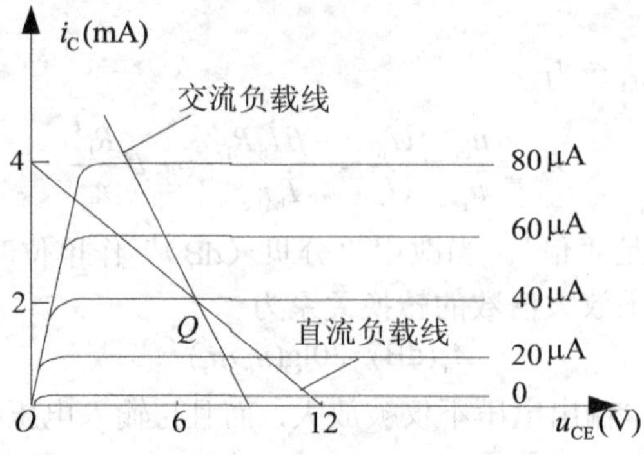

图 8-10　交流负载线、图解分析

如图 8-11 所示，对应于 u_i 在正半周内的变化（从点 1 到 2 到 3），晶体管在输入特性曲线上的动态工作点（以后简称工作点）将首先从静态工作点 Q 上移到 A（u_i 从 1 变到 2），然后再从 A 下移回到 Q（u_i 从 2 变到 3）。对应于 u_i 的负半周（从点 3 到 4 到 5），工作点将从 Q 下移到 B，然后再从 B 上移回到 Q。

由图 8-11 可知，i_B 在静态值 I_B 的上下随时间按正弦规律变化。$u_{ce} = i_c R_L'$，R_L' 两端的压降也就是管子的交流压降，即放大电路的输出电压 u_o。由上述分析可知，在有信号输入的整个过程中，放大电路中晶体管的工作点是沿着交流负载线上的 $Q \to A \to Q \to B \to Q$……而移动。

由 u_i 和 u_o 的波形可知，输出电压 u_o 与输入电压 u_i 反相。负载电阻 R_L 值越小，交流负载线越陡，在相同的输入电压 u_i 作用下，输出电压的幅值就越小，即放大电路的电压放大倍数越低。此外，放大电路开路（空载）时，交流负载线与直流负载线重合，显然，空载时的电压放大倍数比有载时高。

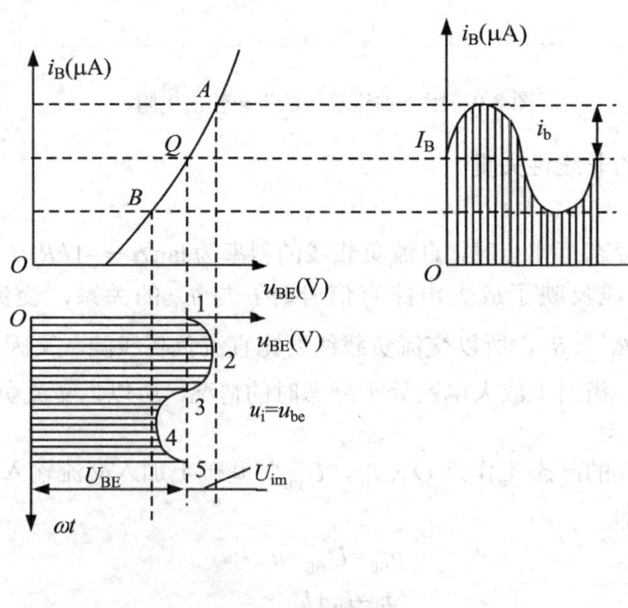

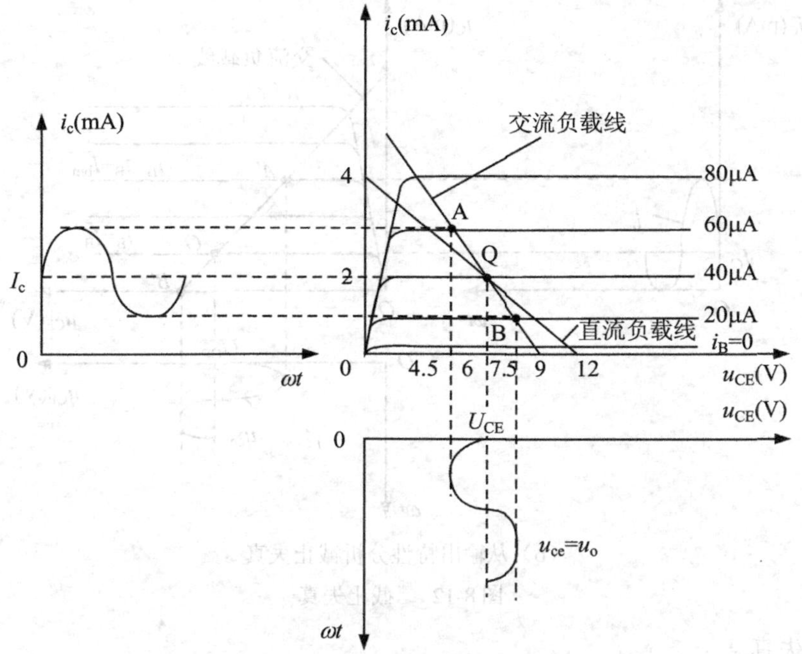

图 8-11 加正弦输入信号时放大电路的工作情况

2．放大电路的非线性失真

失真是指输出信号的波形与输入信号的波形不再相似，这是放大电路应该尽量避免的。当静态工作点选择不当或输入信号幅度较大时，三极管的动态工作将超出其特性曲线的线性区，延伸到非线性区形成的失真称为非线性失真。

1）截止失真

在图 8-12（a）中，静态工作点 Q 的位置偏低，而输入电压 u_i 的幅度又相对比较大，则在 u_i 的负半周的部分时间内出现 u_{BE} 小于发射结导通电压的情况，此时 i_B=0，三极管工作于截止区，使 i_b 的负半周出现了平顶。对应到图 8-12（b）中，工作波形进入 B' 点后的一段时间内，i_c 的负半周出现了平顶，u_{ce}（u_o）的正半周出现了平顶，这种由于三极管进入截止区工作而引起的失真称为截止失真。

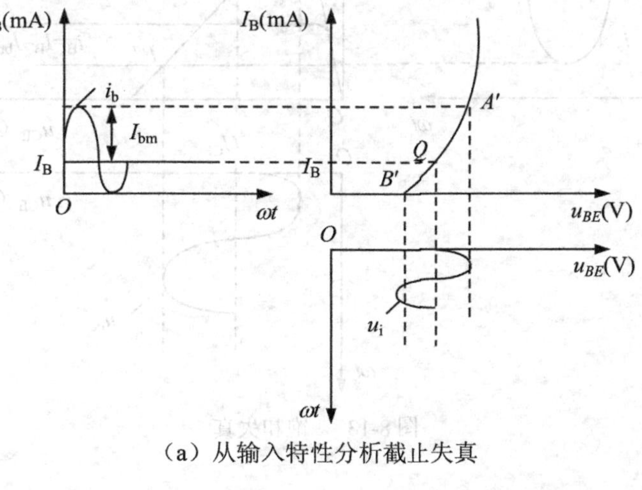

（a）从输入特性分析截止失真

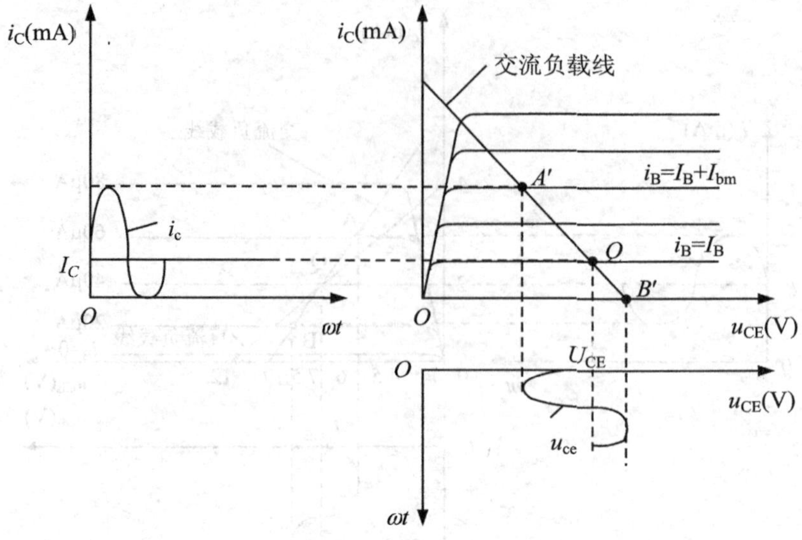

（b）从输出特性分析截止失真

图 8-12　截止失真

2）饱和失真

当静态工作点 Q 的位置偏高而输入信号 u_i 的幅度又相对比较大时，则在 u_i 正半周的部分时间内，三极管进入饱和区工作。这时 i_b 可以不失真，但 $i_c=\beta i_b$ 的关系已不存在，i_b 增加，i_c 却不随之增加，其正半周出现了平顶，相应的，u_{ce}（u_o）的负半周出现了平顶，如图 8-13 所示。这种由于三极管进入饱和区工作而引起的失真称为饱和失真。

如果输入信号幅度过大，可能同时出现截止失真和饱和失真。

通常，为了减少非线性失真，可以引入负反馈。

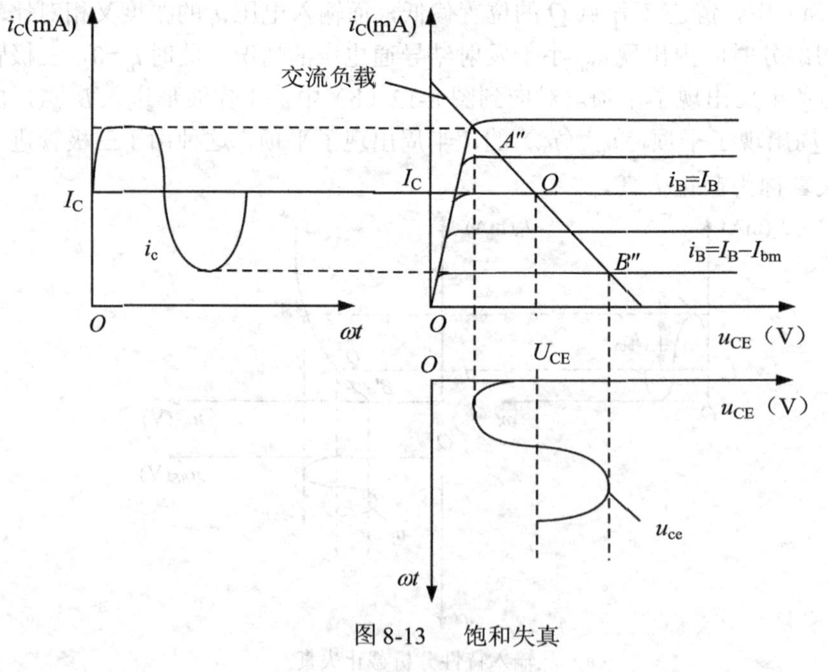

图 8-13　饱和失真

8.2 静态工作点的稳定

8.2.1 温度对静态工作点的影响

1．温度对反向饱和电流 I_{CBO} 的影响

I_{CBO} 是集电区和基区的少子在集电结反向电压的作用下形成的漂移电流，对温度十分敏感，温度每升高 10℃时，I_{CBO} 约增大一倍。由于穿透电流 $I_{CEO}=(1+\bar{\beta})I_{CBO}$，故 I_{CEO} 上升更显著。I_{CEO} 的增加，表现为输出特性曲线簇向上平移，如图 8-14 所示，由原来的实线位置上升到虚线位置。

2．温度对电流放大系数 $\bar{\beta}$ 的影响

由于温度的升高，加快了注入基区的载流子的运动速度，使基区中电子与空穴复合的机会减少，故 $\bar{\beta}$ 增大。实验证明，温度每升高 1℃，$\bar{\beta}$ 约增大 0.5%～1.0%。$\bar{\beta}$ 的增大表现为输出特性各条曲线间隔的增大。

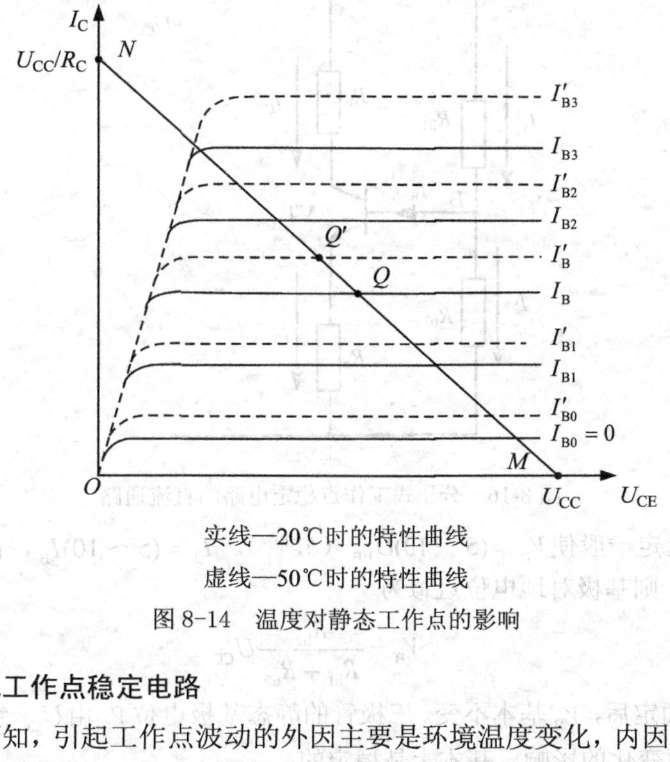

实线—20℃时的特性曲线

虚线—50℃时的特性曲线

图 8-14 温度对静态工作点的影响

8.2.2 分压式工作点稳定电路

由上面分析可知，引起工作点波动的外因主要是环境温度变化，内因则是三极管本身所具有的温度特性。所以要解决这个问题，从外因方面来说，就是要保持放大电路的工作温度恒定。例如将放大电路置于恒温槽中，这需付出高昂的代价，且难以办到的，只能用在特殊的场合。从内因方面来说，应尽量采用 Q 点稳定的电路，如图 8-15 所示的分压式工作点稳定电路。

1．静态分析

在如图 8-15 所示的电路中，将电容 C_1、C_2、C_e 开路，即可得到对应的直流通路如图 8-16 所示。

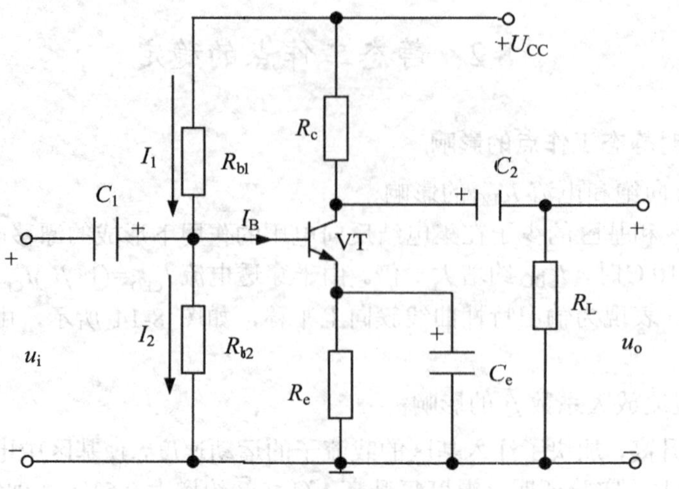

图 8-15　分压式工作点稳定电路

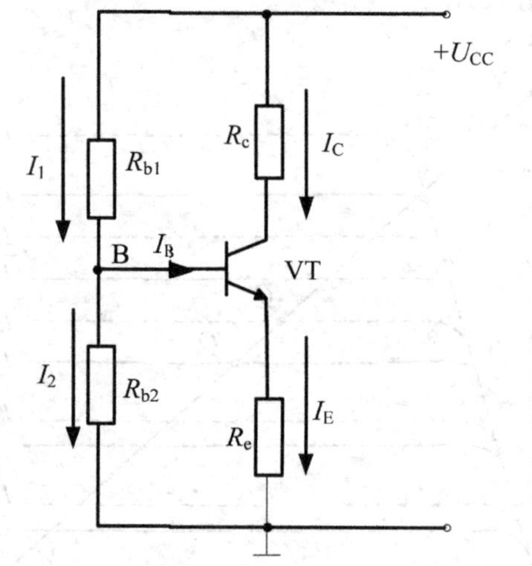

图 8-16　分压式工作点稳定电路的直流通路

电路参数的选定一般使$V_B=(5\sim10)U_{BE}$（硅管），$I_2=(5\sim10)I_B$，由于$I_2\gg I_B$，可以忽略基极电流I_B，则基极对地电位近似为

$$V_B=\frac{R_{b2}}{R_{b1}+R_{b2}}U_{CC} \tag{8-16}$$

当R_{b1}和R_{b2}确定后，V_B基本不变。三极管的静态基极电位V_B由U_{CC}经电阻分压后得到，故认为其不受温度变化的影响，基本上是稳定的。

忽略基极电流I_B，由直流通路还可得

$$I_C\approx I_E=\frac{V_B-U_{BE}}{R_e}\approx\frac{V_B}{R_e} \tag{8-17}$$

$$I_B=\frac{I_C}{\beta} \tag{8-18}$$

$$U_{CE}=U_{CC}-I_CR_c-I_ER_e\approx U_{CC}-I_C(R_c+R_e) \tag{8-19}$$

在分压式工作点稳定电路中，当I_C随温度升高而增大时，I_E也随之相应增大，使发射极电位（$V_E=I_E R_e$）升高，则发射结电压（$U_{BE}=V_B-V_E$）将降低，从而使I_B减少，于是I_C也随之减小，从而使Q点基本保持稳定。由此可见，该电路是通过发射极电流的负反馈作用牵制集电极电流的变化，使Q点保持稳定，故该电路也称为电流负反馈式工作点稳定电路。

2．动态分析

C_e称为旁路电容，在交流电路中，C_1、C_2、C_e相当于短路，由此可得分压式工作点稳定电路的微变等效电路，如图 8-17 所示。

该电路的电压放大倍数为

$$A_u=\frac{\dot{U}_o}{\dot{U}_i}=\frac{-\beta \dot{I}_b R_L'}{\dot{I}_b r_{be}}=-\beta\frac{R_L'}{r_{be}} \tag{8-20}$$

其中，$R_L'=R_c /\!/ R_L$。由此可见，R_e和C_e的接入对电压放大倍数没有影响。

输入电阻为

$$r_i=r_{be} /\!/ R_{b1} /\!/ R_{b2} \tag{8-21}$$

求输出电阻时，仍然采用“加压求流法”，可得输出电阻为

$$r_o=\frac{\dot{U}_o'}{\dot{I}_o'}=R_c \tag{8-22}$$

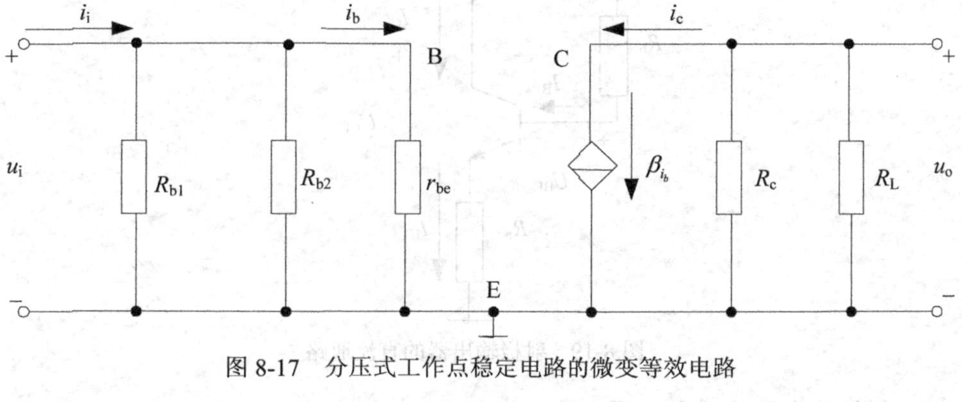

图 8-17　分压式工作点稳定电路的微变等效电路

8.3　射极输出器

如图 8-18 所示电路由于输出信号从发射极引出，故称为射极输出器。

8.3.1　射极输出器静态工作点的计算

将电容C_1、C_2开路，得到射极输出器的直流通路如图 8-19 所示。

直流电源U_{CC}经偏置电阻R_b为三极管发射结提供正偏压，由图 8-19 可知

$$U_{CC}=I_B R_b+U_{BE}+I_E R_e$$

因为

$$I_E=(1+\beta)I_B$$

所以

$$I_B=\frac{U_{CC}-U_{BE}}{R_b+(1+\beta)R_e} \tag{8-23}$$

$$I_E=(1+\beta)I_B \approx I_C \tag{8-24}$$

$$U_{CE}=U_{CC}-I_E R_e \tag{8-25}$$

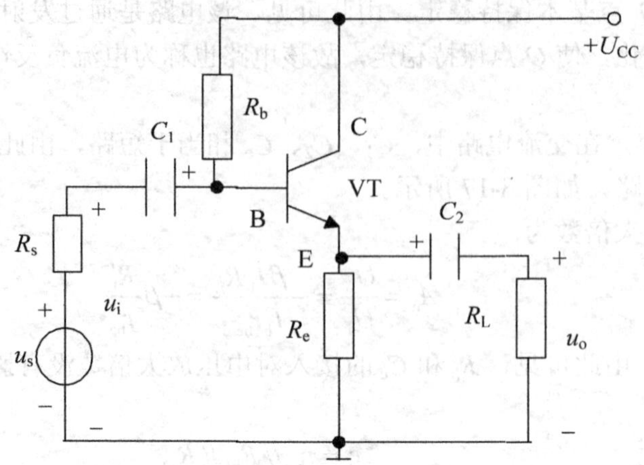

图 8-18　射极输出器

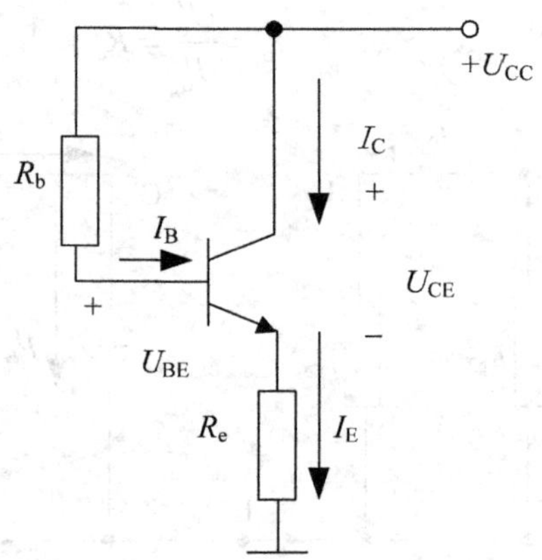

图 8-19　射极输出器的直流通路

8.3.2　射极输出器的动态分析

1．电压放大倍数

将 C_1、C_2 短路，画出射极输出器的交流通路和微变等效电路（如图 8-20 所示）。

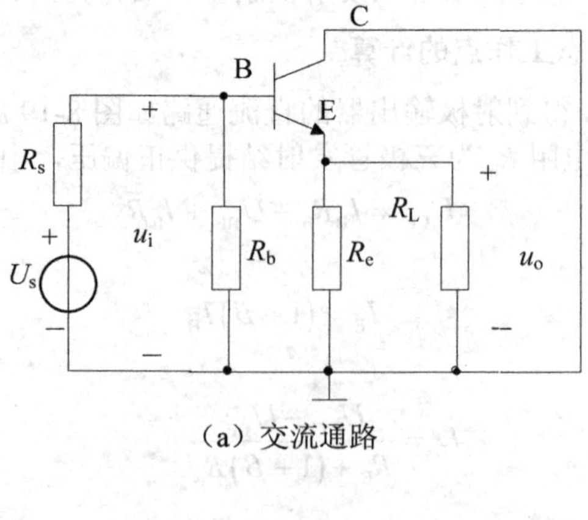

（a）交流通路

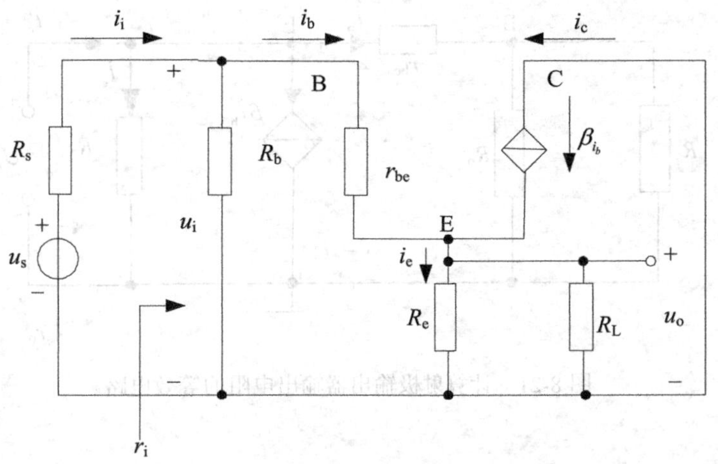

（b）微变等效

图 8-20　射极输出器的交流通路和微变等效电路

由图 8-20 可知，射极输出器输入回路与输出回路的公共端为集电极，故此电路又称为共集电极放大电路。由射极输出器的微变等效电路图可得

$$\dot{U}_o = \dot{I}_e R_L' = (1+\beta)\dot{I}_b R_L'$$

$$\dot{U}_i = \dot{I}_b\left[r_{be} + (1+\beta)R_L'\right]$$

式中 $R_L' = R_e /\!/ R_L$。所以，电压放大倍数为

$$A_u = \frac{\dot{U}_o}{\dot{U}_i} = \frac{(1+\beta)\dot{I}_b R_L'}{\dot{I}_b\left[r_{be}+(1+\beta)R_L'\right]} = \frac{(1+\beta)R_L'}{r_{be}+(1+\beta)R_L'} \tag{8-26}$$

A_u 极性为正，表明输出信号与输入信号同相。一般情况下 $(1+\beta)R_L'$ 远大于 r_{be}，故放大倍数 A_u 近似为 1 而略小于 1，这说明射极输出器的输出电压与输入电压数值相近，相位相同，输出电压有跟随输入电压的特点，故射极输出器又称为“射极跟随器”，简称射随器。虽然 A_u 近似为 1 但略小于 1，但电路仍有电流和功率放大作用。

2．输入电阻

从微变等效电路中可以得出

$$r_i = \frac{\dot{U}_i}{\dot{I}_i} = \frac{\dot{U}_i}{\dfrac{\dot{U}_i}{R_b} + \dot{I}_b} = \frac{\dot{U}_i}{\dfrac{\dot{U}_i}{R_b} + \dfrac{\dot{U}_i}{r_{be}+(1+\beta)R_L'}}$$

故

$$r_i = R_b \parallel \left[r_{be} + (1+\beta)R_L'\right] \tag{8-27}$$

与共发射极放大电路不同的是，射极输出器的负载 R_L 被计入输入电阻，而且射极输出器有较高的输入电阻。

3．输出电阻

为了求输出电阻，采用“加压求流法”，即在微变等效电路中，令信号源为零值，将 U_s 短路，保留其内阻 R_s 及受控电流源。输出端开路，加上电压 $\dot{U}_o'$，产生电流 $\dot{I}_o'$，如图 8-21 所示。

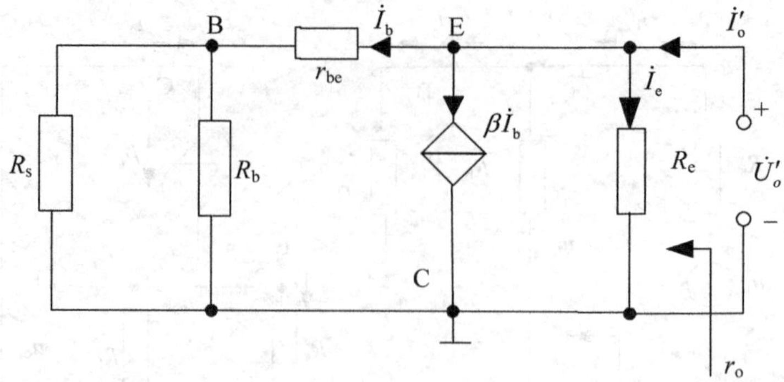

图 8-21　计算射极输出器输出电阻的等效电路

由图得

$$\dot{I}'_o=\dot{I}_e+\dot{I}_b+\beta\dot{I}_b=\frac{\dot{U}'_o}{R_e}+\frac{\dot{U}'_o}{r_{be}+R'_s}+\beta\frac{\dot{U}'_o}{r_{be}+R'_s}$$

其中

$$R'_s=R_s/\!/R_b$$

$$r_o=\frac{\dot{U}'_o}{\dot{I}'_o}=\frac{1}{\dfrac{1}{R_e}+\dfrac{1}{(r_{be}+R'_s)/(1+\beta)}}=R_e/\!/(\frac{r_{be}+R'_s}{1+\beta}) \tag{8-28}$$

一般情况下，$R_b\gg R_s$，所以$R_s\approx R'_s$，$\beta\gg 1$，通常$(\dfrac{r_{be}+R'_s}{1+\beta})\ll R_e$。所以有

$$r_o\approx\frac{r_{be}+R_s}{\beta} \tag{8-29}$$

当$r_{be}\gg R_s$时，有

$$r_o\approx\frac{r_{be}}{\beta} \tag{8-30}$$

与共发射极放大电路相比，射极输出器的信号源内阻R_s被计入输出电阻，而且输出电阻值较小，因此，带负载能力较强。

由前述内容可知，输入回路与输出回路的公共端为发射极时，对应了共发射极放大电路；公共端为集电极时，对应了共集电极放大电路；相应的，若公共端为基极，则对应了共基极放大电路。此外，场效应管和晶体三极管一样，也具有放大作用，可以组成各种放大电路。与三极管放大电路相对应，场效应管放大电路有共源极、共漏极、共栅极三种组态。其组成原则与普通三极管放大电路的组成原则基本相同，要有适当的直流偏置和畅通的输入、输出回路。由于场效应管是利用栅源之间电压的变化来控制漏极电流的变化，所以，场效应管放大电路必须预先在栅极回路中加一个合适的偏压U_{GS}。

8.4 多级放大电路

8.4.1 多级放大电路的组成

大多数电子放大电路系统，需要把微弱的毫伏或微伏级信号放大成具有足够大的输出电压或输出电流去推动负载工作，上述由单管组成的基本放大电路通常很难满足要求，因此，实用中需两级或两级以上的基本单元电路连接起来组成多级放大电路，如图 8-22 所示，以满足放大倍数和其他方面性能的要求。

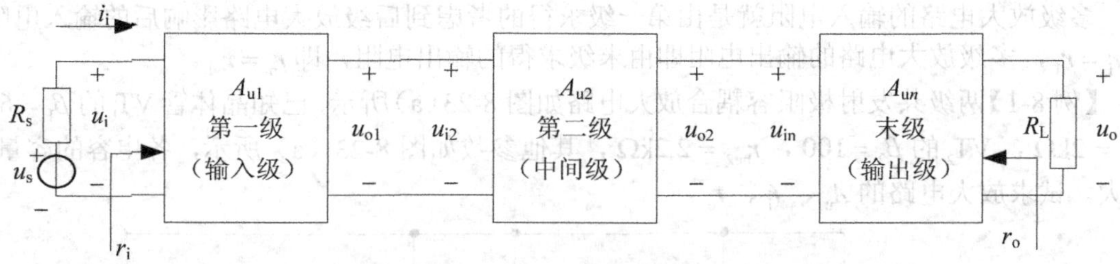

图 8-22 多级放大电路的组成框图

通常把与信号源相连接的第一级放大电路称为输入级，与负载相连接的末级放大电路称为输出级，输出级与输入级之间的放大电路称为中间级。输入级与中间级的位置处于多级放大电路的前几级，故又称为前置级。前置级一般都属于小信号放大，主要进行电压放大；输出级是大信号放大，以供负载足够大的功率信号，常采用功率放大电路。

8.4.2 级间耦合

直接耦合方式适用于放大缓慢变化的信号或直流信号的场合，直接耦合方式可省去级间耦合元件，信号传输的损耗很小，但由于级间为直接耦合，所以前后级之间的直流电位相互影响，使得多级放大电路的各级静态工作点不能独立，当某一级的静态工作点发生变化时，其前后级也将受到影响。例如，当工作温度或电源电压等外界因素发生变化时，直接耦合放大电路中各级静态工作点将跟随变化，这种变化称为工作点漂移。而且，第一级的工作点漂移将会随信号传送至后级，并被逐级放大。这样一来，即使输入信号为零，输出电压也会偏离原来的初始值而上下波动，这个现象称为零点漂移。零点漂移将会造成有用信号的失真，严重时有用信号将被零点漂移所"淹没"，使人们无法辨认是漂移电压还是有用信号电压。在引起工作点漂移的外界因素中，温度变化引起的漂移最严重，称为温漂。这主要是因为晶体管的I_{CBO}、I_{CEO}、U_{BE}以及β等参数都随温度的变化而变化，从而引起工作点的变化。采用差动放大电路可有效抑制零点漂移。

8.4.3 多级放大电路的性能指标

在多级放大电路中，不论采用何种组态电路和何种耦合方式，其总的电压放大倍数的计算方法规则相同。在图 8-22 中，每级电压放大倍数分别为

$$A_{u1}=\frac{\dot{U}_{o1}}{\dot{U}_{i}},\quad A_{u2}=\frac{\dot{U}_{o2}}{\dot{U}_{i2}},\quad A_{un}=\frac{\dot{U}_{o}}{\dot{U}_{in}}$$

由于信号是逐级传送的，从交流参数来看，接入的后级电路要从前级电路输出端索取信

号电压、电流，这就相当于是前级的负载，前级的输出电压便是后级的输入电压，而后级的输入电阻即为前级交流负载，因此有$\dot{U}_{o1}=\dot{U}_{i2}$，$R_{L1}=r_{i2}$，$\dot{U}_{o2}=\dot{U}_{i3}$，$R_{L2}=r_{i3}$……

所以整个放大电路的电压放大倍数为

$$A_u=\frac{\dot{U}_o}{\dot{U}_i}=\frac{\dot{U}_{o1}}{\dot{U}_i}\cdot\frac{\dot{U}_{o2}}{\dot{U}_{i2}}\cdots\frac{\dot{U}_o}{\dot{U}_{in}}=A_{u1}\cdot A_{u2}\cdots A_{un} \tag{8-31}$$

由上式可知，多级放大电路的电压放大倍数等于各级电压放大倍数的乘积。在计算各级电压放大倍数时，要注意级与级之间的相互影响。即计算每级的放大倍数时，下一级输入电阻应作为上一级的负载来考虑。

多级放大电路的输入电阻就是由第一级求得的考虑到后级放大电路影响后的输入电阻，即$r_i=r_{i1}$，多级放大电路的输出电阻即由末级求得的输出电阻，即$r_o=r_{on}$。

【例 8-1】两级共发射极阻容耦合放大电路如图 8-23（a）所示，已知晶体管 VT_1 的 $\beta_1=60$，$r_{be1}=2k\Omega$，VT_2 的 $\beta_2=100$，$r_{be2}=2.2k\Omega$，其他参数如图 8-23（a）所示，各电容的容量足够大。试求放大电路的 A_u、r_i、r_o。

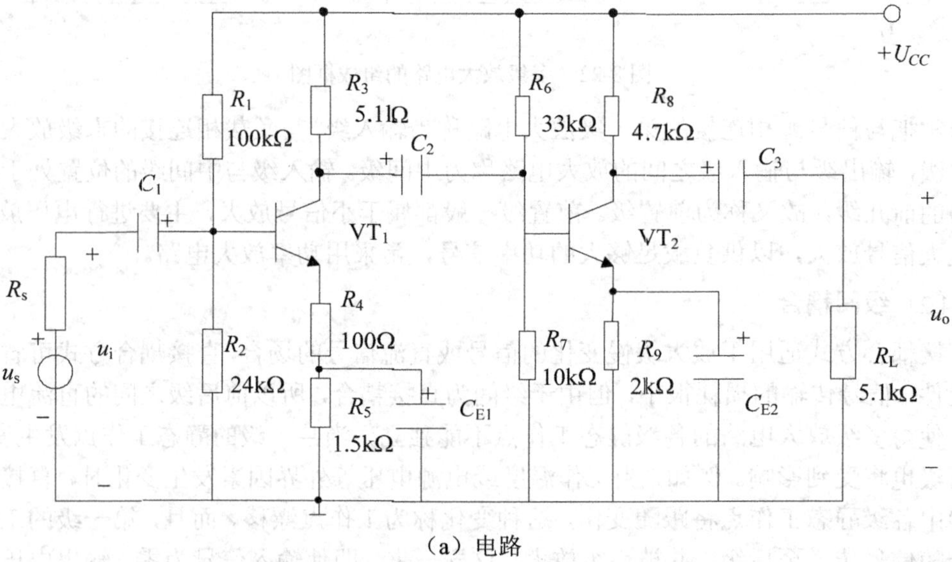

（a）电路

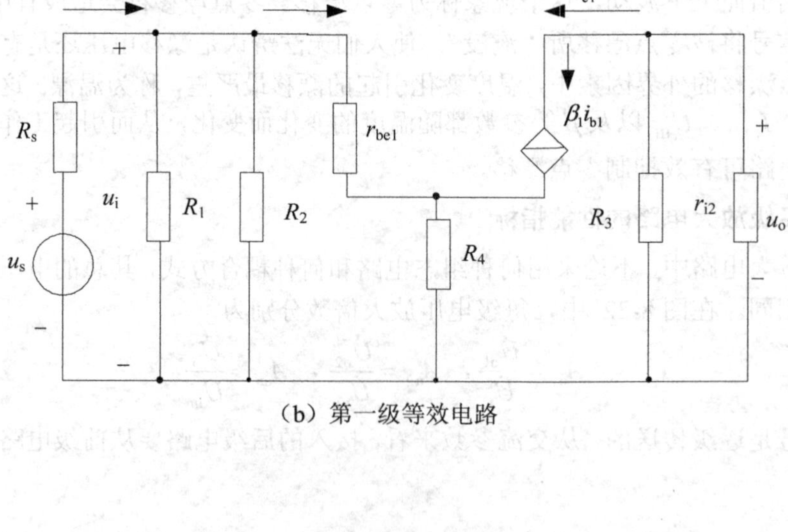

（b）第一级等效电路

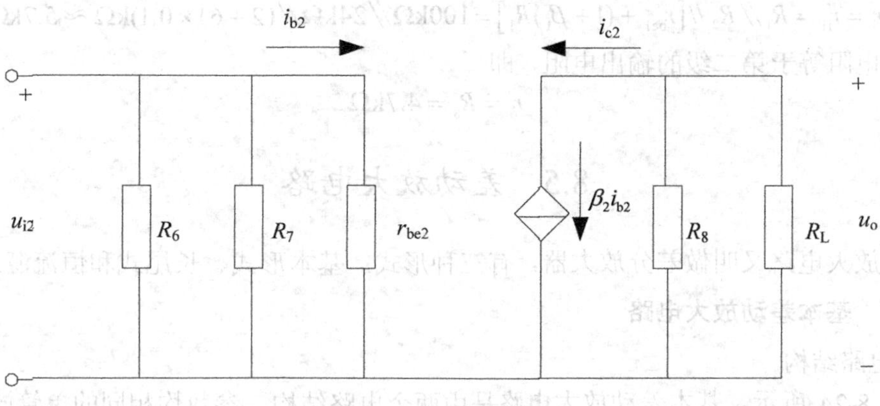

（c）第二级等效电路

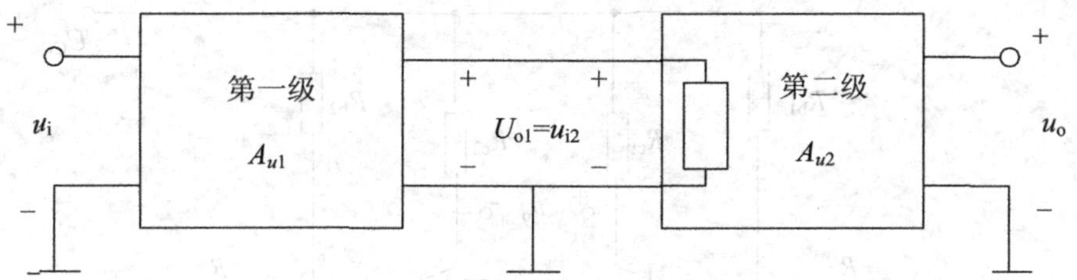

（d）方框图

图 8-23　两级电容耦合放大电路

解：在小信号工作情况下，两级共发射极放大电路的等效电路分别如图 8-23（b）、（c）所示，其中图 8-23（b）中的前级负载电阻即为后级放大电路的输入电阻，即

$$r_{i2}=R_6//R_7//r_{be2}=\frac{1}{\frac{1}{33}+\frac{1}{10}+\frac{1}{2.2}}\text{k}\Omega\approx 1.7\text{k}\Omega$$

因此第一级的总负载为

$$R'_{L1}=R_3//r_{i2}=5.1\text{k}\Omega//1.7\text{k}\Omega\approx 1.3\text{k}\Omega$$

第一级电压放大倍数为

$$A_{u1}=\frac{\dot{U}_{o1}}{\dot{U}_i}=\frac{-\beta_1 R'_{L1}}{r_{be1}+(1+\beta_1)R_4}=\frac{-60\times 1.3\text{k}\Omega}{2+61\times 0.1\text{k}\Omega}\approx -9.6$$

第二级电压放大倍数为

$$A_{u2}=\frac{\dot{U}_o}{\dot{U}_{i2}}=-\beta_2\frac{R'_L}{r_{be2}}=-100\times\frac{(4.7//5.1)\text{k}\Omega}{2.2\text{k}\Omega}\approx -111$$

其中

$$R'_L=R_8//R_L=\frac{R_8 R_L}{R_8+R_L}$$

两级放大电路的总电压放大倍数为

$$A_u=A_{u1}\cdot A_{u2}=(-9.6)\times(-111)\approx 1066$$

式中没有负号，说明两级共发射极放大电路的输出电压与输入电压同相。

两级放大电路的输入电阻等于第一级的输入电阻，即

$$r_i = r_{i1} = R_1 /\!/ R_2 /\!/ \left[r_{be1} + (1+\beta_1) R_4 \right] = 100\text{k}\Omega /\!/ 24\text{k}\Omega /\!/ (2 + 61 \times 0.1)\text{k}\Omega \approx 5.7\text{k}\Omega$$

输出电阻等于第二级的输出电阻，即

$$r_o = R_8 = 4.7\text{k}\Omega$$

8.5　差动放大电路

差动放大电路又叫做差分放大器，有三种形式：基本形式、长尾式和恒流源式。

8.5.1　基本差动放大电路

1．电路结构

如图 8-24 所示，基本差动放大电路是由两个电路结构、参数均相同的单管放大电路组合成的。输入电压分成相同的两部分加到两管的基极，输出电压等于两管的集电极电压之差。

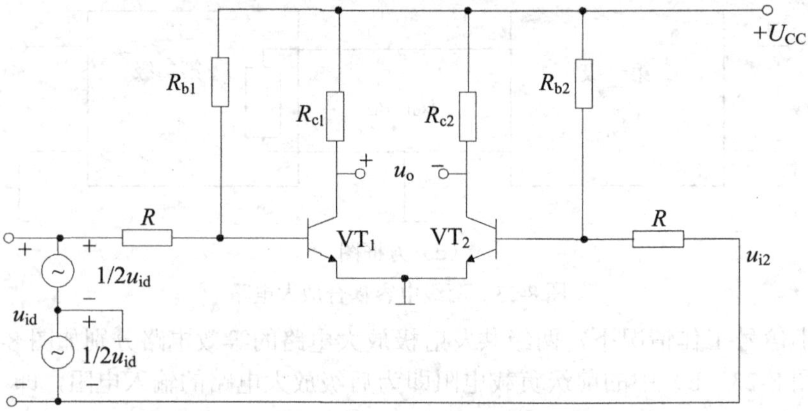

图 8-24　基本形式的差动放大电路

假设 VT_1 和 VT_2 的特性完全相同，相应的电阻也完全一致，当输入电压等于零时，同一直流电源供电情况下，左右两边具有相同的静态工作点，则两管的集电极电流、集电极电位均相等，即 $I_{C1} = I_{C2}$，$V_{C1} = V_{C2}$，所以输出电压 $U_o = V_{C1} - V_{C2} = 0$。如果温度升高，$I_{C1}$、$I_{C2}$ 同时增大，由于电路结构对称，增量相等，相应的，V_{C1}、V_{C2} 同时降低，负增量也相等，输出电压 U_o 仍等于 0，结果 VT_1 和 VT_2 输出端的零点漂移将互相抵消。

2．差动放大电路的工作特点

当外加一个输入电压时，由于电路的结构对称，相当于两管的输入端对地各加一个大小相等、相位相反的信号电压，即 $u_{i1} = -u_{i2} = \frac{1}{2}u_{id}$，如图 8-24 所示。这样的输入电压称为差模输入电压，用 u_{id} 表示。在这样的信号电压下，一管的输出电压降低，另一管的输出电压则升高，双端输出时的输出电压为两管集电极对地输出电压之差。所以输出电压为 $u_o = u_{o1} - u_{o2}$。因为电路对称，所以 $u_{o1} = -u_{o2}$，故 $u_o = u_{o1} - u_{o2} = 2u_{o1} = -2u_{o2}$。此差动放大器的差模电压放大倍数用 A_{ud} 表示，且 $A_{ud} = \frac{u_o}{u_{id}} = \frac{u_{o1} - u_{o2}}{u_{i1} - u_{i2}} = \frac{2u_{o1}}{2u_{i1}} = \frac{2u_{o2}}{2u_{i2}}$。

上式表明，差动放大电路的差模电压放大倍数和单管放大电路的电压放大倍数相同。

由上述分析可知，虽然差动放大电路的电压放大倍数没有增加，但是换来了对零漂的抑制。

8.5.2 差动放大电路输入电压的三种形式

差动放大电路的输入电压有三种形式：第一种是差模输入电压u_{id}，即两管的输入电压大小相等、极性相反，如图 8-24 所示；第二种是共模输入电压u_{ic}，即两管的输入电压大小相等、极性相同，如图 8-25 所示，放大电路对共模输入电压的放大倍数称为共模电压放大倍数，用A_{uc}表示，即$A_{uc}=\frac{u_o}{u_{ic}}$；第三种是两个输入信号不同，称为一般输入，此时可分解为共模分量和差模分量。即$u_{i1}=u_{ic}+\frac{1}{2}u_{id}$，$u_{i2}=u_{ic}-\frac{1}{2}u_{id}$，其中，$u_{ic}=\frac{1}{2}(u_{i1}+u_{i2})$，$u_{id}=u_{i1}-u_{i2}$。

如果温度变化，两个差动管的电流将按相同的方向一起增大或减小，相当于给放大电路加上一个共模输入信号，所以可以认为差模输入信号反映了有效的信号，而共模输入信号反映由于温度变化等原因而引起的漂移信号或其他干扰信号。

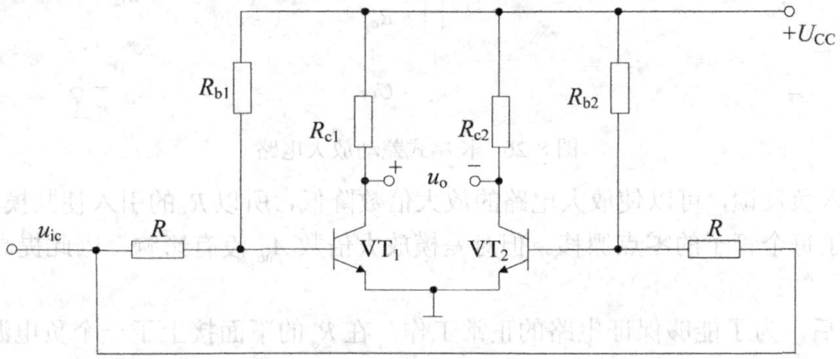

图 8-25 共模输入电路

通常希望差动放大电路的差模电压放大倍数越大越好，而共模电压放大倍数越小越好。

为了衡量对零漂的抑制效果，需要提出一个技术指标，这就是共模抑制比。差动放大电路的共模抑制比用符号K_{CMR}表示，定义为差模电压放大倍数与共模电压放大倍数之比，一般用对数表示，单位为 dB（分贝），即$K_{CMR}=20\lg\left|\frac{A_{ud}}{A_{uc}}\right|$，共模抑制比描述差动放大电路对零漂的抑制能力，$K_{CMR}$越大，说明抑制零漂的能力越强。理想情况下，差动放大电路两侧的参数完全对称，则共模电压放大倍数$A_{uc}\approx 0$，共模抑制比$K_{CMR}\to\infty$。

对于基本形式的差动放大电路来说，由于电路两侧管子的特性和元件参数不可能完全相同，所以输出电压u_o仍然存在温度漂移，共模抑制比偏低，因此，在实际工作中一般不采用这种基本形式的差动放大电路。

8.5.3 常用差动放大电路

常用的差动放大电路有两种形式：长尾式差动放大电路和恒流源式差动放大电路。

1．长尾式差动放大电路

在如图 8-24 所示的电路上，在两个放大管的发射极上接入一个发射极电阻，如图 8-26 所示。这个电阻一般称为“长尾”，所以这种电路称为长尾式差动放大电路。

图 8-26 中，假设在电路输入端加上正的共模信号，则两个管子的集电极电流i_{C1}、i_{C2}同时增加，又使流过R_e的电流i_E增加，于是发射极电位V_E升高，反馈到两管的基极回路中，

使u_{BE1}、u_{BE2}降低，i_{B2}、i_{B2}相应减小，从而限制了i_{C1}、i_{C2}的增加。可见，R_e对共模信号有负反馈作用（负反馈在第九章中会详细介绍）；但是对于差模输入信号，由于两管的输入信号幅度相等、极性相反，所以i_{C1}增加多少，i_{C2}就减少同样的数量，因而流过R_e的电流总量保持不变，则V_E不变，所以R_e对于差模信号没有负反馈作用。

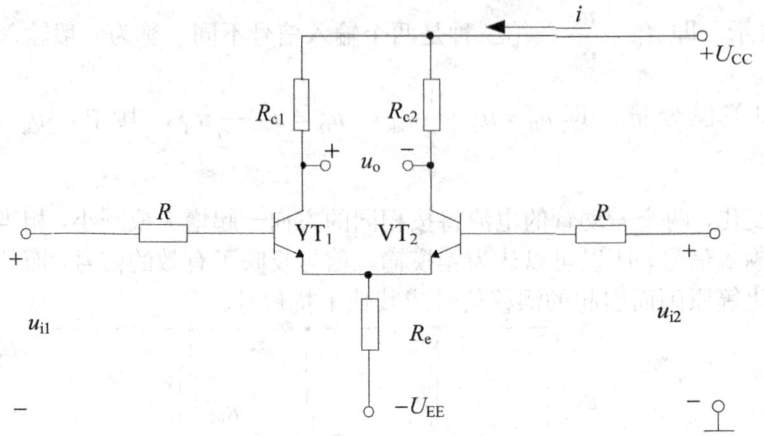

图 8-26　长尾式差动放大电路

由于引入负反馈，可以使放大电路的放大倍数降低，所以R_e的引入使共模放大倍数A_{uc}减小，降低了每个管子的零点漂移。但对差模放大倍数A_{ud}没有影响，因此提高了电路的共模抑制比。

引入R_e后，为了能够保证电路的正常工作，在R_e的下面接上了一个负电源U_{EE}，在引入U_{EE}后，静态基极电流可由U_{EE}提供。

1）静态工作点的计算

在图 8-26 中，静态当$u_{i1}=u_{i2}=0$时，$I_{B1}=I_{B2}=I_B$，$I_{C1}=I_{C2}=I_C$，$V_{C1}=V_{C2}=V_C$，$\beta_1=\beta_2=\beta$。

在VT_1的输入回路中，$0-(-U_{EE})=I_BR+U_{BE}+2(1+\beta)I_BR_e$，得

$$I_B=\frac{U_{EE}-U_{BE}}{R+2(1+\beta)R_e} \tag{8-32}$$

通常，$2(1+\beta)R_e \gg R$，则

$$I_B\approx\frac{U_{EE}-U_{BE}}{2(1+\beta)R_e}$$

$$I_C\approx I_E\approx\frac{U_{EE}-U_{BE}}{2R_e}=\frac{1}{2}I_{Re} \tag{8-33}$$

$$V_C=U_{CC}-I_CR_C，\ V_E=I_{Re}R_e-U_{EE}=2I_ER_e-U_{EE}，\ U_{CE}=V_C-V_E$$

由上述分析可知：

①当$U_{EE}\gg U_{BE}$时，温度变化对I_C的影响很小，即静态工作点稳定；

②单管的静态电流I_C等于流过发射极电阻R_e中电流的一半。

2）动态指标的计算

在输入信号u_{id}作用下，输出电压可表示为$u_o=u_{o1}-u_{o2}=2u_{o1}=-2u_{o2}$。与单管放大电路

相比，双端输出电压 u_o 是单管输出电压的两倍，但输入电压也是单管的两倍，因此差动电路的电压放大倍数与单管电路的放大倍数相同。由于 R_e 在差模信号的微变等效电路中，微变电流为零，R_e 上无微变压降，故作短路处理。所以差动放大电路的放大倍数为

$$A_{ud}=\frac{u_o}{u_{id}}=\frac{u_{o1}-u_{o2}}{u_{i1}-u_{i2}}=\frac{2u_{o1}}{2\frac{u_{id}}{2}}=-\frac{\beta R_L'}{R+r_{be}} \quad (8\text{-}34)$$

其中 $R_L'=R_C//\frac{1}{2}R_L$，为半边等效电路的交流负载。

差模输入电阻（即从两个输入端看进去的等效电阻）为

$$r_{id}=2(R+r_{be}) \quad (8\text{-}35)$$

差模输出电阻为

$$r_o=2R_c \quad (8\text{-}36)$$

在这个电路中，R_e 越大，抑制零漂的效果越好。但是，R_e 越大，为了得到同样的工作电流所需的负电源 U_{EE} 的值也越高。希望既要抑制零漂的效果好，同时又不要求过高的 U_{EE} 值，因此采用另外一种抑制零漂的差动放大电路。

2．恒流源式差动放大电路

在三极管输出特性曲线的饱和区，当集电极电压有一个较大的变化量 Δu_{CE} 时，集电极电流 i_C 基本不变。此时三极管 C、E 间的等效电阻 $r_{CE}=\frac{\Delta u_{CE}}{\Delta i_C}$ 很大。用恒流三极管充当一个阻值很大的长尾电阻值 R_e，既可在不用大电阻的条件下有效地抑制零漂，又适合集成电路制造工艺中用三极管代替大电阻的特点，因此，这种方法在集成运算放大器中被广泛应用。

恒流源式差动放大电路如图 8-27 所示。有时为了简化起见，常常不把恒流源式差动放大电路中的恒流管 VT_3 具体电路画出，而采用一个简化的恒流源符号表示。

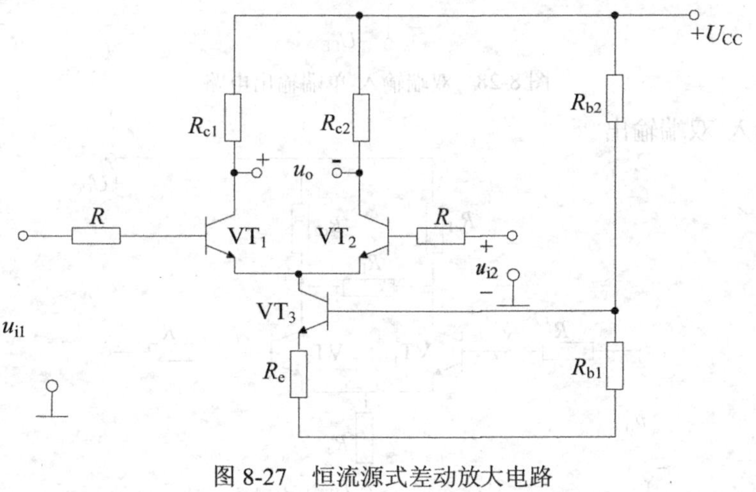

图 8-27　恒流源式差动放大电路

8.5.4　差动放大电路的输入/输出方式

前面介绍过的差动放大电路采用双端输入-双端输出方式，在一些实际应用中，有时要求差动放大电路的输入端有一端接地，此时称为单端输入。有时要求在输出端有一端接地，

此时称为单端输出。所以差动放大电路还有以下几种输入/输出方式：双端输入-单端输出；单端输入-双端输出；单端输入-单端输出等组合。在实际应用中，可根据信号源和负载的要求，选择适当的工作方式。

1．双端输入-单端输出

电路如图 8-28 所示，负载电阻 R_L 接在一管集电极和地之间，即单端输出。它的优点在于因为有一端接地，便于和其他放大电路相连接。但是输出电压仅是一管集电极对地电压，另一管的输出电压没有用上，所以其差模电压放大倍数比双端输出时减少一半，即

$$A_{ud} = -\frac{1}{2}\frac{\beta R_L'}{R + r_{be}} \tag{8-37}$$

因输入回路与双端输入的相同，所以其差模信号输入电阻与双入-双出的输入电阻相同。而输出电阻近似为一管集电极与地之间的电阻，即

$$r_o = R_c \tag{8-38}$$

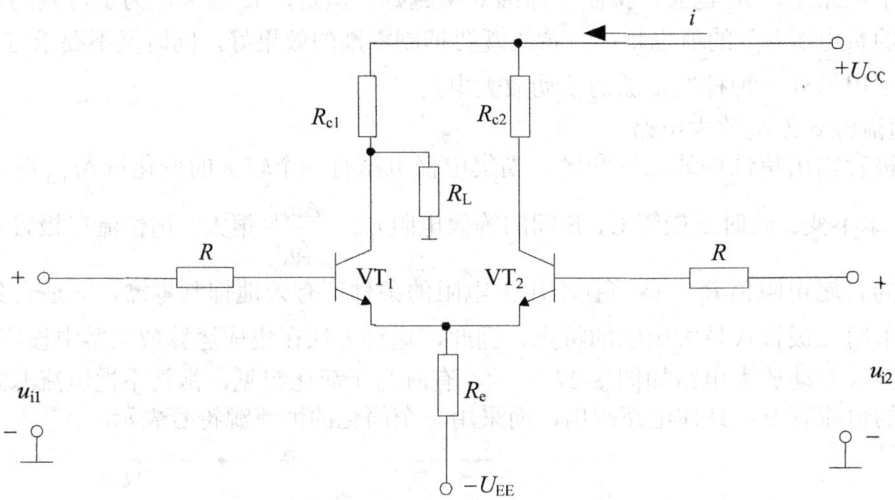

图 8-28　双端输入-单端输出电路

2．单端输入-双端输出

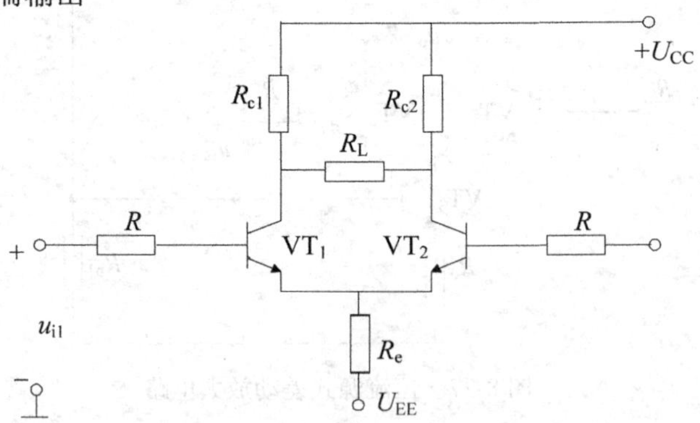

图 8-29　单端输入-双端输出电路

单端输入-双端输出方式如图 8-29 所示，它可以看成是前述双端输入-双端输出情况的特例，同时包含有差模信号和共模信号。其中，差模信号 $u_{id} = u_{i1}$，共模信号 $u_{ic} = \frac{1}{2}u_{i1}$。因此，

电路的特性与双端输入-双端输出的相同，即 $A_{ud}=-\dfrac{\beta R_L'}{R+r_{be}}$，$R_L'=R_c//\dfrac{1}{2}R_L$，$r_i=2(R+r_{be})$，$r_o=2R_c$。

3．单端输入-单端输出

单端输入-单端输出电路如图 8-30 所示。由于从单端输出，所以其差模电压放大倍数、差模输入电阻和输出电阻与双端输入-单端输出电路的相同。

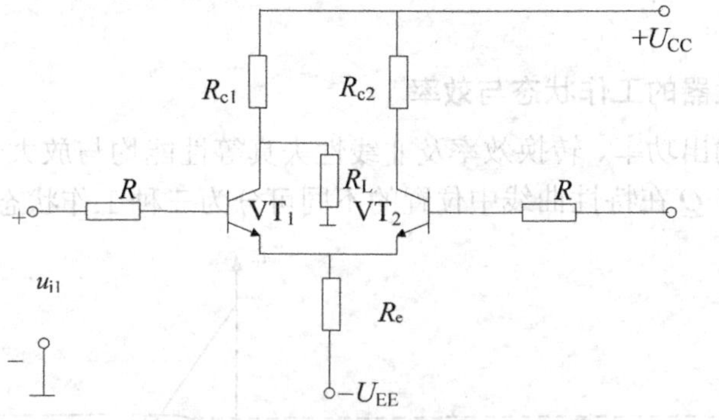

图 8-30　单端输入-单端输出电路

综上所述，几种方式的输入电阻近似相等，而放大倍数和输出电阻与输出方式有关。单端输出时，差模放大倍数和输出电阻是双端输出时的一半。

8.6　功率放大电路

多级放大电路的输出级往往为功率放大电路，将前置电压放大级送来的信号进行功率放大，去驱动执行机构。例如，使扬声器的音圈振动发出声音；推动自动控制系统中的电机旋转；接通或断开继电器等。电压放大电路和功率放大电路就其本质来说，都是能量变换器，都是通过晶体管的电流控制作用，把直流电源供给的能量按输入信号的变化规律传送给负载。所不同的是：电压放大是小信号放大，其任务是在不失真的前提下放大微弱的信号电压；而功率放大则要求在允许失真度的条件下输出足够大的功率，是工作在大信号状态。两者对放大电路的要求有各自的侧重面。

8.6.1　对功率放大电路的基本要求

对功率放大电路的基本要求主要体现在以下几个方面。

1．输出功率尽可能大

为了获得大的输出功率，要求功率放大管的电压和电流都有足够大的输出幅度，因此管子往往工作在接近极限运用状态下。

2．转换效率尽可能高

功率放大器在大信号作用下向负载提供的输出功率是由直流电源转换而来的，在转换时管子和电路中的耗能元件都要消耗功率，用 P_O 表示负载所得功率，P_E 表示直流电源提供的总功率，其转换效率为

$$\eta=\frac{P_O}{P_E} \tag{8-39}$$

这个比值越大，效率越高。

3．非线性失真要小

功率放大电路是在大信号下工作，所以不可避免地会产生非线性失真，而且同一功放管输出功率愈大，非线性失真愈严重，这将使输出功率和非线性失真成为一对矛盾。

4．功放管的散热要好

在功率放大电路中，有相当大的功率消耗在功放管的集电结上，使结温升高。因此，管子散热问题解决得好，不仅可以防止功放管损坏，还可充分利用允许的管耗而使管子输出足够大的功率。

8.6.2 功率放大器的工作状态与效率

功率放大器的输出功率、转换效率及非线性失真等性能均与放大管的工作状态有关。根据放大管静态工作点 Q 在特性曲线中位置的不同可分为三种工作状态，如图 8-31 所示。

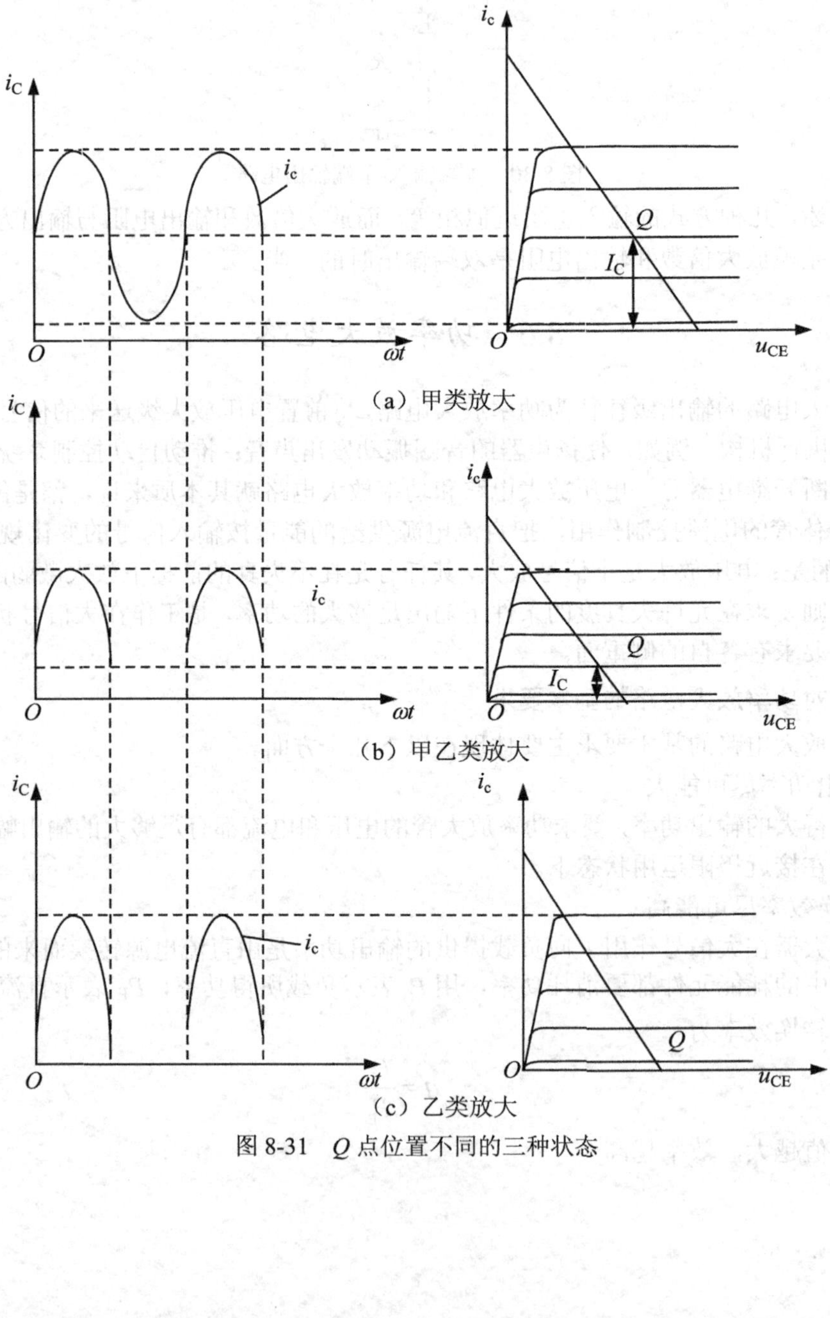

（a）甲类放大

（b）甲乙类放大

（c）乙类放大

图 8-31 Q 点位置不同的三种状态

1．甲类工作状态

在图 8-31（a）中，放大管 Q 点设置在特性曲线的中点处，在信号的整个周期内，晶体管都处于导通状态，这种工作方式为甲类工作状态。由特性曲线可见，静态电流 I_C 大于信号电流 i_c 的幅值。

工作在甲类状态的放大器，在没有信号的情况下，直流电源要提供的功率 P_E（$P_E = I_C U_{CC}$）全部消耗在管子和电阻上。当有信号输入时，电源提供的功率一部分转换为信号功率输出。信号愈大，输出功率也愈大，效率也随之增大。由于 I_C 较大，管子的静态功耗大，效率偏低，在理想情况下，最高效率为 50%，主要用于电压放大器，如前面几节所介绍的。

2．乙类工作状态

在图 8-31（c）中，Q 点设在 $I_C = 0$ 处，放大管只在信号的半个周期内处于导通状态，此为乙类工作状态。乙类状态的静态功耗 $P_E=0$。随着信号的输入，电源提供的功率及输出功率也随之而来。理想情况下，乙类工作状态下的放大电路的效率可达 78.5%。

3．甲乙类工作状态

在图 8-31（b）中，Q 点设置在接近 $I_C \approx 0$ 而 $I_C \neq 0$ 处。放大管在信号的半个周期以上的时间内处于导通状态，此为甲乙类工作状态。由于 I_C 很小，因此静态功耗及转换效率接近乙类工作状态。

乙类或甲乙类工作状态，虽然减小了静态功耗，提高了转换效率，但都有波形严重失真的问题存在。为解决功率放大器既要提高效率又要波形失真小的问题，必须另行设计新的电路。

8.6.3　互补对称功率放大电路

如果将两个乙类放大电路合在一起，其中一个在输入信号的正半周工作，另一个在负半周工作，使它们轮流向负载供电，并在负载上得到完整的信号电流，这样既提高了效率，又减小了失真。互补对称功率放大电路就是基于上述思想而设计出来的。

1．OCL 功率放大电路（双电源互补对称功放电路）

如图 8-32 所示为 OCL 互补对称功放电路。放大器由一对特性及参数完全对称、类型不同（PNP 和 NPN）的两个晶体管组成射极输出器电路。输入信号接于两管基极，负载 R_L 接于两管发射极，由正、负等值双电源（$\pm U_{CC}$）供电。

当 $u_i=0$，静态时，因两管均未设直流偏置，因而 $I_B=0$，$I_C=0$，两管都工作于乙类工作状态。

当有输入信号时，设为正弦波，u_i 在正半周时，VT_1 因正偏导通，VT_2 则因反偏而截止。负载 R_L 中就有如图 8-32 实线所示的经放大后的信号电流 i_{C1} 流过，R_L 两端获得正半周输出电压。u_i 在负半周时，T_1 截止，T_2 导通，R_L 中流过如虚线所示的输出电流 i_{C2}，R_L 两端获得负半周输出电压。总之，R_L 两端因 VT_1、VT_2 在 u_i 的正、负半周轮流工作而取得完整的正弦波电压信号。VT_1、VT_2 在正、负半周交替导通、互相补充，故名互补对称电路。功率放大器采用射极输出器，提高了输入电阻和带负载的能力。这种电路输出端不接电容，又称为 OCL（Output Capacitor-Less）电路，即无输出电容器电路。

工作在乙类状态的放大电路，由于发射结存在“死区”，所示当输入信号电压较小，尚不足以克服死区电压时，两管都处于截止状态，VT_1、VT_2管的实际导通时间均小于半个周期，如图 8-33（a）所示。这种输出信号在正、负半周交接处产生的波形失真，称为交越失真，这是非线性失真。

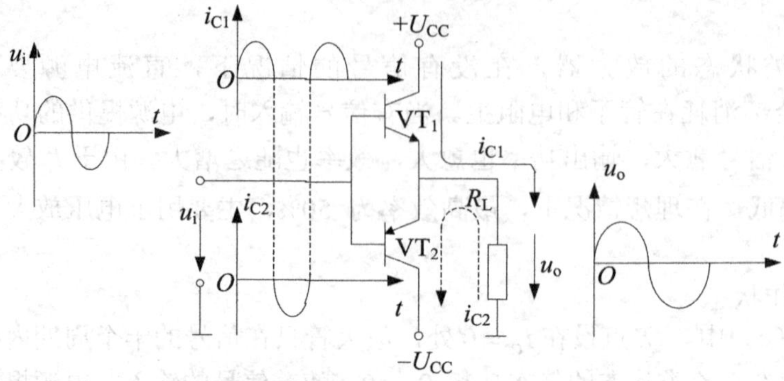

图 8-32　OCL 互补对称功放电路

如图 8-33（b）所示是一种消除交越失真的互补对称功率放大电路，其中 R_1、R_2、VD_1、VD_2、R_3为偏置电路。调节 R_1，在 R_2、VD_1、VD_2上产生的压降作为 VT_1、VT_2消除交越失真所需的正向偏置电压，但偏流不宜过大，以免影响效率的提高，此时放大电路处于甲乙类工作状态。当 u_i =0 时，VT_1、VT_2已微微导通，在两个三极管的基极已经各自存在一个较小的基极电流 i_{B1}、i_{B2}，也就产生较小的 i_{C1}、i_{C2}，但由于两管参数对称，其静态电流流过 R_L 时大小相等、方向相反，故 i_L=0。当有输入信号 u_i 时，因为 R_2 及 VD_1、VD_2 的动态电阻极小，可以近似认为 VT_1、VT_2 管的基极为同一个按正弦规律变化的 u_i，故 u_i 正半周时，i_{C1} 逐渐增大，VT_1 继续导通，i_{C2} 逐渐减小到 VT_2 截止；u_i 负半周时，i_{C2} 逐渐增大，VT_2 继续导通，i_{C1} 逐渐减小到 VT_1 截止，负载 R_L 上得到已消除交越失真的正弦波形。

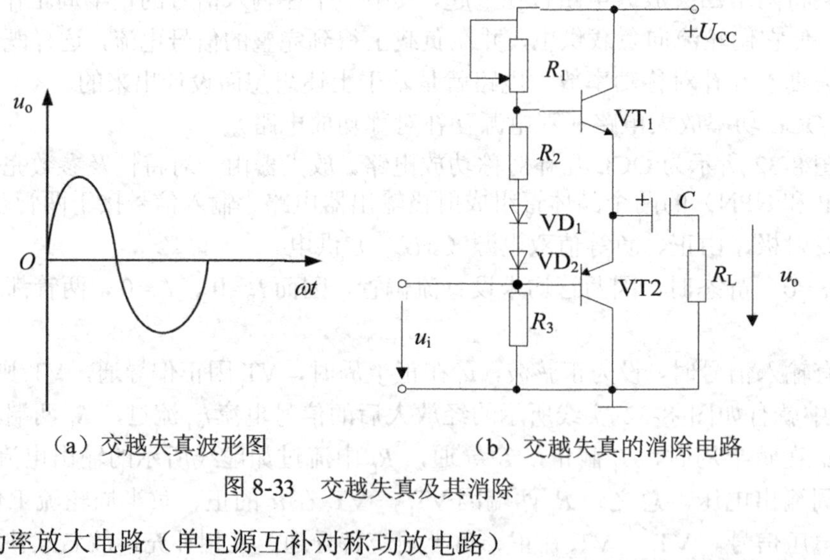

（a）交越失真波形图　　（b）交越失真的消除电路

图 8-33　交越失真及其消除

2．OTL 功率放大电路（单电源互补对称功放电路）

如图 8-34 所示为单电源互补对称功率放大电路。电路中放大元件仍是两个不同类型但特性和参数对称的晶体管，其特点是由单电源供电，输出端通过大容量的耦合电容 C_L 与负载 R_L 相连。

静态时，因两管对称，穿透电流 $I_{CEO1}=I_{CEO2}$，所以 A 点电位 $V_A=\frac{1}{2}U_{CC}$，即电容两端的电压 $U_C=\frac{1}{2}U_{CC}$。

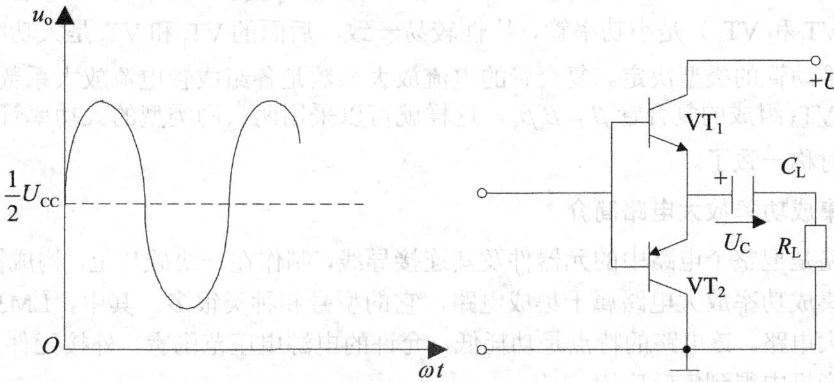

图 8-34　单电源互补对称功率放大电路

有输入信号 u_i 时，如不计 C_L 的容抗及电源内阻，在 u_i 正半周时 VT_1 导通、VT_2 截止。电源 U_{CC} 向 C_L 充电并在 R_L 两端输出正半周波形；在 u_i 负半周时，VT_1 截止、VT_2 导通，C_L 向 VT_2 放电提供电源，并在 R_L 上输出负半周波形。只要 C_L 容量足够大，放电时间常数（$R_L\cdot C_L$）远大于输入信号最低工作频率所对应的周期，则 C_L 两端的电压可认为近似不变，始终保持为 $\frac{1}{2}U_{CC}$。因此 VT_1、VT_2 管的电源电压都是 $\frac{1}{2}U_{CC}$。

这种电路的输出是通过电容 C_L 与负载 R_L 相耦合的，而不用传统的变压器耦合，因而又称 OTL（Output Transformer-Less）电路，即无输出变压器功放电路。

3．OCL 电路与 OTL 电路的特点

OCL 电路省略了隔直电容，缺点是双电源供电；OTL 电路有隔直电容，优点是单电源供电。虽然 OTL 电路和 OCL 电路都具有结构简单、效率较高等优点，但是还有如下共同缺点：

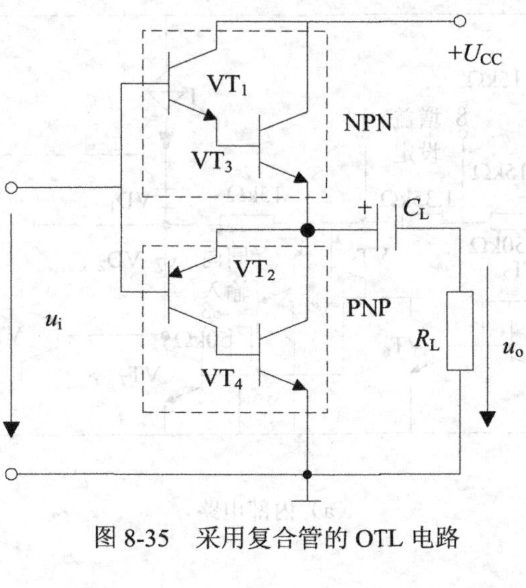

图 8-35　采用复合管的 OTL 电路

在输出功率较大时，输出管应采用大功率管。但是要使大功率管的 NPN 和 PNP 管的特性一致是困难的，而选择特性相同的两个 PNP 管或两个 NPN 管作输出是较容易的。通常采用复合管解决，即由两个（或多个）管子连接起来作一个使用，如图 8-35 中，两个 NPN 管 VT_1 和 VT_3 复合组成一个 NPN 管；两个 PNP 管 VT_2 和 VT_4 复合组成一个 PNP 管。一般前面的推动管（VT_1 和 VT_2）是小功率管，特性较易一致，后面的 VT_3 和 VT_4 是大功率管。复合管的类型由推动管的类型决定。复合管的电流放大系数是各组成管电流放大系数的连乘积，例如 VT_1 和 VT_3 组成的复合管 $\beta = \beta_1\beta_3$。这样就可以采用两只同类型的大功率管作输出管，特性就容易对称一致了。

8.6.4 集成功率放大电路简介

集成电路是把整个电路中的元器件及其连接导线，制作在一块硅片上，构成特定功能的电子电路。集成功率放大电路属于集成电路，它的型号和种类很多。其中，LM386 是音频集成功率放大电路。该电路的特点是功耗低，允许的电源电压范围宽，外接元件少，因而在收音机、录音机中得到广泛应用。

1．LM386 的内部电路

如图 8-36（a）所示是 LM386 的内部电路。输入级是由 VT_1、VT_2、VT_3 和 VT_4 组成的差动放大电路，VT_5 和 VT_6 是偏置电路。VT_7 管组成共发射极放大电路作为推动级，因为在集成电路中制作阻值大的电阻比较困难，而且占用芯片面积也大，所以用恒流源 I 作为 VT_7 管的负载电阻。恒流源是用三极管组成的，只要设法使三极管的静态集电极电流保持恒定，它就可以等效成一个恒流源，其特点是直流电阻较小，而交流电阻很大，因而可以提高放大电路的电压放大倍数。输出级 VT_8、VT_9 构成 PNP 型复合管再与 NPN 型的 VT_{10} 管组成准互补功率放大电路。二极管 VD_1、VD_2 是功放管的偏置电路。

2．LM386 的典型应用电路

在集成电路中不能制造电感大于 200pF 的电容和电位器等元件，必须使用这些元件时只能外接。因此在使用集成功率放大电路时，除电源端、输入端、输出端的正确连接外，往往还要根据电路的要求外接一些元件。

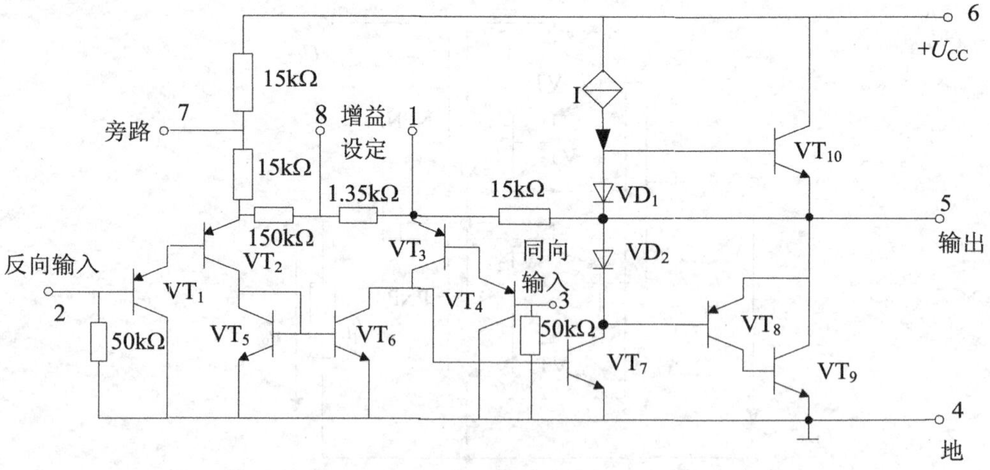

（a）内部电路

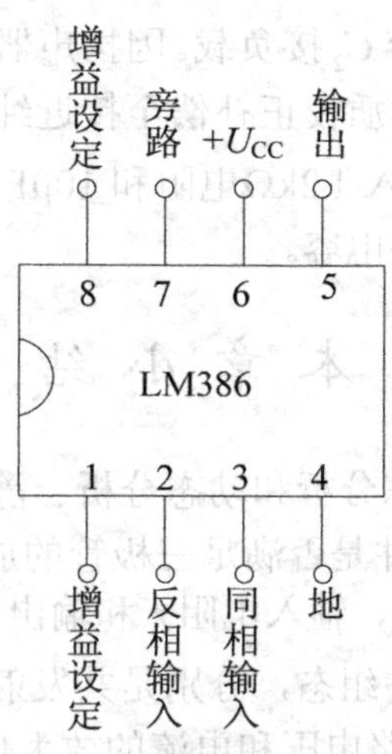

（b）管脚图

图 8-36　LM386 集成功率放大电路

图 8-36（b）是 LM386 的管脚排列图，它有 8 个管脚，各管脚的功能如下：

6 是正电源端；4 是接地端；2 是反相输入端，由此端加输入信号时，输出电压与输入电压反相；3 是同相输入端，由此端加输入信号，输出电压与输入电压同相；5 是输出端；7 是旁路端，用于外接纹波旁路电容，以提高纹波抑制能力；1 和 8 是电压增益设定端。当 1、8 之间开路时，电路的电压放大倍数为 20（即电压增益为 26dB）。若在 1、8 之间接一个 10μF 的电容，将内部 1.35kΩ的电阻旁路，则电压放大倍数可达 200（即 46dB）。若将电阻 R 和 10μF 的电容串联后接在 1 和 8 之间，则电压放大倍数可在 20～200 之间任意选取，R 值越小，增益越高。在 1 和地之间接入 R、C 串联元件，对增益也可调整。

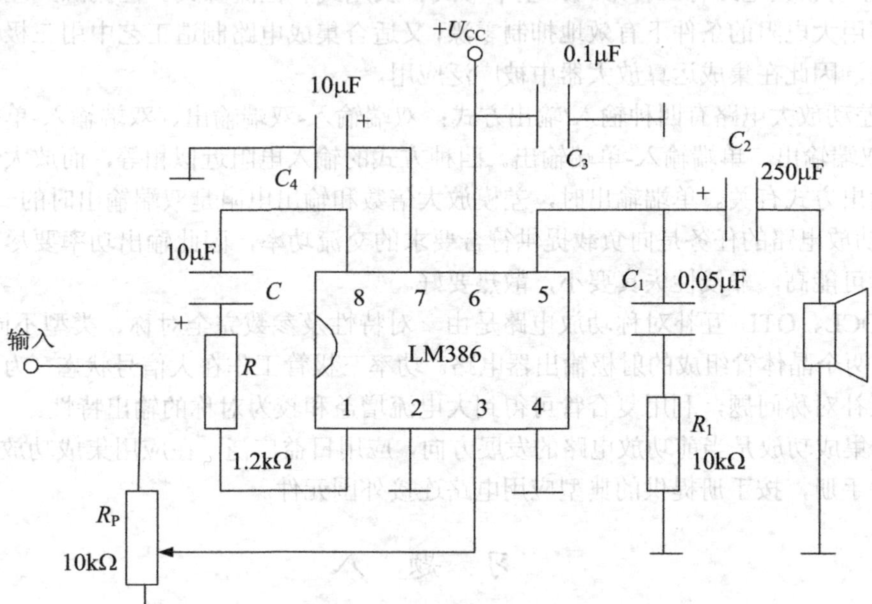

图 8-37　LM386 的典型应用电路

如图 8-37 所示是 LM386 的一种典型应用电路。输入信号经电位器 R_P 接到同相输入端，反相输入端接地。输出端经输出电容 C_2 接负载。因扬声器为感件负载，所以与负载并联由 R_1、C_1 组成的串联校正网络，使负载性质校正补偿至接近纯电阻，这样可以防止高频自激和过电压现象的出现。在 1 和 8 之间接入 1.2kΩ电阻和 10μF 电容，使电压放大倍数达到 50。在 7 和地之间接一个 10μF 的纹波旁路电容。

本章小结

1．对放大电路的分析包括静态分析和动态分析。静态分析是对放大电路的直流通路进行分析，找静态工作点，看直流条件是否满足三极管的放大条件。动态分析是对放大电路的交流通路进行分析，求放大倍数 A_u、输入电阻 r_i 和输出电阻 r_o。

2．三极管基本放大电路有三种组态，分别是共发射极放大电路、共集电极放大电路和共基极放大电路。共发射极放大电路电压和电流的放大倍数都比较大，应用广泛。共集电极放大电路输入电阻高，输出电阻低，放大倍数接近 1，适用于信号的跟随。

3．放大电路静态工作点的稳定直接影响到放大电路的性能。分压式偏置放大电路是常用的工作点稳定电路。

4．多级放大电路的耦合形式包括阻容耦合、直接耦合、变压器耦合以及光电耦合等。其电压放大倍数等于各级电压放大倍数的乘积。输入电阻就是由第一级求得的考虑到后级放大电路影响后的输入电阻，输出电阻即为末级求得的输出电阻。

5．差动放大电路是解决直接耦合多级放大电路产生温漂问题的最好方法，它利用双管的对称性，对共模信号进行抑制，对差模信号进行放大，衡量差动放大电路解决温漂问题能力的主要指标是共模抑制比。

6．差动放大电路有三种形式：基本形式、长尾式和恒流源式。恒流源式差动放大电路既可在不用大电阻的条件下有效地抑制零漂，又适合集成电路制造工艺中用三极管代替大电阻的特点，因此在集成运算放大器中被广泛应用。

7．差动放大电路有四种输入/输出方式：双端输入-双端输出、双端输入-单端输出、单端输入-双端输出、单端输入-单端输出。四种方式的输入电阻近似相等，而放大倍数和输出电阻与输出方式有关。单端输出时，差模放大倍数和输出电阻是双端输出时的一半。

8．功放电路的任务是向负载提供符合要求的交流功率，因此输出功率要尽可能大，转换效率尽可能高，非线性失真要小，散热要好。

9．OCL、OTL 互补对称功放电路是由一对特性及参数完全对称、类型不同（PNP 和 NPN）的两个晶体管组成的射极输出器电路。功率三极管工作在大信号状态。为了解决功率三极管互补对称问题，利用复合管可得到大电流增益和较为对称的输出特性。

10．集成功放是当前功放电路的发展方向，应用日益广泛。在应用集成功放时，应注意查阅器件手册，按手册提供的典型应用电路连接外围元件。

习 题 八

8.1 单选题。

1．晶体管能够放大的外部条件是（　　）。

A．发射结正偏，集电结正偏　　B．发射结反偏，集电结正偏

C．发射结正偏，集电结反偏　　D．发射结反偏，集电结反偏

2．估算放大电路的静态工作点，需要计算（　　）。

A．I_{CQ}和U_{CEQ}　　B．I_{BQ}和U_{BEQ}

C．I_{BQ}、I_{CQ}和U_{CEQ}　　D．I_{BQ}、I_{CQ}和U_{BEQ}

3．对于电压放大器来说，（　　）越小，电路带负载的能力越强。

A．电压放大倍数　　B．输入电阻

C．输出电阻　　D．输入电压

4．在基本共射电路中，基极偏置电阻R_b的作用是（　　）。

A．限制基极电流，使晶体管工作在放大区，并防止输入信号被短路

B．把基极电流的变化转换为输入电压的变化

C．保护信号源

D．防止输出信号被短路

5．放大电路直流通路的画法是（　　）。

A．电容视为短路，电感视为短路

B．电容视为短路，电感视为开路

C．电容视为开路，电感视为短路

D．电容视为开路，电感视为开路

6．NPN 型 BJT 共射极放大电路的交流电压输出波形上半周失真时为（　　），此时应该（　　）基极电流。

A．交越失真，减小　　B．饱和失真，增大

C．截止失真，增大　　D．截止失真，减小

7．利用微变等效模型可以计算放大电路的（　　）。

A．静态工作点　　B．交流性能指标

C．直流和交流指标　　D．最大不失真输出电压

8．在由NPN型晶体管组成的基本共射放大电路中，若输入电压为正弦波，输出波形的底部被削平，则这种失真是（　　）失真。

A．饱和　　B．幅度　　C．截止　　D．相位

9．晶体管微变等效模型中的电压和电流必须采用（　　）形式。

A．直流量　　B．交流量

C．瞬时量　　D．正弦量有效值的相量

10．放大电路交流通路的画法是（　　）。

A．理想直流电源开路，大容量电容开路

B．理想直流电源开路，大容量电容短路

C．理想直流电源短路，大容量电容开路

D．理想直流电源短路，大容量电容短路

11．当温度升高时，晶体管集电极电流（　　）；晶体管的管压降$|U_{BE}|$，（　　）晶体管的电流放大系数（　　）。

A．不确定　　B．增大　　C．减小　　D．不变

12．引起放大电路静态工作不稳定的主要因素是（　　）。

A．晶体管参数随环境温度的变化而变化

B．电源电压太高

C．晶体管的电流放大系数太大

D．电压放大倍数太高

13．在分压式工作点稳定共射放大电路中，起稳定工作点的主要元件是（　　）。

A．电阻 R_{b1}　　B．电阻 R_{b2}　　C．电阻 R_e　　D．电阻 R_c

14．对于一个共集组态的基本放大电路，它具有（　　）的特点。

A．电压增益略大于 1，输入电阻大，输出电阻小

B．电压增益等于 1，输入电阻大，输出电阻小

C．电压增益略小于 1，输入电阻大，输出电阻小

D．电压增益略小于 1，输入电阻小，输出电阻大

15．在集成电路中经常采用的一种耦合方式是（　　）耦合。

A．阻容　　B．变压器　　C．直接　　D．光电

16．放大电路产生零点漂移的主要原因是（　　）。

A．环境温度变化引起参数变化　　B．放大倍数太大

C．采用了直接耦合　　D．外界存在干扰源

17．两个相同的单级共射放大电路，空载时电压放大倍数均为 30，现将它们级联后组成一个两级放大电路，则总的电压放大倍数（　　）。

A．等于 60　　B．等于 900　　C．小于 900　　D．大于 900

18．差动放大电路的主要作用是（　　）。

A．稳定增益　　B．提高输入电阻　　C．克服温漂　　D．扩展频带

19．为了使负载获得尽可能大的功率，对功率放大电路的基本要求是（　　）。

A．输出信号的电压大电流小

B．输出信号的电压和电流都尽可能大

C．输出信号电流尽可能大

D．输出信号电压尽可能大

20．放大电路的工作方式有甲类、乙类和甲乙类等，其中甲乙类放大器中放大管的导通角（　　）。

A．2π　　B．大于 π 小于 2π　　C．小于 π　　D．π

21．以下放大电路中，效率最高的是（　　）。

A．乙类放大器　　B．差分式放大器

C．甲类放大器　　D．甲乙类放大器

8.2　电路如图 8-38 所示。调节 R_W 就能调节放大电路的静态工作点。试估算：

（1）如果要求 I_{CQ}=2mA， R_b 值应为多大？

（2）如果要求 $U_{CEQ}=4.5V$， R_b 值又应为多大？

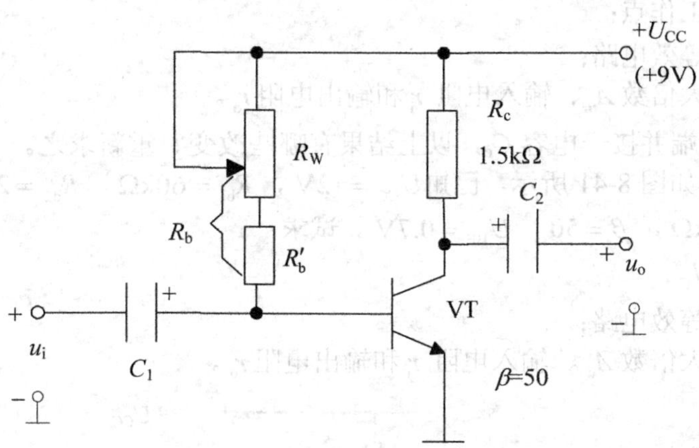

图 8-38　题 8.2 图

8.3　图 8-39（a）所示放大电路中，已知U_{CC}=24V，R_b=800kΩ，R_c=6kΩ，R_L=3kΩ，三极管的输出特性曲线如图 8.39（b）所示，试用图解法和估算法求静态工作点（I_B、I_C、U_{CE}）。

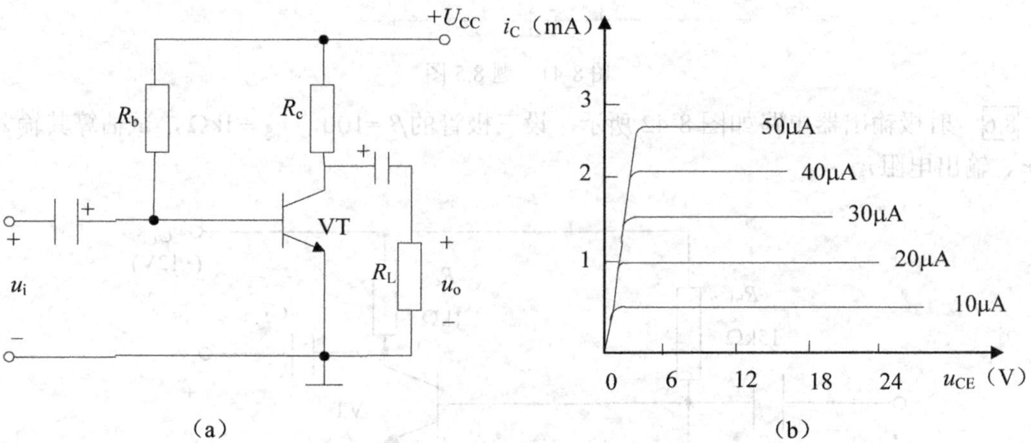

图 8-39　题 8.3 图

8.4　在如图 8-40 所示放大电路中，三极管U_{BE}=0.7V，β=50，求：

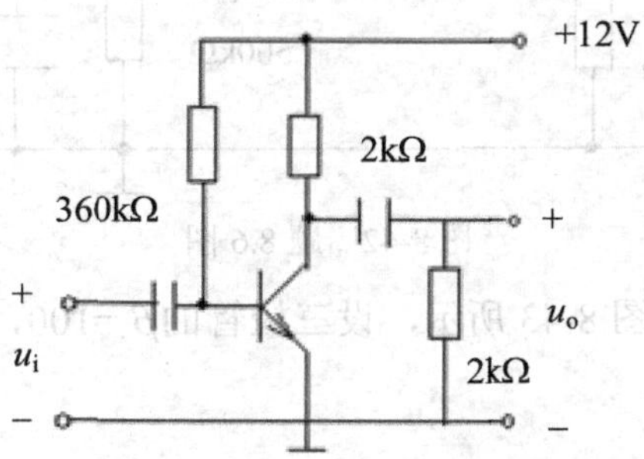

图 8-40　题 8.4 图

（1）电路静态工作点；

（2）画出微变等效电路；

（3）求电压放大倍数 A_u 、输入电阻 r_i 和输出电阻 r_o 。

（4）若在 R_e 两端并接一电容 C_e，以上结果有哪些改变？重新求之。

8.5 放大电路如图 8-41 所示，已知 $U_{CC}=12V$ ，$R_{b1}=60k\Omega$ ，$R_{b2}=20k\Omega$ ，$R_C=3k\Omega$ ，$R_E=2k\Omega$ ，$R_L=3k\Omega$ ，$\beta=50$ ，$U_{BE}=0.7V$ 。试求：

（1）静态电流 I_C ；

（2）画出微变等效电路；

（3）求电压放大倍数 A_u 、输入电阻 r_i 和输出电阻 r_o 。

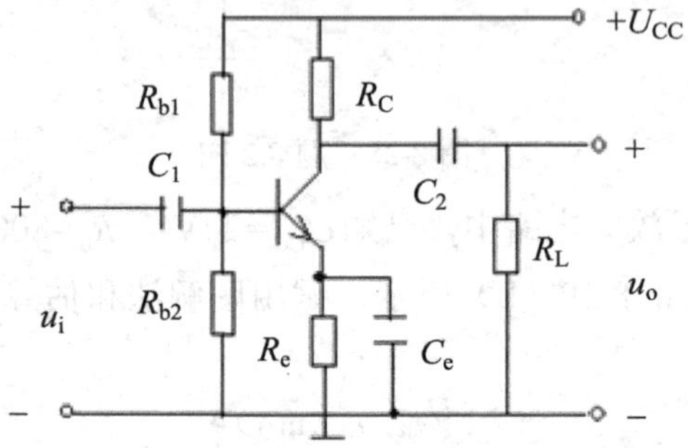

图 8-41　题 8.5 图

8.6 射极输出器电路如图 8-42 所示，设三极管的 $\beta=100$， $r_{be}=1k\Omega$，试估算其输入电阻 r_i、输出电阻 r_o。

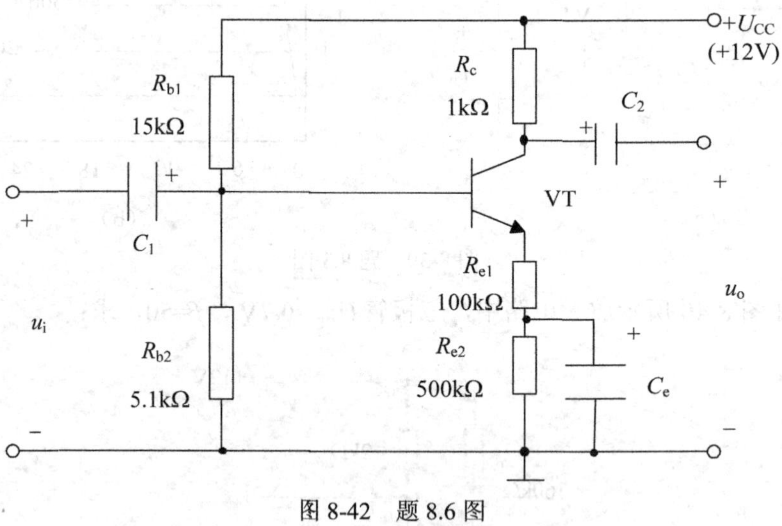

图 8-42　题 8.6 图

8.7 射极输出器电路如图 8-43 所示，设三极管的 $\beta=100$， $r_{be}=1k\Omega$，试估算其输入电阻 r_i、输出电阻 r_o。

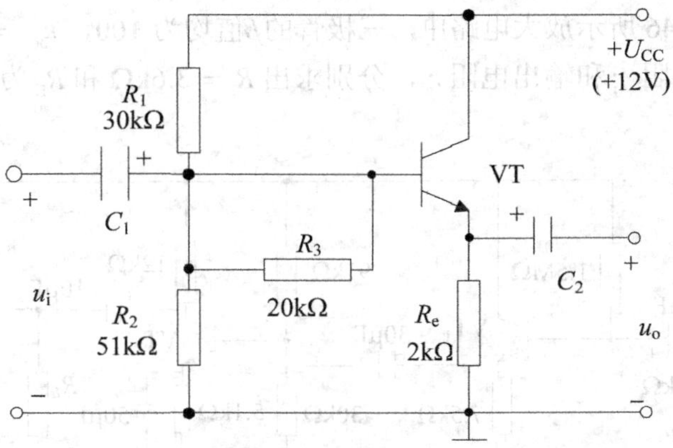

图 8-43　题 8.7 图

8.8　在测试如图 8-44（a）所示电路时，出现了如图 8-44（b）所示的波形，试分析属于什么失真？应如何调节 R_b 才能使其不失真？

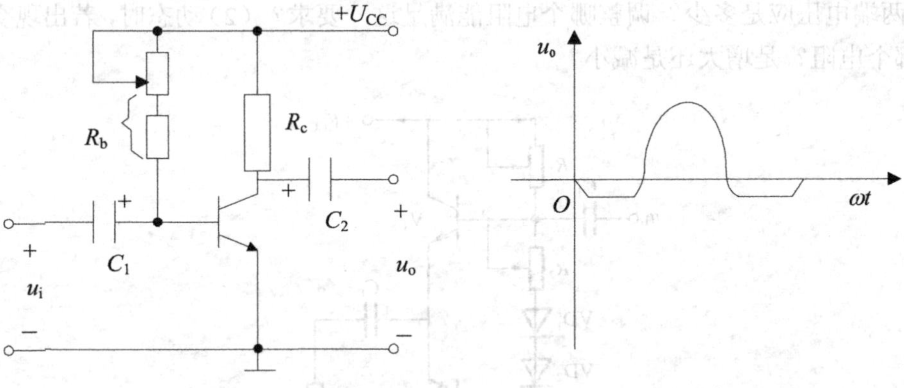

（a）　　　　　　　　　　　　　　　　　（b）

图 8-44　题 8.8 图

8.9　NPN 晶体管单级共射放大器输出电压 u_o 波形的正半周出现了平顶，试说明失真原因。

8.10　在如图 8-45 所示放大电路中，三极管的β值均为 100，$r_{be1}=6\text{k}\Omega$，$r_{be2}=1.5\text{k}\Omega$。求放大电路的输入电阻 r_i 和输出电阻r_o，若 $U_s=2\text{mV}$，$R_s=3\text{k}\Omega$，$R_L=20\text{k}\Omega$，求电压放大倍数 A_u。

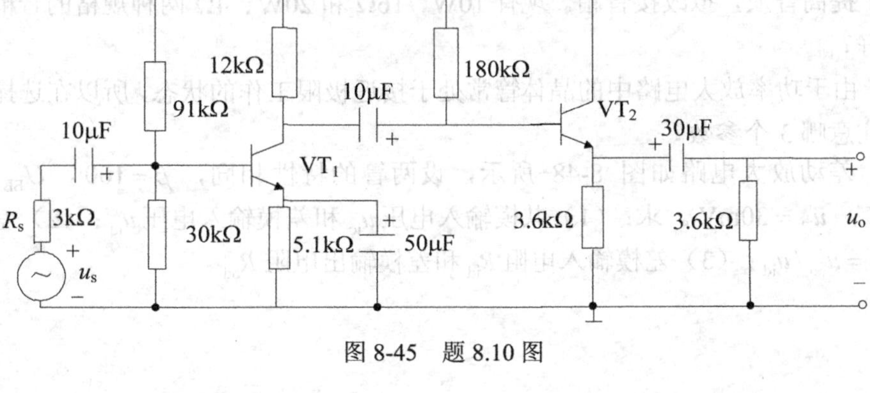

图 8-45　题 8.10 图

[8.11] 在如图 8-46 所示放大电路中，三极管的β值均为 100，$r_{be1}=5.3\text{k}\Omega$，$r_{be2}=6\text{k}\Omega$，求放大电路的输入电阻 r_i 和输出电阻 r_o，分别求出 $R_L=3.6\text{k}\Omega$ 和 R_L 为无穷大时的电压放大倍数 A_u。

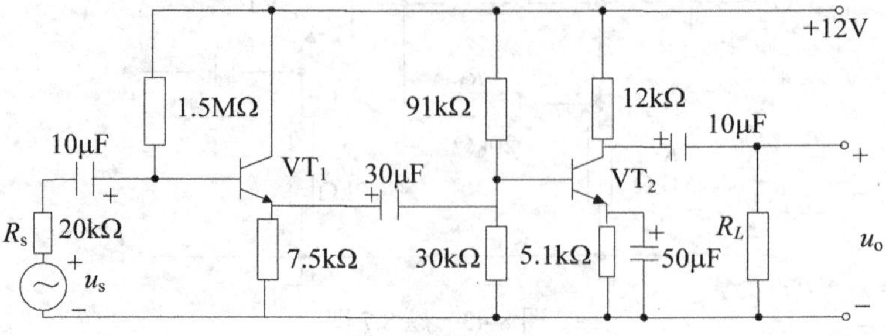

图 8-46 题 8.11 图

[8.12] OTL 电路如图 8-47 所示，$R_L=8\Omega$，$V_{CC}=12V$，C_1、C_2 容量很大。（1）静态时电容 C_L 两端电压应是多少？调整哪个电阻能满足这一要求？（2）动态时，若出现交越失真，应调整哪个电阻？是增大还是减小？

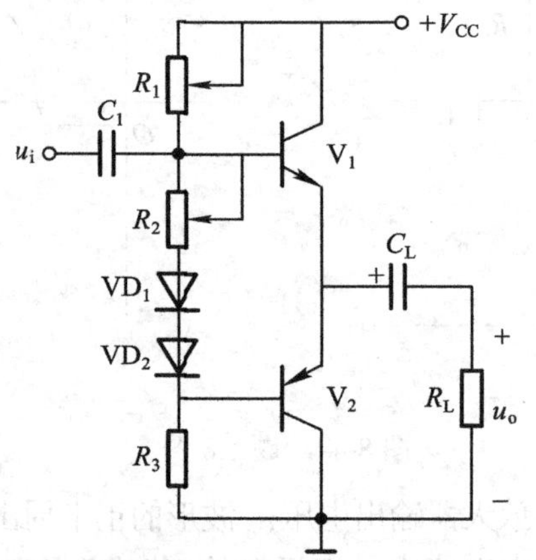

图 8-47 题 8.12 图

[8.13] 现有一台用作功率输出级的录音机，最大输出功率为 20W，机内扬声器(阻抗)已损坏，为了提高音质，拟改接音箱。现有 10W、16Ω 和 20W、4Ω 两种规格的音箱出售？选用哪一种好？

[8.14] 由于功率放大电路中的晶体管常处于接近极限工作的状态，所以在选择晶体管时必须特别注意哪 3 个参数？

[8.15] 差动放大电路如图 8-48 所示，设两管的特性相同，$\beta=100$，$U_{BE}=0.7\text{V}$，$u_{i1}=10\text{mV}$，$u_{i2}=30\text{mV}$。求：（1）共模输入电压 u_{ic} 和差模输入电压 u_{id}；（2）差模电压放大倍数 $A_{ud}=u_{od}/u_{id}$；（3）差模输入电阻 R_{id} 和差模输出电阻 R_{od}。

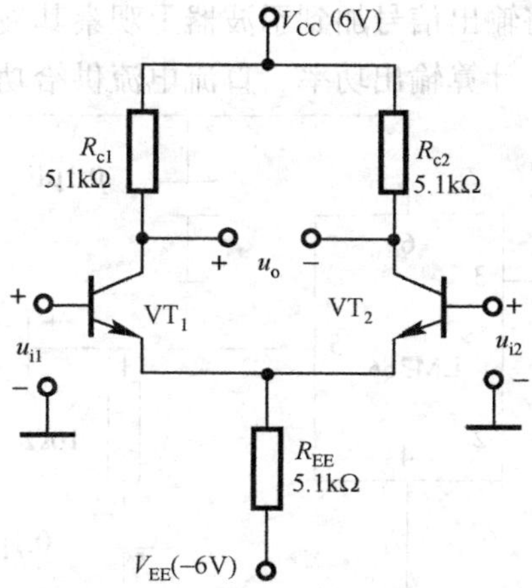

图 8-48　题 8.15 图

实训 8.1　功率放大器的组装与调试

一、实训目的

1．了解分立元件功率放大器互补对称输出级的结构及工作原理。

2．掌握集成功率放大器应用电路的调整及测试。

二、工作原理

LM386 是一种低电压通用型集成功率放大器。它有八个管脚，其典型应用电路是输出端接一电容构成 OTL 功率放大器。按图 8-47 所示连线，输入信号经电位器 R_p 接到同相输入端，输出端经输出电容 C_2 接扬声器，输入信号经 LM386 放大后，传给扬声器。由于 1、8 之间开路，电路的电压放大倍数为 20。

三、实训设备

1．信号发生器 1 台。

2．万用表 1 只。

3．电子毫伏表 1 台。

4．双踪示波器 1 台。

四、实训内容

集成功率放大器实训电路如图 8-49 所示。

实训步骤：

1．按图所示电路进行组装，经检查接线无误后接通电源。

2．进行静态调试，即令输入信号为零，测试集成功放各脚电位及整机电流，尤其是集成功放的输出端对地电压（5 端对地电压应为电源电压的一半），均应符合要求，否则应切断电源，检查电路及外围元件，判断故障并排除。

3. 在输入端加入频率为 1kHz，幅值为 100mV 的音频信号，扬声器即发出声音。调节 R_p，声音的强弱将会随之改变。将输出信号加到示波器上观察其波形，调为最大不失真正弦波。测量其输出电压、输出电流，计算输出功率、直流电流供给功率及效率。

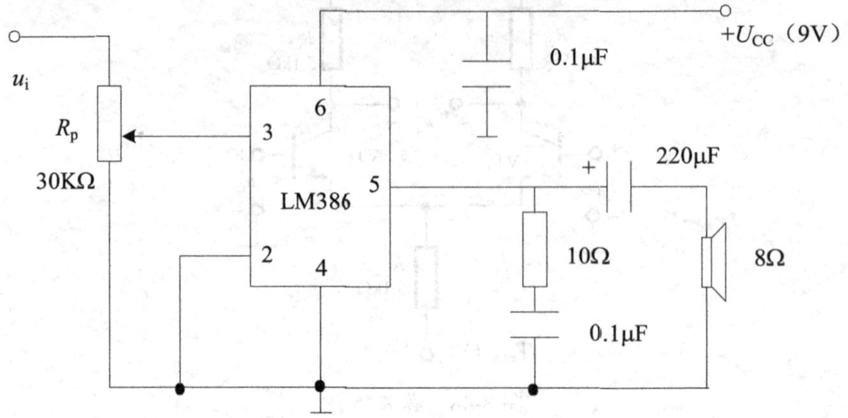

图 8-49　集成功率放大器实训电路图

五、实训报告

1．整理实验数据，分析各测量值与估算值之间的差异。

2．总结实训过程中的故障现象及处理情况。

3．思考：分立元件功率放大器和集成功率放大器相比较各有何特点?分别适用于什么场合?

实验 8.2　单管交流放大器

一、实验目的

1．掌握单管交流放大器直流静态工作点的测量方法。

2．了解单管交流放大器动态参数的测量方法。

二、实验仪器设备

1．单管交流放大器Ⅰ实验板。

2．AS-101 函数发生器。

3．DA-16 晶体管毫伏表。

4．ST-16 示波器。

5．DT-930G 数字万用表。

6．YJ-56 直流稳压电源。

三、实验内容

实验电路如图 8-50 所示。

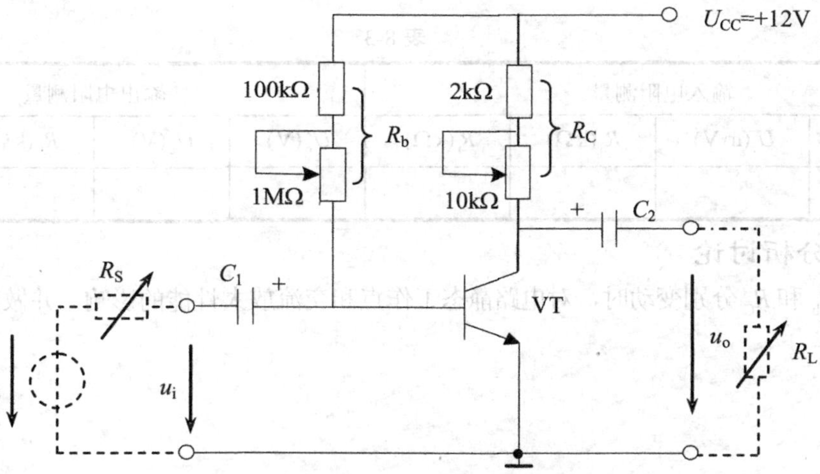

图 8-50　单管交流放大电路

1．按照表 8-1 调整元件参数，测量并计算不同状态下单管交流放大器的静态工作点，将结果记入表中。

表 8-1

序号	元件值		测量值		计算值			静态工作点是否合适
	$R_b(\Omega)$	$R_C(\Omega)$	V_B(V)	V_C(V)	I_B(μA)	I_C(mA)	β	
1	1.1M	2k						
2	100k	2k						
3	1.1M	12k						

2．如图 8-50 所示电路，取 $R_b=1.1\text{M}\Omega$、$R_C=2\text{k}\Omega$、$U_i=10\text{mV}$、$f=1\text{kHz}$，测量并计算该电路的交流电压放大倍数 A_u，填入表 8-2。

表 8-2

序号	元件值		输入电压 U_i(V)	输出电压 U'_o(V)	电压放大倍数 A_u
	$R_b(\Omega)$	$R_C(\Omega)$			
1	1.1M	2k			

3．图 8-50 电路中，取 $R_b=1.1\text{M}\Omega$、$R_C=2\text{k}\Omega$、$U_i=10\text{mV}$、$f=1\text{kHz}$，如虚线所示在输入端串联电阻 R_S，测量该电路的输入电阻 R_i，填入表 8-3。

4．如图 8-50 电路虚线所示，在输出端接负载电阻 R_L，测量该电路的输出电阻 R_o，填入表 8-3。

表 8-3

输入电阻测量				输出电阻测量			
U_S(mV)	U_i(mV)	R_S(kΩ)	R_i(kΩ)	U_o'(V)	U_o(V)	R_L(kΩ)	R_o(kΩ)

四、分析讨论

观察 R_b 和 R_C 分别变动时，对电路静态工作点和交流放大性能的影响，并做简略总结。

第九章　集成运算放大器

【学习目标】

1．了解集成运算放大器的符号、特点、类型及主要参数。

2．掌握集成运放电路的分析方法。

3．会判断集成运放电路负反馈的类型。

4．会分析集成运算放大器的应用电路。

5．掌握集成运算放大器的选择方法及使用时的注意事项。

集成电路按其功能来分，可以分为模拟集成电路和数字集成电路两大类。模拟集成电路包括集成运算放大器、集成功率放大器、集成乘法器、集成锁相环、集成稳压器等，用来产生和处理各种模拟信号。本章主要介绍集成运算放大器，包括集成运算放大器的简介、放大器的负反馈、集成运算放大器的应用等。

9.1　集成运算放大器的简介

9.1.1　集成运算放大器的基本组成

集成运算放大器简称为集成运放，主要由输入级、中间放大级、输出级和偏置电路四部分组成。

输入级一般采用差动放大电路，可以有效地抑制零漂，并具有较高的输入电阻。中间放大级可由多级组成，其主要任务是电压放大，运算放大器的高放大倍数主要是由中间级决定的。输出级大多为射极输出器，其主要任务是向负载提供大的输出功率，同时应有较低的输出电阻，以提高带负载能力。偏置电路均由恒流电路组成，其主要任务是向各级放大器提供合适的静态工作电流。

除此之外，还有一些辅助环节，如电平偏移电路，用来调节各级工作电压，且当输入信号为零时，保证输出电压为零。短路保护电路用来防止输出端短路时损坏内部管子。

9.1.2　集成运算放大器的符号

集成运放的外形一般有双列直插式、金属圆壳式、扁平式三种。其电路符号如图 9-1 所示。它有两个输入端 u_-和 u_+，一个输出端 u_o。u_-端，即标有“−”的那端，表示输入端信号和输出端信号为反相的关系，故称为反相输入端；u_+端，即标有“+”的那端，表示输入端信号和输出端信号为同相关系，故称为同相输入端。此外，还有接直流电源端、调零端、校正电容端、公共接地端等等。这些引线端子的排列在产品说明书中都有说明。通常，为了简便起见，在电路图中只画出两个输入端和一个输出端。

图 9-1　集成运算放大器的电路符号

9.1.3 集成运算放大器的特点及类型

1．集成运算放大器的特点

集成运算放大器实质上是高增益的直接耦合放大电路，具有体积小、耗电省、可靠性高、成本低等优点，被广泛应用于模拟电子电路的各个领域。

集成运放的一些特点同其制造工艺紧密相关，体现在以下几方面：

（1）在集成电路工艺中制造电感元件和容量大于 200pF 的电容困难，所以集成运放各级之间采用直接耦合方式。

（2）运算放大器的输入级都采用差动放大电路，集成电路中的各个晶体管是通过同一工艺过程制作在同一硅片上的，容易获得特性相近的差动对管。

（3）在集成电路中，比较适合制作的电阻阻值大致为 100Ω～30kΩ，制作高阻值的电阻成本高，占用面积大，且阻值偏差大，因此，集成运放中往往用晶体管恒流源代替大电阻。

（4）集成电路中的二极管都采用晶体三极管构成，把发射极、基极、集电极三者适当组配使用。最常用的组合方式如图 9-2（a）所示，它等效为二极管的电路如图 9-2（b）所示。另外，常采用复合三极管结构，以提高β 值。

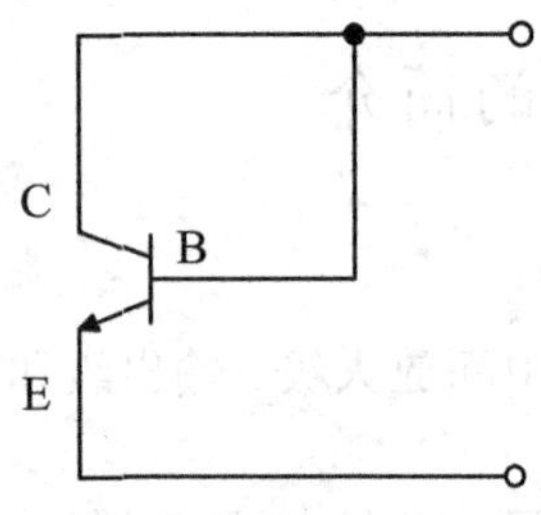

（a）

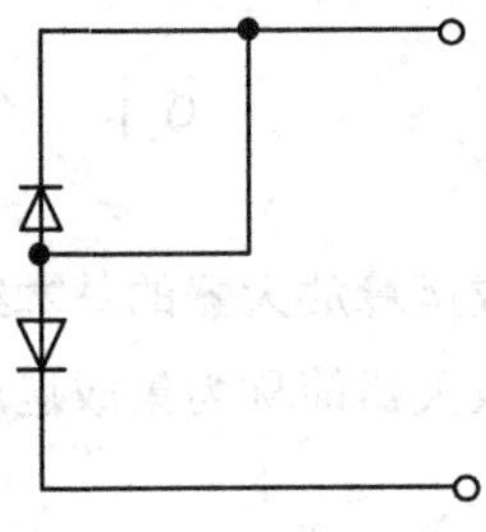
（b）

图 9-2　晶体管组合成二极管

2．集成运算放大器的类型

1）通用型集成运放

适用于对技术指标没有特殊要求的场合。

2）高精度集成运放

一般用于毫伏量级或更低的微弱信号的精密检测、自动控制仪表等领域。

3）高速集成运放

一般用于快速模/数和数/模转换器、高速取样保持电路、精密比较器等要求输出对输入迅速响应的电路中。

除了以上几种集成运放外，还有低能耗集成运放、高压型和大功率集成运放、高输入阻抗集成运放、程控型集成运放、电流型集成运放等。

9.1.4 集成运算放大器的主要参数

1．输入失调电压 U_{io} 及其温漂 dU_{io}/dT

理想的集成运放，当输入电压 $u_-=u_+=0$ 时，输出电压 u_o 也为零。但实际上由于制造中元件参数的不对称等原因，当其输入为零时，输出电压不为零。为此，若要输出电压为零，必须在输入端加上一个很小的补偿电压，即输入失调电压 U_{io}。U_{io} 的大小反映了运算放大器差放输入级的不对称程度，显然其值越小越好，一般为几毫伏。高精度、低零漂运算放大器的输入失调电压为微伏数量级。

U_{io} 通常主要由差动输入级两个晶体管的 U_{BE} 失配引起，由于 U_{BE} 受温度的影响，所以 U_{io} 也受温度的影响，U_{io} 受温度影响的程度称为输入失调电压的温漂，用 dU_{io}/dT 表示，通常以μV/℃为单位，一般都在每度几个微伏以下。

2．输入失调电流 I_{io} 及其温漂 dI_{io}/dT

输入失调电流是指输入信号为零时，两个静态基极电流之差，即 $I_{io}=|I_{B+}-I_{B-}|$。输入失调电流反映了输入级差放中对管输入电流的不对称程度。其值越小越好，典型值为几十纳安左右。高精度、低漂移运放的 I_{io} 约为皮安数量级。

由于 I_B 是温度的函数，所以 I_{io} 也是温度的函数。常用输入失调电流温漂 dI_{io}/dT 来表示 I_{io} 受温度变化影响的程度，以 nA/℃或 pA/℃为单位。

3．输入偏置电流 I_{iB}

当输入信号为零时，两个输入端静态基极电流的平均值为 I_{iB}，即

$$I_{iB}=\frac{I_{B+}+I_{B-}}{2} \tag{9-1}$$

它的大小主要和电路中第一级管子的性能有关，其值越小越好。一般运算放大器的 I_{iB} 为 10nA～1μA，高精度、低漂移运放的 I_{iB} 约为皮安数量级。

4．开环差模电压增益 A_{uo}

A_{uo} 是指放大器无外接反馈电路且输出端开路，在输入端加一个低频小信号电压时测得的电压放大倍数。A_{uo} 越高，所构成的运放电路越稳定，则运算精度也越高。一般 A_{uo} 约为 104～107dB 或 80～140dB，目前优质器件 A_{uo} 已达到 160dB。

5．最大输出电压 U_{OM}

U_{OM} 是能使输出电压和输入电压保持不失真关系的最大输出电压。

6．共模抑制比 K_{CMR}

集成运放开环差模电压放大倍数与开环共模电压放大倍数之比就是集成运放的共模抑制比 K_{CMR}，常用分贝表示。它可以衡量运放抑制温漂的能力。

9.1.5 集成运放电路的基本分析方法

集成运放电路是指由集成运算放大器组成的各种应用电路，而非集成运放这一器件的内部电路。为此，我们应掌握分析集成运放电路的基本方法。

1．理想集成运算放大器

为了分析方便，通常把实际运算放大器视为具有理想参数的理想运算放大器，它的主要特征是：

（1）开环差模电压增益 $A_{uo}\to\infty$；

（2）输入电阻 $r_{id}\to\infty$；

（3）输出电阻 $r_o\to 0$；

（4）共模抑制比 $K_{CMR}\to\infty$；

（5）U_{io}、I_{io} 及 $I_{iB}\to 0$。

此外，理想运放的响应时间为零，内部无噪声，且当输入为零时，输出亦为零。

当然，完全理想的集成运放是不可能制成的。但实际集成运算放大器的特性非常接近于理想运算放大器，借助于理想运算放大器进行分析所引起的误差很小，工程上完全允许。

2．集成运放电路的基本分析方法

集成运放有两个工作区域：线性区和非线性区。

由于开环差模电压增益 A_{uo} 极大，即使集成运放输入端只有很小的信号输入，其输出电压就达到极限电压，集成运放便已不再工作在线性区。若要运放工作在线性区，器件外部必须有某种形式的负反馈网络（如图 9-3 中的 R_f）；若无负反馈环节，在开环状态或有正反馈情况，集成运放工作于非线性区。

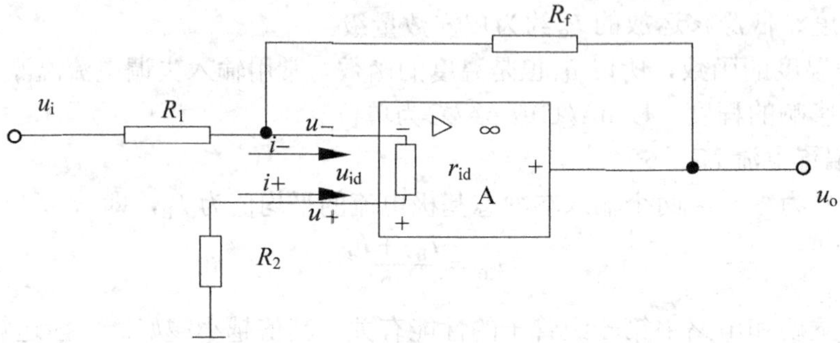

图 9-3　带有负反馈的运放电路

工作于线性区的理想集成运放有下面两个重要特性。

1）输入电流为零

由于理想运算放大器的输入电阻为无穷大，它就不会从外部电路吸取任何电流了。所以，对于一个理想运算放大器来说，不管是同相输入端还是反相输入端，都可以看成不会有电流输入，即

$$i_- = i_+ \approx 0 \tag{9-2}$$

2）两个输入端子间的电压为零

由于理想运算放大器的开环差模电压增益 A_{uo} 接近无穷大，而输出电压是一个有限数值（不可能超过所供给的直流电源电压值），所以从

$$u_o = A_{uo}(u_+ - u_-)$$

可知

$$u_+ - u_- = \frac{u_o}{A_{uo}} \approx 0$$

即

$$u_+ \approx u_- \tag{9-3}$$

由于同相端的电位等于反相端的电位，如同将同相端和反相端用导线短接在一起，但是该两端实际上并未真正被短路，因此，称其为“虚短”。

如图 9-3 所示，当反相输入时，同相端经 R_2 接“地”，因为 $i_+=0$，R_2 上无压降，所以 $u_+=0$，根据式（9-3）可得 $u_-=0$。这就是说，反相输入的电位接近于“地”电位。因为它是一个不接“地”的接地端，通常称为“虚地”。

工作在开环状态或正反馈状态下的集成运算放大器，由于 A_{uo} 非常高，若输入信号超出一定范围，则输出电压不再随输入电压线性增长，而将达到饱和。工作于非线性区的理想集

成运放有下面两个重要特性：

（1）输出电压 u_o 具有两值性，只有两种可能 $+U_{o(sat)}$ 和 $-U_{o(sat)}$。当 $u_+>u_-$ 时，$u_o=+U_{o(sat)}$；当 $u_+<u_-$ 时，$u_o=-U_{o(sat)}$。而 $u_+=u_-$ 时，正是输出电压 u_o 翻转的时刻。运放工作在非线性区时，两输入端电位不相等，即 $u_+\neq u_-$。

（2）输入电阻 $r_{id}\to\infty$，所以 $i_-=i_+\approx 0$。

【例 9-1】如图 9-4 所示是有限幅电路的过零比较器，u_i 加在反相输入端，稳压管的稳定电压值为 U_Z，在不计稳压管正向导通压降的情况下，试分析输出电压 u_o 的值。

解：因为图中无负反馈环节，所以集成运算放大器工作在非线性区。$u_-=u_i$，$u_+=0$，所以当 $u_i>0$，$u_o=-U_Z$；当 $u_i<0$，$u_o=+U_Z$。$u_i=0$ 是输出电压翻转的时刻。

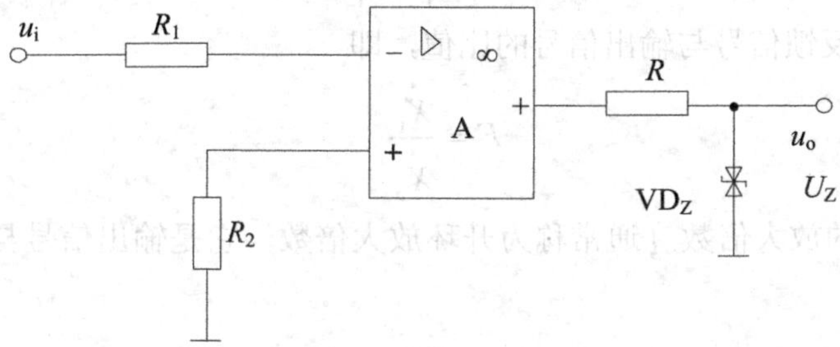

图 9-4　例 9-1 题图

9.2　集成运放电路中的负反馈

负反馈在放大器中应用十分广泛，采用负反馈可以改善放大器的性能，并且使集成运放的线性应用得以实现。本节将从反馈的基本概念入手，着重讨论负反馈放大器的分类、性能影响及分析方法。

9.2.1　反馈的基本概念

所谓反馈，就是把放大电路的输出量（电流或电压）的一部分或全部，经过一定的电路（反馈电路）送回它的输入端来影响输入量。反馈放大电路是由基本放大电路和反馈电路两部分构成的一个闭环电路。

反馈有正反馈和负反馈之分。正反馈中，反馈信号有增强输入信号的作用，输出信号相应增大，放大电路的放大倍数也增大，致使电路工作不稳定，性能变差，常用在振荡电路中；而负反馈有削弱输入信号的作用，虽然使放大倍数降低，但可以改善放大电路的性能，因此在放大电路中几乎都用负反馈。

在如图 9-5 所示负反馈放大电路方框图中，基本放大电路 $\dot{A}$ 可以是单级或多级放大电路，反馈电路 $\dot{F}$ 联系放大电路的输出和输入，多数是由电阻元件组成。放大电路的输入信号 $\dot{X}_i$、净输入信号 $\dot{X}_d$、输出信号 $\dot{X}_o$ 和反馈信号 $\dot{X}_f$ 均可以是电压或电流。信号的传递方向如图中箭头所示。符号⊗表示比较环节，正、负号表示连接的极性。输入信号与反馈信号在比较环节比较后再加到基本放大电路的输入端。由于是负反馈，所以基本放大电路的净输入为

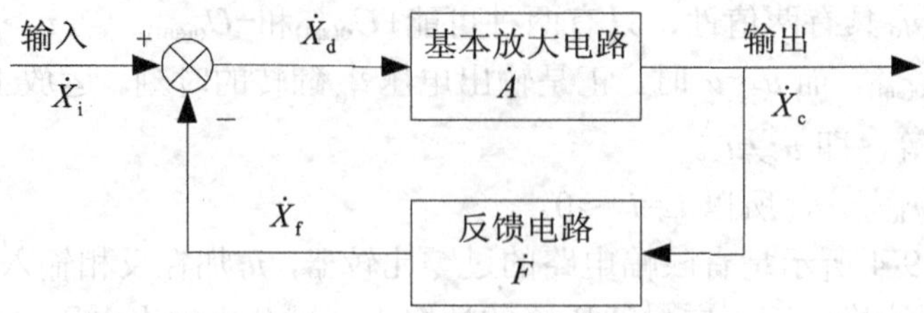

图 9-5　负反馈放大电路方框图

$$\dot{X}_d = \dot{X}_i - \dot{X}_f \tag{9-4}$$

反馈系数 $\dot{F}$ 为反馈信号与输出信号的比值，即

$$\dot{F} = \frac{\dot{X}_f}{\dot{X}_o} \tag{9-5}$$

基本放大电路的放大倍数 $\dot{A}$ 通常称为开环放大倍数，它是输出信号与净输入信号之比，即

$$\dot{A} = \frac{\dot{X}_o}{\dot{X}_d} \tag{9-6}$$

有反馈时的放大倍数 $\dot{A}_f$ 通常称为闭环放大倍数，它是输出信号与输入信号之比，即

$$\dot{A}_f = \frac{\dot{X}_o}{\dot{X}_i} \tag{9-7}$$

由上面几个公式可以推出

$$\dot{A}_f = \frac{\dot{X}_o}{\dot{X}_i} = \frac{\dot{X}_o}{\dot{X}_d + \dot{X}_F} = \frac{\dot{X}_o}{\dot{X}_d + \dot{F}\dot{X}_o} = \frac{\dfrac{\dot{X}_o}{\dot{X}_d}}{1 + \dot{F}\dfrac{\dot{X}_o}{\dot{X}_d}} = \frac{\dot{A}}{1 + \dot{F}\dot{A}} \tag{9-8}$$

其中，$\dot{F}\dot{A} = \frac{\dot{X}_f}{\dot{X}_o} \cdot \frac{\dot{X}_o}{\dot{X}_d} = \frac{\dot{X}_f}{\dot{X}_d}$，在负反馈情况下，$\dot{X}_f$ 与 $\dot{X}_d$ 同相，因此 $\dot{F}\dot{A}$ 为正实数，并有 $\left|1 + \dot{F}\dot{A}\right| > 1$，则 $\dot{A}_f < \dot{A}$。故引入负反馈后，放大倍数下降了 $\left|1 + \dot{F}\dot{A}\right|$ 倍。反馈系数愈大（F 愈接近于 1），放大倍数下降愈多，因此 $\left|1 + \dot{F}\dot{A}\right|$ 反映了负反馈的强弱，故称其为反馈深度。

9.2.2　负反馈的类型及其判别方法

1．负反馈的类型

反馈电路与基本放大电路在输入、输出端有不同的连接方式，根据输入端连接方式的不同分为串联反馈和并联反馈；根据输出端连接方式的不同分为电压反馈和电流反馈。因此，负反馈放大电路有四种反馈类型：①电压串联负反馈；②电流串联负反馈；③电压并联负反馈；④电流并联负反馈。

2．负反馈类型的判断

1）电压串联负反馈

如图 9-6（a）所示电路，基本放大电路 $\dot{A}$ 是一个集成运放，电阻 R_f 跨接在输出回路与输入回路之间，输出电压 u_o 通过 R_f 与 R_1 的分压反馈到输入回路，因此，R_f 与 R_1 构成反馈网络。由图可得反馈电压 $u_f=u_oR_1/(R_1+R_f)$。从电路的输出端来看，反馈电压 u_f 取样于输出电压 u_o，且与输出电压成正比，故为电压反馈。从电路的输入端来看，反馈电压 u_f、输入电压 u_i 与净输入电压 u_{id} 三者为串联关系，反馈以电压的形式出现，故为串联反馈。

假设输入电压 u_i 的瞬时极性对地为⊕，根据运放电路同相输入时输出电压与输入电压同相的原则，可确定 u_o 的瞬时极性对地为⊕，u_o 经 R_f 与 R_1 的分压后得到 u_f，u_f 的瞬时极性对地也为⊕，故放大电路的净输入电压 $u_{id}=u_i-u_f$，显然，u_f 削弱了输入信号，故为负反馈。

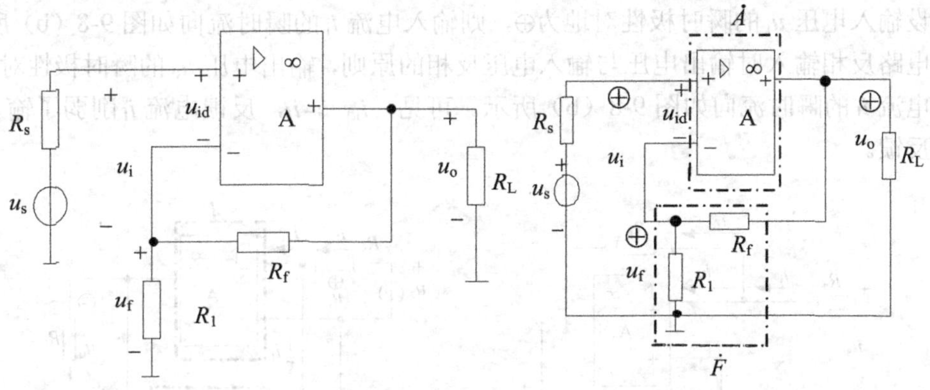

（a）电路　　　　（b）电路分析

图 9-6　电压串联负反馈

2）电流串联负反馈

如图 9-7（a）所示电路，基本放大电路 $\dot{A}$ 是一个集成运放，R_f 为输出回路与输入回路的公共电阻，故 R_f 构成反馈网络。在输出端，反馈网络与基本放大电路、负载电阻 R_L 相串联，反馈信号 $u_f=i_oR_f$，因此，反馈取样于输出电流 i_o，故为电流反馈。从电路的输入端来看，反馈电压 u_f、输入电压 u_i 与净输入电压 u_{id} 三者为串联关系，故为串联反馈。

假设输入电压 u_i 的瞬时极性对地为⊕，根据运放电路同相输入时输出电压与输入电压同相的原则，可确定运放输出电压 u_o' 的瞬时极性对地为⊕，故输出电流 i_o 的瞬时流向如图 9-7（b）所示，它流过电阻 R_f 产生反馈电压 u_f，u_f 的瞬时极性对地也为⊕，故放大电路的净输入电压 $u_{id}=u_i-u_f$，显然，u_f 削弱了输入信号，故为负反馈。

3）电压并联负反馈

如图 9-8（a）所示电路，基本放大电路 $\dot{A}$ 是一个集成运放，电阻 R_f 跨接在输出回路与输入回路之间构成反馈网络。在输出端，反馈网络与基本放大电路、负载电阻 R_L 相并联，反馈信号 i_f 取样于输出电压 u_o，故为电压反馈。在输入端，反馈网络与基本放大电路相并联，故为并联反馈。

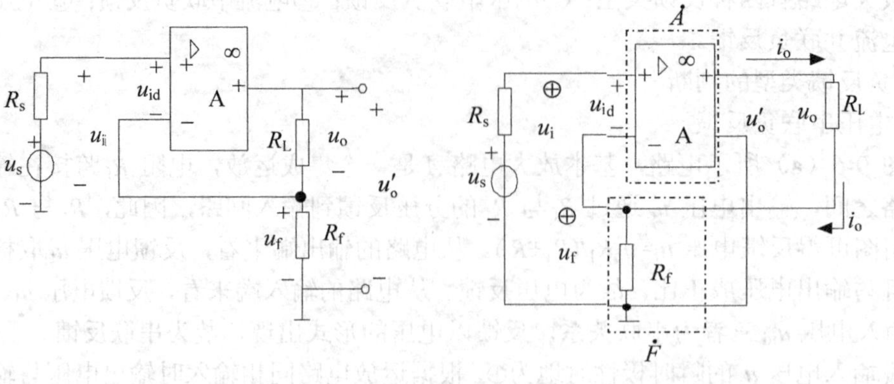

（a）电路　　　　　　　　　　　　　（b）电路分析

图 9-7　电流串联负反馈

假设输入电压 u_i 的瞬时极性对地为⊕，则输入电流 i_i 的瞬时流向如图 9-8（b）所示，根据运放电路反相输入时输出电压与输入电压反相的原则，输出电压 u_o 的瞬时极性对地为⊖，故反馈电流 i_f 的瞬时流向如图 9-8（b）所示。可见，$i_{id}=i_i-i_f$，反馈电流 i_f 削弱了输入电流，故为负反馈。

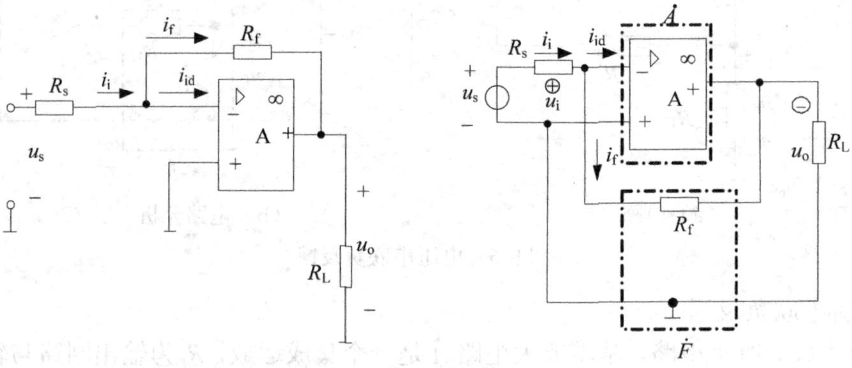

（a）电路　　　　　　　　　　　　　（b）电路分析

图 9-8　电压并联负反馈

4）电流并联负反馈

如图 9-9（a）所示电路，基本放大电路 $\dot{A}$ 是一个集成运放，R_f 跨接在输出回路与输入回路之间，R_f 与 R_1 共同构成反馈网络。反馈电流 i_f 取样于输出电流 i_o，故为电流反馈。在输入端，反馈网络与基本放大电路相并联，故为并联反馈。

假设输入电压 u_i 的瞬时极性对地为⊕，则输入电流 i_i 的瞬时流向如图 9-9（b）所示，输出电压 u_o' 的瞬时极性对地为⊖，输出电流 i_o 和反馈电流 i_f 的瞬时流向如图 9-9（b）所示。可见，$i_{id}=i_i-i_f$，反馈电流 i_f 削弱了输入电流，故为负反馈。

综上所述，反馈支路接在集成运放的反相输入端为负反馈，接在集成运放的同相输入端则为正反馈；反馈支路与输入信号接在同一输入端为并联反馈，否则为串联反馈；反馈支路在输出端采样输出电压的为电压反馈，采样输出电流的为电流反馈。

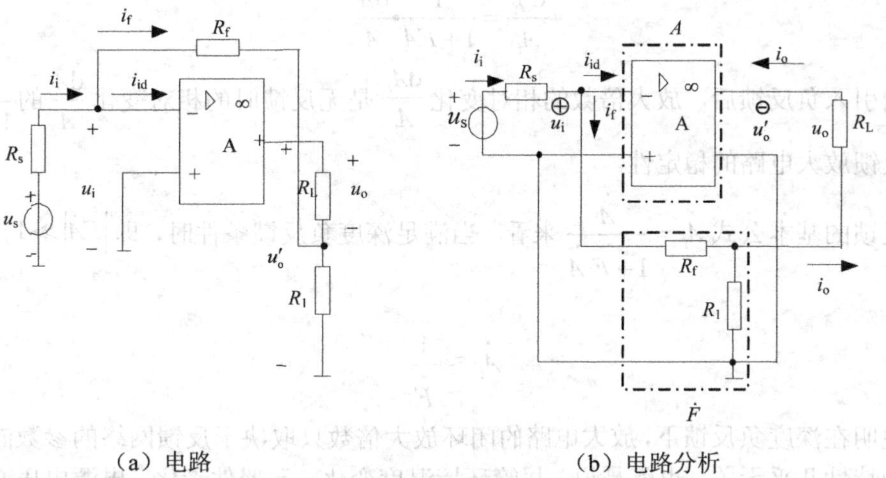

（a）电路　　　　　　　　　　　　　　（b）电路分析

图 9-9　电流并联负反馈

9.2.3　反馈对放大电路性能的影响

1．输出信号趋于稳定

由前述可知，电压负反馈可以使电路的输出电压 u_o 趋于维持恒定。因为当 u_i 一定时，若负载电阻 R_L 减小引起输出电压 u_o 下降，则电路将进行如下的自动调整过程：

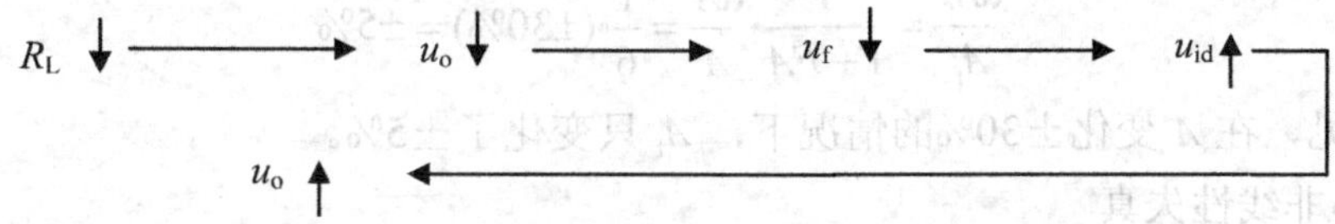

可见负反馈的结果，牵制了 u_o 的下降，从而使 u_o 基本维持恒定。

电流反馈趋向于维持输出电流 i_o 恒定，在 i_i 一定的条件下，不论何种原因（例如 R_L 增大），使 i_o 减小，负反馈的作用将引起如下的自动调整过程：

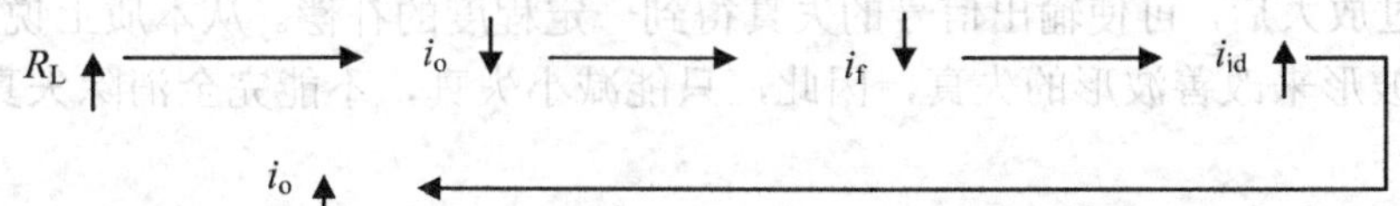

可见负反馈作用的结果，牵制了 i_o 的减小，使 i_o 基本维持恒定。

2．提高放大倍数的稳定性

在负反馈的情况下，$\dot{F}\dot{A}$ 为正实数，因此式（9-8）可改写为

$$A_f=\frac{A}{1+FA} \tag{9-9}$$

对 A 求导数，得

$$\frac{dA_f}{dA}=\frac{1}{1+FA}-\frac{FA}{(1+FA)^2}=\frac{1}{(1+FA)^2}=\frac{A_f}{A}\cdot\frac{1}{(1+FA)}$$

即

$$\frac{\mathrm{d}A_{\mathrm{f}}}{A_{\mathrm{f}}}=\frac{1}{1+FA}\cdot\frac{\mathrm{d}A}{A} \tag{9-10}$$

说明引入负反馈后，放大倍数的相对变化$\frac{\mathrm{d}A_{\mathrm{f}}}{A_{\mathrm{f}}}$是无反馈时的相对变化$\frac{\mathrm{d}A}{A}$的$\frac{1}{1+FA}$倍，提高了反馈放大电路的稳定性。

由反馈的基本公式$\dot{A}_{\mathrm{f}}=\frac{\dot{A}}{1+\dot{F}\dot{A}}$来看，当满足深度负反馈条件时，即$|\dot{F}\dot{A}|\gg 1$，该式可化简为

$$\dot{A}_{\mathrm{f}}\approx\frac{1}{\dot{F}} \tag{9-11}$$

这说明在深度负反馈下，放大电路的闭环放大倍数只取决于反馈网络的参数而与基本放大电路的特性几乎无关。也就是说，尽管环境温度变化、元器件老化、电源电压变化及负载的变化等多种因素可能造成开环放大倍数$\dot{A}$的较大变化，但只要反馈网络由性能稳定的无源线性元件（如电阻、电容等）组成，整个放大器的闭环放大倍数$\dot{A}_{\mathrm{f}}$就很稳定。

【例 9-2】已知一个负反馈放大器的A=100，F=0.05，由于某种原因使A产生±30%的变化，求A_{f}的相对变化量。

解：根据式（9-10），求得

$$\frac{\mathrm{d}A_{\mathrm{f}}}{A_{\mathrm{f}}}=\frac{1}{1+FA}\cdot\frac{\mathrm{d}A}{A}=\frac{1}{6}\cdot(\pm 30\%)=\pm 5\%$$

由此可见，在A变化±30%的情况下，A_{f}只变化了±5%。

3．减小非线性失真

由于半导体器件的非线性，当输入信号的幅度比较大时，输出信号波形很难与输入信号波形保持线性关系，引起非线性失真。

引入负反馈以后，可将输出端的失真信号反送到输入端，使净输入信号发生某种程度的失真，但经过放大后，可使输出信号的失真得到一定程度的补偿。从本质上说，负反馈是利用失真了的波形来改善波形的失真，因此，只能减小失真，不能完全消除失真，如图 9-10（b）所示。

4．扩展频带

从本质上说，频带限制是由于放大电路对不同频率的信号呈现出不同的放大倍数而造成的。负反馈具有稳定闭环放大倍数的作用，因而能减小频率变化对闭环放大倍数的影响。尤其在深度负反馈时，$\dot{A}_{\mathrm{f}}=\frac{\dot{A}}{1+\dot{F}\dot{A}}\approx\frac{1}{\dot{F}}$，此时放大器的倍数只与反馈网络的参数有关。如果反馈网络里不含L、C等电抗元件，而仅由若干电阻构成，则可近似地认为反馈放大电路的放大倍数为一常数，从而展宽频带。

5．对输入、输出电阻的影响

串联负反馈使放大电路的输入电阻增大；并联负反馈使放大电路的输入电阻减小；电流负反馈使放大电路的输出电阻增大；电压负反馈使放大电路的输出电阻减小。

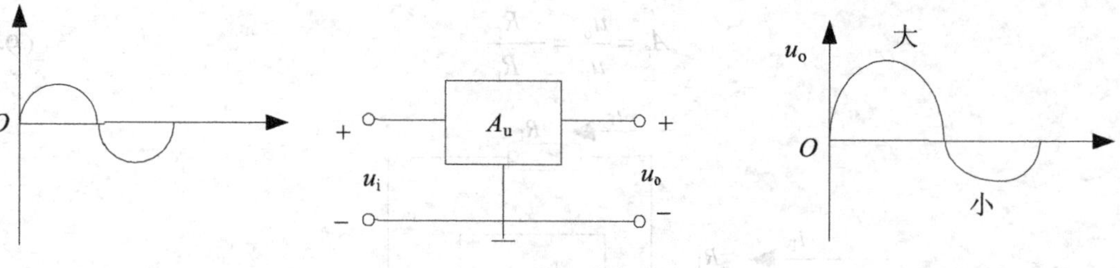

（a）无负反馈

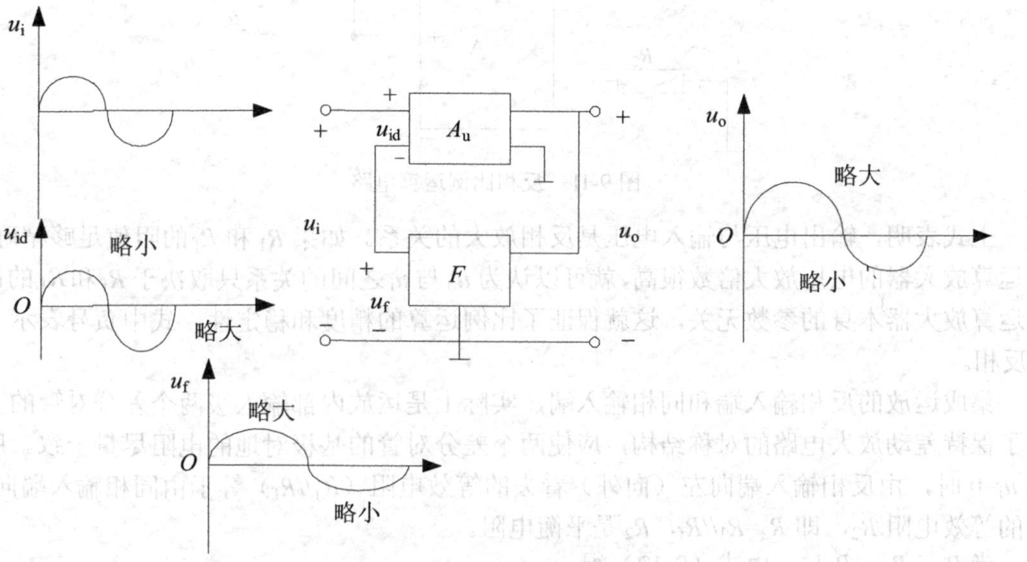

（b）负反馈

图 9-10 非线性失真的改善

6．抑制噪音

对放大器来说，噪声是有害的。噪声电压可以视为由于器件的非线性所引起的高次谐波电压。显然，负反馈的引入，使有效电压和噪声电压一同减小。但是噪声电压是固定的，而有效信号可以人为地增加，这样就提高了信号噪声比。这就是负反馈能抑制噪声的根本道理。

9.3 集成运算放大器的应用

9.3.1 比例运算电路

1．反相比例运算电路

如图 9-11 所示是反相比例运算电路。输入信号 u_i 经输入端电阻 R_1 送到反相输入端，而同相输入端通过电阻 R_2 接“地”。反馈电阻 R_f 跨接于输出端和反相输入端之间。因为 $i_- = i_+ \approx 0$，所以 $i_i = i_f$，又因为 $u_- \approx u_+$，且 $u_+ = 0$。由图 9-11 可得出 $i_1 = \dfrac{u_i - u_-}{R_1} = \dfrac{u_i}{R_1}$，$i_f = \dfrac{u_- - u_o}{R_f} = \dfrac{-u_o}{R_f}$，所以闭环电压放大倍数为

$$A_f = \frac{u_o}{u_i} = -\frac{R_f}{R_1} \tag{9-12}$$

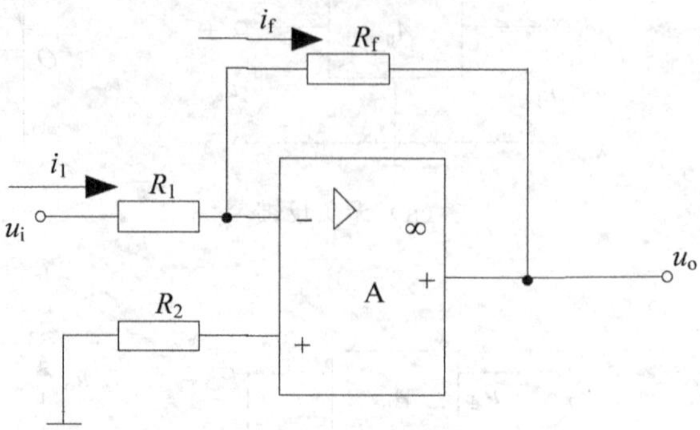

图 9-11　反相比例运算电路

上式表明，输出电压与输入电压是反相放大的关系。如果 R_1 和 R_f 的阻值足够精确，而且运算放大器的电压放大倍数很高，就可以认为 u_o 与 u_i 之间的关系只取决于 R_f 和 R_1 的比值，与运算放大器本身的参数无关，这就保证了比例运算的精度和稳定性。式中负号表示 u_o 与 u_i 反相。

集成运放的反相输入端和同相输入端，实际上是运放内部输入级两个差分对管的基极，为了保持差动放大电路的对称结构，应使两个差分对管的基极对地的电阻尽量一致。所以，当 u_i=0 时，由反相输入端向左（向外）看去的等效电阻（$R_1//R_f$）等于由同相输入端向左看去的等效电阻 R_2，即 $R_2=R_1//R_f$，R_2 是平衡电阻。

当 $R_1 = R_f = R$ 时，由式（9-12）得

$$A_f = \frac{u_o}{u_i} = -1 \tag{9-13}$$

这就是反号器，或称反相器。

2．同相比例运算电路

如图 9-12 所示是同相比例运算电路。由图可列出：$i_1 = \frac{0-u_-}{R_1}$，因为 $u_- \approx u_+ = u_i$，所以 $i_1 = -\frac{u_i}{R_1}$。

$$i_f = \frac{u_- - u_o}{R_f} = \frac{u_i - u_o}{R_f}$$

因为 $i_- = i_+ \approx 0$，所以 $i_1 = i_f$。

由上列各式得

$$A_f = \frac{u_o}{u_i} = 1 + \frac{R_f}{R_1} \tag{9-14}$$

式中，A_f 正值，表示 u_o 与 u_i 同相并且 A_f 总是大于或等于 1，这点和反相比例运算电路不同。

当 $R_1=\infty$（断开）或 $R_2=R_f=0$ 时，由式（9-13）可得

$$A_f = \frac{u_o}{u_i} = 1 \tag{9-15}$$

这就是同号器，又称为电压跟随器。

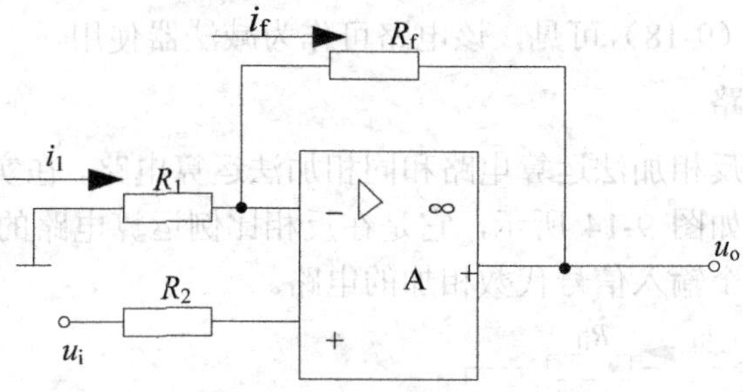

图 9-12　同相比例运算电路

9.3.2　差动输入运算电路

差动运算放大电路在测量和控制系中应用很广泛，它的两个输入端都有信号输入，其运算电路如图 9-13 所示。因为 $i_-=i_+\approx 0$，由图可列出

$$u_- = u_{i1} - i_1 R_1 = u_{i1} - \frac{(u_{i1}-u_o)R_1}{R_1+R_f}$$

$$u_+ = \frac{u_{i2}\cdot R_3}{R_2+R_3}$$

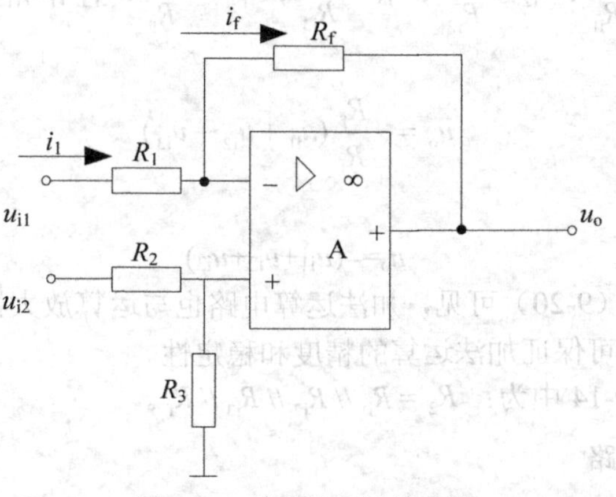

图 9-13　差动输入运算电路

因为 $u_-\approx u_+$，所以由上列两式有

$$u_{i1} - \frac{(u_{i1}-u_o)R_1}{R_1+R_f} = \frac{u_{i2}\cdot R_3}{R_2+R_3}$$

即

$$u_o = (1+\frac{R_f}{R_1})\frac{R_3}{R_2+R_3}\cdot u_{i2} - \frac{R_f}{R_1}u_{i1} \tag{9-16}$$

当 $R_1=R_2$ 和 $R_f=R_3$ 时，则上式为

$$u_o = \frac{R_f}{R_1}(u_{i2}-u_{i1}) \tag{9-17}$$

当 $R_1=R_f$ 时，则得

$$u_o = u_{i2} - u_{i1} \tag{9-18}$$

从式（9-17）和式（9-18）可见，该电路可作为减法器使用。

9.3.3　加法运算电路

加法运算电路包括反相加法运算电路和同相加法运算电路。在实际工作中，反相加法运算电路应用比较广泛，如图 9-14 所示，它是在反相比例运算电路的基础上，对输入端增加若干输入，并实现对多个输入信号代数相加的电路。

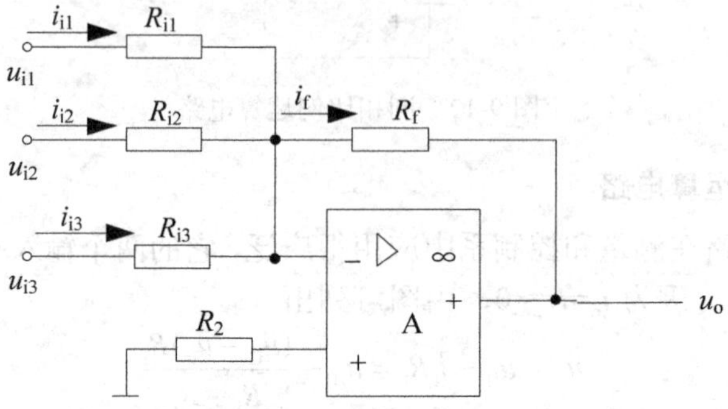

图 9-14　反相加法运算电路

由图可列出：$i_{i1} = \dfrac{u_{i1}}{R_{i1}}$，$i_{i2} = \dfrac{u_{i2}}{R_{i2}}$，$i_{i3} = \dfrac{u_{i3}}{R_{i3}}$，$i_f = -\dfrac{u_o}{R_f}$，且 $i_f=i_{i1}+i_{i2}+i_{i3}$，当 $R_{i1}=R_{i2}=R_{i3}=R_1$ 时，则

$$u_o = -\frac{R_f}{R_1}(u_{i1} + u_{i2} + u_{i3}) \tag{9-19}$$

当 $R_1=R_f$ 时，则

$$u_o=-(u_{i1}+u_{i2}+u_{i3}) \tag{9-20}$$

由式（9-19）和式（9-20）可见，加法运算电路也与运算放大器本身的参数无关，只要电阻阻值足够精确，就可保证加法运算的精度和稳定性。

平衡电阻 R_2 在图 9-14 中为：$R_2 = R_{i1} // R_{i2} // R_{i3} // R_f$ 。

9.3.4　积分运算电路

与反相比例运算电路比较，用电容器 C_f 代替 R_f 作为反馈元件，就成为积分运算电路，如图 9-15 所示。由于 $u_- \approx u_+$，且 $u_+ = 0$，所以 $u_- = 0$，$i_1 = \dfrac{u_1}{R_1}$，又因为 $i_- = i_+ \approx 0$，所以

$$i_f = \frac{u_1}{R_1}$$

由此可得

$$u_o = -u_c = -\frac{1}{C_f}\int i_f \mathrm{d}t = -\frac{1}{R_1 C_f}\int u_i \mathrm{d}t \tag{9-21}$$

上式表明 u_o 与 u_i 的积分成正比例。当 $u_i=U_i$（直流）时，则 $u_o = -\dfrac{U_i}{R_i C_f} t$，输出电压 u_o 是时间 t 的一次函数

9.3.5 微分运算电路

微分运算是积分运算的逆运算，只需将反输入端的电阻和反馈电容调换位置，就成为微分运算电路，如图 9-16 所示。由图可列出 $i_1 = C_1 \dfrac{\mathrm{d}u_i}{\mathrm{d}t}$，$u_o=-i_fR_f=-i_1R_f$，所以有

$$u_o = -R_f C_1 \frac{du_i}{dt} \tag{9-22}$$

即输出电压与输入电压对时间的一阶导数成比例。

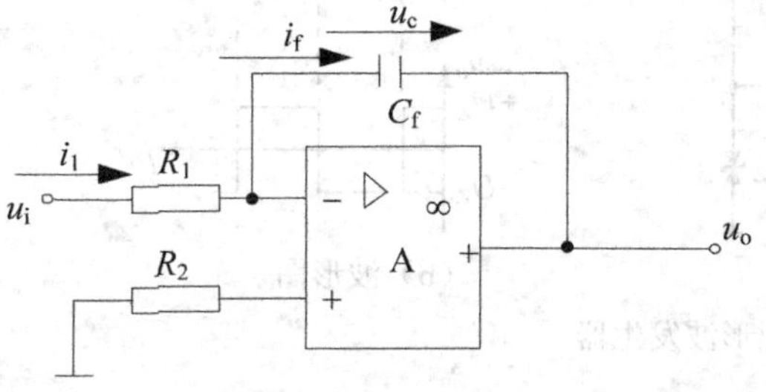

图 9-15 积分运算电路

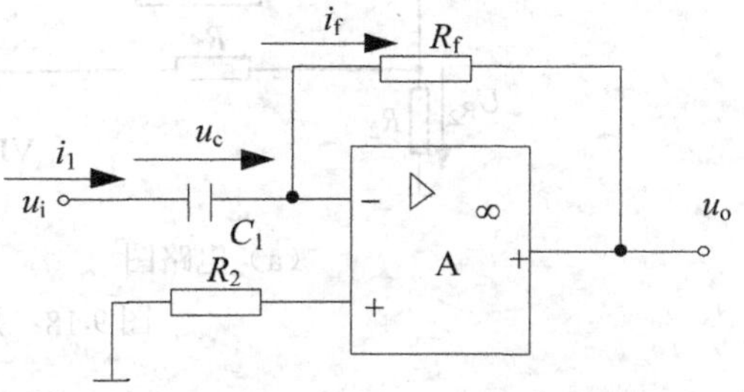

图 9-16 微分运算电路

【例 9-3】写出如图 9-17 所示二级运算电路的输入、输出关系。

解：图 9-17 中，A_1 组成同相比例运算电路，故 $u_{o1} = (1+\dfrac{R_2}{R_1})u_{i1}$，由于理想运放输出阻抗 $r_o\to 0$，故前级输出电压 u_{o1} 即为后级输入信号。故由 A_2 组成差分放大电路的两个输入信号分别为 u_{o1} 和 u_{i2}，且 $u_- \approx u_+$，可得：$u_{i2} = u_{o1} - \dfrac{(u_{o1}-u_o)R_2}{R_2+R_1}$，$u_o = \dfrac{u_{i2}(R_2+R_1)-u_{o1}R_1}{R_2}$，所以 $u_o = (1+\dfrac{R_1}{R_2})(u_{i2}-u_{i1})$。

上式表明，如图 9-17 所示电路也是一个减法电路。

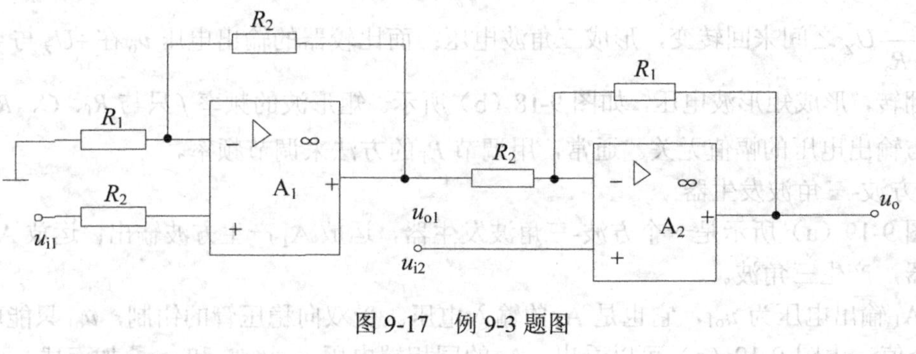

图 9-17 例 9-3 题图

9.3.6 集成运放在波形发生方面的应用

在模拟系统中常用的正弦波、矩形波、三角波、锯齿波等信号，都可以用集成运放来构成。用集成运放构成的波形发生器，电路简单，频率与幅度易于调节，因而应用很广。

1．矩形波发生器

如图 9-18（a）所示就是矩形波信号发生器电路。图中 R_f 和 C 组成负反馈支路，R_1 和 R_2

组成正反馈支路，R_3 为限流电阻。电容 C 的端电压 u_c 为运放的反相输入端电压，而同相输入端电压（即比较器的基准电压 U_T）为电阻 R_2 的端电压 U_{R_2}。输出电压 u_o 的极性如何变化则由 u_c 与 U_T 比较的结果来决定。

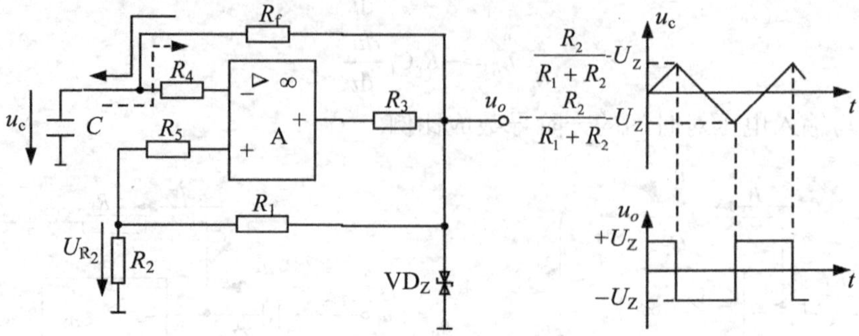

（a）电路图　　（b）波形图

图 9-18　矩形波发生器

设通电之后，若运放输出电压为正值 U_Z，则基准电压为 $U_{T+}=U_{R2}=\frac{R_2}{R_1+R_2}U_Z$。

此时，$u_c<U_{T+}$，u_o 经 R_f 向 C 充电，充电电流方向如图中实线所示，u_c 按指数规律上升。充电期间，只要 $u_c<U_{T+}$，输出电压就保持 $+U_Z$ 不变。当 $u_c=U_{T+}$ 时，输出电压便开始翻转，由 $+U_Z$ 跃变为 $-U_Z$，由于正反馈的存在，使翻转过程非常迅速且翻转后得以保持。与此相应，U_{R_2} 也变为负值 U_{T-}，即 $U_{T-}=U_{R_2}=-\frac{R_2}{R_1+R_2}U_Z$。由于输出为负值，电容 C 通过 R_f 放电，放电电流方向如图中虚线箭头所示，u_c 按指数规律下降。放电期间，只要 $u_c>U_{T-}$，输出电压就保持 $-U_Z$ 不变。当 $u_c=U_{T-}$ 时，输出电压又开始翻转，由 $-U_Z$ 跃变为 $+U_Z$。此后，电容又充电，到 $u_c=U_{T+}$ 时，输出再一次翻转。这样，电容反复充电、放电，其端电压 u_c 在 $\frac{R_2}{R_1+R_2}U_Z$ 与 $-\frac{R_2}{R_1+R_2}U_Z$ 之间来回转变，形成三角波电压；而比较器的输出电压 u_o 在 $+U_Z$ 与 $-U_Z$ 两值间来回翻转，形成矩形波电压，如图 9-18（b）所示。矩形波的频率 f 只与 R_f、C、R_2、R_1 有关，而与输出电压的幅值无关。通常，用调节 R_f 的方法来调节频率。

2．方波-三角波发生器

如图 9-19（a）所示是一个方波-三角波发生器，运放 A_1 产生方波输出；运放 A_2 构成反相积分器，产生三角波。

设 A_1 输出电压为 u_{o1}，它也是 A_2 的输入电压。受双向稳压管的钳制，u_{o1} 只能取 $+U_Z$ 与 $-U_Z$ 两个值。由图 9-19（a）可以看出，A_1 的同相端电压 u_+ 由 u_{o1} 和 u_o 叠加而成，由叠加原理可得

$$u_+=\frac{R_2}{R_2+R_f}u_{o1}+\frac{R_f}{R_2+R_f}u_o \tag{9-23}$$

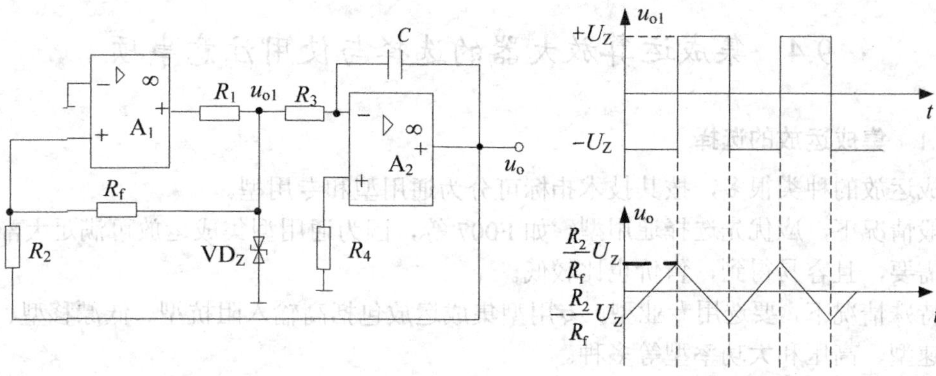

（a）电路图　　　　　　　　　　　　（b）波形图

图 9-19　方波-三角波发生器

当 $u_+ > 0$ 时，A_1 输出为正饱和值，即 $u_{o1}=+U_Z$；当 $u_+ < 0$ 时，A_1 输出为负饱和值，即 $u_{o1}=-U_Z$。可见，u_{o1} 为方波。

当 $u_{o1} = +U_Z$ 时，A_2 积分器使 u_o 输出负向斜坡电压，由式（9-23）知，u_o 的这个变化同时引起 u_+ 也向负向变化。当 $u_o = -\dfrac{R_2}{R_f}U_Z$ 时，u_+ 由正值降为 0，比较器 A_1 翻转，输出电压 u_{o1} 变为 $-U_Z$。

此后，又重复前述过程。如此周而复始，便得到方波 u_{o1} 和三角波 u_o。方波幅值为 U_Z，三角波幅值为 $\dfrac{R_2}{R_f}U_Z$，如图 9-19（b）所示。

3．锯齿波发生器

如果三角波上升时间远大于下降时间，则成为锯齿波。如图 9-20（a）所示为锯齿波发生器的电路。

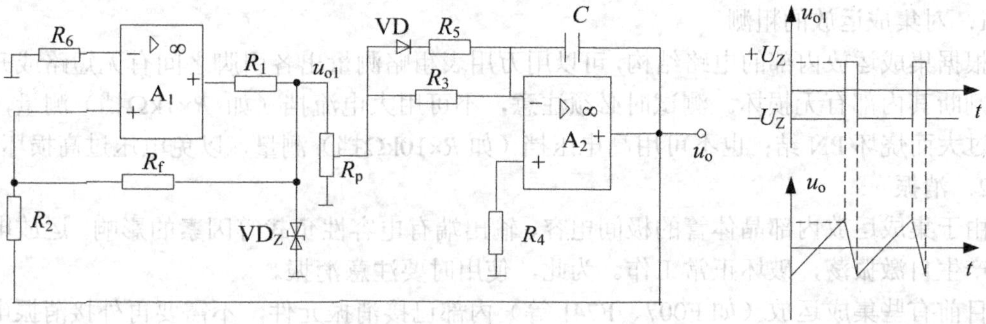

（a）电路图　　　　　　　　　　　　（b）波形图

图 9-20　锯齿波发生器

当 u_{o1} 为 $-U_Z$ 时，A_2 正向积分，但此时二极管 VD 反偏而截止，二极管支路如同开路，正向积分时间常数为 R_3C；当 u_{o1} 为 $+U_Z$ 时，A_2 负向积分，此时二极管 VD 正偏导通，负向积分时间常数为 $(R_3//R_5)C$。由于 $R_5 \ll R_3$，使得电路的正向积分时间常数大，u_o 缓慢上升，形成锯齿波正程，负向积分时间常数小，u_o 快速下降，形成锯齿波的回程。在 u_o 形成锯齿波的同时，u_{o1} 成为矩形脉冲。其波形如图 9-20（b）所示。

9.4 集成运算放大器的选择与使用注意事项

9.4.1 集成运放的选择

集成运放的种类很多，按其技术指标可分为通用型和专用型。

一般情况下，应优先选择通用型，如 F007 等，因为通用型集成运放可满足大部分常规应用的需要，且容易得到，售价也比较低。

在特殊情况下，要选用专业型。专用型集成运放包括高输入阻抗型、低漂移型、低功耗型、高速型、高压和大功率型等多种。

高输入阻抗型，主要用于测量放大器、采样-保持器和有源滤波器等电路中。国产型号有 5G28 等，国外型号有 A126 等。

低漂移型，主要用于毫伏级以下微弱信号的精密检测及自动控制仪表中。国产型号有 FC72、FO32、XFC78 和 5G7650 等，国外型号有 AD508 等。

高速型，一般用于快速 A/D 和 D/A 转换、有源滤波、高速采样—保持等电路中。国产型号有 F715、F722、4E312 等，国外型号有μA-207 等。

高压型，主要用于要求有较高输出电压的场合。国产型号有 F1536、F143 和 5G315 等，国外型号有 D41 等。

低功耗型，一般用于对能源有严格限制的遥测、遥感、生物医学和空间技术研究的设备中。国产型号有 F253、F012、FC54 和 XFC75 等，国外型号有 ICL7600 等。

专用型集成运放的技术指标可参阅集成电路手册。

9.4.2 集成运放的使用注意事项

在实际应用中，除了根据用途和要求正确选择运放的型号外，还必须注意以下几个方面的问题。

1．对集成运放的粗测

根据集成运放内部的电路结构，可以用万用表粗略测量出各引脚之间有无短路或开路现象，判断其内部有无损坏。测试时必须注意，不可用大电流挡（如 $R\times1\text{k}\Omega$挡）测量，以免电流过大而烧坏 PN 结；也不可用高电压挡（如 $R\times10\text{k}\Omega$挡）测量，以免电压过高损坏组件。

2．消振

由于集成运放内部晶体管的极间电容、输出端有电容性负载等因素的影响，运放电路很容易产生自激振荡，破坏正常工作。为此，使用时要注意消振。

目前有些集成运放（如 F007、F741 等）内部已接消振元件，不需要再外接消振电路。有些运放引出有消振端子，用以外接消振网络。可以参照图 9-21 所示，在电源端、反馈支路及输入端连接电容或阻容支路，来消除自激振荡。

3．调零

由于集成运放内部不完全对称，因而当输入信号为零时，仍有输出信号，故使用时必须采取调零措施予以补偿。有的运放有调零端，在调零端接入规定阻值的调零电位器，即可调零。如图 9-22 所示为 F007 的调零电路。调零时，应将电路接成闭环，并把输入端接地，调节调零电位器，使输出电压为零。

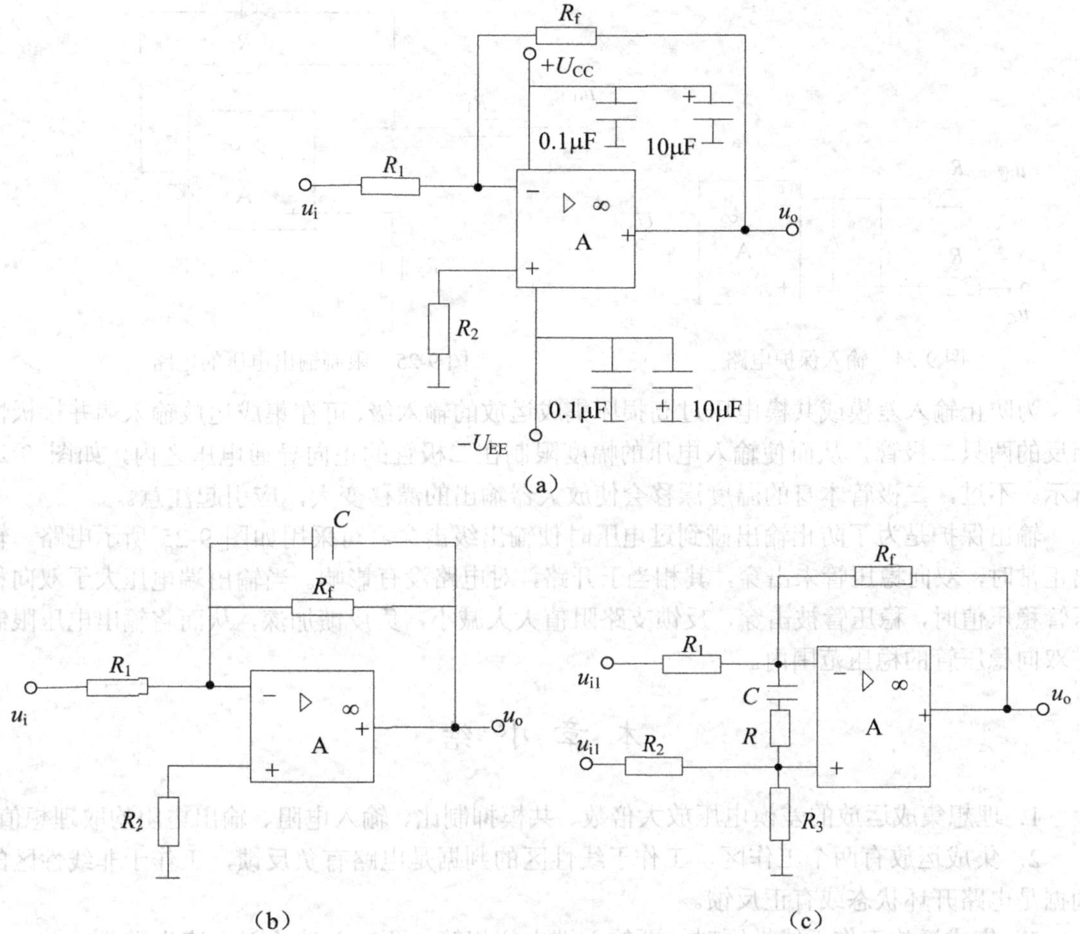

图 9-21　消振电路

4．保护措施

在使用集成运放时，有时会误将电源极性接反，或发生输入电压过高、输出短路等情况，造成集成运放损坏。

为防止电源极性接反，可在正、负电源回路中顺接二极管。若电源接反，二极管因反偏而截止，等于电源断路，起到了保护运放的作用，如图 9-23 所示。

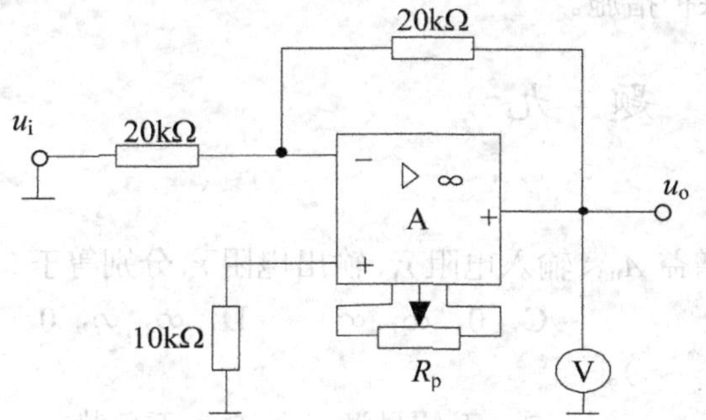

图 9-22　F007 的调零电路

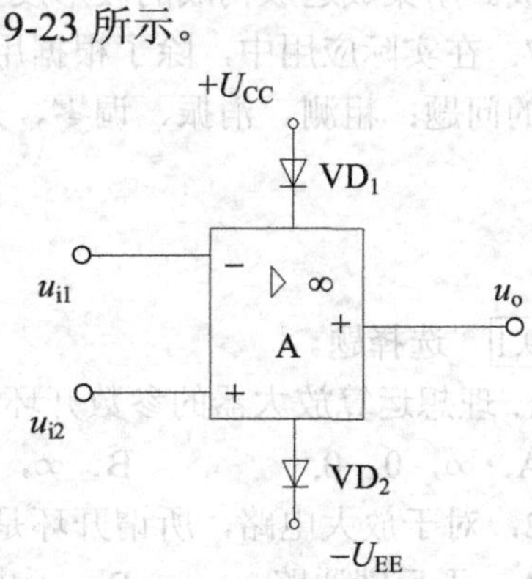

图 9-23　电源反接保护电路

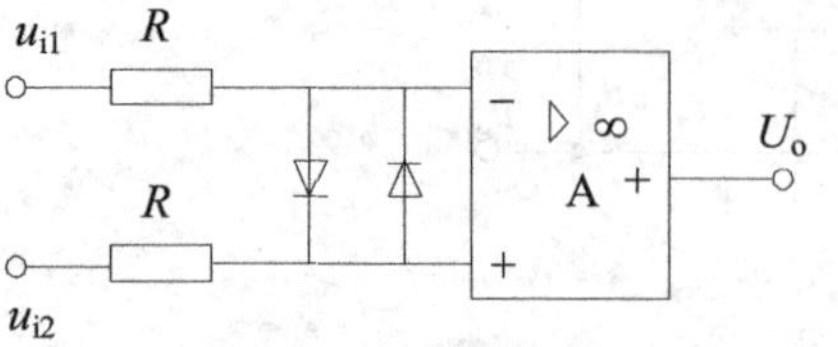

图 9-24　输入保护电路

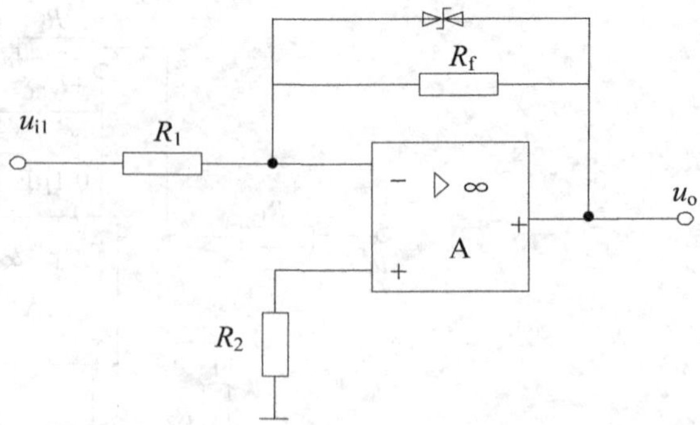

图 9-25　限制输出电压的电路

为防止输入差模或共模电压过高损坏集成运放的输入级，可在集成运放输入端并接极性相反的两只二极管，从而使输入电压的幅度限制在二极管的正向导通电压之内，如图 9-24 所示。不过，二极管本身的温度漂移会使放大器输出的漂移变大，应引起注意。

输出保护是为了防止输出碰到过电压时使输出级击穿，可采用如图 9-25 所示电路。输出正常时，双向稳压管未击穿，其相当于开路，对电路没有影响。当输出端电压大于双向稳压管稳压值时，稳压管被击穿，反馈支路阻值大大减小，负反馈加深，从而将输出电压限制在双向稳压管的稳压范围内。

本 章 小 结

1．理想集成运放的差模电压放大倍数、共模抑制比、输入电阻、输出电阻均取理想值。

2．集成运放有两个工作区，工作于线性区的判据是电路有负反馈，工作于非线性区的判据是电路开环状态或有正反馈。

3．集成运放工作于线性区时，两输入端电位相等，两输入端输入电流为零。

4．集成运放工作于非线性区时，输出电压具有两值性，两输入端电位不相等，两输入端输入电流为零。

5．可以用集成运放构成各种运算电路，此时运放工作于线性区。

6．在模拟系统中常用的正弦波、矩形波、三角波、锯齿波等信号，都可以用集成运放来构成。用集成运放构成的波形发生器，电路简单、频率与幅度易于调节，因而应用很广。

7．在实际应用中，除了根据用途和要求正确选择运放的型号外，还必须注意以下几个方面的问题：粗测、消振、调零、采用保护措施。

习 题 九

9.1　选择题。

1．理想运算放大器的参数开环电压增益 A_{uo}、输入电阻 r_i、输出电阻 r_o 分别等于（　　）。

A．∞，0，0,　　B．∞，0，∞,　　C．0，∞，∞　　D．∞，∞，0

2．对于放大电路，所谓开环是指（　　）。

A．无反馈通路　　B．无电源　　C．无信号源　　D．无负载

3．放大电路中存在反馈的含义是（　　）。

A．输出与输入端之间有信号通路　　B．电路中有反向传输的信号通路

C．除放大电路以外还有信号通路　　D．输出与输入信号成非线性的关系

4．在输入量不变的情况下，若引入反馈后（　　），则说明引入的反馈是负反馈。

A．输入电阻增大　　B．净输入量减小

C．净输入量增大　　D．输出量增大

5．已知放大电路输入信号电压为 1mV，输出电压为 1V，加入负反馈后，为达到同样输出时需要加的输入信号为 50mV，那么电路的反馈深度、反馈系数分别为（　　）。

A．20，0.05　　B．20，0.01　　C．50，0.001　　D．50，0.049

6．由运放组成的同相放大电路中，已知运放的开环增益为 10^6，$R_f = 51\text{k}\Omega$，$R_1 = 5.1\text{k}\Omega$，那么反馈系数、闭环电压增益分别约为（　　）。

A．0.098，10.2　　B．0.1，−10　　C．0.091，11　　D．10，−10

7．如果放大电路在引入负反馈后，其输入和输出电阻都减小了，则所引入的是（　　）负反馈。

A．电压串联　　B．电压并联　　C．电流并联　　D．电流串联

8．欲将输入电压信号放大−100 倍，应选用（　　）。

A．同相输入式放大电路　　B．同相加法运算电路

C．反相输入式放大电路　　D．积分运算电路

9．欲将方波电压转换为三角波电压，应选用（　　）。

A．同相输入式放大电路　　B．加法运算电路

C．反相输入式放大电路　　D．积分运算电路

10．电压比较器可以将正弦波变换为（　　）。

A．余弦波　　B．三角波　　C．锯齿波　　D．矩形波

9.2　在图 9-26 中，理想运放输入端 M 点电位既然为零，那么把 M 点接地，还能得出 $u_o = -\frac{R_f}{R_1}u_i$ 的关系吗？为什么？理想运放的输入电流 $i_- = i_+ \approx 0$，那么把图 9-26 中的 N 端与运放脱开，运放还能工作吗？为什么？

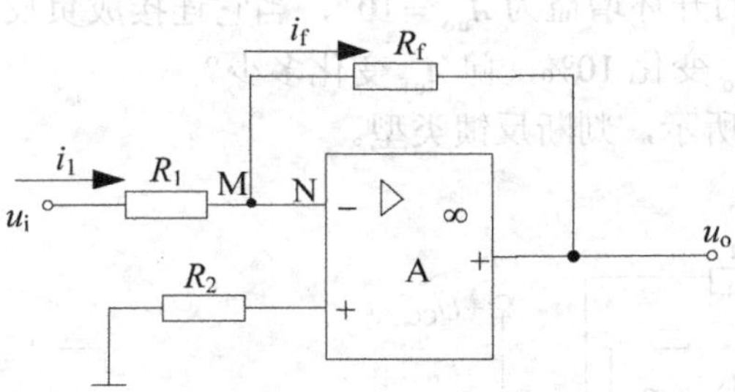

图 9-26　题 9.2 图

9.3　如图 9-27 所示电路中，设各集成运放 A 是理想的，试写出各输出电压 u_o 的值。

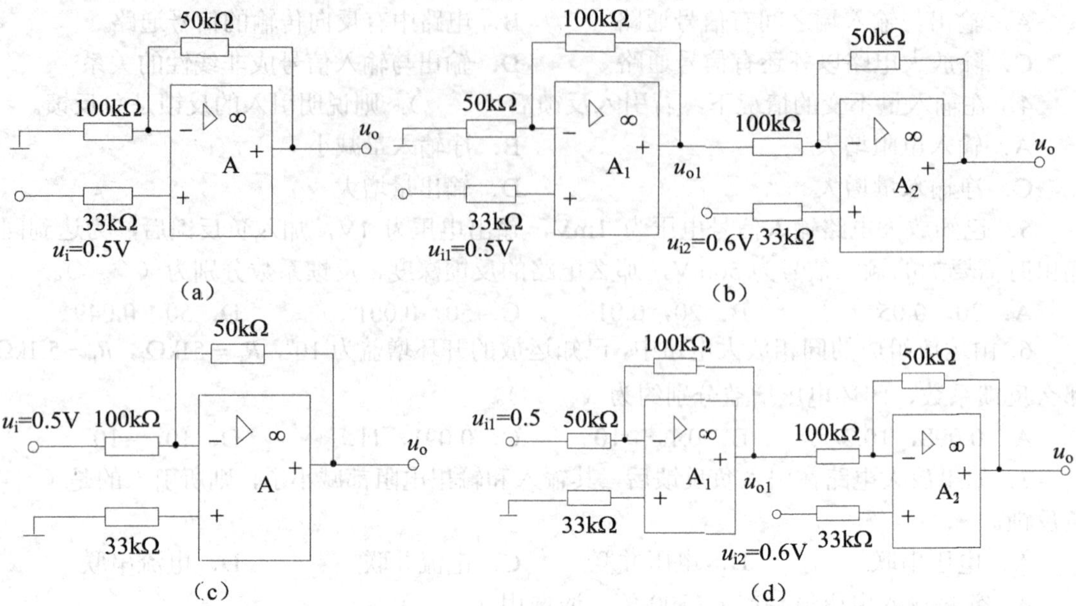

图 9-27 题 9.3 图

9.4 在如图 9-28 所示电路中，若要求闭环放大倍数 $A_{uf}=6$，$R_1=50\text{k}\Omega$，则 R_f 应为？

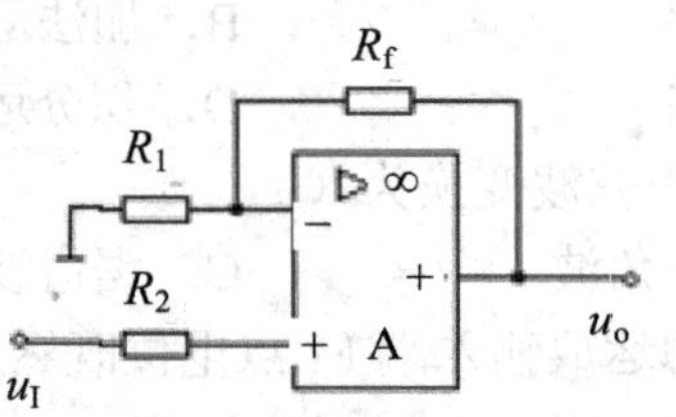

图 9-28 题 9.4 图

9.5 一个放大电路的开环增益为 $A_{uo}=10^4$，当它连接成负反馈放大电路时，其闭环电压增益为 $A_{uf}=60$，若 A_{uo} 变化 10%，问 A_{uf} 变化多少？

9.6 电路如图 9-29 所示，判断反馈类型。

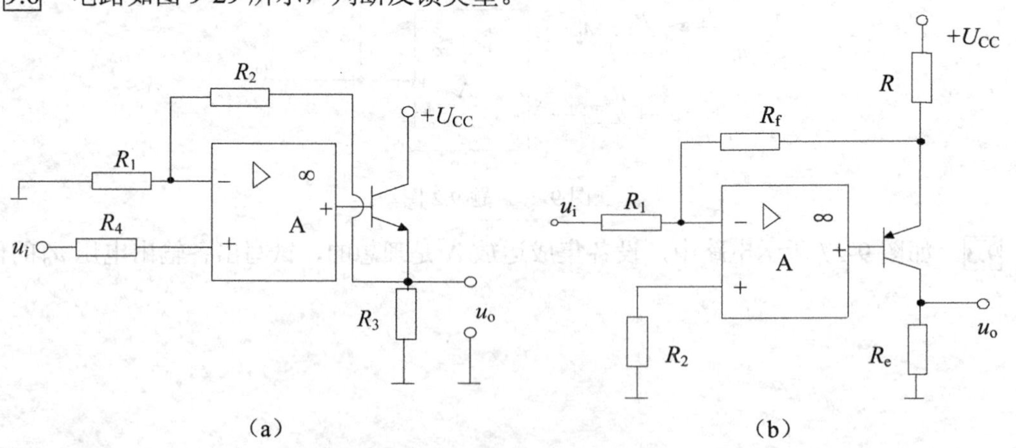

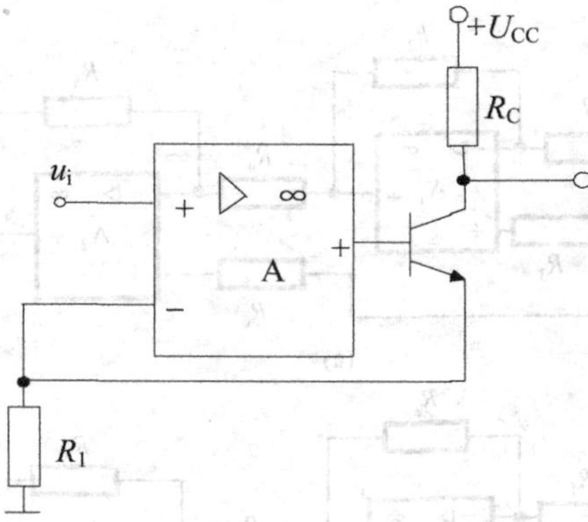

（c）

图 9-29　题 9.6 图

9.7　电路如图 9-30 所示，设集成运放 A 具有理想特性，判断电路的反馈类型。

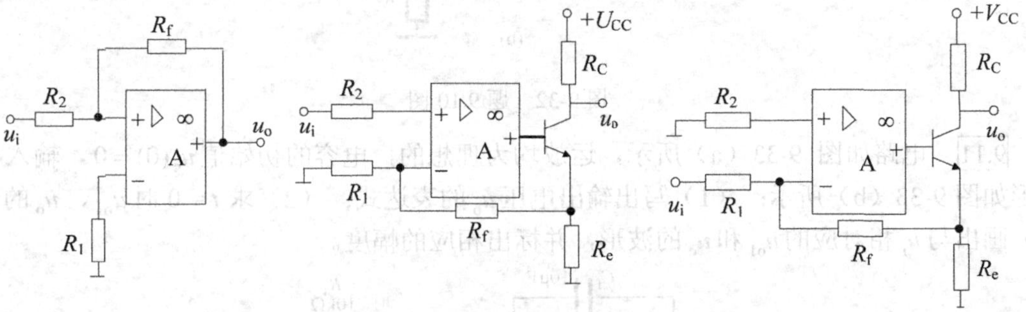

图 9-30　题 9.7 图

9.8　电路如图 9-31 所示，假设运放是理想的：（1）写出输出电压 U_o 的表达式，并求出 U_o 的值；（2）说明运放 A_1、A_2 各组成何种基本运算电路。

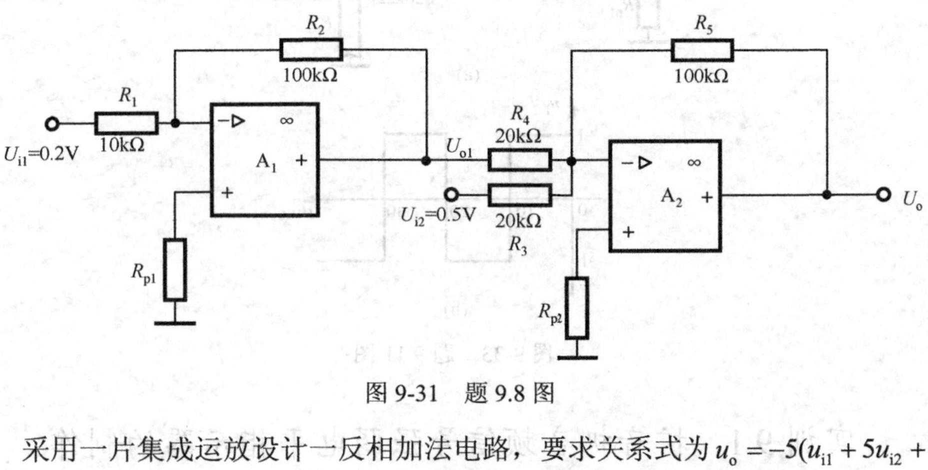

图 9-31　题 9.8 图

9.9　采用一片集成运放设计一反相加法电路，要求关系式为 $u_o = -5(u_{i1} + 5u_{i2} + 3u_{i3})$，并且要求电路中最大的阻值不超过 100kΩ，试画出电路图，计算各阻值。

9.10　电路如图 9-32 所示，运放均为理想的，试求输出电压 u_o 的表达式。

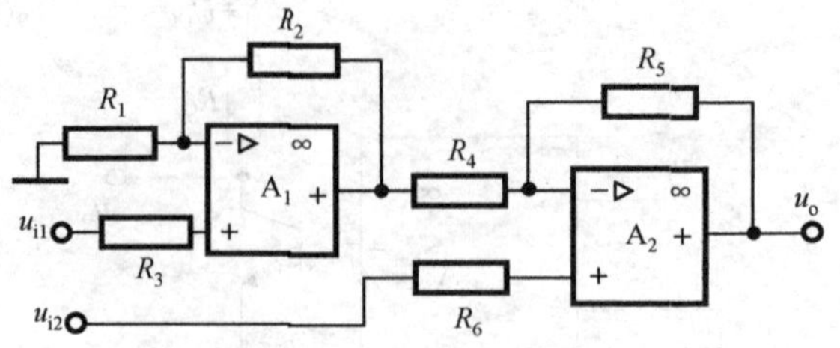

(a)

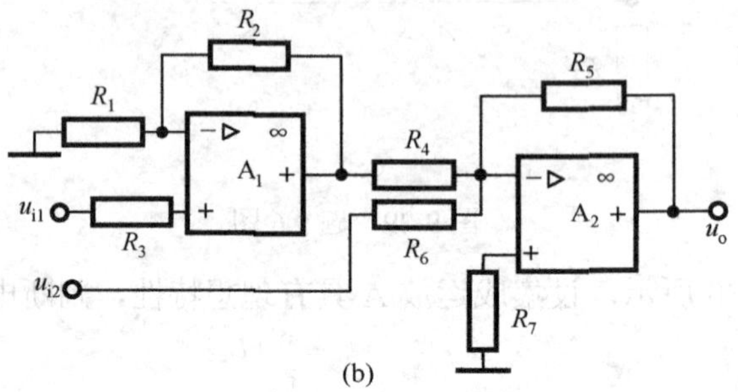

(b)

图 9-32　题 9.10 图

9.11　电路如图 9-33（a）所示，运放均为理想的，电容的初始值 $u_c(0)=0$，输入电压波形如图 9-33（b）所示：（1）写出输出电压 u_o 的表达式；（2）求 $t=0$ 时 u_{o1}、u_o 的值；（3）画出与 u_i 相对应的 u_{o1} 和 u_o 的波形，并标出相应的幅度。

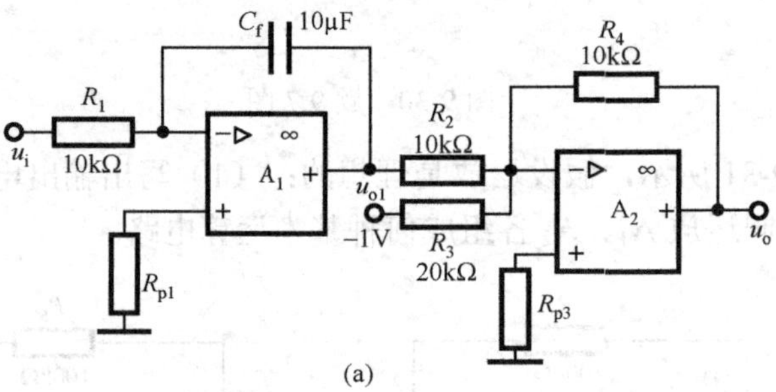

(a)

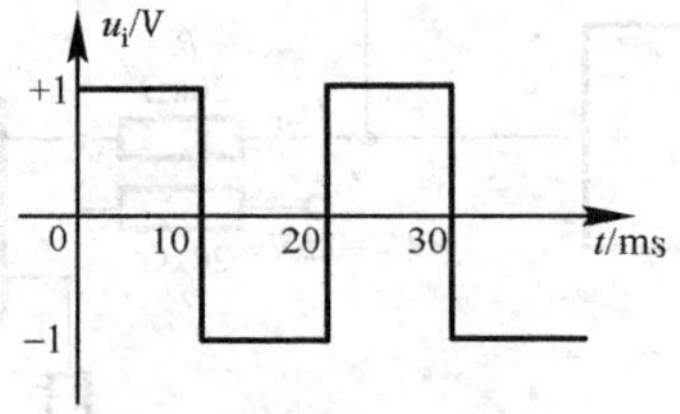

(b)

图 9-33　题 9.11 图

实训 9.1　扩音机音频信号强弱电平指示器的制作

一、实训目的

1. 了解通用型四运放 LM324 各引脚的含义。

2．理解集成运放的特点。

3．会用集成运放制作扩音机音频信号强弱电平指示器。

二、工作原理

LM324 内部有四个独立的、高增益的运算放大器，它可以单电源使用，也可以双电源使用，电源电压范围±5～±15V，采用双列直插塑料封装。2、3、1 引脚分别为 1 号运放的反相输入端、同相输入端、输出端；6、5、7 引脚分别为 2 号运放的反相输入端、同相输入端、输出端；9、10、8 引脚分别为 3 号运放的反相输入端、同相输入端、输出端；13、12、14 引脚分别为 4 号运放的反相输入端、同相输入端、输出端；引脚 4 和引脚 11 分别为电源端和接地端。

采用通用型四运放 LM324 作为发光二极管的驱动器件。来自低频放大器音频电压信号，经二极管 VD、R_{10}和 C_1 组成峰值检波电路后，得到大小正比于音频信号强弱的正极性电压，同时加到 LM324 的四个运算放大器的同相输入端；而电源电压经由 R_{p1}、R_2、R_3、R_4、R_5 组成的电阻分压电路分压后，分别加在四个运算放大器的反相输入端。

当无音频信号输入时，运算放大器的同相输入端均为零电平，而反相输入端为不同的正直流电压，此时 $u_+<u_-$，运放的输出为低电平，四个发光二极管 VD_1～VD_4 全不发光；当有音频信号时，使某个运放的 $u_+>u_-$，则该运放输出为高电平，所接的发光二极管发亮，反之不亮。这样随着输入的音频信号强弱的变化，发光二极管发光的个数及亮度也随之发生变化，调整 R_{p1} 阻值，可以改变发光二极管的亮度。

三、实训设备

1．通用型四运放 LM324 1 个。

2．发光二极管 4 个。

3．电位器 1 个。

4．电阻若干。

5．极性电容 2 个。

四、实训电路

实训电路如图 9-34 所示。

实训步骤如下：

1．按图所示电路进行组装，经检查接线无误后接通电源；

2．当无音频信号输入时，观察四个发光二极管 VD_1～VD_4 的亮灭情况，并记录下来；

3．在输入端加入频率为 1kHz、幅值为 100mV 的音频信号，观察四个发光二极管 VD_1～VD_4 的亮灭情况。调节音频信号的强弱，观察发光二极管发光的个数及亮度变化的情况，调整 R_{p1} 阻值，观察发光二极管的亮度，并记录下来。

五、实训报告

1．总结通用型四运放 LM324 的特点。

2．总结实训过程中出现的现象，并分析原因。

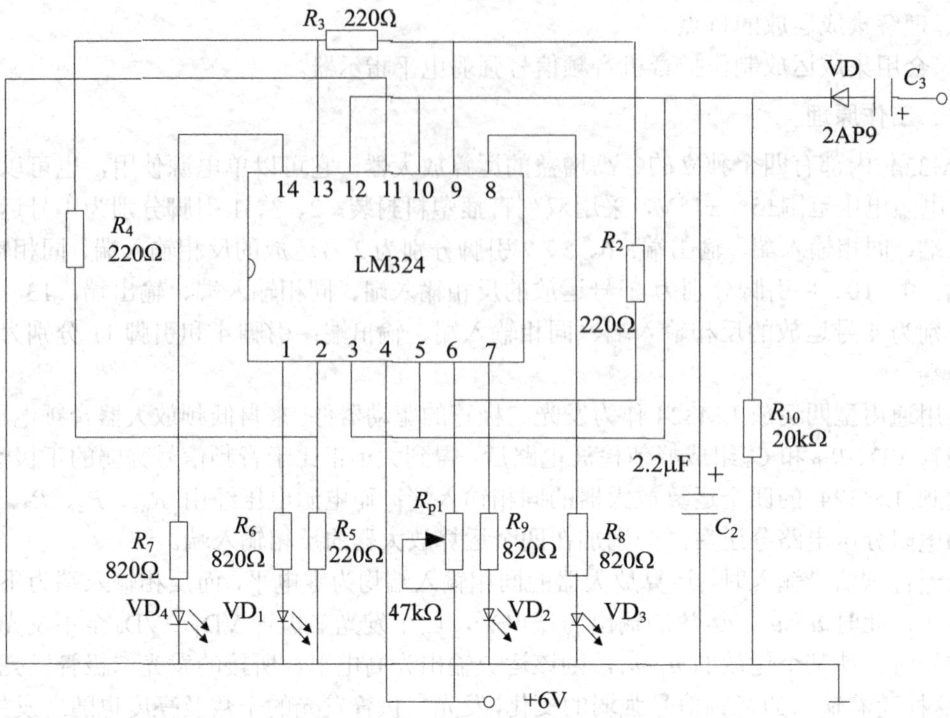

图 9-34 扩音机音频信号强弱电平指示器图

实验 9.2 集成运算放大器的应用

一、实验目的

1．初步了解运算放大器的基本应用。

2．了解运算放大器的外形结构。

二、实验仪器设备

1．YJ-56 直流稳压电源。

2．IC 组件板。

3．元件板。

4．DT-930G 万用表。

三、实验内容

1．按图 9-35 连接电路，并按表 9-1 的要求进行同相比例放大电路的测量。

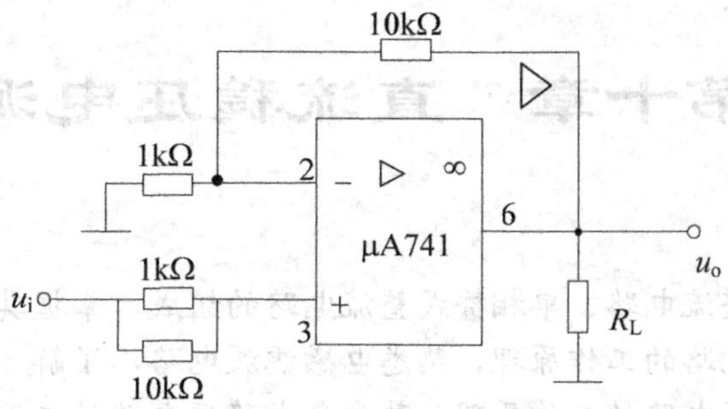

图 9-35　同相比例放大电路

表 9-1

U_i（V）	0.5		0.1		1.5	
R_L（Ω）	∞	5.1k	∞	5.1k	∞	5.1k
U_o（V）						

2．按图 9-36 连接电路，并按表 9-2 的要求进行反相比例放大电路的测量。

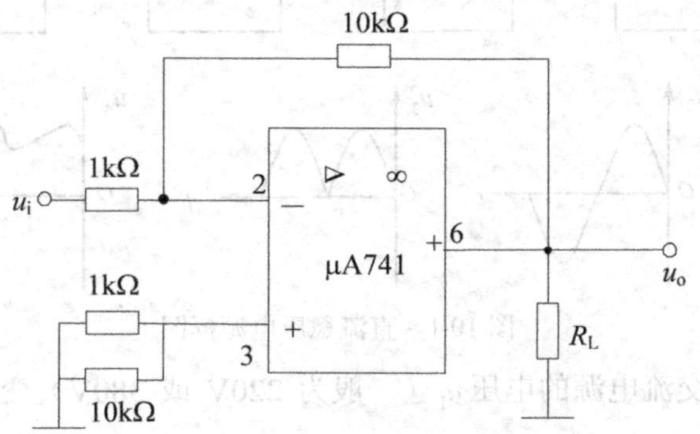

图 9-36　反相比例放大电路

表 9-2

U_i（V）	0.5		0.1		1.5	
R_L（Ω）	∞	5.1k	∞	5.1k	∞	5.1k
U_o（V）						

3．使上面两项实验中的 $R_L = \infty$，并在输入端 u_i 之前串入 $R_s = 5.1\text{k}\Omega$ 的电阻，分别测量同相与反相比例放大器的输入电阻。

四、分析讨论

集成运算放大器在使用前是否要进行调零？总结运放调零的操作步骤。

第十章　直流稳压电源

【学习目标】

1. 熟悉单相半波整流电路、单相桥式整流电路的组成，掌握其工作原理。
2. 掌握电容滤波电路的工作原理，熟悉电感滤波电路，了解π型滤波电路。
3. 理解稳压管稳压电路的工作原理，熟悉集成稳压电路的应用。

在电子技术和自动控制装置等许多方面都需要用到稳定的直流电源。为了得到直流电，除可以采用电池和直流发电机外，还可以采用由交流电变换为直流电的各种半导体直流电源。后者的应用更为广泛。图 10-1 是最简单的小功率直流电源的原理框图，一般由四个部分组成，表示将交流电变换为直流电的过程。其各部分的功能如下。

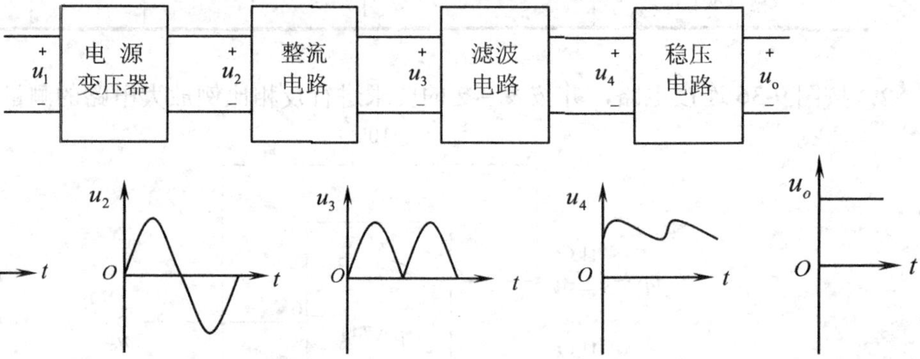

图 10-1　直流稳压电源框图

整流变压器：将交流电源的电压 u_1（一般为 220V 或 380V）变换为符合整流电路所需要的交流电压 u_2。

整流电路：利用具有单向导电性的整流器件（半导体二极管、晶闸管等），将交流电压 u_2 变换为单相脉动的直流电压 u_3。

滤波电路：滤去单向脉动直流电压 u_3 中的交流成分，减小脉动程度，供给负载比较平滑的直流电压 u_4。

稳压电路：在交流电源电压波动或负载变化时，滤波后的直流电压大小还会变化，利用稳压电路使直流输出电压 u_o 成为平滑稳定的直流电压。

本章将讨论上述各种具体电路。

10.1　整 流 电 路

整流电路是利用二极管的单向导电性能将交流电压变换成单向脉动直流电的电子电路。通常先由整流变压器将 50Hz、220V 的交流电压降压到符合整流所需的交流电压值，再经整流电路整流，输出直流电压。在小功率整流电路中（200W 以下），常见的整流电路有单相半波、全波、桥式及倍压整流电路。而对于大功率整流，一般用三相半波或三相桥式整流。

本节只对简单的单相半波整流和常用的单相桥式整流做介绍。

10.1.1 单相半波整流电路

1．电路的组成

如图 10-2 所示是单相半波整流电路，TR 为整流变压器，VD 为整流二极管，R_L 为负载电阻。

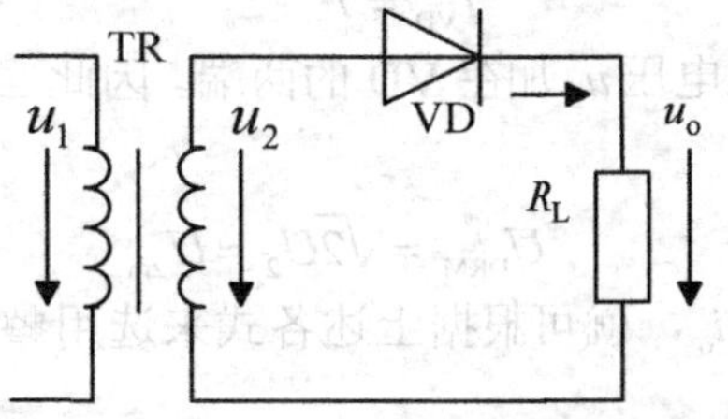

图 10-2 单相半波整流电路

2．工作原理

设 $u_2=\sqrt{2}U_2\sin\omega t\,(\mathrm{V})$，由于二极管 VD 的单向导电性，理想情况下，当 u_2 为正半周时，VD 导通，R_L 两端的波形与 u_2 相等；当 u_2 为负半周时，VD 截止，$u_o=0$。因此，整流电路的输出电压 u_o 的极性一定，其大小是随时间改变的，如图 10-3（a）所示。u_o 的波形如图 10-3（b）所示，它是在一个周期内只有一个半波的单相脉动直流电压。

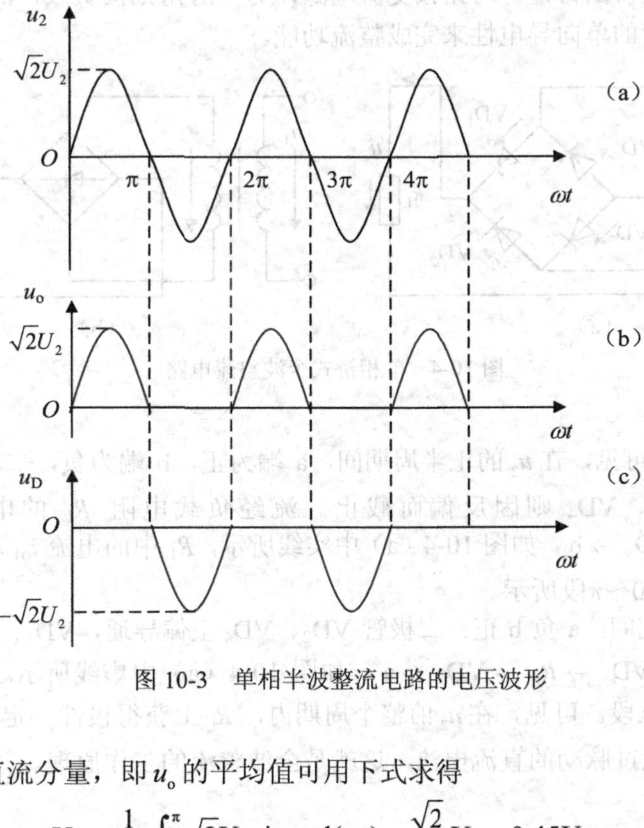

图 10-3 单相半波整流电路的电压波形

3．参数计算

脉动电压的直流分量，即 u_o 的平均值可用下式求得

$$U_o=\frac{1}{2\pi}\int_0^{\pi}\sqrt{2}U_2\sin\omega t\,\mathrm{d}(\omega t)=\frac{\sqrt{2}}{\pi}U_2=0.45U_2 \tag{10-1}$$

式（10-1）表示了半波整流电路的直流分量是交流电压有效值的 0.45 倍。

负载 R_L 中的电流平均值（就是直流分量）是

$$I_o = \frac{U_o}{R_L} = 0.45\frac{U_2}{R_L} \tag{10-2}$$

流过二极管的电流 i_{VD} 就是整流后的电流 i_o，因此，二极管的最大正向平均电流为

$$I_{VD} = I_o \tag{10-3}$$

二极管 VD 截止时，交流电压 u_2 加在 VD 的两端。因此二极管承受的最高反向工作电压为

$$U_{DRM} = \sqrt{2}U_2 = U_{2m} \tag{10-4}$$

已知负载 R_L 所需的 u_o 和 i_o，就可根据上述各式来选用整流元器件和变压器二次电压有效值 U_2。

10.1.2 单相桥式整流电路

半波整流电路虽简单，但只利用了电源的半个周期，以至输出的整流电压 u_o 的脉动较大，平均值较低，为克服这些缺点，广泛采用单相桥式全波整流电路。

1．电路的组成

如图 10-4（a）所示是单相桥式全波整流电路，通常也用如图 10-4（b）所示画法。它由四个二极管连成电桥四臂，一对角接交流电源，另一对角则接负载，故名桥式整流电路。它同样是利用二极管的单向导电性来完成整流功能。

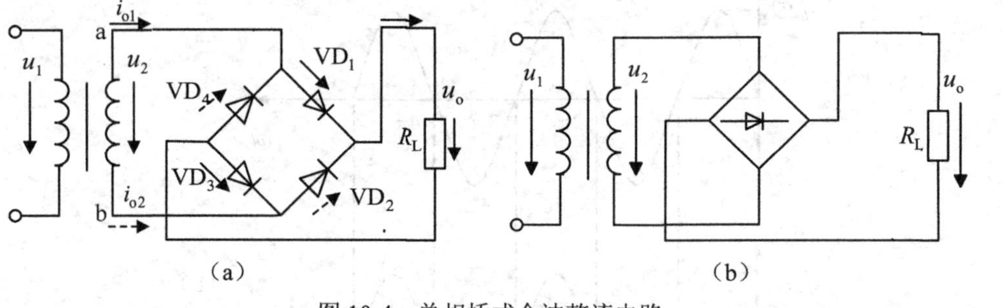

图 10-4　单相桥式全波整流电路

2．工作原理

由图 10-4（a）可见，在 u_2 的正半周期间，a 端为正，b 端为负，二极管 VD_1、VD_3 因正偏而导通，VD_2、VD_4 则因反偏而截止。流经负载电阻 R_L 的电流 i_{o1} 的路径为 $a \to VD_1 \to R_L \to VD_3 \to b$，如图 10-4（a）中实线所示，$R_L$ 中的电流 i_{o1} 及两端电压 u_o 的波形如图 10-5（b）中 0～π段所示。

在 u_2 的负半周期间，a 负 b 正，二极管 VD_2、VD_4 正偏导通，VD_1、VD_3 反偏截止，电流 i_{o2} 的路径为 $b \to VD_2 \to R_L \to VD_4 \to a$，如图 10-4（a）中虚线所示。$i_{o2}$ 及 u_o 的波形如图 10-5（b）中π～2π段。可见，在 u_2 的整个周期内，R_L 上获得极性一定但大小变动的脉动直流电压，负载中流过脉动的直流电流，这就是全波整流的工作原理。

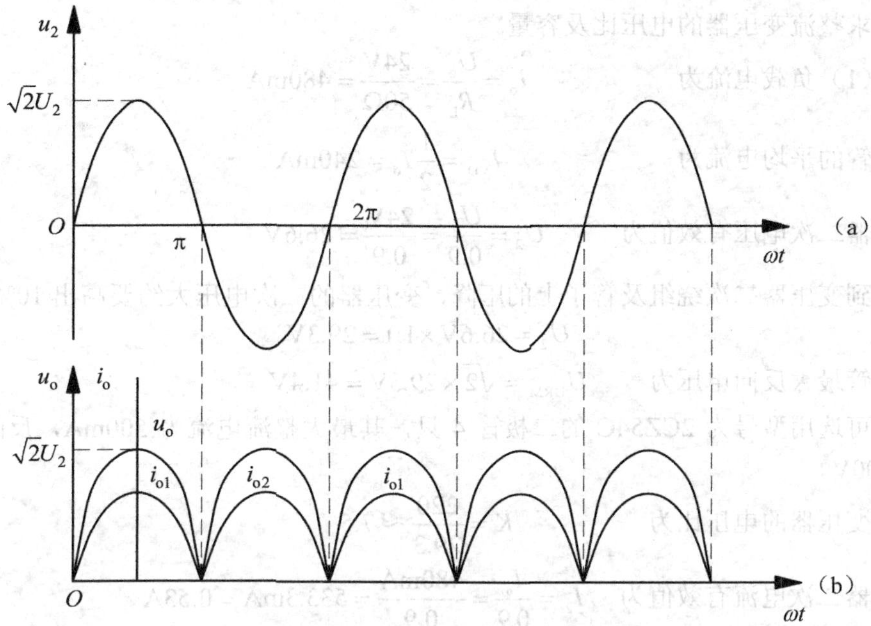

图 10-5　全波整流电路的电压波形

3．参数计算

很显然，全波整流电路的整流电压的平均值，即输出电压 u_o 的直流分量 U_o 比半波整流时增大了一倍，即

$$U_o = 2\times 0.45U_2 = 0.9U_2 \tag{10-5}$$

负载电阻 R_L 中的直流电流 i_o 显然比半波整流小的直流电流也增大一倍，即

$$I_o = \frac{U_o}{R_L} = 0.9\frac{U_2}{R_L} \tag{10-6}$$

桥式全波整流电路中，每两个二极管串联后在 u_2 的正、负半周轮流导通，因此流过每个二极管的平均电流只是负载中平均电流的 1/2，即

$$I_{VD} = \frac{1}{2}I_o = 0.45\frac{U_2}{R_L} \tag{10-7}$$

二极管承受的最高反向工作电压可从图 10-4（a）中看出，当 VD_1、VD_3 导通时，如不考虑导通时的正向压降，VD_2、VD_4 的阴极与 a 端同电位，它们的阳极则与 b 端同电位，因此，截止管两端的最高反向工作电压就是交流电压 u_2 的幅值 U_{2m}，即

$$U_{DRM} = U_{2m} = \sqrt{2}U_2 \tag{10-8}$$

即变压器二次电流 i_2 仍为整流电流 i_o，其有效值 I_2 与整流电流平均值的关系为

$$I_2 = \frac{U_2}{R_L} = \frac{U_o}{0.9}\times\frac{1}{R_L} = 1.11I_o \tag{10-9}$$

式（10-7）和式（10-8）是选用二极管的依据。

【例 10-1】已知交流电源电压 $U_1 = 220V$，负载电阻 $R_L = 50\Omega$，采用单相桥式整流电路供电，要求输出 $U_o = 24V$，试问：

（1）如何选择二极管?

（2）求整流变压器的电压比及容量。

解：（1）负载电流为 $$I_o = \frac{U_o}{R_L} = \frac{24\text{V}}{50\Omega} = 480\text{mA}$$

二极管的平均电流为 $$I_{VD} = \frac{1}{2} I_o = 240\text{mA}$$

变压器二次电压有效值为 $$U_2 = \frac{U_o}{0.9} = \frac{24\text{V}}{0.9} = 26.6\text{V}$$

考虑到变压器二次绕组及管子上的压降，变压器的二次电压大约要高出 10%，即

$$U_2 = 26.6\text{V} \times 1.1 = 29.3\text{V}$$

二极管最大反向电压为 $$U_{DRM} = \sqrt{2} \times 29.3\text{V} = 41.4\text{V}$$

因此可选用型号为 2CZ54C 的二极管 4 只，其最大整流电流为 500mA，反向工作峰值电压为 100V。

（2）变压器的电压比为 $$K = \frac{220}{29.3} \approx 7.5$$

变压器二次电流有效值为 $$I_2 = \frac{I_o}{0.9} = \frac{480\text{mA}}{0.9} = 533.3\text{mA} = 0.53\text{A}$$

变压器的容量为 $$S = U_2 I_2 = 29.3\text{V} \times 0.53\text{A} = 15.53\text{VA}$$

10.2 滤 波 电 路

前面介绍的两种整流电路虽然将交流电变为直流，但输出的都是脉动电压，这种电压远不能满足大多数电子设备对电源的要求。因为脉动电压中除含有直流分量外，还含有不同频率的交流分量。为了改善整流电压的脉动程度，提高其平滑性，在整流电路之后，都要加接滤波器以尽量减小输出电压中的脉动分量。下面介绍几种常用的滤波电路。

10.2.1 电容滤波电路

利用电容两端的电压在电路状态改变时不能跃变的特性，在整流电路的输出端与负载并联一个滤波电容 C 组成最简单的电容滤波电路，如图 10-6（a）、（b）所示。

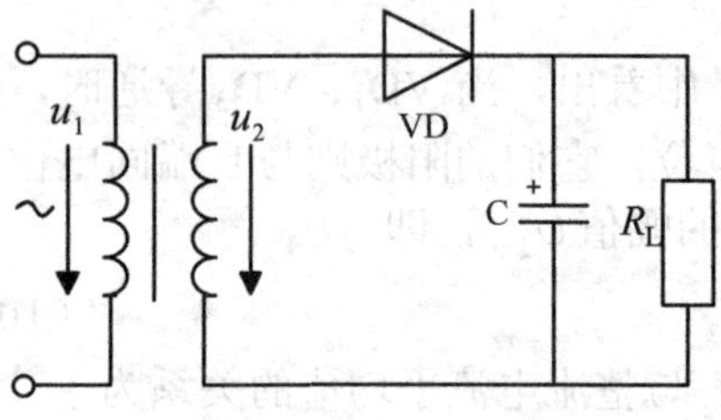

（a）半波整流电容滤波

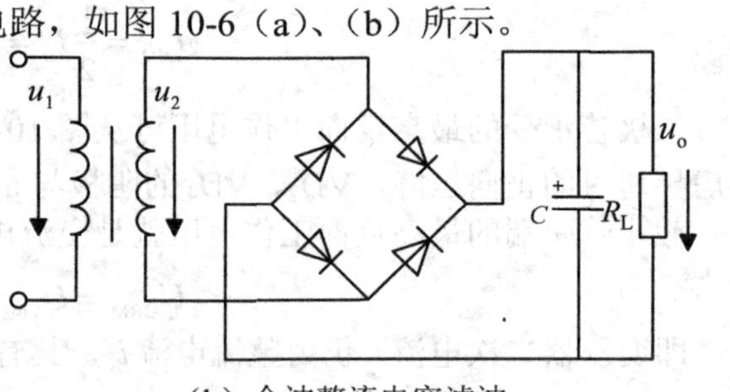

（b）全波整流电容滤波

图 10-6 接有滤波电容的单相整流电路

1．滤波原理

如图 10-7（a）所示波形图中，虚线所示为未加电容滤波时的 u_o 波形。设 VD 为理想二极管。加入滤波电容 C，u_2 在正半周的 Oa 段，VD 导通，电源既向 R_L 供电，又向 C 充电储能。当 u_2 经幅值开始下降时，$u_2 < u_c$，VD 反偏截止，电容 C 即向 R_L 放电，如图中 ab 实线

段，放电过程一直持续到下一个u_2的正半周，当$u_2 > u_c$时，VD 正偏导通 C 又被充电，直到$u_2 < u_c$，VD 又截止，C 又放电。如此不断地充电、放电，在负载端就获得如图 10-7（a）所示的u_o波形。由波形可见，半波整流电路加接滤波电容之后，输出电压的脉动程度大为减小，直流分量 U_o 值也随之提高。

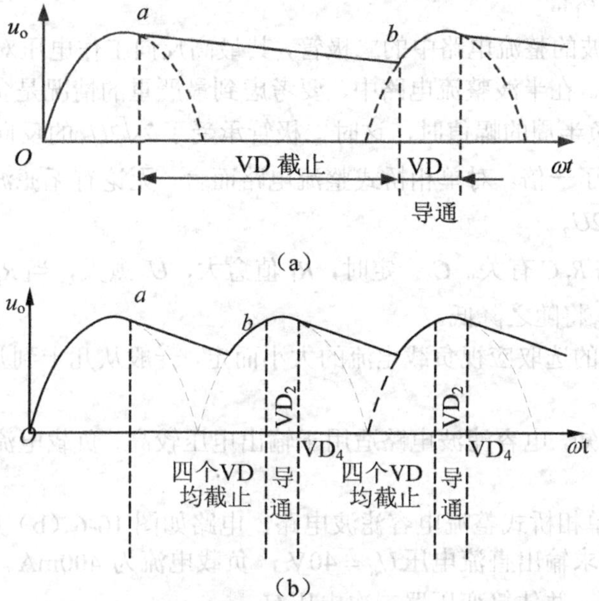

图 10-7　电容滤波器的作用

用同样的分析方法可分析单相桥式全波整流电容滤波电路的工作过程；由如图 10-7（b）所示u_o的波形可见，输出电压的直流分量明显提高了。实际上整流电路是有内阻的（变压器二次绕组和二极管的电阻），输出电压u_o的波形与图 10-7 中略有不同。

2．电容滤波电路的工程估算

前面论过电容器充电、放电过程的快慢与时间常数有关。在半波或桥式整流加电容滤波电路中的放电时间常数就是滤波电容 C 和负载电阻 R_L 的乘积，充电则按正弦规律（不计二极管的正向管压降）。由图 10-7 的u_o波形可以发现，R_LC 乘积的大小直接影响了直流分量 U_o的大小。通常，对电容滤波整流电路可按下述工程估算取值，即

$$U_o \approx U_2 \quad \text{（单相半波）}$$

$$U_o \approx 1.2U_2 \quad \text{（单相桥式）} \qquad (10\text{-}10)$$

为了达到式（10-10）的取值关系，获得较高的输出直流分量，一般要求 $R_L \geqslant (10\sim 15)\dfrac{1}{\omega C}$，即

$$R_L C = (3\sim 5)\frac{T}{2} \qquad (10\text{-}11)$$

式中，T 是交流电源的周期。

3．电容滤波的特点

（1）无论在半波或全波电容滤波整流电路中，二极管的导通时间总是小于 $T/2$（导电角

小于 180°）。滤波电容 C 是隔直通交的，通过电容器的平均电流应该为零，因此，二极管导通的平均电流和负载的平均电流应相等。带有滤波电容时的整流电路中的二极管因导通时间短，必然会产生较大的峰值，这一电流冲击，往往易使管子损坏，尤其在刚合上交流电源瞬间，因电容两端电压不能突变，好似短路，瞬间的冲击电流更大，在选择二极管时，应考虑以上因素，需有充分裕量。

（2）具有电容滤波的整流电路中的二极管，其最高反向工作电压对半波和单相桥式整流电路来说是不相等的。在半波整流电路中，要考虑到最严重的情况是负载开路，电容器上充有 U_{2m}，而 u_2 处在负半周的幅值时，这时二极管承受了 $2\sqrt{2}U_2$ 的反向工作电压，它与无滤波电容时相比，增大了一倍。对单相桥式整流电路而言，无论有无滤波电容，二极管的最高反向工作电压都是 $\sqrt{2}U_2$。

（3）U_2 的大小与 R_LC 有关。C 一定时，R_L 值愈大，U_o 愈大，当 $R_L=\infty$ 时，$U_o=\sqrt{2}U_2$；反之，R_L 值愈小，U_o 将随之降低。

关于滤波电容值的选取应视负载电流的大小而定，一般从几十到几百甚至几千微法，通常都采用电解电容器。

由上面的分析可知，电容滤波电路适用于输出电压较高，负载电流较小且负载变化也小的场合。

【例 10-2】有一单相桥式整流电容滤波电路，电路如图 10-6（b）所示。用 220V、50Hz 的交流电源供电。要求输出直流电压 $U_o=40\text{V}$，负载电流为 400mA。试选择整流元件及滤波电容的容量、耐压，并估算变压器二次电压 U_2。

解：（1）选择整流二极管

流过二极管的平均电流为

$$I_{VD}=\frac{1}{2}I_o=\frac{1}{2}\times 400\text{mA}=200\text{mA}$$

取 $U_o=1.2U_2$，所以交流电压有效值为

$$U_2=\frac{U_o}{1.2}=\frac{40\text{V}}{1.2}\approx 33\text{V}$$

二极管承受的最高反向工作电压为

$$U_{DRM}=\sqrt{2}U_2=\sqrt{2}\times 33\text{V}\approx 47\text{V}$$

因此，可以选用 2CZ53C 二极管 4 个（最大整流电流 300mA，最高反向工作电压 100V）。

（2）选择滤波电容 C

由式（10-11），取 $R_LC=5\times\frac{T}{2}$，因 $T=\frac{1}{f}=\frac{1}{50}\text{s}=0.02\text{s}$，$R_L=\frac{U_o}{I_o}=\frac{40\text{V}}{0.4\text{A}}=100\Omega$，所以有

$$C=\frac{1}{R_L}\times 5\times\frac{T}{2}=\frac{1}{100}\times 5\times\frac{0.02}{2}=500\mu\text{F}$$

可选用 C＝500μF、耐压值为 100V 的电解电容器。

10.2.2　电感滤波电路

在整流电路与负载 R_L 之间串入一个电感线圈 L，便构成了电感滤波电路，如图 10-8 所示。

在整流输出的单向脉动电压中，既含有直流分量，又含有基波和各次谐波的交流分量。电感的感抗 $X_L = \omega L$，对直流成分，$X_L = 0$，电感可视为短路，故脉动电压中的直流分量全部降在负载上；对交流成分，谐波频率越高，感抗越大，降在电感上的电压也越大，因而使负载上得到较为平缓的电压波形，如图 10-8（b）中实线所示。

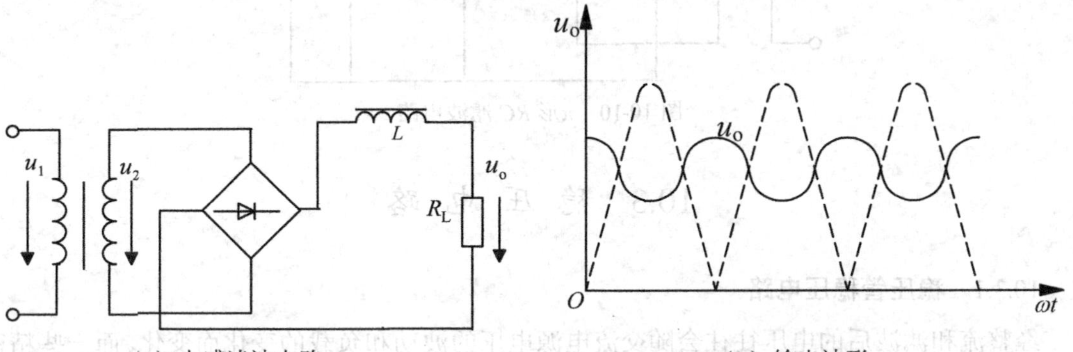

（a）电感滤波电路　　（b）输出波形

图 10-8　电感滤波器

电感滤波的原理还可以从能量的角度来解释。电感对变化电流具有一定的阻碍作用，当通过电感的电流增加时，电感线圈将电能转换成磁场能储存起来，以抵消其增加；而电流减小时，电感线圈放出储存的磁场能转变成电能，以补充电流的下降；因此使输出电压的波形交得平滑，减小了脉动。

若忽略电感线圈的电阻，电感滤波器的输出电压的平均值约为

$$U_o = 0.9U_2 \tag{10-12}$$

电感 L 越大，滤波效果越好，所以一般采用带铁芯的线圈来增大电感。但大电感的体积大，铁芯笨重，易引起电磁干扰。随着集成电路应用的日益广泛，电感的使用趋于减少，但在某些要求具有较好滤波效果的场合，仍然使用电感。

10.2.3　π 形滤波电路

为了进一步提高整流输出电压的平滑性，还可以用如图 10-9 所示的 LC π 形滤波电路。

由于带有铁芯的电感线圈体积大，价也高，因此常用电阻 R 来代替电感 L，构成 RC π 形滤波电路，如图 10-10 所示。

由于电阻对交、直流电流都具有降压作用，但是当它和电容配合之后，就使脉动电压的交流分量较多地降落在电阻两端（这是因为电容 C_2 的交流阻抗很小），而较少地降落在负载电阻之上，从而起到了滤波作用，R 越大，C_2 愈大，滤波效果愈好。但是 R 太大，使直流压降增加。因此，这种滤波电路主要适用于负载电流较小而要求输出电压脉动很小的场合。

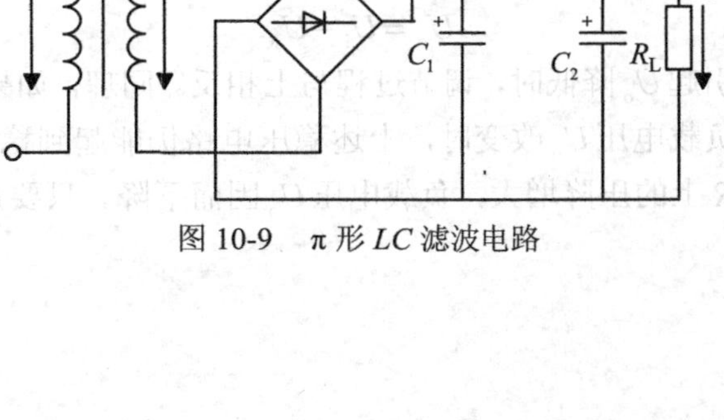

图 10-9　π 形 LC 滤波电路

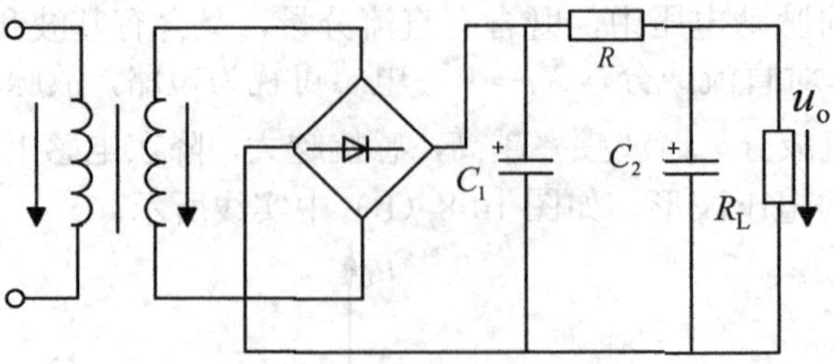

图 10-10 π形 RC 滤波电路

10.3 稳压电路

10.3.1 稳压管稳压电路

经整流和滤波后的电压往往会随交流电源电压的波动和负载的变化而变化。而一些精密电子设备及自动控制装置等都要求有很稳定的直流电源供电。因此，还要在整流、滤波电路之后加稳压装置。最简单的直流稳压电源是采用稳压管来稳定电压的。

如图 10-11 所示是一种稳压管稳压电路，经过桥式整流电路整流和电容滤波器滤波得到直流电压 U_i，再经过限流电阻 R 和稳压管 VD_Z 组成的稳压电路接到负载电阻 R_L 上，这样，负载上得到的就是一个比较稳定的电压。

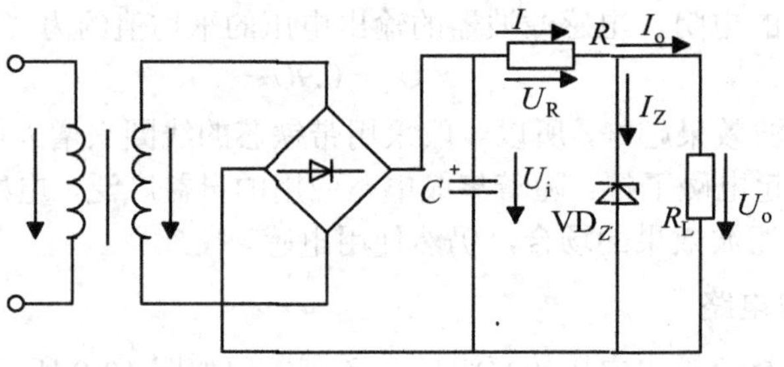

图 10-11 稳压管（并联型）稳压电路

引起电压不稳定的原因是交流电源电压的波动和负载电流的变化。下面分析在这两种情况下稳压电路的作用。例如，当交流电源电压增加而使整流输出电压 U_i 随着增加时，负载电压 U_o 也要增加。

U_o 即为稳压管两端的反向电压。当负载电压 U_o 稍有增加时，稳压管的电流 I_Z 就显著增加，因此电阻 R 上的压降增加，只要参数选得适应，U_R 的增加可以基本抵消 U_i 的升高，从而使负载电压 U_o 保持近似不变。这种调节过程可以表达为

$$U_i\uparrow\rightarrow U_o(U_Z)\uparrow\rightarrow I_Z\uparrow\rightarrow I\uparrow\rightarrow U_R\uparrow U_o\downarrow$$

$$U_o=U_i-U_R$$

反之，当 U_i 下降引起 U_o 降低时，调节过程与上相反。同理，如果当电源电压保持不变，而负载电流变化引起负载电压 U_o 改变时，上述稳压电路仍能起到稳压的作用。例如，当负载电流增大时，电阻 R 上的压降增大，负载电压 U_o 因而下降。只要 U_o 下降一点，稳压管电

流就显著减小，通过电阻 R 的电流和电阻上的压降保持近似不变，因此负载电压 U_o 也就近似稳定不变。当负载电流减小时，稳压过程相反。

选择稳压管时，一般取

$$U_Z = U_o$$
$$I_{Z\max} = (1.5 \sim 3)I_{o\max} \tag{10-13}$$
$$U_i = (2 \sim 3)U_o$$

【例 10-3】有一稳压管稳压电路，如图 10-11 所示。负载电阻 R_L 由开路变到 3kΩ，交流电压经整流滤波后得出 $U_i = 45V$，今要求输出直流电压 $U_o = 15V$，试选择稳压管 VD_Z。

解：根据输出电压 $U_o = 15V$ 的要求，负载电流最大值为

$$I_{o\max} = \frac{U_o}{R_L} = \frac{15V}{3k\Omega} = 5mA$$

查相关表，选择稳压管 2CW78，其稳定电压 $U_Z = (13.5 \sim 17)V$，稳定电流 $I_Z = 5mA$，最大稳定电流 $I_{Z\max} = 14mA$。

10.3.2 集成稳压电路

目前已经广泛应用单片集成稳压电源。它具有性能稳定、结构简单等优点。在小功率稳压电源中，普遍使用的是三端稳压器。按输出电压类型可分为固定式和可调式，此外又可分为正电压输出或负电压输出两种类型。

本节主要讨论的是 W78××系列（输出正电压）和 W79××系列（输出负电压）集成稳压器的使用。图 10-12 是 W78××系列集成稳压器的外形、管脚和接线图。其内部电路也是串联型晶体管稳压电路。这种稳压器只有输入端 1、输出端 2 和公共端 3 三引出端，故也称为三端集成稳压器。使用时只需在其输入端和输出端与公共端之间各并联一个电容即可。C_1 用以抵消输入端较长接线的电感效应，防止产生自激振荡，接线不长时也可不用。C_2 是为了瞬时增减负载电流时不致引起输出电压有较大的波动。C_1 一般在 0.1～1μF 之间，如 0.33μF；C_2 可用 0.1μF。W78××系列输出固定的正电压，有 5V、6V、9V、12V、15V、18V、24V 多种。例如 W7815 输出电压为 15V，最高输入电压为 35V，最小输入、输出电压差为 2～3V，最大输出电流为 2.2A，输出电阻为 0.03μΩ～0.15Ω，电压变化率为 0.1%～0.2%。W79××系列输出固定的负电压，接线图如图 10-13 所示。其参数与 W78××基本相同。使用时三端稳压器接在整流滤波电路之后。

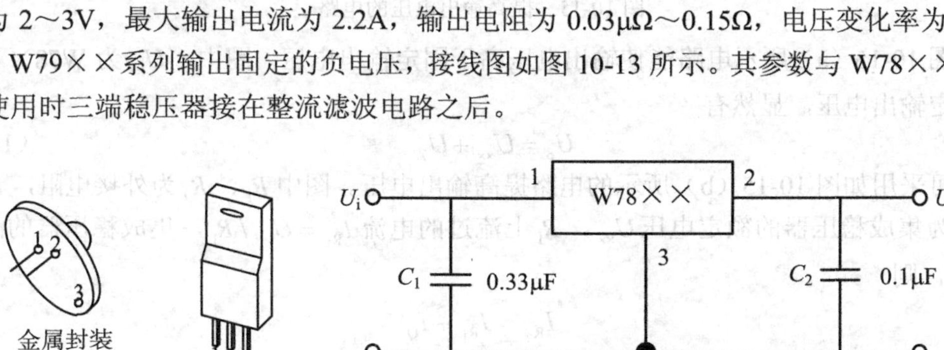

图 10-12　W78××系列集成稳压器

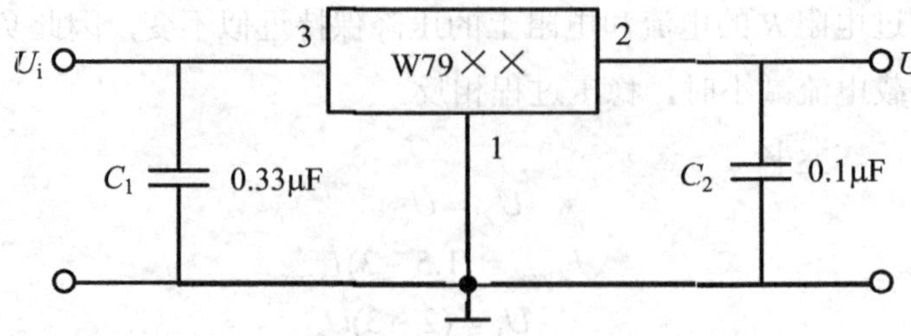

图 10-13　W79××系列接线

下面介绍几种三端集成稳压器的应用电路。

（1）输出固定电压的稳压电路，如图 10-12（b）和图 10-13 所示。

（2）正、负电压同时输出的电路，如图 10-14 所示。

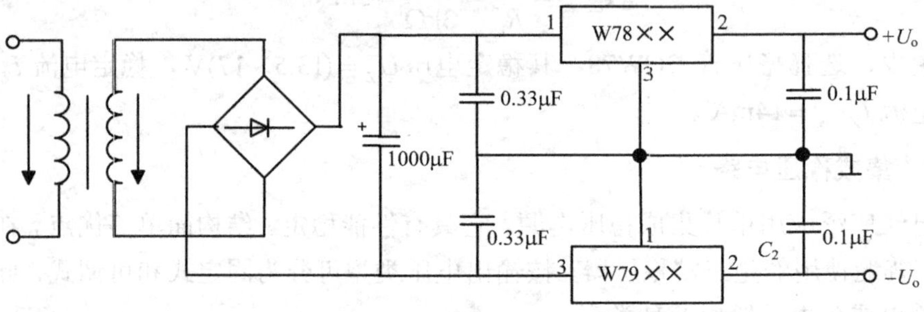

图 10-14　正、负电压同时输出的电路

（3）提高输出电压的电路，如图 10-15 所示。

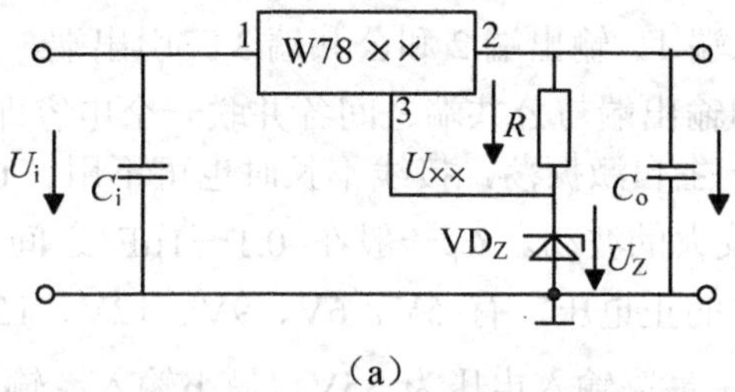

（a）

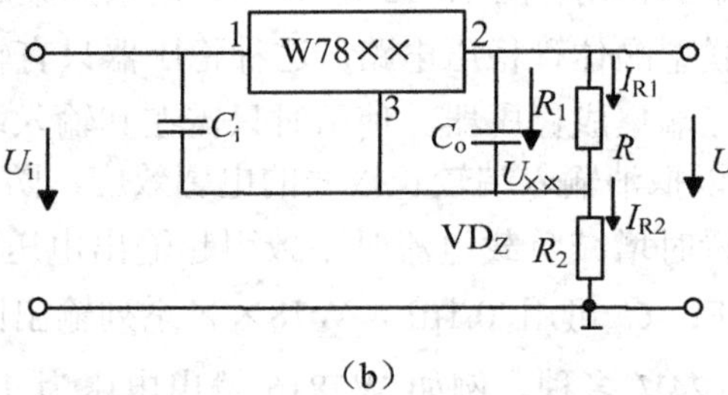

（b）

图 10-15　提高输出电压的电路

如图 10-15（a）所示电路能使输出电压高于固定输出电压。图中，$U_{××}$ 为 W78××稳压器的固定输出电压，显然有

$$U_o = U_{××} + U_Z \tag{10-14}$$

也可采用如图 10-15（b）所示的电路提高输出电压。图中 R_1、R_2 为外接电阻，R_1 两端的电压为集成稳压器的额定电压 $U_{××}$，R_1 上流过的电流 $I_{R_1} = U_{××} / R_1$，集成稳压器的静态电流为 I_Q，则

$$I_{R_2} = I_{R_1} + I_Q$$

稳压电路的输出电压为

$$U_o = U_{××} + I_{R_2} R_2 = I_{R_1} R_1 + I_{R_1} R_2 + I_Q R_2 = (1 + \frac{R_2}{R_1}) U_{××} + I_Q R_2$$

由于 I_Q 一般都很小，故当 $I_{R_1} \gg I_Q$ 时，可以忽略 $I_Q R_2$，因此，输出电压为

$$U_o = (1+\frac{R_2}{R_1})U_{××} \tag{10-15}$$

式（10-15）可以看出，改变外接电阻 R_1、R_2，可以提高输出电压。

（4）前面介绍了 78、79 系列集成稳压电路，这些都是固定输出的稳压电源。这些在实用中不太方便。 实际应用中还有可调的 CW117、CW217、CW317、CW337 和 CW337L 系列。W117 系列产品为输出正电压可调三端集成稳压器；W337 系列产品为输出负电压可调三端集成稳压器。

输出电压能在 1.2～37V 范围内连续可调，可输出 1.5A 的负载电流。该系列内部同样具有过热、限流和安全工作区保护电路。使用安全可靠，比三端固定输出稳压器有更好的电压调整率和电流调整率指标。

使用这种稳压器非常方便，只要在输出端接两个电阻，就可得到所要求输出电压值，它的应用电路如图 10-16 所示，是可调输出稳压源标准电路。

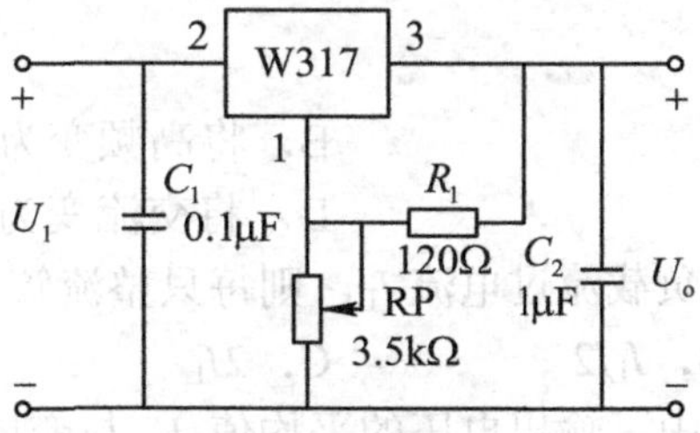

图 10-16　提高输出电压的电路

C_1 用于抵消输入线较长时的电感效应，以防止电路产生自激，其容量较小，一般小于 1μF。

C_2 用于消除输出电压中的高频噪声，可取容量小于 1μF 的电容，也可取容量为几 μF 甚至几十 μF 的电容，以便输出较大的脉冲电流。但 C_2 较大，一旦输入端断开，C_2 将从输出端向稳压器放电，易使稳压器损坏，因此，可增加保护二极管 D 加以保护。

在图 10-16 标准电路中，因 CW117/217/317 的基准电压为 1.25V，这个电压在输出端 3 和调整端 1 之间，输出电压只能从 1.25V 上调，由于调整端的输出电流非常小（50μA）且恒定,故可将其忽略，此时输出电压为

$$U_O \approx (1+\frac{R_{RP}}{R_1}) \times 1.25\text{V} \tag{10-16}$$

R_1 一般取值 120～240Ω（此电阻保证稳压器在空载时也能正常工作）。调节 RP 可改变输出电压大小。

本 章 小 结

1．交流电压经变压、整流、滤波、稳压后可变成直流电压。直流输出电压的大小与电路结构和变压器次级交流电压的有效值有关。整流电路是利用二极管的单向导电特性实现

的，单相半波整流电路的输出电压 $I_o=\frac{U_o}{R_L}=0.45\frac{U_2}{R_L}$，单相桥式整流电路输出的是脉动直流电压和电流，输出电压为单相半波整流电路的输出电压的两倍。

2．滤波电路减小了整流电路输出电压中的交流分量，改善了整流电路输出电压的脉动程度。电容滤波的工作原理是利用了电容两端的电压在电路状态改变时不能跃变的特性。电感滤波电路和π型滤波电路也是常用的滤波电路。

3．硅稳压管稳压器是最简单的稳压电路，它通过限流调压电阻的调压作用来稳定负载上的直流电压。它只适合低电压、小电流的电路，常作局部电路稳压用。集成稳压器应用广泛，尤其是三端式集成稳压器的性能可靠，使用方便，它的应用电路有电压固定、输出电压可调、扩大输出电流等基本形式。

习　题　十

10.1　单选题。

1．整流是________。

A．电压变为电流　　B．将高频变为低频

C．将正弦波变为方波　　D．将交流变为直流

2．在桥式整流电路中，负载流过电流 I_L，则每只整流管中的平均电流 I_D 为________。

A．$I_L/4$　　B．$I_L/2$　　C．$2I_L$　　D．I_L

3．在单相桥式整流电路中，输出电压的平均值 V_L 与变压器副边电压有效值 V_2 的关系为_______。

A．$V_L=1.4V_2$　　B．$V_L=0.45V_2$　　C．$V_L=1.2V_2$　　D．$V_L=0.9V_2$

4．整流电路主要是利用整流元件的（　　）工作的。

A．非线性　　B．单向导电性　　C．稳压特性　　D．放大性能。

5．在单相桥式整流电路中，变压器副边电压的有效值为 10V，则每只整流二极管所承受的最大反向电压为_______V。

A．10　　B．$10/\sqrt{2}$　　C．$10\sqrt{2}$　　D．20

6．在桥式整流电容滤波电路中，已知变压器副边电压的有效值为 10V，则滤波后的输出电压为_______V。

A．4．5　　B．9　　C．12　　D．18

7．当满足 $RLC \geqslant (3\sim5)\frac{T}{2}$ 时，电容滤波电路常用在_______的场合。

A．平均电压低，负载电流大　　B．平均电压高，负载电流大

C．平均电压低，负载电流小　　D．平均电压高，负载电流小，负载变动小

8．在桥式整流电容滤波电路中，已知变压器副边电压的有效值为 20V，则电容 C 的耐压至少为_______V。

A．9　　B．18　　C．24　　D．28

9．在桥式整流电容滤波电路中，输入交流电压的有效值为 10V，用万用表测得输出直流电压为 9V，则说明电路中_______。

A．滤波电容开路　　　　　　　　　　　　　B．滤波电容短路

C．负载开路　　　　　　　　　　　　　　　D．负载短路

10．在如图 10-17 所示的电路中，若二极管 D_2 接反，则________。

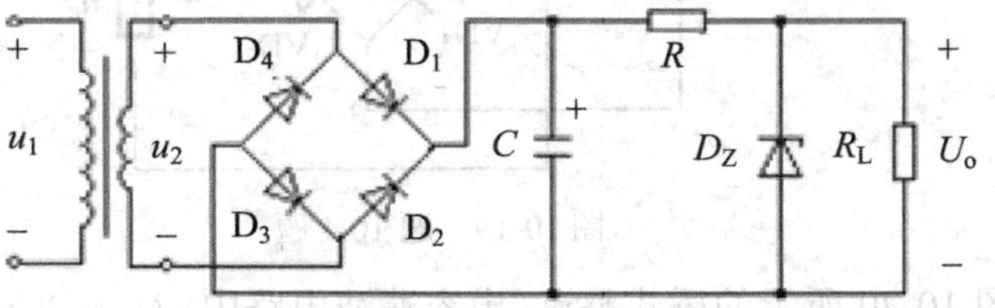

图 10-17 单选题 10 图

A．变压器有半周被短路，会引起元器件损坏　　B．变为半波整流

C．电容 C 将过压击穿　　　　　　　　　　D．稳压管将过流损坏

11．在上题电路中，若二极管 D_2 脱焊，则________。

A．变压器有半周被短路，会引起元器件损坏　　B．变为半波整流

C．电容 C 将过压击穿　　　　　　　　　　D．稳压管将过流损坏

12．下列电路中变压器二次电压均相同，负载电阻及滤波电容均相等，二极管承受反向电压最低的是（　　），负载电流最小的是（　　）。

A．半波整流电容滤波电路　　　　　　　　B．全波整流电容滤波电路

C．桥式整流电容滤波电路

13．稳压管是特殊的二极管，它一般工作在（　　）状态。

A．正向导通　　　　B．反向截止　　　　C．反向击穿

14．三端稳压电源输出负电压并可调的是（　　）。

A．CW79XX 系列　　B．CW337 系列　　C．CW317 系列

10.2　如图 10-18 所示电路，（1）变压器二次电压 $U_2=?$；（2）负载电流 $I_L=?$；（3）流过限流电阻的电流 $I_R=?$；（4）流过稳压二极管的电流为 $I_Z=?$。

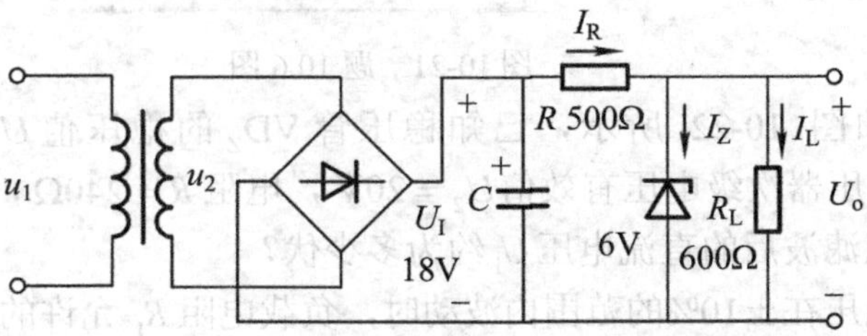

图 10-18　题 10.2 题

10.3　某直流负载电阻为 20Ω，要求输出电压 $U_{O(AV)}=12\text{V}$，采用单相桥式整流电路供电，选择二极管。

10.4　在图 10-19 所示的电路中，电源 $u_i=100\sin\omega t(\text{V})$，$R_L=1\text{k}\Omega$，二极管为是理想二极管。求：（1）$R_L$ 两端的电压平均值；（2）流过 R_L 的电流平均值；（3）选择二极管时，其最大整流平均电流 I_F 和最高反向工作电压 U_R 为多少？

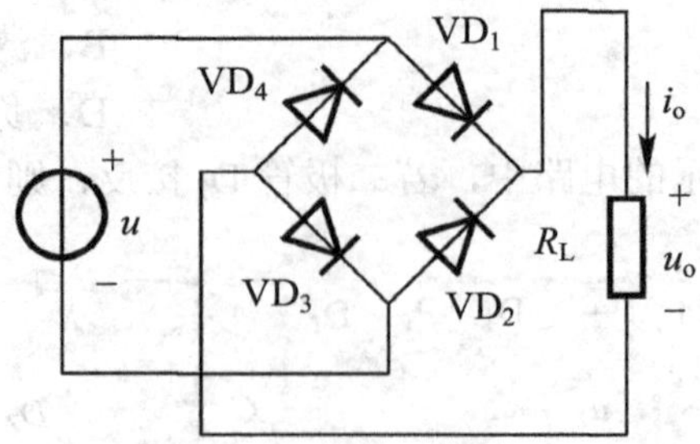

图 10-19　题 10.4 题

10.5　在如图 10-20 所示的桥式整流、电容滤波电路中，$U_2 = 20V$（有效值），$R_L = 40\Omega$，$C = 1000\mu F$，试问：（1）正常情况下 $U_o = ?$（2）如果有一个二极管开路，$U_o = ?$（3）如果测得 U_o 为下列数值，可能出现了什么故障？（a）$U_o = 18V$；（b）$U_o = 28V$；（c）$U_o = 9V$。

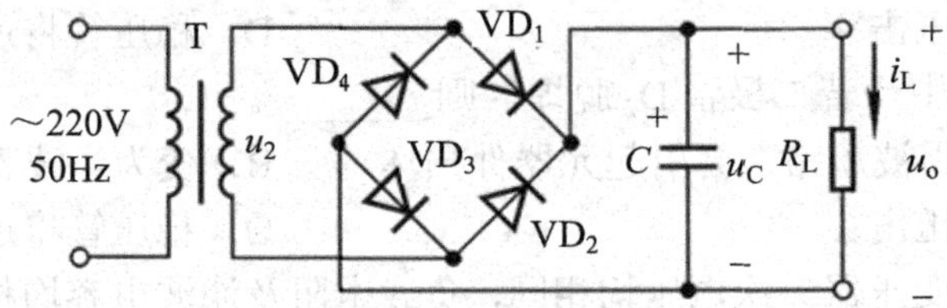

图 10-20　题 10.5 图

10.6　桥式整流电路如图10-21所示，要求输出直流电压 U_o 为25V，输出直流电流为200mA。试问：（1）输出电压是正压还是负压？电解电容C的极性如何连接？（2）变压器次级绕组输出电压的有效值为多大？（3）电容C至少应选多大数值？（4）整流管的最大平均整流电流和最高反向电压如何选择？

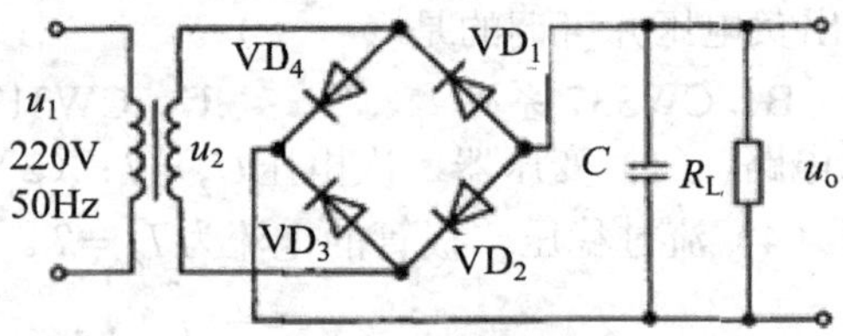

图 10-21　题 10.6 图

10.7　电路如图 10-22 所示，已知稳压管 VD_Z 的稳压值 $U_Z = 6V$，$I_{Zmin} = 5mA$，$I_{Zmax} = 40mA$，变压器次级电压有效值 $U_2 = 20V$，电阻 $R = 240\Omega$，电容 $C = 200\mu F$。

求：（1）整流滤波后的直流电压 U_i 约为多少伏？

（2）当电网电压在±10%的范围内波动时，负载电阻 R_L 允许的变化范围有多少？

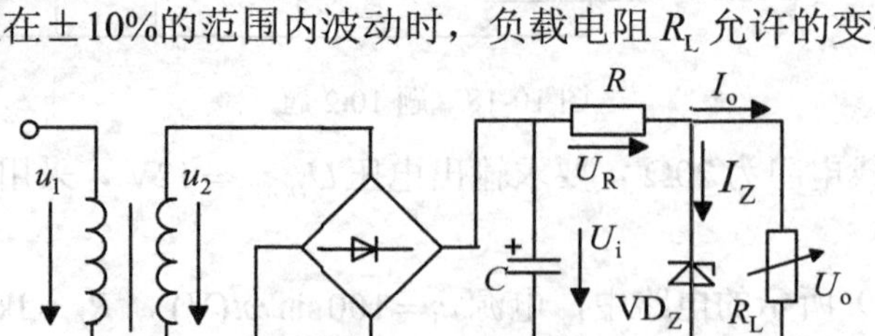

图 10-22　题 10.7 图

10.8 电路如图10-23所示，三端集成稳压器静态电流 $I_W = 6mA$，Rw为电位器，为了得到10V的输出电压，试问应将Rw调到多大？

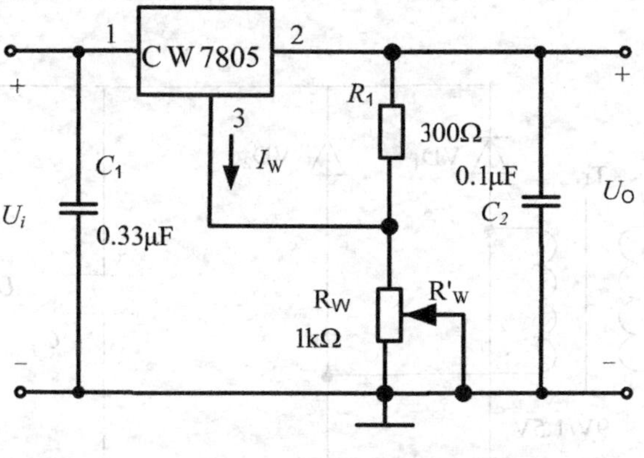

图 10-23　题 10.8 图

10.9 已知三端可调式集成稳压器W117的基准电压 $U_{REF} = 1.25V$，调整端电流 $I_W = 50A$，用它组成的稳压电路如图10-24所示。（1）若 $I_1 = 100I_W$，忽略I_W对U_O的影响，要得到5V的输出电压，则R_1和R_2应选取多大；（2）若R_2改为0～2.5kΩ的可变电阻，求输出电压U_O的可调范围。

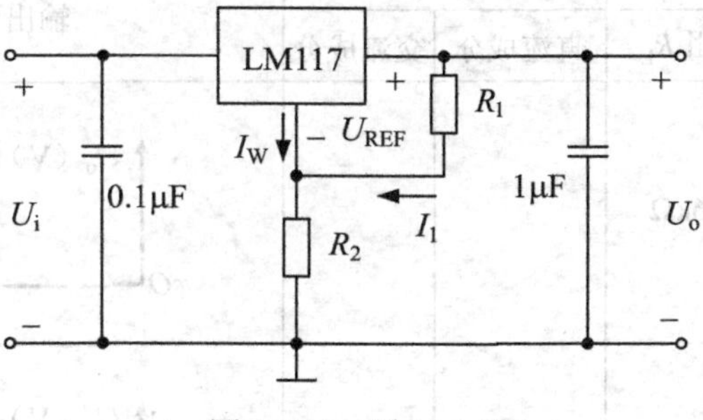

图 10-24　题 10.9 图

实验 10.1　整流、滤波电路连接与测试

一、实验目的

1．了解单相整流、滤波电路的性能特征。

2．进一步掌握示波器显示与测量的技能。

二、实验仪器设备

1．整流、滤波实验板。

2．MF-47（DT-930G）万用表。

3．DA-16 晶体管毫伏表。

4．ST-16 示波器。

三、实验内容

实验电路如图 10-25 所示，请按表 10-1 所列的参数组织实验步骤，并填写有关数据，画出相关图形。

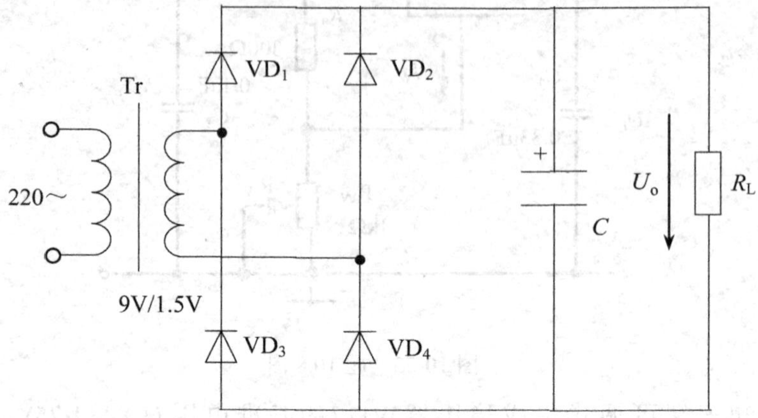

图 10-25　整流滤波电路

表 10-1

序号	元件值		输出电压		输出电压波形
	电容 C	电阻 R_L	直流成分	交流成分	
1	开路	5.6kΩ			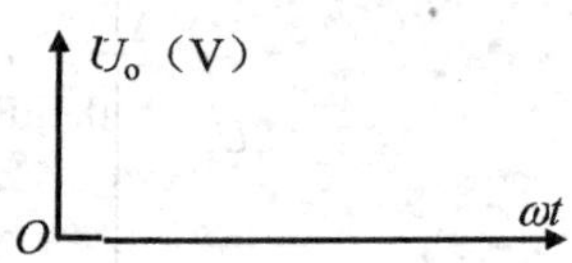
2	100μF	∞			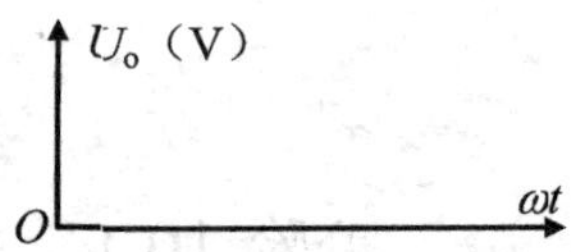
3	100μF	5.6kΩ			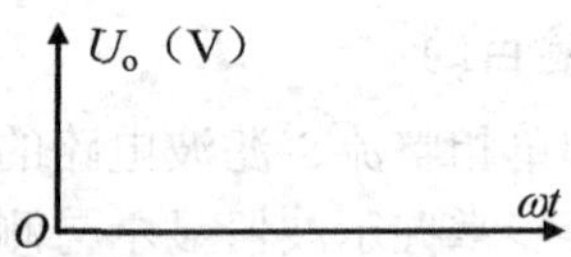
4	100μF	510Ω			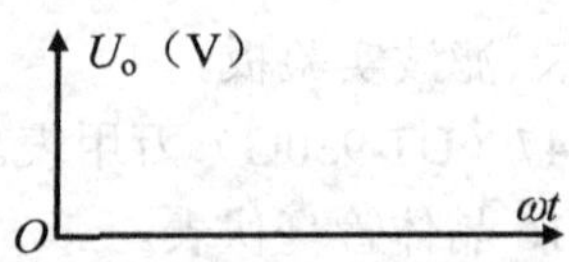

（续表）

序号	元件值		输出电压		输出电压波形
	电容 C	电阻 R_L	直流成分	交流成分	
5	470μF	510Ω			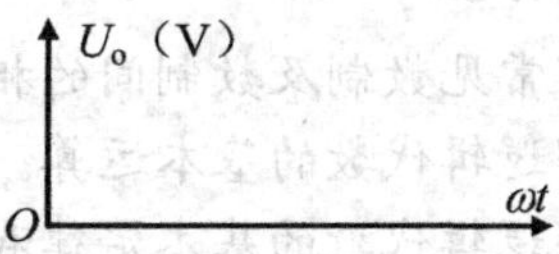

四、分析讨论

简述整流、滤波输出电压中各成分与滤波电容容量及负载电阻阻值大小的关系。

第十一章　数制与逻辑代数基础

【学习目标】

1. 了解常见数制及数制间的相互转换和编码的概念。

2. 理解逻辑代数的基本运算。

3. 掌握逻辑代数的基本定律和三个基本规则，重点掌握逻辑函数常用表示方法及两种化简方法。

逻辑代数是分析和设计数字逻辑电路的基本数学工具。本章首先简要介绍了数制和逻辑代数的三种基本运算（与、或、非）以及相应的逻辑电路、逻辑代数的运算规则和常用公式；然后主要介绍逻辑函数常用的两种化简方法：公式法和卡诺图法。

11.1　数　　制

数制就是计数的进位体制。日常生活中，人们习惯用“逢十进一”的十进制数。而在数字电路中，为易于实现，广泛采用二进制数及二进制数码。

数码不仅可以表示数量的大小，还可以表示某种信息、操作命令及不同的事物等，这时的数码叫作代码，编制代码时所遵循的规则，即编码方案，叫作码制。本节将介绍数字电路中常用的几种数制及其转换。

11.1.1　十进位计数制（Decimal）

十进位计数制简称十进制，它的特点是：

①用 0，1，2，3，4，5，6，7，8，9 共 10 个基本数符的不同组合表示一个多位数，基数是 10（基本数符的个数叫“基数”）；

②按“逢十进一”的原则计数，即$9+1=(10)_{10}$；

③位权为10^i，基数的 i 次幂叫作第 i 位的位权。

任何一个十进制数$(N)_{10}$都可以写成以 10 为底的幂求和的展开式，即可以“按位权展开”为

$$\sum_{i=-m}^{n-1}(N)_{10}=D_{n-1}\times 10^{n-1}+D_{n-2}\times 10^{n-2}+\cdots+D_1\times 10^1+D_0\times 10^0+D_{-1}\times 10^{-1}+\cdots+D_{-m}\times 10^{-m} \tag{11-1}$$

式中，D_i为第 i 位的系数，它的取值范围为 0～9，第 i 位的位权为10^i，i 是数位。其中，整数部分共有 n 位，分别为 n–1，n–2，…，1，0 位；小数部分共有 m 位，分别为–1，…，–m 位。例如：

$$(256.07)_{10}=2\times 10^2+5\times 10^1+6\times 10^0+0\times 10^{-1}+7\times 10^{-2}$$

11.1.2　二进位计数制（Binary）

二进位计数制简称二进制，它的特点是：

①只有 0，1 两个数码，基数为 2；

②按“逢二进一”的原则计数，即$1+1=(10)_2$；

③第 i 位的位权是 2^i。

例如：

$$(1101.01)_2 = 1\times 2^3 + 1\times 2^2 + 0\times 2^1 + 1\times 2^0 + 0\times 2^{-1} + 1\times 2^{-2} = (13.25)_{10}$$

展开式的和已经变成人们习惯的十进制数。这就是二进制数转换为十进制数的方法，即“按位权展开求和”。

11.1.3　八进位计数制（Octal）和十六进位计数制（Hexadecimal）

由于多位二进制数不便识记，因此计算机编程中常采用八制数或十六进制数来表示二进制数，如表 11-1（a）和表 11-1（b）所示。

八进制的特点是：每位可取 0，1，2，3，4，5，6，7 中的一个数符，基数为 8，“逢八进一”，即$7+1=(10)_8$；位权为 8^i。

表 11-1

（a）八进制数与二进制数对应关系

八进制	二进制
0	000
1	001
2	010
3	011
4	100
5	101
6	110
7	111

（b）十进制数、十六进制数与二进制数对应关系

十进制数	十六进制数	二进制数
0	0	0000
1	1	0001
2	2	0010
3	3	0011
4	4	0100
5	5	0101
6	6	0110
7	7	0111
8	8	1000
9	9	1001
10	A	1010
11	B	1011
12	C	1100

（续表）

十进制数	十六进制数	二进制数
13	D	1101
14	E	1110
15	F	1111

八进制的基数 $8=2^3$，因此二进制数与八进制数之间的转换非常简便：将二进制数转换为八进制数时，从小数点向左和向右每三位二进制数分为一组，整数最高位及小数最低位不够三位数的补零，然后顺序写出对应的八进制数即可。例如：

$$(110\quad 110\quad 101.\quad 110\quad 11)_2=(110\quad 110\quad 101.\quad 110\quad 110)_2=(665.66)_8$$

将八进制数转换为二进制数时，其过程相反，只要将每一位八进制数扩充为对应的三位二进制数即可。例如：

$$(377.05)_8=(011\quad 111\quad 111.\quad 000\quad 101)_2$$

十六进制的特点是：有 16 个数字符号，由小到大依次为 0，1，2，3，4，5，6，7，8，9，A，B，C，D，E，F，基数为 16；“逢十六进一”，即 $F+1=(10)_{16}$；位权为 16^i。

十六进制的基数 $16=2^4$，因此一位十六进制数等价于四位二进制数，两者之间的转换很简便。例如：

$$(9E4.08)_{16}=(1001\quad 1110\quad 0100.\quad 0000\quad 1000)_2$$

$$(1000\quad 1001\quad 1011.\quad 0011\quad 0101)_2=(89B.35)_{16}$$

11.2 数制间的转换及编码

11.2.1 不同数制间的转换

根据整数转整数、小数转小数的规则，分别将 A 进制数的整数位和小数位转换为相应的 R 进制整数和小数。

十进制数转换为二进制、八进制、十六进制数的方法是：整数部分采用“除 R 取余法”，它是将十进制数整数部分逐次被基数 R 除，每次除完所得余数便为要转换的数码，直到商为 0。第一个余数为最低位，最后一个余数为最高位。小数部分采用“乘 R 取整法”，它是将十进制数的小数部分连续乘以基数 R，乘数的整数部分作为 R 进制数的小数部分。第一个整数为最高位，最后一个整数为最低位。

【例 11-1】将 $(28.437)_{10}$ 转换为二进制数。

解：①整数部分的转换。采用“除基取余法”其基数为 2。

除数	被除数	余数	
2	28	……余 0	最低位
2	14	……余 0	
2	7	……余 1	
2	3	……余 1	
2	1	……余 1	最高位
	0		

②小数部分的转换。采用“乘 2 取整法”。

0.437×2=0.874　　　　　整数部分=0　　最高位

0.874×2=1.748　　　　　整数部分=1

0.748×2=1.496　　　　　整数部分=1

0.496×2=0.992　　　　　整数部分=0

0.992×2=1.984　　　　　整数部分=1　　最低位

所以 $(28.437)_{10}=(11100.01101)_2$ 。

11.2.2　编码

编码就是用数字或某种文字和符号来表示某一对象或信号的过程。数字电路中通行二进制，要想让数字电路能够处理十进制数，可以用二进制代码来表示十进制的 0～9 个数符，这种代码称为二-十进制编码，即 BCD（Binary Coded Decimal）代码。

为表示十进制 10 个数符，至少需要四位二进制码来表示一位十进制数。四位二进制码共有 $2^4=16$ 种码组，而十进制数只需要用到其中的 10 种组合，因此，二-十进制代码有多种方案。表 11-2 中给出了几种常用的二-十进制代码。

表 11-2　几种常用的二-十进制代码

十进制数	有权码				无权码
	8421 码	2421（A）码	2421（B）码	5421 码	余 3 码
0	0000	0000	0000	0000	0011
1	0001	0001	0001	0001	0100
2	0010	0010	0010	0010	0101
3	0011	0011	0011	0011	0110
4	0100	0100	0100	0100	0111
5	0101	0101	1011	1000	1000
6	0110	0110	1100	1001	1001
7	0111	0111	1101	1010	1010
8	1000	1110	1110	1011	1011
9	1001	1111	1111	1100	1100

1．8421BCD 码

8421BCD 码中，四位二进制代码的每一位有确定的权，自左至右为 $2^3 2^2 2^1 2^0 \Rightarrow 8421$，所以称为 8421BCD 码。它是最常用的一种代码。

【例 11-2】试用 8421BCD 码表示十进制数 $(54.2)_{10}$。

解：$(54.2)_{10}=(0101\quad 0100.\quad 0010)_{8421BCD}$

BCD 码的书写规则：书写时每四位代码写为一组，各组之间留一定的空格，且每个代码必须写全四位，不能省略最高位的零或者最低位的零。

2．余 3BCD 码（又叫作 XS3BCD 码）

如果把 8421BCD 码每个加上 $(0011)_2$，就是余 3BCD 码。它没有固定的权值。余 3 码的

0 和 9、1 和 8、2 和 7、3 和 6、4 和 5 的编码互为反码。

【例 11-3】分别将十进制数 $(753)_{10}$ 转换为 8421BCD 码和余 3BCD 码。

解：

$$(753)_{10} = (0111 \quad 0101 \quad 0011)_{8421BCD}$$

$$(753)_{10} = (1010 \quad 1000 \quad 0110)_{余3BCD}$$

此外还有其他编码方式，读者可根据需要查相关手册，这里不一一介绍。

11.3 逻辑代数及应用

逻辑代数是一种二值代数系统，它是研究、分析和处理二值逻辑变量之间的逻辑因果关系的代数学。人们在生产和生活中要接触大量的二值逻辑事件，例如开关的开和关、电灯的亮和灭、电机在继电控制下的转和停、议决某项提议时的赞成和反对等，这些事件有一个共同特点，就是任何时候，它们总是处于并只能处于相互对立的两个状态中的一个。这种事件便叫作二值逻辑事件。

在逻辑代数中，用字母 A，B，C，…，X，Y，Z 来表示这些二值逻辑事件，并称之为二值逻辑变量，简称为逻辑变量。每个逻辑变量的取值只有离散的 0 和 1 两种可能，且它们不再表示数值的大小，仅仅代表两个对立的状态，且状态取 0 和 1 的具体含义是人为指定的，称为变量状态的逻辑赋值。

在二值逻辑事件中，输出逻辑变量同输入逻辑变量之间的逻辑因果关系叫作逻辑函数关系，简称逻辑函数。

逻辑函数式是经过逻辑赋值之后所得到的表征输出逻辑变量（即因变量，如变量 Y）和输入逻辑变量（即自变量，如变量 A、B、C、D）之间逻辑关系的式子。逻辑函数的一般表达式可以写为

$$Y=f\ (A,\ B,\ C,\ \cdots)$$

称 Y 是 A，B，C，…的逻辑函数。根据逻辑函数式，自变量 A，B，C，…在人为确定的逻辑赋值条件下，按照一定的逻辑运算法则进行有限次基本逻辑运算后可确定出相应的 Y 值。

11.3.1 基本逻辑运算

逻辑变量的基本逻辑运算只有三种：与、或、非。可以通过几个简单的开关电路进行说明。

1．与运算

与运算也叫作逻辑乘，又叫作逻辑积。如图 11-1 所示是两个串联开关 A、B 控制灯 X 的开关电路。显然，灯亮这一结果，必须在开关 A 接通与开关 B 也接通这两个条件同时满足时才发生，只要有一个开关断开，灯就不亮。可将“条件”（开关 A、B 的通、断）和“结果”（灯的亮、灭）的各种可能性列成表格，叫作逻辑关系表，如表 11-3（a）所示。

将开关 A、B 和灯 X 抽象为输入变量 A、B 及输出变量 X，并设开关接通为 1，断开为 0；灯亮为 1，灯灭为 0，这便是逻辑赋值，则可将逻辑关系表抽象为逻辑真值表，简称真值表，如表 11-3（b）所示。

表 11-3

(a) 与逻辑关系表

开关 A	开关 B	灯 X
断	断	灭
断	通	灭
通	断	灭
通	通	亮

(b) 与逻辑真值表

A	B	X
0	0	0
0	1	0
1	0	0
1	1	1

由这一事例可得到这样的逻辑关系：只有决定事物结果的全部条件同时满足时，结果才会发生；其中任何一个条件不满足，则结果就不会发生。这种因果关系叫作逻辑与，也叫作与逻辑关系。

与运算的逻辑函数表达式为

$$X = A \cdot B \tag{11-2}$$

2．或运算

或运算又叫作逻辑或，也叫作逻辑加。

如图 11-2 所示是两个开关 A 和 B 相并联，控制灯 Y 的电路。由图可知：开关 A 或者开关 B 接通，或者两个都接通时，灯 Y 便亮；只有两个开关都不接通时，灯才灭。仿照前面类似的分析过程和赋值规则，可以得到如表 11-4（a）所示的或逻辑关系表及如表 11-4（b）所示的或逻辑真值表。

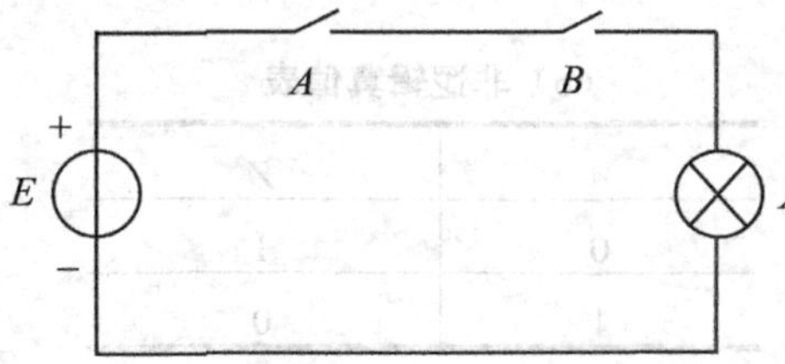

图 11-1 两个串联开关控制电路

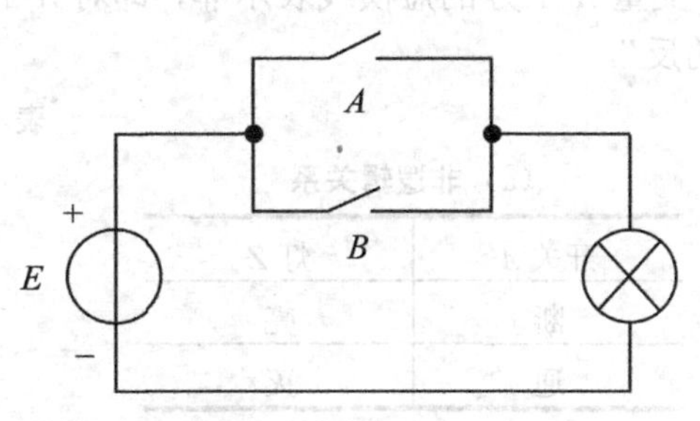

图 11-2 两个并联开关控制电路

从这一事例可得出这样的逻辑关系：在决定事物结果的几个条件中只要满足一个或一个以上条件时，结果就会发生；否则，结果不会发生。这种因果关系称为逻辑或，也叫作或逻辑关系。

或运算的逻辑函数表达式为

$$Y = A + B \tag{11-3}$$

表 11-4

(a) 或逻辑关系表

开关 A	开关 B	灯 Y
断	断	灭
断	通	亮
通	断	亮
通	通	亮

(b) 或逻辑真值表

A	B	Y
0	0	0
0	1	1
1	0	1
1	1	1

3．非运算

非运算又叫作逻辑非，逻辑取反。如图 11-3 所示的电路中，当开关 A 接通时，灯 Z 不亮；而当开关 A 不接通时，灯 Z 才亮。反映的逻辑关系是：当某一条件满足时，结果不发生；而该条件不满足时，结果才会发生。

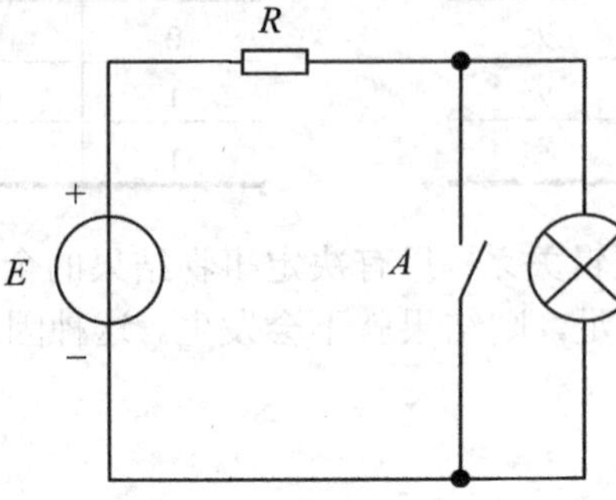

图 11-3　非运算关系开关控制电路

这种因果关系称为逻辑非。按照前面两例的赋值规则，可得到非逻辑关系表和非逻辑真值表，如表 11-5（a)、(b）所示。

非运算的逻辑函数表达式为

$$Z=\overline{A} \tag{11-4}$$

式中，变量 A 上方的短横线表示非，即对 A 的逻辑值求反，读作“Z 等于 A 的非”或“Z 等于 A 的反”。

表 11-5

（a）非逻辑关系

开关 A	灯 Z
断	亮
通	灭

（b）非逻辑真值表

A	Z
0	1
1	0

11.3.2　逻辑代数的三个重要规则

（1）对于任一个含有变量 A 的逻辑等式，如果将等式两边的所有变量 A 都用另一个逻辑函数 Y 代替时，逻辑等式仍然成立。这个规则称为代入规则。

（2）对于任何一个逻辑函数式 Y，如果将式中所有的“·”换成“+”，“+”换成“·”，“0”换成“1”，“1”换成“0”，原变量换成反变量，便得到原来逻辑函数 Y 的反函数 $\overline{Y}$。这个规则称为反演规则。

（3）对于任何一个逻辑函数式 Y，如果将式中所有的“·”换成“+”，“+”换成“·”，“0”换成“1”，“1”换成“0”，便得到一个新的逻辑函数式 Y'。Y' 为 Y 的对偶式。这个规则称为对偶规则。

11.3.3　逻辑代数的运算法则

1．基本运算法则

$0\cdot A=0$

$1\cdot A=A$

$A\cdot\overline{A}=0$

$A\cdot A=A$

$0+A=A$

$1+A=1$

$A+\overline{A}=1$

$A+A=A$

2．交换律

$A\cdot B=B\cdot A$

$A+B=B+A$

3．结合律

$ABC=(AB)C=A(BC)$

$A+B+C=A+(B+C)=(A+B)+C$

4．分配律

$A(B+C)=AB+AC$

$A+BC=(A+B)(A+C)$

5．吸收律

$A(A+B)=A$

$A(\overline{A}+B)=AB$

$A+AB=A$

$A+\overline{A}B=A+B$

$AB+A\overline{B}=A$

$(A+B)(A+\overline{B})=A$

6．反演律（摩根定律）

$\overline{A+B}=\overline{A}\cdot\overline{B}$

$\overline{AB}=\overline{A}+\overline{B}$

【例 11-4】用逻辑代数运算法则化简以下逻辑式：

$$F=ABC+ABD+\overline{A}B\overline{C}+CD+B\overline{D}$$

解：

$$\begin{aligned}F&=ABC+\overline{A}B\overline{C}+CD+B(\overline{D}+DA)\\&=ABC+\overline{A}B\overline{C}+CD+B\overline{D}+BA\\&=AB(C+1)+\overline{A}B\overline{C}+CD+B\overline{D}\\&=AB+\overline{A}B\overline{C}+CD+B\overline{D}\\&=B(A+\overline{\overline{A}C})+CD+B\overline{D}\\&=AB+B\overline{C}+CD+B\overline{D}\\&=AB+B(\overline{C}+\overline{D})+CD\\&=AB+B\overline{CD}+CD\\&=AB+CD+B\\&=B+CD\end{aligned}$$

11.3.4 逻辑函数的卡诺图化简法

1．最小项

在逻辑函数中，如果一个与项（乘积项）包含该逻辑函数的全部变量，且每个变量或以原变量或以反变量只出现一次，则该与项称为最小项。对于 n 个变量的逻辑函数共有 2^n 个最小项。

如为 A、B、C 三个变量时，它的全部最小项共有 $2^3=8$ 个。表 11-6 中列出了三变量的全部最小项及其编号。

表 11-6 三变量全部最小项编号表

变量取值	最小项值								最小项编号	
ABC	$\overline{A}\,\overline{B}\,\overline{C}$	$\overline{A}\,\overline{B}C$	$\overline{A}B\overline{C}$	$\overline{A}BC$	$A\overline{B}\,\overline{C}$	$A\overline{B}C$	$AB\overline{C}$	ABC	最小项	编号
0 0 0	1	0	0	0	0	0	0	0	$\overline{A}\,\overline{B}\,\overline{C}$	m_0
0 0 1	0	1	0	0	0	0	0	0	$\overline{A}\,\overline{B}C$	m_1
0 1 0	0	0	1	0	0	0	0	0	$\overline{A}B\overline{C}$	m_2
0 1 1	0	0	0	1	0	0	0	0	$\overline{A}BC$	m_3
1 0 0	0	0	0	0	1	0	0	0	$A\overline{B}\,\overline{C}$	m_4
1 0 1	0	0	0	0	0	1	0	0	$A\overline{B}C$	m_5
1 1 0	0	0	0	0	0	0	1	0	$AB\overline{C}$	m_6
1 1 1	0	0	0	0	0	0	0	1	ABC	m_7

1）最小项性质

由表 11-6 可知，最小项有如下性质：

（1）对于变量的任一组取值，只有一个最小项的值为 1；

（2）不同的最小项，使其值为 1 的那组变量取值也不同；

（3）对于变量的同一组取值，任意两个最小项逻辑与的结果为 0；

（4）对于变量的同一组取值，全部最小项逻辑或的结果为 1。

2） 最小项编号

最小项用 m 表示。为叙述和书写方便，通常用十进制数作最小项的下标编号。编号方法是：将最小项中的原变量当作 1，反变量当作 0，则得一组二进制数，其对应的十进制数便为最小项的编号。例如三变量最小项 $A\overline{B}\,\overline{C}$ 对应的二进制数为 100，相应的十进制数为 4，所以最小项 $A\overline{B}\,\overline{C}$ 记作 m_4，即 $m_4=A\overline{B}\,\overline{C}$。根据这个编号方法，对三变量 A、B、C 的全部 $2^3=8$ 个最小项的编号见表 11-6 最右边一列。

3）最小项表达式

在与-或逻辑函数表达式中，有时与项并不都是最小项，这时可利用 $A+\overline{A}=1$ 的形式补充缺少的变量，将逻辑函数变换成最小项之和的最小项表达式。最小项表达式又称为标准与-或表达式。

【例 11-5】将逻辑函数 $Y=AB+AC+BC$ 变换为最小项表达式。

解：（1）利用 $A+\overline{A}=1$ 的形式作配项，补充缺少的变量

$$Y = AB(C+\overline{C}) + AC(B+\overline{B}) + BC(A+\overline{A})$$
$$= ABC + AB\overline{C} + ABC + A\overline{B}C + ABC + \overline{A}BC$$

（2）利用 $A + A = A$ 的形式合并相同的最小项

$$Y = \overline{A}BC + A\overline{B}C + AB\overline{C} + ABC$$
$$= m_3 + m_5 + m_6 + m_7$$
$$= \sum m\ (3,\ 5,\ 6,\ 7)$$

数学符号“Σ”表示累加运算，即逻辑加运算。

4）相邻最小项

相邻最小项是指只有一个变量互为反变量，其余变量都相同的两个最小项。这两个最小项在逻辑上是相邻的。相邻最小项简称相邻项。如三变量最小项 $\overline{ABC}$ 和 $\overline{AB}C$ 中只有 $\overline{C}$ 和 C 不同，其余都相同，所以 $\overline{ABC}$ 和 $\overline{AB}C$ 是相邻项。两个相邻项可进行合并，如 $\overline{ABC} + \overline{AB}C = \overline{AB}(\overline{C} + C) = \overline{AB}$，因此，两个相邻项可合并为一项，合并结果为两个相邻项中的共有变量，同时消去一个互非变量。

2．卡诺图

卡诺图是将逻辑上相邻的最小项变为几何位置上相邻的方格图，做到逻辑相邻和几何相邻的一致。对于 n 个变量，共有 2^n 个最小项，需用 2^n 个相邻方块表示这些最小项，称为 n 个变量的卡诺图。下面分别介绍二变量、三变量和四变量卡诺图的画法。

1）二变量卡诺图

两变量 A、B 共有 $2^2 = 4$ 个最小项：$m_0 = \overline{AB}$，$m_1 = \overline{A}B$，$m_2 = A\overline{B}$，$m_3 = AB$，根据相邻特性可画出如图 11-4 所示的卡诺图。

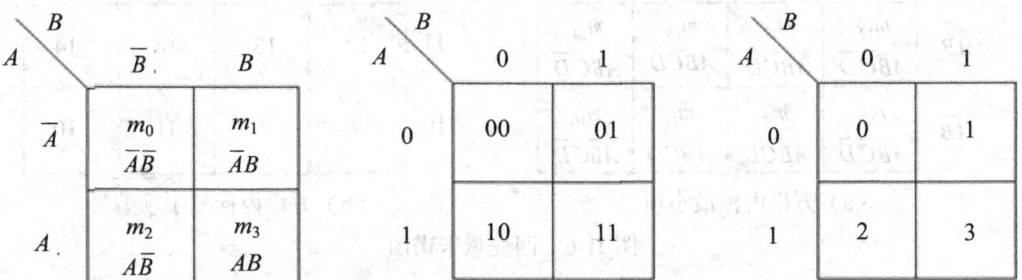

（a）方格内标最小项　　（b）方格内标最小项取值　　（c）方格内标最小项编号

图 11-4　二变量卡诺图

图 11-4（a）标出了 4 个最小项之间的相邻关系，由该图可看出：横向变量和纵向变量相交方格表示的最小项为这些变量的与组合，而且上下、左右方格中的最小项都为相邻项。如原变量用 1 表示，反变量用 0 表示，则图 11-4（a）可用图 11-4（b）表示。如用最小项编号表示，则可用图（c）图表示。

2）三变量卡诺图

三变量 A、B、C 共有 $2^3 = 8$ 个最小项，卡诺图由 8 个方格组成。根据相邻性原则可画出如图 11-5 所示的卡诺图。每个方格代表的最小项在几何位置上也相邻，而且同一行最左边方格和最右边方格内的最小项也是相邻的。因此，卡诺图中相邻项是循环相邻的。

$A \backslash BC$	$\overline{B}\,\overline{C}$	$\overline{B}C$	BC	$B\overline{C}$
$\overline{A}$	m_0 $\overline{A}\,\overline{B}\,\overline{C}$	m_1 $\overline{A}\,\overline{B}C$	m_3 $\overline{A}BC$	m_2 $\overline{A}B\overline{C}$
A	m_4 $A\overline{B}\,\overline{C}$	m_5 $A\overline{B}C$	m_7 ABC	m_6 $AB\overline{C}$

（a）方格内标最小项

$A \backslash BC$	00	01	11	10
0	0	1	3	2
1	4	5	7	6

（b）方格内标最小项编号

图 11-5　三变量卡诺图

3）四变量卡诺图

四变量 A、B、C、D 共有 $2^4=16$ 个最小项，卡诺图由 16 个方格组成。根据相邻性原则可画出如图 11-6 （a）所示的卡诺图。图中横向变量 AB 和纵向变量 CD 都按格雷码顺序排列，它保证了同一行最左方格和最右方格中的最小项相邻，同一列最上方格和最下方格中的最小项也相邻，这说明了卡诺图中的同一行及同一列方格中的最小项具有循环相邻的特性。

$AB \backslash CD$	$\overline{B}\,\overline{C}$	$\overline{B}C$	BC	$B\overline{C}$
$\overline{A}\,\overline{B}$	m_0 $\overline{A}\,\overline{B}\,\overline{C}\,\overline{D}$	m_1 $\overline{A}\,\overline{B}\,\overline{C}D$	m_3 $\overline{A}\,\overline{B}CD$	m_2 $\overline{A}\,\overline{B}C\overline{D}$
$\overline{A}B$	m_4 $\overline{A}B\overline{C}\,\overline{D}$	m_5 $\overline{A}B\overline{C}D$	m_7 $\overline{A}BCD$	m_6 $\overline{A}BC\overline{D}$
AB	m_{12} $AB\overline{C}\,\overline{D}$	m_{13} $AB\overline{C}D$	m_{15} $ABCD$	m_{14} $ABC\overline{D}$
$A\overline{B}$	m_8 $A\overline{B}\,\overline{C}\,\overline{D}$	m_9 $A\overline{B}\,\overline{C}D$	m_{11} $A\overline{B}CD$	m_{10} $A\overline{B}C\overline{D}$

（a）方格内标最小项

$AB \backslash CD$	00	01	11	10
00	0	1	3	2
01	4	5	7	6
11	12	13	15	14
10	8	9	11	10

（b）方格内标最小项编号

图 11-6　四变量卡诺图

3．用卡诺图化简逻辑函数

1）用卡诺图表示逻辑函数

任何一个逻辑函数都可用卡诺图来表示。

（1）逻辑函数为标准与-或表达式。

将逻辑函数中的最小项填入卡诺图的相应方格。

【例 11-6】用卡诺图表示逻辑函数。

$$Y(A, B, C, D)=\sum m(0, 2, 4, 6, 10, 11, 14, 15)$$

解：① 画四变量卡诺图，如图 11-7 所示。

②将最小项填入卡诺图。表达式中出现最小项编号的，对应方格填 1，未出现最小项编号的对应方格填 0，也可不填。

（2）逻辑函数为非标准与-或表达式。

将逻辑函数变换为最小项表达式后填入卡诺图的相应方格。

【例 11-7】用卡诺图表示以下逻辑函数。

$$Y=\overline{A}BC+AB+B\overline{D}$$

解：① 画四变量卡诺图，如图 11-8 所示。

AB \ CD	00	01	11	10
00	1	0	0	1
01	1	0	0	1
11	0	0	1	1
10	0	0	1	1

图 11-7 例 11-6 的卡诺图

AB \ CD	00	01	11	10
00	0	0	0	0
01	1	0	1	1
11	1	1	1	1
10	0	0	0	0

图 11-8 例 11-7 的卡诺图

② 将逻辑函数变换为最小项表达式

$$\begin{aligned}Y&=\overline{A}BC\overline{D}+\overline{A}BCD+AB\overline{C}\overline{D}+AB\overline{C}D+ABC\overline{D}+ABCD+\overline{A}B\overline{C}\overline{D}\\&=\Sigma m(4，6，7，12，13，14，15)\end{aligned}$$

③ 将最小项填入卡诺图。

（3）利用与项（乘积项）的特征填卡诺图。

与项中的原变量用 1 表示，反变量用 0 表示。与项中的变量在卡诺图左侧时，作相应的横向虚线，上方有同一与项的变量时，作相应的纵向虚线，它们相交的方格便为所求的最小项。

【例 11-8】将逻辑函数直接填入卡诺图。

$$Y=BD+\overline{A}\overline{B}C+\overline{A}B\overline{C}\overline{D}$$

解：① 画四变量卡诺图，如图 11-9 所示。

② 填卡诺图。乘积项 BD 缺少变量 A 和 C，它有 4 种不同的组合，因此，BD 有 4 个最小项。对于 BD 取 $B=1$、$D=1$，左侧第 2、3 行包含变量 B，通过这两行作两条横向虚线；上方第 2、3 列包含 D，故经这两列作两条纵向虚线，它们在 5、7、13、15 方格中相交，这 4 个方格便为 BD 的 4 个最小项 m_5、m_7、m_{13}、m_{15}，并在这 4 个方格中填入 1，如图 11-9（a）所示。

乘积项 ABC 取 $A=0$、$B=0$、$C=1$，这时通过第 1 行作一条横向虚线，通过第 3、4 列分别作两条纵向虚线，它们相交的第 3、2 方格便为所求的最小项 m_3 和 m_2，并填入 1，如图 11-9（b）所示。

$\overline{A}B\overline{C}\overline{D}$ 为 m_4，可直接在卡诺图 4 方格中填入 1，如图 11-9（c）所示。

图 11-9（d）为逻辑函数 $Y=BD+\overline{A}\overline{B}C+\overline{A}B\overline{C}\overline{D}$ 的卡诺图。

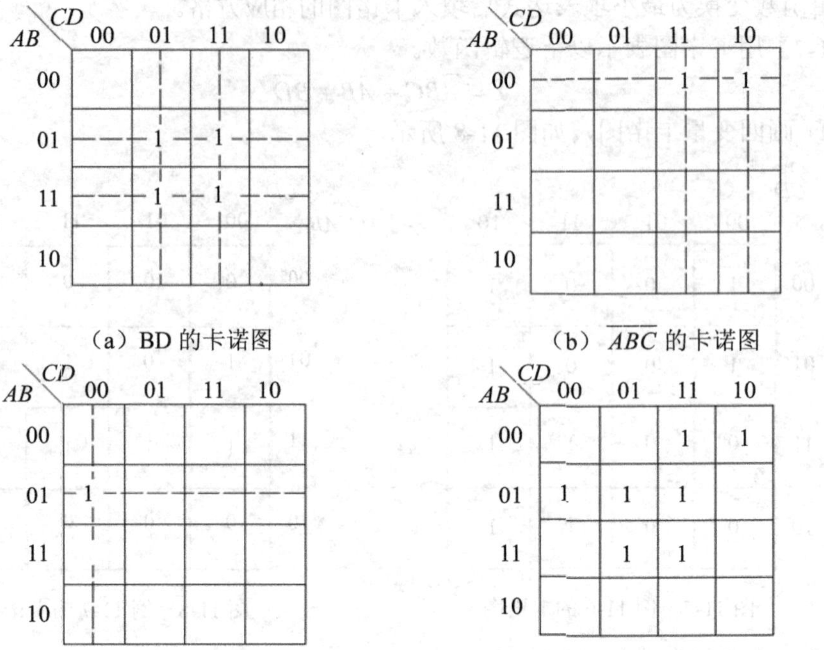

（a）BD 的卡诺图　　（b）$\overline{\overline{A}BC}$ 的卡诺图

（c）$\overline{A}B\overline{C}\overline{D}$ 的卡诺图　　（d）$Y = BD + \overline{\overline{A}BC} + \overline{A}B\overline{C}\overline{D}$ 的卡诺图

图 11-9　由与-或表达式直接填卡诺图

（4）逻辑函数为真值表。

逻辑函数的真值表与卡诺图有着直接的一一对应关系，可根据真值表直接填卡诺图。

【例 11-9】已知三变量逻辑函数 Y 的真值表如表 11-7 所示，试画出其卡诺图。

表 11-7　三变量全部最小项编号

A	B	C	Y
0	0	0	1
0	0	1	1
0	1	0	0
0	1	1	0
1	0	0	1
1	0	1	0
1	1	0	1
1	1	1	0

解：① 画三变量卡诺图，如图 11-10 所示。

② 根据真值表填卡诺图。将逻辑函数 Y 为 1 对应的最小项直接填入卡诺图相应的方格内。

2）用卡诺图化简逻辑函数

由于卡诺图中的最小项具有循环相邻的特性，所以，在卡诺图中几何位置相邻的最小项必然是逻辑上相邻的，利用公式 $AB + A\overline{B} = A$ 可将两个相邻项合并为一项，合并结果为两个相邻项的共有变量，同时消去一个互非的变量。

A \ BC	00	01	11	10
0	1	1	0	0
1	1	0	0	1

图 11-10　例 11-9 的卡诺图

（1）两个相邻最小项合并为一项，消去一个变量，合并结果为它们的共有变量。

图 11-11 中示出了几种两个相邻最小项的情况，为了清楚起见，将合并的相邻最小项画了包围圈。由图 11-11 可得

$$Y_a = m_7 + m_6 = \bar{A}BCD + \bar{A}BC\bar{D} = \bar{A}BC(D + \bar{D}) = \bar{A}BC$$

$$Y_b = m_5 + m_{13} = \bar{A}B\bar{C}D + AB\bar{C}D = B\bar{C}D$$

$$Y_c = m_{12} + m_{14} = AB\bar{C}\bar{D} + ABC\bar{D} = AB\bar{D}$$

$$Y_d = m_3 + m_{11} = \bar{A}\bar{B}CD + A\bar{B}CD = \bar{B}CD$$

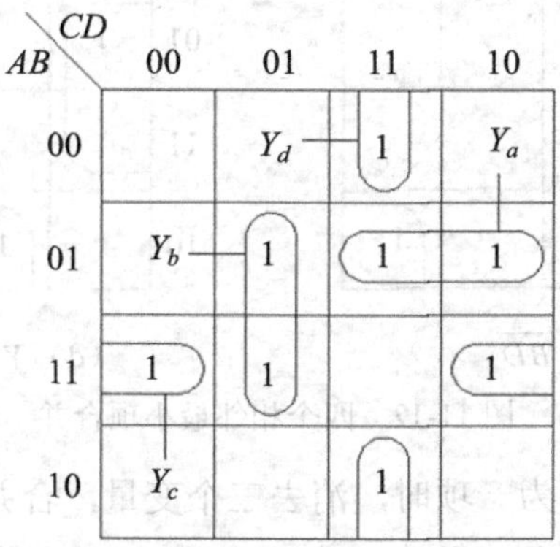

图 11-11　两个相邻最小项合并

由上面讨论可知，两个相邻最小项合并时，合并结果为两个相邻最小项的共有变量，消去一个互非的变量。因此，利用卡诺图合并相邻最小项时，实际上是从卡诺图中直接找出合并相邻最小项的共有变量。

（2）四个相邻最小项合并为一项，消去两个变量，合并结果为它们的共有变量。

图 11-12 中示出了四个相邻最小项的合并情况。由图 11-12（a）得

$$\begin{aligned} Y &= m_5 + m_7 + m_{13} + m_{15} \\ &= \bar{A}B\bar{C}D + \bar{A}BCD + AB\bar{C}D + ABCD \\ &= \bar{A}BD(\bar{C} + C) + ABD(\bar{C} + C) \\ &= \bar{A}BD + ABD \\ &= BD(\bar{A} + A) \\ &= BD \end{aligned}$$

可见，合并结果为这四个相邻最小项的共有变量，消去项为 A、$\bar{A}$ 和 C、$\bar{C}$。同理，

由图 11-12（b）可得合并结果为$Y = AB$；图 11-12（c）的合并结果为$Y = \overline{BD}$；图 11-12（d）的合并结果为$Y = \overline{B}D + B\overline{D}$。

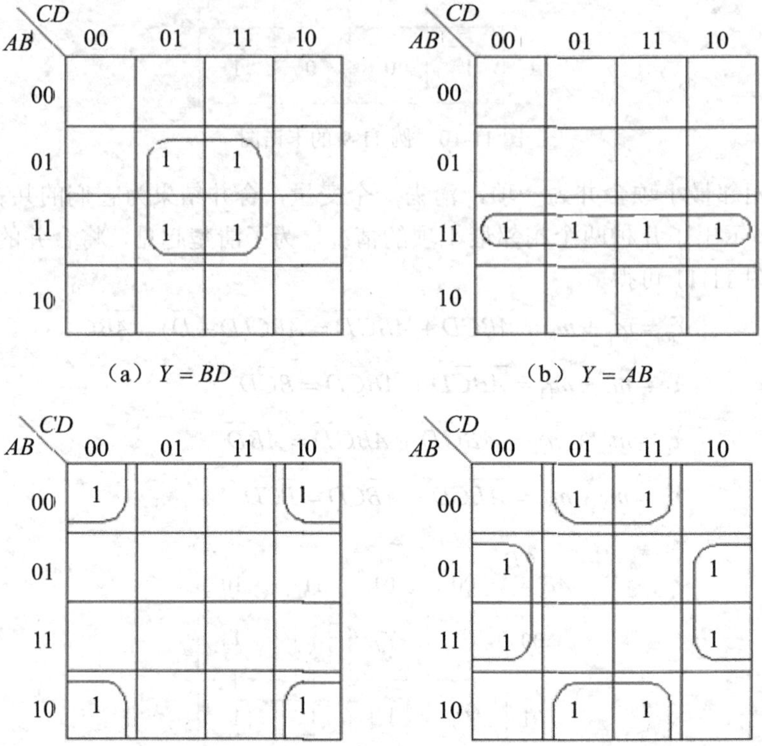

（a）$Y = BD$　　（b）$Y = AB$

（c）$Y = \overline{BD}$　　（d）$Y = \overline{B}D + B\overline{D}$

图 11-12　四个相邻最小项合并

（3）八个相邻最小项合并为一项时，消去三个变量，合并结果为它们的共有变量。

由图 11-13（a）可得$Y = m_4 + m_5 + m_7 + m_6 + m_{12} + m_{13} + m_{15} + m_{14} = B$。图 11-13（b）的合并结果为$Y = \overline{C}$，图 11-13（c）的合并结果为$Y = \overline{B}$，图 11-13（d）的合并结果为$Y = \overline{D}$。

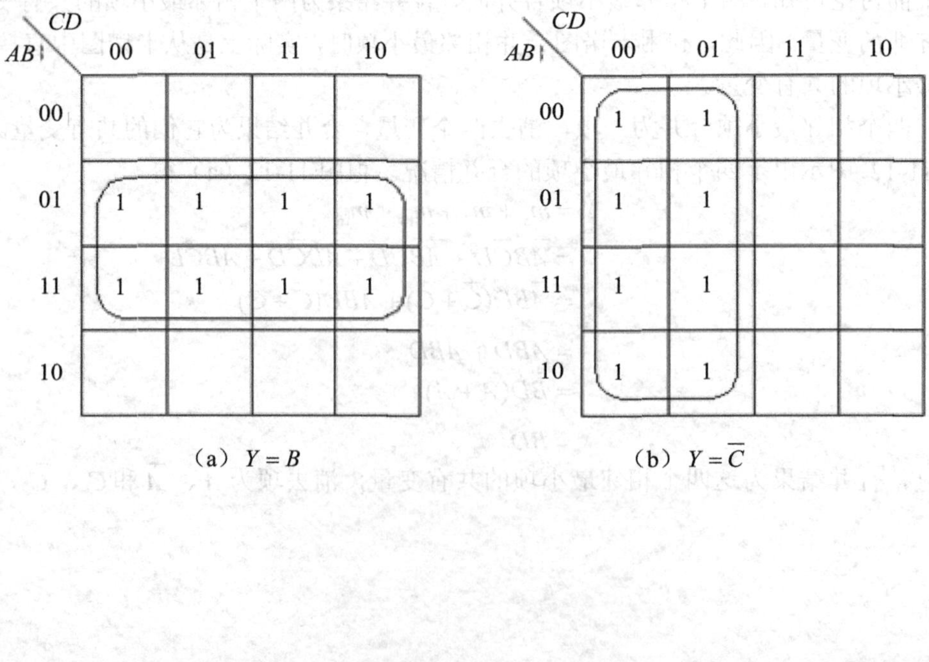

（a）$Y = B$　　（b）$Y = \overline{C}$

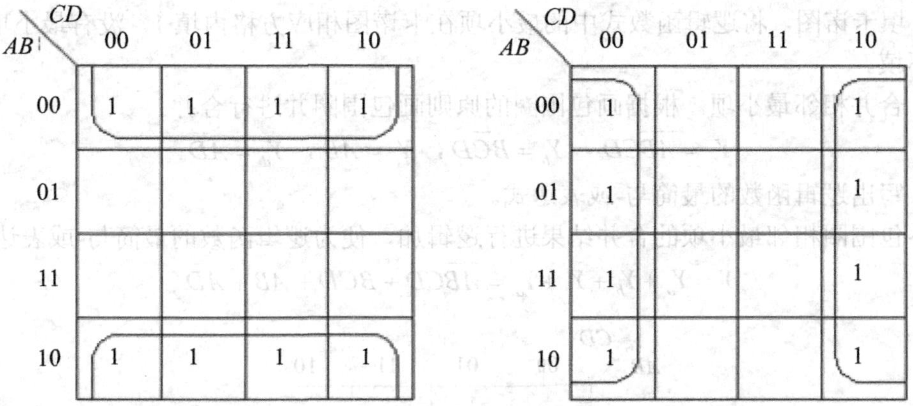

（c）$Y=\overline{B}$　　　　　　（d）$Y=\overline{D}$

图 11-13　八个相邻最小项合并

由上面分析可知用卡诺图化简逻辑函数画包围圈合并相邻项时，应注意以下原则：

（1）每个包围圈内相邻 1 方格的个数一定是 2^n 个方格，n=0，1，2，3，…

（2）同一个 1 方格可以被不同的包围圈重复包围多次，但新增加的包围圈中必须有原先没有被圈过的 1 方格。

（3）包围圈中相邻 1 方格的个数尽量多。这样，消去的变量数多，与门输入端数目少。

（4）包围圈的个数尽量少。这样，逻辑函数的与项少，使用门电路数少。

（5）注意卡诺图的循环邻接特性。同一行的最左与最右方格中的最小项相邻，同一列的最上与最下方格中的最小项相邻。

【例 11-10】用卡诺图化简以下逻辑函数。

$$Y=\overline{A}BC+A\overline{B}C+AB\overline{C}+ABC$$

解：（1）画三变量卡诺图，如图 11-14 所示。

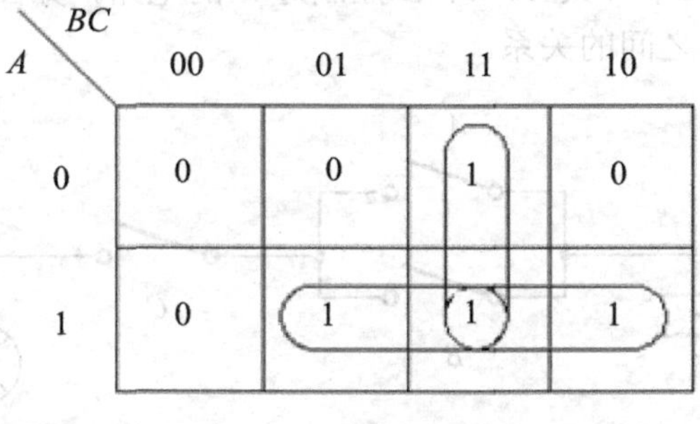

图 11-14　例 11-10 的三变量卡诺图

（2）填卡诺图。有最小项的方格填 1。

（3）合并相邻最小项，并写出逻辑函数的最简与-或表达式。

$$Y=AB+BC+AC$$

【例 11-11】用卡诺图化简逻辑函数。

$$Y(A,B,C,D)=\Sigma m(3,5,8,10,12,13,14,15)$$

解：（1）画四变量卡诺图，如图 11-15 所示。

（2）填卡诺图。将逻辑函数式中的最小项在卡诺图相应方格内填 1，没有最小项的方格填 0 或不填。

（3）合并相邻最小项。根据画包围圈的原则画包围圈并进行合并。

$$Y_a = \overline{A}\,\overline{B}CD\text{，}\quad Y_b = B\overline{C}D\text{，}\quad Y_c = AB\text{，}\quad Y_d = A\overline{D}$$

（4）写出逻辑函数的最简与-或表达式。

将各包围圈相邻最小项的合并结果进行逻辑加，便为逻辑函数的最简与-或表达式。

$$Y = Y_a + Y_b + Y_c + Y_d = \overline{A}\,\overline{B}CD + B\overline{C}D + AB + A\overline{D}$$

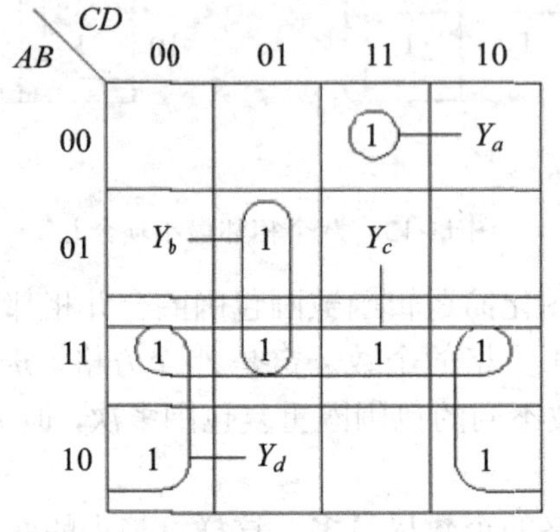

图 11-15　例 11-11 的卡诺图

11.3.5　逻辑函数的几种表示方法及相互转换

任何逻辑函数都可以用逻辑真值表、逻辑函数表达式（或逻辑表达式）、逻辑电路图（或逻辑图）、卡诺图等方法来描述。对于同一个逻辑函数，它的几种表示方法都是可以相互转换的。

【例 11-12】 一个由三个开关 A、B、C 控制灯 F 的电路，如图 11-16 所示，试以数字逻辑函数描述电路中各个量之间的关系。

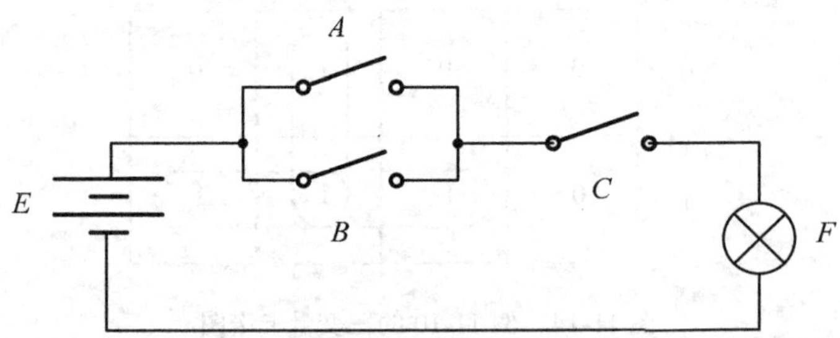

图 11-16　开关灯电路

解：由题意不难看出，开关 A、B、C 的闭合或断开最终决定灯 F 处于亮还是灭的状态。根据逻辑函数的基本概念，设输入逻辑变量为开关 A、B、C，输出逻辑变量为灯 F。

1）逻辑真值表

逻辑真值表是将输入逻辑变量的各种可能取值和相应的函数（输出逻辑变量）值排列在一起而组成的表格。为了避免在表格排列时出现遗漏，各输入变量的取值组合一般是按照二进制递增的次序排列的。

由例 11-12，如果以 1 表示开关闭合和灯亮的状态，以 0 表示开关断开和灯灭的状态，那么，开关 A、B、C 的八个状态组合对应灯 F 的八个确定状态，根据电路列出真值表如下表 11-8 所示。

表 11-8　开关灯电路的真值表

A	B	C	F
0	0	0	0
0	0	1	0
0	1	0	0
0	1	1	1
1	0	0	0
1	0	1	1
1	1	0	0
1	1	1	1

2）逻辑表达式

逻辑表达式是指用与、或、非等运算的组合形式表示输入与输出逻辑变量之间关系的逻辑代数式。

逻辑表达式可以由真值表转换而来，具体方法为：在真值表中依次找出函数（输出逻辑变量）值等于 1 的输入逻辑变量组合，变量值为 1 的写成原变量，变量值为 0 的写成反变量，把组合中各个变量相乘。这样，对应于函数值为 1 的每一个输入逻辑变量组合就可以写成一个乘积项。然后，把这些乘积项相加，就得到相应的逻辑表达式。

由例 11-12 及表 11-8，函数 F 的值为 1 的乘积项分别为 $\overline{A}BC$、$A\overline{B}C$、ABC，相应的逻辑表达式为 $F=\overline{A}BC+A\overline{B}C+ABC$。

3）逻辑图

逻辑图就是由逻辑符号及它们之间的连线而构成的图形。由逻辑表达式可以画出其相应的逻辑图。

由例 11-12 的逻辑表达式，可画出如图 11-17 所示的逻辑图。

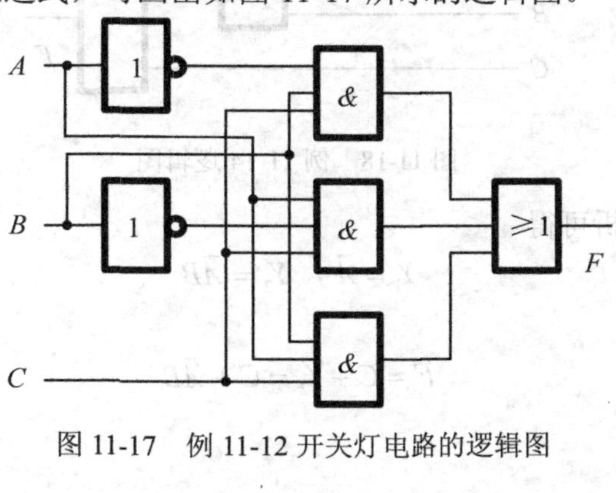

图 11-17　例 11-12 开关灯电路的逻辑图

4）逻辑函数表示方法的相互转换

逻辑函数的几种表示方法中，不仅可以由逻辑真值表转换为逻辑表达式或由逻辑表达式转换为逻辑图，还有其他几种转换关系。

（1）已知逻辑表达式求真值表。

如果有了逻辑表达式，只要把输入变量取值的所有组合状态逐一代入逻辑表达式中算出逻辑函数值，然后将输入变量取值组合与逻辑函数值对应地列成表，就得到逻辑函数的真值表。

【例 11-13】 已知逻辑表达式$Y=\overline{A}B+\overline{A}\overline{B}C$，求与它对应的真值表

解：首先观察到逻辑表达式中有 A、B、C 三个输入变量，它们的各种可能取值就有 $2^3=8$ 组，将每组取值一一代入表达式，求出对应的 Y 值，列成表格后即得出真值表如表 11-9 所示。

表 11-9 例 11-13 真值表

A	B	C	F
0	0	0	0
0	0	1	1
0	1	0	1
0	1	1	1
1	0	0	0
1	0	1	0
1	1	0	0
1	1	1	0

（2）已知逻辑图求逻辑表达式。

将逻辑图转换为逻辑表达式时，只要从输入到输出逐级写出输出端的逻辑表达式，即可得逻辑图对应的逻辑表达式。

【例 11-14】 试写出图 11-14 所示逻辑图的逻辑表达式。

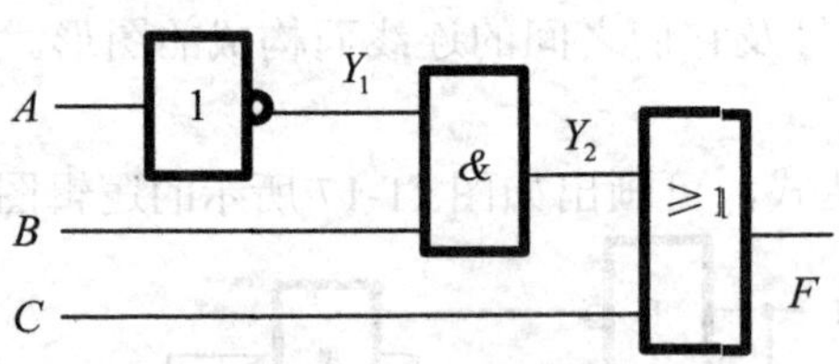

图 11-18 例 11-14 逻辑图

解：由图 11-18 分析可得

$$Y_1=\overline{A}，\ Y_2=\overline{A}B$$

所以

$$F=C+Y_2=C+\overline{A}B$$

本章小结

1．二进制、八进制及十六进制，利用权展开式可将任意进制数转换为十进制数。将十进制数转换为其他进制数时，整数部分采用基数除法。利用1位八进制数由3位二进制数构成，1位十六进制数由4位二进制数构成，可以实现二进制数与八进制数以及二进制数与十六进制数之间的相互转换。BCD码是用4位二进制代码代表1位十进制数的编码，有多种BCD码形式，最常用的是8421 BCD码。

2．逻辑代数是分析和设计数字电路的重要工具。基本逻辑运算有与、或、非三种。逻辑代数的公式和定理是推演、变换及化简逻辑函数的依据。

3．化简的目的是要寻找用最少的硬件实现同样功能的逻辑表达式。逻辑函数的化简有公式法和图形法等。

公式法是利用逻辑代数的公式、定理和规则来对逻辑函数化简，这种方法适用于各种复杂的逻辑函数，但需要熟练和灵活运用公式和定理，且具有一定的化简技巧。

图形法就是利用函数的卡诺图来对逻辑函数化简，有一定的化简步骤和方法可循，简单直观，不易出错，但变量较多时卡诺图较复杂，因此图形法仅适用于化简少变量逻辑函数。

4．任何逻辑函数都可以用逻辑真值表、逻辑函数表达式（或逻辑表达式）、逻辑电路图（或逻辑图）、卡诺图等方法来描述。对于同一个逻辑函数，它的几种表示方法都是可以相互转换的。

习题十一

11.1 单选题。

1．与十六进制数BC等值的二进制数是（　　）。

A．10111011　　B．10111100　　C．11001100　　D．11001011

2．把4个不同数制的数按从大到小的次序排列：(378.125)10、(110000)2、(17A)16、(67)8，排列顺序正确的是（　　）。

A．(378.125)10> (17A)16> (67)8 > (110000)2

B．(67)8> (378.125)10> (17A)16> (110000)2

C．(67)8> (17A)16> (110000)2> (378.125)10

D．(17A)16> (378.125)10>(110000)2> (67)8

3．十进制数整数100化为二进制数是（　　）。

A．1100100　　B．1101000　　C．1100010　　D．1110100

4．描述逻辑函数各个变量取值组合和函数值对应关系的表格叫（　　）。

A．真值表　　B．逻辑表达式　　C．逻辑图　　D．以上都不是

5．逻辑表达式A+BC =（　　）。

A．A+C　　B．(A+B)(A+C)　　C．A+B　　D．B+C

6．函数L= AB+B+BCD=（　　）。

A．B　　B．0　　C．1　　D．A+B

7．标准与或式是由（　　）逻辑表达式。

A．最小项相或　　B．或项相与　　C．最大项相与　　D．与项相或

8．下列逻辑式中，正确的是（　　）。

A．A = 1+A　　B．A = 1　　C．A = 0　　D．A =A

9．以下表达式中符合逻辑运算法则的是（　　）。

A．1+1=10　　B．A+1=1　　C．C·C=C2　　D．0<1

10．下列描述中，错误的是（　　）。

A．若两个函数具有相同的逻辑函数式，则两个逻辑函数必然相等。

B．若两个函数具有不同的逻辑函数式，则两个逻辑函数必然不相等。

C．若两个函数具有不同的真值表，则两个逻辑函数必然不相等。

D．若两个函数具有相同的真值表，则两个逻辑函数必然相等。

11．四变量函数，（　　）是其最小项。

A．ABC+D　　B．ACD　　C．AB+CD　　D．ABCD

12．F=A+BD+CDE+D=（　　）。

A．A　　B．A+D　　C．D　　D．A+BD

13．函数卡诺图法化简中，四个相邻项可以合并为一项，它能（　　）。

A．消去 1 个表现形式不同的变量，保留相同变量

B．消去 3 个表现形式不同的变量，保留相同变量

C．消去 4 个表现形式不同的变量，保留相同变量

D．消去 2 个表现形式不同的变量，保留相同变量

14．当输入变量 A、B 全为‘1’时，输出 F=0，则输出与输入的关系是（　　）运算。

A．或非　　B．或　　C．与非　　D．同或

11.2　什么是进位计数制？常用的进制有哪些？

11.3　将下列十进制数转换为二进制数：

5；18；29；36；57

11.4　将下列二进制数转换为十进制数：

$(1010)_2$；$(011101)_2$；$(10010110)_2$

11.5　将下列十六进制数转换为十进制数：

$(ED)_{16}$；$(15)_{16}$；$(C4)_{16}$

11.6　将下列 8421 码写成十进制数：

$(0010\ \ 0011\ \ 1001)_{BCD}$；　$(0111\ \ 1111\ \ 1011\ \ 0001)_{BCD}$

11.7　将下列十进制数写成 8421BCD 码：

$(57)_{10}$；　$(423)_{10}$；　$(760)_{10}$

11.8　试回答 $\bar{\bar{1}}=?$，$\bar{\bar{0}}=?$

11.9　将下列各式写成与非形式：

$$F = \bar{A}BC + A\bar{B}C + AB\bar{C} + ABC$$

$$F = A\bar{B} + A\bar{C} + \bar{A}BC$$

$$F = \overline{AB} + (\overline{A} + B)\overline{C}$$

11.10 应用逻辑代数推证下列各式：

$$ABC + \overline{A} + \overline{B} + \overline{C} = 1$$

$$\overline{A}B + \overline{A}BCD(E + F) = \overline{A}B$$

11.11 用公式法将下列函数化为最简的与或表达式。

（1）$Z = \overline{A + B + C} + A\overline{B}\overline{C}$

（2）$Z = \overline{\overline{A}BC}(B + \overline{C})$

（3）$Z = AD + A\overline{D} + \overline{A}B + \overline{A}C + BFE + CEFG$

（4）$Z = A\overline{B}C + \overline{A} + B + \overline{C}$

（5）$Z = A\overline{B} + B + \overline{A}B$

（6）$Z = \overline{AB + \overline{A}\overline{B} + \overline{A}B + A\overline{B}}$

11.12 写出下列函数的最小项表达式。

（1）$Y = A\overline{C} + \overline{B}C = AB\overline{C} + A\overline{B}\overline{C} + A\overline{B}C + \overline{A}\overline{B}C$

（2）$Y = \overline{ABC}D + CD = A\overline{B}\overline{C}D + \overline{A}\overline{B}CD + \overline{A}BCD + A\overline{B}CD + ABCD$

（3）$Y = A + B + C = \overline{A}\overline{B}C + \overline{A}B\overline{C} + \overline{A}BC + A\overline{B}\overline{C} + A\overline{B}C + AB\overline{C} + ABC$

11.13 求出图 11-19 所示卡诺图的最简与或式。

AB \ CD	00	01	11	10
00	1	1		1
01	1			
11	1		1	
10	1			1

（a）

AB \ CD	00	01	11	10
00		1	1	
01	1	1	1	
11	1			1
10				1

（b）

图 11-19　题 11.13 图

11.14 利用卡诺图化简下列逻辑函数。

（1）$Z(A,B,C) = \sum m(0,2,4,6)$

（2）$Z(A,B,C) = \sum m(0,1,2,5,6,7)$

（3）$Z(A,B,C,D) = \sum m(2,,6,7,8,9,10,11,13,14,15)$

（4）$Z(A,B,C,D) = \sum m(0,1,2,5,6,7,8,9,13,14)$

（5）$Z = \overline{ABC} + \overline{A}B\overline{C} + \overline{A}C$

11.15 根据下列各逻辑表达式画出相应的逻辑图。

（1）$Y_1 = AB + AC$

（2）$Y_2 = \overline{AB} + A\overline{C}$

第十二章　门电路和组合逻辑电路

【学习目标】

1. 了解 TTL 门电路和 CMOS 门电路概念。
2. 理解基本逻辑电路。
3. 掌握组合逻辑电路的分析和设计。

基本逻辑门电路是构成其他各种功能电路的基础。本章首先简要介绍基本逻辑电路，然后分析讨论组合逻辑电路的一般分析方法和设计方法，主要从设计的角度讨论编码器、译码器、数据选择器和分配器等功能电路的工作原理及应用。

12.1　基本逻辑电路

用以实现基本逻辑运算和复合逻辑运算的电子电路称为逻辑门电路。常用的逻辑门电路有与门、或门、非门、与非门、或非门、与或非门、异或门和同或门等。它们是组成各种数字系统的基本逻辑门电路。

集成逻辑门电路主要有 TTL 门电路和 CMOS 门电路。TTL 门电路由双极型晶体管组成，CMOS 门电路由单极型 MOS 管组成。

TTL 门电路的工作速度较高，但功耗也较大，集成度不高；CMOS 门电路功耗小，集成度高，但工作速度不及 TTL 门电路高。这两种类型的集成电路正朝着高速度、低功耗、高集成度的方向发展。

各种门电路的输入和输出只有高电平 U_H 和低电平 U_L 两个不同的状态。高电平和低电平不是一个固定的数值，都允许有一定的变化范围。如在 TTL 门电路中，在 2.4～3.6V 范围内的电压都称为高电平，标准高电平 U_{SH} 常取 3V；在 0～0.8V 范围内的电压都称为低电平，标准低电平 U_{SL} 常取 0.3V，如图 12-1 所示。

在数字电路中，用 1 表示高电平，用 0 表示低电平时，称为正逻辑；用 0 表示高电平，用 1 表示低电平时，称为负逻辑。在本书中，如未加特别说明，则一律用正逻辑。

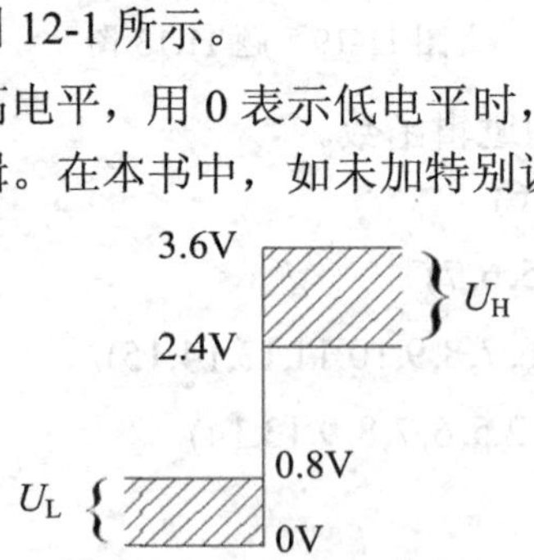

图 12-1　高电平和低电平示意图

12.1.1　晶体二极管与门电路

如图 12-2（a）所示为二输入端与门电路。

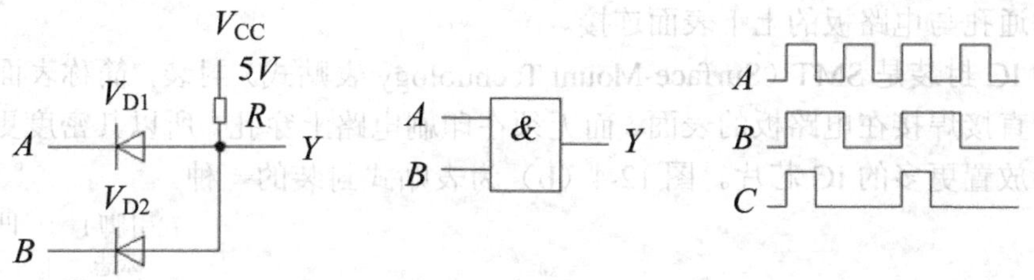

（a）电路图　　（b）逻辑符号　　（c）工作波形

图 12-2　二输入端与门电路的工作原理

由图可知，在 A、B 两个输入信号中，只要有一个或两个输入信号为低电平 0，输出 Y 便为低电平 0；只有 A、B 两个输入信号都为高电平 1 时，输出 Y 才为 1，其真值表如表 12-1 所示。由此表可以看出，输出和输入之间为与逻辑关系。因此，与门的输出逻辑表达式为

$$Y = A \cdot B \tag{12-1}$$

表 12-1　与门的真值表

输入		输出
A	B	Y
0	0	0
0	1	0
1	0	0
1	1	1

如图 12-2（b）所示为与门的逻辑符号。根据与门的逻辑功能可画出它的输入和输出波形，如图 12-2（c）所示。

当与门有多个输入端时，则式（12-1）可推广为

$$Y = A \cdot B \cdot C \tag{12-2}$$

与门用以实现与运算，二极管门电路线路简单，元件少、概念直观。由于二极管导通电压和输出端杂散电容的存在，在实际使用时，会引起信号电平偏离，开关速度变慢，带负载能力变差，容易造成逻辑功能的混乱。因此，实际应用中很少使用二极管门电路，而大多采用集成电路。

集成电路（IC）是一种完全由半导体材料（通常是硅）构成的微小芯片上制作的电子电路。集成电路比分立元件电路有许多显著的优点，如体积小、耗电省、重量轻、可靠性高等，所以集成电路一出现就受到人们的极大重视并迅速得到广泛应用。

图 12-3 是某 IC 封装的截面图。硅片封装在塑料或陶瓷外壳的内部，上面集成了逻辑电路，芯片通过细导线与外部引脚相连。

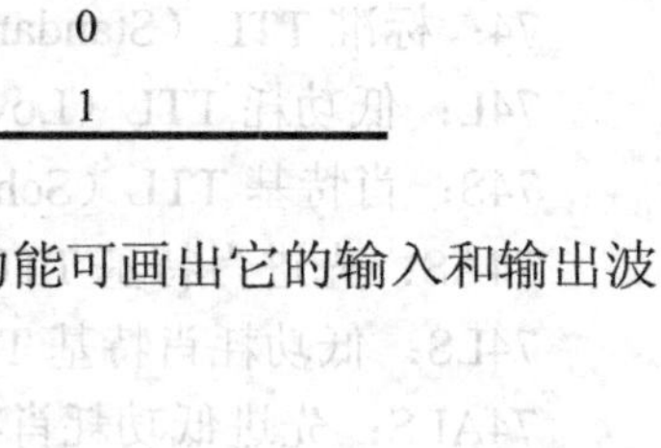

图 12-3　某 IC 封装的截面图

数字集成电路的封装是多种多样的。最常用的是采用塑料或陶瓷封装技术的双列直插式封装（DIP），这种封装是绝缘密封的，用于直插式印制电路板，图 12-4（a）和图 12-5 分别是 14 脚 DIP 的外形和引脚标号。其引脚垂直向下以便插

入电路板的通孔与电路板的上下表面连接。

另一种 IC 封装是 SMT（Surface-Mount Technology 表贴式）封装，简称表面贴装。SMT 封装的芯片直接焊接在电路板的表面，而无须在印刷电路上穿孔，所以其密度更高，即给定区域内可以放置更多的 IC 芯片。图 12-4（b）为表贴式封装的一种。

（a）双列直插式封装（DIP）（b）表贴式封装双列直插式封装（SMT）

图 12-4　IC 封装型式

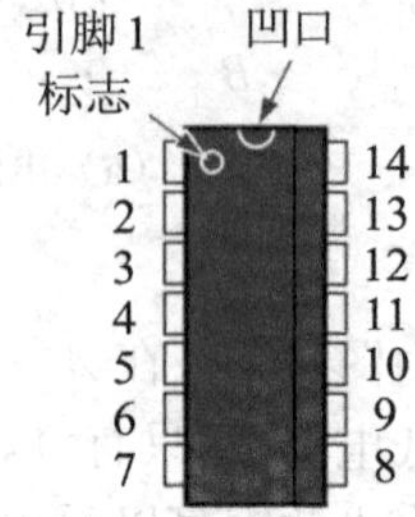

图 12-5　引脚标号

使用集成门电路芯片时，要特别注意其引脚配置及排列情况，分清每个门的输入端、输出端和电源端、接地端所对应的引脚，这些信息及芯片中门电路的性能参数，都收录在有关产品的数据手册中，因此使用时要养成查数据手册的习惯。

在小规模集成电路中。TTL 门电路有 74（民用）和 54（军用）两大系列，每个系列中又有若干子系列。例如，74 系列包含如下基本子系列：

74：标准 TTL（Standard TTL）；

74L：低功耗 TTL（Low-power TTL）；

74S：肖特基 TTL（Schottky TTL）；

74AS：先进肖特基 TTL（Advanced Schottky TTL）；

74LS：低功耗肖特基 TTL（Low-power Schottky TTL）；

74ALS：先进低功耗肖特基 TTL（Advanced Low-power Schottky TTL）。

TTL 集成门可组成各种门电路、编码器、译码器等逻辑器件，国产的 TTL 电路有 CT54/74 标准系列、CT54/74H 高速系列、CT54/74S 肖特基系列、CT54/74LS 低功耗肖特基系列等。

使用者在选择 TTL 子系列时主要考虑它们的速度和功耗，其速度及功耗的比较见表 12-2。其中 74LS 系列产品具有最佳的综合性能，是 TTL 集成电路的主流，是应用最广的系列。

表 12-2　TTL 系列速度及功耗的比较

速　度	TTL 系列	功　耗	TTL 系列
最快 ↓ 最慢	74AS 74S 74ALS 74LS 74 74L	最小 ↓ 最大	74L 74ALS 74LS 74AS 74 74S

TTL 集成电路的型号由五部分构成。

如 CT74LS××CP。

第一部分字母 C 表示国标。

第二部分字母 T 表示 TTL 电路。

第三部分是器件系列和品种代号，74 表示国际通用 74 系列，54 表示军用产品系列；LS 表示低功耗肖特基系列；××为品种代号。

第四部分字母表示器件工作温度，C 为 0℃～70℃，G 为-25℃～70℃，L 为-25℃～85℃，E 为-40℃～85℃，R 为-55℃～85℃。

第五部分字母表示器件封装，P 为塑料双列直插式，J 为黑瓷双列直插式。

CT74LS××CP 可简称或简写为 74LS××或 LS××。

具有相同代码的集成电路，不管属于哪个系列，它们的逻辑功能相同，外形尺寸相同，引脚也兼容。例如：00 代表 4 路 2 输入与非门；02 代表 4 路 2 输入或非门；08 代表 4 路 2 输入与门。

TTL 集成电路在使用时要注意以下技巧:

（1）TTL 集成电路功耗较大，电源电压必须保证在4.75～5.25V，建议使用稳压电源供电。

（2）TTL 集成电路若有不使用的多余引脚可以悬空，相当于高电平，但实际使用中抗干扰能力差，一般不建议采用。与门和与非门的多余引脚应将其接至固定的高电平，或门和或非门多余引脚应将其接地。

（3）TTL 集成电路的输入端不能直接与高于 5.5V 或低于-0.5V 的低内阻电源连接，否则会造成器件损坏。

（4）TTL 集成电路的输出端不允许与正电源或地短接，必须通过电阻与正电源或地连接。

CMOS 集成门电路由场效应管构成，它的特点是集成度高、功耗低，但速度较慢、抗静电能力差。虽然 TTL 门电路由于速度快和更多类型选择而流行多年，但 CMOS 门电路具有功耗低、集成度高的优点，而且其速度也已经获得了很大的提高，目前已经能够与 TTL 门电路相媲美。因此，CMOS 门电路获得了广泛的应用，CMOS 集成门常用作反相器、传输门。特别是在大规模集成电路和微处理器中已经占据了支配地位。

CMOS 集成门电路系列较多，现主要有 4000（普通）、74HC（高速）、74HCT（与 TTL 兼容）等产品系列，其中 4000 系列品种多、功能全，现仍被广泛使用。外形封装与 TTL 集成门电路相同。

CMOS 集成电路主要有以下几个系列。

（1）标准型 CMOS 电路：4000 系列、4500 系列是标准型 CMOS 电路，如美国无线电公司的 CD4000/4500 系列，美国摩托罗拉公司的 MC14000/14500 系列，国产的 CC4000/4500 系列都是标准型 CMOS 电路。这些电路最高工作频率较低且与电源电压有关，V_{DD} 越高，传输时间越短。

（2）高速型 CMOS 电路：40Hxxx 系列为高速型 CMOS 电路，如日本东芝公司的 TC40H 系列就是这种产品，它与 TTL74 系列引脚兼容。

（3）新高速型 CMOS 电路：74HC 系列为新高速型 CMOS 电路。其工作频率与 TTL 相似。

（4）先进的高速型 CMOS 电路：74A 系列为先进的高速型 CMOS 电路，它是一种综合性能最好的 CMOS 产品。它分为两个小系列：74ACxxx 系列和 74ACTxxx 系列，其引脚与

TTL74 系列兼容。其中 74ACTxxx 系列的输入电平与 TTL 相同，而输出则是 CMOS 电平，其工作频率比 74HC 高几倍。

12.1.2　晶体二极管或电路

如图 12-6（a）所示为二输入端或门电路。由图可知，在 A、B 两个输入信号中，任一个或两个为高电平 1，输出 Y 便为 1；只有 A、B 两个输入信号都为低电平 0 时，输出 Y 才为低电平 0，其真值表如表 12-3 所示。由该表可看出，输出与输入之间为或逻辑关系。因此，或门的输出逻辑表达式为

$$Y = A + B \tag{12-3}$$

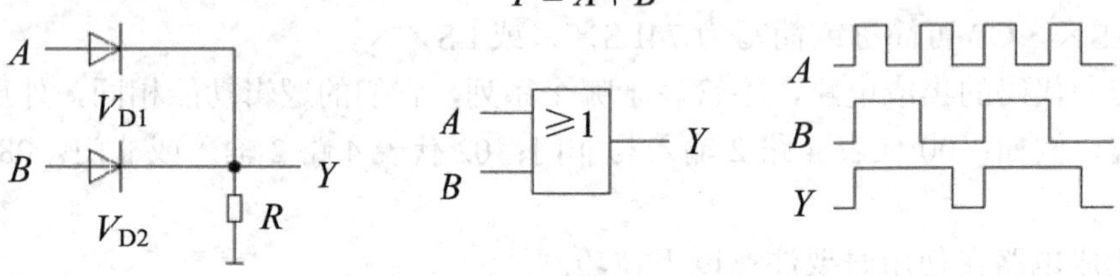

（a）电路图　　（b）逻辑符号　　（c）工作波形

图 12-6　二输入端或门电路的工作原理

表 12-3　或门的真值表

输入		输出
A	B	Y
0	0	0
0	1	1
1	0	1
1	1	1

如图 12-6（b）所示为或门的逻辑符号。根据或门的逻辑功能可画出它的输入和输出波形，如图 12-6（c）所示。

当或门有多个输入端时，则式（12-3）可推广为

$$Y = A + B + C + \cdots \tag{12-4}$$

或门用以实现或运算。

12.1.3　晶体三极管非电路

如图 12-7（a）所示为非门电路。由图可知，当输入 A 为低电平 0 时，u_{BE}<0V，三极管 V 截止，输出 Y 为高电平 1；当输入 A 为高电平 1 时，电路参数合理，使三极管 V 工作在饱和状态，输出 Y 为低电平 0。输出与输入之间为非逻辑关系。非门的输出逻辑表达式为

$$Y = \overline{A} \tag{12-5}$$

由于非门输出信号与输入信号反相，所以，非门又称为反相器。如图 12-7（b）所示为非门的逻辑符号。非门的输入与输出波形如图 12-7（c）所示。

非门用以实现非运算。

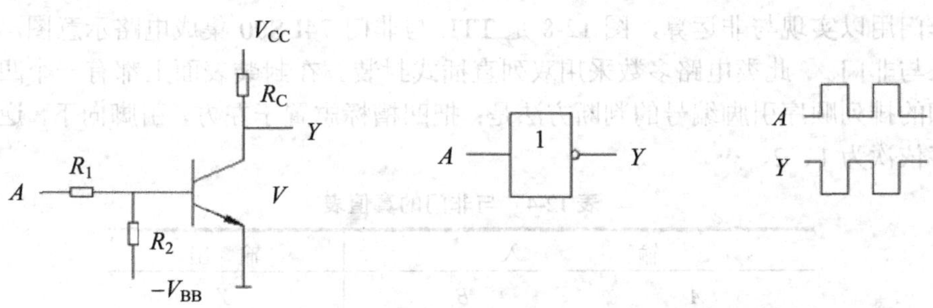

（a）电路图　　（b）逻辑符号　　（c）工作波形

图 12-7　非门电路的工作原理

12.2　组合逻辑门电路

12.2.1　与非门电路

如图 12-8（a）所示为与非门电路，如图 12-8（b）所示为其逻辑符号。它是在二极管与门的输出端级联一个非门后组成的。它的逻辑功能是依靠与门的输出信号控制非门的工作来实现的。与非门的真值表如表 12-4 所示，由该表可看出与非门的逻辑功能为：当输入 A、B 中有低电平 0 时，输出 Y 为高电平 1；只有当输入 A、B 中都为高电平 1 时，输出 Y 才为低电平 0。其输出逻辑表达式为

$$Y = \overline{A \cdot B} \tag{12-6}$$

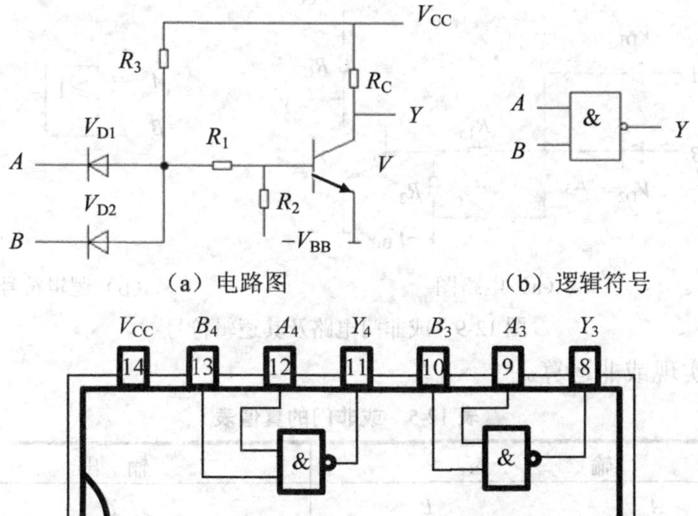

（a）电路图　　（b）逻辑符号

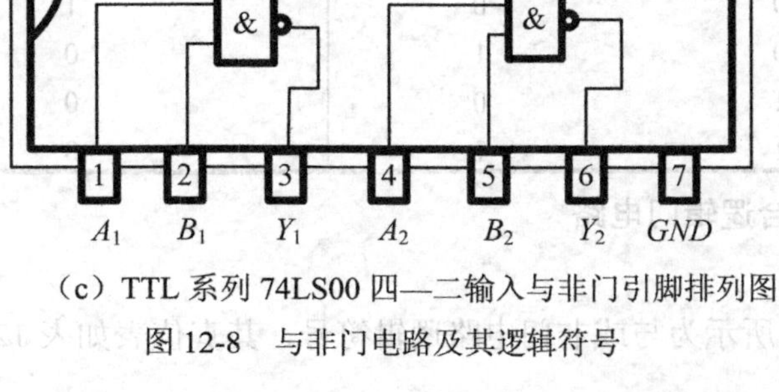

（c）TTL 系列 74LS00 四—二输入与非门引脚排列图

图 12-8　与非门电路及其逻辑符号

与非门用以实现与非运算，图 12-8 是 TTL 与非门 74LS00 集成电路示意图，它包括四个双输入与非门。 此类电路多数采用双列直插式封装。在封装表面上都有一个凹槽，用来标识管脚的排列顺序引脚编号的判断方法是：把凹槽标志置于左方，引脚向下，逆时针自下而上顺序依次为 1、2、…

表 12-4　与非门的真值表

输　入		输　出
A	B	Y
0	0	1
0	1	1
1	0	1
1	1	0

12.2.2　或非门电路

如图 12-9（a）所示为或非门电路，如图 12-9（b）所示为其逻辑符号。它是在二极管或门的输出端级联一个非门后组成的。它的逻辑功能是依靠或门的输出信号控制非门的工作来实现的，或非门的真值表如表 12-5 所示。由该表可看出，或非门的逻辑功能为：当输入 A、B 中有高电平 1 时，输出 Y 为低电平 0；只有当输入 A、B 都为低电平 0 时，输出 Y 才为高电平 1。其逻辑表达式为

$$Y=\overline{A+B} \tag{12-7}$$

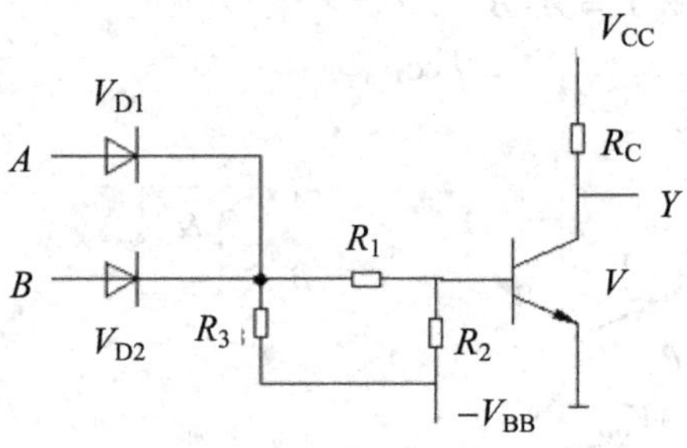

（a）电路图

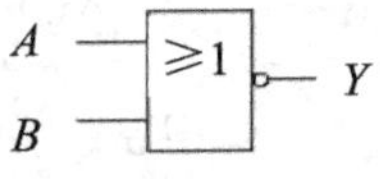

（b）逻辑符号

图 12-9　或非门电路及其逻辑符号

或非门用以实现或非运算。

表 12-5　或非门的真值表

输　入		输　出
A	B	Y
0	0	1
0	1	0
1	0	0
1	1	0

12.2.3　其他组合逻辑门电路

1．与或非门

如图 12-10（a）所示为与或非门电路逻辑符号，其真值表如表 12-6 所示。A、B 相与后

输出到或运算输入，同时 C、D 也相与后输出到或逻辑的输入，这两个输出再进行或运算后加到非运算输出。与或非的逻辑表达式为

$$Y = \overline{AB + CD} \tag{12-8}$$

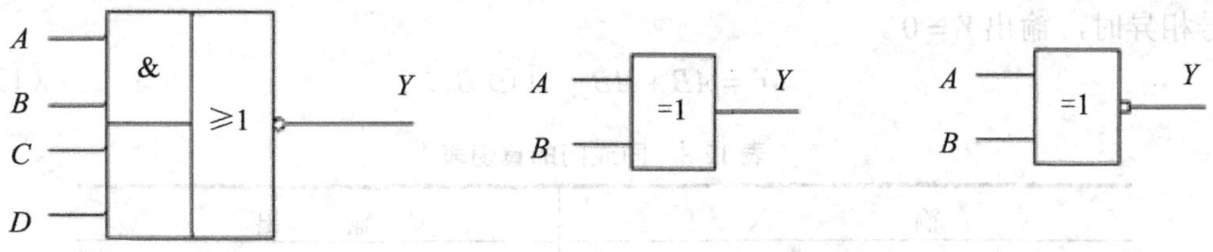

（a）与或非门　　（b）异或门　　（c）同或门

图 12-10　其他组合逻辑门电路逻辑符号

表 12-6　与或非门的真值表

A	B	C	D	Y
0	0	0	0	1
0	0	0	1	1
0	0	1	0	1
0	0	1	1	0
0	1	0	0	1
0	1	0	1	1
0	1	1	0	1
0	1	1	1	0
1	0	0	0	1
1	0	0	1	1
1	0	1	0	1
1	0	1	1	0
1	1	0	0	0
1	1	0	1	0
1	1	1	0	0
1	1	1	1	0

2．异或门

如图 12-10（b）所示为异或门电路逻辑符号，其真值表如表 12-7 所示。由此表可以看出：当 A、B 输入信号相同时，输出 $Y=0$；当 A、B 输入信号相异时，输出 $Y=1$。

$$Y = A \oplus B = \overline{A}B + A\overline{B} \tag{12-9}$$

表 12-7　异或门的真值表

输　　入		输　出
A	B	Y
0	0	0
0	1	1
1	0	1
1	1	0

3．同或门

如图 12-10（c）所示为同或门电路逻辑符号。同或门的真值表如表 12-8 所示，由此表可以看出：同或实际上是异或的非逻辑。当 A、B 输入信号相同时，输出 $Y=1$；当 A、B 输入信号相异时，输出 $Y=0$。

$$Y=\overline{A}\overline{B}+AB=A\odot B \tag{12-10}$$

表 12-8　同或门的真值表

输　入		输　出
A	B	Y
0	0	1
0	1	0
1	0	0
1	1	1

12.3　组合逻辑电路的分析和设计

12.3.1　组合逻辑电路概述

在数字逻辑电路中，如一个电路在任一时刻的输出状态只取决于同一时刻输入状态的组合，而与电路的原有状态没有关系，则该电路称为组合逻辑电路。它没有记忆功能，这是组合逻辑电路功能上的特点。

组合逻辑电路可以是多输入单输出的，也可以是多输入多输出的。只有一个输出量的称为单输出组合逻辑电路；有多个输出量的称为多输出组合逻辑电路。组合逻辑电路又称为组合电路。

在电路结构上，组合逻辑电路主要由门电路组成，没有记忆电路，只有从输入到输出的通路，没有从输出到输入的回路。

组合逻辑电路的功能除可用逻辑函数式来描述外，还可用真值表、卡诺图、逻辑图等方法进行描述。

12.3.2　组合逻辑电路分析

组合逻辑电路的分析主要是根据给定的逻辑电路写出输出逻辑函数式和真值表，并分析出电路的逻辑功能。下面讲述组合逻辑电路的一般分析步骤。

1．基本分析步骤

（1）根据给定的逻辑电路写出输出逻辑函数表达式。一般从输入端到输出端逐级写出各级输出对输入变量的逻辑表达式，最后便得到所分析组合逻辑电路的输出逻辑函数式。

（2）列出逻辑函数式真值表。将输入变量的状态以自然二进制数的各种取值组合代入输出逻辑函数式进行计算，求出相应的输出函数值，并与输入一一对应地列出真值表。

（3）分析电路的逻辑功能。根据逻辑函数式或真值表的特点用简明的语言说明组合逻辑电路的逻辑功能。

2．分析举例

【例 12-1】分析如图 12-11 所示电路的逻辑功能。

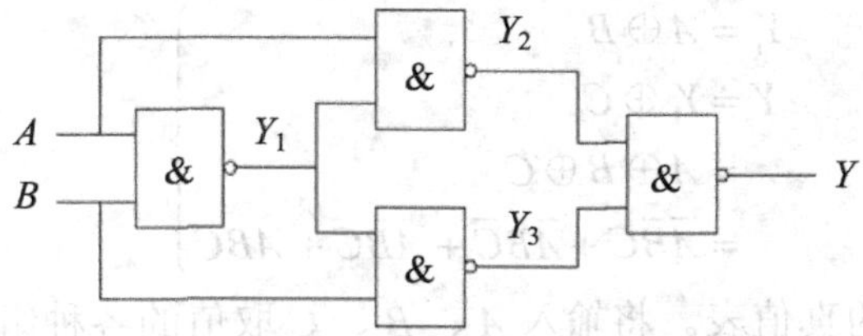

图 12-11　例 12-1 的逻辑图

解：(1) 根据逻辑电路写出输出逻辑函数表达式。由图 12-11 可得

$$Y_1 = \overline{AB}$$

$$Y_2 = \overline{A \cdot Y_1} = \overline{A \cdot \overline{AB}}$$

$$Y_3 = \overline{B \cdot Y_1} = \overline{B \cdot \overline{AB}}$$

由此可得电路的输出逻辑函数表达式为

$$\begin{aligned} Y &= \overline{Y_2 \cdot Y_3} \\ &= \overline{\overline{A \cdot \overline{AB}} \cdot \overline{B \cdot \overline{AB}}} \\ &= \overline{A}B + A\overline{B} \\ &= A \oplus B \end{aligned} \tag{12-11}$$

(2) 根据逻辑函数式列出真值表。将输入变量 A、B 的各种取值组合（通常按自然二进制数递增顺序排列）代入式（12-11）中进行计算，求出对应的输出 Y 值。由此可列出如表 12-9 所示的真值表。

(3) 根据真值表说明电路的逻辑功能。由表 12-9 可看出：当 A、B 输入的状态不同时，输出 $Y=1$；当 A、B 输入的状态相同时，输出 $Y=0$。因此，如图 12-11 所示逻辑电路具有异或功能，为异或门。

表 12-9　例 12-1 的真值表

A	B	Y
0	0	0
0	1	1
1	0	1
1	1	0

【例 12-2】分析如图 12-12 所示逻辑电路的功能。

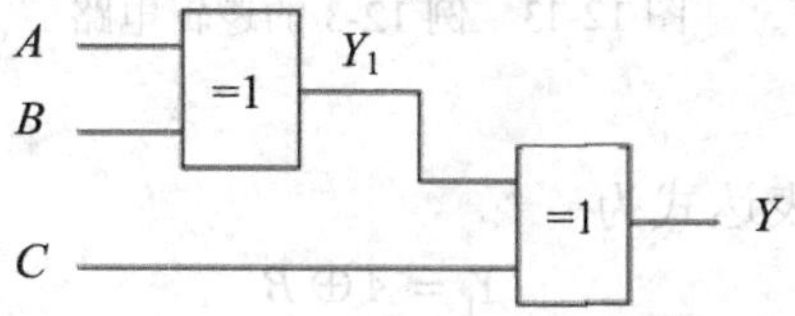

图 12-12　奇校验电路

解：分析步骤如下。

（1）写出输出逻辑函数表达式为

$$\left.\begin{aligned}Y_1 &= A \oplus B\\ Y &= Y_1 \oplus C\\ &= A \oplus B \oplus C\\ &= \overline{A}\overline{B}C + \overline{A}B\overline{C} + A\overline{B}\overline{C} + ABC\end{aligned}\right\} \tag{12-12}$$

（2）列出逻辑函数的真值表。将输入 A 、B 、C 取值的各种组合代入式（12-12）中，求出输出 Y 的值。由此可列出表 12-10 所示的真值表。

（3）逻辑功能分析。由表 12-10 可看出：在输入 A 、B 、C 三个变量中，有奇数个 1 时，输出 Y 为 1，否则 Y 为 0。因此，如图 12-12 所示电路为三位判奇电路，又称为奇校验电路。

表 12-10　例 12-2 的真值表

输入			输出
A	B	C	Y
0	0	0	0
0	0	1	1
0	1	0	1
0	1	1	0
1	0	0	1
1	0	1	0
1	1	0	0
1	1	1	1

【例 12-3】分析如图 12-13 所示电路的逻辑功能，并指出该电路设计是否合理。

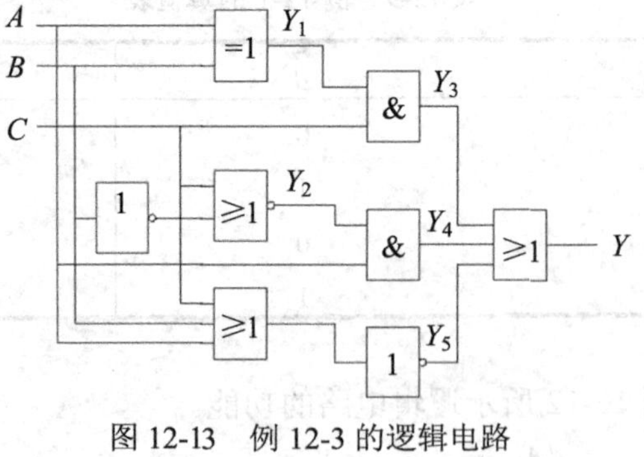

图 12-13　例 12-3 的逻辑电路

解：分析步骤如下。

（1）写出输出逻辑函数表达式为

$$Y_1 = A \oplus B$$

$$Y_2 = \overline{\overline{B} + C}$$

$$Y_3 = Y_1 \cdot C = (A \oplus B) \cdot C$$

$$Y_4 = Y_2 \cdot A = \overline{\overline{B} + C \cdot A}$$

$$Y_5 = \overline{A + B + C}$$

$$Y = Y_3 + Y_4 + Y_5 = (A \oplus B) \cdot C + \overline{\overline{B} + C \cdot A} + \overline{A + B + C}$$

对输出逻辑函数 Y 进行化简可得到

$$\begin{aligned} Y &= C(A\overline{B} + \overline{A}B) + AB\overline{C} + \overline{A}\,\overline{B}\,\overline{C} \\ &= A\overline{B}C + \overline{A}BC + AB\overline{C} + \overline{A}\,\overline{B}\,\overline{C} \end{aligned} \tag{12-13}$$

（2）列出逻辑函数的真值表。将 A、B、C 各种取值组合代入式（12-13）中，可列出如表 12-11 所示的真值表。

表 12-11　例 12-3 的真值表

输　入			输　出
A	B	C	Y
0	0	0	1
0	0	1	0
0	1	0	0
0	1	1	1
1	0	0	0
1	0	1	1
1	1	0	1
1	1	1	0

（3）逻辑功能分析。由表 12-11 可看出，如图 12-13 所示电路的 A、B、C 三个输入中有偶数个 1 时，输出 Y 为 1，否则 Y 为 0。因此，如图 12-13 所示电路为三位判偶电路，又称为偶校验电路。这个电路使用门的数量太多，设计并不合理，可用较少的门电路来实现。

对式（12-13）进行变换，可得到

$$\begin{aligned} Y &= A\overline{B}C + \overline{A}BC + AB\overline{C} + \overline{A}\,\overline{B}\,\overline{C} \\ &= (A\overline{B} + \overline{A}B)C + (AB + \overline{A}\,\overline{B})\overline{C} \\ &= (A \oplus B)C + \overline{A \oplus B}\,\overline{C} \end{aligned} \tag{12-14}$$

由式（12-14）可看出，图 12-13 可用异或门和同或门实现，电路如图 12-14 所示。

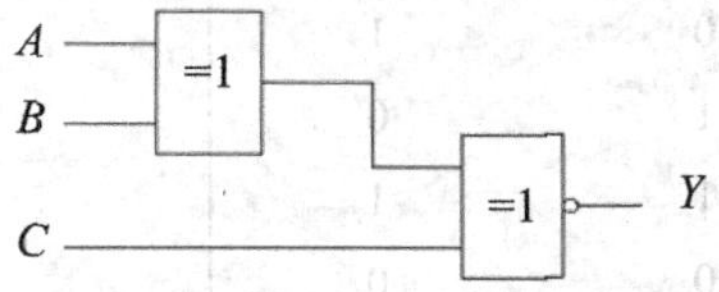

图 12-14　用异或门和同或门实现偶校验电路

12.3.3　组合电路的设计

组合逻辑电路的设计是根据给定的实际逻辑问题，求出能实现这一逻辑要求的最简逻辑电路。设计的组合逻辑电路可用集成逻辑门电路来实现，也可用中规模集成组合逻辑电路实现。组合逻辑电路的一般设计步骤如下。

1．基本设计步骤

（1）分析设计要求，列出真值表。

根据题意确定输入变量和输出逻辑函数，并给予逻辑赋值，而后再将输入变量以二进制数的各种取值组合排列，并根据输出函数和输入变量之间的对应关系列出真值表。

（2）根据真值表写出输出逻辑函数。

将真值表中输出逻辑函数值为 1 所对应的各个最小项进行逻辑加，便得到输出逻辑函数表达式。如将真值表中输出逻辑函数为 0 所对应的各个最小项进行逻辑加，则得到的为输出逻辑函数的反函数。

（3）将输出逻辑函数进行化简。

通常用卡诺图法或代数法对逻辑函数进行化简。

（4）根据最简逻辑函数表达式画逻辑图。

可根据最简输出逻辑函数表达式（通常为与-或表达式）直接画逻辑图，也可根据要求将输出逻辑函数式变换为与非表达式、或非表达式、与或非表达式或其他表达式后，再画逻辑图。

2．设计举例

【例 12-4】在三个阀门中，有两个或三个阀门开通时，才能输出正常工作信号；否则输出信号不正常，试设计一个能输出正常信号的逻辑电路。

解：(1) 分析设计要求，列出真值表。由题意可知，该电路有三个输入端、一个输出端。设三个阀门为 A、B、C，其开通时为 1，关闭时为 0；输出为 Y，发出正常工作信号时为 1，否则为 0。由此可列出如表 12-12 所示的真值表。

（2）根据真值表写出输出逻辑函数表达式

$$Y=\overline{A}BC+A\overline{B}C+AB\overline{C}+ABC$$

（3）将输出逻辑函数进行化简。用卡诺图进行化简，如图 12-15 所示，可得

$$Y=AB+BC+AC \tag{12-15}$$

表 12-12　例 12-4 的真值表

输入			输出
A	B	C	Y
0	0	0	0
0	0	1	0
0	1	0	0
0	1	1	1
1	0	0	0
1	0	1	1
1	1	0	1
1	1	1	1

（4）画逻辑图。根据要求的不同，实现该设计要求的电路可有多个不同的方案。下面介绍几种常用的方案。

方案一：用与门和或门实现

这时，可直接按式（12-15）所示的与-或表达式画逻辑图，如图 12-16 所示。

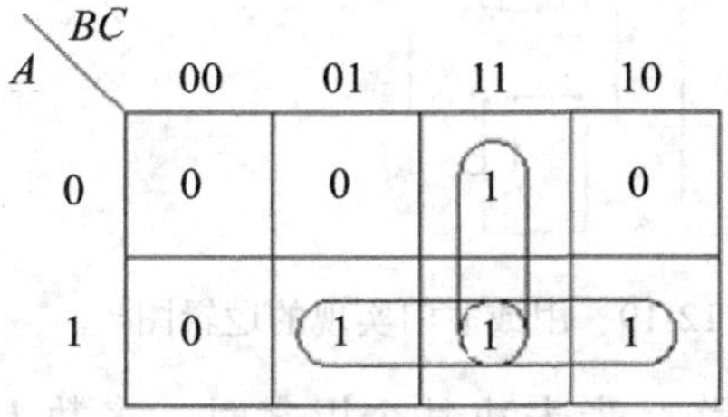

图 12-15　例 12-4 的卡诺图

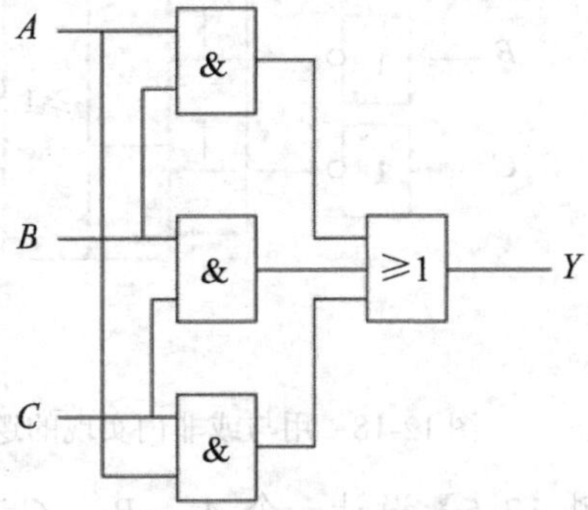

图 12-16　用与门和或门实现的逻辑图

方案二：用与非门实现

将式（12-15）变换为与非-与非表达式

$$Y=\overline{\overline{AB+BC+AC}}=\overline{\overline{AB}\cdot\overline{BC}\cdot\overline{AC}} \tag{12-16}$$

根据式（12-16）所示与非-与非表达式可画出如图 12-17 所示的逻辑图。

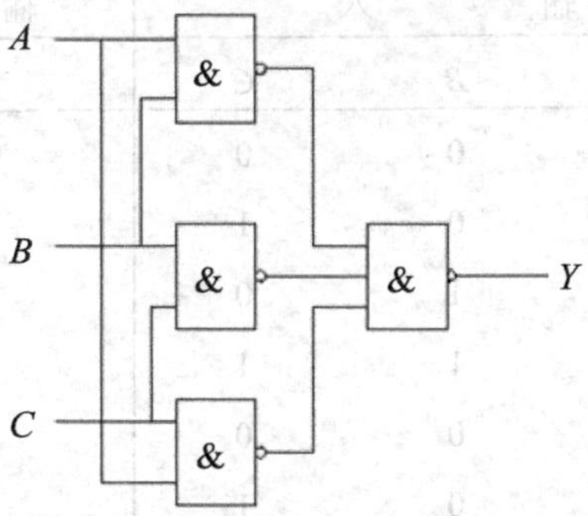

图 12-17 用与非门实现的逻辑图

方案三：用与或非门实现

将如图 12-15 所示的卡诺图采用圈 0 的方法可求得与-或-非表达式

$$\overline{Y}=\overline{A}\,\overline{B}+\overline{B}\,\overline{C}+\overline{A}\,\overline{C} \tag{12-17}$$

对式（12-17）两边同时求反，得到

$$Y=\overline{\overline{A}\,\overline{B}+\overline{B}\,\overline{C}+\overline{A}\,\overline{C}} \tag{12-18}$$

根据式（12-18）所示的与-或-非表达式可画出如图 12-18 所示的逻辑图。

方案四：用或非门实现

将式（12-18）变换为或非-或非表达式

$$Y=\overline{\overline{A+B}+\overline{B+C}+\overline{A+C}} \tag{12-19}$$

根据式（12-19）所示的或非-或非表达式可画出如图 12-19 所示的逻辑图。

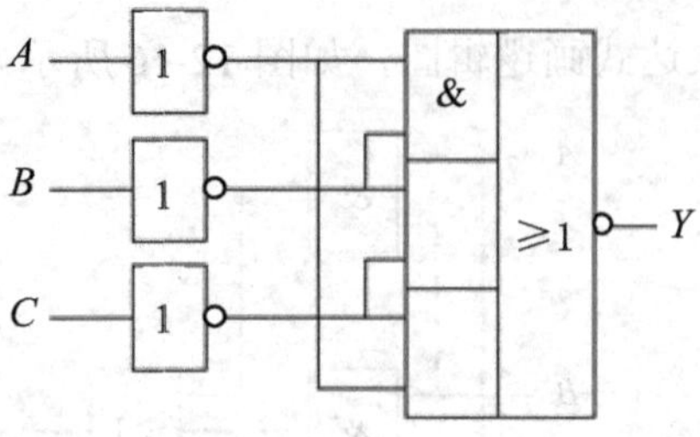

图 12-18　用与或非门实现的逻辑图

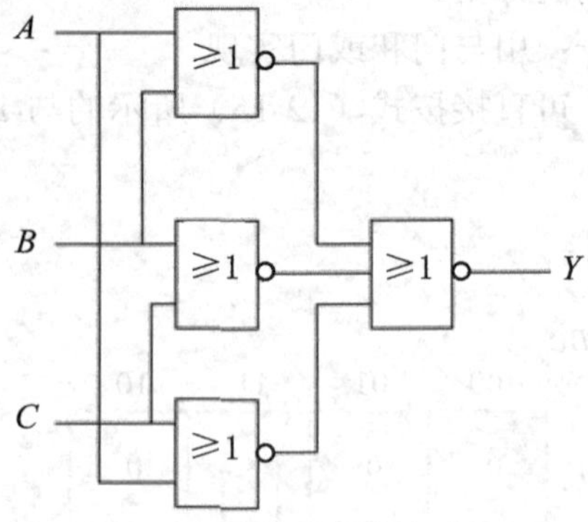

图 12-19　用或非门实现的逻辑图

【例 12-5】设计一个 A、B、C 三人表决电路。当表决某个提案时，多数人同意，提案通过，同时 A 具有否决权。用与非门实现。

解：（1）分析设计要求，列出真值表。设 A、B、C 三个人表决同意提案时用 1 表示，不同意时用 0 表示；Y 为表决结果，提案通过用 1 表示，通不过用 0 表示，同时还应考虑 A 具有否决权。由此可列出如表 12-13 所示的真值表。

表 12-13　例 12-5 的真值表

输	入		输　出
A	B	C	Y
0	0	0	0
0	0	1	0
0	1	0	0
0	1	1	0
1	0	0	0
1	0	1	1
1	1	0	1
1	1	1	1

（2）将输出逻辑函数化简后，变换为与非表达式。用如图 12-20 所示的卡诺图进行化简，可得

$$Y = AC + AB$$

将上式变换成与非表达式为

$$Y = \overline{\overline{AC + AB}} = \overline{\overline{AC} \cdot \overline{AB}} \tag{12-20}$$

（3）根据输出逻辑函数画逻辑图。根据式（12-20）可画出如图 12-21 所示的逻辑图。

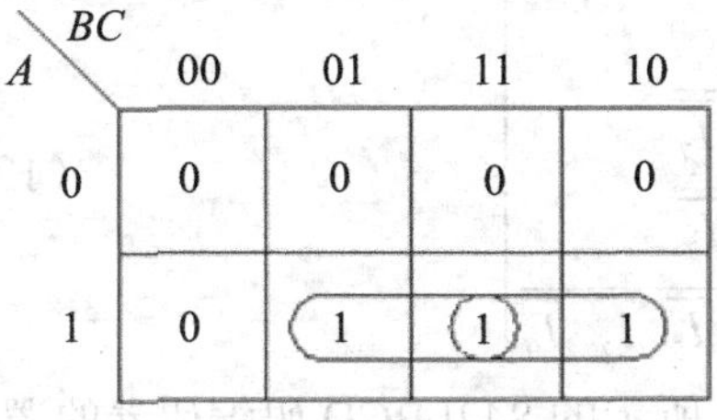

图 12-20　例 12-5 的卡诺图

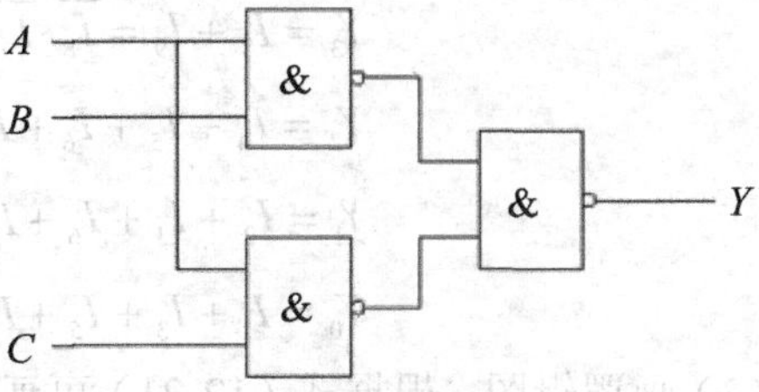

图 12-21　例 12-5 的逻辑电路

12.4　组合逻辑电路部件

12.4.1　编码器

将具有特定意义的信息编成相应二进制代码的过程称为编码。实现编码功能的电路称为编码器。对于一般编码器，输出为 n 位二进制代码时，共有 2^n 个不同的组合；当输入有 N 个编码信号时，则可根据式 $2^n \geqslant N$ 来确定二进制代码的位数。编码器主要有二进制编码器、二-十进制编码器和优先编码器等。如编码器有 8 个输入端、3 个输出端，称为 8 线-3 线编码器；如有 10 个输入端、4 个输出端，称为 10 线-4 线编码器。其余以此类推。

1．二-十进制编码器

用 4 位二进制代码对 0～9 一位十进制数码进行编码的电路，称为二-十进制编码器。

【例 12-6】设计一个二-十进制编码器，将 I_0，I_1，…，$I_9$10 个输入信号编成 8421BCD 码输出。用与非门实现。

解：（1）分析设计要求，列出功能表。由题意可知，该编码器有 10 个输入端，分别用 I_0，I_1，…，I_9 表示，有编码请求时，输入信号用 1 表示，没有时用 0 表示，根据式 $2^n \geqslant N=10$ 可求得 $n=4$，故有 4 个输出端，分别用 Y_0、Y_1、Y_2、Y_3 表示，由此可列出表 12-14。

表 12-14　8421BCD 码编码器的功能表

输入										输出			
I_0	I_1	I_2	I_3	I_4	I_5	I_6	I_7	I_8	I_9	Y_3	Y_2	Y_1	Y_0
1	0	0	0	0	0	0	0	0	0	0	0	0	0
0	1	0	0	0	0	0	0	0	0	0	0	0	1
0	0	1	0	0	0	0	0	0	0	0	0	1	0
0	0	0	1	0	0	0	0	0	0	0	0	1	1
0	0	0	0	1	0	0	0	0	0	0	1	0	0
0	0	0	0	0	1	0	0	0	0	0	1	0	1
0	0	0	0	0	0	1	0	0	0	0	1	1	0
0	0	0	0	0	0	0	1	0	0	0	1	1	1
0	0	0	0	0	0	0	0	1	0	1	0	0	0
0	0	0	0	0	0	0	0	0	1	1	0	0	1

（2）根据功能表写出输出逻辑函数表达式，并变换为与非表达式。

$$
\left.\begin{aligned}
Y_3 &= I_8 + I_9 = \overline{\overline{I_8} \cdot \overline{I_9}} \\
Y_2 &= I_4 + I_5 + I_6 + I_7 = \overline{\overline{I_4} \cdot \overline{I_5} \cdot \overline{I_6} \cdot \overline{I_7}} \\
Y_1 &= I_2 + I_3 + I_6 + I_7 = \overline{\overline{I_2} \cdot \overline{I_3} \cdot \overline{I_6} \cdot \overline{I_7}} \\
Y_0 &= I_1 + I_3 + I_5 + I_7 + I_9 = \overline{\overline{I_1} \cdot \overline{I_3} \cdot \overline{I_5} \cdot \overline{I_7} \cdot \overline{I_9}}
\end{aligned}\right\} \qquad (12\text{-}21)
$$

（3）画逻辑图。根据式（12-21）可画出如图 12-22 所示的 8421 BCD 码编码器的逻辑图，又称为 10 线-4 线编码器。I_0 输入线可不画，该编码器输入的 I_0，I_1，…，I_9 十个编码信号也是相互排斥的。

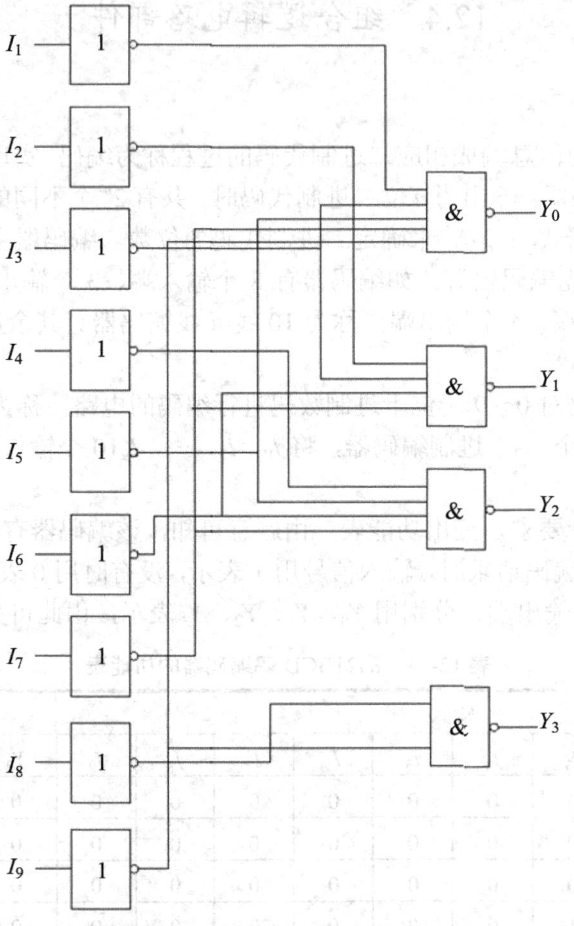

图 12-22　8421BCD 码编码器

2．优先编码器

前面分析的编码器有缺点：输入的编码信号是互相排斥的，不然，输出的二进制代码会发生混乱。为了解决这个问题，设计了优先编码器。它允许有多个输入信号同时请求编码，但电路只对其中一个优先级别最高的信号进行编码。而输入编码信号优先级别的高低，则是由设计者根据实际工作需要事先规定好的。

图 12-23 为 8 线-3 线优先编码器 74LS148 的逻辑功能示意图。$\overline{I_0} \sim \overline{I_7}$ 为 8 个输入端，$\overline{Y_2}$、$\overline{Y_1}$、$\overline{Y_0}$ 是 3 个输出端，$\overline{E_\mathrm{I}}$ 是使能输入端，$\overline{E_\mathrm{o}}$ 是使能输出端，$\overline{G_\mathrm{s}}$ 是扩展输出端，输入和输

出信号都是低电平有效（也称为反码）。其功能如表 12-15 所示。

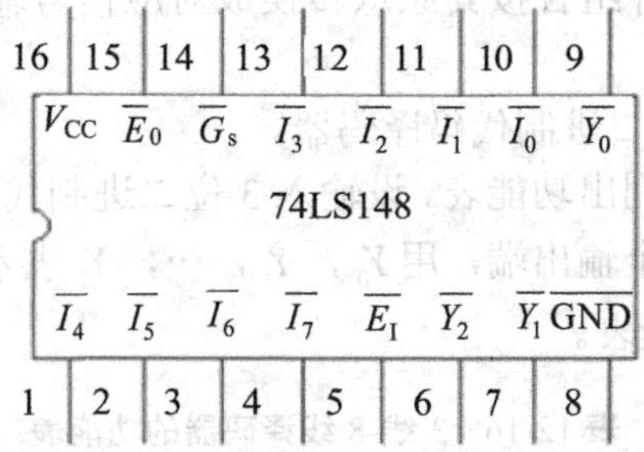

图 12-23　74LS148 的逻辑功能示意图

表 12-15　74LS148 优先编码器的功能表

输入									输出				
$\overline{E_I}$	$\overline{I_0}$	$\overline{I_1}$	$\overline{I_2}$	$\overline{I_3}$	$\overline{I_4}$	$\overline{I_5}$	$\overline{I_6}$	$\overline{I_7}$	$\overline{Y_2}$	$\overline{Y_1}$	$\overline{Y_0}$	$\overline{E_o}$	$\overline{G_s}$
1	×	×	×	×	×	×	×	×	1	1	1	1	1
0	1	1	1	1	1	1	1	1	1	1	1	0	1
	×	×	×	×	×	×	×	0	0	0	0	1	0
	×	×	×	×	×	×	0	1	0	0	1		
	×	×	×	×	×	0	1	1	0	1	0		
	×	×	×	×	0	1	1	1	0	1	1		
	×	×	×	0	1	1	1	1	1	0	0		
	×	×	0	1	1	1	1	1	1	0	1		
	×	0	1	1	1	1	1	1	1	1	0		
	0	1	1	1	1	1	1	1	1	1	1		

由此功能表可以分析如下：

$\overline{E_I}$=0 时，才能正常工作编码。$\overline{E_I}$=1 时，无论 $\overline{I_0}\sim\overline{I_7}$ 为何值，输出 $\overline{Y_2}$、$\overline{Y_1}$、$\overline{Y_0}$ 都为 1，$\overline{E_o}=\overline{G_s}$=1。当允许编码而无信号输入时，$\overline{E_o}$=0，$\overline{G_s}$=1，若有信号输入，则 $\overline{E_s}$=1，$\overline{G_s}$=0。

当 $\overline{I_0}\sim\overline{I_7}$ 都无输入信号（都为 1）时，$\overline{Y_2}$、$\overline{Y_1}$、$\overline{Y_0}$ 也无输出信号（为 111）；当 $\overline{I_0}\sim\overline{I_7}$ 有一个或多个输入信号有效时，此电路中已设计为 $\overline{I_7}$ 为最高优先级，$\overline{I_6}$ 次之，以此类推，$\overline{I_0}$ 级别最低。因此，该编码器可对级别高的输入信号进行优先编码并输出。

12.4.2　译码器

将具有特定意义的二进制代码转换成相应信号输出的过程称为译码。实现译码功能的电路称为译码器。译码器输入的为二进制代码，输出的为对应输入二进制代码的特定信号。根据需要，输出信号可以是脉冲，也可以是电平。常用的译码器主要有二进制译码器、二-十进制译码器、显示译码器等。如译码器有 3 个输入端、8 个输出端，称为 3 线-8 线译码器；如有 4 个输入端、10 个输出端，称为 4 线-10 线译码器；如有 4 个输入端 7 个输出端，称为 4 线-7 线译码器，以此类推。

1．二进制译码器

将输入二进制代码的各种组合按其原意转换成对应信号输出的逻辑电路称为二进制译码器。

【例 12-7】设计一个 3 位二进制代码译码器。

解:（1）分析设计要求，列出功能表。设输入 3 位二进制代码为 A_2、A_1、A_0，共有 $2^3=8$ 种不同组合。因此，它有 8 个输出端，用 Y_0，Y_1，…，Y_7 表示，输出高电平 1 有效。由此可列出如表 12-16 所示的功能表。

表 12-16　3 线-8 线译码器的功能表

输入			输出							
A_2	A_1	A_0	Y_0	Y_1	Y_2	Y_3	Y_4	Y_5	Y_6	Y_7
0	0	0	1	0	0	0	0	0	0	0
0	0	1	0	1	0	0	0	0	0	0
0	1	0	0	0	1	0	0	0	0	0
0	1	1	0	0	0	1	0	0	0	0
1	0	0	0	0	0	0	1	0	0	0
1	0	1	0	0	0	0	0	1	0	0
1	1	0	0	0	0	0	0	0	1	0
1	1	1	0	0	0	0	0	0	0	1

（2）根据译码器的功能表写出输出逻辑函数式为

$$\left.\begin{aligned}
Y_0 &= \overline{A_2}\,\overline{A_1}\,\overline{A_0} = m_0 \\
Y_1 &= \overline{A_2}\,\overline{A_1}A_0 = m_1 \\
Y_2 &= \overline{A_2}A_1\overline{A_0} = m_2 \\
Y_3 &= \overline{A_2}A_1A_0 = m_3 \\
Y_4 &= A_2\overline{A_1}\,\overline{A_0} = m_4 \\
Y_5 &= A_2\overline{A_1}A_0 = m_5 \\
Y_6 &= A_2A_1\overline{A_0} = m_6 \\
Y_7 &= A_2A_1A_0 = m_7
\end{aligned}\right\} \tag{12-22}$$

由式（12-22）可看出，3 线-8 线译码器的 8 个输出逻辑函数为 8 个不同的最小项，它实际上是 3 位输入二进制代码变量的全部最小项。因此，二进制译码器又称为全译码器。

（3）画逻辑图。根据式（12-22）可画出如图 12-24 所示的 3 位二进制译码器的逻辑图。

目前，集成二进制译码器应用很广，下面简介 CT74LSl38 集成 3 线-8 线译码器。

如图 12-25 所示为 3 线-8 线译码器 CT74LSl38 的逻辑功能示意图。A_2、A_1、A_0 为二进制代码输入端；$\overline{Y_0}\sim\overline{Y_7}$ 为输出端，低电平 0 有效；ST_A、$\overline{ST_B}$、$\overline{ST_C}$ 为 3 个使能端，ST_A 高电平有效，$\overline{ST_B}$ 和 $\overline{ST_C}$ 都为低电平有效。CT74LSl38 的功能表如表 12-17 所示。由该表可知它有如下主要功能。

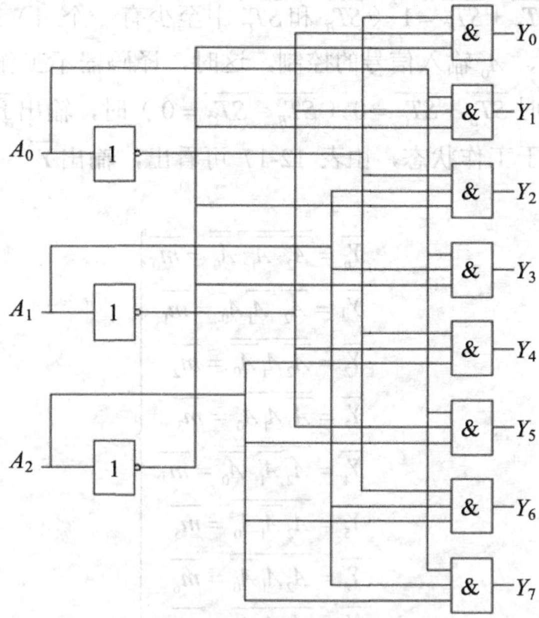

图 12-24　3 位二进制译码器的逻辑图

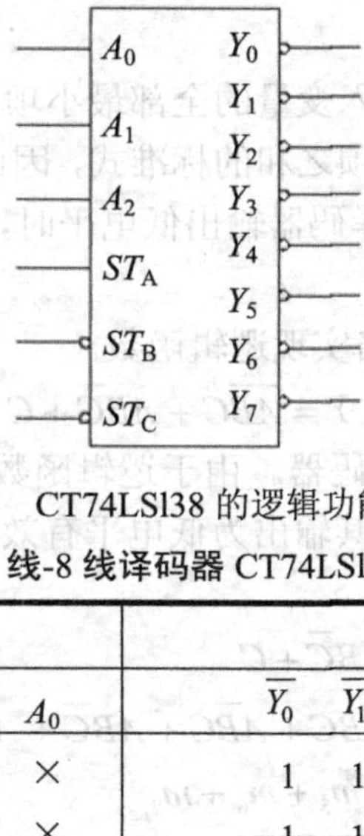

图 12-25　CT74LSl38 的逻辑功能示意图

表 12-17　3 线-8 线译码器 CT74LSl38 的功能表

输入					输出							
ST_A	$\overline{ST_B}+\overline{ST_C}$	A_2	A_1	A_0	$\overline{Y_0}$	$\overline{Y_1}$	$\overline{Y_2}$	$\overline{Y_3}$	$\overline{Y_4}$	$\overline{Y_5}$	$\overline{Y_6}$	$\overline{Y_7}$
×	1	×	×	×	1	1	1	1	1	1	1	1
0	×	×	×	×	1	1	1	1	1	1	1	1
1	0	0	0	0	0	1	1	1	1	1	1	1
1	0	0	0	1	1	0	1	1	1	1	1	1
1	0	0	1	0	1	1	0	1	1	1	1	1
1	0	0	1	1	1	1	1	0	1	1	1	1
1	0	1	0	0	1	1	1	1	0	1	1	1
1	0	1	0	1	1	1	1	1	1	0	1	1
1	0	1	1	0	1	1	1	1	1	1	0	1
1	0	1	1	1	1	1	1	1	1	1	1	0

（1）当 $ST_A=0$ 或 $\overline{ST_B}+\overline{ST_C}=1$（$\overline{ST_B}$ 和 $\overline{ST_C}$ 中至少有一个 1）时，$\overline{Y_0}\sim\overline{Y_7}$ 输出都为高电平 1，它不受 A_2、A_1、A_0 输入信号的控制，这时，译码器不工作。

（2）当 $ST_A=1$，同时 $\overline{ST_B}+\overline{ST_C}=0$（$\overline{ST_B}=\overline{ST_C}=0$）时，输出 $\overline{Y_0}\sim\overline{Y_7}$ 由 A_2、A_1、A_0 输入信号决定，译码器处于工作状态，由表 12-17 可看出，输出 $\overline{Y_0}\sim\overline{Y_7}$ 为反函数，即为低电平有效，由该表可得

$$\left.\begin{aligned}
\overline{Y_0}&=\overline{\overline{A_2}\,\overline{A_1}\,\overline{A_0}}=\overline{m_0}\\
\overline{Y_1}&=\overline{\overline{A_2}\,\overline{A_1}A_0}=\overline{m_1}\\
\overline{Y_2}&=\overline{\overline{A_2}A_1\overline{A_0}}=\overline{m_2}\\
\overline{Y_3}&=\overline{\overline{A_2}A_1A_0}=\overline{m_3}\\
\overline{Y_4}&=\overline{A_2\overline{A_1}\,\overline{A_0}}=\overline{m_4}\\
\overline{Y_5}&=\overline{A_2\overline{A_1}A_0}=\overline{m_5}\\
\overline{Y_6}&=\overline{A_2A_1\overline{A_0}}=\overline{m_6}\\
\overline{Y_7}&=\overline{A_2A_1A_0}=\overline{m_7}
\end{aligned}\right\}\qquad(12\text{-}23)$$

由式（12-23）可看出，CT74LSl38 由于输出为低电平有效，因此，它的 8 个输出为 8 个最小项的反函数。

由于二进制译码器的输出为输入变量的全部最小项，即每一个输出对应一个最小项，而任何一个逻辑函数都可变换为最小项之和的标准式，因此，用译码器和门电路可实现任何单输出或多输出的组合逻辑函数。当译码器输出低电平时，多选用与非门；当输出为高电平时，多选用或门。

【例 12-8】试用译码器和门电路实现逻辑函数。

$$Y=\overline{A}\,\overline{B}C+AB\overline{C}+C$$

解：（1）根据逻辑函数选用译码器。由于逻辑函数 Y 中有 A、B、C 三个变量，故应选用 3 线-8 线译码器 CT74LSl38。其输出为低电平有效。

（2）写出标准与-或表达式为

$$\left.\begin{aligned}
Y&=\overline{A}\,\overline{B}C+AB\overline{C}+C\\
&=\overline{A}\,\overline{B}C+\overline{A}BC+A\overline{B}C+AB\overline{C}+ABC\\
&=m_1+m_3+m_5+m_6+m_7\\
&=\overline{\overline{m_1}\cdot\overline{m_3}\cdot\overline{m_5}\cdot\overline{m_6}\cdot\overline{m_7}}
\end{aligned}\right\}\qquad(12\text{-}24)$$

（3）将逻辑函数 Y 和 CT74LSl38 的输出表达式进行比较。设 $A=A_2$，$B=A_1$，$C=A_0$，将式（12-24）和式（12-23）进行比较后得

$$Y=\overline{\overline{Y_1}\cdot\overline{Y_3}\cdot\overline{Y_5}\cdot\overline{Y_6}\cdot\overline{Y_7}}\qquad(12\text{-}25)$$

（4）画连线图。根据式（12-25）可画出如图 12-26 所示的连线图。

【例 12-9】试用译码器设计一个一位全加器。它能将两个二进制数及来自低位的进位数进行相加，并产生和数与进位数。

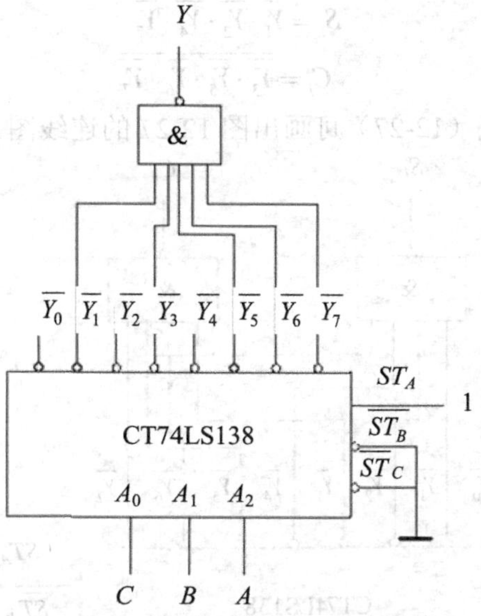

图 12-26 例 12-8 的连线图

解：(1) 分析设计要求，列出真值表。设在第 i 位的两个二进制数相加，设被加数为 A_i，加数为 B_i，来自低位的进位数为 C_{i-1}。输出本位和为 S_i，向高位的进位数为 C_i。由此可列出全加器的真值表，如表 12-18 所示。

表 12-18 全加器的真值表

输入			输出	
A_i	B_i	C_{i-1}	S_i	C_i
0	0	0	0	0
0	0	1	1	0
0	1	0	1	0
0	1	1	0	1
1	0	0	1	0
1	0	1	0	1
1	1	0	0	1
1	1	1	1	1

(2) 根据真值表写输出逻辑函数为

$$S_i = \overline{A}_i\,\overline{B}_i C_{i-1} + \overline{A}_i B_i \overline{C_{i-1}} + A_i \overline{B}_i\,\overline{C}_{i-1} + A_i B_i C_{i-1}$$

$$C_i = \overline{A}_i B_i C_{i-1} + A_i \overline{B}_i C_{i-1} + A_i B_i \overline{C}_{i-1} + A_i B_i C_{i-1} \tag{12-26}$$

(3) 选择译码器。全加器有三个输入信号 A_i、B_i、C_{i-1}，有两个输出信号 S_i、C_i。因此选用 3 线-8 线译码器 CT74LS138。

(4) 将 S_i、C_i 式和 CT74LS138 的输出表达式进行比较。设 $A_i = A_2$，$B_i = A_1$，$C_{i-1} = A_0$，将式（12-26）和式（12-23）比较后得

$$S_i = \overline{\overline{Y_1} \cdot \overline{Y_2} \cdot \overline{Y_4} \cdot \overline{Y_7}}$$

$$C_i = \overline{\overline{Y_3} \cdot \overline{Y_5} \cdot \overline{Y_6} \cdot \overline{Y_7}} \tag{12-27}$$

（5）画连线图。根据式（12-27）可画出图 12-27 的连线图。

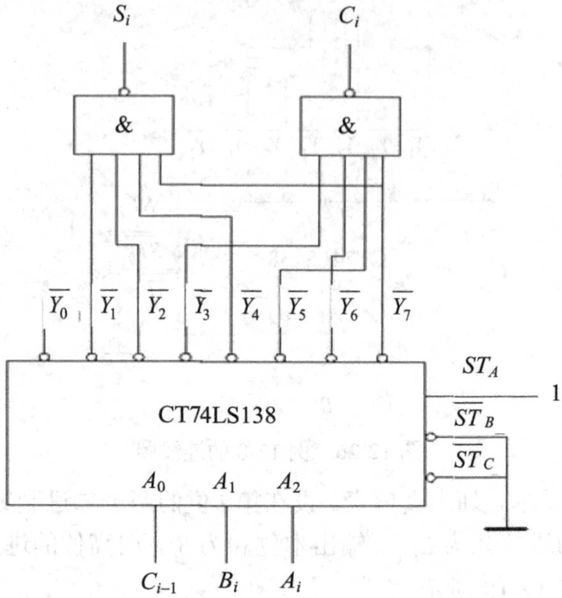

图 12-27　例 12-9 的连线图

2．显示译码器

在数字测量仪表或其他数字设备中，常常将测量或运算结果用数字、文字或符号显示出来。因此，显示译码器和显示器是数字设备不可缺少的组成部分。显示器的显示方法主要有以下三种：

①分段式数码由在同一平面上的若干发光段组成，每个发光段为一个电极，利用发光段的不同组合显示出 0～9 十个数字，如发光二极管数码显示器、液晶显示器等。

②点阵式。由排列整齐的发光点阵组成，利用发光点的不同组合显示出不同的数码或文字，如大屏幕点阵显示器等。

③字形重叠式。电极做成 0～9 十个不同的字符，它们相互重叠，彼此绝缘，如辉光数码管等。在上述三种显示方式中以分段式显示器应用最普遍。

显示译码器主要由译码器和驱动器两部分组成，通常这两者都集成在一块芯片上，显示译码器输入的一般为二-十进制代码，输出的信号用以驱动显示器。

下面简介一下常用的 74LS48 显示译码器。

74LS48 芯片是一种常用的七段数码管集成译码器驱动器，常用在各种数字电路和单片机系统的显示系统中。其引线排列图如图 12-28 所示。A、B、C、D 为 BCD 码输入端，Y_a～Y_g 为输出端，分别驱动七段显示器的 a～g 输入端，高电平触发显示，可驱动共阴极发光二极管组成的七段显示器显示。其他端为使能端。$\overline{RBI}$ 为灭零输入端。$\overline{LT}$ 为灯测试输入端。$\overline{BI}$ 为消隐输入端。$\overline{RBO}$ 为灭零输出端。$\overline{BI}$ 和 $\overline{RBO}$ 是线与逻辑，共用一个引出线。其功能表如表 12-19 所示。

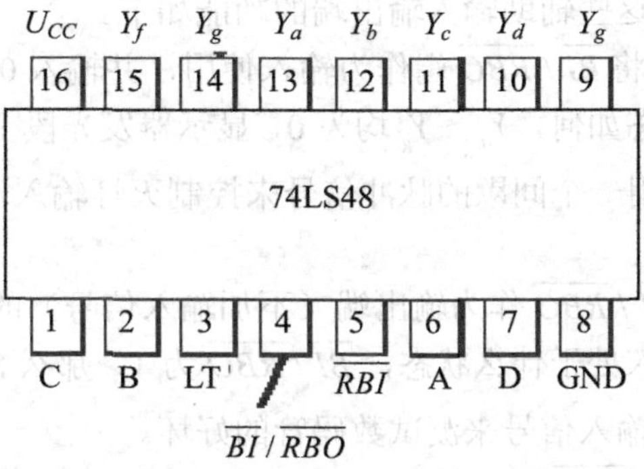

图 12-28　74LS48 引线排列图

只有输入的二进制码是 8421BCD 码时，才能显示 0～9 的十进制数字。当输入的四位码不在 8421BCD 码内，显示的数字就不是十进制数。

表 12-19　74LS48 的功能表

数字功能	输入						输出							
	$\overline{LT}$	$\overline{RBI}$	D	C	B	A	$\overline{BI}$ / $\overline{RBO}$	Y_a	Y_b	Y_c	Y_d	Y_e	Y_f	Y_g
0	1	1	0	0	0	0	1	1	1	1	1	1	1	0
1	1	×	0	0	0	1	1	0	1	1	0	0	0	0
2	1	×	0	0	1	0	1	1	1	0	1	1	0	1
3	1	×	0	0	1	1	1	1	1	1	1	0	0	1
4	1	×	0	1	0	0	1	0	1	1	0	0	1	1
5	1	×	0	1	0	1	1	1	0	1	1	0	1	1
6	1	×	0	1	1	0	1	0	0	1	1	1	1	1
7	1	×	0	1	1	1	1	1	1	1	0	0	0	0
8	1	×	1	0	0	0	1	1	1	1	1	1	1	1
9	1	×	1	0	0	1	1	1	1	1	0	0	1	1
10	1	×	1	0	1	0	1	0	0	0	1	1	0	1
11	1	×	1	0	1	1	1	0	0	1	1	0	0	1
12	1	×	1	1	0	0	1	0	1	0	0	0	1	1
13	1	×	1	1	0	1	1	1	0	0	1	0	1	1
14	1	×	1	1	1	0	1	0	0	0	1	1	1	1
15	1	×	1	1	1	1	1	0	0	0	0	0	0	0
$\overline{BI}$	×	×	×	×	×	×	0	0	0	0	0	0	0	0
$\overline{RBI}$	1	0	0	0	0	0	0	0	0	0	0	0	0	0
$\overline{LT}$	0	×	×	×	×	×	1	1	1	1	1	1	1	1

除了基本输入端和基本输出端外，74LS48 还有几个辅助输入输出端：试灯输入端 $\overline{LT}$，灭零输入端 $\overline{RBI}$，灭灯输入/灭零输出端 $\overline{BI}$ / $\overline{RBO}$。其中 $\overline{BI}$ / $\overline{RBO}$ 比较特殊，它既可以作输

入用，也可以作输出用。这些辅助输入输出端的功能如下。

（1）灭灯功能。只要将 $\overline{BI}/\overline{RBO}$ 端作为输入使用，并输入 0，即 $\overline{BI}=0$ 时，无论 $\overline{LT}$ 、$\overline{RBI}$ 以及 D、C、B、A 状态如何，$Y_a \sim Y_g$ 均为 0，显示器发光段全暗。因此，灭灯输入端 $\overline{BI}$ 可用作显示控制。例如，用一个间歇的脉冲信号来控制灭灯输入端时，要显示的数字将在数码管上间歇地闪亮。

（2）试灯功能。在 $\overline{BI}/\overline{RBO}$ 作为输出端（不加输入信号）的前提下，当 $\overline{LT}=0$ 时，不论 $\overline{RBI}$ 、D、C、B、A 输入处于什么状态，$\overline{BI}/\overline{RBO}$ 为 1，那么 $Y_a \sim Y_g$ 全为 1，所有发光段都亮。因此可以利用试灯输入信号来测试数码管的好坏。

（3）灭零功能。在 $\overline{BI}/\overline{RBO}$ 作为输出端（不加输入信号）的前提下，当 $\overline{LT}=1$，$\overline{RBI}=0$ 时，若 D、C、B、A 为 0000 时，$Y_a \sim Y_g$ 均为 0，实现灭零功能，即显示器发光段全暗。与此同时，$\overline{BI}/\overline{RBO}$ 输出低电平，表示译码器处于灭零状态。而对非 0000 数码输入，则照常显示，$\overline{BI}/\overline{RBO}$ 输出高电平。因此灭零输入主要用于输入数字零而不需要显示零的场合。

12.4.3 七段半导体数码显示器

如图 12-29（a）所示为由七段发光二极管组成的半导体数码显示器的内部结构，利用发光段的不同组合，可显示出 0～9 十个数字，如图 12-29（b）所示。DP 为小数点。发光二极管简称 LED，所以，半导体数码显示器又称为 LED 数码显示器。

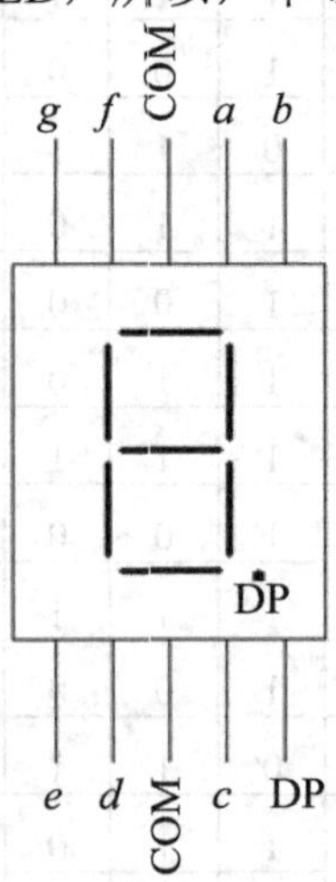

（a）数码显示器

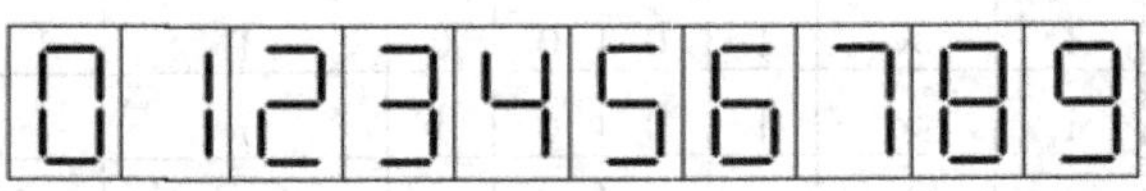

（b）段组合数字

图 12-29 七段半导体显示器和显示的数字

半导体数码显示器的内部接法有两种，如图 12-30 所示。如图 12-30（a）所示为共阳极接法，a～g 和 DP 通过限流电阻 R 接低电平时发光。如图 12-30（b）所示为共阴极接法，a～g 和 DP 通过限流电阻 R 接高电平时发光。

半导体显示器的优点是：工作电压低（1.5～3V），体积小，寿命长，工作可靠性高，响应速度快（1～100 ns），亮度高，颜色丰富（有红、绿、黄等）；它的缺点是工作电流大，每个字段的工作电流约为 10 mA。为防止发光二极管因电流过大而损坏，通常在发光二极管支路中串接一个限流电阻 R。

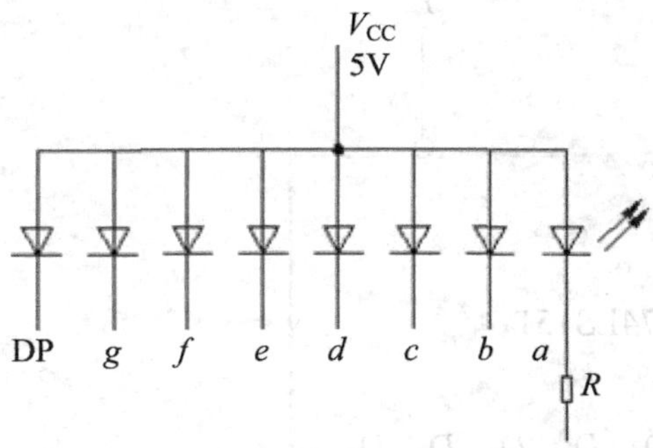

（a）共阳极接法

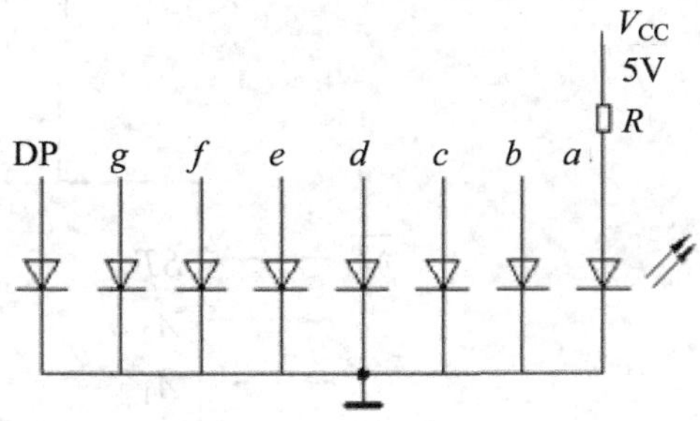

（b）共阴极接法

图 12-30　半导体数码显示器的内部接法

具有灭零控制的七位数码显示系统如图 12-31 所示。

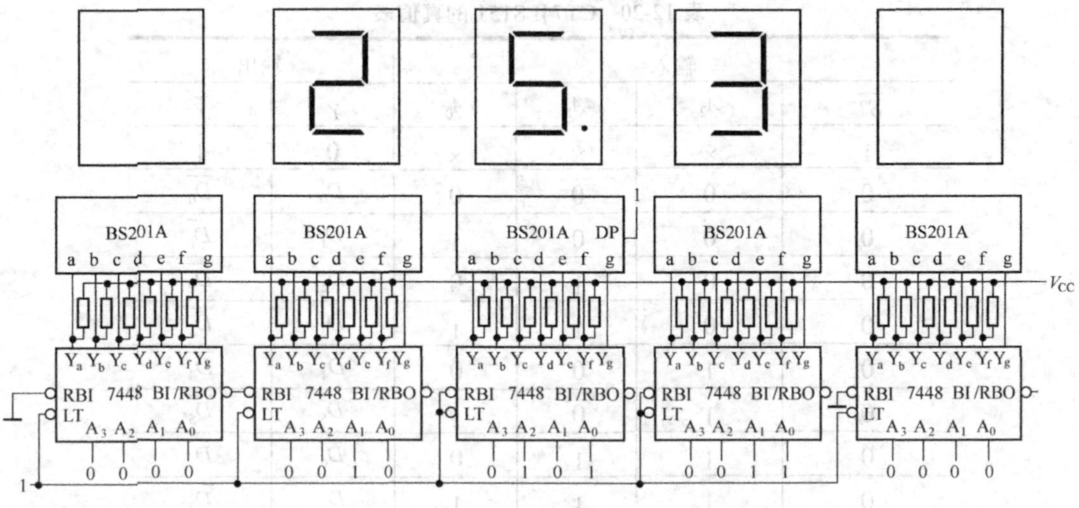

图 12-31　具有灭零控制的七位数码显示系统

12.4.4　数据选择器和分配器

在多路数据传输过程中，经常要利用数据选择器来挑选出其中一路信号进行传输。在数据选择器中，通常用地址输入信号来完成挑选数据的任务。如一个 4 选 1 的数据选择器，应有两个地址输入端，共四种不同的组合。8 选 1 数据选择器，应有 3 个地址输入端。多路数据分配器功能正好与数据选择器相反，它是根据地址码的不同，将一路数据分配到相应的一个输出端上输出。

下面介绍集成数据选择器 CT74LS151。

图 12-32 为 TTL 8 选 1 数据选择器 CT74LS151 的逻辑功能示意图。其中的 $D_7 \sim D_0$ 为数据输入端；$A_2 \sim A_0$ 为地址信号输入端；Y 和 $\overline{Y}$ 为互补输出端；$\overline{ST}$ 为使能端，低电平有效。表 12-20 为其真值表。

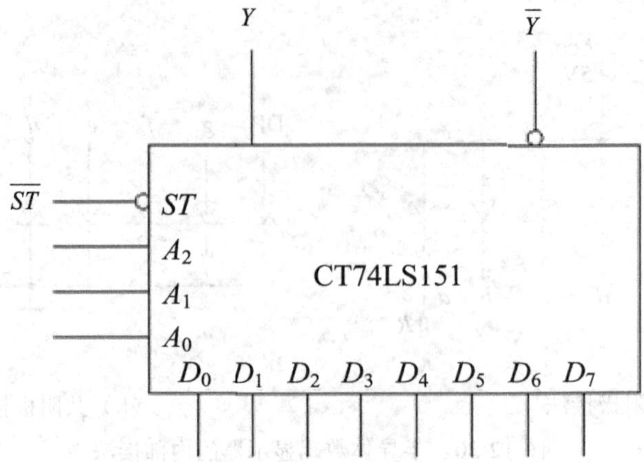

图 12-32　CT74LS151 的逻辑功能示意图

表 12-20　CT74LS151 的真值表

输入				输出	
$\overline{ST}$	A_2	A_1	A_0	Y	$\overline{Y}$
1	×	×	×	0	1
0	0	0	0	D_0	$\overline{D_0}$
0	0	0	1	D_1	$\overline{D_1}$
0	0	1	0	D_2	$\overline{D_2}$
0	0	1	1	D_3	$\overline{D_3}$
0	1	0	0	D_4	$\overline{D_4}$
0	1	0	1	D_5	$\overline{D_5}$
0	1	1	0	D_6	$\overline{D_6}$
0	1	1	1	D_7	$\overline{D_7}$

由表 12-20 可写出 CT74LS151 的输出逻辑函数 Y 为

$$Y=(\overline{A}_2\overline{A}_1\overline{A}_0D_0+\overline{A}_2\overline{A}_1A_0D_1+\overline{A}_2A_1\overline{A}_0D_2+\overline{A}_2A_1A_0D_3+A_2\overline{A}_1\overline{A}_0D_4+A_2\overline{A}_1A_0D_5+A_2A_1\overline{A}_0D_6+A_2A_1A_0D_7)ST \tag{12-28}$$

当 $\overline{ST}$=1 时，输出 Y=0，数据选择器不工作。

当 $\overline{ST}$=0 时，数据选择器工作。

$$Y=\overline{A}_2\overline{A}_1\overline{A}_0D_0+\overline{A}_2\overline{A}_1A_0D_1+\overline{A}_2A_1\overline{A}_0D_2+\overline{A}_2A_1A_0D_3+A_2\overline{A}_1\overline{A}_0D_4+A_2\overline{A}_1A_0D_5+A_2A_1\overline{A}_0D_6+A_2A_1A_0D_7 \tag{12-29}$$

【例 12-10】用数据选择器实现以下逻辑函数

$$Y=AB+AC+BC$$

解：（1）选用数据选择器。由于逻辑函数中有三个变量，现选用 CT74LS151。

（2）写出逻辑函数的标准与-或表达式。

$$Y=AB+AC+BC$$

$$= \overline{A}BC + A\overline{B}C + AB\overline{C} + ABC$$

写出 8 选 1 数据选择器 CT74LS151 的输出表达式。

$$Y' = \overline{A_2}\,\overline{A_1}\,\overline{A_0}D_0 + \overline{A_2}\,\overline{A_1}A_0D_1 + \overline{A_2}A_1\overline{A_0}D_2 + \overline{A_2}A_1A_0D_3 + A_2\overline{A_1}\,\overline{A_0}D_4 +$$
$$A_2\overline{A_1}A_0D_5 + A_2A_1\overline{A_0}D_6 + A_2A_1A_0D_7$$

（3）比较 Y 与 Y' 两式中最小项的对应关系。设 $Y=Y'$，$A=A_2$，$B=A_1$，$C=A_0$，Y' 式中包含 Y 式中的最小项时，数据取 1，没有包含 Y 式中的最小项时，数据取 0。由此得

$$D_0 = D_1 = D_2 = D_4 = 0$$
$$D_3 = D_5 = D_6 = D_7 = 1 \qquad (12\text{-}30)$$

（4）画连线图。根据式（12-30）可画出如图 12-33 所示连线图。

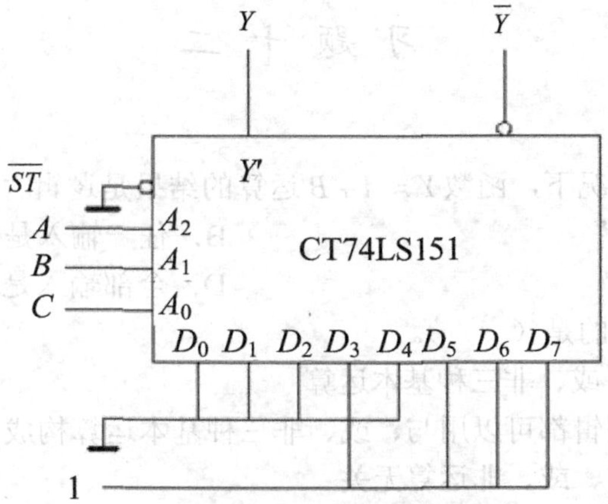

图 12-33　例 12-10 的连线图

前面我们讨论的是利用门电路即小规模集成电路（Small Scale Integration：SSI）设计组合逻辑电路，而用中规模集成电路（Medium Scale Integration：MSI）设计的组合逻辑电路与用 SSI 设计的组合逻辑电路相比，不仅可以体积缩小，减轻电路整体重量，而且可以大大提高工作的可靠性，一般有如下特点。

（1）通用性：电路既能用于数字计算机，又能用于控制系统、数字仪表等，其功能往往超过本身名称所表示的功能。

（2）扩展性：器件通常设置有一些控制端（使能端）、功能端和级联端等，在不用或少用附加电路的情况下，就能将若干功能部件扩展成位数更多、功能更复杂的电路。

（3）电路内部一般设置有缓冲门：需用到的互补信号均能在内部产生，这样就减少了外围辅助电路和封装引脚，使电路更为简洁。

本 章 小 结

1．基本逻辑门电路是构成其他各种功能电路的基础。

2．组合逻辑电路在任一时刻的输出状态只取决于同一时刻输入状态的组合，而与电路的原有状态没有关系，它没有记忆功能。

3．分析组合逻辑电路是为了确定它的逻辑功能。步骤为：由输入端到输出端逐级写出电路的输出逻辑函数表达式，并化简，再判别输出与输入之间的逻辑关系。如有困难，可以

利用该逻辑函数的真值表进行判别。根据逻辑函数式或真值表的特点用简明的语言说明该组合逻辑电路的逻辑功能。

4．组合逻辑电路的设计原则是根据给定的实际逻辑问题，求出能实现这一逻辑要求的最简逻辑电路。可用逻辑门电路来实现，也可用中规模集成电路实现。

组合逻辑电路的一般设计步骤是：先根据题意确定输入变量和输出逻辑函数，并给予逻辑赋值，然后列出真值表，写出输出逻辑函数表达式，进行化简，最后画出逻辑电路图。

5．本章讨论的编码器、译码器、数据选择器等为常用的中规模集成组合逻辑部件，这些组合逻辑部件除基本的功能外，通常还有使能端、扩展端等，便于扩展功能和构成较复杂的系统。

习 题 十 二

12.1 单选题。

1．在（　　）的情况下，函数 $Y = A + B$ 运算的结果是逻辑“0”。

A．全部输入是“0”　　B．任一输入是“0”

C．任一输入是“1”　　D．全部输入是“1”

2．下列说法不正确的是（　　）。

A．逻辑代数有与、或、非三种基本运算

B．任何一个复合逻辑都可以用与、或、非三种基本运算构成

C．异或和同或与与、或、非运算无关

D．同或和异或互为反运算

3．在（　　）的情况下，函数 $Y=AB$ 运算的结果是逻辑“1”。

A．全部输入是“0”　　B．任一输入是“0”

C．任一输入是“1”　　D．全部输入是“1”

4．若仅当输入变量 A、B 全为‘1’时，输出 $F=0$，则输出与输入的关系是（　　）运算。

A．或非　　B．或　　C．与非　　D．同或

5．组合逻辑电路的分析是指（　　）。

A．已知逻辑要求，列真值表的过程

B．已知逻辑要求，求解逻辑表达式并画逻辑图的过程

C．已知逻辑电路图，求解逻辑表达式并化简的过程

D．已知逻辑电路图，求解或验证逻辑功能的过程

6．组合逻辑电路的一般设计流程包括以下步骤：①进行逻辑抽象；②将逻辑函数化简或变换成适当的形式；③写出逻辑函数式；④选定器件的类型；⑤工艺设计；⑥画出逻辑电路图。则这些步骤正确的排序是：（　　）。

A．①→④→③→②→⑥→⑤　　B．①→③→⑤→⑥→②→④

C．①→③→④→②→⑥→⑤　　D．①→③→②→④→⑤→⑥

7．8 线-3 线优先编码器 74LS148 接通电源后，无论编码输入怎样变化，所有输出均被封锁在高电平，则其原因可能是：（　　）。

A．电源有问题　　B．编码输入无效

C．选通输入端没有接地　　　　　　D．扩展端没有接地

8．8 线-3 线优先编码器的输入为 $I_0 \sim I_7$，当优先级别最高的 I_7 有效时，其输出的反码的值是（　　）。

A．111　　　　B．010　　　　C．000　　　　D．101

9．已知 74LS138 译码器的输入三个使能端（S1=1，）时，地址码 A2A1A0=011，则输出是（　　）。

A．11111101　　　　B．10111111　　　　C．11110111　　　　D．11111111

10．为了使 74HC138 正常工作，ST_A、$\overline{ST_B}$、$\overline{ST_C}$ 的电平应是（　　）。

A．110　　　　B．011　　　　C．100　　　　D．111

11．数据选择器是把（　　）输入接过来送给（　　）输出。

A．一个，多个中的一个　　　　B．一个，一个

C．多个中的一个，一个　　　　D．多个中的一个，多个中的一个

12．一个数据选择器的地址端有 3 个时，最多可以有（　　）个数据输入信号。

A．3　　　　B．6　　　　C．8　　　　D．16

12.2　列出有三个输入端与门、或门的八种输出状态真值表。

12.3　能否将与非门当作非门使用？如果可以，请说明输入端应如何连接。

12.4　组合逻辑电路有什么特点？分析组合逻辑电路的目的是什么？分析方法是什么？

12.5　设计一个全减器电路，输入有被减数 A、减数 B、低位来的借位数 J_0（它们都是一位二进制数），输出为差 D 及向高位的借位数 J_1。

12.6　试分析如图 12-34 所示各组合逻辑电路的逻辑功能。

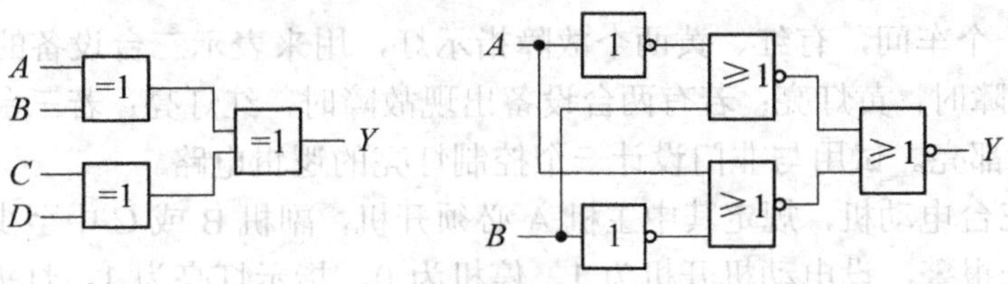

（a）　　　　（b）

图 12-34　题 12.6 图

12-7　试分析如图 12-35 所示各组合逻辑电路的逻辑功能，写出函数表达式。

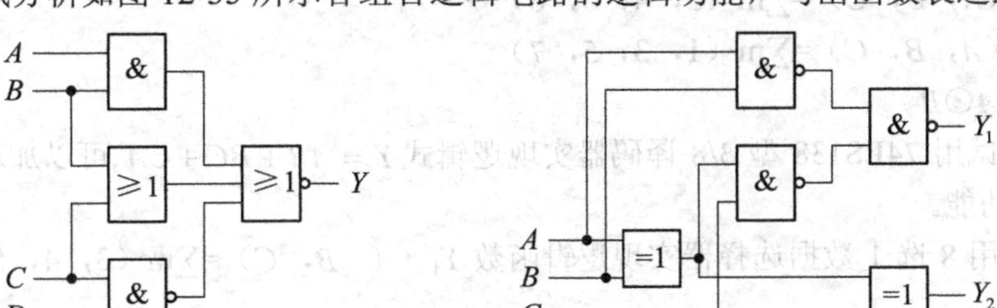

（a）　　　　（b）

图 12-35　题 12.7 图

12.8 有一组合逻辑电路如图 12-36（a）所示，其输入信号 A、B 的波形如图 12-36（b）所示。要求：（1）写出逻辑表达式并化简；（2）列出真值表；（3）画出输出波形；（4）描述该电路的逻辑功能。

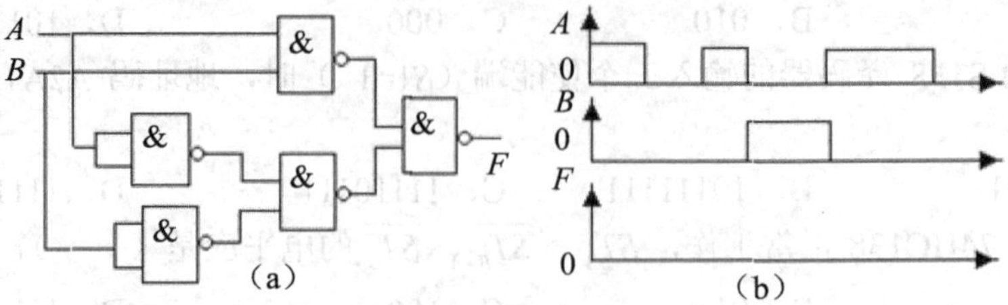

图 12-36 题 12.8 图

12.9 试画出如如图 12-37 所示各门电路在输入如波形图所示信号时的输出波形。

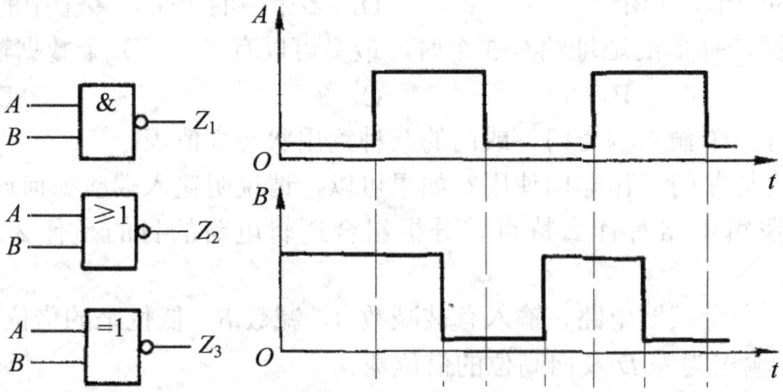

图 12-37 题 12.9 图

12.10 有一个车间，有红、黄两个故障指示灯，用来表示三台设备的工作情况。当有一台设备出现故障时，黄灯亮；若有两台设备出现故障时，红灯亮；若三台设备都出现故障时，红灯、黄灯都亮。试用与非门设计一个控制灯亮的逻辑电路。

12.11 有三台电动机，规定其中主机 A 必须开机，副机 B 或 C 中至少有一台开机，否则指示灯 L 发光报警，设电动机开机为 1，停机为 0，指示灯亮为 1，灯灭为 0。画出满足上述要求的逻辑电路。（要求用与非门实现，可以使用非门。）

12.12 用与非门和 3 线-8 线译码器实现下列逻辑函数，画出连线图。

（1）Y_1（A，B，C）=∑m（3，4，5，6）

（2）Y_2（A，B，C）=∑m（1，3，5，7）

（3）$Y_3=A\odot B$

12.13 试用 74LS138 型 3/8 译码器实现逻辑式 $Y = AB + BC + CA$,可以加适当的门电路实现其逻辑功能。

12.14 用 8 选 1 数据选择器实现逻辑函数 Y_1（A，B，C）=∑m（3，4，5，6），画出连线图。

实训 12.1　用集成逻辑门设计组合逻辑电路

一、训练目的

1．学习查阅手册，根据设计要求选用集成芯片。

2．熟悉用集成逻辑门设计组合逻辑电路的方法和调试方法。

3．熟悉译码器的应用。

二、训练内容

1．3 个阀门中必须有两个或两个以上开通时才算工作正常，否则不发出正常信号。试设计一个能发出正常信号的逻辑电路。

2．3 个工厂由甲、乙两个变电站供电。如 1 个工厂用电，则由甲站供电；如两个工厂用电，则由乙站供电；如 3 个工厂同时用电，则由甲、乙两个站供电。试设计一个供电控制电路。

三、实训要求

1．用最少的门电路实现要求的逻辑功能。

2．写出设计过程，画出逻辑图，自拟测试调整方法。

3．根据数字集成电路手册选择合适的逻辑门电路，并画出安装接线图。

四、实训报告

1．测试、记录电路的逻辑功能，并列出真值表，判断设计是否正确。

2．自行分析、检测和排除训练中出现的故障。

实验 12.2　用译码器实现多种逻辑功能

一、训练目的

1．掌握译码器的功能测试方法。

2．熟悉显示译码器的使用。

3．熟悉译码器的应用。

二、训练内容

1．测试显示译码器的逻辑功能，观测数码显示器的显示情况。

2．用 4 线-10 线译码器构成 10 路输出的数据分配器。

3．用 3 线-8 线译码器和与非门实现逻辑函数。

$$Y = A \oplus B \oplus C$$

4．用 3 线-8 线译码器和与非门组成一个 1 位二进制全减器。

三、实训要求

1．在上述 4 个训练内容中，自选其中 3 个进行预习。

2．写出设计过程，根据数字集成电路手册选择集成译码器和门电路，画出安装接线图。

3．自拟测试调整步骤。

四、实训报告

1．测试记录电路的逻辑功能，并列出真值表，判断设计是否正确。

2．自行分析、检测和排除训练中出现的故障。

3．总结本技能训练的收获、体会。

实验 12.3　集成门电路功能及转换

一、实验目的

1．熟悉并掌握 TTL 与非门逻辑功能的测试方法。

2．学会用与非门组成其他门电路的方法。

二、实验仪器设备

1．YJ-56 直流稳压电源。

2．SXJ-4C 数字实验板。

3．MF-47 万用表。

三、实验内容

1．74LS00 逻辑功能的验证

要求：验证 74LS00 内任一与非门的逻辑功能，完成表 12-21。

表 12-21

A	B	L
0	0	
0	1	
1	0	
1	1	

2．门电路功能转换

要求：用 3/4 片 74LS00 实现 $L=A+B$。

（1）写出与 $L=A+B$ 的与非逻辑表达式。

（2）画出逻辑电路图。

（3）完成表 12-22。

表 12-22

A	B	L
0	0	
0	1	
1	0	
1	1	

四、分析讨论

如何处理 TTL 与非门中多余的输入端？

实验 12.4　组合逻辑电路

一、实验目的

1．掌握组合逻辑电路设计和功能测试的基本方法。

2．掌握数字电路的合理接线方法。

二、实验仪器设备

1．YJ-56 直流稳压电源。

2．SXJ-4C 数字实验板。

3．MF-47 万用表。

三、实验内容

设计一个三输入表决电路，当输入多数为 1 时输出为 1，否则为 0。

1．根据设计要求，列出真值表。

2．写出逻辑表达式。

3．画出逻辑电路图（要求用 74LS00 实现，如图 12-38 示）。

4．连接电路并验证逻辑功能。

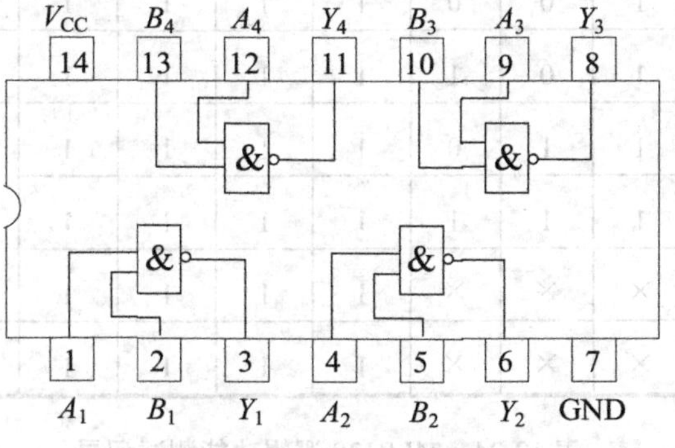

图 12-38　74LS00 逻辑功能示意图

四、分析讨论

分析和设计组合逻辑电路的一般步骤是什么？

实验 12.5　译码与显示

一、实验目的

1．熟悉集成译码器的原理、功能。

2．掌握实现译码显示电路的基本方法。

二、实验仪器设备

1．YJ-56 直流稳压电源。

2．SXJ-4C 数字实验板。

3．MF-47 万用表。

三、实验内容

1．验证 74LS138 3 线-8 线译码器的功能。

2．根据 74LS138 的真值表（如表 12-23 所示），用实验方法进行验证，将结果填入表 12-24。

表 12-23　74LS138 真值表

	输入					输出							
	使能		选择码										
	S_1	$\overline{S}_2+\overline{S}_3$	A_2	A_1	A_0	$\overline{Y_0}$	$\overline{Y_1}$	$\overline{Y_2}$	$\overline{Y_3}$	$\overline{Y_4}$	$\overline{Y_5}$	$\overline{Y_6}$	$\overline{Y_7}$
0	1	0	0	0	0	0	1	1	1	1	1	1	1
1	1	0	0	0	1	1	0	1	1	1	1	1	1
2	1	0	0	1	0	1	1	0	1	1	1	1	1
3	1	0	0	1	1	1	1	1	0	1	1	1	1
4	1	0	1	0	0	1	1	1	1	0	1	1	1
5	1	0	1	0	1	1	1	1	1	1	0	1	1
6	1	0	1	1	0	1	1	1	1	1	1	0	1
7	1	0	1	1	1	1	1	1	1	1	1	1	0
禁止	0	×	×	×	×	1	1	1	1	1	1	1	1
	×	1	×	×	×	1	1	1	1	1	1	1	1

表 12-24　74LS138 逻辑功能测试记录

输　　入	输　　出

3．使用 SXJ-4C 的译码器显示板如图 12-39 所示。请在图 12-40 中画出输入 0000～1111

时显示器所显示的状态。

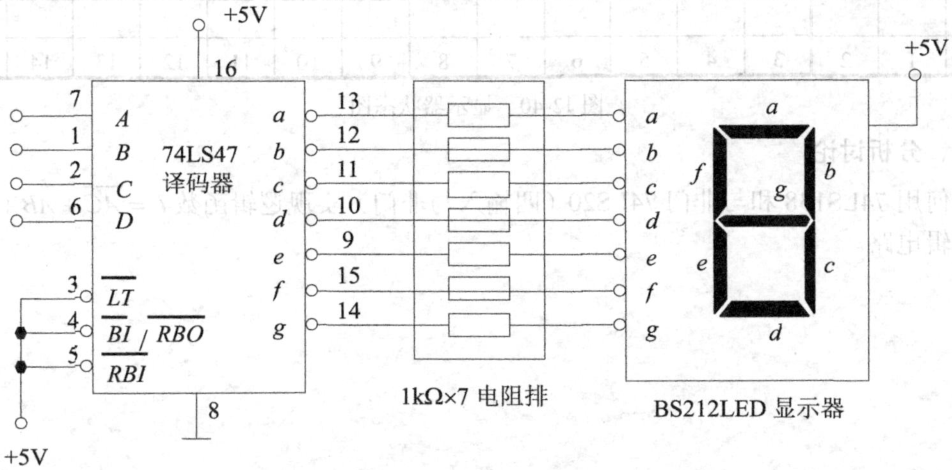

图 12-39　译码显示电路

表 12-25　74LS47 真值表

十进制数或功能	输入						输出								说明
	$\overline{LT}$	$\overline{RBI}$	D	C	B	A	$\overline{BI}/\overline{RBO}$	a	b	c	d	e	f	g	
0	1	1	0	0	0	0	1	0	0	0	0	0	0	1	
1	1	×	0	0	0	1	1	1	0	0	1	1	1	1	
2	1	×	0	0	1	0	1	0	0	1	0	0	1	0	
3	1	×	0	0	1	1	1	0	0	0	0	1	1	0	
4	1	×	0	1	0	0	1	1	0	0	1	1	0	0	
5	1	×	0	1	0	1	1	0	1	0	0	1	0	0	
6	1	×	0	1	1	0	1	1	1	0	0	0	0	0	
7	1	×	0	1	1	1	1	0	0	0	1	1	1	1	数码显示
8	1	×	1	0	0	0	1	0	0	0	0	0	0	0	
9	1	×	1	0	0	1	1	0	0	0	1	1	0	0	
10	1	×	1	0	1	0	1	1	1	1	0	0	1	0	
11	1	×	1	0	1	1	1	1	1	0	0	1	1	0	
12	1	×	1	1	0	0	1	1	0	1	1	1	0	0	
13	1	×	1	1	0	1	1	0	1	1	0	1	0	0	
14	1	×	1	1	1	0	1	1	1	1	0	0	0	0	
15	1	×	1	1	1	1	1	1	1	1	1	1	1	1	
$\overline{BI}$	×	×	×	×	×	×	0	1	1	1	1	1	1	1	灭灯
$\overline{RBI}$	1	0	0	0	0	0	0	1	1	1	1	1	1	1	灭零
$\overline{LT}$	0	×	×	×	×	×	1	0	0	0	0	0	0	0	测试

0	1	2	3	4	5	6	7	8	9	10	11	12	13	14	15

图 12-40　显示器状态图

四、分析讨论

如何用 74LS138 和与非门 74LS20（四输入与非门）实现逻辑函数 $L=\overline{A}\overline{C}+\overline{A}B+AB\overline{C}$，画出逻辑电路。

第十三章 双稳态触发器和时序逻辑电路

【学习目标】

1. 了解 555 电路的工作原理。
2. 理解触发器的工作原理和电路结构以及时序逻辑电路的概念。
3. 掌握常用寄存器和计数器的工作原理。

触发器是时序逻辑电路的基本单元。本章先介绍了基本 RS 触发器的特点和工作原理及各种同步触发器的基本电路和逻辑功能，而后分析了其中几个触发器的应用，并主要介绍了时序逻辑电路中寄存器和计数器的工作原理。

13.1 双稳态触发器

13.1.1 基本 RS 触发器

1．与非门组成的基本 RS 触发器

1）电路组成

由两个与非门的输入和输出交叉耦合组成的基本 RS 触发器如图 13-1（a）所示，如图 13-1（b）所示为其逻辑符号。$\overline{R_D}$ 和 $\overline{S_D}$ 为信号输入端，它们上面的非号表示低电平有效，在逻辑符号中用小圆圈表示。Q 和 $\overline{Q}$ 为输出端，在触发器处于稳定状态时，它们的输出状态相反，规定 Q=0、$\overline{Q}$=1 为触发器的 0 状态；Q=1、$\overline{Q}$=0 为触发器的 1 状态。

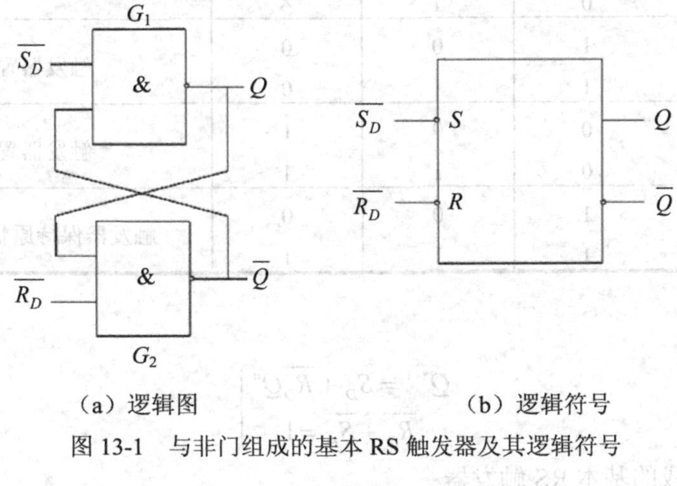

（a）逻辑图　　（b）逻辑符号

图 13-1　与非门组成的基本 RS 触发器及其逻辑符号

2）逻辑功能

下面根据与非门的逻辑功能讨论基本 RS 触发器的工作原理。

（1）当 $\overline{R_D}$=0、$\overline{S_D}$=1 时，触发器置 0。因 $\overline{R_D}$=0，G_2 输出 $\overline{Q}$=1，这时 G_1 输入都为高电平 1，输出 Q=0，触发器被置 0。使触发器处于 0 状态的输入端 $\overline{R_D}$ 称为置 0 端，也称为复

位端，低电平有效。

（2）当$\overline{R_D}$=1、$\overline{S_D}$=0 时，触发器置 1。因$\overline{S_D}$=0，G_1输出 Q=1，这时G_2输入都为高电平 1，输出$\overline{Q}$=0，触发器被置 1。使触发器处于 1 状态的输入端$\overline{S_D}$称为置 1 端，也称为置位端，也是低电平有效。

（3）当$\overline{R_D}$=1、$\overline{S_D}$=1 时，触发器保持原状态不变。如触发器处于Q=0、$\overline{Q}$=1 的 0 状态时，则Q=0 反馈到G_2的输入端，G_2因输入有低电平 0，输出$\overline{Q}$=1；$\overline{Q}$=1 又反馈到G_1的输入端，G_1输入都为高电平 1，输出Q=0。电路保持 0 状态不变。

如触发器原处于Q=1、$\overline{Q}$=0 的 1 状态时，则电路同样能保持 1 状态不变。

（4）当$\overline{R_D}$=0、$\overline{S_D}$=0 时，触发器状态不定。这时触发器输出$Q=\overline{Q}$=1，这既不是 1 状态，也不是 0 状态。而在$\overline{R_D}$和$\overline{S_D}$同时由 0 变为 1 时，由于G_1和G_2在电气性能上的差异，其输出状态无法预知，可能是 0 状态，也可能是 1 状态。在实际上，这种情况是不允许的。为了保证基本 RS 触发器能正常工作，不出现$\overline{R_D}$和$\overline{S_D}$同时为 0，要求$\overline{R_D}+\overline{S}_D=1$即$R_D S_D=0$。

由上面讨论可知，由与非门组成的基本触发器具有置 0、置 1 和保持三种功能。

3）特性表

触发器次态Q^{n+1}与输入信号和电路原有状态（现态 Q^n）之间关系的真值表，称为特性表。因此，上述基本 RS 触发器的逻辑功能可用如表 13-1 所示的特性表来表示。

表 13-1　与非门组成的基本 RS 触发器的特性表

$\overline{R_D}$	$\overline{S_D}$	Q^n	Q^{n+1}	说　明
0	0	0	×	触发器状态不定，不允许
0	0	1	×	
0	1	0	0	触发器置 0
0	1	1	0	
1	0	0	1	触发器置 1
1	0	1	1	
1	1	0	0	触发器保持原状态不变
1	1	1	1	

其特性方程为

$$\left.\begin{aligned} Q^{n+1}=S_D+\overline{R_D}Q^n \\ \overline{R_D}+\overline{S_D}=1 \end{aligned}\right\} \tag{13-1}$$

2．或非门组成的基本 RS 触发器

如图 13-2（a）所示为由两个或非门的输入和输出交叉耦合组成的基本 RS 触发器，如图 13-2（b）为其逻辑符号。该触发器用高电平作为输入信号，也称为高电平有效。用或非门的逻辑功能来分析如图 13-2（a）所示触发器的工作原理，不难得出如下结论：当$R_D=0$、$S_D=1$时，触发器置 1；当$R_D=1$、$S_D=0$时，触发器置 0；当$R_D=S_D=0$时，触发器保持原状态不变；当 $R_D=S_D=1$ 时， $Q=\overline{Q}=0$，这既不是 0 状态，也不是 1 状态，因为当 R_D 和 S_D 同时由高电平变为低电平时，触发器的输出状态是不确定的，所以，这种情况也是不允许的。为保证触发器能正常工作，要求 $R_DS_D=0$。

上述基本 RS 触发器的输出状态是直接受 $\overline{R_D}$、$\overline{S_D}$（或 R_D、S_D）端输入信号的电平控制的，因此称为直接触发器，或称为电平触发器。这种触发器的优点是电路简单，缺点是使用不方便。

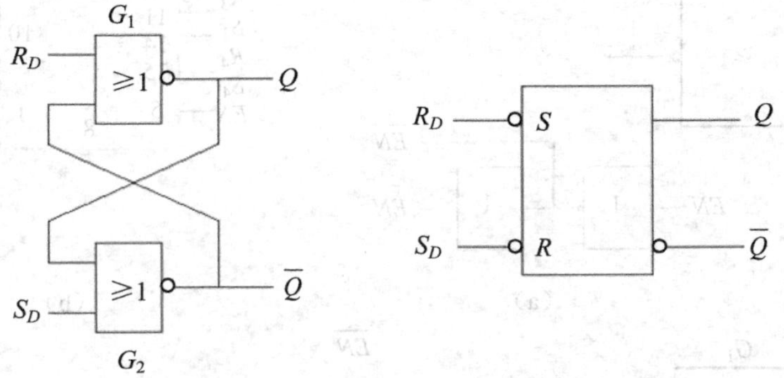

（a）逻辑图　　（b）逻辑符号

图 13-2　或非门组成的基本 RS 触发器及其逻辑符号

其特性方程为

$$\left.\begin{array}{r} Q^{n+1}=S_D+\overline{R_D}Q^n \\ R_DS_D=0 \end{array}\right\} \qquad (13\text{-}2)$$

3．集成基本 RS 触发器

如图 13-3 所示是 CMOS 集成 RS 触发器 CC4043 和 CC4044 的逻辑图及其引出端的功能图。如图 13-3（a）所示为或非门构成的电路，如图 13-3（c）所示为与非门构成的电路，它们都经过传输门 TG 输出，因此都具有三态输出功能，故又叫作三态 RS 锁存触发器。由图 13-3（b）和图 13-3（d）可见，两种芯片每片内部都包含有四个基本 RS 触发器，且四个触发器共用一个使能端 *EN*。当 *EN*=1 时，传输门处于导通状态，基本 RS 触发器工作；当 *EN*=0 时，传输门呈截止状态，所有输出端处于高阻状态，其逻辑功能如表 13-2 所示。

表 13-2　CC4043 和 CC4044 逻辑功能表

输　入			输　出	
			CC4043	CC4044
R（$\overline{R}$）	S（$\overline{S}$）	EN	Q^{n+1}	Q^{n+1}
Φ	Φ	0	高阻状态	高阻状态
0	0	1	Q^n	不定状态
0	1	1	1	0
1	0	1	0	1
1	1	1	不定状态	Q^n

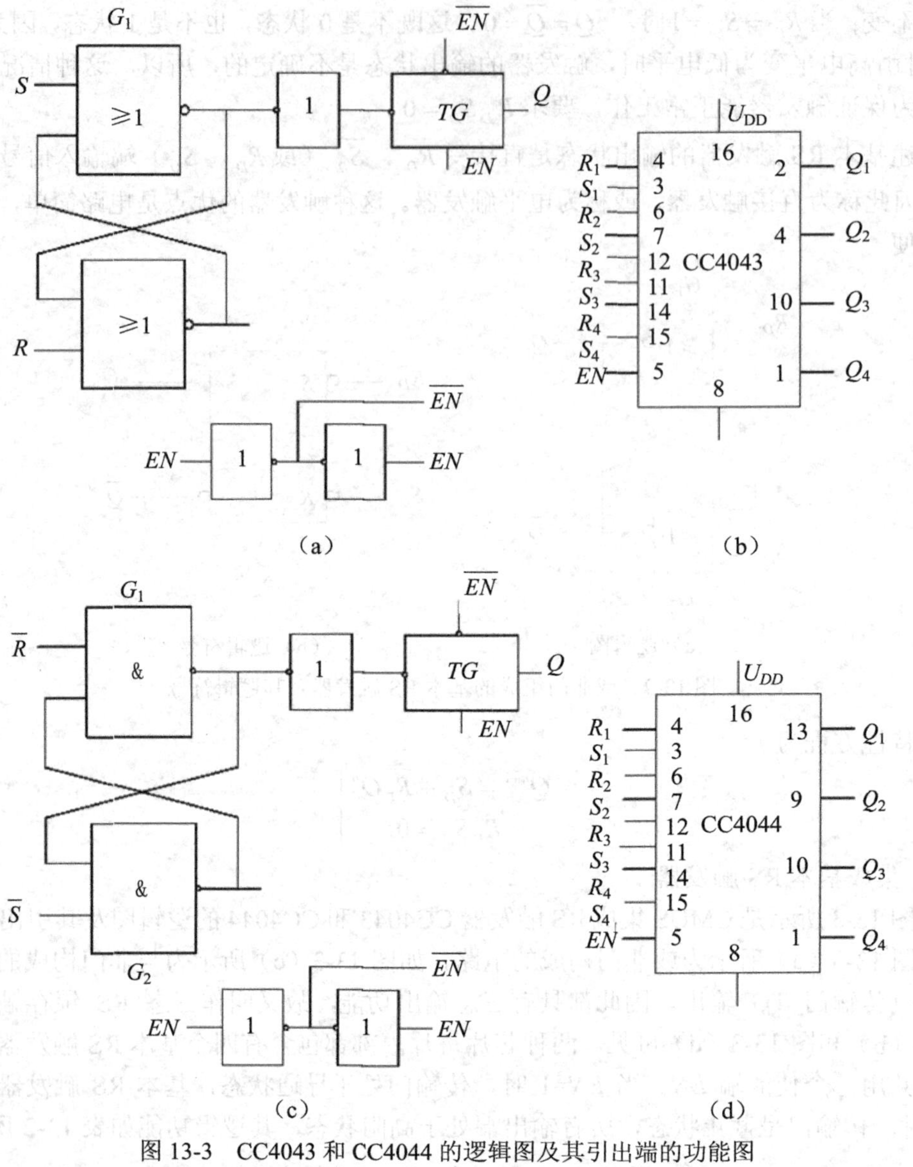

图 13-3　CC4043 和 CC4044 的逻辑图及其引出端的功能图

13.1.2　同步触发器

前面介绍的基本 RS 触发器是在输入信号直接控制下工作的，然而在数字系统中，为了协调各部分有节拍地工作，常常要求一些触发器在同一时刻动作。为此，必须采用同步脉冲，使这些触发器在同步脉冲作用下根据输入信号同时改变状态，而在没有同步脉冲输入时，触发器保持原状态不变，这个同步脉冲称为时钟脉冲 *CP*。具有时钟脉冲 *CP* 控制的触发器称为时钟触发器，又称为同步触发器。

1. 同步 RS 触发器

1）电路组成

同步 RS 触发器是在基本 RS 触发器的基础上增加了两个由时钟脉冲 *CP* 控制的门电路 G_3、G_4 后组成的，如图 13-4（a）所示，如图 13-4（b）所示为其逻辑符号。图中 *CP* 为时钟脉冲输入端，简称钟控端 CP，R 和 S 为信号输入端。

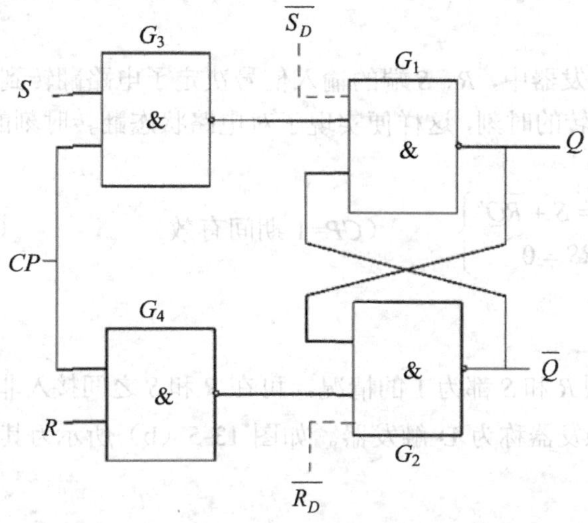

（a）逻辑图

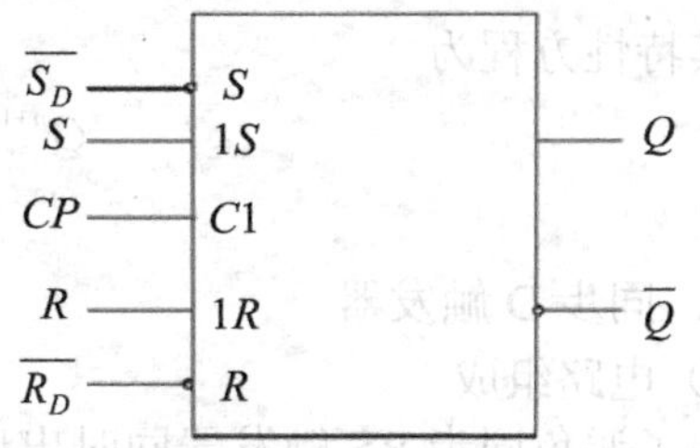

（b）逻辑符号

图 13-4　同步 RS 触发器及其逻辑符号

2）逻辑功能

当 $CP=0$ 时，G_3、G_4 被封锁，都输出 1，这时，不管 R 端和 S 端的信号如何变化，触发器的状态保持不变，即 $Q^{n+1}=Q^n$。

当 $CP=1$ 时，G_3、G_4 解除封锁，R、S 端的输入信号可通过这两个门控制基本 RS 触发器的状态翻转。其输出状态仍由 R、S 端的输入信号和电路的原有状态 Q^n 决定。同步 RS 触发器的逻辑功能见它的特性表 13-3。

表 13-3　同步 RS 触发器的特性表

R	S	Q^n	Q^{n+1}	说　明
0	0	0	0	触发器保持原状态不变
0	0	1	1	
0	1	0	1	置 1
0	1	1	1	
1	0	0	0	置 0
1	0	1	0	
1	1	0	×	触发器状态不定，不允许
1	1	1	×	

由表 13-3 可看出，同步 RS 触发器有如下逻辑功能：在 CP 由 0 变为 1 后，R 和 S 输入的状态不同时，触发器具有置 0 和置 1 功能和保持功能；当 $CP=1$，R、S 同时由 1 变 0 或当 $R=S=1$，CP 由 1 变 0 时，触发器状态不变。

在图 13-4（a）中，如取 $\overline{R_D}=1$、$\overline{S_D}=0$，$Q=1$、$\overline{Q}=0$，触发器置 1；如取 $\overline{R_D}=0$、$\overline{S_D}=1$，触发器置 0。由于触发器的置 0 和置 1 直接受 $\overline{R_D}$、$\overline{S_D}$ 端信号控制，与 CP 的有无没有关系，

因此，$\overline{R_D}$ 和 $\overline{S_D}$ 端称为直接置 0 端和直接置 1 端，又称为异步置 0 端和异步置 1 端。触发器正常工作时，取 $\overline{R_D}=1$、$\overline{S_D}=1$。

由上述分析可看出：在同步 *RS* 触发器中，*R*、*S* 端的输入信号决定了电路翻转到什么状态，而时钟脉冲 *CP* 则决定电路状态翻转的时刻，这样便实现了对电路状态翻转时刻的控制。

其特性方程为

$$\left.\begin{array}{r} Q^{n+1}=S+\overline{R}Q^{n} \\ RS=0 \end{array}\right\} \quad (CP=1\text{ 期间有效}) \tag{13-3}$$

2．同步 D 触发器

1）电路组成

为了避免同步 RS 触发器同时出现 *R* 和 *S* 都为 1 的情况，可在 *R* 和 *S* 之间接入非门 G_5，如图 13-5（a）所示，这种单输入的触发器称为 D 触发器。如图 13-5（b）所示为其逻辑符号。*D* 为信号输入端。

2）逻辑功能

在 $CP=0$ 时，G_3、G_4 被封锁，都输出 1，触发器保持原状态不变，不受 *D* 端输入信号的控制。

在 $CP=1$ 时，G_3、G_4 解除封锁，可接收 *D* 端输入的信号。如 $D=1$ 时，$\overline{D}=0$，触发器翻到 1 状态，即 $Q^{n+1}=1$，如 $D=0$ 时，$\overline{D}=1$，触发器翻到 0 状态，即 $Q^{n+1}=0$。由此可列出如表 13-4 所示同步 D 触发器的特性表。

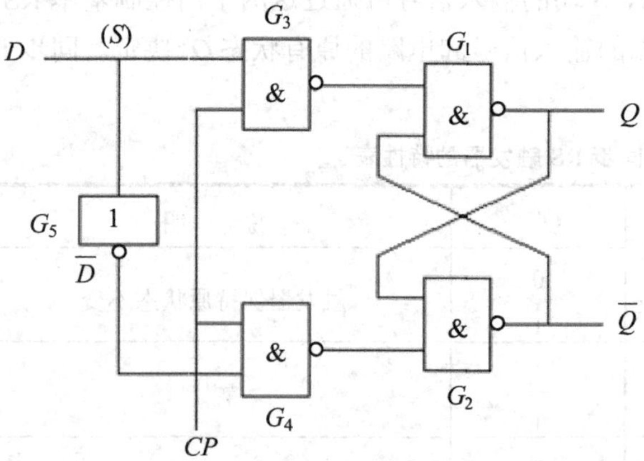

（a）逻辑图

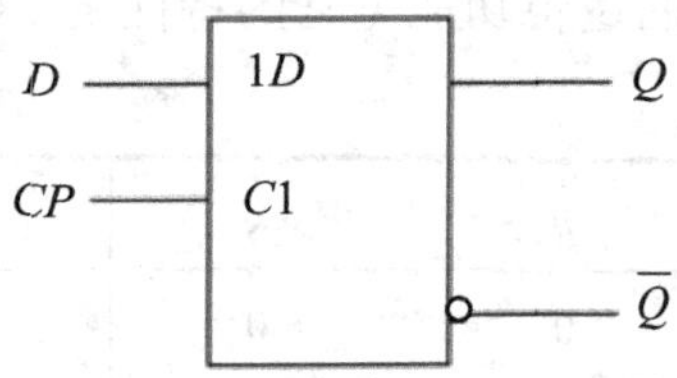

（b）逻辑符号

图 13-5　同步 D 触发器的逻辑图和逻辑符号

表 13-4　同步 D 触发器的特性表

D	Q^n	Q^{n+1}	说　明
0	0	0	输出状态和 *D* 相同
0	1	0	输出状态和 *D* 相同
1	0	1	输出状态和 *D* 相同
1	1	1	输出状态和 D 相同

由上述分析可知，同步 D 触发器的逻辑功能如下：当 CP 由 0 变为 1 后，触发器的状态翻到和 D 的状态相同；当 CP 由 1 变为 0 后，触发器保持原状态不变。

其特性方程为

$$Q^{n+1}=D \qquad (CP=1\text{ 期间有效}) \tag{13-4}$$

13.1.3 边沿触发器

边沿触发器只在时钟脉冲 CP 上升沿或下降沿时刻接收输入信号，电路状态才发生翻转，而在 CP 的其他时间内，电路状态不变化，没有空翻现象，从而提高了触发器的可靠性和抗干扰能力。主要有维持阻塞 D 触发器、边沿 JK 触发器、COMS 边沿触发器等。

1．TTL 边沿 JK 触发器

如图 13-6 所示为 TTL 边沿 JK 触发器逻辑图和逻辑符号。图 13-6（b）中“＞”表示边沿触发输入，左边的小圆圈“。”表示下降沿触发输入。其逻辑功能如表 13-5 所示。

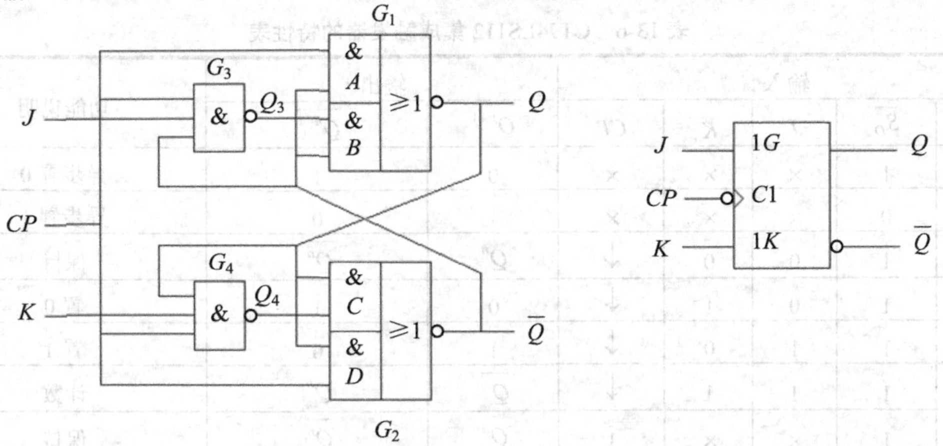

（a）逻辑图　　（b）逻辑符号

图 13-6　TTL 边沿 JK 触发器逻辑图和逻辑符号

表 13-5　TTL 边沿 JK 触发器的特性表

J	K	Q^n	Q^{n+1}	说　明
0	0	0	0	输出保持原状态不变
0	0	1	1	
0	1	0	0	置 0
0	1	1	0	
1	0	0	1	置 1
1	0	1	1	
1	1	0	1	每输入一个 CP，输出状态变化一次
1	1	11	0	

其特性方程为

$$Q^{n+1}=J\overline{Q^n}+\overline{K}Q^n \qquad (CP\text{ 下降沿到达时刻有效}) \tag{13-5}$$

下面简介集成边沿 JK 触发器 CT74LS112。它由两个独立的下降沿触发的边沿 JK 触发器组成。如图 13-7 所示为其逻辑符号。表 13-6 为其功能表。

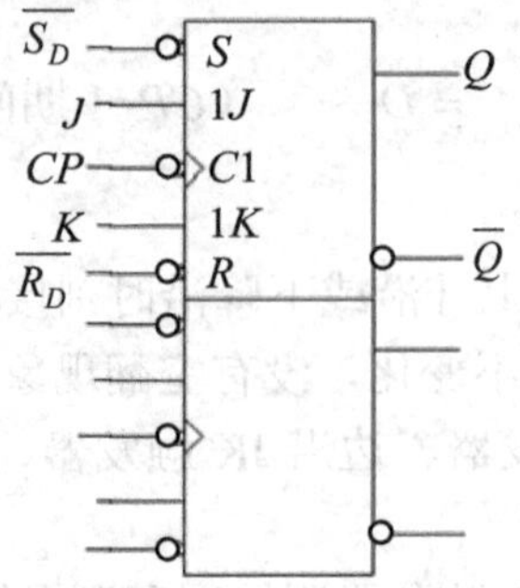

图 13-7　CT74LS112 逻辑符号

表 13-6　CT74LS112 集成触发器的特性表

输入					输出		功能说明
$\overline{R_D}$	$\overline{S_D}$	J	K	CP	Q^{n+1}	$\overline{Q^{n+1}}$	
0	1	×	×	×	0	1	异步置 0
1	0	×	×	×	1	0	异步置 1
1	1	0	0	↓	Q^n	$\overline{Q^n}$	保持
1	1	0	1	↓	0	1	置 0
1	1	1	0	↓	1	0	置 1
1	1	1	1	↓	$\overline{Q^n}$	Q^n	计数
1	1	×	×	1	Q^n	$\overline{Q^n}$	保持
0	0	×	×	×	1	1	不允许

图中 $\overline{R_D}$ 为直接置 0 端，又称为异步置 0 端；$\overline{S_D}$ 为直接置 1 端，又称为异步置 1 端，它不受时钟脉冲 CP 的影响。

当 $\overline{R_D}=0$、$\overline{S_D}=1$ 时，输出 $Q^{n+1}=0$，同时输出 $\overline{Q^{n+1}}=1$，这时触发器被置 0。

当 $\overline{R_D}=1$、$\overline{S_D}=0$ 时，输出 $Q^{n+1}=1$，同时输出 $\overline{Q^{n+1}}=0$，这时触发器被置 1。

当 $\overline{R_D}=\overline{S_D}=1$，如 J=K=0，触发器保持原来不变，即使 CP 下降沿作用下，电路状态也不改变。

当 $\overline{R_D}=\overline{S_D}=1$，如 J=0，K=1 时，在 CP 下降沿作用下，触发器翻到 0 状态。由于触发器的置 0 和 CP 到来同步，又称为同步置 0。

当 $\overline{R_D}=\overline{S_D}=1$，如 J=1，K=0 时，在 CP 下降沿作用下，触发器翻到 1 状态。由于触发器的置 1 和 CP 到来同步，又称为同步置 1。

当 $\overline{R_D}=\overline{S_D}=1$，如 J=K=1 时，每输入一个 CP 的下降沿，触发器的状态变化一次，这种情况可用来计数。

如取 $\overline{R_D}=\overline{S_D}=0$ 时，$Q^{n+1}=\overline{Q^{n+1}}=0$，不是 0 状态，也不是 1 状态，在使用 CT74LS112 时这种情况是不允许的。

2．维持阻塞 D 触发器

如图 13-8 所示为维持阻塞 D 触发器的逻辑符号，它的逻辑功能与同步 D 触发器相同，但维持阻塞 D 触发器只在 *CP* 上升沿到达时刻才有效。其特性方程为

$$Q^{n+1}=D \text{（}CP\text{ 上升沿到达时刻有效）} \tag{13-6}$$

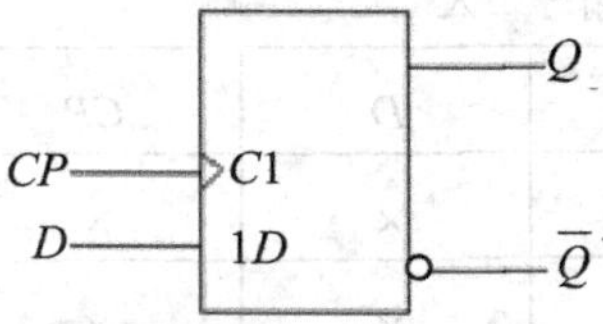

图 13-8　维持阻塞 D 触发器的逻辑符号

维持阻塞 D 触发器只有在 *CP* 上升沿到达时刻，电路才会接收 D 端的输入信号来改变状态，在 *CP* 的其他时间内，触发器状态不会改变。

在一个 *CP* 作用时间内，只有一个上升沿，电路状态最多只能改变一次，没有空翻问题。

下面简介集成维持阻塞 D 触发器 CT74LS74。它由两个独立的上升沿触发的维持阻塞 D 触发器组成。如图 13-9 所示为其逻辑符号。表 13-7 为其功能表。

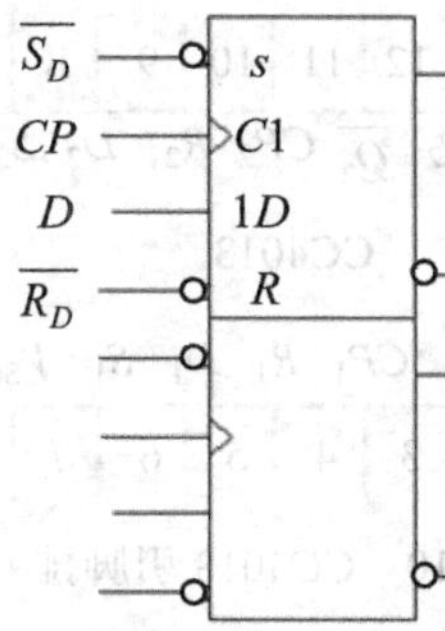

图 13-9　CT74LS74 逻辑符号

表 13-7　CT74LS74 触发器的特性表

输入				输出		功能说明
$\overline{R_D}$	$\overline{S_D}$	D	CP	Q^{n+1}	$\overline{Q^{n+1}}$	
0	1	×	×	0	1	异步置 0
1	0	×	×	1	0	异步置 1
1	1	0	↑	0	1	置 0
1	1	1	↑	1	0	置 1
1	1	×	0	Q^n	$\overline{Q^n}$	保持
0	0	×	×	1	1	不允许

其详细功能请读者自行分析。

3．CMOS 边沿 D 触发器

CC4013 是由 CMOS 传输门构成的边沿型 D 触发器，逻辑功能与 TTL 74LS74 相同，它是上升沿触发的双 D 触发器。表 13-8 为其功能表，如图 13-10 所示为其引脚排列。

表 13-8　CC4013 功能表

输　入				输　出
S	R	D	CP	Q^{n+1}
1	0	×	×	1
0	1	×	×	0
1	1	×	×	不定态
0	0	1	↑	1
0	0	0	↑	0
0	0	×	↓	Q^n

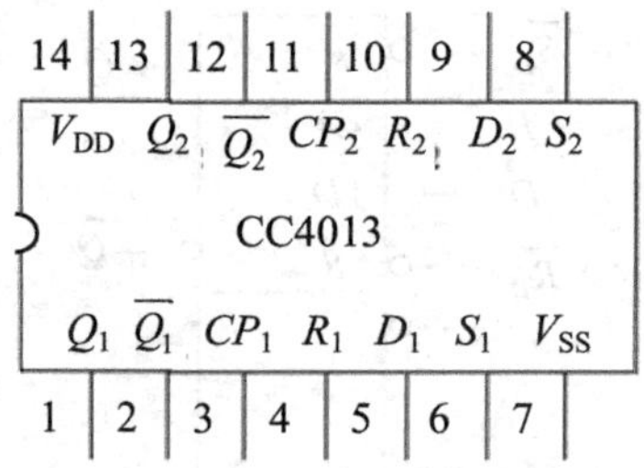

图 13-10　CC4013 引脚排列

4．CMOS 边沿 JK 触发器

CMOS CC4027 双 JK 触发器逻辑功能与 TTL 74LS112 相同。表 13-9 为其功能表，如图 13-11 所示为其引脚排列。

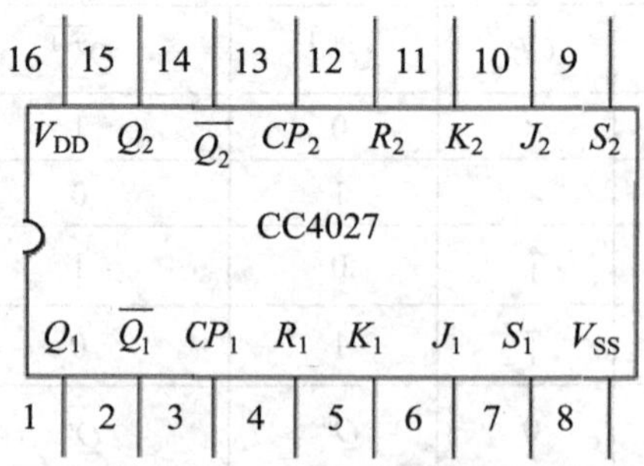

图 13-11　CC4027 引脚排列

表 13-9　CC4027 功能表

输入					输出
S	R	CP	J	K	Q^{n+1}
1	0	×	×	×	1
0	1	×	×	×	0
1	1	×	×	×	不定态
0	0	↑	0	0	Q^n
0	0	↑	1	0	1
0	0	↑	0	1	0
0	0	↑	1	1	$\overline{Q^n}$
0	0	↓	×	×	Q^n

13.1.4　T 触发器

在计数器中经常要用到 T 触发器和 T′触发器，而集成触发器产品中并没有这两种类型的电路，它们主要是用来简化集成计数器的逻辑电路。T 和 T′触发器主要由 JK 触发器或 D 触发器构成。T 触发器是指根据 T 端输入信号的不同，在时钟脉冲 CP 作用下具有翻转和保持功能的电路，它的逻辑符号如图 13-12 所示。而 T′ 触发器则是指每输入一个时钟脉冲 CP，状态变化一次的电路。它实际上是 T 触发器的翻转功能。

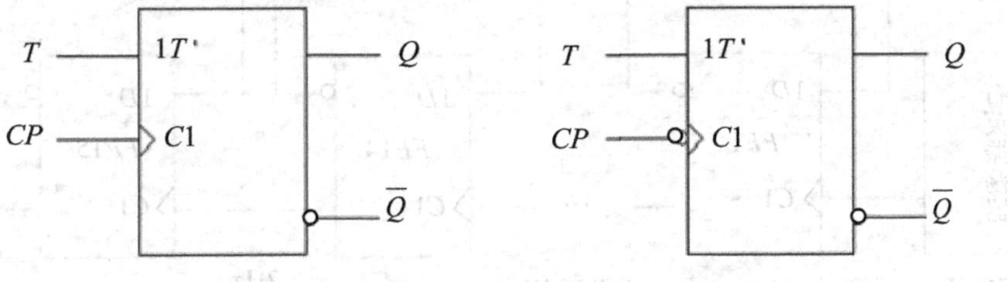

（a）上升沿触发　　（b）下降沿触发

图 13-12　T 触发器的逻辑符号

1．JK 触发器构成 T 触发器

将 JK 触发器的 J 和 K 相连作为 T 输入端便构成了 T 触发器，电路如图 13-13（a）所示。

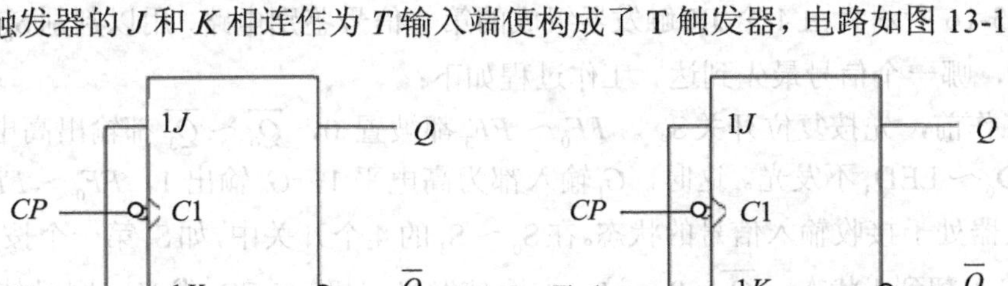

（a）T 触发器　　（b）T′触发器

图 13-13　JK 发器构成的 T 触发器和 T′ 触发器

2．JK 触发器构成 T′触发器

将 JK 触发器的 J 和 K 相连作为 T'输入端并接高电平 1，便构成了 T′触发器，如图 13-13（b）所示。

13.1.5　触发器的应用

1．分频电路

如图 13-14（a）所示为由 D 触发器组成的分频电路，如图 13-14（b）所示为输入和输出波形，由波形图可看出，输出 Q 波形的周期为输入时钟脉冲 CP 的两倍，其频率则为 CP 的二分之一。因此，如图 13-14（a）所示电路为一个二分频电路。

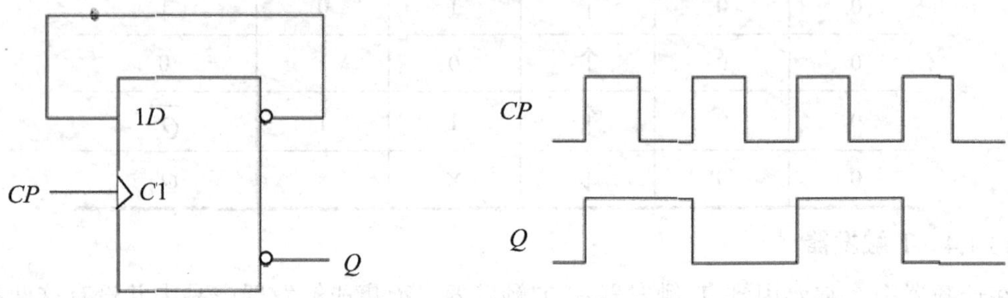

（a）电路图　　（b）波形图

图 13-14　D 触发器构成的二分频电路和波形图

如图 13-15 所示为石英手表中的秒脉冲产生电路。石英振荡器输出振荡信号的频率为 32 768Hz，经 15 级二分频后，得到频率为 1 Hz 即周期为 1 s 的秒脉冲信号。

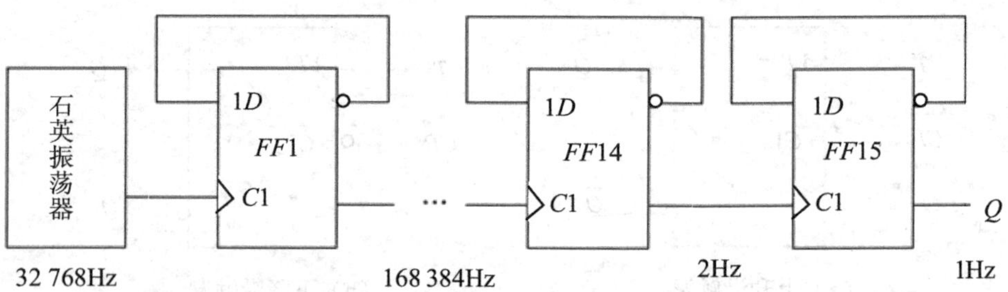

图 13-15　D 触发器构成的秒信号电路

2．第一信号鉴别电路

如图 13-16 所示为由 4 个 JK 触发器组成的第一信号鉴别电路，用以判别 S_0～S_3 送入的 4 个信号中，哪一个信号最先到达。工作过程如下：

开始工作前，先按复位开关 S_R，FF_0～FF_3 都被置 0，$\overline{Q_0}$～$\overline{Q_3}$ 都输出高电平 1，发光二极管 LED_0～LED_3 不发光。这时，G_1 输入都为高电平 1，G_2 输出 1，FF_0～FF_3 的 J=K=1，这 4 个触发器处于接收输入信号的状态。在 S_0～S_3 的 4 个开关中，如 S_3 第一个按下时，则 FF_3 首先由 0 状态翻到 1 状态，$\overline{Q_3}=0$，这一方面使发光二极管 LED_3 发光，同时使 G_2 输出 0，这时 FF_0～FF_3 的 J 和 K 都为低电平 0，都执行保持功能。因此，在 S_3 按下后，其他三个开关 S_0～S_2 任一个再按下时，FF_0～FF_2 的状态不会改变，仍为 0 状态，发光二极管 LED_0～LED_2 也不会亮，所以，根据发光二极管的发光可判断开关 S_3 第一个按下。

如要重复进行第一信号判别时，则在每次进行判别前应先按复位开关S_R，使$FF_0 \sim FF_3$处于接收状态。如图 13-16 所示电路又称为抢答器。

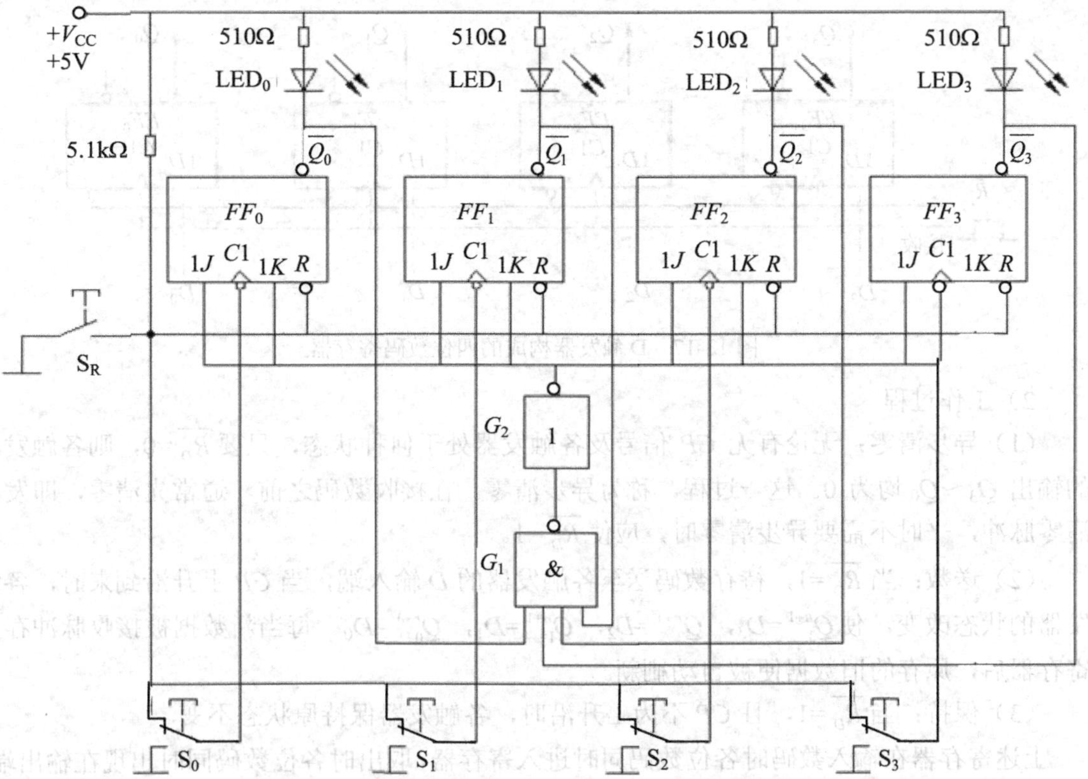

图 13-16　第一信号鉴别电路

13.2　寄存器和移位寄存器

寄存器是数字电路中的一个重要部件，具有存储二进制数码或信息的功能。寄存器是由具有存储功能的触发器组合起来构成的，一个触发器可以存储 1 位二进制代码，存放 n 位二进制代码的寄存器，需用 n 个触发器来构成。

寄存器存放数码的方式有并行和串行两种。并行方式就是数码各位从各对应位同时输入到寄存器中；串行方式就是数码从一个输入端逐位输入到寄存器中。

从寄存器取出数码的方式也有并行和串行两种。在并行方式中，被取出的数码各位在对应于各位的输出端上同时出现；而在串行方式中，被取出的数码在一个输出端逐位出现。

寄存器通常分为两大类：数码寄存器和移位寄存器。

13.2.1　数码寄存器

1．D 触发器构成的四位数码寄存器

数码寄存器具有接收、存放、输出和清除数码的功能。在接收指令（在计算机中称为写指令）控制下，将数据送入寄存器存放。需要时可在输出指令（读出指令）控制下，将数据由寄存器输出。它的输入与输出均采用并行方式。

1）电路组成

如图 13-17 所示为 D 触发器构成的四位数码寄存器。

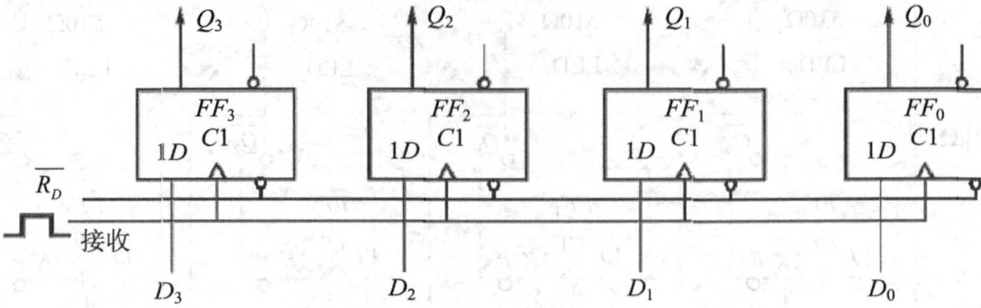

图 13-17　D 触发器构成的四位数码寄存器

2）工作过程

（1）异步清零：无论有无 *CP* 信号及各触发器处于何种状态，只要 $\overline{R_D}$ =0，则各触发器的输出 Q_3～Q_0 均为 0。这一过程，称为异步清零。在接收数码之前，通常先清零，即发出清零脉冲，平时不需要异步清零时，应使 $\overline{R_D}$ =1。

（2）送数：当 $\overline{R_D}$ =1，待存数码送至各触发器的 *D* 输入端，当 *CP* 上升沿到来时，各触发器的状态改变，使 $Q_3^{n+1}=D_3$，$Q_2^{n+1}=D_2$，$Q_1^{n+1}=D_1$，$Q_0^{n+1}=D_0$。每当新数据被接收脉冲存入寄存器后，原存的旧数据便被自动刷新。

（3）保持：当 $\overline{R_D}$ =1，且 *CP* 不为上升沿时，各触发器保持原状态不变。

上述寄存器在输入数码时各位数码同时进入寄存器，取出时各位数码同时出现在输出端，因此这种寄存器为并行输入并行输出寄存器。

2．集成数码寄存器

图 13-18（a）所示是由 D 触发器组成的 4 位集成寄存器 74LS175 的逻辑电路图，其引脚图如图 13-18（b）所示。其中，R_D 是异步清零控制端。D_0～D_3 是并行数据输入端，*CP* 为时钟脉冲端，Q_0～Q_3 是并行数据输出端，$\overline{Q_0}$ ～$\overline{Q_3}$ 是反码数据输出端。74LS175 的功能见表 13-10。

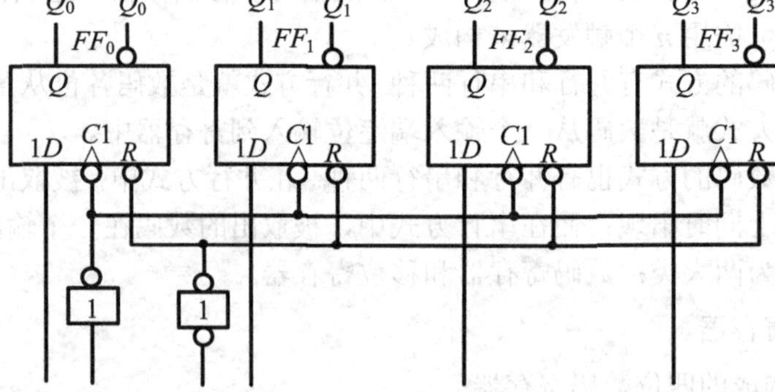

（a）内部逻辑电路图

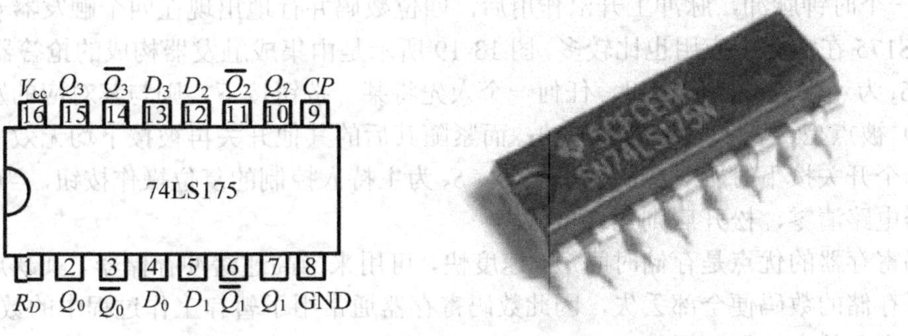

（b）引脚排列图　　　　（c）实物图

图 13-18　4 位集成数码寄存器 74LSl75

表 13-10　74LS175 的功能表

清 0	时钟	输 入				输 出				工作模式
R_D	CP	D_0	D_1	D_2	D_3	Q_0	Q_1	Q_2	Q_3	
0	×	×	×	×	×	0	0	0	0	异步清零
1	↑	D_0	D_1	D_2	D_3	D_0	D_1	D_2	D_3	数据寄存
1	1	×	×	×	×	保 持				数据保持
1	0	×	×	×	×	保 持				数据保持

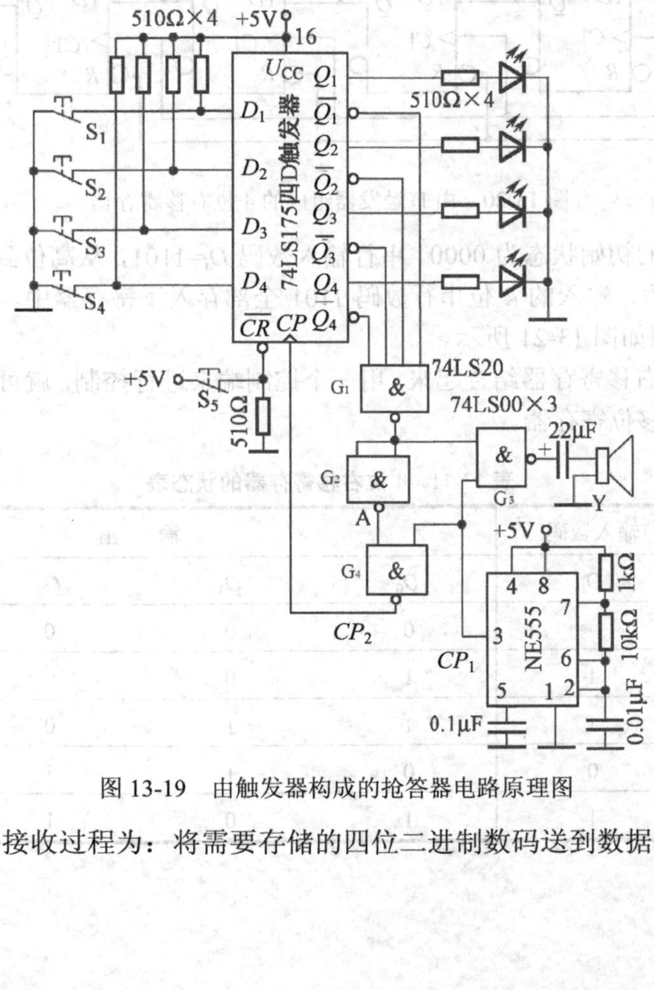

图 13-19　由触发器构成的抢答器电路原理图

该电路的数码接收过程为：将需要存储的四位二进制数码送到数据输入端 D_0～D_3，在

CP 端送一个时钟脉冲，脉冲上升沿作用后，四位数码并行地出现在四个触发器 Q 端。

74LS175 在实际中应用也比较多，图 13-19 所示是由集成触发器构成的抢答器，其中 S_1、S_2、S_3、S_3 为 4 路抢答操作按钮。任何一个人先将某一按钮按下，则与其对应的发光二极管（指示灯）被点亮，表示此人抢答成功；而紧随其后的其他开关再被按下均无效，指示灯仍保持第一个开关按下时所对应的状态不变。S_5 为主持人控制的复位操作按钮，当 S_5 被按下时抢答器电路清零，松开后则允许抢答。

数码寄存器的优点是存储时间短，速度快，可用来当高速缓冲存储器。其缺点是一旦停电后，所存储的数码便全部丢失，因此数码寄存器通常用于暂存工作过程中的数据和信息，不能作为永久的存储器使用。

13.2.2 移位寄存器

移位寄存器不但具有存储代码的功能，而且具有移位功能。移位功能就是使寄存器里存储的代码在移位指令脉冲作用下左移或右移。移位寄存器可以用于存储代码，也可以用于数据的串行-并行转换等等，是在数字系统和计算机中应用很广泛的基本逻辑部件。

下面介绍一下由 D 触发器组成的 4 位右移寄存器，如图 13-20 所示，

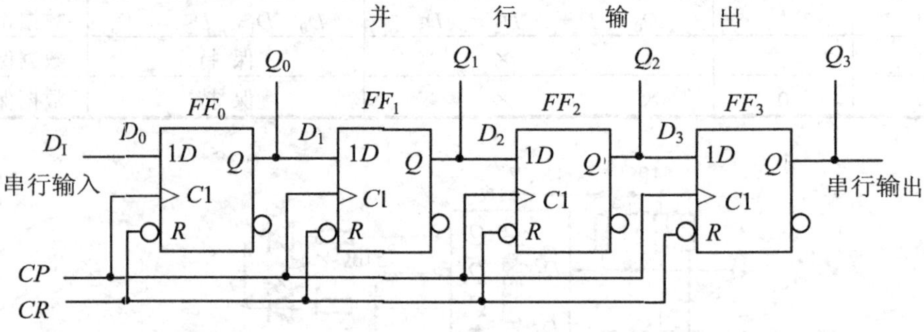

图 13-20 由 D 触发器组成的 4 位右移寄存器

设移位寄存器的初始状态为 0000，串行输入数码 D_I=1101，从高位到低位依次输入。在 4 个移位脉冲作用后，输入的 4 位串行数码 1101 全部存入了寄存器中。电路的状态表如表 13-11 所示，时序图如图 13-21 所示。

假如把左移和右移寄存器结合起来，用一个控制端来进行控制，就可以形成既可以左移又可以右移的双向移位寄存器。

表 13-11 4 位右移寄存器的状态表

移位脉冲	输入数码	输出			
CP	D_I	Q_0	Q_1	Q_2	Q_3
0		0	0	0	0
1	1	1	0	0	0
2	1	1	1	0	0
3	0	0	1	1	0
4	1	1	0	1	1

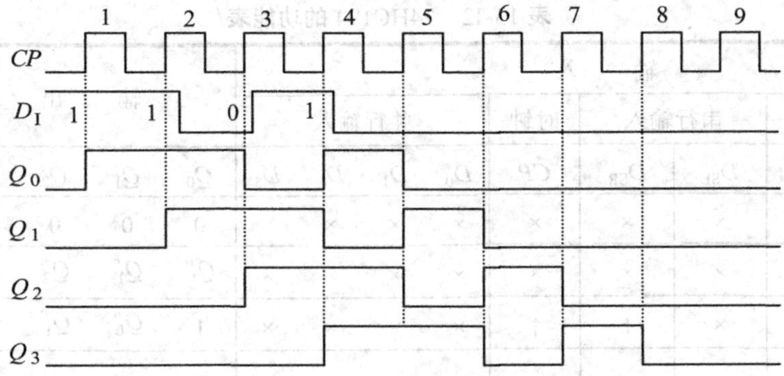

图 13-21 4 位右移寄存器的时序图

74HC194 是由四个触发器组成的功能很强的四位移位寄存器，其逻辑功能示意图、实物图、引脚图如图 13-22（a）、（b）、（c）所示，功能如表 13-12 所示。

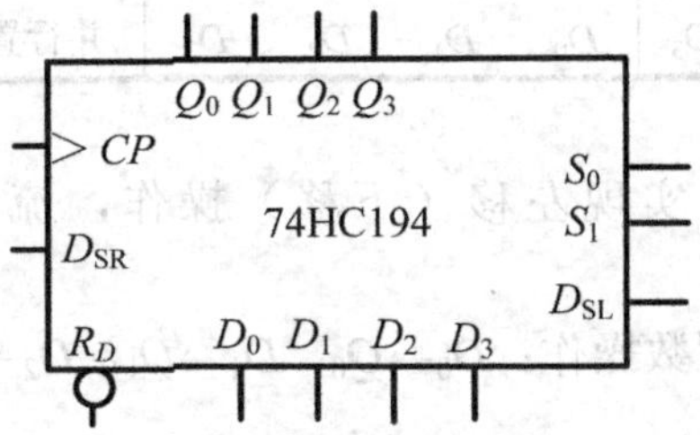

（a）逻辑功能示意图

（b）实物图

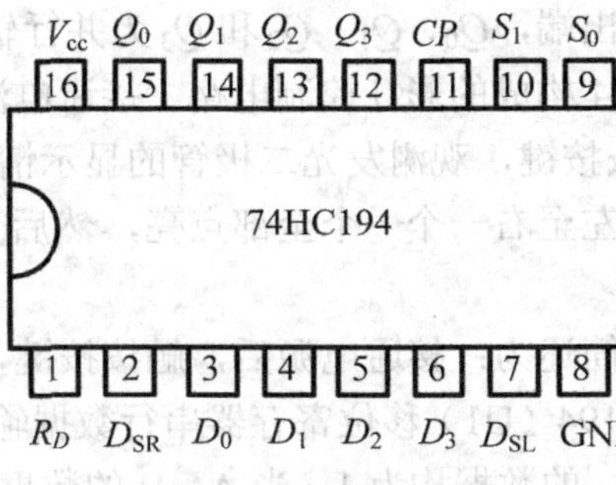

（c）引脚排列图

图 13-22 集成移位寄存器 74HC194

由表 13-12 可知 74LS194 工作原理如下：

（1）异步清零　当 R_D=0 时即刻清零，与其他输入状态及 CP 无关。

（2）S_1、S_0 是控制输入　当 R_D=1 时 74HC194 有如下 4 种工作方式：

①当 S_1S_0=00 时，不论有无 CP 到来，各触发器状态不变，为保持工作状态。

②当 S_1S_0=01 时，在 CP 的上升沿作用下，实现右移（上移）操作，流向是 $S_{SR}\to Q_0\to Q_1\to Q_2\to Q_3$。

表 13-12　74HC194 的功能表

输入										输出				工作模式
清零	控制		串行输入		时钟	并行输入								
R_D	S_1	S_0	D_{SL}	D_{SR}	CP	D_0	D_1	D_2	D_3	Q_0	Q_1	Q_2	Q_3	
0	×	×	×	×	×	×	×	×	×	0	0	0	0	异步清零
1	0	0	×	×	×	×	×	×	×	Q_0^n	Q_1^n	Q_2^n	Q_3^n	保　持
1	0	1	×	1	↑	×	×	×	×	1	Q_0^n	Q_1^n	Q_2^n	右移，D_{SR} 为串行输入，Q_3 为串行输出
1	0	1	×	0	↑	×	×	×	×	0	Q_0^n	Q_1^n	Q_2^n	
1	1	0	1	×	↑	×	×	×	×	Q_1^n	Q_2^n	Q_3^n	1	左移，D_{SL} 为串行输入，Q_0 为串行输出
1	1	0	0	×	↑	×	×	×	×	Q_1^n	Q_2^n	Q_3^n	0	
1	1	1	×	×	↑	D_0	D_1	D_2	D_3	D_0	D_1	D_2	D_3	并行置数

③当 S_1S_0=10 时，在 CP 的上升沿作用下，实现左移（下移）操作，流向是 $S_L \to Q_3 \to Q_2 \to Q_1 \to Q_0$。

④当 S_1S_0=11 时，在 CP 的上升沿作用下，实现置数操作：$D_0 \to Q_0$，$D_1 \to Q_1$，$D_2 \to Q_2$，$D_3 \to Q_3$。

D_{SL} 和 D_{SR} 分别是左移和右移串行输入。D_0、D_1、D_2 和 D_3 是并行输入端。Q_0 和 Q_3 分别是左移和右移时的串行输出端，Q_0、Q_1、Q_2 和 Q_3 为并行输出端。

图 13-23 所示为 74LS194 构成的彩灯控制电路。接通电源，将时钟电压源输出接入 74LS194 时钟输入端。 触按按键，观测发光二极管的显示情况。如果电路没有故障，可以看到电路中的发光二极管从左至右一个一个全部点亮，然后又从左至右一个一个全部熄灭，以此规律不断循环。

该电路的工作原理可以简述为：接通电源后，触按按键，两块 74LS194 的输出端均为零，经反相器反相后，74LS194（U1）移位寄存器串行数据输入端 D_{SR} 与 74LS194（U2）移位寄存器串行数据输入端 D_{SL} 的数据均为 1；当 A、B 的数据（即 74LS194 S_0、S_1 端的数据)为 01 时，数据右移；第一个时钟脉冲过后，74LS194（U1）D_{SR} 端的数据 1 移位至 Q_0 端，其他 Q 端的 0 均依次右移，此后，随着时钟脉冲的到来，发光二极管自左至右一个个点亮，第 8 个脉冲以后，全部二极管均点亮，此时，D_{SR} 端的数据变为 0，随着后续脉冲的到来， 发光二极管自左至右一个个熄灭。

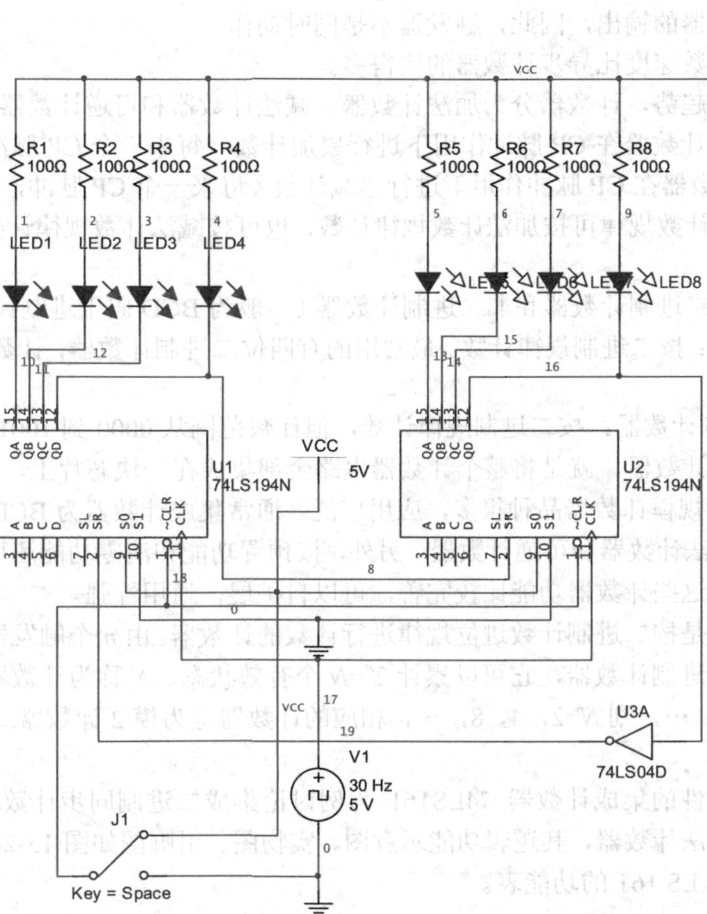

图 13-23　用 741HC94 构成的彩灯控制电路

13.3　计　数　器

时序逻辑电路按其触发方式分为同步时序逻辑电路和异步时序逻辑电路两类。时序逻辑电路中，所有触发器的脉冲触发端与外接 CP 脉冲端相连（即所有触发器在外来 CP 脉冲作用下同时动作）的电路称为同步时序逻辑电路。时序逻辑电路中，不同触发器的时钟脉冲不相同，触发器只在其 CP 脉冲的相应边沿才动作的电路，称为异步时序逻辑电路。

计数器是用来累计时钟脉冲（CP 脉冲）个数的时序逻辑部件。它是数字系统中用途最广泛的基本部件之一，几乎在各种数字系统中都有计数器。它不仅可以计数，还可以对 CP 脉冲分频，以及构成时间分配器或时序发生器，对数字系统进行定时、程序控制操作。此外，还能用它执行数字运算。

（1）按 CP 脉冲输入方式，计数器分为同步计数器和异步计数器两种。

①同步计数器：计数脉冲引到所有触发器的时钟脉冲输入端，使应翻转的触发器在外接的 CP 脉冲作用下同时翻转。

②异步计数器：计数脉冲并不引到所有触发器的时钟脉冲输入端，有的触发器的时钟脉

冲输入端是其他触发器的输出，因此，触发器不是同时动作。

同步计数器的计数速度比异步计数器的快得多。

（2）按计数增减趋势，计数器分为加法计数器、减法计数器和可逆计数器三种。

①加法计数器：计数器在 CP 脉冲作用下进行累加计数（每来一个 CP 脉冲，计数器加 1）。减法计数器：计数器在 CP 脉冲作用下进行累减计数（每来一个 CP 脉冲，计数器减 1）。

②可逆计数器：计数规律可按加法计数规律计数，也可按减法计数规律计数，由控制端决定。

（3）按数制分为二进制计数器和非二进制计数器（一般为 BCD 码十进制计数器）两类。

①二进制计数器：按二进制规律计数。最常用的有四位二进制计数器，计数范围从 0000 到 1111。

②BCD 码十进制计数器：按二进制规律计数，但计数范围从 0000 到 1001。

所谓的中规模集成计数器，就是将整个计数器电路全部集成在一块芯片上，目前 TTL 和 CMOS 电路构成的中规模计数器品种很多，应用广泛。通常集成计数器为 BCD 码十进制计数器、四位二进制加法计数器和可逆计数器。另外，按预置功能和清零功能还可分为同步预置、异步预置清零。这些计数器功能比较完善，可以自扩展，通用性强。

二进制计数器就是按二进制计数进位规律进行计数的计数器。由 n 个触发器组成的二进制计数器称为 n 位二进制计数器，它可以累计 $2^n=N$ 个有效状态。N 称为计数器的模或计数容量。若 n=1，2，3，…，则 N=2，4，8，…，相应的计数器称为模 2 计数器，模 4 计数器，模 8 计数器，……。

下面以具有代表性的集成计数器 74LS161 为例讨论集成二进制同步计数器。74LS161 是 4 位二进制同步加法计数器，其逻辑功能示意图、实物图、引脚图如图 13-24(a)、(b)、(c) 所示，表 13-13 为 74 LS 161 的功能表。

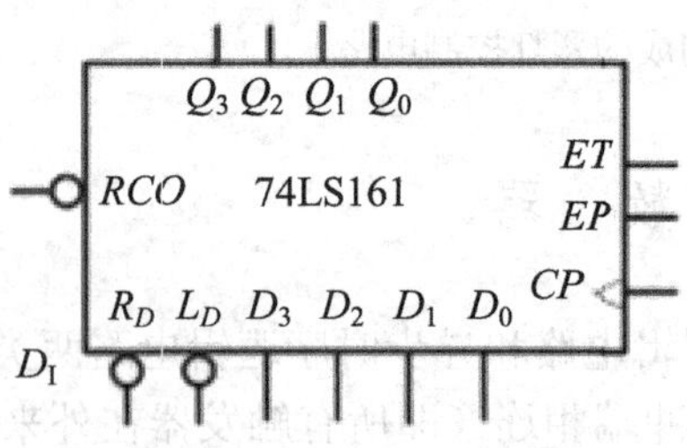

（a）逻辑功能示意图

（b）实物图

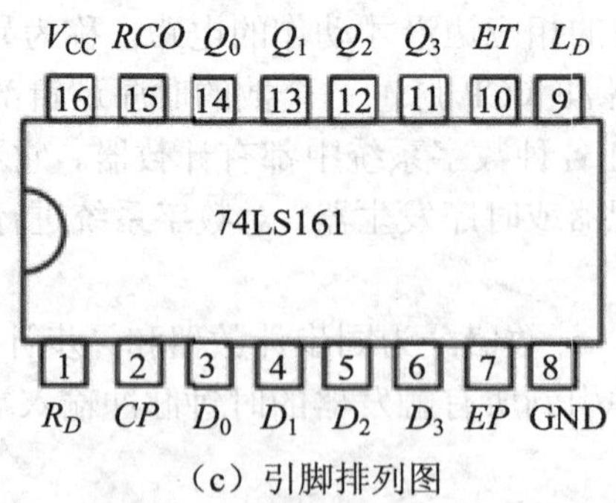

（c）引脚排列图

图 13-24 集成 4 位二进制同步加法计数器 74LS161

表 13-13　74LS161 的功能表

清零	预置	使能		时钟	预置数据输入				输出				工作模式
R_D	L_D	EP	ET	CP	D_3	D_2	D_1	D_0	Q_3	Q_2	Q_1	Q_0	
0	×	×	×	×	×	×	×	×	0	0	0	0	异步清零
1	0	×	×	↑	d_3	d_2	d_1	d_0	d_3	d_2	d_1	d_0	同步置数
1	1	0	×	×	×	×	×	×	保　持				数据保持
1	1	×	0	×	×	×	×	×	保　持				数据保持
1	1	1	1	↑	×	×	×	×	计　数				加法计数

图 13-24 所示 74LS161 各引脚的功能和符号说明如下：

①D_0～D_3 为并行数据输入端；

②Q_0～Q_3 为数据输出端；

③ET、EP 为计数控制端；

④CP 为时钟输入端，即 CP 端（上升沿有效）；

⑤RCO 为进位输出端（高电平有效）；

⑥R_D 为异步清除输入端（低电平有效）；

⑦L_D 为同步并行置数控制端（低电平有效）。

由表可知，74LS161 具有以下功能及特点：

（1）74LS161 有异步置“0”功能。当清除端 R_D 为低电平时，无论其他各输入端的状态如何，各触发器均被置“0”，即该计数器被置 0。

（2）74LS161 的计数是同步的，即 4 个触发器的状态更新是在同一时刻（CP 脉冲的上升沿）进行的，它是由 CP 脉冲同时加在 4 个触发器上而实现的。

（3）74LS161 有预置数功能，预置是同步的。当 R_D 为高电平，置入控制端 L_D 为低电平时，在 CP 脉冲的上升沿作用下，数据输入端 D_3～D_0 上的数据就被送至输出端 Q_3～Q_0。如果改变 D_3～D_0 端的预置数，即可构成 16 以内的各种不同进制的计数器。

（4）74LS161 有超前进位功能，即当计数溢出时，进位端 RCO 输出一个高电平脉冲，其宽度为一个时钟周期，R_D、L_D、ET 和 EP 均为高电平时，计数器处于计数状态，每输入一个 CP 脉冲，就进行一次加法计数。各计数状态详见该计数器的状态图 13-25 所示。

（5）ET 和 EP 是计数器控制端，它们中至少有一个为低电平时，计数器保持原态；只有两者均为高电平时，计数器才处于计数状态。

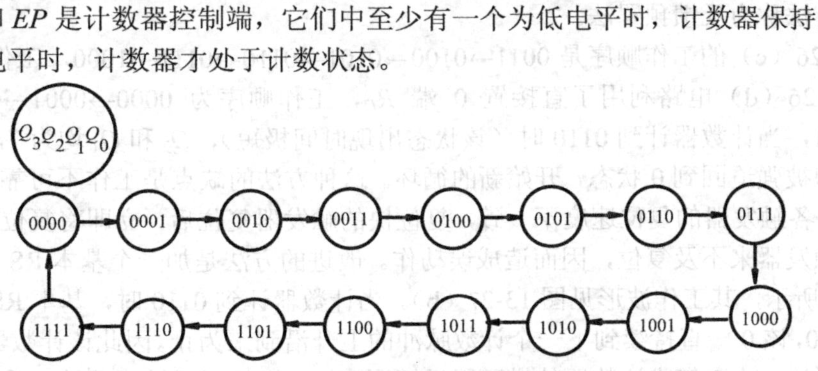

图 13-25　74LS161 集成计数器状态图

与 74LS161 功能类似的还有 74LS160、74LS162、74LS163，下面对这四种同步计数器的功能做一下比较，具体见表 13-14。

表 13-14　74LS160～74LS163 的功能比较

型号	功能		
	进制	清零	预置数
74LS160	十进制	低电平异步	低电平同步
74LS161	二进制	低电平异步	低电平同步
74LS162	十进制	低电平同步	低电平同步
74LS163	二进制	低电平同步	低电平同步

任意进制计数器是指计数器的模 $N \neq 2^n$（n 为正整数）的计数器，例如，模 5、模 9、模 12 计数器以及十进制计数器等都属于它的范畴。

利用已有的集成计数器构成任意进制计数器的方法通常有以下三种：

（1）直接选用已有的计数器。例如，欲构成十分频器，可直接选用十进制同步计数器 74LS160。

（2）利用反馈法改变原有计数长度。这种方法是，当计数器计数到某一数值时，由电路产生的置位脉冲或复位脉冲，加到计数器预置数控制端或各个触发器清零端，使计数器恢复到起始状态，从而达到改变计数器模的目的。

（3）用两个模小的计数器串接，可以构成模为两者之积的计数器。例如，用模 6 和模 10 计数器串接起来，可以构成模 60 计数器。

图 13-26 示出了利用十进制计数器 74LS160，通过反馈法构成模 6 计数器的 4 种方法。

图 13-26（a）电路的工作状态是 0000→0001→0010→0011→0100→0101，当计数器计到状态 5 时，Q_2 和 Q_0 为 1，与非门输出为 0，即同步并行置入控制端 L_D 是 0。于是，下一个计数脉冲到来时，将 D_3～D_0 端的数据 0 送入计数器，使计数器又从 0 开始计数，一直计到 5，又重复上述过程。由此可见，N 进制计数器可以利用在状态（N-1）时将 L_D 变为 0 以便重新计数的方法来实现，这种方法称为反馈置 0 法。

图 13-26（b）电路的工作顺序是 0100→0101→0110→0111→1000→1001，当计数器计到状态 1001 时，进位端 C 为 1，经非门后使 L_D 为 0，于是，下一个时钟到来时，将 D_3～D_0 端的数据 0100 送入计数器，此后又从 0100 开始计数，一直计数到 1001，又重复上述过程。这种方法称为反馈预置法。

图 13-26（c）的工作顺序是 0011→0100→0101→0110→0111→1000，工作原理同上。

图 13-26（d）电路利用了直接置 0 端 R_D，工作顺序为 0000→0001→0010→0011→0100→0101，当计数器计到 0110 时（该状态出现时间极短），Q_2 和 Q_1 均为 1，使 R_D 为 0，计数器立即被强迫回到 0 状态，开始新的循环。这种方法的缺点是工作不可靠。原因是在许多情况下，各触发器的复位速度不一致，复位快的触发器复位后，立即将复位信号撤销，使复位慢的触发器来不及复位，因而造成误动作。改进的方法是加一个基本 RS 触发器，如图 13-27（a）所示，其工作波形见图 13-27（b）。当计数器计到 0110 时，基本 RS 触发器置 0，使 R_D 端为 0，该 0 一直持续到下一个计数脉冲的上升沿到来为止。因此该计数器能可靠置 0。

综上所述，改变集成计数器的模可用反馈置 0 法，也可用反馈预置法。反馈置 0 法比较简单，反馈预置法比较灵活。但不管用那种方法，都应首先搞清所用集成组件的清零端或预置端是异步还是同步工作方式，根据不同的工作方式选择合适的清零信号或预置信号。

两个模 N 计数器级联，可实现 $N \times N$ 的计数器。

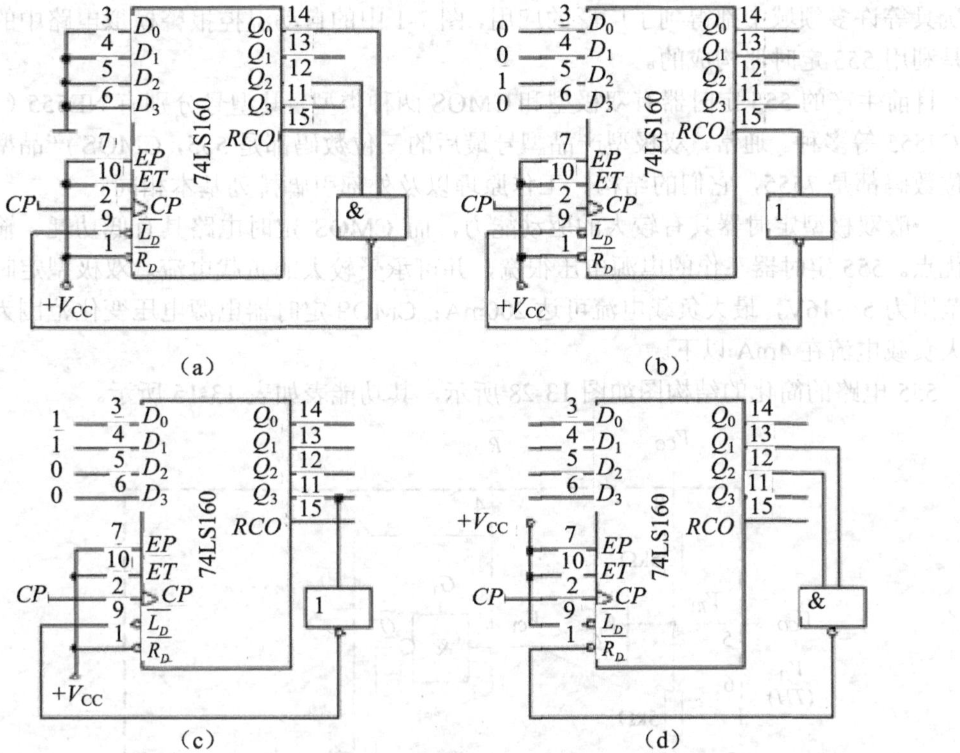

图 13-26　74LS161 构成 6 进制加法计数器

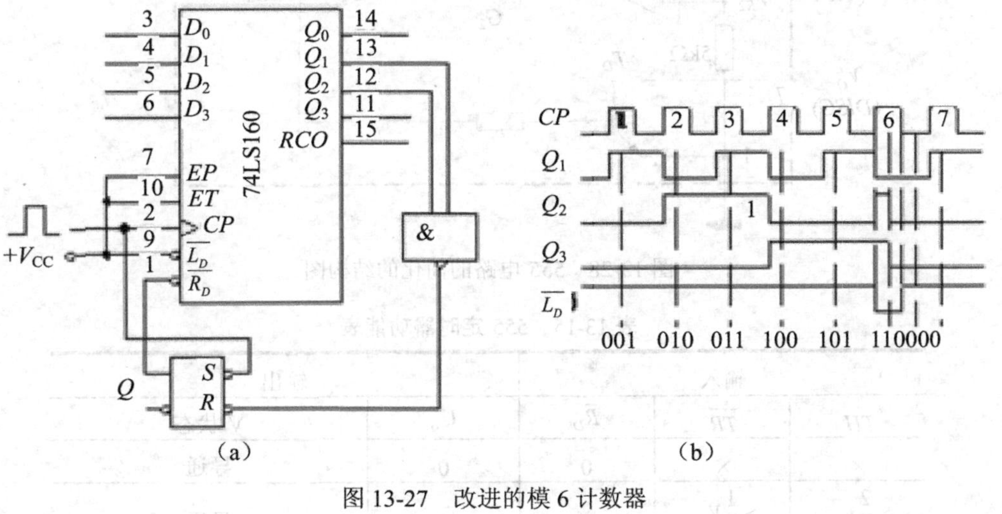

图 13-27　改进的模 6 计数器

*13.4　555 电路的工作原理

集成 555 定时器又称时基电路，它是把模拟电路和数字电路结合在一起的一种中规模集成电路，可产生精确的时间延迟和振荡，内部有三个5kΩ的电阻分压器，故称555定时器。555定时器又是一种通用的多功能电路，在波形的产生与变换、测量与控制、家用电器、电子玩具等许多领域中都得到了广泛的应用，图7-1中的自动温控报警模拟电路中的报警部分就是利用555定时器构成的。

目前生产的555定时器有双极型和CMOS两种类型，其型号分别有NE555（或5G555）和C7555等多种。通常，双极型产品型号最后的三位数码都是555，CMOS产品型号的最后四位数码都是7555，它们的结构、工作原理以及外部引脚排列基本相同。

一般双极型定时器具有较大的驱动能力，而CMOS定时电路具有低功耗、输入阻抗高等优点。555定时器工作的电源电压很宽，并可承受较大的负载电流。双极型定时器电源电压范围为5～16V，最大负载电流可达200mA；CMOS定时器电源电压变化范围为3～17V，最大负载电流在4mA以下。

555电路的简化的结构图如图13-28所示，其功能表如表13-15所示。

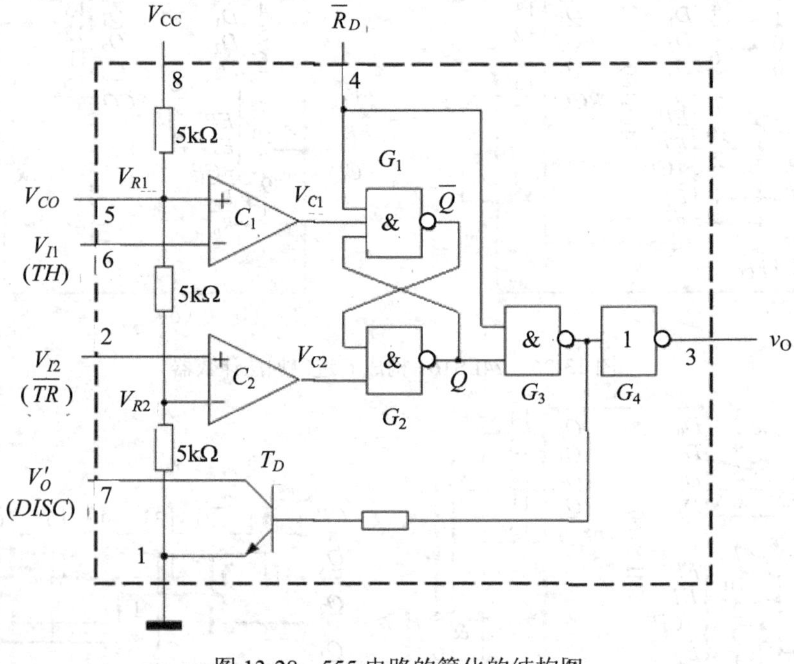

图13-28 555电路的简化的结构图

表13-15 555定时器功能表

输入			输出	
TH	$\overline{TR}$	$\overline{R}_D$	U_o	V状态
×	×	0	0	导通
$>\frac{2}{3}V_{CC}$	$>\frac{1}{3}V_{CC}$	1	0	导通
$<\frac{2}{3}V_{CC}$	$<\frac{1}{3}V_{CC}$	1	1	截止
$<\frac{2}{3}V_{CC}$	$>\frac{1}{3}V_{CC}$	1	保持原状态	保持原状态

它的内部由两个高精度的电压比较器、一个基本RS触发器、一个晶体三极管和几个电阻组成。R_1、R_2、R_3均为5kΩ的精密电阻，它们构成基准电压分压电路，分别为两个电压比较器提供基准电压，低电平触发的基本RS触发器的$\overline{Q}$端分为两路：一路接到三极管TD的基极，另一路经反相器（或称为驱动器）缓冲输出。增加驱动器的目的是使555电路的最大输出电流达200 mA，以便直接驱动继电器、小电机、指示灯、扬声器等负载。

555定时器只需外接少量的阻容元件就可以构成单稳态触发器、多谐振荡器和施密特触发器。

多谐振荡器又称为无稳电路，不需外加触发信号，通电后，能自动输出矩形脉冲波，在数字系统中常常用以产生矩形脉冲，作为时钟脉冲信号源，下面介绍用555定时器构成多谐振荡器的方法。

1）电路组成及工作原理

用555定时器构成的多谐振荡器电路及工作波形如图13-29所示。

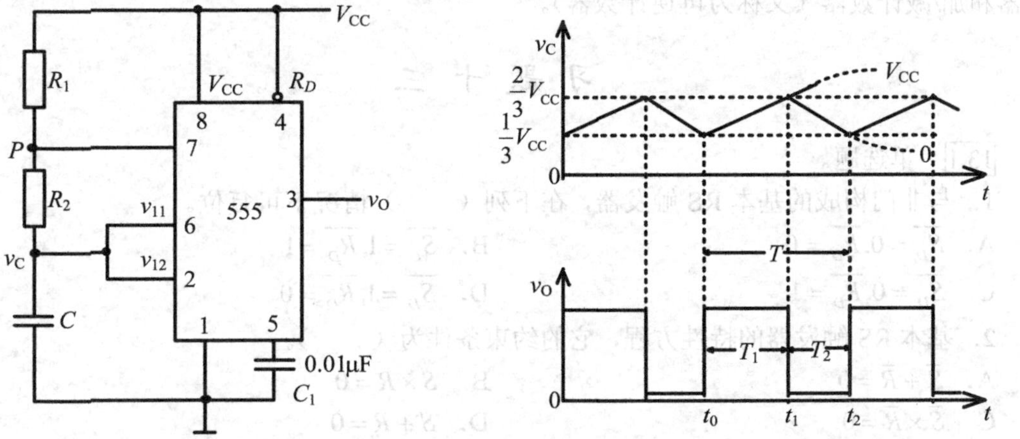

（a）电路组成　　　　（b）工作波形图

图13-29　用555定时器构成的多谐振荡器

2）振荡频率的估算

（1）电容充电时间T_1

$$T_1=0.7(R_1+R_2)C \tag{13-7}$$

（2）电容放电时间T_2

$$T_2=0.7R_2C \tag{13-8}$$

（3）电路振荡周期T

$$T=T_1+T_2=0.7(R_1+2R_2)C \tag{13-9}$$

（4）电路振荡频率f

$$f=\frac{1}{T}\approx\frac{1.43}{(R_1+2R_2)C} \tag{13-10}$$

（5）输出波形占空比q，定义：$q=T_1/T$，即脉冲宽度与脉冲周期之比，称为占空比。

$$q=\frac{T_1}{T}=\frac{0.7(R_1+R_2)C}{0.7(R_1+2R_2)C}=\frac{R_1+R_2}{R_1+2R_2} \tag{13-11}$$

本 章 小 结

1．触发器是时序逻辑电路的基本单元，它有两个稳定状态，在外信号的作用下，这两个稳定状态可相互转换。

2．触发器根据记忆功能的不同，可分为：RS 触发器、D 触发器、JK 触发器、T 触发器和 T′触发器等。

3．时序逻辑电路是由组合逻辑电路和存储电路组成的。存储电路通常采用触发器作存储单元，没有触发器的电路不是时序逻辑电路。

寄存器由触发器构成，是用来寄存二进制代码的时序逻辑电路，分为单向和双向移位寄存器。

计数器是主要用于累计输入时钟脉冲个数的时序逻辑电路，可分为加法计数器、减法计数器和加/减计数器（又称为可逆计数器）。

习 题 十 三

13.1 单选题。

1．与非门构成的基本 RS 触发器，在下列（　　）情况下可复位。

A．$\overline{S_D}=0,\overline{R_D}=0$　　B．$\overline{S_D}=1,\overline{R_D}=1$

C．$\overline{S_D}=0,\overline{R_D}=1$　　D．$\overline{S_D}=1,\overline{R_D}=0$

2．基本 RS 触发器的特性方程，它的约束条件为（　　）。

A．$\bar{S}+\bar{R}=0$　　B．$S\times R=0$

C．$\bar{S}\times\bar{R}=0$　　D．$S+R=0$

3．触发器被清零（复位）后，Q 和 $\bar{Q}$ 端的状态分别为（　　）和（　　）。括号内答案应选为（　　）。

A．0，1　　B．1，1　　C．0，0　　D．1，0

4．满足下列哪种条件时，JK 触发器能够构成 T 触发器（　　）。

A．$J=K=1$　　B．$J=1$，$K=0$　　C．$J=K=T$　　D．$J=K=0$

5．用 n 个触发器构成计数器，可得到的最大计数容量（即计数模）为（　　）。

A．2^n　　B．n^2　　C．$2n$　　D．n

6．下列器件不属于时序逻辑电路的是（　　）。

A．计数器　　B．触发器　　C．编码器　　D．寄存器

7．按触发器的状态转换与时钟 CP 信号 的关系分类，计数器可分（　　）。

A．大模数计数器和小模数计数器　　B．同步计数器和异步计数器

C．二进制计数器和十进制计数器　　D．加法计数器和减法计数器

8．要实现六进制加法计数器，内部需要使用（　　）个触发器。

A．1　　B．3　　C．2　　D．4

9．M 进制计数器状态转换的特点是：设定初态后，每来（　　）个计数脉冲，计数器重新回到初态。

A．M-1　　　　　　B．M　　　　　　C．M+1　　　　　　D．M-2

10．按状态迁移顺序划分，计数器可以分为加法计数器、减法计数器和（　　）。

A．可逆计数器　　　　　　　　　　B．二进制计数器

C．十进制计数器　　　　　　　　　D．同步计数器

11．已知一个包含 4 个触发器的同步加法计数器，其计数模数不可能为（　　）。

A．10　　　　　　B．16　　　　　　C．12　　　　　　D．20

12．计数器的异步清零功能是指（　　）。

A．清零信号在时钟上升沿到来时方有效

B．清零信号独立于时钟

C．清零信号在时钟下降沿到来时方有效

D．清零信号在时钟为高电平时方有效

13．有一个左移移位寄存器，当预先置入 1011 后，其串行输入固定接 0，在随后 4 个移位脉冲 CP 作用下，四位数据的移位过程是（　　）。

A．1011→1100→1101→1110→1111

B．1011→0110→1100→1000→0000

C．1011→1010→1001→1000→0111

D．1011→0101→0010→0001→0000

14．555 电路芯片 5G7556 是一个（　　）。

A．双极型单定时器　　　　　　　B．CMOS 型单定时器

C．双极型双定时器　　　　　　　D．CMOS 型双定时器

13.2　说明时序电路在功能上和结构上与组合逻辑电路有何不同之处。

13.3　基本 RS 触发器的具有哪些功能？

13.4　在如图 13-1 所示基本 RS 触发器中，触发输入信号如图 13-30 所示，试画出其输出端 Q 与 $\overline{Q}$ 的波形。

13.5　设如图 13-4 所示的同步 RS 触发器初始状态为 0，R、S 端的波形如图 13-31 所示，试画出其输出端 Q 与 $\overline{Q}$ 的波形。

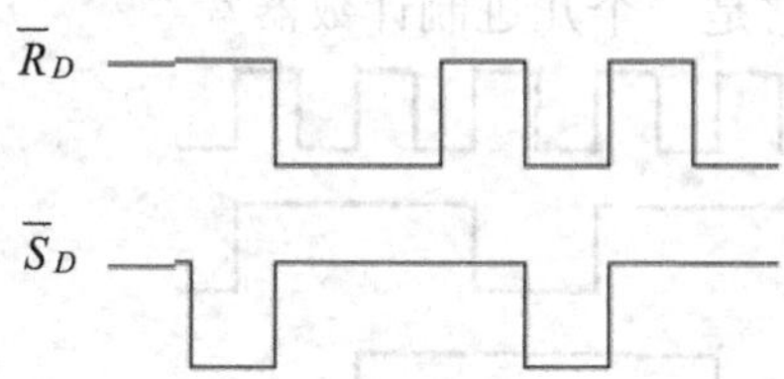

图 13-30　题 13.4 图

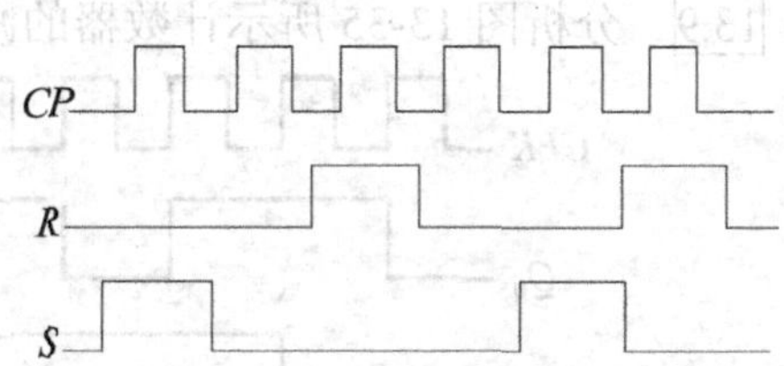

图 13-31　题 13.5 图

13.6　若边沿 JK 触发器（下降沿触发）各输入端的波形如图 13-32 中所给出，试画出 Q 端对应的波形。设触发器的初始状态为 0。

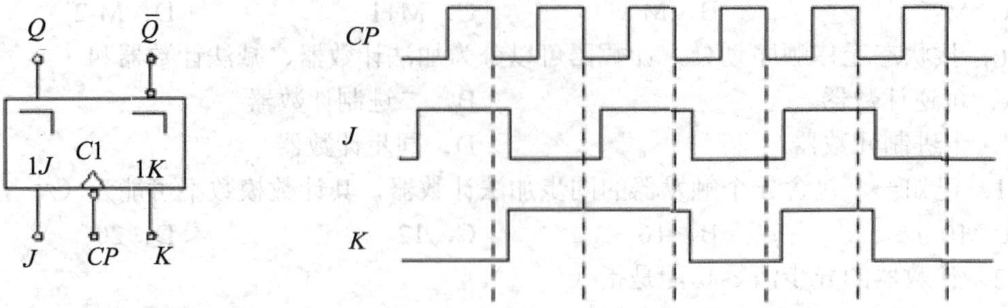

图 13-32　题 13.6 图

13.7　已知维持-阻塞 D 触发器（上升沿触发）的 D 和 CP 波形如图 13-33 中所给出，试画出 Q 端对应的波形。设触发器的初始状态为 0。

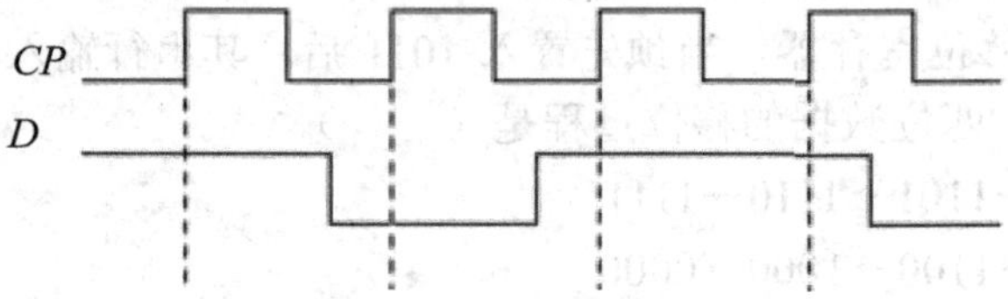

图 13-33　题 13.7 图

13.8　试分别分析图 13-34（a）、（b）的逻辑功能。

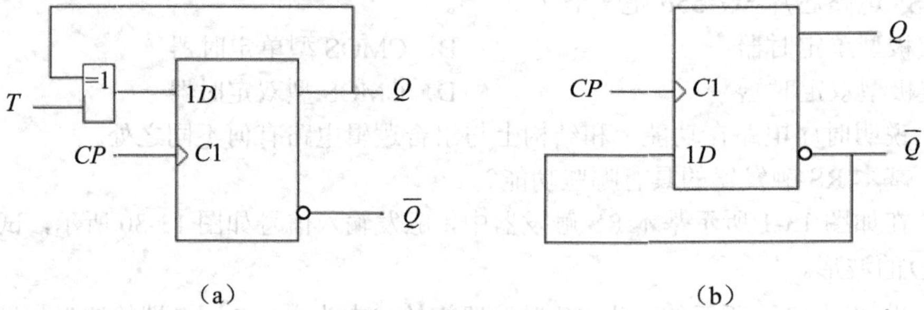

图 13-34　题 13.8 图

13.9　分析图 13-35 所示计数器的波形图，可知它是一个几进制计数器？

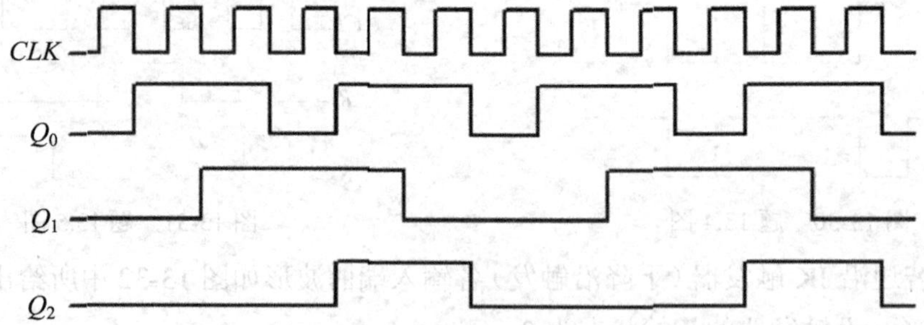

图 13-35　题 13.9 图

13.10　分析图 13-36 中双向移位寄存器 74LS194 组成电路的逻辑功能。

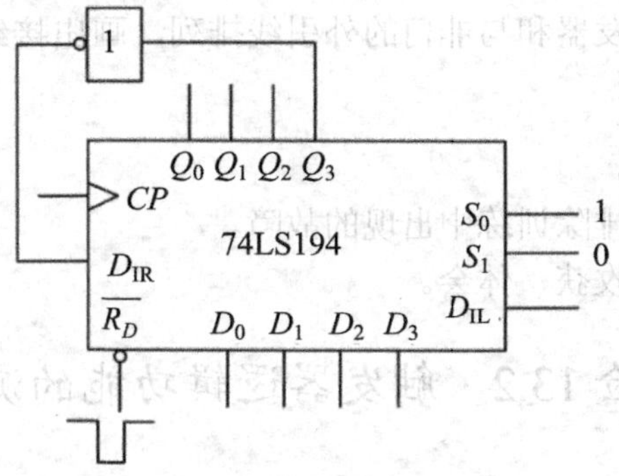

图 13-36　题 13.10 图

13.11　用 74LS161 由两种方法（反馈清零法和反馈置数法）构成下列计数器：

（1）七进制计数器；（2）十二进制计数器。

13.12　在图 13-37 所示电路中，若 $R_1 = 20\text{k}\Omega$，$R_2 = 30\text{k}\Omega$，$C = 0.01\mu\text{F}$，则电路输出信号的振荡频率是多少 kHz？要改变输出信号 v_O 的占空比，可调节哪些参数？

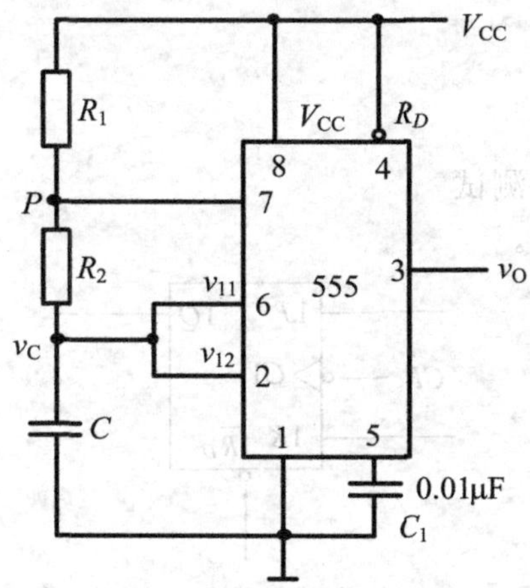

图 13-37　题 13.12 图

实训 13.1　触发器的应用

一、训练目的

熟悉集成触发器和门电路的应用。

二、训练内容

用集成 D 触发器和与非门等元器件设计一个四人智力竞赛抢答电路。

说明：这是鉴别第一的电路。当第一个抢答者的信号到达时，相应发光二极管发光，并封锁后抢答者的信号通路。最后由主持人复原电路，使发光二极管熄灭。

三、预习要求

1．用 D 触发器和与非门进行逻辑设计，要求使用集成芯片最少。

2．熟悉所选用集成触发器和与非门的外引线排列，画出接线图。

四、训练要求

1．自拟测试调整方法。

2．自行分析、检测和排除训练中出现的故障。

3．总结本技能训练的收获、体会。

实验 13.2　触发器逻辑功能的测试

一、实验目的

1．熟悉和掌握各种触发器的逻辑功能及测试方法。

2．熟悉集成触发器的使用方法。

二、实验仪器设备

1．YJ-56 直流稳压电源。

2．SXJ-4C 数字实验板。

3．MF-47 万用表。

三、实验内容

1．JK 触发器逻辑功能的测试

（1）按图 13-38 连接线路。

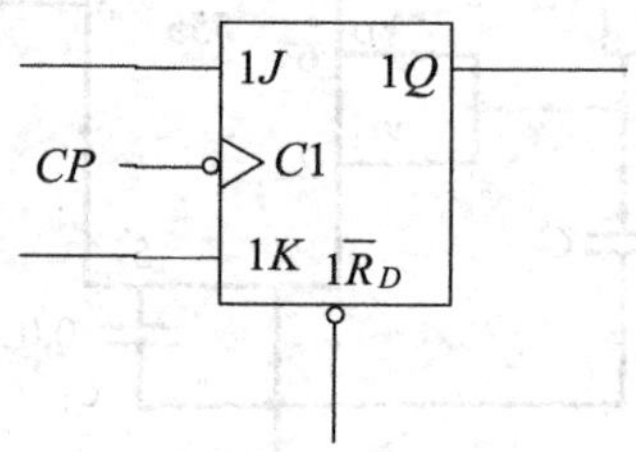

图 13-38　JK 触发器逻辑功能测试电路

（2）在 *CP* 端加入手动脉冲，先将触发器置 0，再按表 13-16 所示，分别测出触发器的输出状态。

表 13-16　JK 触发器逻辑功能测试记录

输入	$\overline{R}_D$	0	1	1	1	1	1	1	1	1	1	1	1	1
	J	0	0	0	0	0	0	0	1	1	1	1	1	1
	K	0	0	0	0	1	1	1	0	0	0	1	1	1
	CP	0	0	↑	↓	0	↑	↓	0	↑	↓	0	↑	↓
输出	Q													

2．D 触发器逻辑功能的测试

（1）按实验内容 1 相同的步骤，对 D 触发器 74LS74 进行功能测试，将测试结果填入表 13-17 中。

表 13-17 D 触发器逻辑功能测试记录

输入	$\overline{R}_D$	1	0	1	1	1	1	1	1
	$\overline{S}_D$	0	1	1	1	1	1	1	1
	D	0	0	0	0	0	1	1	1
	CP	0	0	0	↑	↓	0	↑	↓
输出	Q								

（2）按图 13-39 连接线路，在 CP 端加入 1kHz 脉冲，用示波器观察输出波形，并在图 13-40 中画出输入、输出对应波形图。

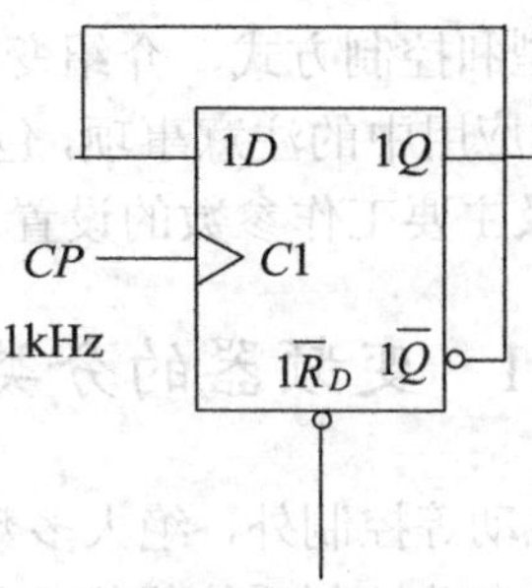

图 13-39 D 触发器逻辑功能测试电路

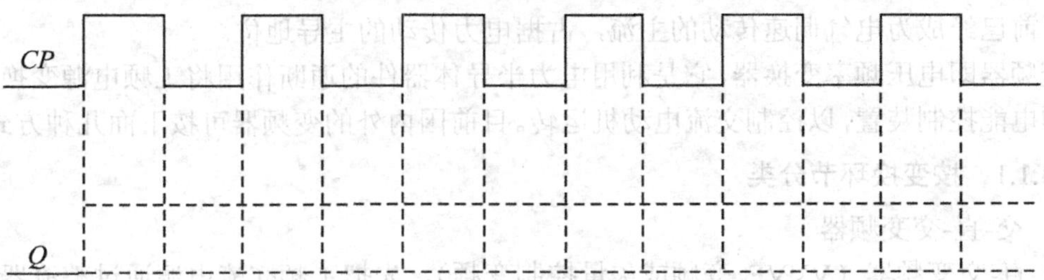

图 13-40 D 触发器输入\输出波形

四、分析讨论

在图 13-39 中，D 触发器被转换成何触发器？在 CP 端输入 1kHz 的脉冲时，输出端的脉冲频率为多少？

第十四章 变 频 器

【学习目标】

1. 了解变频器的主要类型和基本构成。

2. 理解变频器的控制原理和控制方式。

3. 掌握变频器的主要功能和变频器应用中的注意事项，重点掌握变频器的主要功能、接线方式和主要参数的设置。

本章简要介绍变频器的主要类型和控制方式，介绍变频器的控制原理，尤其是 SPWM 控制技术。主要介绍变频器的功能和应用中的注意事项，包括变频器的接线方式、保护功能、升速和降速功能、频率给定功能以及主要工作参数的设置。

14.1 变频器的分类

工业控制领域中，除了液压、气动等控制外，绝大多数是电动控制系统，其最终的控制对象和执行机构均为电动机。电机的自动控制系统往往都是通过控制转速来实现的，调速系统是最基本的电机拖动系统。随着电力电子技术和微机控制技术的飞速发展，交流变频调速技术目前已经成为电气调速传动的主流，占据电力传动的主导地位。

变频器即电压频率变换器，它是利用电力半导体器件的通断作用将工频电源变换为另一频率的电能控制装置，以控制交流电动机运转。目前国内外的变频器可按下面几种方式分类。

14.1.1 按变换环节分类

1．交-直-交变频器

交-直-交变频器（VVVF 变频或矢量控制变频），先把工频交流电源通过整流器转换成直流电源，然后再把直流电源转换成频率、电压均可控制的交流电源以供给电动机。变频器的电路一般由整流、中间直流环节、逆变和控制 4 个部分组成。整流部分为三相桥式不可控整流器，逆变部分为 IGBT 三相桥式逆变器，且输出为 PWM 波形，中间直流环节为滤波、直流储能和缓冲无功功率。由于把直流电逆变成交流电的环节较易控制，且具有频率的调节范围宽、改善频率后电动机的特性等方面有明显的优势，我们现在使用的变频器主要采用交-直-交方式。

2．交-交变频器

交-交变频器则把频率固定的交流电直接变换成频率连续可调的交流电，具有变换效率高等优点，但由于其连续可调的频率范围窄，一般为额定频率的 1/2 以下，故它主要用于低速大容量的拖动系统中。

14.1.2 按电压的调制方式分类

1．PAM（脉幅调制）

PAM 是 Pulse Amplitude Modulation 的简称，它通过调节输出脉冲的幅值来调节输出电压的大小。目前，这种方式基本不用。

2．PWM（脉宽调制）

PWM 是 Pulse Width Modulation 的简称，它通过改变输出脉冲的宽度和占空比来调节输出电压的大小。在调节过程中，逆变器负责调频调压。目前普遍应用的是脉宽按正弦规律变化的正弦脉宽调制方式，即 SPWM 方式。PWM 方式具有结构简单、效率高、转矩脉动小、稳态性能好、调速范围宽等优点。目前，中小容量的通用变频器大多采用 PWM 型的变频器。

14.1.3 按滤波方式分类

1．电压型变频器

变频装置中，若中间直流环节并联大电容滤波，此时直流电压波形比较平直，在理想情况下可以等效成一个内阻抗为零的恒压源，输出的交流电压是矩形波或阶梯波，这类变频装置叫作电压型变频器，如图 14-1（a）所示。

2．电流型变频器

若中间直流环节串联大电感滤波，此时直流电流波形比较平直，因而电源内阻抗很大，对负载来说基本上是一个电流源，输出交流电流是矩形波或阶梯波，这类变频装置叫作电流型变频器，如图 14-1（b）所示。

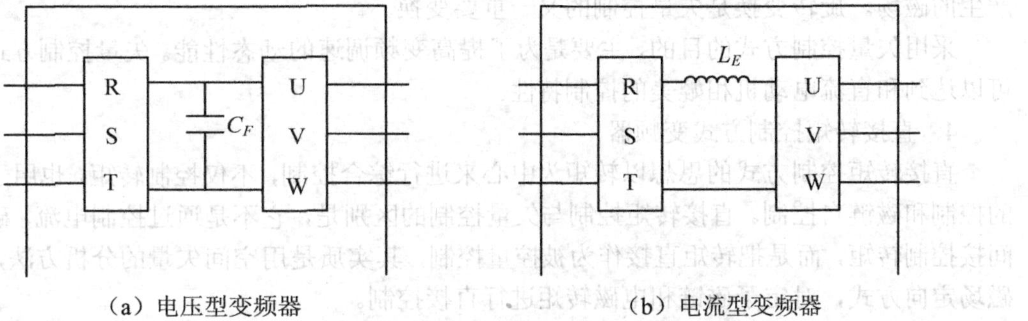

图 14-1 电压型和电流型交-直-交变频器

14.1.4 按控制方式分类

1．U/f 控制变频器

U/f 控制是在改变变频器输出频率的同时控制变频器输出电压，使电动机的主磁通保持一定，在较宽的调速范围内，电动机的效率和功率因数保持不变。因为是控制电压和频率的比，所以称为U/f控制。U/f 控制中，当变频器的运行频率低于其基本运行频率（一般为电动机的额定频率）时，采取恒压频比调速，也称为恒磁调速；当变频器的运行频率高于其基本运行频率时，采取恒压调速，也称为弱磁调速。U/f 控制电路简单，是目前通用变频器中使用较多的一种控制方式。

2．转差频率控制变频器

转差频率控制需检测出电动机的转速，构成速度闭环。速度调节器的输出为转差频率，然后以电动机速度与转差频率之和作为变频器的给定输出频率。转差频率控制是指能够在控制过程中保持磁通 Φ_m 恒定，并限制转差频率的变化范围，且能通过转差频率调节异步电动机的电磁转矩的控制方式。与U/f 控制方式相比，系统加减速特性和限制过电流的能力得到提高。另外，还有速度调节器，它利用速度反馈进行速度闭环控制，速度的静态误差小，适用于自动控制系统。

3．矢量控制方式变频器

U/f 控制方式和转差频率控制方式的动态性能指标不高。

矢量控制是一种高性能异步电动机控制方式，它基于电动机的动态数学模型，分别控制电动机的转矩电流和励磁电流。异步电动机有两套绕组（定子绕组和转子绕组）。其中定子绕组和外部电源连接，在定子绕组中流过定子电流。转子绕组只是通过电磁感应在转子绕组中产生感应电动势，并流过电流，同时定子侧的电磁能量转变为机械能供给负载。因此，异步电动机的定子电流包含两个分量：励磁电流分量和转子电流分量。由于励磁电流是异步电动机定子电流的一部分，很难像直流电动机那样仅控制异步电动机的定子电流达到控制电动机输出转矩的目的。但是，根据异步电动机的动态数学方程式，它具有和直流电动机的动态方程相同的形式。如果选择合适的控制方式，使异步电动机得到和直流电动机相类似的控制性能，这就是异步电动机矢量控制。

矢量控制将三相电动机等效为两相绕组所产生的磁场。等效后，电动机的定子绕组只有两个，且在空间上相差 90°，这是三相交流电动机的绕组变换。在矢量控制中，还需进行旋转变换，即将静止的定子绕组通以交流电产生的旋转磁场等效为由旋转的绕组通以直流电所产生的磁场。旋转变换是矢量控制的又一重要变换。

采用矢量控制方式的目的，主要是为了提高变频调速的动态性能。矢量控制方式基本上可以达到和直流电动机相媲美的控制特性。

4．直接转矩控制方式变频器

直接转矩控制方式的思想以转矩为中心来进行综合控制，不仅控制转矩，也用于磁链量的控制和磁链自控制。直接转矩控制与矢量控制的区别是，它不是通过控制电流、磁链等量间接控制转矩，而是把转矩直接作为被控量控制，其实质是用空间矢量的分析方法，以定子磁场定向方式，对定子磁链和电磁转矩进行直接控制。

直接转矩控制的特征是控制定子磁链，是直接在定子静止坐标系下，以空间矢量概念，通过检测到的定子电压、电流，直接在定子坐标系下计算与控制电动机的磁链和转矩，获得转矩的高动态性能。它不需要将交流电动机转化成等效直流电动机，因而省去了矢量变换中的许多复杂计算，它也不需要模仿直流电动机的控制，从而也不需要为解耦而简化交流电动机的数学模型，而只需关心电磁转矩的大小，因此控制上对除定子电阻外的所有电机参数变化鲁棒性良好，所引入的定子磁链观测器能很容易得到磁链模型，并方便地估算出同步速度信息，同时也很容易得到转矩模型，磁链模型和转矩模型就构成了完整的电动机模型，因而能方便地实现无速度传感器控制，如果在系统中再设置转速调节器，即可进一步得到高性能动态转矩控制了。

目前，矢量控制方式变频器和直接转矩控制方式变频器是高性能变频器。

14.2 变频器的构成

本节以主流的电压型交-直-交变频器为例，讲述变频器的基本构成。变频器主要由主电路和控制电路组成，如图 14-2 所示。

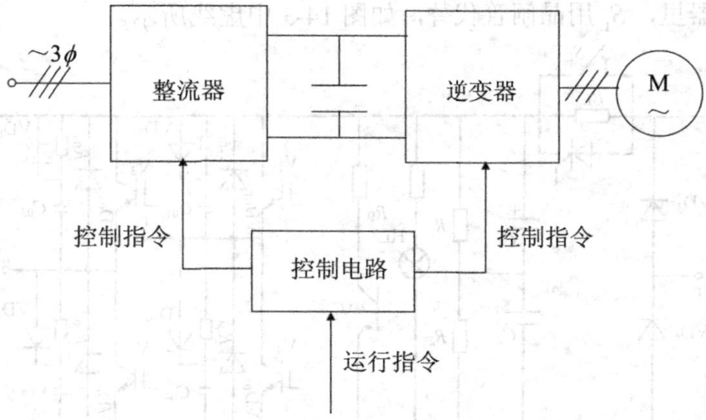

图 14-2　变频器的基本构成

14.2.1　主电路

电压型交-直-交变频器的主电路由整流电路、中间滤波电路和逆变器电路三部分组成。

1．整流电路部分

1）二极管整流电路

如图 14-3 所示，整流电路由 VD_1～VD_6 组成三相不可控整流桥，它们将电源的三相交流全波整流成直流。整流电路因变频器输出功率大小不同而异。功率较小的，输入电源多用单相 220V，整流电路为单相全波整流桥；功率较大的，一般用三相 380V 电源，整流电路为三相桥式全波整流电路。

设电源的线电压为 U_L，那么三相全波整流后平均直流电压 U_D 的大小是：$U_D = 1.35U_L$。我国三相电源的线电压为 380 V，故全波整流后的平均电压是 513 V。

2）滤波电容器 C

整流电路输出的整流电压是脉动的直流电压，必须加以滤波。

滤波电容器 C 的作用是：除了滤除整流后的电压纹波外，还在整流电路与逆变器之间起去耦作用，以消除相互干扰，这就给作为感性负载的电动机提供必要的无功功率。因而，中间直流电路电容器的电容量必须较大，起到储能作用，所以中间直流电路的电容器又称为储能电容器。

由于受到电解电容的电容量和耐压能力的限制，滤波电路通常由若干个电容器并联成一组，又由两个电容器组串联而成，如图中的 C_1 和 C_2。因为电解电容的电容量有较大的离散性，故电容器组 C_1 和 C_2 的电容量常不能完全相等，这将使它们承受的电压 U_{D1} 和 U_{D2} 不相等。为了使 U_{D1} 和 U_{D2} 相等，在 C_1 和 C_2 旁各并联一个阻值相等的均压电阻 R_1 和 R_2。

3）限流电阻 R_L 与开关 S_L

由于储能电容大，加之在接入电源时电容器两端的电压为零，故当变频器刚合上电源的瞬间，滤波电容器 C 的充电电流是很大的。过大的冲击电流将可能使三相整流桥的二极管损坏。

为了保护整流桥，在变频器刚接通电源后的一段时间里，电路内串入限流电阻，其作用是将电容器 C 的充电电流限制到允许的范围以内。开关 S_L 的功能是：当 C 充电到一定程度时，令 S_L 接通，将 R_L 短路。

在有些变频器里，S_L用晶闸管代替，如图 14-3 中虚线所示。

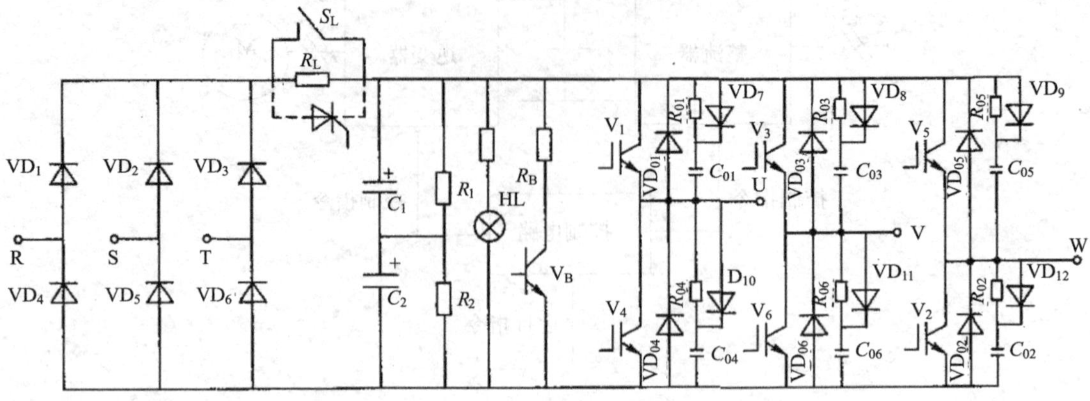

图 14-3　电压型交-直-交变频器主电路的基本结构

4）电源指示 HL

电源指示灯除了表示电源是否接通以外，还有一个十分重要的功能，即在变频器切断电源后，显示滤波电容器 C 上的电荷是否已经释放完毕。

由于 C 的容量较大，而切断电源又必须在逆变电路停止工作的状态下进行，所以 C 没有快速放电的回路，其放电时间往往长达数分钟。又由于 C 上的电压较高，如电荷不放完，在维修变频器时，将对人身安全构成威胁。所以，HL 完全熄灭后才能接触变频器内部的导电部分。

2．逆变器电路部分

1）电力电子开关器件 V_1～V_6

V_1～V_6 组成三相逆变桥式主电路，把 VD_1～VD_6 整流后的直流电再“逆变”成频率、幅值都可调的三相交流变频电压，这是变频器实现变频的执行环节，也是变频器的核心部分。当前通用变频器中常用的逆变管有绝缘栅双极晶体管（IGBT）、大功率晶体管（GTR）、智能模块（IPM）；大功率变压变频器中常用可关断晶闸管（GTO）。

2）续流二极管 VD_{01}～VD_{06}

续流二极管 VD_{01}～VD_{06} 的主要功能有：

（1）电动机的绕组是电感性的，其电流具有无功分量。VD_{01}～VD_{06} 为无功电流返回直流电源提供“通道”。

（2）当频率下降、电动机处于再生制动状态时，再生电流将通过 VD_{01}～VD_{06} 返回直流电路。

（3）V_1～V_6 进行逆变的基本工作过程：同一桥臂的两个逆变管，处于不停的交替导通和截止的状态。在交替导通和截止的换相过程中，不时地需要 VD_{01}～VD_{06} 提供通路。

3）缓冲电路

逆变器在关断和导通的瞬间，其电压和电流的变化率是很大的，有可能使逆变管受到损害。因此，每个逆变管旁还应接入缓冲电路，以减缓电压和电流的变化率。在不同型号的变频器中，缓冲电路的结构也不尽相同。如图 14-3 所示为比较典型的一种。其功能如下：

逆变管 V_1～V_6 每次由导通状态切换成截止状态的关断瞬间，集电极（C 极）和发射极（E 极）间的电压 U_{CE} 将迅速地由近乎 0V 上升至直流电压值 U_D。这过高的电压增长率将导致逆变管的损坏。因此，C_{01}～C_{06}的功能便是降低V_1～V_6在每次关断时的电压增长率。

V_1～V_6每次由截止状态切换成导通状态的接通瞬间，C_{01}～C_{06}上所充的电压（等于U_D）将向V_1～V_6放电。此放电电流的初始值将是很大的，并且将叠加到负载电流上，导致V_1～V_6的损坏。因此，R_{01}～R_{06}的功能是限制逆变管在接通瞬间C_{01}～C_{06}的放电电流。

R_{01}～R_{06}的接入，又会影响C_{01}～C_{06}在V_1～V_6关断时降低电压增长率的效果。VD_7～VD_{12}接入后，在V_1～V_6的关断过程中，使R_{01}～R_{06}不起作用；而在V_1～V_6的接通过程中，又迫使C_{01}～C_{06}的放电电流流经R_{01}～R_{06}。

3．制动电阻和制动单元

1）制动电阻R_B

当电动机的工作频率下降时，它的转子转速将超过此时的同步转速，使得电动机处于再生制动状态，拖动系统的动能要反馈到直流电路中，使直流电压U_D不断上升，甚至可能达到危险的地步。因此，必须将再生到直流电路的能量消耗掉，使U_D保持在允许范围内。制动电阻R_B就是用来消耗这部分能量的。

2）制动单元V_B

制动单元R_B由大功率晶体管GTR或IGBT及其驱动电路构成。其功能是控制流经R_B的放电电流I_B。

14.2.2　控制电路

给异步电动机的主电路提供控制信号的网络，称为控制电路。控制电路由频率、电压的运算电路，主电路的电压、电流检测电路，电动机的速度检测电路，将运算电路的控制信号进行放大的驱动电路，以及逆变器和电动机的保护电路等组成。无速度检测电路为开环控制；在控制电路中增加了速度检测电路，即增加速度指令，可以对异步电动机的速度进行更精确的闭环控制。

1．控制电路的基本组成

（1）运算电路将外部的速度、转矩等指令同检测电路的电流、电压信号进行比较运算，决定逆变器的输出电压、频率。

（2）电压、电流检测电路为与主回路电位隔离检测电压、电流等。

（3）驱动电路为驱动主电路器件的电路，它与控制电路隔离，控制主电路器件的导通与关断。

（4）I/O电路使变频器更好地人机交互，其具有多信号（比如运行多段速度运行等）的输入，还有各种内部参数（如电流、频率、保护动作驱动等）的输入。

（5）速度检测电路将装在异步电动机轴上的速度检测器（TG、PLG等）的信号设为速度信号，送入运算回路，根据指令和运算可使电动机按指令速度运转。

（6）保护电路检测主电路的电压、电流等。当发生过载或过电压等异常时，为了防止逆变器和异步电动机损坏，使逆变器停止工作或抑制电压、电流值。

2．逆变器控制电路中的保护电路

1）逆变器保护

（1）瞬时过电流保护：用于逆变电流负载侧短路等，流过逆变电路的电流达到异常值（超过容许值）时，瞬时停止逆变器运转，切断电流，整流器的输出电流达到异常值，也得同样停止逆变器运转。

（2）过载保护：逆变器输出电流超过额定值，且持续流通超过规定时间，为防止逆变器器件、电线等损坏，要停止运转，恰当的保护需要反时限特性，采用热继电器或电子热保护，过载是由于负载的惯性过大或因负载过大使电动机堵转而产生。

（3）再生过电压保护：应用逆变器使电动机快速减速时，由于再生功率使直流电路电压升高，有时超过容许值，可以采取停止逆变器运转或停止快速的方法，防止过电压。

（4）瞬时停电保护：对于毫秒级内的瞬时断电，控制电路工作正常。但瞬时停电如果达数十毫秒以上时，通常不仅控制电路出现误动作，主电路也不供电，所以检测出后使逆变器停止运转。

（5）接地过电流保护：逆变器负载接地时，为了保护逆变器，要有接地过电流保护功能。但为了保证人身安全，需要装设漏电保护断路器。

（6）冷却风机异常：有冷却风机的装置，当风机异常时装置内温度将上升，因此采用风机热继电器或器件散热片温度传感器，检测出异常后停止逆变电器工作。

2）异步电动机的保护

（1）过载保护：过载检测装置与逆变器保护共用，但考虑低速运转的过热时，在异步电动机内埋入温度检出器，或者利用装在逆变器内的电子热保护来检出过热。动作过频时，应考虑采取减轻电动机负荷、增加电动机及逆变器的容量等措施。

（2）超速保护：逆变器的输出频率或者异步电动机的速度超过规定值时，停止逆变器运转。

3）其他保护

（1）防止失速过电流：加速时，如果异步电动机跟踪迟缓，则出现过电流保护电路动作，运转就不能继续进行（失速）。所以，在负载电流减小之前要进行控制，抑制频率上升或使频率下降。对于恒速运转中的过电流，有时也进行同样的控制。

（2）防止失速再生过电压：减速时产生的再生能量使主电路直流电压上升，为防止再生过电压电路保护动作，在直流电压下降之前要进行控制，抑制频率下降，防止不能运转（失速）。

3．变频器外部基本控制电路

一般而言，同外部进行信号交流的基本回路有模拟与数字两种：

（1）4～20mA 电流信号电路（模拟），1～5V/0～5V 等电压信号电路（模拟）；

（2）开关信号电路，变频器的开停指令，正反转指令等（数字）。

外部控制中，指令信号通过上述基本电路导入变频器，同时干扰源也在其回路上产生干扰电势，以控制电缆为媒介侵入变频器。

14.3 变频器的主要功能

随着变频技术的发展，变频器尤其是高性能通用变频器的功能越来越丰富。在本节中将以通用变频器为例加以简单说明。

14.3.1 变频器的保护功能

1．过电流保护功能

1）升降速过电流的自处理

在升降速过程中，过电流时，变频器将自动延长升降速时间或自动暂停升降速，使电流回到限定值以内，然后再恢复到原设定的升降速时间。

2）运行过电流的自处理

在运行过程中发生过电流时，变频器将自动地适当降低工作频率，使电流回到限定值以内后，再恢复到原设定频率。

3）必须立即跳闸的过电流

当输出电路短路、接地和逆变电路发生桥臂直通等情况时，会出现危险的短路电流，必须立即跳闸。

2．过载保护功能

过载保护功能主要用于电动机的过载保护。

3．电压保护功能

1）降速过电压的自处理

由于降速过快而发生过电压时，变频器将自动延长降速时间或自动暂停降速，减缓降速过程，直到电压回到正常范围后再恢复到原设定的降速时间。

2）欠电压保护

欠电压包含的内容有电源电压过低、电源缺相、电源瞬时停电等。许多新系列的变频器，当停电时间极短时，允许电源自动重合闸，变频器可不必因欠电压而跳闸。

14.3.2 变频器的控制功能

1．程序控制功能

1）由外控信号的状态进行控制

整个工作过程全部由连接至变频器输入控制端的外控信号来决定。变频器只需预置好各挡的转速及升降速时间即可。

2）由变频器自动切换

即由变频器内的程序控制功能自动完成工作过程，变频器须预置的项目有：

（1）各程序步的运行方式：包括正转、反转、升速、降速、停止等；

（2）各程序之间的切换：规定本程序步完成后应转入的程序步号，决定切换程序步的依据，可以由变频器内部的计时器决定，也可以由外接控制信号决定。

2．PID 调节功能

根据“目标值”给定方式的不同，大致分为以下两种情形。

1）键盘给定方式

（1）接线特点：将反馈信号接至变频器的外接给定端或反馈信号输入端即可。

（2）给定方法：由键盘输入目标值的百分数。目标值的百分数是指所要求的目标值与传感器最大信号之比的百分数。

2）外接给定方式

（1）接线特点：将目标给定信号接至外接给定端，而把反馈信号接至辅助给定端或反馈信号输入端。

（2）给定方法：由外接电位器进行目标值的给定。

14.3.3　升速和降速功能

1．升速功能

1）升速过程

在变频调速系统中，启动和升速过程是通过逐渐升高频率来实现的。在升速过程中，如能使同步转速与转子转速之间的转差限制在一定范围内，升速过程将能保持平稳，升速电流也不会过大。如果频率上升过快，电动机转子的转速因拖动系统的惯性较大而跟不上同步转速的上升，结果使转差增大，导致升速电流超过允许值。

2）可供选择的升速功能

（1）升速时间：给定频率从 0 Hz 上升至基底频率 f_b 所需的时间。显然，升速时间越短，频率上升越快，越容易“过流”。

（2）升速方式主要有三种：

①线性方式：在升速过程中，频率与时间呈线性关系，如图 14-4 的曲线 1 所示；

②S 形方式：在开始阶段和结束阶段，升速的过程比较缓慢，而在中间阶段，则较快，如图 14-4 的曲线 2 所示；

③半 S 形方式：升速过程呈半 S 形，如图 14-4 的曲线 3 所示。

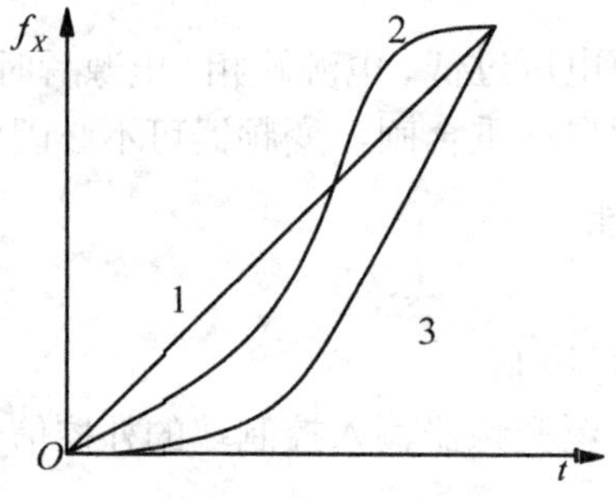

图 14-4　升速方式

3）与启动有关的功能

（1）启动频率：对于静摩擦系数较大的负载，为了易于启动，启动时须有一点冲击力。为此，用户可根据需要预置启动频率 f_s，使电动机在该频率下“直接启动”。

（2）启动前的直流制动功能：每次启动前，都向电动机的绕组中短时间地通入直流电流，目的是保证拖动系统在零速下启动。

（3）暂停升速功能：启动惯性较大的负载时，可预置暂停升速功能，使拖动系统先在低速下运转一段时间，然后再继续升速。

2．降速功能

在变频调速系统中，停止和降速过程是通过逐渐降低频率来实现的。在降速过程中，电动机将因同步转速低于转子转速而处于再生制动状态。如果频率下降太快，也会使转差增大，同时直流电压也可能升高甚至超过允许值的程度。

可供选择的降速功能如下。

（1）降速时间：给定频率从基底频率 f_b 下降至 0Hz 所需的时间。显然，降速时间越短，频率下降越快，越容易“过流”和“过压”。

（2）降速方式。其主要有三种：

① 线性方式：在降速过程中，频率与时间呈线性关系，如图 14-5 的曲线 1 所示；

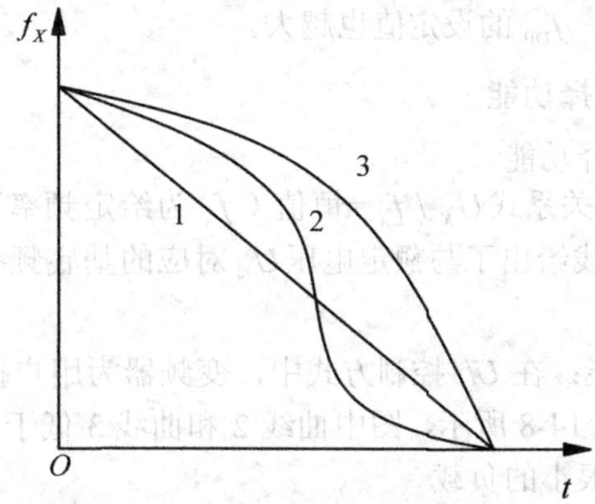

图 14-5　降速方式

② S 形方式：在开始阶段和结束阶段，降速的过程比较缓慢，而在中间阶段，则按线性方式降速，如图 14-5 的曲线 2 所示；

③ 半 S 形方式：降速过程呈半 S 形，如图 14-5 的曲线 3 所示。

3．与制动有关的功能

变频调速系统在降速过程中，电动机因处于再生制动状态而迅速降速。但随着转速的下降，拖动系统的动能在减小，电动机的再生能力和制动转矩也随之减小。因此，在惯性较大的拖动系统中，会出现低速时停不住的“爬行”现象。为了克服爬行现象，当拖动系统的转速下降到一定程度时，向电动机绕组中通入直流电流，以加大制动转矩，使拖动系统迅速停止。

如图 14-6 所示，在预置直流制动功能时，主要设定以下项目。

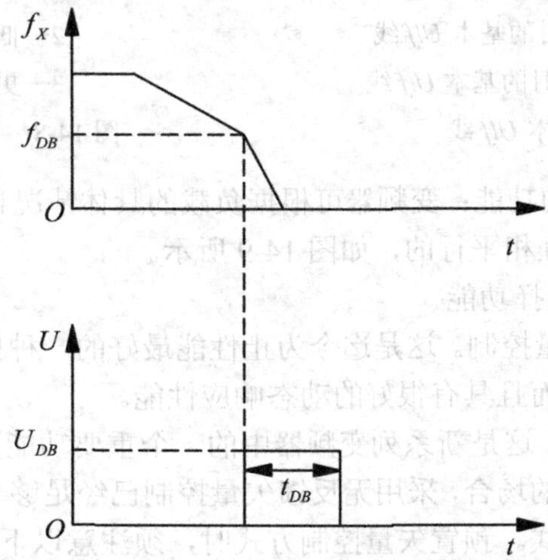

图 14-6　直流制动的预置项目

（1）直流制动电压U_{DB}：即需要向电动机绕组中施加的直流电压。拖动系统的惯性越大，U_{DB}的设定值也越大。

（2）直流制动时间t_{DB}：即向电动机绕组施加直流电压的时间，t_{DB}可设定的时间比估计时间略长一些。

（3）直流制动的起始频率f_{DB}：即变频调速系统由再生制动转为直流制动状态的起始频率。拖动系统的惯性越大，f_{DB}的设定值也越大。

14.3.4　控制方式的选择功能

1．U/f控制方式的选择功能

（1）基本U/f线：满足关系式U_X / f_X=恒值（f_X为给定频率）的U/f线称为基本U/f线，如图 14-7 所示。基本U/f线给出了与额定电压U_N对应的基底频率f_b的大小，是对U/f的比值进行调整时的基准线。

（2）任选U/f线的功能：在U/f控制方式中，变频器为用户提供了许多不同补偿程度的U/f线，供用户选定，如图 14-8 所示，图中曲线 2 和曲线 3 低于基本U/f线，主要用于风机和水泵一类低速时阻转矩很小的负载。

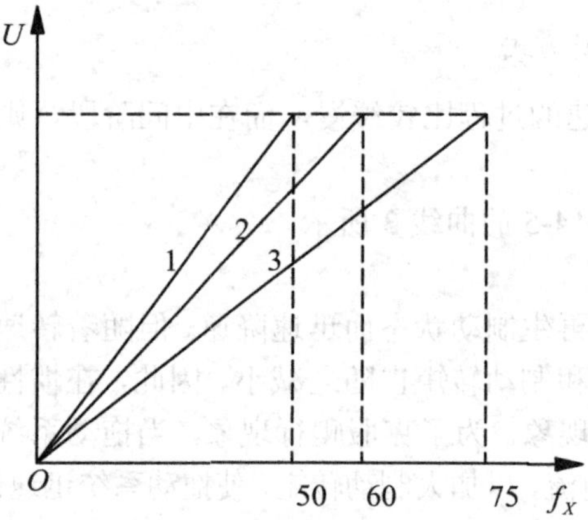

1—基本频率为 50Hz 的基本U/f线

2—基本频率为 60Hz 时的基本U/f线

3—基本频率为 75 Hz 时的基本U/f线

图 14-7　基本U/f线

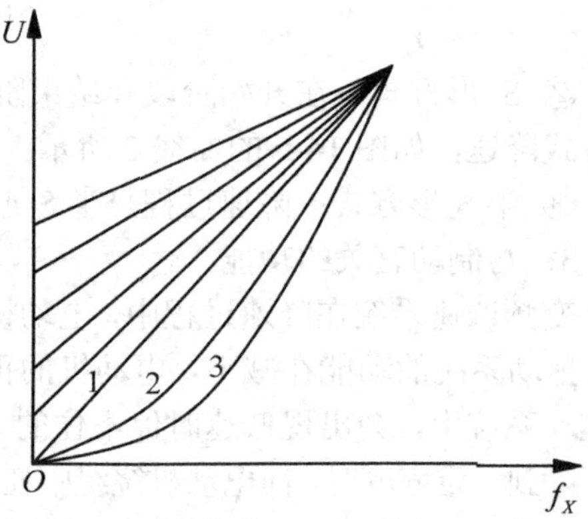

1—未做补偿的U/f线

2—低减补偿的U/f线

3—更低减补偿的U/f线

图 14-8　可供选择的U/f线

（3）自动调整U/f线的功能：变频器可根据负载的具体情况自动调整转矩补偿程度的功能，自动调整的U/f线是互相平行的，如图 14-9 所示。

2．矢量控制方式的选择功能

（1）带速度反馈的矢量控制。这是迄今为止性能最好的一种控制方式，不但可以使电动机得到很硬的机械特性，而且具有很好的动态响应性能。

（2）无反馈矢量控制。这是新系列变频器中的一个重要功能，它不需要速度反馈。在一些对动态响应要求不很高的场合，采用无反馈矢量控制已经足够了。因此，其用途十分广泛。

（3）预置矢量控制方式。预置矢量控制方式时，须注意以下问题：

①电动机的容量与变频器规定的配用电动机的容量应相同，最多相差一挡；

②应输入电动机的容量、极数等基本数据。

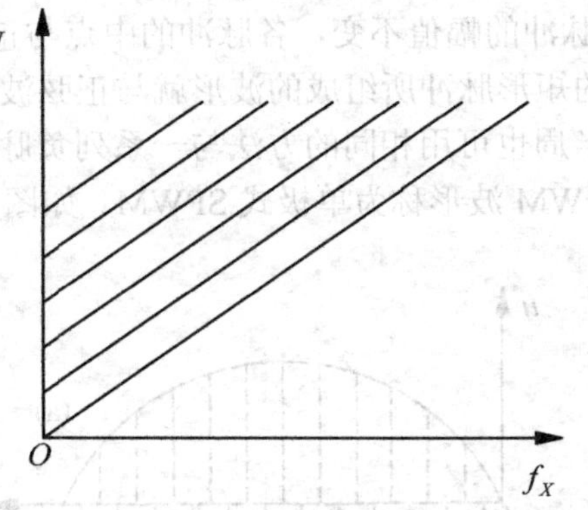

图 14-9　自动调整的 U/f 线

14.3.5　频率给定功能

1．频率给定的选择功能

1）给定方式的选择功能

（1）面板给定方式：通过面板上的键盘进行给定。

（2）外接给定方式：通过外部的给定信号进行给定。

（3）通信接口给定方式：由计算机或其他控制器通过通信接口进行给定。

2）外接给定信号的选择

（1）电压信号：通常有 0～5V、0～±5V、0～10V、0～±10 V 等几种。

（2）电流信号：通常有 0～20 mA、4～20 mA 两种。

2．频率给定线及其预置

（1）频率给定线和基本频率给定线的概念：由模拟信号进行频率给定时，变频器的给定频率 f_X 与给定信号 X 之间的关系曲线 $f_X = f(X)$，称为频率给定线。

在给定信号从 0 增大至最大值 X_{max} 的过程中，给定频率 f_X 从 0 线性地增大到 f_{max} 的频率给定线称为基本频率给定线。其起点为（$X = 0$，$f_X = 0$）；终点为（$X = X_{max}$，$f_X = f_{max}$）。

（2）频率给定线的预置：频率给定线的起点和终点坐标可以根据拖动系统的需要任意预置。

①起点坐标（$X = 0$，$f_X = f_{BI}$），f_{BI} 为偏置频率，是给定信号 $X = 0$ 时所对应的给定频率。

②终点坐标（$X = X_{max}$，$f_X = f_{max}$），f_{max} 为最大给定频率，是给定信号 $X = X_{max}$ 时对应的给定频率。

14.4　SPWM 控制技术

SPWM 控制技术改变的是输出电压的脉宽占空比，而其振幅值不变。

14.4.1　正弦脉宽调制（SPWM）原理

所谓正弦脉宽调制波形，就是与正弦波等效的一系列等幅不等宽的矩形脉冲波形，如图 14-10 所示。等效的原则是每一区间的面积相等。如果把一个正弦半波分成 n 等份（在图 14-10 中，n=12）。然后把每一等份的正弦曲线与横轴所包围的面积都用一个与此面积相等的矩形脉冲来代替，矩形脉冲的幅值不变，各脉冲的中点与正弦波每一等份的中点相重合。这样，由 n 个等幅不等宽的矩形脉冲所组成的波形就与正弦波的半周波形等效，称为 SPWM 波形。同样，正弦波的负半周也可用相同的方法与一系列负脉冲等效。这种正弦波正负半周分别用正负脉冲等效的 SPWM 波形称为单极式 SPWM。如图 14-11 所示为 SPWM 变压变频器主电路原理图。

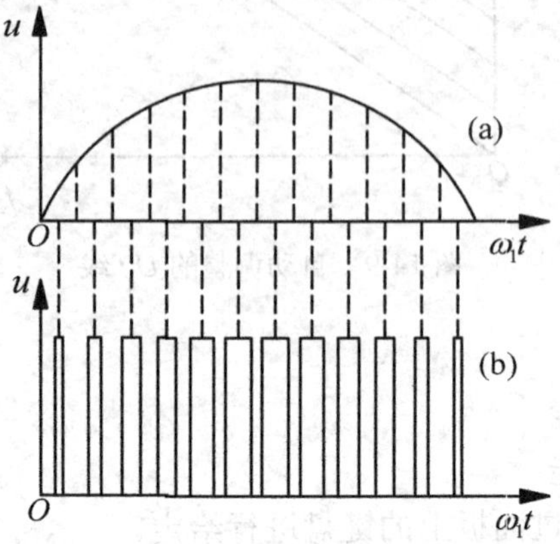

（a）正弦波形　　（b）等效的 SPWM 波形

图 14-10　与正弦波等效的等幅不等宽的矩形脉冲波形

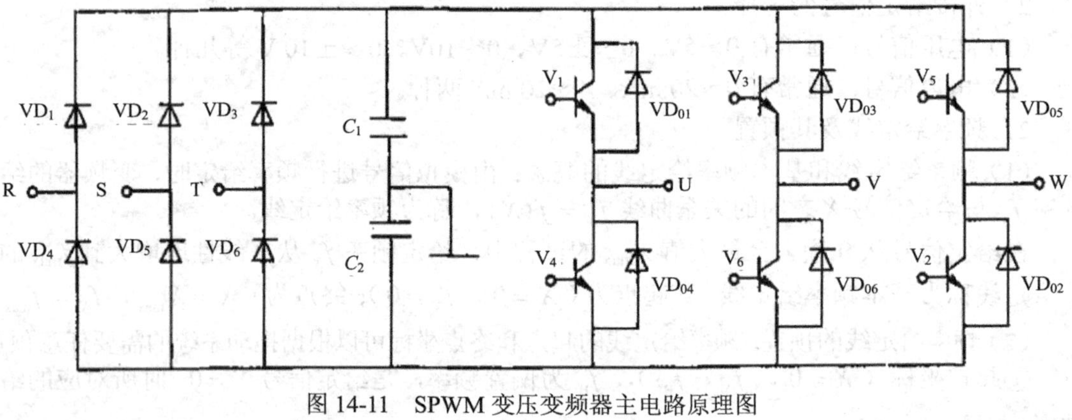

图 14-11　SPWM 变压变频器主电路原理图

在 SPWM 脉冲系列中，各脉冲的宽度以及相互间的间隔是由正弦波（调制波）和等腰三角波（载波）的交点来决定的。

14.4.2　单极性 SPWM 技术

1．调制波和载波

如图 14-12 所示，u_t 是载波，采用了等腰三角波，其周期决定于载波频率，振幅不变，和电动机的电压为额定电压时的调制波的振幅相同，每半个周期内，所有三角波的极性均相同（单极性）；u_{ra} 是正弦调制波，其周期决定于所需要电压波形的频率，其振幅决定于所需要的电压波形的振幅，即 u_{ra} 是所希望得到的电压波形。

调制情况如下：当希望得到的电压 u_{ra} 高于三角波电压 u_t 时，相应比较器的输出电压 u_{da} 为“正”电平，反之则产生“零”电平。只要正弦调制波的最大值低于三角波的幅值，如

图 14-12（a）所示的调制结果必然形成如图 14-12（b）所示的等幅不等宽而且两侧窄中间宽的 SPWM 脉宽调制波形。负半周是用同样的方法调制后再倒相而成。调制波和载波的交点，决定了 SPWM 脉冲系列的宽度和脉冲间的间隔宽度，每半周期内的脉冲系列是单极性。

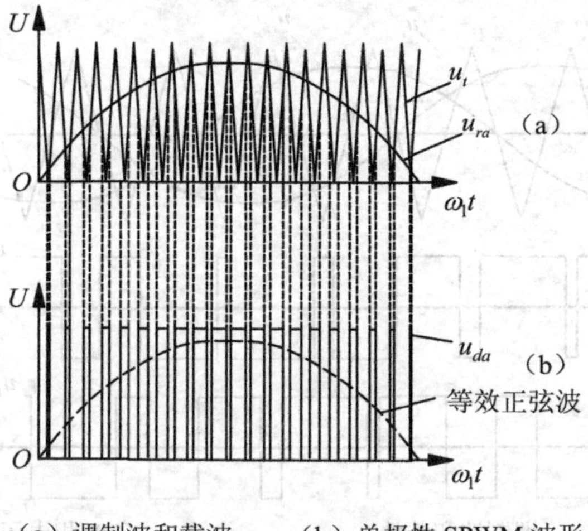

（a）调制波和载波　　（b）单极性 SPWM 波形

图 14-12　单极性脉宽调制波的形成

2．单极性调制的工作特点

每半个周期内，逆变桥同一桥臂的两个逆变器件中，只有一个器件按脉冲系列的规律时通时断地工作，另一个完全截止；而在另半个周期内，两个器件的工作情况正好相反。流经负载 Z 的便是正、负交替的交变电流，如图 14-13 所示。

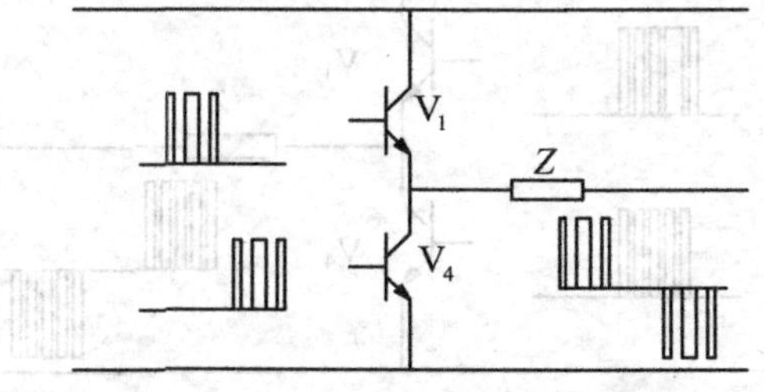

图 14-13　单极性调制的工作特点

14.4.3　双极性 SPWM 技术

1．调制波和载波

如图 14-14 所示，u_t 是载波，采用了双极性的等腰三角波，其周期决定于载波频率，振幅不变，和电动机的电压为额定电压时的调制波的振幅相同。u_{ra} 是正弦调制波，其周期决定于所需要电压波形的频率，其振幅决定于所需要的电压波形的振幅，即 u_{ra} 是所希望得到的电压波形。

双极性调制方式与单极性相同，只是功率开关器件通断情况不一样。调制情况如下：当 A 相调制波 $u_{ra} > u_t$ 时，V_1 导通，V_4 关断，使负载上得到的相电压为 $u_{AO} = +U_S/2$；当 $u_{ra} < u_t$ 时，V_1 关断而 V_4 导通，则 $u_{AO} = -U_S/2$。所以 A 相电压 u_{AO} 是以 $+U_S/2$ 和 $-U_S/2$ 为幅值作正、负跳变的脉冲波形。同理，u_{BO} 是由 V_3 和 V_6 交替导通得到的。由 u_{AO} 和 u_{BO} 相减，可得

逆变器输出的线电压波形u_{AB}，如图 14-14（b）所示，它的正负幅值分别为$+U_S$和$-U_S$。尽管相电压是双极性的，但是合成后的线电压脉冲系列与单极性相电压合成的结果一样，都是单极性的。

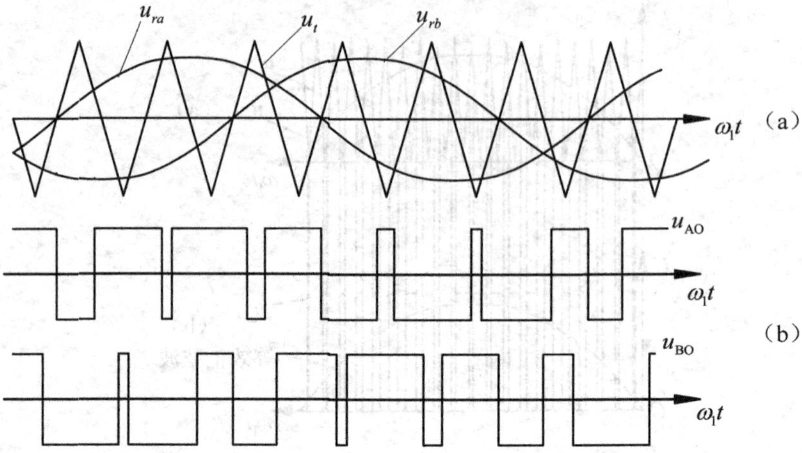

（a）调制波和载波　　　　　　　　（b）相电压

图 14-14　双极性 SPWM 逆变器三相输出波形

2．双极性调制的工作特点

逆变桥在工作时，同一桥臂的两个逆变器件总是按相电压脉冲系列的规律交替地导通和关断，而流过负载 *Z* 的电流是按线电压规律变化的交变电流，如图 14-15 所示。

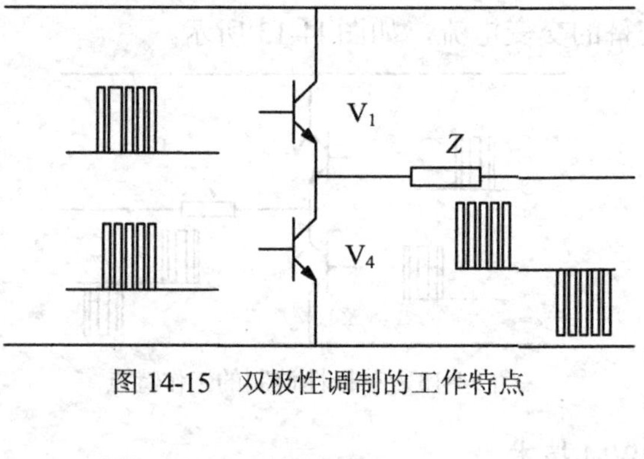

图 14-15　双极性调制的工作特点

14.5　*U*/*f* 控制技术

在 14.1 节中已讲述过，变频器按控制方式来分，有 *U*/*f* 控制变频器、转差频率控制变频器和矢量控制变频器，下面分别介绍这三种方式的基本原理。

14.5.1　*U*/*f* 控制原理

三相异步电动机每相电动势的有效值为

$$E_1 = 4.44kf_1N_1\Phi \tag{14-1}$$

式中：f_1为定子电压频率；

k为与绕组结构有关的常数；

Φ 为每极气隙磁通量。

由式（14-1）可知，如果定子每相电动势的有效值 E_1 不变，改变定子频率时就会出现下面两种情况。

（1）如果 f_1 大于电动机的额定频率 f_{1N}，那么气隙磁通量 Φ_M 就会小于额定气隙磁通量 Φ_{MN}。其结果是：尽管电动机的铁芯没有得到充分利用是一种浪费，但是在机械条件允许的情况下长期使用不会损坏电动机。

（2）如果 f_1 小于电动机的额定频率，那么气隙磁通量 Φ_M 就会大于额定气隙磁通量 Φ_{MN}。其结果是：电动机的铁芯产生过饱和，从而导致过大的励磁电流，严重时会因绕组过热而损坏电动机。

要实现变频调速，在不损坏电动机的条件下，充分利用电动机铁芯，发挥电动机转矩的能力，最好在变频时保持每极磁通量 Φ_M 为额定值不变。

由式（14-1）可知，要保持 Φ_M 不变，当频率 f_1 从额定值 f_{1N} 向下调节时，必须同时降低 E_1，使 E_1/f_1 为常数，即采用电动势与频率之比恒定的控制方式。然而，绕组中的感应电动势是难以直接控制的，当电动势的值较高时，可以忽略定子绕组的漏磁阻抗压降，而认为定子相电压 $U_1 \approx E_1$，则得

$$U_1/f_1=\text{常数}$$

这就是 U/f 控制方式。在恒压频比条件下改变频率时，机械特性基本上是平行下移的。低频时，U_1 和 E_1 都较小，定子阻抗压降所占的分量就比较显著，不能再忽略。结果是，电动机的临界转矩随之减小。为此，在低频时，可以人为地把电压 U_1 抬高一些，以便近似地补偿定子压降。这种方法称为转矩补偿，也叫作转矩提升。

14.5.2 *U/f* 控制的应用

1．普通型 *U/f* 控制通用变频器

普通型 *U/f* 控制通用变频器是转速开环控制，无须速度传感器，控制电路比较简单，电动机选择通用标准异步电动机，因此其通用性比较强，性价比比较高，是目前通用变频器产品中使用较多的一种控制方式。

2．具有恒定磁通功能的 *U/f* 通用变频器

通用变频器驱动不同类型的异步电动机时，根据电动机的特性对压频比的值进行恰当的调整是十分困难的。一旦出现电压不足，电动机的特性与负载特性就会没有稳定运行交点，可能出现过载或跳闸。

要想使电动机特性在最大转矩范围内与负载特性处处都有稳定运行交点，就应当让转子磁通恒定而不随负载发生变化。如果采用磁通反馈控制让异步电动机所输入的三相正弦电流在空间产生圆形旋转磁场，那么就会产生恒定的电磁转矩。这样的控制方法就叫作“磁链跟踪控制”。由于磁链的轨迹是靠电压空间矢量相加得到的，所以有人把“磁链跟踪控制”称为“电压空间矢量控制”。考虑到这种功能的实现是通过控制定子电压和频率之间的关系来实现的，所以恒定电磁转矩的控制方法仍然属于 *U/f* 控制方式。

当生产工艺提出具有较高的静态、动态性能指标要求时，可以采用转速闭环控制构成转差频率控制系统来满足许多工业应用中的要求。

14.6 施耐德 ATV31 系列通用变频器的应用

ATV31 系列通用变频器具有良好的性价比。它是施耐德公司 ATV 系列新一代产品的旗舰产品，具有丰富的软件功能，并且操作简便，体积小，节省空间。ATV31 变频器有 6 个逻辑输入端、3 个模拟输入端、1 个逻辑/模拟输出端和 2 个继电器输出端，内含比例积分调节器，提供电机和变频器保护和 16 个预置速度。

变频器的接线主要可以分为主回路和控制回路两部分。

14.6.1 ATV31 变频器面板

ATV31 引变频器面板功能图如图 14-16 所示。

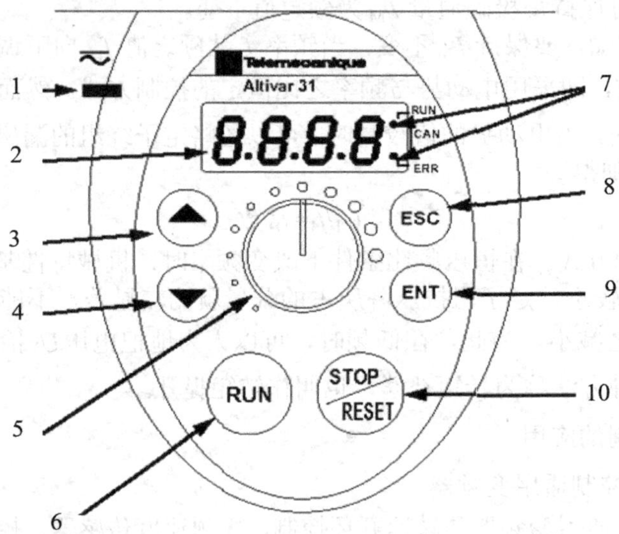

1—红色 LED，表示“直流总线接通”；

2—四个 7 段显示器；

3—返回以前的菜单或参数，或增大显示值；

4—进入下一菜单或参数，或减小显示值；

5—给定电位计，如果 CTL 菜单中的 FRL 参数设置为 AIP 时激活；

6—RUN 按钮，电机正向模式接通控制，如果 I-O 菜单中的 TCC 参数设置为 LOC 时激活；

7—2 个 CAN 总线接通状态 LED；

8—退出菜单或参数，或清除显示值以恢复以前的存储值；

9—进入某一菜单或参数，或对显示参数或显示值进行存储；

10—用于故障恢复和控制电机停车。

图 14-16 ATV31 变频器面板功能图

14.6.2 主回路接线

ATV31 变频器主回路接线图如图 14-17 所示。

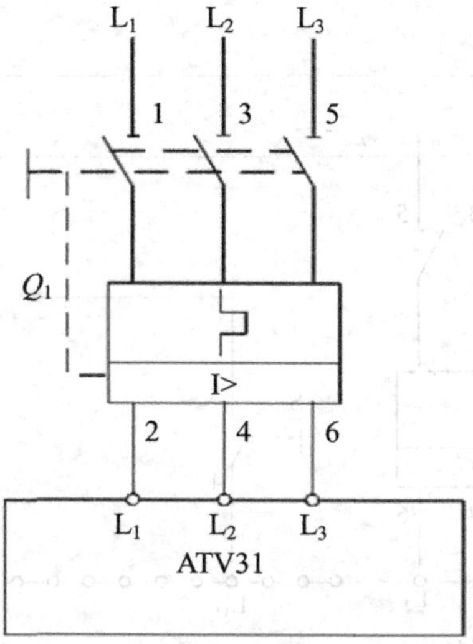

图 14-17　ATV31 变频器主回路接线图

14.6.3　控制回路接线

ATV31 变频器的频率、速度给定有以下几种常用方式：变频器面板给定、变频器本机模拟量给定、外部模拟量给定、通信给定，以及通过变频器数字输入端口进行多段速度控制。限于篇幅，本文仅以变频器本机模拟量给定、外部模拟量给定和多段速度控制接线做分析。

1．变频器本机模拟量给定

图 14-18 中变频器端子 V_{10}、COM 为变频器内部 0～10V 电源，AI1 是变频器模拟量输入端。上图按变频器本机模拟量给定方式接线。R_2 为电位器，S_1 为转换按钮。

2．变频器外部模拟量给定（如图 14-19 所示）

接线时，外部 DC 24V 电源的 0V 端应与变频器的 COM 端并接。变频器 AI1 端口的输入信号范围是 0～10V，应注意电位器的输出信号值小于 10V。

3．变频器多段速度控制

现代通用变频器的数字输入端口通常是多功能端口（如图 14-20 所示），设定变频器内部参数可以进行多功能端口功能的定义。通过设定 ATV31 变频器的参数，将数字输入端口 L_{11}、L_{13}、L_{14}、L_{15}、L_{16} 定义为多段速度控制，从而实现 ATV31 变频器的十六段速度运行。

图 14-20 中，M2 为三相异步电动机，S_1～S_5 分别与变频器的 L_{11}、L_{13}、L_{14}、L_{15}、L_{16} 端子连接。上图接法可实现十六段速度控制。L_{11} 设置成正转运行，L_{13} 设置成 PS2（二段速度），L_{14} 设置成 PS4（四段速度），L_{15} 设置成 PS8（八段速度），L_{16} 设置成 PS16（十六段速度）。

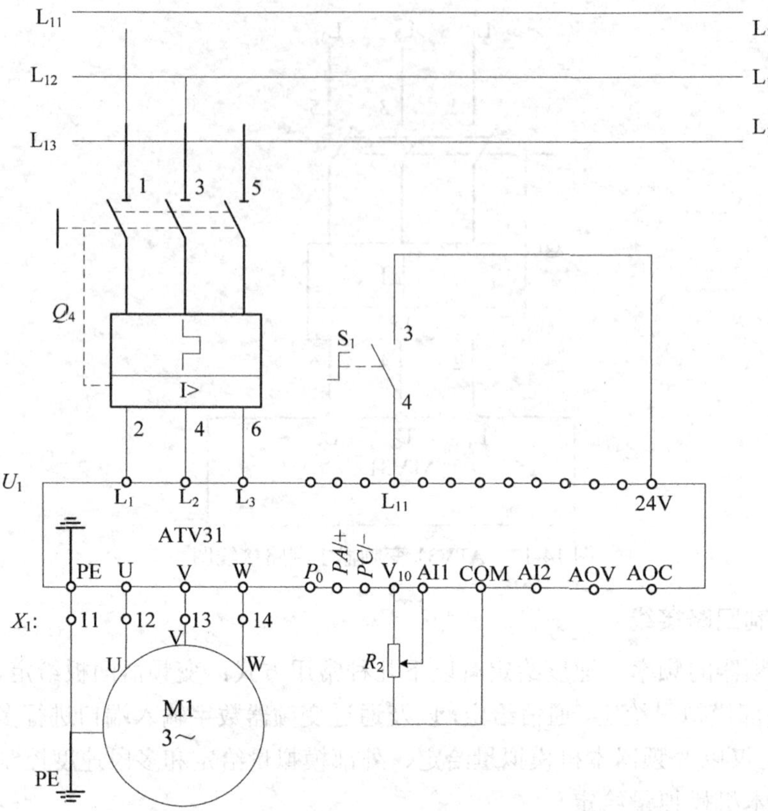

图 14-18　ATV31 变频器本机模拟量给定接线图

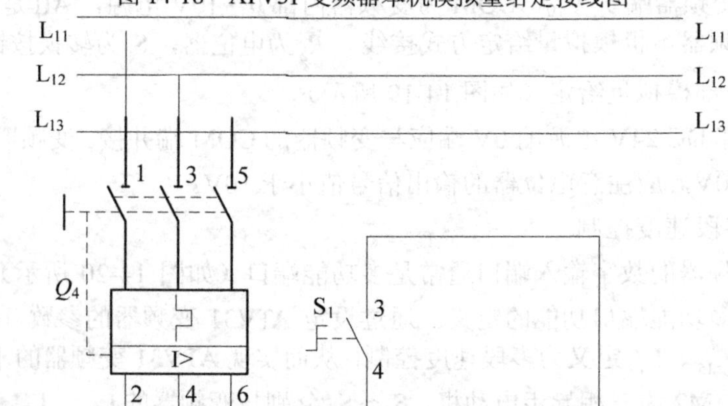

图 14-19　ATV31 变频器外部模拟量给定接线图

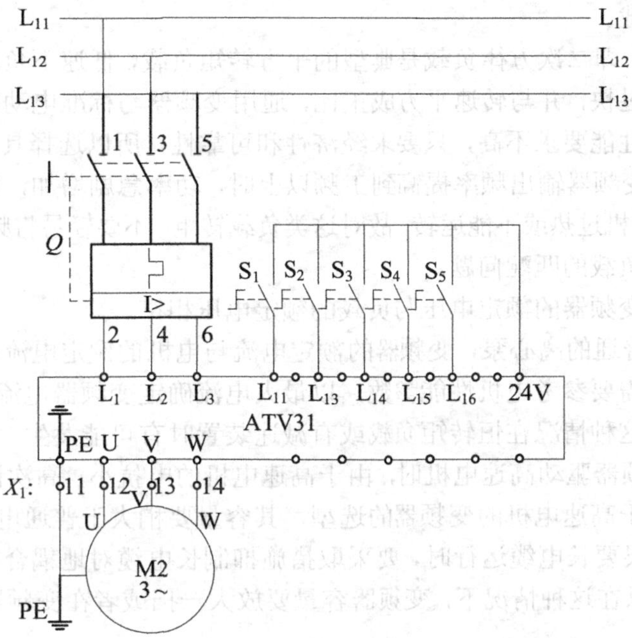

图 14-20　ATV31 变频器多段速度控制接线图

14.7　变频器的工程设计和故障分析

14.7.1　变频器选型

变频器应用前要确定以下重要方面。

（1）变频器的负载类型。

负载有三种类型：恒转矩负载、恒功率负载和风机泵类负载。不同的负载类型，应选不同类型的变频器或设置相应参数。

①恒转矩负载。

恒转矩负载又分为摩擦类负载和位能负载。

摩擦类负载的启动转矩一般要求为额定转矩的 150%左右，制动转矩一般要求为额定转矩的 100%左右，所以变频器应选择具有恒定转矩特性而且启动和制动转矩都比较大、过载时间和过载能力大的变频器。

位能负载一般要求大的启动转矩和能量回馈功能，能够快速实现正反转，变频器应选择具有四象限运行能力的变频器。

②恒功率负载。

恒功率负载指转矩与转速成反比，但功率保持恒定的负载，如卷取机、机床等。对恒功率特性的负载配用变频器时，应注意的问题有：在工频以上频率范围内变频器输出电压为定值控制，所以电动机产生的转矩为恒功率特性，使用标准电动机与通用变频器的组合没有问题。而在工频以下频率范围内为 U/f 定值控制，电动机产生的转矩与负载转矩有相反倾向，标准电动机与通用变频器的组合难以适应，因此要专门设计。

③风机泵类负载。

风机泵类负载，即二次方律负载是典型的平方转矩负载，低速下负载非常小，高速时所需功率随转速增长过快，并与转速平方成正比，通用变频器与标准电动机的组合最合适。这类负载对变频器的性能要求不高，只要求经济性和可靠性，所以选择具有 *U/f* 控制模式的变频器即可。如果将变频器输出频率提高到工频以上时，功率急剧增加，有时超过电动机变频器的容量，导致电动机过热或不能运转，故对这类负载转矩，不要轻易将频率提高到工频以上。

（2）变频器与负载的匹配问题。

①电压匹配：变频器的额定电压与负载的额定电压相符。

②电流匹配：普通的离心泵，变频器的额定电流与电机的额定电流相符。对于特殊的负载如深水泵等，则需要参考电机性能参数，以最大电流确定变频器电流和过载能力。

②转矩匹配：这种情况在恒转矩负载或有减速装置时有可能发生。

（3）在使用变频器驱动高速电机时，由于高速电机的电抗小，高次谐波增加导致输出电流值增大。因此用于高速电机的变频器的选型，其容量要稍大于普通电机的选型。

（4）变频器如果要长电缆运行时，要采取措施抑制长电缆对地耦合电容的影响，避免变频器出力不足，所以在这种情况下，变频器容量要放大一挡或者在变频器的输出端安装输出电抗器。

（5）对于一些特殊的应用场合，如高温、高海拔，此时会引起变频器的降容，变频器容量要放大一挡。

14.7.2 变频器的安装环境

（1）工作温度。变频器内部是大功率的电子元件，极易受到工作温度的影响，产品一般要求为 0℃～55℃，但为了保证工作安全、可靠，使用时应考虑留有余地，最好控制在40℃以下。在控制箱中，变频器一般应安装在箱体上部，并严格遵守产品说明书中的安装要求，绝对不允许把发热元件或易发热的元件紧靠变频器的底部安装。

（2）环境温度。温度太高且温度变化较大时，变频器内部易出现结露现象，其绝缘性能就会大大降低，甚至可能引发短路事故。必要时，在箱中增加干燥剂和加热器。在水处理间，一般水气都比较重，如果温度变化大的话，这个问题会比较突出。

（3）电磁波干扰。变频器在工作中由于整流和变频，周围产生了很多的干扰电磁波，这些高频电磁波对附近的仪表、仪器有一定的干扰。因此，柜内仪表和电子系统，应该选用金属外壳，屏蔽变频器对仪表的干扰。所有的元器件均应可靠接地，除此之外，各电气元件、仪器及仪表之间的连线应选用屏蔽控制电缆，且屏蔽层应接地。如果处理不好电磁干扰，往往会使整个系统无法工作，导致控制单元失灵或损坏。

（4）振动和冲击。装有变频器的控制柜受到机械振动和冲击时，会引起电气接触不良。这时除了提高控制柜的机械强度、远离振动源和冲击源外，还应使用抗振橡皮垫固定控制柜外和内电磁开关之类产生振动的元器件。设备运行一段时间后，应对其进行检查和维护。

（5）腐蚀性气体。使用环境中如果腐蚀性气体浓度大，不仅会腐蚀元器件的引线、印刷电路板等，而且还会加速塑料器件的老化，降低绝缘性能。

14.7.3 变频器的相关参数的设置

变频器的参数设置不当，常导致变频器不能正常工作。 常见参数包括下述各方面。

（1）控制方式：即速度控制、转矩控制、PID 控制或其他方式。采取控制方式后，一般要根据控制精度，进行静态或动态辨识。

（2）最低运行频率：即电机运行的最小转速，电机在低转速下运行时，其散热性能很差，电机长时间运行在低转速下，会导致电机烧毁。而且低速时，其电缆中的电流也会增大，也会导致电缆发热。

（3）最高运行频率：一般的变频器最大频率到 60Hz，有的甚至到 400Hz，高频率将使电机高速运转，这对普通电机来说，其轴承不能长时间地超额定转速运行，应关心电机的转子是否能承受这样的离心力。

（4）载波频率：载波频率设置得越高，其高次谐波分量越大，这和电缆的长度、电机发热、电缆发热、变频器发热等因素是密切相关的。

（5）电机参数：变频器在参数中设定电机的功率、电流、电压、转速、最大频率，这些参数可以从电机铭牌中得到。

（6）跳频：在某个频率点上，有可能会发生共振现象，特别在整个装置比较高时，要避免其跳频点。

14.7.4 变频器常见故障分析

（1）过流故障。过流故障可分为加速、减速、恒速过电流。其可能是由于变频器的加减速时间太短、负载发生突变、负荷分配不均、输出短路等原因引起的。这时一般可通过延长加减速时间、减少负荷的突变、外加能耗制动元件、进行负荷分配设计，对线路进行检查。如果断开负载变频器还是过流故障，说明变频器逆变电路已坏，需要更换变频器。

（2）过载故障。过载故障包括变频过载和电机过载。其可能是加速时间太短、电网电压太低、负载过重等原因引起的。一般可通过延长加速时间、延长制动时间、检查电网电压等。负载过重，所选的电机和变频器不能拖动该负载，也可能是由于机械润滑不好引起。如是前者则必须更换大功率的电机和变频器，如是后者则要对生产机械进行检修。

（3）欠压。运行中欠压说明变频器电源输入部分有问题，需检查后才可以运行。

本 章 小 结

1．交流电动机是当前电气调速传动的主流执行元件，变频器利用电力半导体器件的通断作用将工频电源变换为另一频率的电能控制装置，以控制交流电动机运转。

2．变频器主要采用交-直-交方式，主要由主电路和控制电路组成；PWM 方式具有结构简单、效率高、转矩脉动小、稳态性能好、调速范围宽等优点，成为当前变频器的主流形式；按控制方式分类，U/f 控制是目前通用变频器中使用较多的一种控制方式，矢量控制方式变频器和直接转矩控制方式变频器可以提高变频调速的性能，是高性能变频器。

3．变频器具有优良的过电流、过载、过电压、欠电压等保护功能，利用变频器的 S 曲线升速和降速功能可以保证加、减速曲线平滑快速性，减少对机械的冲击，可满足不同的应用领域。

4．变频器的接线主要可以分为主回路和控制回路两部分。ATV31 变频器的频率、速度给定有以下几种常用方式：变频器面板给定、变频器本机模拟量给定、外部模拟量给定、通信给定，以及通过变频器数字输入端口进行多段速度控制。

5．工程设计中，要根据不同的负载类型选择不同的频率变化曲线，才能发挥出变频器的最佳状态，同时还要考虑到与负载的匹配问题和安装环境，然后进行相关参数的设置，能认识变频器显示的常见故障代码并进行故障分析和处理。

习 题 十 四

14.1　试述变频器的主要类型。

14.2　指出电压型变频器的优点。

14.3　试说明电压型交-直-交变频器的特点。

14.4　简述 U/f 控制原理。

14.5　变频器常见的负载类型有哪几种？各有何特点？

14.6　试列举常见需设置的变频器控制参数名称。